DIE DARSTELLUNG

DER

SELTENEN ERDEN

VON

DR. C. RICHARD BÖHM

ERSTER BAND

LEIPZIG
VERLAG VON VEIT & COMP.
1905

Druck von Metzger & Wittig in Leipzig.

DEM ALTMEISTER CHEMISCHER FORSCHUNG
AUF DEM GEBIETE DER SELTENEN ERDEN

HERRN PROFESSOR

DR. PER THEODOR CLEVE

IN UPSALA

WIDMET DIESES BUCH IN TIEFER EHRERBIETUNG

DER VERFASSER

Vorwort.

Seitdem der modernste Zweig der chemischen Technik sich mit der Herstellung der seltenen Erden befaßt, und je weitere Fortschritte in der Erforschung dieses Gebietes zu verzeichnen sind, um so mehr hat sich der Mangel an einer umfassenden Darstellung der seltenen Erden bemerkbar gemacht.

Die Anhäufung der vielen, oft sehr weitläufigen und sich wiederholenden Beschreibungen von Trennungsmethoden und speziellen Versuchsergebnissen bildet für den, der eigene Untersuchungen anzustellen beabsichtigt, ein sehr lästiges Hindernis und verursacht manchen argen Zeitverlust; für die Ökonomie der Wissenschaft und der Technik sind daher Bearbeitungen in der Form von Monographien von der größten Bedeutung.

Unter seltenen Erden sind die Gruppen der Cerit- und Ytteriterden, sowie Thorerde und Zirkonerde zu verstehen.

Wenn man von der Koppelschen „Chemie des Thoriums" absieht, gibt es wohl bisher kein Werk, das auch nur unter Berücksichtigung eines wesentlich kleineren Gebietes den mir vorschwebenden Intentionen entsprach.

Die vorliegenden beiden Bände bilden ein abgeschlossenes Ganzes. Später gedenke ich auch „Die Salze der seltenen Erden" in einem besonderen Werk zu behandeln.

Der außerordentlich zerstreuten, vielfach nur schwer zugänglichen Literatur gegenüber war es meine Aufgabe, an der Hand historischer und experimenteller Kritik das Material zu sichten, das Gute aller Bestrebungen aus dem kaum noch übersehbaren Gewirr von brauchbaren und unbrauchbaren Mitteilungen herauszuschälen, um so ein für die Wissenschaft und die Technik nützliches Hilfsmittel zu schaffen.

Bei der Herstellung der seltenen Erden handelt es sich um eines der schwierigsten und verwickeltesten Gebiete der anorganischen Chemie, so daß hier mehr als irgendwo eine große Erfahrung sehr von Nutzen ist. Dadurch, daß ich die Resultate der Forscher, die sich auf diesem Gebiete mühend bestrebt haben, zusammenstellte, wird in Form einer historischen Kritik der Leser in den Stand gesetzt, das Brauchbare und Empfehlenswerte leicht selbst zu eruieren, aus älteren Angaben, die mit den allgemein herrschenden Anschauungen nicht in Einklang stehen, neue Anregungen zu schöpfen und namentlich sich vor Wiederholung unfruchtbarer Versuche zu bewahren.

Damit der Zusammenhang der Dinge nie zerrissen wird und das Tatsächliche überall zu seinem vollen Recht kommt, hat mich bei meiner Aufgabe unablässig das Streben geleitet, nach besten Kräften objektiv zu bleiben und die zitierten Stellen möglichst wörtlich nach den Originalen wiederzugeben.

Hierdurch hoffe ich es erreicht zu haben, daß die eine oder andere Methode, die, sozusagen, aus der Mode gekommen ist, wieder entsprechend ans Licht gerückt wird, und daß auch bei den Verfahren, die eine größere Beachtung verdienen, aber eine weitergehende Anwendung noch nicht gefunden haben, sie erleichtert wird.

Die Einrichtung des Buches mußte so gewählt werden, daß jeder ohne viel Mühe das Gewünschte findet.

In der Abgrenzung der Artikel konnte ich das Ziel, das ich mir gesteckt hatte, nicht überall erreichen und Wiederholungen nicht vollständig vermeiden. Daher wird manches Kapitel sehr oft mehr enthalten, als man nach der Überschrift eigentlich erwartet. So z. B. bringt das Kapitel „Aufschließen der wichtigsten Mineralien als Ausgangsmaterial für die Darstellung der seltenen Erden“ neben den verschiedenen Aufschlußmethoden auch eine genaue Beschreibung der wichtigsten Mineralien; besonders ausführlich wurde der Monazitsand besprochen, da seine technische Bedeutung dies verlangte und das Nachschlagen in anderen Büchern vermieden werden sollte.

Viele Methoden, die für eine Trennung keine allgemeine Verwendung gefunden haben, mußten im Kapitel „Allgemeines Verhalten der seltenen Erden zu den Reagentien“ besprochen werden. Dieses Kapitel dürfte zur Einführung in die Chemie der seltenen Erden besonders geeignet sein und einen Überblick über die Reaktionen der einzelnen Erden geben, auf die eine Trennungsmethode gegründet werden kann.

Das jedem Kapitel vorangeschickte Literaturverzeichnis soll in seiner synchronistischen Anordnung einen Überblick über den Umfang der bisher über den Gegenstand erschienenen Arbeiten ermöglichen und etwaige schwer zugängliche Originalarbeiten in den Referatbänden eines Journals nachweisen.

Die Jahreszahlen im laufenden Text verweisen auf die Journalliteratur des Verzeichnisses. Auf diese Weise ist das Wiederholen von Literaturangaben vermieden worden.

Das Literaturverzeichnis des ersten Abschnittes „Die Geschichte der Entdeckung der seltenen Erden“ enthält ausnahmsweise noch kurze Bemerkungen, um bei der textlichen Darstellung dieses Themas den Leser durch Aufzählung vieler vermeintlicher Elemente nicht zu ermüden.

Die Literatur wurde bis in die jüngste Zeit hinein berücksichtigt, da selbst die während des Druckes eines jeden Bogens erschienenen Arbeiten Aufnahme fanden. Viele Angaben wurden mir als private Mitteilungen gemacht und auch Auszüge von noch nicht veröffentlichten Arbeiten zur Verfügung gestellt. Auf diese Weise konnte ich z. B. manches an der Sulfatmethode berichtigen und dem Leser die Resultate der neuesten Untersuchungen denjenigen älterer Arbeiten gegenüberstellen.

Was das Äußere anbelangt, so hat das Werk mit Rücksicht auf seinen großen Umfang eine Teilung in zwei Bände erfahren; der erste enthält die Geschichte, Reaktionen und Trennungsmethoden der seltenen Erden, der zweite die Trennung von anderen Metallen, analytische Methoden, Beschaffung und Verarbeitung der Rohmaterialien, Atomgewichtsbestimmungsmethoden, Atomgewichte und Valenz der Metalle, sowie Spektralanalyse und Verwendung der seltenen Erden.

Über die weitere Einteilung des Stoffes und über den Gebrauch des Buches finden sich die erforderlichen Angaben und Hinweise in den vorausgeschickten „Winken".

Zum Schlusse ist es mir eine angenehme Pflicht, allen Herren, die bei meiner nicht ganz mühelosen Arbeit mich durch freundliches Entgegenkommen unterstützt haben, an dieser Stelle meinen Dank auszusprechen.

Charlottenburg, August 1904.

C. Richard Böhm.

Winke für die Benutzung des Buches.

Die Darstellung der seltenen Erden macht bei dem präparativen Arbeiten mit anorganischen Körpern eine Ausnahme, denn es gelingt nicht durch eine oder wenige Operationen irgend eine Erde rein zu gewinnen. Da die Anzahl der seltenen Erden eine verhältnismäßig große ist und ihr Verhalten infolge der nahen verwandtschaftlichen Beziehungen sich sehr ähnelt, ist man darauf angewiesen, Kristallisationen oder Fällungen fraktioniert vorzunehmen und erreicht hierdurch nur auf sehr mühevollem und langwierigem Wege das erwünschte Ziel.

Eine Trennungsmethode erlaubt fast nie die Reindarstellung einer Erde, man muß vielmehr zur Kombination mehrerer Methoden greifen, und die Wahl der Methoden sowie das Beginnen mit einem neuen Verfahren richtet sich ausschließlich nach dem Reinheitsgrad der Fraktionierungsgrenzen.

So kommt es, daß man von vornherein fast nie für die Darstellung einer Erde positive Direktiven geben kann; dieselben wird man sich für jeden einzelnen Fall selbst aufstellen.

Aus diesen wenigen Andeutungen geht schon zur Genüge hervor, daß die Anordnung des Stoffes in diesem Buche eine ihm eigentümliche sein muß. An der Hand eines Beispieles dürfte der Gebrauch des Buches sich am leichtesten erklären lassen. Gesetzt den Fall, es wird jemand vor die Aufgabe gestellt, Lanthanerde darzustellen und will als Wegweiser und Auskunftsmittel sich dieses Buches bedienen.

Der erste Abschnitt soll einen allgemeinen Überblick über die Geschichte der Entdeckung der seltenen Erden gewähren, der zweite den Leser mit den charakteristischen Merkmalen der verschiedenen Erdgruppen und einzelnen Erden vertraut machen.

Es handelt sich sodann um das für diese Zwecke in Betracht kommende Ausgangsmaterial. Im Abschnitt „Wahl des Ausgangsmaterials“ (Bd. II, S. 128) finden sich für jede Erde mehrere Mineralien oder Nebenprodukte der Thoriumfabrikation usw. angeführt. Angenommen, man entscheidet sich aus bestimmten Gründen für das Mineral Cerit. Die nächste Frage, welche Erden enthält der Cerit und wie schließe ich ihn auf, beantwortet der Abschnitt „Aufschließen der wichtigsten Mineralien als Ausgangsmaterial“ (Bd. II, S. 73). Nachdem das Mineral aufgeschlossen ist, hat man sich für die Abscheidungsart zu entschliessen und findet im Abschnitt (Bd. II, S. 46) „Fällen der seltenen Erden“ die erforderlichen Hinweise.

Sind auf diese Weise die Roherden in Form von Oxalaten hergestellt, so muß man sich über die zu wählenden Trennungsmethoden schlüssig werden.

Aus den Analysen des Cerits (Bd. II, S. 73) ersieht man, daß es sich fast ausschließlich um Ceriterden handelt, denn die geringen Mengen Yttererden können vorläufig unberücksichtigt bleiben, da sie durch die später vorzunehmenden Manipulationen in Endfraktionen im angereicherten Zustand erscheinen.

Der letzte Abschnitt des ersten Bandes enthält eine Zusammenstellung der gebräuchlichen Methoden, die für die Darstellung der einzelnen Erden in Betracht kommen. Unter „Lanthan“ sind sämtliche Methoden angeführt, die für die Darstellung dieser Erde benutzt wurden. Nach den bisherigen Erfahrungen eignen sich die Ammondoppelnitrate für den genannten Zweck am besten, so daß man sich auch für sie entscheiden wird.

Die Trennungsmethode mittels der Ammondoppelnitrate (Bd. I, S. 418) wird nach entsprechender Einsicht alle Anhaltspunkte für eine Direktive bieten, so daß man zu der sofortigen Überführung der Oxalate in die Doppelsalze schreitet.

Da zur Abscheidung des Cers diese Erde in der vierwertigen Form vorliegen muß, so wird man sich für die Oxydation auf trocknem oder nassem Wege zu entscheiden haben und hierüber Auskunft im Abschnitt „Überführen der Oxalate in Nitrate, Sulfate, Oxyde usw.“ (Bd. II, S. 58) holen.

Nachdem die Hauptmenge des Cers in Form von Ceriammonnitrat abgeschieden ist, kann der Rest unberücksichtigt bleiben und die Ammondoppelnitrate auf Lanthan fraktioniert kristallisiert werden. Die Beschreibung dieser Trennungsmethode bringt alle Angaben, die für ein schnelles Gelingen erforderlich sind. Liegt die Lanthanerde schon in reinerem Zustande vor und will man die sie begleitende Cererde gänzlich entfernen, so findet man im fünften Abschnitt unter Cer die in Betracht kommenden Methoden angeführt, jedoch enthält das Kristallisationsverfahren der Ammondoppelnitrate genügende Hinweise, so daß man nie fehlgehen kann.

Um aber auf kürzerem Wege eine Anreicherung des Lanthans zu erhalten, kann man sich anderer Methoden bedienen, wie z. B. der partiellen Löslichkeit der Oxalate in Mineralsäuren oder mehrerer basischen Methoden. Alle diesbezüglichen Fingerzeige sind, wie schon oben erwähnt, im Schlußkapitel des ersten Bandes berücksichtigt.

Den Fortgang des Fraktionierens kontrolliert man durch die Spektralanalyse[1], die im zweiten Bande (S. 291) beschrieben ist.

Die zur Feststellung des endgültigen Reinheitsgrades nötige Auskunft bringen die Kapitel „Atomgewichtsbestimmungsmethoden“ (Bd. II S. 187) und Atomgewichte (Bd. II S. 214) der seltenen Erdmetalle.

Sollte es sich um event. Verunreinigungen anderer Metalle handeln, die durch die Reagentien oder Gefäße in das Präparat hineingelangt sind, so informiert man sich im Kapitel „Trennung

[1] Handelt es sich um Elemente farbloser Erden, und besonders um solche mit sehr abweichenden Atomgewichten, so wird man schneller und zuverlässiger Unterschiede in der Zusammensetzung von Erdgemischen durch Bestimmung des Äquivalentgewichtes (Bd. II S. 187) konstatieren.

der seltenen Erden von anderen Metallen" (Bd. II, S. 1). Während nach den Angaben dieses Kapitels (s. auch Bd. II, S. 134) eine vollständige qualitative Analyse ausgeführt werden kann, sind die für die quantitative Bestimmung des Cers, Thoriums und Praseodyms erforderlichen Methoden in dem darauf folgenden Kapitel (Bd. II, S. 138) beschrieben.

Weitere Direktiven für den Gebrauch des Buches zu geben, dürfte überflüssig sein, da aus der Inhaltsübersicht die Anordnung des Stoffes hervorgeht und das ausführliche Register über jedes Stichwort Auskunft erteilt.

Inhalt.

Seite

Abkürzungen, Jahres- und Bandzahlen der berücksichtigten Journalliteratur XVII

Erster Abschnitt.

Geschichte der Entdeckung der seltenen Erden 1

Zweiter Abschnitt.

Allgemeines Verhalten der seltenen Erden zu den Reagentien 85

Acetate, Acetylacetonate, Ätylsulfate, Ätzalkalien und Ammoniak, Äpfelsäure, Ameisensäure, Ammoniumchlorid, Arsensäure, Baldriansäure, Baryumcarbonat, Baryumsuperoxyd, benzoesaure Alkalien, Bernsteinsäure, Bleisuperoxyd, Boraxperle, Borsäure, Buttersäure, Carbide, Carbonate, Chlorammonium, Chloride, Chromate, Citronensäure und deren Salze, Curcumapapier, Cyankalium, essigsaure Salze, Ferrocyankalium, Fluoride, Formiate, Fumarsäure, Galläpfeltinktur, Gallussäure, Hypochlorite, jodsaure Alkalien, Kalium- und Natriumazid, Kaliumpermanganat, Kaliumsulfat, kieselfluorwasserstoffsaure Salze, Kobaltlösung, kohlensaure Alkalien, Kupferoxyd, Lactate, Magnesiumdoppelnitrate, Magnesiumoxyd, Malate, Merkuronitrat, milchsaure Salze, molybdänsaure Alkalien, Natriumhyposulfit, Natriumnitrit, Natriumsulfat, Natronlauge, niobsaure Alkalien, Nitrate, Nitrite, Nitrobenzolsulfonsäure, Nitroso-β-Naphtol, organische Basen, organische Säuren, Oxalsäure und oxalsaure Alkalien, Phosphorsalz- und Boraxperle, Kristallisieren der Oxyde in der Phosphorsalz- und Boraxschmelze, Kaliumpermanganat, Persulfate, Phosphorsäuren und Alkaliphosphate, Phosphormolybdänsäure, Phosphorwolframsäure, Quecksilberoxyd, Quecksilberoxydulnitrat, salicylsaures Ammon, Schwefelammonium, Schwefelwasserstoff, Stickstoffwasserstoffsäure und deren Salze, Sulfate, Sulfite, Tannin, Tartrate, Thiosulfate, unterchlorigsaure Alkalien, unterschwefligsaures Natrium, Vanadinate, Wasserstoffperoxyd, Weinsäure und weinsaure Alkalien, Wismuttetroxyd, wolframsaure Alkalien, Zink.

Der qualitative chemische Nachweis der Cererde, Thorerde und Zirkonerde 90

Nachweis des Cers 90

Nachweis des Thoriums und Zirkoniums 92

Dritter Abschnitt.

Mikrochemische Reaktionen 93

Ameisensaure Salze — Formiate, benzoesaure Salze — Benzoate, bernsteinsaure Salze — Succinate, Borate, Carbonate, Chloride, Chromate, Ferrocyankalium, Kaliumdoppelsulfate, Kaliumfluorid, Natriumdoppelsulfate, Natriumzirkonat, Oxalate, Oxychloride, Palladiumchlorid, Phosphorsalzperle, Rubidiumchlorid, Salicylate, Sulfate, Thallosulfat.

Vierter Abschnitt.

Seite
Die Trennungsmethoden 108
Geschichtliche Übersicht 108
Systematische Einteilung der Trennungsmethoden 115
I. Trennung durch Oxydation 115
II. Trennung durch partielle Fällung 115
III. Trennung durch Kristallisieren 116
IV. Trennung auf physikalischem Wege 117
Beschreibung der Trennungsmethoden 115
1. Trennung durch Glühen der Erdnitrate, Carbonate, Oxalate usw. 117
2. Trennung durch Digerieren der Oxyde mit verdünnter Salpetersäure und Ammonsalzen 123
3. Debraysche Trennungsmethode 127
4. Mosanders Chlormethode 131
5. Trennung mittels Kaliumpermanganat 136
6. Gibbssche Methode. Abscheidung des Cers mittels Bleisuperoxyd 144
Die Gibbssche Reaktion zum qualitativen Nachweis des Cers . 146
7. Trennungsmethoden mittels Wasserstoffperoxyd 147
Die Superoxyde der seltenen Erden 160
8. Trennung mittels Natriumsuperoxyd 164
9. Trennung mittels Ammonium- und Kaliumpersulfat 166
10. Trennung mittels Elektrolyse 175
11. Das sogenannte Abtreiben der Nitrate 177
Anwendung des Verfahrens auf die Darstellung von:
Yttrium, Erbium, Terbium, Thulium, Holmium, Ytterbium, Gadolinium, Decipium, Scandium, Lanthan, Didym, Cerium, Thorium, Zirkon.
12. Das sogenannte Oxydverfahren 189
a) Ytteriterden 191
b) Ceriterden 196
a) Trennung des Cers von Lanthan, Didym usw. 196
b) Trennung von Lanthan und Didym 198
13. Trennung mittels gebrannter Magnesia — Magnesiumoxyd . . 200
14. Trennung mittels Kupferoxydul bezw. Kupferoxyd 202
15. Trennung mittels der Chloride und Oxychloride 208
16. Basische Nitrat- und Sulfatmethode 209
17. Trennungsmethode mittels Ammoniak 220
Anwendung des Verfahrens auf die Darstellung von:
Ytterbium, Erbium, Holmium, Terbium, Yttrium, Decipium, Samarium, Gadolinium, Neodym, Didym, Lanthan, Cer, Thorium.
18. Trennung mittels Ätzalkalien 237
19. Trennung mittels Anilin 239
20. Trennung mittels Kalium- und Natriumazid (stickstoffwasserstoffsaurer Alkalien) 243
21. Trennung mittels schwefliger Säure oder ihrer Salze 244
22. Trennung mittels Natriumthiosulfat 250

Seite

23. Trennung mittels der Carbonate 256
24. Chromat-Trennungsmethode 265
Das Verhalten der seltenen Erden beim Fraktionieren der Dichromate mit Kaliumchromat 278
Ytteriterden, Cer, Lanthan, Praseodym, Neodym, Samarium.
Das Verhalten der seltenen Erden beim Fraktionieren der Nitrate mit Kaliumchromat 282
25. Die ameisensauren Salze als Trennungsmittel 285
26. Trennung mittels der Acetate. 288
27. Trennung mittels partieller Löslichkeit der Oxalate in verdünnten Säuren 296
Anwendung des Verfahrens auf die Darstellung von:
Yttrium, Erbium, Ytterbium, Scandium, Lanthan, Didym, Praseodym, Neodym, Samarium, Cerium, Thorium, Zirkonium, Viktorium.
28. Die Sulfattrennungsmethode 312
1) Die Löslichkeitsverhältnisse der Erdsulfate 325
2) Die Hydrate des Cersulfats 326
3) Das Verhalten des wasserfreien Cersulfats 331
4) Lanthansulfat. 332
5) Didymsulfat 334
6) Praseodymsulfat. 335
7) Neodymsulfat. 337
8) Samariumsulfat 337
9) Scandiumsulfat 338
Diskussion der Resultate, welche bei den Löslichkeitsbestimmungen der Ceritsulfate erhalten wurden 338
10) Die Sulfate der Ytteriterden 340
11) Die Hydrate des Thoriumsulfats 341
12) Beziehungen zwischen den Hydraten mit $9H_2O$ und mit $4H_2O$ 342
13) Verhalten des wasserfreien Thoriumsulfats 347
14) Verhalten des Thoriumsulfats mit $2H_2O$ 350
15) Verhalten des Thoriumsulfats mit $8H_2O$ 351
16) Verhalten des Thoriumsulfats mit $6H_2O$ 353
Anwendung des Verfahrens auf die Darstellung von:
Cerium, Lanthan, Didym, Neodym, Samarium, Yttererden, Thorium, Zirkon.
29. Trennung mittels fraktionierter Kristallisation der Nitrate . . 363
30. Trennung durch partielle Löslichkeit der Nitrate in Alkohol . 365
31. Trennung mittels der Acetylacetonate. 366
32. Trennung mittels fraktionierter Kristallisation der Äthylsulfate 371
Die Anwendung der Äthylsulfate auf die Ytteriterden. . . 372
Die Anwendung der Äthylsulfate auf die Ceriterden . . . 377
33. Trennung mittels fraktionierter Kristallisation sulfanilsaurer Salze 378
34. Die Alkalidoppelsulfate 379
Die Löslichkeitsverhältnisse der Alkalidoppelsulfate . . . 394
Yttriumkaliumsulfat, Ytterbiumkaliumsulfat, Erbiumkaliumsulfat, Terbiumkaliumsulfat, Gadoliniumkaliumsulfat, Deci-

Seite

piumkaliumsulfat, Didymkaliumsulfat, Didymnatriumsulfat, Didymammoniumsulfat, Neodymkaliumsulfat, Neodymnatriumsulfat, Praseodymkaliumsulfat, Samariumkaliumsulfat, Scandiumkaliumsulfat, Thoriumkaliumsulfat, Zirkoniumkaliumsulfat.

Das Fraktionieren mit Kaliumsulfat 399
Natrium- und andere Doppelsulfate 407
Das Lösen und Überführen der Doppelsulfate in alkalifreie Oxyde 411
Das Lösen in verdünnten Säuren 412
Das Lösen in konzentrierter Salpetersäure 413
Das Lösen in Ammonacetat 413
Direktes Überführen der Doppelsulfate in Hydroxyde . . . 413
Direktes Überführen der Doppelsulfate in Carbonate . . . 414
Direktes Überführen der Doppelsulfate in Sulfide 414
Direktes Überführen der Doppelsulfate in Oxalate 415
Das Abscheiden der Erden aus den Lösungen der Doppelsulfate 415
Trennung der seltenen Erden von anderen Metallen mittels Kaliumsulfat 416

35. Trennung mittels fraktionierter Kristallisation der Ammondoppelnitrate 417
36. Trennung mittels fraktionierter Kristallisation der Magnesiumdoppelnitrate 435
37. Trennung mittels fraktionierter Kristallisation der Wismutdoppelnitrate 441
38. Trennung mittels Kaliumoxalat und Kaliumbioxalat 442
39. Trennung mittels Ammonoxalat 445
Verfahren zur Trennung der Thorerde von den übrigen seltenen Erden 448
40. Trennung mittels der Doppelfluoride 456
41. Trennung der seltenen Erden auf physikalischem Wege . . . 459

Fünfter Abschnitt.

Zusammenstellung der Trennungsmethoden, die für die Darstellung der einzelnen Erden in Betracht kommen . 463

I. Trennung der Ceriterden von Ytteriterden und Thorerde . . . 465
II. Darstellung der Ceriterden 466
Cer, Lanthan, Didym, Neodym, Praseodym, Samarium, Scandium, Decipium.
III. Darstellung der Terbinerden 474
Gadolinium, Terbium.
IV. Darstellung der Ytteriterden 479
Yttrium, Erbium, Holmium, Thulium, Dysprosium, Ytterbium, Europium, Victorium.
V. Darstellung der Thorerde 484
VI. Darstellung der Zirkonerde 488

Berichtigungen 491

Abkürzungen, Jahres- und Bandzahlen

der berücksichtigten Journalliteratur.

Abweichungen von der alphabetischen Anordnung sind durch Kursivdruck hervorgehoben.

J. Sch. = Allgemeines Journal der Chemie, hrsg. von A. N. Scheerer, Bd. 1—6. Leipzig 1798—1801.

Am. Chem. J. = American Chemical Journal. Ed. with the aid of chemists at home and abroad by J. Remsen, Baltimore. 1879/1880 Bd 1 ... 1885/1886 Bd. 7; 1886 Bd. 8 ... 1899 Bd. 22; 1900 Bd. 23 u. 24; 1901 Bd. 25 u. 26; 1902 Bd. 27 u. 28; 1903 Bd. 29.

Am. J. Sc. = American Journal, The, of Science and Arts. (Established by Benj. Silliman in 1818.) Später Benj. Silliman Jr., James D. Dana, Edward S. Dana. New-Haven, Conn. 1819—1821 (Bd. 1—3); 1822 (Bd. 4—5); 1823 (Bd. 6); 1824 Bd. 7—8); 1825 (Bd. 9); 1826 (Bd. 10 bis 11); 1827 (Bd. 12); von 1828—1838 jährlich 2 Bde.; 1839 (Bd. 35—37); 1840—1845 jährlich 2 Bde. 2 Series; 1846—1870 (Bd. 1—50 bezw. Gesamtzählung 50—100). 3 Series ab 1871 (1—50 oder Gesamtzählung 101—150) jährlich 2 Bde. 4 Series ab 1895 jährlich 2 Bde. Indices: 1847 (für Bd. 1—49); 1850 (für Bd. 1—10 d. 2 Series); 1855 (für Bd. 11—20 d. 2 Series); 1860 (für Bd. 21—30 d. 2 Series); 1865 (für Bd. 31—40 d. 2 Series); 1870 (für Bd. 41—50 d. 2 Series); 1875 (für Bd. 1—10 d. 3 Series); 1880 (für Bd. 11—20); 1885 (für Bd. 21—30); 1890 (für Bd. 31—40).

L. A. = Annalen der Chemie und Pharmacie (Bde. 1—32 unter dem Titel: Annalen der Pharmacie, von Bd. 169 ab: Justus Liebigs Annalen der Chemie und Pharmacie). Hrsg. von R. Brandes, Ph. L. Geiger, J. Liebig usw.

An. d. Pharm. 1832 (Bde. 1—4), jährlich 4 Bde. 1839 (Bde. 29—32).

An. d. Chem. u. Pharm. 1840 (Bde. 33—36), jährlich 4 Bde. 1851 (Bde. 77—80 = Gesamtzählung. Neue Reihe Bd. 1 bis 4) jährlich 4 Bde. 1873 Bde. 165—168 Gesamtzählung oder 89—92 neue Reihe noch Annalen der Chemie und Pharmacie genannt; 1873 (Bde. 169—170 Gesamtzählung oder 93—94 neue Reihe = Justus Liebigs Annalen der Ch. u. Ph. 1874 (Bde. 171—172 bezw. 95—96); von 1874, Bde. 173—174 jährlich 4 Bde. nur nach Gesamtzählung.

Supplement-Bände, 1861/1862 (1) bis 1865/1866 Bd. 4; von 1867, Bd. 5 bis 1872 Bd. 8.

Register zu den Bdn. 1—276 und Supplementbänden 1—8 von C. G. Wittstein und F. Carl, V. Villiger u. W. Dieckmann, Leipzig u. Heidelberg 1843, 1855, 1861, 1874, 1885 u. 1895.

Annalen der Pharmacie, s. Annalen der Chemie und Pharmacie.

Annalen der Physik und Chemie. (Neue Folge des „Neuen Journals der Physik".) Begründet und fortgeführt durch F. A. C. Gren, L. W. Gilbert und J. C. Poggendorff. Halle und Leipzig, seit 1799.

Gilb. An. = — 1. Folge, Bd. 1—76, hrsg. von L. W. Gilbert, Halle und Leipzig 1799—1824. Registerbd. von Heinrich Müller. Leipzig 1826.

Pg. A. = — 2. Folge, hrsg. J. C. Poggendorff:
Bd. 1—30. Leipzig 1824—1836.
2. Reihe: Bd. 31—60 (1834—1843).
3. Reihe: Bd. 61—90 (1844—1853).
4. Reihe: Bd. 91—120 (1854—1863).
5. Reihe: Bd. 121—150 (1864—1873).
Jubelband, dem Herausg. J. C. Poggendorff zur Feier 50jährigen Wirkens gewidmet, 1874.
6. Reihe: Bd. 151—160, 1874—1877. Dazu: Ergänzungsbände 1—8, 1842—1878.
Beiblätter: Bd. 1, 1877. — Namen- und Sachregister zu Bd. 1—150, bearb. v. W. Barentin, 1844—1875. 4. Bde.

Wied. An. = — Neue Folge (3), unter Mitwirkung der physikalischen Gesellschaft in Berlin usw., hrsg. von G. und E. Wiedemann, Bd. 1—67. Leipzig 1877—1899 usw. — Beiblätter Bd. 2—23. Leipzig 1878—1899. 4. Folge, hrsg. von P. Drude, Bd. 1 ff. (G. F. 306 ff.), 1900 ff. — Sachregister Bd. 1—160, Ergänzungsband 1—8 und Jubelband (1824—1877), bearbeitet von Fr. Strobel. Leipzig 1888. — Namenregister zu Bd. 151—160 (1874—1877) nebst Ergänzungsbänden 7—8 der Poggendorffschen Reihe und zu Bd. 1—50 (1877—1893) der Reihe von Wiedemann, zusammengestellt von P. Spindler, Leipzig 1894. — Sachregister zu d. Neuen Folge Bd. 1—50 (1877—1893), bearb. v. G. Meyer und J. Stöckle, 1897. — Namenregister zu Bd. 1—35 (1877—1888), zusammengestellt von J. Klug. Leipzig 1889. — Beiblätter: Namenregister zu Bd. 1—15 (1877—1891), zusammengestellt von Fr. Strobel. Leipzig 1893.

An. chim. rec. = Annales de chimie, ou recueil de mémoires concernant la chimie et les arts qui en dépendent. Par de Morveau, Lavoisier, Monge, Berthollet, de Furcroy etc., Bd. 1 (1795), bis 1812.

An. Chim. = Annales de chimie et de physique, par Gay-Lussac, Arago etc. 1e Série: 1789—1815 = 96 Bde.; 2e Série: 1816—1840. Paris. 75 Bde.; 3e Série: 1841—1863 = 69 Bde.; 4e Série: 1864—1873 = 30 Bde.; 5e Série: 1874 bis 1883 = 30 Bde.; 6e Série: 1884—1893 = 30 Bde.; 7e Série seit 1894. — Tables générales: Série IIe bis VIe, 1831—1893, 5 Bde. Série IIIe tables p. Vol. 1—30 (1850), p. Vol. 31—69 (1866).

Cr. A. = Crells Annalen, Chemische, s. Chemische Annalen.

A. Gehl. = Neues allgemeines Journal der Chemie. Herausgeg. von Adolf Ferdinand Gehlen. Berlin 1803—1806. 6 Bde.

An. min. = Annales des mines, ou recueil de mémoires sur l'exploitatio des mines, et sur les sciences, qui s'y rattachent. Mémoires. Paris 1817—1826 (Bd. 1 bis 13); 2e Série: 1827—30 (Bd. 1—8); 3e Série: 1832—1841 (Bd. 1—20); 4e Série: 1842—1851 (Bd. 1 bis 20); 5e Série: 1852—1861 (Bd. 1—20); 6e Série: 1862—1871 (Bd. 1—20); 7e Série: 1872—1881 (Bd. 1 bis 20); 8e Série: 1882—1891 (Bd. 1—20); 9e Série: 1892—1901 (Bd. 1—20); 10e Série: 1902 etc.

Register: 1847 (Sér. 3), 1852 (Sér. 4), 1868 (Sér. 5), 1873 (Sér. 6), 1882 (Sér. 7).

An. philos. = Annals of Philosophy, or magazine of chemistry, mineralogy, mechanics, natural history, agriculture, and the arts, edited by Th. Thomson. 16 Vols. London 1813—1820.

An. philos. N. = Annals, The, of Philosophy. New Series. London 1821—1826.

Arch. sc. ph. et nat. = Archives des sciences physiques et naturelles, s. Bibliothèque universelle de Genève, Supplément.

Arch. Neer. = Archives Néerlandaises des Sciences exactes et naturelles, publiées par la Société hollandaise des sciences à Harlem, et redigées par E. H. von Baumhauer et J. Bosscha. Tome 1—30. La Haye et Harlem 1866—1897. — IIe Série, Tome 1 (1898) — jährlich 1 Bd. 1903 Bd. 8.

Arch. Kast. = Archiv für die gesamte Naturlehre, von K. W. G. Kastner, Nürnberg, 1824—1829. 18 Bde.

Arch. Ph. = Archiv der Pharmacie. Archiv der Pharmacie des Apothekervereins im nördlichen Deutschland. Zweite Reihe herausgegeben von Rud. Brandes (H. Wackenrode und L. Bley. 1863 Bley und Ludwig). Bd. 1—16. Lemgo 1835—1838.

Fortsetzung: Archiv der Pharmacie. Eine Zeitschrift des Apothekervereins im nördlichen Deutschland. Hannover.

II. Reihe. Bd. 17—64 (der ganzen Folge 67—114) — 1839 bis 1850.

.. Bd. 65—68 (d. ganzen Folge 115—119); auch unter dem Titel Archiv der Pharmacie. Eine Zeitschrift des allgemeinen Apothekervereins. Abt. Norddeutschland, Jahrgang I (1851).

.. Bd. 69—132 (d. ganzen Folge 119—182), Jahrgang II bis XVII (1852—1867).

Zu den Jahrgängen 1855, 1856, 1857 Ergänzungsheft an Jahrg. 1858.

Archiv der Pharmacie. Eine Zeitschrift ... Herausgegeben unter der Redaktion v. H. Ludwig, Halle. Bd. 133—150 (d. ganzen Folge 183—200) Jahrgang XVII—XXII. (1868 bis 1872.)

Archiv der Pharmacie. Eine Zeitschrift ... Herausgegeben unter der Redaktion von E. Reichardt, Halle.

III. Reihe. Bd. I (d. II. Reihe 151. Bd.; d. ganzen Folge 201. Bd.) Jahrgang XVII — 1872. Bd. 2 (1873) ... Bd. 29 (1891).

1892 Bd. 230 ... 1903 Bd. 241 (d. ganzen Folge).

Atti Rom. = Atti della Reale Accademia dei Lincei. Memoire della classe di scienze fisiche, matematiche e naturali. Atti dell' Accademia Pontificia de nuovi Lincei. 1851—1873 (Bd. 1 bis 26 — Bd. 24—26 [1871—1873] führen auch die Nummern 1—3 unter dem Titel: Atti della Reale Accademia dei Lincei).

Atti della Reale Accademia dei Lincei.

2. Serie 1875—1883 (Bd. 1—8).

Trans. = 3. Serie. Transunti 1—8 (Memorie 1—19 — 1877—1884).

Rend. = 4. Serie. Rendiconti publicati per cura dei segretari 1—7 (1885—1891).

Rendiconti della R. A. dei Lincei di sc. fisiche, matematiche e naturali.

5. Serie 1—12 (1892—1903).

Beitr. = *Klaproth, Martin Heinr., Beiträge zur chemischen Kenntnis der Mineralkörper. Posen, Berlin u. Stettin 1795—1815. 6 Bde.*

B. u. H. Ztg. = Berg- und Hüttenmännische Zeitung. Red.: K. R. Bornemann und Bruno Kerl, später Bruno Kerl und Friedr. Wimmer, [von 1898 an] G. Köhler und

C. Schnabel. Freiberg und Leipzig. 1. Jahrg. 1842. — 1903 Bd. 62.

Ber. = Berichte der Deutschen Chemischen Gesellschaft zu Berlin. 1. Jahrg. 1868.
Generalregister über die Jahrgänge 1868—1896. Berlin 1880, 1888 u. 1898.

B. J. = s. *Jahresberichte.*

B. Pharm. = Berichte der Deutschen Pharmaceutischen Gesellschaft. 1. Jahrg. 1891. Berlin.

Bibl. univ. = Bibliothèque universelle des sciences, belles-lettres et arts. Sciences et Arts. 1. Bd. 1816, jährlich 3 Bde. bis 1835. Hierauf folgen die Serien.
— Supplément: Archives des sciences physiques et naturelles, par de la Rive, Marignac et Pictet. Vol. 1 bis 27. Genève et Paris 1846—1854. Hierauf neue Periode.

Bih. K. Vet. Hdl. = s. *Kongliga.*

Bull. = Bulletin des Neuesten und Wissenswürdigsten aus der Naturwissenschaft, sowie den Künsten usw. Redact.: Sigism. Friedr. Hermbstädt. Bd. 1—15 (1809 bis 1813). Berlin. N. F. s. „Museum des Neuesten usw.“

Bull. chim. = Bulletin de la Société chimique de Paris. Bd. 1—5 (1850—1863). Nouvelle Série, jährlich 2 Bde. 1864 bis 1888. (1—50). 3. Série, jährlich 2 Bde. von 1889 ab. Table des années 1858—1888. 1876—1894. 3 vols.

Bull. fr. Min. = Bulletin de la Société Française de Minéralogie Paris (ancienne société mineralogique de France), fondée le 21 mars 1878. Seit 1878 jährlich 1 Bd. 1903 Bd. 26. Registerbände über Bd. 1—10 von H. Goguel 1888; über Bd. 11—20 von demselben 1900.

Bull. Belg. = Bulletin de l'académie royale des sciences, des lettres et des beaux-arts de Belgique. (Bruxelles). 1835—1856 (Bd. 1—23); 2. Série 1857—1880 (Bd. 1—50); 3. Série 1881 beginnend. Register: 1858 (1—23), 1867 ([2] 1—20), 1883 ([2] 21—50).

Bull. Pet. = Bulletin de l'académie impériale des sciences de St. Pétersbourg. 1860 (Bd. 1—2), 1861 u. 1862 je 1 Bd.; 1863 (Bd. 5—6); 1864 u. 1865 je 1 Bd.; 1866 (Bd. 9—10); 1867—1870 je 1 Bd.; 1871 (Bd. 15—16); 1872—1876 je 1 Bd.; 1877 (Bd. 22—23); 1878—1890 je 1 Bd. Hiermit beginnt neue Serie 1.

Bull. Phil. = Bulletin de la Société Philomatique de France. 1re Série, 2 Vols. 1791—1805 (1791—1811 Paris); 2e Série 1806 bis 1813; 3e Série 1814—1826, 4 vols.; 5e—7e Série, Années 1836—1888. 24 vols.; 8e Série 1888/1889 bis 1896/1897. Tome 1—9. 1889—1897. 9 vols.

— Compte-rendu sommaire des séance, oct. 1893. — juillet 1896.

Chem. Ind. = Chemische Industrie, Die. 1878—1894 redigiert von Jacobsen, seitdem von O. N. Witt. 1904 28. Jahrgang = 28. Bd.

Chem. N. = Chemical News, The, and Journal of physical science. Edited by Will. Crookes. London. Seit 1860 jährlich 2 Bde.

Chem. Ztg. = Chemiker Zeitung, Centralorgan für Chemiker usw. Red. Prof. Krause, Cöthen i. Anh. 1. Jahrg. 1876; Jahrg. 29 = 1904.

Cr. A. = Chemische Annalen für Freunde der Naturlehre, Arzneigelahrtheit usw. Hrsg. von Crell. Helmstädt und Leipzig 1784—1802. 40 Bde.

C. C. = Chemisch-pharmaceutisches Centralblatt, s. Chemisches Centralblatt.

C. C. = Chemisches Centralblatt. Repertorium für reine, pharmaceutische, physiologische und technische Chemie. 1. Folge (mit den Titeln „Pharmaceutisches Centralblatt" und „Chemisch-pharmaceutisches Centralblatt") 1.—26. Jahrg. 1830—1855. 46 Bde. Leipzig. — Neue Folge. 1.—14. Jahrg. 1856—1869. 14 Bde. 3. Folge. Redaction Rud. Arendt. 1.—19. Jahrg. 1870 bis 1888. Hamburg und Leipzig 1870—1888. 19 Bde. — 4. Folge. Redaction Rud. Arendt. 1.—8. Jahrg. (1889 bis 1896). 16 Bde. — 5. Folge. Redaction Rud. Arendt. Seit 1897 jährlich 2 Bde. — Generalregister der 3. Folge, 1.—12. Jahrg. (1870—1882). Bearb. v. Rud. Arendt. Hamburg und Leipzig 1882—1883.

Coll. = Collection académique composée des mémoires etc. des plus célèbres académies et sociétés littéraires étrangères, des extraits des meilleurs ouvrages périodiques, des traités particuliers et des pièces fugitives les plus rares, concernant l'histoire naturelle et la botanique, la physique experimentale et la chymie, la médicine et l'anatomie. (1768—1774), 12 Bde. Paris. (N. F. des „Recueil de memoires").

C. r. = Comptes rendus hebdomadaires des séances de l'Académie des Sciences. Paris. 1. Bd. 1835; seit 1836 jährlich 2 Bde. Supplément. Tome 1 et 2. Paris 1856 et 1861. Tables générales Tome 1—91. Paris 1853, 1870 et 1888.

Cos. = Cosmos, Le. [Neue Folge von „Les Mondes".] Tome I bis XXIX. Paris 1885—1894.

Edin. J. = Edinburgh Journal of Science, The. Conducted by David Brewster. New Series, Vol. 1—6. Edinburgh 1829—1832.

Edin. Phil. J. = Edinburg Philosophical Journal, The. By David Brewster and Jameson. Vol. 1—14. Edinburgh 1819—1826.

Edin. N. Phil. J. = Edinburgh New Philosophical Journal, by Rob. Jameson (Vol. 57 by Laurence Jameson). London, April 1826 — October 1854. 57 vols. — New Series. Edinburgh 1855—1864. 19 vols.

J. Frankl. = Franklin Journal and American mechanics magazine. Philadelphia 1826—1828. 5 vols. (vgl. „Journal of the Franklin Institute").

Gaz. chim. ital. = Gazzetta Chimica Italiana. 1. Jahrg. 1871. — Indice generale dei vol. 1a XX (1871—1890).

Geol. Fören. Förhdl. = Geologiska Föreningens i Stockholm Förhandlingar. Seit 1879 je 1 Bd.... 1904 Bd. 26.

Gilb. An. = Gilberts Annalen, s. Annalen der Physik und Chemie.

Göt. Anz. = Göttingische Anzeigen von gelehrten Sachen, unter der Aufsicht der Königl. Gesellschaft der Wissenschaften 1772—1829.

Jahrb. Meyer = Jahrbuch der Chemie. Ber. über die wichtigsten Fortschritte der reinen und angewandten Chemie, unter Mitwirkung usw. hrsg. von Rich. Meyer. 1. Jahrg. 1891. Frankfurt a. M.

Jahrb. Min. = Jahrbuch, Neues, für Mineralogie, Geologie, Paläontologie. Gegründet von K. v. Leonhard und G. H. Bronn. Hrsg. von M. Bauer, W. Dames und Th. Liebisch. Stuttgart. 1875 beginnend, jährlich 2 Bde. Beilage Bände 1881—1901. 13 Bde. Repertorium 1890—1894; 1895—1899.

Schweig. Jahrb. = Jahrbuch der Chemie und Physik, hrsg. von Ch. Schweigger und F. W. Schweigger-Seidel. Nürnberg und Halle 1821—1830. 30 Bde. — Sachregister zu den Jahrgängen 1823—1825. Halle 1826 (s. a. Journal für Chemie und Physik).

Jahrb. Phys. = Jahrbücher der Erfindungen und Fortschritte auf den Gebieten der Physik und Chemie, der Technologie usw. Begründet v. H. Gretschel u. H. Hirzel, hrsg. von G. Bornemann, Otto Müller und A. Berberich. Jahrg. 1 (1865) bis 30 (1894).

B. J. = Jahresbericht über die Fortschritte der physischen Wissenschaften (der Chemie und Mineralogie) von Jakob Berzelius, fortgesetzt v. L. Svanberg. Aus dem Schwedischen von C. G. Gmelin und F. Wöhler. 1.—30. Jahrg. 1822—1851). Tübingen. 27 Bde. — Register zu Jahrg. 1—25 (1822—1846). Tübingen 1839 u. 1847.

J. = Jahresbericht über die Fortschritte der reinen, pharmaceutischen und technischen Chemie, Physik, Mineralogie und Geologie. Hrsg. folgenweise von J. Liebig, H. Kopp, Will. Strecker, Naumann, F. Fittica u. (seit 1896) K. v. Buchka. Für d. J. 1847—1892 u. 1896. Gießen 1849—1888 u. Braunschweig 1889 usw., jährlich 2—3 Bde. — Register für d. J. 1847—1886. Gießen 1858, 1868, 1880 u. Braunschweig 1898. 5 Bde.

1850 (Bd. 1); 1851 (2); 1852 (3—4); 1853 (5); 1854 (6—8); 1855 (9—10); 1856 (11—12); 1857 (13); 1858 (14—15); 1859 (16—17); 1860—1863 (21) jährlich 1 Bd.; 1864 (22—23); 1865 (24); 1866 (25); 1867 (26—27); 1868 bis 1870 je 1 Bd.; 1872 (31—32); 1874—1877 je 1 Bd.; 1878 (35—38); 1879 (39—41); 1880 (40—42); 1882 (43—45); 1883 (46—47); 1884 (48); 1885 (49—50) 1886 (51); 1887 (52—53); 1888 (54); 1889 (55—56); 1890 ... je 1 Bd.

Register: 1867 (1—26); 1880 (27—40).

J. Phys. chim. = Journal de Physique, de chimie et d'histoire naturelle, par J. C. de La Métherie. (Fortsetzung des Journals: Observations sur la physique etc.) Paris an. 1 — 1792.

Jour. de Phys. = Journal de Physique, théorique et appliquée, fondé par J. Ch. d'Almeida et publié par E. Bouty, A. Cornu, E. Mascart, A. Potier etc. Tome 1—10. Paris 1872 bis 1881. — 2e Série, Tome 1—10, 1882—1891. — 3e Série, Tome 1—10, 1892—1901. — 4e Série beginnend mit 1902.

Schweig. Jour. = Journal für Chemie und Physik von Ch. Schweigger, Nürnberg 1811—1820. 30 Bde. (s. a. „Jahrbuch" und „Neues Jahrbuch" der Chemie und Physik).

J. G. W. = Journal für Gasbeleuchtung und verwandte Beleuchtungsarten sowie für Wasserversorgung. Organ des Deutschen Vereins von Gas- und Wasserfachmännern. Von N. H. Schilling und H. Bunte. 1. Jahrg. 1858 ... 1903. — 46. Jahrg. München und Leipzig. Generalregister zu Jahrg. 1874—1888, bearb. von Friedr. Carl. München und Leipzig 1889.

J. pr. = Journal für praktische Chemie. Hrsg. von Otto Lumé Erdmann (später im Verein mit R. F. Marchand und [von 1853 ab] mit Gustav Werther) 108 Bde. Leipzig 1834—1869 jährlich 3 Bde. — Register zu den Bdn. 1 bis 108, bearb. von G. Werther, Fr. Gottschalk usw. Leipzig 1844—1871. 3 Bde.

— Neue Folge. Hrsg. und redig. von H. Kolbe und (von 1879 ab) Ernst v. Meyer. Bd. 1 (1870) jährlich 2 Bde. — Register zu den Bdn. 1—50 (1870—1894), bearb. v. Rob. Bahrmann 1895.

J. Am. Ch. Soc. = Journal, The, of the American Chemical Society. New York. Committee on papers and publications J. J. Geisler, A. C. Hale, A. A. Brenemann, editor; mit einer Beilage: Review of American chemical research. 1878 beginnend, jährlich 1 Bd. Zu Bd. 24 gehört ein Supplement. Bd. 25 — Jubelband.

J. Ch. S. = Journal, The, of the Chemical Society of London. Editors: Henry Watts (seit 1855), C. E. Groves and A. J. Greenaway, London. — Quarterly Journal of de Chemical Society of London 1. Bd. — 1849 bis 14. Bd. 1862. — The Journal of the Chemical Society of London. 1862, Bd. 15: New Series (Entire Series). 1863, Bd. 1; Gesamtzählung 16 bis Bd. 8 bezw. Gesamtzählung 23 (1870). — Journal of the Chemical Society 1871, Bd. 9. — Gesamtzählung 24 bis 1875 jährlich 1 Bd. — Bd. 13 bezw. 28. Seit 1876 jährlich 2 Bde.; die Bde. von 1876 und 1877 sind mit 1 und 2 bezeichnet, vom Jahre 1878 ab sind dieselben mit der Gesamtzählung benannt, 1878, Bd. 33 u. 44 . . . 1890, Bd. 57 u. 58 usw.

J. Frankl. = Journal of the Franklin Institute, devoted to science, and the mechanic arts. New Series. Philadelphia 1828—1840. 26 vols. — 3rd Series, Vol. 1 (1841) . . . z. B. 1898 Bd. 116 (Wohle No. Vols. 31—146). — Index for the 120 volumes from 1826 to 1885. Philadelphia 1890 (s. a. „Franklin Journal").

J. Sc. = Journal, The, of Science s. Quaterly Journal.

J. Sch. = *Scheerers Journal s. Allgemeines Journal der Chemie.*

J. Soc. ind. = Journal, The, of the Society of Chemical Indust., London. A Record for all interested in Chemical and allied manufactures. Edited by Watson Smith. Seit 1883 jährlich 1 Bd., monatlich zwei Hefte.

J. phil. = Journal of natural philosophy, chemistry and the arts, by W. Nicholson. London 1796—1800. 4 vols.

K. Vet. Ak. Hdl. = Kongliga Svenska Vetenskaps-Akademiens Handlingar. Stockholm 1847, für das Jahr 1845—1856 (1854). Ny Följd. 1850 Bd. 1 bis 1870 Bd. 8; 1871 Bd. 9I; 1872 Bd. 9II; 1871—1872 Bd. 10; 1873—1875 Bd. 11—12; 1875—1876 Bd. 13; 1878 Bd. 14; 1877—1879 Bd. 15 . . . 1881—1882 Bd. 18 1881—1884 Bd. 19—20; 1884—1887 Bd. 21 . . .

Bih. K. Vet. Hdl. = Bihang till Kongliga Svenska Vetenskaps-Akademiens Handlingar. Stockholm.

1872—1873 Bd. 1 . . . 1884—1885 Bd. 9; 1885 Bd. 10; 1887 Bd. 11; 1886—1887 Bd. 12 . . .

Oefv. K. Vet. Fhdl.	= Oefversigt af Kongliga Vetenskaps-Akademiens Förhandlingar. Stockholm. 1845 Bd. 1 . . . 1868 Bd. 24; 1868—1869 Bd. 25; 1870 Bd. 26 . . . 1883 Bd. 39; 1883—1884 Bd. 40; 1884 bis 1885 Bd. 41 . . . usw.
Kast. Arch.	= Kastners Archiv s. Archiv.
K. W.	= Klaproth-Wolffs Chemisches Wörterbuch. Bd. 1—5 (1807—1808); Supplbd. 1—3 (1816—1817).
L. A.	= Liebigs Annalen der Chemie und Pharmacie s. Annalen der Chemie.
Lond. Edinb. Dubl.	= *Philosophical Magazine* s. Philosophical Magazine, The, London etc.
Mb. B.	= Monatsberichte der Königl. Preuß. Akademie der Wissenschaften zu Berlin. 1836—1881. — Register für die Jahre 1859—1873 und 1874—1881. Berlin 1875 und 1884.
Mhft. Ch.	= Monatshefte für Chemie und verwandte Teile anderer Wissenschaften. Gesammelte Abhandlungen aus den Sitzungsberichten der Kaiserl. Akademie der Wissenschaften. Bd. 1 (1880) . . . Wien. — Generalregister zu den Bänden 1—10 (Jahrg. 1880—1889), zusammengestellt von Rud. Wegscheider. Wien 1894.
Mus.	= Museum des Neuesten und Wissenswürdigsten aus dem Gebiete der Naturwissenschaft usw. Red. Sigismund Friedr. Hermbstädt. Bd. 1—15 (1814 bis 1818). Berlin. (N. F. des „Bulletin des Neuesten" usw.)
Medd. Gron.	= Meddelelser om Grønland udgione af Commissionen for Ledelsen af de geologiske og geographiske Undersøgelev i Grønland. Kjøbenhavn. Bd. 1 — 1890 (1876—1878); Bd. 2 — 1881 (1876); Bd. 3,1 — 1880—1887) 1880); Bd. 3,2 — 1887 bis 1894 (1887); Bd. 4 — 1893; Bd. 5 — 1893 (1878 bis 1880); Bd. 6 — 1894 (1879); Bd. 7 — 1893; Bd. 8 — 1889 (1883); Bd. 9 — 1889 (1883—1885); Bd. 10 Text — 1888 (1886); Bd. 10 Tafel — 1888 (1883—1885); Bd. 11 — 1887 (1887); Bd. 12 — 1888 (1886—1887); Bd. 13 — 1890 (1890); Bd. 14 — 1898 (1894); Bd. 15 — 1898 (1889—1890); Bd. 16 — 1896; Bd. 17 — 1895 (1891—1892); Bd. 18 — 1896 (1891 bis 1892); Bd. 19 — 1896; Bd. 20 — 1899; Bd. 21,1 — 1899 (1898); Bd. 21,2 — 1902 (1902); Bd. 22 — bis Aug. 1904 nicht erschienen; Bd. 23,1 — 1899 (1898); Bd. 24 — 1901; Bd. 24 Bihang — 1901; Bd. 25 — 1902; Bd. 26 bis August 1904 nicht erschienen; Bd. 27 — 1902 (1898—1900).
Trans.	= Memorie s. Atti, 3 Serie.

Nat. Rund. = Naturwissenschaftliche Rundschau. Wöchentliche Berichte über die Fortschritte auf dem Gesamtgebiete der Naturwissenschaften. Unter Mitwirkung von J. Bernstein, v. Koenen, V. Meyer, B. Schwalbe usw. hersg. v. W. Sklarek. 1886. I. Jahrg. Braunschweig.

Schweig. Jour. = Neues Jahrbuch der Chemie und Physik, hrsg. von F. W. Schweigger-Seidel, s. Journal für Chemie und Physik.

Oefv. K. Vet. Fhdl. = Oefversigt af Kongl. Vetenskaps-Akademiens Förhandlingar s. Kongliga usw.

C. C. = Pharmaceutisches Centralblatt s. Chemisches Centralblatt.

Pharm. Ztg. = Pharmazeutische Zeitung; Berlin. 1. Jahrg. 1855.

Phil. Mag. = Philosophical Magazine, The, and Journal of Science; London.

Philos. Mag. T. = Philosophical Magazine, The, and Journal etc., comprehending the various branches. of science etc., edited by A. Tilloch and R. Taylor. 1793—1826. 68 Bde. London.

Annals of Philosophy or Magazine of Chem., Med. etc. 1813 Bd. 1—2 ... 1820 Bd. 15—16. — New Series 1821 Bd. 1—2 ... 1826 Bd. 11—12.

The Philosophical Magazine or Annals of Chem., Math. etc. by R. Taylor and R. Phillips. New and united Series of the Philosoph. Mag. and Ann. of Philos. 1827 Bd. 1 bis 2 ... 1831 Bd. 9 bis 10; 1832 Bd. 11.

Lond. Edinb. Dubl. = Philosophical Magazine, The, London, Edinburgh, Dublin, and Journal of science, by David Brewster, Rich. Taylor, Rich. Phillips and Rob. Kane. 3rd Series, Vol. 1—37. London 1832—1850. — 4th Series, by R. Kane, W. Francis, W. Thomson. Vol. 1—50. 1851—1875. — 5th Series, by Lord Kelvin, G. F. Fitzgerald and Will. Francis. Vol. 1 — 1876 ... Vol. 46 — 1898 ... — General Index for Vol. 1—12 (1832—1838). London 1839.

Pg. A. = Poggendorfs Annalen s. Annalen der Physik usw.

Phil. Trans. = Philosophical Transactions of the Royal Society of London.

Bd. 1 (1665—1666); Bd. 2 (1667); Bd. 3 (1668), Erscheinungsjahr 1669; Bd. 4 (1669), Erscheinungsjahr 1670; Bd. 5 (1670) ... Bd. 13 (1682—1683) ohne Erscheinungsjahr; Bd. 14 (1684), ersch. 1684; Bd. 15 (1685), ersch. 1686; Bd. 16 (1686—1687) ersch. 1688; Bd. 17 (1691—1693); 18 (1694); 19 (1695—1697);

20 (1698) ohne Erscheinungsjahr; Bd. 21 (1699) ersch. 1700; 22 — 1702; jedes 2. Jahr 1 Bd. . . . bis Bd. 28 — 1714; Bd. 29 — 1717; 30 — 1720; 31 — 1723; 32 — 1724; 33 — 1726; 34 — 1728; 35 — 1729; 36 — 1731; 37 — 1733; 38 — 1735; 39 — 1738; 40 — 1741; 41 — 1744; 42 — 1744; 43 — 1746 . . . jedes 2. Jahr 1 Bd. bis Bd. 46 — 1752. Von Bd. 47 — 1753 ab jährlich 1 Bd. Eine Ausnahme machen 1772 Bd. 61 u. 62; 1777 Bd. 66 u. 67; 1779 Bd. 68 u. 69; 1878 Bd. 168 u. 169. Bd. 48^{I} erschien 1754; 48^{II} — 1755; 49^{I} — 1756; 49^{II} — 1757; 50^{I} — 1758; 50^{II} — 1759; 51^{I} — 1760; 51^{II} — 1761; 52^{I} — 1762; 52^{II} — 1763; $65^{I\,u.\,II}$ — 1775; 66^{I} — 1776; 66^{II} — 1777; 67^{I} — 1777; 67^{II} — 1778; $68^{I\,u.\,II}$, 69^{I} — 1779; 69^{II} — 1780; $70^{I\,u.\,II}$ — 1781; seit 1887 sind in jedem Jahr die Bände mit A und B bezeichnet, z. B. 1890 Bd. 181 AB.

Proc. Am. Ac. = Proceedings of the American Academy of arts and sciences. Boston and Cambridge, Mass., später Boston. Bd. 1 — 1848 bis Bd. 8 — 1873. — New Series (Entire Series) Bd. 1 — 1874, jährlich 1 Bd.

Proc. Am. Phil. = Proceedings of the American Philosophical Society, held at Philadelphia. Bd. 1 — 1840 ersch., jährlich 1 Bd. Register 1884: Trans. 1—6 Old Ser. 1—15 New Ser. & Proceed. 1—20. 1889 Suppl. Trans. 16, N. S. & Proceed. 21—24, 1881—1889: Subject-Register.

Proc. Camb. = Proceedings — Cambridge Philosophical Society. Bd. 1 — 1866 (1843—1863; 2 — 1876 (1864—1876); 3 — 1880 (23. Oktbr. 1876 bis 17. Mai 1880); 4 — 1883 (25. Oktbr. 1880 bis 28. Mai 1883); 5 — 1886 (29. Oktbr. 1883 bis 24. Mai 1886); 6 — 1889 (25. Oktbr. 1886 bis 3. Juni 1889); 7 — 1889 (28. Oktbr. 1889 bis 30. Mai 1892).

Proc. Chem. = Proceedings of the Chemical Society; London. 1885 beginnend, jährlich 1 Bd. s. auch Journal of the Chemical Society.

Proc. Lond. = Proceedings of the Royal Society of London. Abstracts of the Papers printed in the Philosophical Transactions of the Royal Society. Bd. 1 — 1832; 2 — 1833; 3 — 1837. —

Abstracts of the Papers communicated to the Royal Society. Bd. 4 — 1843; 5 — 1851; 6 — 1854. —

Proceedings of the Royal Society of London. Bd. 7 — 1856; 8 — 1857; 9 — 1859; 10 — 1860; 11 — 1862; 12 — 1863; 13 — 1864; 14 — 1865; 15 u. 16 — 1867; 17 — 1869, jährlich 1 Bd. bis 1877

Bd. 25; Bd. 26 u. 27 — 1878; 28 u. 29 — 1879; 31 u. 32 — 1881; 33 — 1882; 34 u. 35 — 1883; 36 u. 37 — 1884; 38 — 1885; jährlich 2 Bde. bis 1888 Bd. 43 u. 44; 1889 Bd. 45; hierauf jährlich 2 Bde.

Proc. Edb. = Proceedings of the Royal Society of Edinburgh. Edinburgh. Bd. 1 — 1845; 2 — 1851; 3 — 1857; 4 — 1862; 5 — 1866; 6 — 1869; 7 — 1872; 8 — 1875; 9 — 1878; 10 — 1880; 11 — 1882; 12 — 1884; 13 — 1886; 14 — 1888; 15 — 1889; 16 — 1890; 17 — 1891; hierauf jährlich 1 Bd.

s. auch Transactions of the Royal Society of Edinburgh.

Publ. = Publikationen des Astrophysikalischen Observatoriums zu Potsdam. 1878 Bd. I.

Quart. = Quarterly Journal, The, of Science and Annals of Astronomy, Biology, Geology etc. Edited by J. Samuelson and W. Crookes. London 1864—1870. 4 vols. — New Series, edited by W. Crookes. London 1871—1878. 8 vols.

J. Sc. = 3rd Series unter dem Titel: The Journal of Science. Vol. 1—7. London 1879—1885.

Rec. chim. = Recueil des travaux chimiques des Pays-Bas. Leiden. Bd. 1 — 1882, jährlich 1 Bd.

Rend. = Rendiconti s. Atti.

Repert. Phys. = Repertorium der Physik (früher: Repertorium der Physik, für physikalische Technik, mathematische und astronomische Instrumentenkunde. Hrsg. von Ph. Carl, von 1883 ab E. Exner. Bd. 1. Jahrg. 1865. München und Leipzig. — Gesamtregister zu Bd. 1 bis 15 (1865—1879). München und Leipzig.

Rozpr. = Rozpravy České Akademia cisaře Frantiska Josefa pro vědy stovenost a umeni v Praze. [Abhandlungen der böhmischen Gesellschaft (K. Franz Josephs Akademie) für Wissenschaft, schöne Literatur und Kunst in Prag. Klasse II mathematisch-naturwissenschaftliche Abteilung.] R 1 č. 1—25. 26—44 (1892); R 2 č. 1—24. 25—40 (1893); R 3 č. 1—32 (1894); R 4 č. 1—36 (1895); R. 5 č. 1—11. 12—22. 23—33. 34—44 (1896); R 6 č. 1—13. 14—26. 27—39 (1897); R 7 č. 1—28 (1898); R 8 č. 1—45 (1899); R 9 č. 1—36 (1900); R 10 č. 1—40 (1901/1902); R 11 č. 1—36 (1902).

Sb. B. = Sitzungsberichte der Königl. Preuß. Akademie der Wissenschaften zu Berlin. Seit 1882 in Halbbänden. 1) Jan. bis Mai, 2) Juni bis Dezember.

Sb. M. = Sitzungsberichte der Königl. Bayr. Akademie der Wissenschaften zu München. Philosophisch-philologische und historische Klasse.

1871 Bd. 1; 1872 Bd. 2; 1873 Bd. 3; 1874 Bd. 4, 1. 2; Jahrg. 1875 Bd. 1. 2; 1876; 1877; 1878, 1. 2; 1879, 1. 2; 1880; 1881, 1. 2; 1882, 1. 2; 1883; 1884; 1885 (nebst Inhaltsverzeichnis 1881—1885).

1886; 1887, 1. 2; 1888; 1. 2; 1889, 1. 2; 1890, 1. 2; 1891; 1892; 1893, 1. 2; 1894; 1895; 1896; 1897, 1. 2; 1898, 1. 2; 1899, 1. 2; 1900; 1901; 1902.

Sb. P. = Sitzungsberichte der Kgl. böhmischen Gesellschaft der Wissenschaften zu Prag. Mathematisch-naturwissenschaftliche Klasse.

1885 beginnend, bis 1894 je 1 Bd. in 2 Heften; von 1895 ab 2 Bde.

Sb. W. = Sitzungsberichte der kaiserlichen Akademie der Wissenschaften zu Wien, mathematisch-naturwissenschaftliche Klasse. 1848 Bd. 1; 1849 Bd. 2—3 . . . jährlich 2 Bde. bis 1853 (Bd. 10—11); 1854 (12—14); 1855 (15—18); 1856 (19—21); 1857 (22—27); 1858 (28—33); 1859 (34 bis 38); 1860 (39—42); 1861 (43); 1862 (44—45); 1863 (46 bis 48); 1864 (49); 1865 (50—52); 1866 (53—54); 1867 (55—56); 1868 (57—58); 1869 (59—60); 1870 (61—62); 1871 (63—64); 1872 (65—66) . . . jährlich 2 Bde. bis 1887 (Bd. 95—96); 1888 . . . jährlich 1 Bd.

Register: 1854, 1 (1—10); 1856, 2 (11—20); 1859, 3 (21 bis 30); 1862, 4 (31—42); 1865, 5 (43—50); 1870, 6 (51 bis 60); 1872, 7 (61—64); 1878, 8 (65—75); 1880, 9 (76—80); 1882, 10 (81—85); 1885, 11 (86—90); 1888, 12 (91—96); 1892, 13 (97—100);

s. auch Denkschriften der kaiserlichen Akademie der Wissenschaften.

Schweig.Jahrb. = *Jahrbuch der Chemie und Physik . . . s. Jahrbuch.*

Schweig. Jour. = Schweiggers Journal s. Journal für Physik und Chemie.

Am. J. Sc. = Silliman Journal s. American Journal of Science etc.

An. philos. = Thomsons Annalen s. An. philos.

Trans. Camb. = Transactions — Cambridge Philosophical Society. 1882 (Bd. 1); 1827 (2); 1830 (3); 1833 (4); 1835 (5); 1838 (6); 1842 (7); 1849 (8); 1856 (9); 1864 (10); 1871 (11); 1879 (12). Registerbde. 1879 (1—12); 1883 (13); 1889 (14).

Trans. Edb. = Transactions of the Royal Society of Edinburgh. 1788 Bd. 1; 1790 (2); 1794 (3); 1798 (4); 1805 (5); 1812 (6); 1815 (7); 1818 (8); 1821—1823 (9); 1824—1826 (10); 1831 (11); 1834 (12); 1836 (13); 1840 (14); 1844 (15); 1845 (16^{I}, 17^{I}); 1846 (16^{II}); 1847 (16^{III}, 17^{II}); 1848 (16^{IV}, 18); 1849 (19^{I}); 1850 (19^{II}); 1853 (20); 1857 (21); 1861 (22); 1864 (23); 1867 (24); 1869 (25); 1872 (26); 1876 (27); 1879 (28); 1880 (29); 1883 (30); 88 (31); 1887 (32); 1888 (33); 1890 (34); 1890 (35—36).

Trans. = Transunti s. Atti, 3 Serie.

Wied. An. = Wiedemanns Annalen der Physik und Chemie s. Annalen der Physik und Chemie.

Z. agw. = Zeitschrift für angewandte Chemie. Organ der deutschen Gesellschaft für angewandte Chemie. Hrsg. von Ferd. Fischer. Berlin. 1. Jahrg. 1887.

Z. alyt. = Zeitschrift für analytische Chemie. Hrsg. v. C. Rem. Fresenius, seit 1882 unter Mitwirkung v. Heinrich Fresenius. Wiesbaden. 1. Jahrg. 1862; 1903 Bd. 42. Registerbde. 1862—1871 (zu Bd. 1—10); 1872—1881 (zu Bd. 11—20); 1882—1891 (zu Bd. 21—30); 1892 bis 1901 (zu Bd. 31—40).

Z. an. = Zeitschrift für anorganische Chemie. Unter Mitwirkung von Berthelot usw. hrsg. von Gerh. Krüss. Hamburg und Leipzig. 1892 Bd. 1—2; 1893 Bd. 3 bis 4; 1893/1894 Bd. 5; 1894 Bd. 6—7; 1895 Bd. 8 bis 10; 1896 Bd. 11—12; 1896/1897 Bd. 13; 1897 Bd. 14—15; 1898 Bd. 16—18; 1899 Bd. 19—21; 1900 Bd. 22—25; 1901 Bd. 26—28; 1902 Bd. 29—32; 1902/1903 Bd. 33; 1903 Bd. 34—37. Registerbd. 28 bis 30 (1901—1902).

Z. K. = Zeitschrift für Kristallagraphie und Mineralogie, hrsg. von P. Groth. Leipzig. 1877—1883 je 1 Bd. 1—7); 1884 (8—9); 1885—1887 (10—12); 1888 (13—14); 1889 (15); 1890 (16—17); 1891 (18—19); 1892 (20); 1893 (21); 1894 (22—23); 1895 (24); 1896 (25—26); 1897 (27—28); 1898 (29); 1899 (30—31); 1900 (32—33); 1901 (34); 1902 (35—36); 1903 (37); 1904 (38).

1886 Repertorium von Ende 1876 bis Anfang 1885 nebst Generalregister 1—10.

1893 Repertorium von Anfang 1885 bis Anfang 1891 nebst Generalregister 11—20.

1898 Repertorium von 1891—1897 (21—30).

Zeitsch. Chem. = Zeitschrift für Chemie. Archiv für das gesamte Gebiet der Wissenschaft. Hrsg. von Hübner. Neue Folge. Göttingen 1865—71.

Zeitschrift für die chemische Industrie s. Zeitschrift für angewandte Chemie.

Zeitsch. Elec. Ch. = Zeitschrift für Elektrotechnik und Elektrochemie. Herausg. Arthur Wilke und Dr. W. Borchers; Jahrgang I — 1894/1895. Seit 1895/1896: Zeitschrift für Elektrochemie — unter Mitwirkung von Wilhelm Ostwald herausgegeben von Borchers; 1897/1898 Jahrgang 4 herausgegeben von Walter Nernst und W. Borchers; seit 1902/1903 herausgegeben von der Deutschen Bunsen-Gesellschaft für angewandte physikalische Chemie (früher Deutschen Elektrochemischen Gesellschaft) unter Leitung von Professor Dr. R. Abegg, Breslau. Verlag von Knapp, Halle a/S.

Zsch. phys. Ch. = Zeitschrift für physikalische Chemie, Stöchiometrie und Verwandtschaftslehre, unter Mitwirkung von J. W. Brühl, C. M. Guldberg und P. Waage usw. hrsg. von Wilh. Ostwald und J. H. van't Hoff. Leipzig. 1887 beginnend: 1887, 1888 je 1 Bd.; 1889 bis 1893 je 2 Bde.; 1894—1899 je 3 Bde. und 1 Jubelband; 1900 4 Bde.; 1901 3 Bde.; 1901/1902 1 Bd. (39); 1902 2 Bde.; 1902/1903 Bd. 42; 1903 3 Bde. und 1 Jubelband.

Erster Abschnitt.

Geschichte der Entdeckung der seltenen Erden.

Literatur.

1751. Cronstedt, K. Vet. Ak. Hdl. 1751, p. 235; A. Gehl. 1804, **2**, S. 303. — Klaproth, Chemische Untersuchung des Ochroits. Die erste Nachricht von Ochroit, den Cronstedt Schwerstein oder rötlichen Tungstein nannte. Nach Hisinger und Berzelius — A. Gehl. 1804, **2**, S. 397; Beitr. 1807, **4**, S. 141; K. W. 1807, **1**, S. 568 — wurde der Stein von Cronstedt in der Bastnäsgrube 1750 gefunden.

1784. Torb. Bergmann, Opusc. phys. et chemic. **6**, p. 108; vgl. Klaproth, A. Gehl. 1804, **2**, S. 304. Bergmann hatte vermutet, daß der rötliche Tungstein Cronstedts nicht mit dem wahren Tungstein — wolframs. Calcium — identisch ist.

1784. D'Elhuyar, Abhd. Schwed. 1784, S. 121; vgl. Klaproth, A. Gehl. 1804, **2**, S. 304. D'Elhuyar fand, daß der sog. Tungstein mit dem wahren Tungstein — wolframs. Calcium — nicht identisch ist.

Scheele — A. Gehl. 1804, **2**, S. 397—398, Hisinger und Berzelius, Beitr. 1807, **4**, S. 141—143; K. W. 1807, **1**, S. 568 — untersuchte den rötlichen Tungstein ebenfalls und nannte ihn falschen Tungstein.

Kirwan, Mineralogie aus dem Engl., II. Ausgabe, **1**, S. 152; vgl. Klaproth — A. Gehl. 1804, **2**, S. 304; Beitr. 1807, **4**, S. 142. Die Angaben von D'Elhuyar und Bergmann veranlaßten jedenfalls Kirwan den sog. rötlichen Tungstein unter dem Namen roten Kalkstein seinem Ferricalcit beizuzählen.

1788. Geyer, Cr. A. **1**, S. 229; vgl. Klaproth — Beitr. 1802, **3**, S. 52; K. W. 1807, **2**, S. 338; Schw. J. 1801, **5**, S. 531, ferner Scheerer, 1840, Pg. A. (3), **51**, S. 412.

Die erste Nachricht von einer neuen Steinart „Ytterbit“, die später Gadolinit genannt wurde.

1789. Klaproth, Beitr. 1795, **1**, S. 203—226; Auszug aus den Beobachtungen und Entdeckungen aus der Naturkunde **3**, 2 St., S. 147 u. ff., Berlin 1789; Cr. A. **1**, S. 7; An. Chim. **1**, p. 238. In den Zirkonen von Ceylon, deren Zerlegung schon 1787 Wiegleb vergebens versucht hatte, fand Klaproth eine neue Erde, welche er Zirkonerde (Terra circonia) benannte.

1794. Gadolin, K. Vet. Ak. Hdl. 1794, **2**, p. 137; Cr. A. 1796, **1**, S. 313—329; vgl. Klaproth, Beitr. 1802, **3**, S. 53—54; K. W. 1807, **2**, S. 338; 1810, das. **5**, S. 688; Scheerer, Pg. A. 1840, (3) **51**, S. 412—413. Gadolin findet in der von Geyer beschriebenen Steinart 38% einer neuen Erde, die dem Aluminium und Calcium ähnlich ist.

1795. Klaproth, Beitr. 1795, **1**, S. 227—232. Verf. findet die neue Zirkonerde auch im Hyazinth von Ceylon, welches Mineral bereits von Torb. Bergmann analysiert worden war, jedoch ohne jede Vermutung, daß darin eine neue Erde enthalten ist.

1797. A. G. Ekeberg, K. Vet. Ak. Hdl. 1797, p. 156; Cr. A. 1799, **2**, S. 63—73; Beitr. 1802, **3**, S. 54—57; K. W. 1807, **2**, S. 338; das. 1810, **5**, S. 688; J. Sch. 1799, **3**, S. 187—195. Ekeberg untersucht den Gadolinit und findet 47,5% der bereits von Gadolin beschriebenen neuen Erde und erteilt ihr den Namen „Yttria".

1797. Guyton-Morveau, An. Chim. 1797, **21**, p. 72—95.
Verf. wies die neue Zirkonerde auch in den französischen Hyazinthen (Jargonen) nach.

1797. Vauquelin, An. Chim. 1797, **22**, p. 179—209; übers. in Trommsdorffs Journ. d. Pharm. **5**, St. 2, S. 224 u. ff.
Verf. bestätigt die Gegenwart der Zirkonerde in den Jargonen. Guyton und Vauquelin brachten die ersten genauen Angaben über Eigenschaften und Salze der Zirkonerde.

1800. Klaproth, Untersuchungen des Gadolinits, vorgelesen in der Kgl. Akad. d. Wiss. z. Berlin am 11. Sept. 1800; Cr. A. 1801, **1**, S. 307 u. f.; Bulletin de la société philomat. **11**, ann. **4**, Nr. IX, **45** (Frim. 9), p. 164; Schw. J. 1801, **5**, S. 531—552; Beitr. 1802, **3**, S. 52—79; K. W. 1807, **2**, S. 338. — Klaproth bestätigt die Geyerschen Angaben; Ytterbit wird Gadolinit und Glycinerde Beryllerde genannt. Letztere Namensänderung hatte bereits Professor Link vorgeschlagen.

1801. J. C. Delamétherie, Jour. Phys. chim., **8**, L. 1 (Fruct. 8), p. 237 u. f. Note sur une nouvelle espèce de pierre noire de Ytterby et sur la terre particulière.

1801. C. Haug, Bulletin de la soc. philom. **2**, ann. 4. Nr. VIII, **44** (Brum. 9), p. 158 u. f.; Notiz über Gadolinit.
Eine Anzeige hierüber in Busch's Almanach der Fortschritte — 1802 — **4**. S. 143.

1801. Vauquelin, An. Chim. **36**, Nr. 107, p. 143—160; das. **37**, Nr. 109, p. 86; J. Sch. 1801, **5**, p. 552—565; Phil. Mag. **8**, Nr. 32 (Jan. 1801), p. 366—375; K. E. A. v. Hoffs Magazin für die gesamte Mineralogie etc. **1**, Heft 2 (Leipzig 1801), S. 220—227; Cr. A. 1801, **1**, S. 227—242; Schw. J. 1801, **5**, S. 552—565; K. W. 1807, **2**, S. 338. — Analyse des Gadolinits und Eigenschaft der in diesem Steine enthaltenden neuen Erde — Yttria.

1802. Ekeberg, K. Vet. Ak. Hdl. 1802, p. 68; vgl. Scheerer, 1840, Pg. A. (3) **51**, S. 413. — Ekeberg untersucht nochmals den

Gadolinit von Ytterby und findet wieder die neue Erde Yttria. Schw. J. **9**, S. 603; vgl. Rose, 1843, Pg. A. (2) **59**, S. 110. — Ekeberg fand durch Auskochen der Yttria mit Ätzkali Beryllerde, konnte jedoch durch diese Methode die Yttererde nicht gänzlich von Beryllerde befreien.

1804. W. Hisinger und J. Berzelius, A. Gehl. 1804, **2**, S. 303 und 397—418. K. W. 1807, **1**, S. 569. —
Verff. bezeichnen den Tungstein oder Ochroit mit Cerit, nach dem von Piazzi entdeckten Planeten Ceres, und das Metall „Cerium"; bestätigen auch die Existenz der neuen Erde, vgl. auch Klaproth, Beitr. 1807, **4**, S. 143—144.

1804. Klaproth, A. Gehl. 1804, **2**, S. 303—316; Beitr. 1807, **4**, S. 142—143. Nach einer Privatmitteilung an Klaproth sollte der Hauptbestandteil des sog. rötlichen Tungsteins Baryterde sein.
Verf. weist nach, daß dieses Mineral — Ochroit — eine neue Erde enthält, die mit Ochroiterde bezeichnet wird und am nächsten der Gadolin- oder Yttererde kommt.

1805. Vauquelin, A. Gehl. 1805, **5**, S. 189—198; aus An. Chim. Nr. 160 Germ. XIII, **54**, p. 28—65; K. W. 1807, **1**, S. 569.
Verf. macht Versuche mit dem Cerit.

1807. Klaproth, Beitr. 1807, **4**, S. 142, 144; K. W. 1807, **1**, S. 569. Da die Bezeichnung von Hisinger und Berzelius (1804) — Cerium und Cerit ein von cera — Wachs — abgeleitetes Wort andeuten könnte, hat Klaproth die etymologisch richtigere Benennung Cererium und Cererit gewählt.

1811. W. Hisinger, K. Vet. Ak. Hdl. 1811; Jour. de phys. etc. **75**, p. 239; vgl. Scheerer, Pg. A. 1840, (3) **51**, S. 409.
Cerin eine Abart des Cerits.

1811. Th. Thomson, Trans. Edb. 1811, **6**, Part. II; Phil. Mag. **36**, p. 278; Gilb. An. 1811 (2) **14** (fortlauf. Nr. 44) S. 113—125. Junonium, ein neues Metall im Allanit.
Gilb. An. 1818, (2), **29** (fortlauf. Nr. 59), S. 99; auch Scheerer, Pg. A. 1840, (3) **51**, S. 408. Diese Entdeckung beruht auf einem Irrtum.

1812. J. J. Berzelius, Gilb. An. 1812, (2), **12** (fortlauf. Nr. 42), S. 50; Jour. de Phys. Oktober 1811. Versuch einer lateinischen Nomenklatur für die Chemie.
Berzelius behält die von Hisinger und ihm gewählten Namen „Cerium und Cerit" bei und verwirft die von Klaproth (1807) vorgeschlagene Veränderung Cererium und Cererit.

1814. J. J. Berzelius, Afhandl. i. Fysik, Kemi och Mineralogie, **4**, p. 148, 217 und 389; vgl. Scheerer, Pg. A. 1840, (3) **51**, S. 414.
Erste genaue Kenntnis des Gadolinits.
Verf. findet im Gadolinit von Kårarfvet Beryllerde, was Thomson und Steele (Records of Science 1835, Juni), A. Connell (Edinburgh New Philosophical Journal **20**, p. 300) und Berlin (B. J. **17**, S. 221) später bestätigten.

1815. J. J. Berzelius, Afhandl. i. Fysik etc. **5**, p. 39 u. 42; vgl. Scheerer, Pg. A. 1840, (3) **51**, S. 410—411.
Orthit, ein neues Mineral, in welchem seltene Erden vorkommen. Die rohe Yttererde enthält Cererde.

1817. Gahn, Berzelius, Wallman und Eggertz, Afhandl. i. Fysik, Kemi och Min. **5**, p. 76; An. Chim. Maiheft 1817, **5**, S. 8; Schw. J. 1817, **21**, S. 25—43.
Geognostische und mineralogische Untersuchung einiger in der Gegend von Fahlun gefundenen Mineralien. Eine neue Erde Thorine, die sich später als phosphorsaure Yttererde erwies; Vergleiche zwischen dieser und Zirkonerde.

1818. Gilbert, Gilb. An. (2) **29** (laufende Nr. 59), S. 98—99. Über Benennung neuer Elemente und das event. als neu anzusehende Element „Junonium" — nicht mit Thomsons Junonium identisch — sowie Vestium.

1820. Chevreul, An. Chim. 1820, 2, **13**, p. 245—249; Schw. J. 1820, **29**, S. 144—149.
Verf. bespricht die Ähnlichkeit der Zirkonerde und Titansäure, worauf bereits Pfaff hingewiesen hatte, dessen Arbeit dem Verf. jedenfalls unbekannt war.

1820. C. H. Pfaff, Schw. J. 1820, **28**, S. 102—104; **29**, S. 149.
Nach Pfaff sind Zirkonerde und Titanoxyd nur verschiedene Oxyde ein und desselben Radikals.

1825. Breithaupt. Pg. A. **5**, S. 377, glaubte in der Ostranit benannten Zirkon-Malakonvarietät ein neues Element „Ostranium" gefunden zu haben.

1826. C. G. Mosander, K. Vet. Ak. Hdl. 1826, **2**, p. 299; Pg. A. 1827, (3) **11**, S. 406—516. Über das alte Cerium.

1829. J. J. Berzelius, K. Vet. Ak. Hdl. 1829, p. 1; B. J. 1831, **10**, S. 98 bis 100; Pg. A. 1829, (2) **16**, S. 385—415. Untersuchungen eines neuen Minerals — Thorit — und einer darin enthaltenden, zuvor unbekannten Erde — Thorerde.

1839. C. G. Mosander, Brief v. Berzelius an Pelouze i. C. r. 1839, **8**, p. 356—357; Pg. A. 1839, (1) **46**, S. 648—649; J. pr. 1839, **16**, S. 513—514; Pg. A. **47**, S. 207.
Entdeckung eines neuen Metalls — Lanthan — im alten Cer. Berzelius bestätigt die Richtigkeit der Entdeckung.

1842. Mosander. Die erste Kunde von der völligen Reindarstellung des Cerdioxydes findet sich im Briefwechsel zwischen Berzelius und Wöhler (herausgegeben von O. Wallach, **2**, S. 295, 306; s. auch L. A. **44**, S. 125). Berzelius schreibt am 13. Mai 1842 an Wöhler: „Ich erzählte Pater Moses (Mosander), daß wir bald eine Abhandlung über Cerium in den Annalen bekommen. Er lächelte etwas spöttisch, ging herunter in sein Laboratorium und holte einen Mörser halbvoll von einem weißen, ein bischen gelblichen Pulver herauf und fragte: ‚Was ist das?' — Ich erklärte meine Unwissenheit. — ‚So sieht Cerioxyd aus, mein Herr', sagte er, ‚wenn man es rein hat. Es hat mich die Arbeit eines Jahres gekostet, um so weit zu kommen'" (nach Z. an. **37**, S. 385 Fußnote.)

1842. C. G. Mosander, Förh. vid. de Skand. naturf. Stockholm, Juli 1842, p. 387; Pg. A. 1842, (2) **56**, S. 503—505; L. A. **44**, S. 125; das. **48**, S. 210. Ein neues Metall Didymium.

1842. Ph. Scheerer, Pg. A. 1842, (2) **56**, S. 482—484.
Verf. weist auf ein höheres Oxyd in der Yttria hin, vermutet eine neue Erde darin.

1843. C. G. Mosander, Phil. Mag. Octbr. **23**, p. 241—251; eine englische Übersetzung in der Versammlung englischer Naturforscher zu Cork im August 1843 vorgelesen; Pg. A. 1843, (3) **60**, S. 297—311 u. S. 311—315; J. pr. **30**, S. 288—292; L. A. **48**, S. 210—223; B. J. 1844, 23. Jahrg., S. 144—147, 151—153; B. J. 1845, 24. Jahrg. S. 105.
Über die das Cerium begleitenden neuen Metalle Lanthan und Didym, sowie über die mit der Yttererde vorkommenden neuen Metalle Erbium und Terbium.

1843. H. Rose, Pg. A. 1843, (2) **59**, S. 111; L. A. 1843, **48**, S. 223.
Verf. fand, daß die bisher dargestellte Yttria höchstwahrscheinlich ein Gemenge von Yttererde mit wenigstens sechs Oxyden ist, worunter Beryllerde und wohl auch etwas Tonerde gewesen, ferner auch eine die rötliche Farbe des schwefelsauren Salzes bedingte Substanz. Yttriumchlorid ist nicht flüchtig, wie man bis zu diesem Jahre annahm; die Gegenwart von Beryllerde hatte diese falsche Annahme verursacht.

1845. L. Svanberg, Oefv. K. Vet. Fhd. 1845, Nr. 3, p. 37; Pg. A. 1845, (2) **65**, S. 317—319; L. A. **56**, S. 223; B. J. 1846, **25**, S. 149. Norium, ein neues Metall in den Zirkonen und in der Yttererde des Endialyts.

1851. C. Bergemann, An. Chim. 1852, (3) **35**, p. 235—244; Pg. A. 1851, (1) **82**, S. 561—585; L. A. 1851, **80**, S. 267—271; Sb. B. 1851, S. 221; J. pr. **53**, S. 239; Pharm. Centr. 1851, S. 545; Arch. sc. ph. et nat. **17**, p. 326; J. pharm. (3) **20**, S. 247; Instit. 1851, p. 287; Phil. Mag. (4), **1**, p. 583; J. 1851, S. 340 und S. 790—791. Donarium, ein neues Metall in einem von Krantz bestimmten Mineral-Orangit — Pg. A. 1851, (1), **82**, S. 586.

1852. — Pg. A. **85**, S. 558; L. A. **84**, S. 239; J. 1852, **5**, S. 368.
Verf. erkennt seine Donarerde als Thorerde.

1852. N. J. Berlin, Pg. A. **85**, S. 555; J. pr. **56**, S. 308; L. A. **84**, S. 238; J. 1852, **5**, S. 367.
Verf. hält Donarerde für Thorerde.

1852. Damour, C. r. **34**, S. 685; Instit. 1852, p. 137; An. Chim. (3), **35**, p. 241; J. pharm. (3), **22**, S. 73; L. A. **84**, S. 237; ausführlich in An. min. (5), **1**, p. 587; J. 1852, **5**, S. 367.
Verf. hält Donarerde ebenfalls für Thorerde.

1852. Sjögren, Pg. A. 1852, Ergänzungsbd. III, S. 469; J. pr. **55**, S. 298.
Verf. fand bei der Untersuchung des Katapleiits als Hauptbestandteil eine neue Erde, die mit der Zirkonerde im allgemeinen übereinstimmte.

1853. N. J. Berlin, J. pr. 1853, **58**, S. 145—148; J. 1853, S. 350.
Verf. widerlegt die Angaben Svanbergs über Norerde und Sjögrens über die Erde des Katapleiits.

1860. Berlin, Förhdl. Skand. naturf. 8 Möde, Kopenhagen 1860, p. 448; J. 1864, **17**, S. 199 (Fußnote).
Verf. bestreitet die Existenz der Terbinerde und hält sie für ein Gemisch von Yttrium und Erbium.

1860. Marignac, An. Chim. (3) **60**, p. 257; Rép. chim. pure **3**, p. 39; Arch. sc. ph. et nat. **8**, p. 121; C. r. **50**, p. 952; L. A. 116, p. 359; J. pr. **80**, p. 426; Phil. Mag. (4), **20**, p. 87; C. C. 1860, S. 603; J. 1860, **13**, S. 136 (Fußnote). Marignac fand ebenso wenig wie Berlin in den Zirkonen Svanbergs Norerde.

1862. J. F. Bahr, Oefv. K. Vet. Fhd. 1862, p. 415; Pg. A. 1862, **119**, S. 572; Ch. N. **8**, p. 175 und 185; J. pr. **91**, S. 179; Bull. Chim. **6**, p. 134; C. C. 1864, p. 335; J. 1863, **16**, S. 199.
Wasium, ein neues Metall, findet sich auch im Orthit und Gadolinit. Mineral wird Wasit genannt.

1863. M. Delafontaine, Arch. sc. ph. et nat. **18**, p. 369; L. A. 1864, **131**, S. 368—372; J. 1863, **16**, S. 201.
Verf. hält Wasium für Cerium.

1863. J. Nicklès, C. r. **57**, p. 740; Instit. 1863, p. 346; Phil. Mag. (4) **26**, p. 488; Ch. N. **8**, p. 279; J. pharm. (3) **45**, p. 25; J. pr. **91**, S. 316; J. 1863, **16**, S. 201.
Verf. hält Wasiumoxyd für unreine, etwas Didym- und Terbiumoxyd enthaltende Yttererde.

1864. J. F. Bahr, L. A. **132**, S. 227; Bull. chim. (2) III, p. 281; J. 1864, **17**, S. 207.
Verf. erkennt sein Wasium als Thorium.

1864. C. W. G. Nylander, Acta Univers. Lundensi 1864, **1** (Math.) Nr. 2; Neues Jahrb. f. Miner. 1870, S. 488—489. Verf. fand eine neue Erde als Begleiterin der Zirkonerde, welche er nicht benannte; sie sollte ein lösliches Kaliumdoppelsulfat bilden.

1864. O. Popp, L. A. **131**, S. 179; Bull. chim. (2) III, p. 121; Am. J. Sc. (2), **38**, p. 418; Phil. Mag. (4) **29**, p. 374; Ch. N. **11**, p. 205; J. 1864, **17**, S. 199—207. Dis. Göttingen 1864. Okt.
Die nach dem Mosanderschen Verfahren dargestellte Yttererde sollte aus einem Gemisch von Alkalien, Kalk und basischen Salzen der Yttererde bestehen. Die Existenz von Terbium und Erbium wird bestritten.

1864. — L. A. **131**, S. 364—368; J. pharm. (3) **46**, p. 304; J. 1864, **17**, S. 207.
Verf. fand die Eigenschaften des Wasiumoxydes mit denen eines Gemenges von Cerit- und Ytteritoxyden übereinstimmend.

1865. M. Delafontaine, Arch. sc. ph. et nat. (II) Oktober 1864, **21**, p. 97; das. (II) Januar 1865, **22**, p. 30; das. **25**, p. 105, 112; **51**, p. 48; 1878, **61**, p. 273; Ch. N. **11**, p. 241 u. 253; Am. J. Sc. (2) **40**, p. 260; Pg. A. **124**, S. 635; L. A. 1865, **134**, S. 99; L. A. 1865, **135**, S. 188; J. pr. 1865, **94**, S. 297; Zsch. f. Chem. II. Folge, **1**, S. 266;

Z. alyt. 1866, **5**, S. 108; J. 1865, **18**, S. 177—180. Terbinerde ist ein homogener Körper.

1866. Bahr und Bunsen, L. A. **137**, S. 1; J. pr. 1866, **99**. S. 275. — Verff. bestreiten die Existenz der Terbinerde.

1866. R. Hermann, J. pr. **97**, S. 321—337. Existiert die Norerde oder nicht? Verf. verneint wie Berlin und Marignac diese Frage. Durch das eigentümliche Verhalten des Zirkonchlorids ließ sich Svanberg irreführen; seine Norerde ist Zirkonerde.

1868. Wolf, Am. J. Sc. II, **46**, p. 53—62; Zsch. f. Chem. 1868, S. 671, Arch. sc. ph. et nat. **34**, S. 357; Bull. Chim. (2) **12**, p. 130; J. 1868, **21**, S. 200—202; Verf. schloß aus den schwankenden Atomgewichtsbestimmungen 138,56—136,99 des Cers auf ein neues Element, dessen Atomgewicht höher als 137, jedoch nicht Didym sein sollte (vgl. auch Brauner 1882, Mhft. Ch. **3**, S. 486—503).

1869. Arthur Herbert Church, Ch. N. 1869, **29**, p. 121—123. Verf. fand spektroskopisch ein Element Nigrium als Begleiter der Zirkonerde.

1869. Oscar Loew und H. Endemann, New York Lyceum, Annals **9**, (1869), 1870, p. 211—213. Über eine neue, unbenannte Erde in den Zirkonen von Nord-Carolina.

1869. H. C. Sorby, Proc. Lond. Vol. XVII, p. 511; Ch. N. 1869, **19**, p. 121, 142, 181 u. 205; das. **20**, p. 7; Pg. A. 1869, (3) **138**, S. 58 65; Ber. 1869, **2**, S. 125—126; Ber. 1869, **2**, S. 383; Zsch. f. Chem. 1869, S. 221; Bull. chim. (2) **12**, p. 36 u. 233; J. 1869, **22**, S. 261. Jargonium ein neues Element.

1869. — Ber. 1869, **2**, S. 193. Außer Jargonium ein zweites neues Element in den Zirkonen.

Sitzung der Royal Society vom 10. Februar, Proc. Chem. **18**, p. 197; J. 1869, **22**, S. 261.; Ber. 1870, **3**, S. 146—147.

Sorby erklärt seinen Irrtum bezüglich des neuen Elementes „Jargonium".

1869. Forbes, Ch. N. 1869, **19**, p. 277 vom 4. Juni; Zsch. f. Chem. 1869, S. 422; J. 1869, **22**, S. 261; Ber. 1869, **2**, S. 337. Bestätigung des Jargonium.

1871. A. Knop, L. A. **159**, S. 45—47. Verf. konnte zwischen Norerde und Zirkonerde keine wesentliche Verschiedenheit konstatieren; die Existenz des Jargoniums, sowie Forbes' Angaben werden verneint.

1873. P. T. Cleve und Höglund, Bih. K. Vet. Hdl. Stockholm, 1873, **1**, III, Nr. 8; **2**, Nr. 12; Ber. 1873, **6**, S. 1467—1468; Bull. chim. (II. Serie) **18**, p. 193—201; p. 289—297; J. 1873, S. 263.

Verff. bestreiten die Existenz der Terbinerde und nehmen Yttrium und Erbium als zweiatomige Elemente an.

1873. C. Marignac, An. Chim. (IV. Serie) **30**, p. 56; Arch. d. sc. de la Bibliotèque universelle, mars 1873; Didymsalze, -Spectrum und -Atomgewicht.

1874. I. P. T. Cleve, Bull. chim. (II. Serie) **21**, p. 246—253; J. 1874, **27** S. 259—260. Didymsalze.

1874. II. — Bull. chim. (II. Serie) **21**, p. 344; J. 1874, S. 260. Yttrium und Erbium sind dreiatomige Elemente.

1875. Bunsen, Pg. A. (5) **155**, S. 230, 366, 375—384; Phil. Mag. (4) **50**, p. 417 u. 527; J. 1875, **28**, S. 128—129. Spectrum der seltenen Erden.

1875. L. F. Nilson, Nova Acta reg. Soc. Scient. Upsal. Serie III. 1875; Bull. Chim. (2) **23**, p. 260, 353, 494; J. 1875, **28**, S. 163—165; Ber. 1875, **8**, S. 659; Ber. 1876, **9**, S. 1056 u. S. 1142. Valenz der seltenen Erden.

1877. J. L. Smith, Trans. of the Avad. of Natur. Sciens. of Philadelphia, May, 1877; Amer. Journ. Soc. 1877 (3), **14**, p. 509; Ch. N. 1878, **38**, p. 101. Mosandrium, ein neues Element, s. Smith 1878.

1878. W. G. Brown Ch. N. **38**, p. 267—268; J. 1878, **31**, S. 258—259. Verf. will Philippium mit dem von Delafontaine angegebenen Absorptionsspektrum im Sipylit gefunden haben.

1878. P. T. Cleve, Oefv. K. Vet. Fhdl. 1878; s. Scheele 1898, Z. an. **17**, S. 310.

„Über einige Lanthan- und Didymverbindungen."

„. . . Es dürfte hier angeführt werden, daß es nicht unmöglich ist, daß es in dem Didymoxyde ein neues Element gibt, welches die Ursache der braunen Farbe ist, die das Didymoxyd beim Glühen an der Luft annimmt."

Erste Zweifel an der Uneinheitlichkeit des Didyms.

1878. I. M. Delafontaine, C. r. **87**, p. 632; C. C. 1878, IX, 3. Folge, S. 801; Ber. **12**, 1, 1879, S. 364; Ch. N. 1878, **38**, p. 223; J. 1878, **31**, S. 259; Arch. sc. ph. et nat. mars 1880. Decipium, ein neues Metall im Samarskit.

1878. II. — C. r. **87**, p. 634; C. C. 1878, IX, 3. Folge, S. 802; Ch. N. 1878, **38**, p. 253; J. 1878, **31**, S. 259—260. Didym des Cerits wahrscheinlich ein Gemenge mehrerer Körper.

1878. III. — J. Ch. S. **36**, p. 114; An. Chim. (5) **14**, p. 238. Terbium ist ein Element, p. 230 — Ankündigung einer neuen Erde.

1878. IV. — Arch. sc. ph. et nat. 1878, **16**, p. 273; J. Ch. S. **36**, p. 116; C. C. 1878, IX, 3. Folge, S. 738—739; C. r. **87**, p. 559; Ber. **12**, 1, S. 363—364; Ch. N. 1878, **38**, p. 202—203; J. 1878, **31**, S. 257. Philippium, ein neues Element.

1878. V. — C. r. **87**, p. 600; C. C. 1878, IX, 3. Folge, S. 770—771; Ch. N. 1878, **38**, p. 231. Verf. hält die Existenz von Mosandrium für zweifelhaft; wahrscheinlich ein Gemisch von Terbium, Yttrium, Erbium, Didym und Philippium.

1878. VI. — C. r. **87**, p. 933; J. 1878, **31**, S. 261. Delafontaine fand im Sipylit von Amherst eine Erde, welche in ihren Eigenschaften vollkommen mit der Ytterbinerde übereinstimmte.

1878. B. W. Gerland, Ber. **11**, 2, S. 1837. Ankündigung einer neuen Erde, infolge der Shmithschen Beobachtung — Mosandrium.

1878. C. Marignac, An. Chim. (5) **14**, p. 247—258; J. Ch. S. **36**, p. 113; Arch. sc. ph. et nat. **61**, p. 283; Ch. N. **38**, p. 215; J. 1878, **31**, S. 260; C. C. 1878, **9** (3), S. 595. Verf. bestätigt die Existenz der Terbinerde.

1878. — C. r. **87**, p. 281; Arch. sc. ph. et nat. **63**, p. 172; J. 1878, **31**, S. 262; C. C. 1878, **9**, 3. Folge, S. 642. Mosandrium ist kein Element, jedenfalls Terbium.

1878. — Arch. sc. ph. et nat. (2) **61**, p. 283; Ch. N. **38**, p. 213; C. r. 1878, **87**, p. 578; C. C. 1878, **9**, 3. Folge, S. 769—770; Ber. **12**, 1, S. 363. Ytterbium, ein neues Metall.

1878. L. Smith, C. r. **87**, p. 145, 146 — Terbium existiert; p. 148. Phil. Mag. (5), **6**, p. 238; Arch. sc. ph. et nat. **63**, p. 165; Ch. N. **38**, p. 61, p. 100; J. 1878, **31**, S. 262, s. auch Shmith 1877. — Mosandrium ein neues Element; C. C. 1878, **9**, 3. Folge, S. 642; C. r. **87**, p. 831; C. r. **89**, p. 480—481; C. C. 1879, **10**, 3. Folge, S. 628; J. 1878, **31**, S. 262. Verf. führt neue Beweise für die Existenz des Mosandriums an.

1879. I. P. T. Cleve, Bull. chim. **31** (2), p. 195—197; aus Übersicht d. Kgl. wiss. Akad. z. Stockholm 1878; C. C. 1879, **10**, 3. Folge, S. 274. Cleve erkennt die Existenz des Terbins an und hält das Didym des Cerits mit demjenigen des Gadolinits und Orthits für identisch, gegenüber Delafontaines Ansicht.

1879. II. — Ch. N. **40**, p. 159; C. r. **89**, p. 410—422; Bull. Chim. (2) **31**, p. 486; J. 1879, **32**, S. 244; C. C. 1879, **10**, 3. Folge, S. 627. Cleve bestätigt die Entdeckung des Scandiums; Identität mit Ekabor.

1879. III. — Ch. N. **40**, p. 125; C. r. **89**, p. 478—480; C. C. 1879, **10**, 3. Folge, S. 627—628; J. 1879, **32**, S. 244—245; Holmium und Thulium, zwei neue Elemente.

1879. IV. — Oefv. K. Vet. Fhdl. 1879, **36**, Nr. 7, p. 3; C. r. **89**, p. 708—709 C. C. 1879, **10**, 3. Folge, S. 806; Ch. N. 1879, **40**, p. 224; J. 1879, **32**, S. 246. Die zum Thulium gehörigen Linien λ 640 und λ 536 sind bereits von Soret beobachtet worden; ebenso hat Sorets früher entdecktes Element X dieselben charakteristischen Linien wie Cleves Holmium. Cleve hatte vorher hiervon keine Kenntnisse s. auch Lecoq de Boisbaudran 1879.

1879. Tellef Dahll, C. r. **89**, p. 47—48; Ber. **12**, 2, S. 1731—1732; C. C. 1879, **10**, 3. Folge, S. 547; Ch. N. **40**, p. 25; J. 1879, **32**, S. 283—284; aus Norske Videnskap, Selskaps Förhandl.; 1880, Ber. **13**, 1, S. 250—251. Norwegium, ein neues Element — nach Blomstrand Wismut, vgl. auch C. Rammelsberg 1880, C. C. **11**, 3. Folge, S. 227.

1879. Lecoq de Boisbaudran, C. r. 1879, **1**, **88**, p. 322; Ch. N. **39**, p. 115; C. C. 1879, **10**, 3. Folge, S. 258; J. 1879, **32**, S. 165. Die von Delafontaine (1878, I) beobachteten Banden λ 482,2; λ 475,8; λ 469,1 befinden sich sowohl im Didym des Cerits als auch des Samarskits. Anzeichen eines neuen Metalls, welches bald darauf Samarium genannt wurde.

1879. Lecoq de Boisbandran, C. r. 1879, **1**, **88**, p. 322—324; C. C. 1879, **10**, 3. Folge, S. 258—259; Ch. N. **40**, p. 99; Arch. sc. ph. et nat. (3) **2**, p. 119, J. 1879, **32**, S. 165. Neue Spektrallinien an Substanzen aus dem Samarskit beobachtet. Emissionsspektrum: λ 578, 566, 489, 461. Absorptionsspektrum: λ 559, 500—501, 489 (?) 486—474, 463 oder 464.

1879. — C. r. **88**, p. 1342—1344; C. C. 1879, **10**, 3. Folge, S. 483; J. 1879, **32**, S. 242. Lecoq bestätigt die Entdeckung des Ytterbiums.

1879. — C. r. **89**, p. 212—214; Ch. N. **40**, p. 99; C. C. 1879, **10**, 3. Folge, S. 578. Samarium, ein neues Metall.

1879. — C. r. **89**, p. 212—214; C. C. 1879, **10**, 3. Folge, S. 355—356; Ber. **12**, 1, S. 554. Scandium, ein neues Element.

1879. — C. r. **89**, p. 516; Ch. N. 1879, **40**. p. 147; J. 1879, **32**, p. 246. Sorets Element *X* ist identisch mit Cleves Holmium und gebührt Soret die Priorität der Entdeckung.

1879. L. F. Nilson, C. r. **88**, p. 642—645; C. C. 1879, **10**, 3. Folge, S. 353—355 Ch. N. **40**, p. 76; Ber. 1879, S. 551; J. 1879, **32**, S. 242. Nilson bestätigt die Entdeckung des Ytterbiums. — C. r. **88**, p. 645—648; C. C. 1879, **10**, 3. Folge, S. 355—356; Ber. **12**, 1, S. 554. Scandium, ein neues Metall.

1879. J. Lawrence Smith, United States National Academy of Sciences 1879; Nature, **21**, p. 146. Columbium und Rogerium, zwei neue Elemente im Samarskit. Dieses Columbium war jedoch nicht identisch mit Tantalsäure resp. Niobsäure, wofür anfangs die Bezeichnung Columbium geführt wurde.

1879. — C. r. **89**, p. 480. Smith wiederholt seinen Anspruch auf Mosandrium, dessen Existenz als bewiesen zu erachten sei.

1879. J. L. Soret, C. r. **88**, p. 422—424; C. C. 1879, **10**, 3. Folge, S. 308 bis 309; Ber. **12**, 1, S. 1019—1020; J. 1879, **32**, S. 164. Soret nimmt wie Delafontaine an, daß das Didym des Cerits aus zwei Elementeu besteht.

1879. — C. r. **88**, p. 521—523; C. C. 1879, **10**, 3. Folge, S. 675—676; C. r. **89**, p. 521; Ch. N. **40**, p. 147; J. 1879, **32**, S. 246. Soret ist geneigt, Philippium als Element anzusehen; Element *X* ist als bewiesen und mit Cleves Holmium als identisch zu betrachten; die Thuliumbande λ 684 ist in *X* nicht zu beobachten. Soret hält die Ankündigung des Thuliums für verfrüht, hierzu wäre er und Marignac mehr berechtigt.

1880. P. T. Cleve, C. r. **91**, 2, p. 328—329; C. C. 1880, XI, 3. Folge, S. 661—662; Ch. N. **42**, p. 182; J. 1880, **33**, S. 304. Die Existenz des Thuliums ist außer Zweifel; Holmium ist wohl identisch mit Sorets Element X, jedoch nicht mit Philippium.

1880. P. T. Cleve, C. r. **91**, 2, p. 381—383; C. C. 1880, **11**, 3. Folge, S. 662; Ch. N. 1880, **42**, p. 199; J. 1880, **33**, S. 304. Das reinste Erbium enthält immer noch Spuren Holmium und Thulium; eine absolute Trennung gelang nicht; Atomgewicht = 166,25—166,00.

1880. M. Delafontaine, Arch. d. sc. de Bibliothèque univers. de Genève (5) 3. März 1880; J. 1880, **33**, S. 297—298. Einige Salze des Philippiums.

1880. — C. r. **90**, 1, p. 221—223; C. C. 1880, **11**, 3. Folge, S. 164—165; J. 1880, **33**, S. 296—297. Bemerkungen über die neu entdeckten Elemente — Mosandrium, Philippium, Ytterbium, Decipium, Scandium, Holmium, Thulium, Samarium und zwei ohne Namen.

Philippium sollte mit Sorets *X* und Cleves Holmium identisch sein.

Delafontaine gewann eine Erde ohne Absorptionsspektrum aus Euxenit, welche kein Gemenge von Terbium und Yttrium zu sein schien und das Atomgewicht 90 besitzen sollte.

Delafontaine zweifelte die Existenz des Samariums an, da dasselbe in seinem Decipium vorhanden war, hingegen hielt Verf. diejenige von Decipium aufrecht.

Verf. hielt an seiner Meinung fest, dass Mosandrium aus der Reihe der Elemente gestrichen werden muß.

1880. — Arch. sc. ph. et nat. (3), 3, p. 250; J. 1880, **33**, S. 298—299. Delafontaine beschreibt Salze des Decipiums.

1880. C. Marignac, C. r. **90**, 1, p. 899—903; C. C. 1880, **11**, 3. Folge, S. 355—356; Arch. sc. ph. et nat. (3) **61**, p. 273; Ch. N. **41**, p. 250; An. Chim. (5) **20**, p. 535. Zwei neue Elemente *Yα* und *Yβ*. Die Terbinerde existiert.

1880. L. F. Nilson, C. r. **91**, 2, p. 56—59; C. C. 1880, **11**, 3. Folge, S. 563—564; Ch. N. 1880, **42**, p. 61; Ber. 1880, S. 1430; J. 1880, **33**, S. 299—300. Atomgewicht und einige charakteristische Salze des Ytterbiums.

1880. — C. r. **91**, 2, p. 118; C. C. 1880, **11**, 3. Folge, S. 612; Ber. 1880, **13**, S. 1439—1450; Stockholm. Acad. d. Wiss. v. 9. Juni; Ch. N. **42**, p. 83; J. 1880, **33**, S. 299—300. Atomgewicht und einige charakteristische Salze des Scandiums.

1880. G. A. Prochazka, J. Am. Ch. Soc. 1880, **2**, p. 213; Ch. N. **42**, p. 76—77; C. C. 1880, **11**, 3. Folge, S. 662; Ber. 1880, S. 1861; J. 1880, **33**, S. 337. Norwegium kommt jedenfalls im amerikanischen Blei vor, s. Dahll 1879.

1880. Soret, C. r. **91**, p. 378; Arch. sc. ph. et nat. Genève 15. September 1880, p. 80; Ch. N. **42**, p. 198—199. Philippium ist nicht mit Holmium identisch.

1880. R. Thalén, **91**, p. 376; Ch. N. **42**, p. 197—198; C. C. 1880, S. 664, J. 1888, **33**, S. 211. Spektroskopische Untersuchungen des Thuliums.

1881. B. Brauner, Tagbl. der Naturforscher-Vers. zu Salzburg 1881, S. 48—49; C. C. 1882, **13** (3), S. 150—151; Chem. Ztg. 1881, S. 791. Brauner will im Funkenspektrum des Cerits 100 neue Linien beobachtet haben — vielleicht *Yα* und *Yβ* angehörig.

Cer besteht aus zwei Körpern.

Samarium kommt auch im Cerit vor.

1881. M. Delafontaine, C. r. **93**, p. 63; Ber. 1881, **14**, 2, S. 2227—2228; Ch. N. 1881, **44**, p. 67; C. C. 1881, **12** (3), S. 644; J. 1881, **34**, S. 220—221. Decipium Delafontaines enthielt noch Sama rium. *Yβ* Marignacs ist Samarerde. *Yα* könnte ein Gemenge von Decipium und Terbium sein.

1881. T. L. Phipson, C. r. **93**, p. 387—388; Ber. 1881, **14**, 2, S. 2226—2227; Ch. N. **43**, p. 283; das. **44**, p. 73, 138 und 191; Ber. 1881, **14**, 2, S. 2227; C. C. 1881, **12** (3), S. 677—678 und S. 786; J. 1881, **34**, S. 258—260. Actinium, ein neues Element im Handelszink. Ch. N. 1882, **45**, p. 61; Ber. 1882, **15**, 1, S. 526.; C. C. 1882, **13** (3) S. 152—153. Actinium jedenfalls Zink.

1882. B. Brauner, C. r. **94**, p. 1718; Mhft. Ch. **3**, S. 486—503; Ch. N. **46**, p. 16; Ber. 1882, **15**, 2, S. 2231; C. C. 1882, **13** (3), S. 616. Veranlaßt durch Cleves Notiz betreffs Di-*β* macht Brauner zwei neue Metalle bekannt, deren Atomgwicht 145,4 und 141 sein sollte; Erde mit 141 Atomgewicht entspräche dem Cleveschen Di-*β*.

1882. — Mhft. Ch. 1882, **3**, S. 493. Verf. hält das durch Umkristallisieren des Sulfats erhaltene didymfreie Lanthansulfat für nicht homogen.

1882. P. T. Cleve, C. r. **94**, p. 1528; C. C. 1882, **13** (3), S. 45; Ch. N. **45**, p. 273. Ein neues Metall im Didym mit λ 4333,5, welches Di-*β* genannt wurde und sich als Lanthan erwies.

1882. — C. r. **95**, p. 33; Ber. **15**, 2, S. 2231; C. C. 1882, **13** (3), S. 616. Die für Di-*β* charakteristische Linie erwies sich als Lanthan; ein neues Metall im Didym erscheint sehr unwahrscheinlich. Wenn die Abweichungen im Atomgewicht des Didyms von einem neuen Metall herrühren, so bleibt das Decipium zu entdecken. Es ist nicht sehr wahrscheinlich, daß es durch Ammoniak nach dem Didym gefällt wird, s. auch Oefr. K. Vet. Fhdl. 1883, Nr. 2, p. 15—21.

1882. Roscoe, Ber. **15**, 1, S. 1274—1280; Ch. N. **45**, p. 184; C. C. 1882, (3) **13**, S. 341; J. Ch. S. **10**, 1, p. 277; Monit. scientif. (3) **13**, p. 246; J. 1882, **35**, S. 287. Philippium kein Element, sondern ein Gemisch von Yttrium und Terbium.

1883. B. Brauner, Ch. N. **47**, p. 175; J. Ch. Soc. **43**, p. 278; J. 1883, **36**, S. 354—356; C. C. 1883, **14** (3), S. 291.

Die Abweichungen im Atomgewicht des Didyms scheinen anzudeuten, daß darin auch ein unbekanntes Element enthalten ist.

Im Cerit sind auch Ytteriterden enthalten — Yttrium, Holmium, Thulium und Erbium.

1885. Auer v. Welsbach, Sb. W. 1885, **92**, S. 318—331; Mhft. Ch. **6**, S. 477—491; Ch. N. **52**, p. 49. Didym besteht aus zwei Komponenten — Neodym und Praseodym; Lanthan jedenfalls komplex.

1885. W. Crookes, C. r. **100**, p. 1495; J. 1885, **1**, S. 331—332. Verf. beobachtete bei einer Mischung von Yttrium- und Samariumoxyd eine orangefarbene Linie $\frac{1}{\lambda^2} = 2693$, welche die Bestandteile nicht enthielten. Je nach den Mischungsverhältnissen erschien einmal das Samarium-, das andere Mal das Yttriumspektrum.

1885. Lecoq de Boisbaudran, C. r. **101**, 3, p. 552—555; C. C. 1885, **16** (3), S. 806. Über die Fluoreszenz der seltenen Erden — *Zα* und *Zβ*.

1885. Lecoq de Boisbaudran, C. r. **101**, 3, p. 588—592; $Z\alpha$ und $Z\beta$ jedenfalls nicht Yttrium.

1885. — C. r. **100**, 2, p. 1437—1440; Ber. 1885, **18**, S. 426—427. $Z\alpha$ und $Z\beta$ gehören vielleicht zwei verschiedenen Erden an.

1885. Ed. Linnemann, Mhft. Ch. **6**, S. 335; Ber. 1885, **18**, S. 460. Das Absorptionsspektrum der Chloride von Uran und Erbium aus Zirkon zeigte eine Absorptionslinie ($\lambda = 6590$), die weder dem Uran noch dem Erbium, sondern einer sehr seltenen, vielleicht noch unbekannten Erde angehört.

1886. W. Crookes, C. r. **102**, 1, p. 646—647; Proc. Lond. **40**, p. 236; C. C. 1886, **17** (3), S. 341; Mosandrium ist kein Element, sondern hauptsächlich Yttrium. Crookes isolierte eine Erde, die mit Marignacs $Y\alpha$ identisch ist; jedenfalls ist $Y\alpha$ nicht Mosandrium, wie Marignac anfangs glaubte.

1886. — On Radiant Matter spectroscopy Part. II, Lond.; Ch. N. **54**, p. 13; Ber. 1886, **19**, S. 651—652; J. 1886, **1**, S. 308—310 u. S. 403; C. r. 1886 **102**, 1, S. 1464—1466; Proc. Lond. **40**, p. 502. Eine neue Erde im Samarskit $S\alpha$, deren Phosphoreszenzspektrum die orangefarbene Linie (s. 1885) $\lambda = 609$, $\frac{1}{\lambda^2} = 2693$ gibt; im Gadolinit soll dieser Körper nicht vorkommen; Yttererde ist ein komplexer Körper; jedem Element kommt nur eine Linie zu. Dysprosium ist komplex.

1886. — Ch. N. **54**, p. 27; Ber. 1886, **19**, S. 652. Praseodym und Neodym sind keine Elemente, sondern sie stellen zwei Gruppen von Molekülen dar, in welche das komplexe Molekül Didym bei einer besonderen Fraktionsmethode gespalten wird.

1886. — Ch. N. **54**, p. 39 u. 155; Monit. scientif. (3) **16**, p. 1301; J. 1886, **1**, S. 403. Nach Crookes besteht die bisher als einheitlich angesehene Yttererde aus fünf, wahrscheinlich aus acht Bestandteilen. Ähnlich ist Samarium zerlegbar. Gadolinium besteht aus drei verschiedenen Körpern. $Z\alpha Z\beta$.

1886. — Proc. Lond. 1886 **40**, p. 502—509. Über einige neue Elemente im Gadolinit und Samarskit, auf spektroskopischem Wege entdeckt. Dysprosium X usw.

1886. Eug. Demarçay, C. r. **102**, 1, p. 1551—1552; Ber. 1886, **19**, S. 650—651. Wied. An. Beibl. 1886, **10**, S. 622—623. Verf. hat bei der fraktionierten Scheidung des Didyms von Samarium ein neues Element S erhalten, mit den Banden λ 417 und λ 374; λ 434,0 wurde auch beobachtet, welche Bande vielleicht dem dritten Körper im Didym mit λ 476,0 angehört, oder vielleicht einem vierten neuen Element, ebenso sollen λ 407,0 und λ 400,0 gemeinsam auftreten.

1886. Lecoq de Boisbaudran, C. r. **102**, p. 153—155; Ch. N. **53**, p. 63. Verf. hat durch vielfaches Fraktionieren mit Ammoniak und Kaliumsulfat die Terbinerde in eine dunkle — Terbinerde — und eine hellere Erde mit eignem Funkenspektrum — $Z\gamma$ — zerlegt.

1886. Lecoq de Boisbaudran, C. r. **102**, p. 395—398 u. 483; C. C. 1886, **17** (3), S. 293; J. 1886, **1**, S. 47. Terbiumäquivalent; die dunklere Erde = 124,7, die hellere = 123,6—124,1. S. 1890.

1886. — C. r. **102**, p. 647—648; C. C. 1886, **17** (3), S. 341. Mosandrium kein Element, sondern ein Gemenge von Gadolinium und Terbium.

1886. — C. r. **102**, 1, p. 899—902; das. **103**, p. 113; Ch. N. **53**, p. 217; J. 1886 (1), **39**, S. 308. $Y\alpha$ wird Gadolinium genannt; die unbenannten Erden $Z\alpha$ und $Z\beta$.

1886. — C. r. **102**, 1, p. 1003—1004; C. C. 1886, **17** (3), S. 467; Ber. 1886, **19**, S. 388. Holminerde oder Sorets Element *X* besteht aus der eigentlichen Holminerde und einem neuen Element „Dysprosium".

1886. — C. r. **102**, 1, p. 1005—1006; C. C. 1886, **17** (3), S. 467; Ber. 1886, **19**, S. 388. Dysprosium, ein neues Element.

1886. — C. r. **102**, 1, p. 1436; C. C. 1886, **17** (3), S. 516. Austrium Linnemanns ist jedenfalls Gallium.

1886. — C. r. **102**, p. 1536. Die Erden $Z\alpha$ und $Z\gamma$ sind wahrscheinlich identisch.

1886. — C. r. **103**, p. 113—117; C. C. 1886, **17** (3), S. 664. Erde $Z\beta$.

1886. — C. r. **103**, 4, p. 627. Erden $Z\alpha$ und $Z\beta$.

1886. E. Linnemann, Mhft. Ch. **7**, S. 121—123; C. C. 1886, **7** (3), S. 497—498; Nature **34**, p. 59; J. 1886, 1, **39**, S. 406—407. Austrium, ein neues Element im Orthit.

1887. G. H. Bailey, Ber. **202**, S. 2769—2770; das. S. 3325—3327; Ber. 1888, **21**, 1, S. 1520—1522; J. 1887, 1, **40**, p. 474—475.
Verf. führt Argumente gegen die Theorie von Krüss und Nilsen (1887) an.

1887. Henri Becquerel, C. r. **104**, 1, p. 165—169; das. p. 777—780; das. p. 1691—1693; ausführlich in An. Chim. 1888 (6), **14**, p. 257—273. Wied. An. Beibl. 1889, **13**, S. 217—218; J. 1887, 1, **40**, S. 352. Über die Veränderung des Absorptionsspektrums der Didymkomponenten. Praseodym ist zerlegbar.

1887. K. v. Chroustschoff, B. n. H. Z. **46**, S. 329 (2. Septbr.); Chem. Ztg. 1890, S. 272; Ch. N. **59**, p. 234. Russium, ein neues Element im Monazit.

1887. W. Crookes, Proc. Lond. 1887, **42**, p. 111—131. On Radiant Matter Spectroscopy p. 118. Marignacs $Y\alpha$ besteht aus 61 T. Y_2O_3 und 39 T. Sm_2O_3.

1887. Demarçay, C. r. **104**, p. 580; das. **105**, p. 276—277; Wied. An. Beibl. 1887, **11**. S. 437.
Verf. erhielt Fraktionen, bei welchen die Praseodymbanden λ 444,0 und λ 469,0 gleiche Intensitäten zeigten, was für die Zerlegbarkeit des Pr. spricht. Weitere Mitteilungen über die Uneinheitlichkeit des Samariums.

1887. G. Krüss und L. F. Nilson, Ber. **20**, 2, S. 2134—2174; Wied. An. Beibl. 1887, **11**, S. 707; Ch. N. **56**, p. 74, 85, 135, 145, 154, 165, 172; J. 1887, 1, **40**, S. 474. Über die Komponenten der Absorptionsspektra erzeugenden seltenen Erden — mehr als 20 neue Elemente.

1887. C. M. Thompson, Ch. N. **55**, p. 227; J. 1887, 1, **40**, S. 353.
Verf. versucht darzutun, daß das Didym mindestens fünf Bestandteile enthält.

1888. P. Kiesewetter und G. Krüss, Ber. 1888, S. 2310; Ch. N. **58**, p. 75, 91; J. 1888, 1, **41**, S. 563—564.
Fortsetzung der Arbeit von Krüss und Nilson (1887) über die Absorptionsspektra erzeugenden seltenen Erden.
Didym verschiedener Herkunft zeigt verschiedene Absorptionsspektra.

1889. W. Crookes, C. C. 1889, **1**, 1 (4), S. 742—743; Referat über einen von Crookes in Annual General Meeting der Chemical Society gehaltenen Vortrag; Trans. of the Chem. Soc. 1889, (2), **55**, p. 250—285. Polemik gegen Krüss und Nilson (1887).
Verf. nimmt noch mehrere Elemente im Didym, Samarium $Z\alpha$, $Z\beta$ usw. an.

1889. Lecoq de Boisbaudran, C. r. **108**, p. 165—168; C. C. 1889, **1**, 1 (4), S. 275—276; J. Ch. Soc. 1889 (2), **56**, 1, p. 455—456. Entgegen der Annahme Crookes' (1887), daß Gadolinium aus 61 T. Y_2O_3 und 39 T. Sm_2O_3 besteht, beweist Lecoq, daß Marignacs Gadoliniumpräparat aus $^9/_{10}$ Gd_2O_3 und im übrigen aus Di_2O_3, $Z\beta_2O_3$, Sm_2O_3, $Z\alpha_2O_3$ bestand.

1890. Bettendorff, L. A. **256**, S. 159—170. Praseodym nicht einheitlich, denn Verf. will λ 5917 fortfraktioniert haben.

1890. Lauer und Antsch, Chem. Ztg. 1890, S. 435. Damarium.

1890. Lecoq de Boisbaudran, C. C. 1890, **2**, 1, (4), S. 419—420.
Bull. Chim. 1890, **3** (3), p. 53—67. Verf. verteidigt sich gegen den Angriff Crookes (1889) und beansprucht für die Entdeckung der Elemente $Z\alpha$ und $Z\beta$ die Priorität; diese Elemente sind zum geringsten Teil in der Yttria enthalten und haben nichts mit dieser Erde gemeinsam. Im Gegensatz zu Crookes hat Verf. die Fluoreszenz der Yttria auf die Gegenwart dieser Erden zurückgeführt.

1890. — C. r. **110**, p. 67—71; C. C. 1890, **2**, 1 (4), S. 509. Fluoreszenzspektrum von $Z\alpha$ und $Z\beta$.

1890. — C. r. **111**, p. 393—395; C. C. 1890, **2**, 2 (4), S. 687—688. Marignacs Gadoliniumpräparat enthielt Samarium, Didym und $Z\beta$.

1890. — C. r. **111**, p. 409—411; C. C. 1890, **2**, 2 (4), S. 735; Ber. 1890, (3) **23**, S. 681. Die von Lecoq de Boisbaudran gereinigte Marignacsche Gadolinerde, welche als Verunreinigung hauptsächlich Sm_2O_3 und $Z\beta_2O_3$ enthielt, ergab ein etwas niedrigeres Äquivalent als das ursprüngliche unreine Präparat 156,15. Marignacs Bestimmung ergab früher 156,75.

1890. — C. r. **111**, 2, p. 474—475; Ber. 1890, **3**, 23, S. 680; C. C. 1890, **2**, 2 (4), S. 811. Im Gegensatz zur früheren Atomgewichtsbestimmung der Terbinerde 163,1 (1886), der dunkelsten Erde, ergab die Bestimmung von $Z\beta$ 159,48. $Z\beta$ ist demnach wohl identisch mit Terbinerde.

1891. G. Krüss, L. A. **265**, S. 1—24; Ch. N. **64**, p. 65, 75, 100, 120; J. 1891, 1. **44**, S. 505—509. Erbium und Didym nicht einheitliche Körper.

1891. C. M. Thompson, Ch. N. 1891, **64**, p. 167; J. 1891, 1, **44**, S. 509. Verf. stellte Didymerde aus Ytterotitanit, Orthit, Gadolinit und Monazit dar, fand jedoch die Angaben von Kiesewetter und Krüss (1888) betreffs Verschiedenheit der Spektren nicht bestätigt.

1892. Lecoq de Boisbaudran, C. r. **114**, 1, p. 575—577; Ber. 1892, **3**, 25, S. 363; Wied. An. Beibl. 1892, **16**, S. 740, kurz ref.; J. 1892, 1, **45**, S. 719—720. Zwei neue Elemente im Samarium — $Z\varepsilon$ mit λ 459,3 und $Z\zeta$ mit λ 611—622.

1892. H. v. Richmond und H. Off, Chem. Soc. Sitzung v. 21. April 1892; J. Ch. Soc. Transact. 1892 (2), **61**, p. 491—495; Ch. N. **65**, p. 257; J. 1892, 1, **45**, S. 501—502; C. C. 1892, **4**, 2 (4), S. 124; Chem. Ztg. 1892, S. 567 und 648. Masrium, ein neues Element mit Eigenschaften, die dem Beryllium und Calcium ähnlich sind.

1892. Schottländer, Ber. **25**, 1, S. 378 u.f.; das. S. 569 u.f. Ch. N. **65**, p. 205, 219, 233, 243, 255; J. 1892, 1, **45**, S. 706—712; C. C. 1892, **4**, 1 (4), S. 521 u. S. 661—662. Verf. folgert aus seinen Beobachtungen, daß Praseodym zerlegbar ist.

1893. Eug. Demarçay, C. r. **117**, p. 163—164; C. C. 1893, **5**, 2 (4), S. 355; J. 1893, 1, **47**, S. 513. Samarium ist einheitlich; die früheren Anzweifelungen sind nicht gerechtfertigt.

1893. G. Krüss, Z. an. **3**, S. 352—369; J. 1893, 1. **47**, S. 505. Erbium ist kein einheitlicher Körper.

1893. Lecoq de Boisbaudran, C. r. 116, **1**, p. 611—613; C. C. 1893, **5**, 1 (4), S. 771. Cleves Samarium enthielt noch Z_ε und Z_ξ.

1893. — C. r. 116, **1**, p. 674—677; C. C. 1893, **5**, 1 (4), S. 817. Spektrum von den Erden Z_α, Z_β, Z_ε und Z_ξ im Samarium.

1893. K. Hofmann und G. Krüss, Z. an. **3**, S. 407—414; C. C. 1893, **5**, 2 (4), S. 14. Hofmann, Dis. München, 1893. Terbinerde ist kein einheitlicher Körper.

1894. Henry A. Rowland, Ch. N. **70**, p. 68—69; C. C. 1894, **2**, S. 516 bis 517; Verf. glaubt, daß im Gadolinit, Samarskit, Cerit etc. außer den Elementen der Cergruppe acht neue Elemente enthalten sind, die er mit Buchstaben bezeichnet. Ein Metall „Dämonium“, dessen Eigenschaften bisher dem Yttrium zugeschrieben wurden, ist weit verbreitet und schwer darzustellen.

1895. Lecoq de Boisbaudran, C. r. **121**, p. 709; Ch. N. **72**, p. 292; C. C. 1896, **8**, 1 (4), S. 15; Wied. An. Beibl. **20**, S. 276. Ein wahrscheinlich neues Element in der Terbinerde — $Z\delta$ mit λ 487,7, welche Bande Verf. bereits 1886 beobachtet haben will.

1895. O. Boudouard, C. r. **121**, p. 273—275; C. C. 1895, **7**, 2 (4), S. 501; J. 1895, **1**, S. 792—793. Didymerde des Monazits besitzt ein niedrigeres Molekulargewicht als die des Cerits.

1895. B. Brauner, Proc. Chem. Nr. 191, p. 96; Ch. N. **71**, p. 283—285; C. C. 1895, **7**, 2 (4), S. 283—284; Z. alyt. 1896, **35**, S. 642; J. 1895, **1**, S. 795—796. Cerium ist ein Gemisch zweier Körper — Cerium und Metacerium, eine Beobachtung, die Verf. bereits vor zehn Jahren machte, was Schützenberger bei seinen Publikationen übersehen hat.

1895. P. Schützenberger, C. r. **120**, p. 663—668; C. C. 1895, **7**, 1 (4), S. 871—872; Z. alyt. 1896, **35**, S. 642; J. 1895, **1**, S. 793. Atomgewicht des Cers = 139,45. — Vermutung einer neuen Erde im Cer; s. auch C. r. **120**, p. 1143.

1895. — C. r. **120**, p. 962—966; p. 1143; Ch. N. 1895, **71**, p. 188—189; C. C. 1895, **7**, 2 (4), S. 14—15; Z. alyt. 1896, **35**, S. 642; J. 1895, **1**, 794. Cer des Cerits ist von geringen Mengen einer anderen Erde mit kleinerem Atomgewicht (137 oder 134) begleitet.

1896. P. Barrière, Ch. N. **74**, p. 159, p. 212 u. 259; C. C. 1896, **8**, 2 (4), S. 886; J. G. W. 1897, **40**, S. 43; J. 1897, **1**, S. 1042. Lucium, ein neues Element im Monazit.

1896. Eug. Demarçay, C. r. **122**, p. 728—730; C. C. 1896, **8**, 1 (4), S. 1052; Z. an. 1897, **14**, S. 188; J. 1896, **1**, S. 539. Ein neues Element Σ im Samarium, welches sich in seinen Eigenschaften dem eigentlichen Samarium und Gadolinium nähert.

1896. G. P. Drossbach, Ber. **29**, 3, S. 2452—2455; J. 1897, **1**, S. 1027—1028. Eine neue Yttererde im Monazit mit dem Atomgewicht um 100. S. auch J. G. W. 1895, **38**, S. 582.

1896. Kosmann, Zeitschr. Elec. Ch. S. 1896, 279; J. G. W. 1896, **39**, S. 605; Ber. 1897, **30**, 1, S. 13; D.R.-P. Nr. 90652; Patentbl. **18**, S. 117; C. C. 1897, **1**, S. 837.

Als Kuriosum sei erwähnt, daß auch ein Kosmium und Neokosmium auftauchten. Ihre Namen leiten sich aber nicht etwa von Komos ab, sondern von Kosmann, welcher die Darstellung ihrer Oxyde, der Edelerden Kosmiumoxyd und Neokosmiumoxyd für Leuchtzwecke patentieren ließ.

Wenn Patente nicht Geld kosteten, bemerkt Cl. Winkler (1897, Ber. **30**, 1, S. 13), so könnte man hierdurch an den Aprilscherz erinnert werden, den sich die Chemiker-Zeitung 1890 (S. 435) durch Friedr. Much erlaubte, indem sie ihren Lesern die wunderbare Historie von der Entdeckung des Damariums auftischte, s. 1890.

1896. P. Schützenberger und O. Boudouard, C. r. **122**, p. 697—699; C. C. 1896, **8**, 1 (4), p. 1141—1142; J. 1896, **1**, S. 539. Eine neue farblose Yttererde im Monazit mit dem Atomgewicht um 102.

1897. O. Boudouard, C. r. **125**, p. 772—774; J. 1897, **1**, S. 1031.

Durch Fraktionieren eines reinen Cers als Acetat und K_2SO_4-Doppelsalz erhielt Boudourd Fraktionen von wechselnden Atomgewichten zwischen 133 und 140. In Übereinstimmung mit Schützenberger (1895 C. r. **120**, p. 962) schließt Boudouard auf die Gegenwart eines neuen Elements mit einem kleineren Atomgewicht als Cer.

1897. — C. r. **125**, p. 1096—1097; J. 1897, **1**, p. 1032. Boudouard bestreitet die Angaben Wyrouboffs und Verneuils (C. r. **125**, p. 950—951) und bleibt bei der Annahme, daß Cer kein einheitlicher Körper ist.

1897. K. v. Chroustchoff, J. Russ. ph. ch. G. **29**, p. 206—208; C. C. 1897, **1**, 2 (5), p. 329. Die von Barrière für das Lucium benutzte Methode zeigt große Ähnlichkeit mit dem vom Verf. für das Russium verwendeten Verfahren.

Verf. will noch zu den von Auer entdeckten Didymkomponenten eine dritte zufügen, mit bläulich gefärbten Salzen — Glaukodidym; das Spektrum soll einem Teil des Neodyms entsprechen.

1897. W. Crookes, Ch. N. **74**, p. 259—260; C. C. 1897, **1**, 1 (5), S. 9; J. G. W. 1897, **40**, S. 43. Crookes untersuchte ein Barrièresches Luciumpräparat und identifizierte es als Yttrium mit Beimengungen von Didym, Erbium und Ytterbium. Schützenbergers Meinung der charakteristischen Fällbarkeit dieser Erde mittels Natriumthiosulfat ist irrig, da Yttrium unter den gleichen Bedingungen auch geringe Fällung gibt.

1897. M. Delafontaine, Ch. N. **75**, p. 229—230; C. C. 1897, **1**, 2 (5), S. 98; Z. an. 1898, **18**, S. 217. — Verf. behauptet auch fernerhin die Existenz des Philippiums, denn er gibt eine Methode zur Darstellung dieser Erde aus Fergusonit an.

1897. L. M. Dennis und E. M. Chamot, J. Am. Ch. Soc. **19**, p. 799—809; J. 1897, **1**, S. 1042. — Verff. schließen aus der Intensitätsveränderung der Spektren einzelner Ammondoppelnitralkristallisationen auf die Zerlegbarkeit des Praseodyms und Neodyms.

1897. W. Shapleigh, Ch. N. **76**, p. 41; C. C. 1897, **1** 2, (5), S. 468—469, Z. an. 1898, **18**, S. 217; J. 1897, **1**, S. 1042. Barrières Lucium ist ein Gemisch von Ytteroxyden.

1897. P. Schützenberger und O. Boudouard, C. r. **124**, p. 481. Nach den Angaben dieser Autoren lassen sich aus Monazitcerpräparaten durch fraktionierte Fällung der Cerosulfatlösung mittels Kupferanhydrohydrat ($3CuO.H_2O$) drei Arten von Cerium darstellen, mit dem Atomgewicht 1. ungefähr 138, wahrscheinlich kleiner, 2. ungefähr 148 und 3. ungefähr 157.

1897. Urbain und Boudischowsky, C. r. **124**, p. 618—621; J. 1897, **1**, S. 1031. Infolge der Untersuchungen von Schützenberger, Boudouard und Drossbach war in den Monaziterden ein unbekanntes Element mit dem Atomgewichte von etwa 102 zu vermuten. Verff. fruktionierten auch nach neueren Methoden (Acetylacetonate) und erhielten ebenfalls Atomgewichte zwischen 96 und 104.

1897. L. Wenghöffer, B. Pharm. 7, p. 85—96; C. C. 1897, **1**, 1 (5), S. 1108—1109. Das als Ersatz der Cererde für das Auersche Glühlicht empfohlene Russium — nicht identisch mit Chroustschoffs Russium — erwies sich als ein Gemenge von Thorium- und Cernitrat.

1897. Wyrouboff und Verneuil, C. r. **125**, p. 950—951; J. 1897, **1**, 1, S. 1032. — Verff. treten den Anschauungen Schützenbergers und Boudouards gegenüber und halten Cer für einheitlich; s. auch: C. r. **125**, p. 1180—1181; J. 1897, **1**, S. 1032—1033; Bull. chim. 1897 (3) **17**, p. 679.

1898. Eug. Demarçay, C. r. **126**, p. 1039; Wied. An. Beibl. 1898, **22**, S. 401. Verf. hält Neodym für ein Element.

1899. W. Crookes, Proc. Lond. **65**, p. 237; C. C. 1899, **3**, 2 (5. Folge), S. 748—749; Ch. N. **79**, p. 212; das. **80**, p. 49—52; Wied. An. Beibl. 1899, **23**, S. 989. Im September 1898 teilte Verf. der British association kurz die Entdeckung eines neuen Elementes mit, welches er damals Monium nannte, jetzt aber zur Erinnerung an das Regierungsjubiläum der englischen Königin als Victorium bezeichnet.

1899. A. Debierne, C. r. **129**, p. 593, fand in der Pechblende eine sehr stark aktive Substanz, die im wesentlichen aus Titan zu bestehen schien, bei genauer Untersuchung — 1900, C. r. **130**, p. 906 — sich aber als Thorerde erwies. Debierne nahm an, daß in dieser ein neues Element enthalten sei, weil die Aktivität, etwa 5000 mal größer als die des Urans war, während die sonst bekannten aktiven Thorpräparate an Stärke dem Uran nahe standen. Der Name für das vermutete neue Element „Actinium" war insofern nicht glücklich gewählt, als damit schon früher (s. 1881) von Phipson eine vermeintliche neue Beimengung des lichtempfindlichen Schwefelzinks bezeichnet wurde. Hofmann und Zerban (1903, Ber. **36**, S. 3093) halten es nicht für ausgeschlossen, daß Debiernes Actinium und Thorium identisch ist.

1899. W. Muthmann und L. Stützel, Ber. **32**, 3, S. 2654; Stützel, Dis. Universität München, S. 8.
Praseodym ist jedenfalls kein einheitlicher Körper.

1900. C. Richard Böhm, Die Zerlegbarkeit des Praseodyms etc. Starke, Halle a. S. 1900, S. 65—74. Praseodym ist kein Element.

1900. Eug. Demarçay, C. r. **130**, p. 1019—1022; C. C. 1900, **4**, 1 (5), S. 1011—1012. Magnesiumdoppelnitrate eignen sich besonders für die Gewinnung des Elementes Σ.

1900. — C. r. **130**, p. 1185—1188; C. C. 1900, **4**, 1 (5), S. 1199—1200. Samarium ist einheitlich.

1900. — C. r. **130**, p. 1469—1472; C. C. 1900, **4**, 2 (5), S. 19—20.
Element Σ ist in der rohen Samarerde nur in geringen Mengen vorhanden. Verf. beobachtet drei blaue Linien, welche auch Lecoq de Boisbaudran 1892 angegeben hat; er hält die beiden Elemente Σ und Lecoq de Boisbaudrans $Z\varepsilon$ für identisch und bezeichnet daher das neue Element vorläufig mit $\Sigma - Z_\varepsilon$; die Erde soll weiß sein, rosa Salze bilden und das Atomgewicht 151 besitzen.

1900. — C. r. **131**, p. 387—389; Ch. N. **82**, p. 127. Neue Erden $\Gamma\,\Delta\,\Omega\,\Phi$. Erde Δ jedenfalls identisch mit Lecoq de Boisbaudrans $Z\gamma$.

1900. G. P. Drossbach, Ber. **33**, 3, S. 3506—3508. Cererde ist kein zusammengesetzter Körper.

1900. W. Muthmann und R. Böhm, Ber. **33**, Heft 1, S. 48. Verff. vermuten eine Yttererde, deren spez. Gewicht zwischen Yttria und Erbinerde liegt.

1900. M. G. Urbain, An. Chim. **19**, p. 184—274. Eine Erde vom Atomgewicht 97 (ca.), wie solche Schützenberger, Boudouard und Drossbach vermuteten, existiert nicht.

1901. Ch. Baskerville, J. Am. Ch. Soc. **23**, p. 761—774; Ch. N. **84**, p. 179 u. p. 187. Verf. schied aus dem Thorium ein vermutlich neues Element „Carolinium" ab, welches radioaktiv sein soll (s. 1904).

1901. E. Baur und R. Marc, Ber. **34**, 2, S. 2460—2466; Marc, Dis. Universität München 1902, S. 6—13. Luminescenzspektren der seltenen Erden. Crookes Victorium und Demarçays Europium jedenfalls keine Elemente.

1901. B. Brauner, Proc. Lond. **17**, p. 67 — s. auch Biltz 1904, L. A. **331**, Heft 3, S. 350. Brauner bezweifelt die Einheitlichkeit des Thoriums; er spaltete Thoriumammonoxalat hydrolytisch und bestimmte das Atomgewicht der einzelnen Fraktionen. Brauner nannte das stärker basische Element Thorium α (Atomgew. 232,5) und das schwächer basische Thorium β; er beschreibt ein Präparat von Thorium β mit dem Atomgewicht 220.

1901. Eug. Demarçay, C. r. **132**, p. 1484—1486; C. C. 1901, **5**, 2 (5), S. 265. Verf. nennt sein bis dahin mit Σ und $\Sigma - Z_\varepsilon$ bezeichnetes neues Element — Europium. Das Funken- und Bogenspektrum des Demarçayschen Präparates untersuchten F. Exner und E. Haschek, Sb. W. 1902, **111**, S. 42—57.

1901. K. A. Hofmann und W. A. A. Prandtl, Ber. **34**, 1, S. 1064; Prandtl, Dis. Universität München, 1901.

Außer den durch Oxalsäure aus saurer Lösung fällbaren seltenen Erden im engeren Sinne des Wortes findet sich in manchen Mineralien, z. B. den norwegischen Euxeniten auch Zirkonerde und neben dieser im Euxenit von Brevig ein Oxyd, das Hofmann und Prandtl als Euxenerde vorläufig bezeichneten. Wahrscheinlich enthält diese das bisher unbekannte Homologe zwischen Niob und Tantal von schwach sauren Eigenschaften und eine basische Erde, die zwischen dem Zirkon und Thor Platz finden dürfte (nach einer privat. Mitteil. vom 28. Novbr. 1903 — Hofmann). 1865 (L. A. **135**, S. 198) spricht Blomstrand von einer sogen. Euxenitsäure deren Existenz er bezweifelt; in späteren Arbeiten (s. Ber. 1879, **12**, 2, S. 1722) stellt er die Existenz einer der Zirkonerde ähnlichen Substanz in norwegischen Euxeniten fest, läßt aber die Frage, ob wirklich reine Zirkonerde oder eine noch unbekannte Substanz vorliegt, noch offen.

1901. C. v. Scheele, Z. an. **27**, S. 55. Verf. tritt für die Einheitlichkeit des Praseodyms ein.

1901. H. Stevens, Z. an. **27**, S. 41—52. Verf. bringt Bahrs bereits in Vergessenheit geratenes Wasium (1862) mit Metathorium in Beziehung und hält letzteres wie Cleve (Bull. chim. (2) **21**, p. 117) für eine allotrope Modifikation der Thorerde im Gegensatz zu Locke (1894, Z. an. **7**, S. 345.).

1901. G. und E. Urbain, C. r. **132**, p. 136—138; C. C. 1901, **1**, S. 437—438. Da sich das Spektrum des Neo-Erbiums beim Fraktionieren nicht änderte, scheinen nach Urbains Ansicht diese Beobachtungen gegen die Theorie der Metaelemente von Crookes, Krüss und Nilson zu sprechen

1902. Holm, Dis. München. Verf. fand keine Anzeichen für die Zerlegbarkeit des Cers.

1902. Robert Marc, Dis. Universität München, Lumineszenzspektren der seltenen Erden *Y Er Gd Tr Sm Pr*. Ber. 1902, **35**, 2, S. 2390. Thulium vielleicht ein durch wechselnde Mengen von Holmium und Terbium verunreinigtes Gemisch von Ytterbium — Yttrium. Decipium wohl ein Gemisch von Gadolinium — Yttrium, gefärbt durch Praseodym.

1903. Auer v. Welsbach, Sb. W. Mathem.-naturw. Kl.; **112**, Abt. II^{a}. Juli 1903. Praseodym ist einheitlich.

1903. G. F. Barker, Am. J. Sc. [4] **16**, p. 161; C. C. 1903, **2**, S. 651, hat aus uranfreiem Monazitsand aus Brasilien und Nordcarolina radioaktives Thor erhalten, während Hofmann und Zerban (Ber. **36**, S. 3093; C. C. 1903, **2**, S. 982) aus uranfreiem Gadolinit von Sotersdalen, sowie aus Orthit und Yttrotitanit inaktives Thor isoliert haben. Zerban (Ber. **36**, S. 3911; C. C. 1904, **1**, S. 78) hat daher eine größere Reihe von Monazitsanden aus Bahia, Südcarolina und Australien analysiert; er fand in allen Proben Uran und stellte fest, daß die gleichzeitig vorhandene Thorerde dementsprechend aktiv war.

1903. W. Muthmann und L. Weiss, L. A. **331**, S. 17. Erbium ist mindestens in zwei Elemente zerlegbar. Böhm (s. 1900) und Postius (Dis. Polytech. München 1902, S. 17) hatten bei ihren Arbeiten ebenfalls für eine Zerlegbarkeit bezw. zwei Modifikationen des Erbiumoxydes (weiß und gelbes Oxyd) Anhaltspunkte erhalten.

1904. Ch. Baskerville The Sun, New York, 9. April 1904. Verf. schied außer Carolinium (s. Baskerville 1901) noch ein zweites neues radioaktives Element aus dem Thorium ab, welches er Berzelium nannte.

Bergmeister Geyer in Stockholm lenkte 1788 zum erstenmal die Aufmerksamkeit auf eine schwarze Steinart, die der Hauptmann Arrhenius in den Steinbrüchen von Ytterby in Roslagen in Schweden gefunden hatte, nach welchem Fundort dieses Mineral Ytterbit genannt wurde.

Noch in demselben Jahre erhielt Klaproth (s. 1800 und 1807, S. 142) von Geyer einige Steinproben, die auch er als ein neues Mineral identifizierte, ohne zu ahnen, daß dieses der Ausgangspunkt für ein neues Gebiet der Chemie werden sollte.

1794 untersuchte Gadolin, Professor der Chemie in Abo dieses Mineral und fand darin Kieselsäure, Tonerde, Kalk, Eisen und eine unbekannte Erdart. Aus den zur näheren Bestimmung der Natur dieser neuen Erde angestellten Versuchen zog dieser Chemiker den Schluß, daß dieselbe in vielen Eigenschaften mit der Tonerde und dem Kalk übereinstimme, jedoch sich von beiden, sowie von den übrigen bis dahin bekannten Erdarten unterscheide.

Demnach hatte Gadolin das Verdienst, diese neue Erde in dem oben erwähnten Mineral entdeckt zu haben, weshalb Klaproth (1800) mit anderen Naturforschern dessen Namen Gadolinit der ersteren Benennung — Ytterbit — vorzog.

Ekeberg (1797) in Upsala bestätigte durch eine neue Analyse des Minerals die Existenz der neuen Erde und nannte sie Yttererde — Yttria.

Später (1802) fand derselbe Chemiker, nachdem inzwischen auch Klaproth (1800) und Vauquelin (1801) sich mit demselben Gegenstand beschäftigt hatten, daß in dem Gadolinit noch Beryllerde enthalten und die früher für reine Yttererde gehaltene Substanz ein Gemisch aus dieser und Beryllerde gewesen ist.[1]

In einem anderen schwedischen Mineral, welches in der Bastnäsgrube bei Riddarhyttan in Westmanland vorkommt und von Cronstedt (1751) als Tungstein (wolframs. Calcium), von Kirwan (1784) infolge der Untersuchungen von d'Elhuyar (1784) und Bergmann (1784) als Kalkstein, von anderen für ein an Baryterde reiches Grubengut (Klaproth 1804) gehalten wurde, entdeckte Klaproth (1804) einen eigentümlichen erdigen Bestandteil, den er Ochroiterde — Ochroita — (*οχρος*, flavescens, bräunlichgelb) nannte, da er durch Glühen eine hellbraune Farbe annahm.

Hisinger und Berzelius (1804), welche zu gleicher Zeit, jedoch unabhängig von Klaproth diese neue Erde gefunden hatten, nannten dieselbe nach dem von Piazzi 1801 entdeckten Planeten Ceres Cererde und das Metall Cerium, wofür Klaproth (1807) den Namen Cererium in Vorschlag brachte, um eine irrtümliche Ableitung von cera — Wachs — zu vermeiden. Die Bedenken Klaproths blieben jedoch unberücksichtigt, so daß die Bezeichnungen Cerium und Cerit für das neue Metall und Mineral beibehalten wurden (s. Berzelius 1812).

1815 fand dann Berzelius (1815), daß die rohe Yttererde ebenfalls Ceroxyd enthält, und obgleich dieser Chemiker (1814 und 1815) wie Vauquelin (1805), Thomson (1811), Hisinger (1811), Scheerer[2] u. a. m. die Cererde als einen regelmäßigen

[1] Vgl. auch Thomson und Steele in Berzelius 1814; A. Connel in Scheerer 1840, Pg. A. (3) **51**, S. 408.

[2] Scheerer 1840, Pg. A. (3) **51**, S. 408.

Bestandteil noch anderer Mineralien fanden, blieb ihnen dennoch die gleichzeitige Gegenwart der anderen das Cer begleitenden Metalle verborgen.

Bereits 1826 wurde Mosander (1826) bei seinen Untersuchungen über das Cer durch verschiedene Umstände zu der Annahme geführt, daß die Cererde von einem anderen Metalloxyd begleitet sein könnte. Aber erst 13 Jahre später (1839) gelang es diesem geübten Beobachter, die nach den damaligen Methoden aus dem Cerit abgeschiedene und für reines Ceroxyd gehaltene Erde von einem neuen Metalloxyd, welches im Gegensatz zum eigentlichen Cer nur eine Oxydationsstufe besaß, zu befreien

Da dieses Metall den Chemikern so lange verborgen geblieben war, erhielt es den Namen Lanthan (*λανθανειν*, verborgen sein).

1842 vermochte derselbe Forscher auch aus dieser Erde einen neuen Bestandteil abzuscheiden — das Didym (*διδυμοι*, Zwillinge), so daß die Klaprothsche Cererde von diesem Zeitpunkt ab als ein Gemenge von Cer, Lanthan und Didym betrachtet wurde (s. Mosander 1842 und 1843).

Mosander (1843) bestätigte die von Berzelius (1815) gemachte Beobachtung der Gegenwart der alten Cererde im Gadolinit und stellte ferner fest, nachdem Scheerer (1842) auf ein höheres Oxyd in der Yttererde und H. Rose (1843) auf viele Verunreinigungen, namentlich Beryllerde, in derselben hingewiesen hatten, daß das Yttrium stets von zwei anderen Metallen begleitet ist, welche er nach den Buchstaben des Wortes Ytterby — Erbium und Terbium benannte. Ammoniak sollte zuerst die gelbe Erbinerde, dann Terbin und zuletzt die farblose Yttererde fällen.

Während Berlin (1860) die Existenz der Erbin- und Yttererde bestätigte, bestritt er solche der Terbinerde und betrachtete letztere als ein Gemisch der beiden ersteren. (Berlins Erbinerde besaß rosa gefärbte Salze, welche Eigenschaft der Mosanderschen Terbinerde zukam.) Popp (1864), Bahr und Bunsen (1866), Cleve und Höglund (1873) gelangten zu demselben Schluß, und selbst Bunsens (1875) Untersuchungen der Funkenspektren der Gadoliniterden gaben keine Anhaltspunkte für die Existenz einer dritten, eigentümlichen Erde im Gadolinit.

Delafontaine (1865) hielt dagegen die Richtigkeit von Mosanders Angaben aufrecht und wurde in seiner Ansicht von Marignac (1878 und 1880), Smith (1878), Cleve (1879) und Lecoq de Boisbaudran (1886) unterstützt. Hiernach enthält der Gadolinit neben der Yttererde noch eine rosenrote Erde — identisch mit Mosanders Terbinerde sowie Bahrs und Bunsens Erbinerde, nunmehr auch als solche bezeichnet — und eine dunkelgelbe Erde, vielleicht identisch mit Mosanders Erbinerde, nunmehr Terbinerde benannt. Auch scheint sie mit Substanzen identisch zu sein, die man zuweilen mit neuen Namen belegt, wie das Mosandrium von Lawrence Smith (1878) — vgl. hierüber die Literatur: Smith 1878 und 1879; Delafontaine 1878, V; Marignac 1878; Delafontaine 1880; Crookes 1886 und Lecoq de Boisbaudran 1886 — und mit der Erde, die beständig nach Lecoq de Boisbaudran das Yttrium begleitet und die Phosphoreszenz $Z\beta$ bedingt — s. Lecoq de Boisbaudran 1885, 1886, 1890 und 1893; auch Crookes 1886 und 1889 über die Erden $Z\alpha$ und $Z\beta$. Ferner nimmt dieser Chemiker an, daß noch andere Erden zugegen sind, nämlich $Z\alpha$ (Literatur s. oben $Z\beta$), $Z\gamma$ (Lecoq 1886) und $Z\sigma$ (Lecoq 1896).

Hofmann und Krüss (1893) neigten wieder zur Ansicht, daß Terbinerde kein einheitlicher Körper ist, während Marc (1903) entgegengesetzter Meinung ist.

Ganz neuerdings hat Demarçay (1901) in dieser Gruppe eine farblose Erde ohne Absorptionsspektrum isoliert, deren Existenz bereits Crookes, Lecoq de Boisbaudran und er selbst (1896) schon früher vermuteten. Anfangs bezeichnete Demarçay (1896) dieses Element mit Σ, später (1900), als er die Identität mit Lecoq de Boisbaudrans $Z\varepsilon$ (s. oben) erkannte Σ—$Z\varepsilon$ und 1901 Europium. Dieses, sowie das von Crookes (1899) zuerst unter dem Namen Monium, hierauf als Victorium angekündigte Element sind durch Lumineszenzspektren charakterisiert, welche nach Baur und Marc (1901) von kleinen Verunreinigungen mit bunten Erden herrühren sollen.

Bis zum Jahre 1878 wurde das Erbium als ein homogener Körper angesehen. Zu dieser Zeit kündigte nämlich Delafontaine (1878, III) die wahrscheinliche Existenz eines neuen, im Samarskit von Mitchell County, North Carolina, vorkommenden Metalls an. Kurze Zeit darauf (1878, IV) bestätigte er diese Entdeckung und nannte das neue Metall Philippium. Er gab das Atomgewicht zu 123—126 an und beschrieb (1880) einige von seinen Salzen. Inzwischen wollte Brown (1878) das Philippium spektroskopisch im Sipylit nachgewiesen haben und auch Sorets (1879) Aufmerksamkeit war auf diese Entdeckung gelenkt. Roscoe (1882 bewies jedoch, das ein Gemisch der Formiate von Terbium und Yttrium die Eigenschaften besitzt, in den dem Philippium zugeschriebenen charakteristischen Formen zu kristallisieren. In neuerer Zeit (1897) behauptet Delafontaine wieder die Existenz der Philippinerde und gibt Darstellungsmethoden für dieselbe an. Wenngleich Crookes[1] zu dem gleichen Resultat wie Roscoe gelangte, hatte Delafontaine dennoch das Verdienst, neue Untersuchungen über die Yttererden angeregt zu haben, und dieser Forscher kam zu dem Schluß, daß die Erbinerde das komplizierteste Gemisch ist, wovon die seltenen Erden ein Beispiel geben.

Soret (1879) nahm auf Grund spektroskopischer Untersuchungen in der Erbinerde die Existenz einer Erde mit einem besonderen Absorptionsspektrum an, die er vorläufig mit *X* bezeichnete.

Delafontaine (1880) erklärte hierauf sein Philippium und Sorets *X* für identisch, was Soret (1880) und Cleve (1880) widerlegten.

Marignac (1878) versuchte das Philippium zu isolieren und spaltete durch Fraktionieren der Erbinerde ein weißes Oxyd ohne Absorptionsspektrum ab, welches nach allen seinen Eigenschaften eine neue Erde vorstellte, die Ytterbinerde genannt und deren Existenz von Cleve (1879), Nilson (1879 und 1880), Lecoq de Boisbaudran (1879) und Delafontaine (1880) bestätigt wurde.

Bei seinen Untersuchungen über Ytterbium isolierte Nilson (1879) hieraus eine Erde mit ähnlichen Eigenschaften, deren Radikal er Scandium nannte. Cleve (1879) und Lecoq de Boisbaudran (1879) bestätigten diese Entdeckung, während Nilson (1880) einige Salze dieses Elementes beschrieb, welches im Euxenit, Gadolinit und Ytterotitanit vorkommt und nur in der Menge von wenigen Grammen bisher dargestellt wurde. Im Vergleich mit seinen ebenfalls mehr oder minder seltenen Begleitern hat dieses Element insofern eine hervorragende wissenschaftliche Bedeutung erlangt, als sein zu 44 bestimmtes Atomgewicht die Identität desselben mit dem von Mendelejeff vorausgesagten Ekabor ergab (Cleve 1879).

Mit einer seltenen Begeisterung wurde diese Entdeckung

[1] Crookes, Select methods in chemical analysis 1894, London, Longmans Green and Co., p. 79 und 85.

seinerzeit von den Anhängern des natürlichen Systems begrüßt, da das Scandium so bequem eines der leeren Felder des periodischen Systems ausfüllte, während die anderen zu gleicher Zeit entdeckten seltenen Erden, die nicht weniger interessant als das Scandium sind, keinen Platz im System des Mendelejeff finden.

Unterstützt von Thalén fand Cleve (1879), daß nach Abscheidung der Oxyde des Ytterbiums und Scandiums der Rückstand der Erbinerde noch weiter in drei Oxyde gespalten werden kann, die er mit Thulin-, Holmin- und Erbinerde bezeichnete.

Die zum Thulium gehörigen Banden λ 640 und λ 536 sind bereits von Soret (1879) beobachtet worden, ebenso besaß Sorets früher entdecktes Element X dieselben charakteristischen Linien wie Cleves Holmium, so daß die Priorität der Entdeckung dieser beiden Elemente Soret gebührt. (Cleve 1879 und 1880; Lecoq de Boisbaudran 1879; Soret 1879.) Cleve (1879) hatte zur Zeit seiner Veröffentlichung von den Arbeiten Sorets keine Kenntnis. Wenngleich Cleve nicht der eigentliche Entdecker dieser neuen Erden ist, so verdanken wir ihm doch, daß die Wissenschaft mehr als zuvor ihre Aufmerksamkeit auf die Erbingruppe lenkte. Die Spektren dieser Elemente sind von Cleve (1879) und Thalén (1880) genau gemessen, die Erden selbst jedoch in unvollkommenster Reinheit bisher erhalten worden.

Delafontaine (1880) behauptete auch, daß sein Philippium mit Cleves Holmium identisch sei, was jedoch ausgeschlossen war, da die Arbeiten von Roscoe, Crookes u. a. die Nichtexistenz dieser Erde bewiesen und außerdem Cleve (1880) sowie Soret (1880) nachgewiesen hatten, daß Philippium nicht mit Sorets Element X identisch ist.

Die Holminerde sollte jedoch nicht lange für homogen gelten. Lecoq de Boisbaudran (1886) gelang es, diese Erde in das eigentliche Holmium und Dysprosium zu zerlegen, indem das letztere nur vier Banden des alten Holmiums enthielt. Bald nach dieser Veröffentlichung zeigte Crookes (1886), daß er in dieser Gruppe eine Substanz isoliert hätte, die nur eine einzige Bande λ 451 aufwies und Dysprosium ein komplexer Körper wäre.

Krüss und Nilson (s. Krüss und Nilson 1887; Kiesewetter und Krüss 1888; Krüss 1891 und 1893) berichteten über die Existenz von sieben Komponenten in den Holminerden, Holmium von $X\alpha$ bis $X\delta$ und Dysprosium von $X\varepsilon$ bis $X\eta$, ferner von je zwei Komponenten im Erbium *Er.* α, β und im Thulium *Tm.* α, β. Auch Muthmann und Weiß (1903) nehmen eine weitere Zerlegbarkeit des Erbiums an.

Nach Marc (1902) ist Thulium vielleicht nur ein durch wechselnde Mengen von Holmium und Terbium verunreinigtes Gemisch von Ytterbium — Yttrium.

Gegen die Crookesschen und Krüssschen Annahmen ist von vielen Seiten, z. B. bald nach deren Bekanntwerden von Bailey (1887) Einspruch erhoben und besonders durch neuere Untersuchungen ein Beweismaterial erbracht worden, welches die Theorie der Metaelemente dieser Forscher (Crookes 1886; Krüss und Nilson 1887—1888) unhaltbar macht.

Bekanntlich besitzen die Oxyde und Salze einiger seltenen Erden die eigentümliche Eigenschaft, unter dem Einfluß der Kathodenstrahlen zu leuchten und dabei linienreiche Spektren zu geben. Diese Erscheinung wurde zuerst von Crookes beobachtet und der Yttria, Marignacs $Y\alpha$ (Gadolinium) und dem Samarium zugeschrieben. Crookes erblickte in diesem Verhalten ein wichtiges analytisches Mittel zur Erkennung und Charakterisierung der seltenen Erden. Indem er die Spektren einer Reihe von Yttriumfraktionen beobachtete, fand er, daß die relative Intensität der einzelnen Linien sich in diesen Fraktionen änderte und schloß hieraus auf eine Zerlegbarkeit der drei oben genannten Elemente; die Komponenten bezeichnete er als Metaelemente (1886 und 1889). Die Yttria soll aus fünf bezw. acht solchen Elementen (Crookes 1886) bestehen, während Lecoq de Boisbaudran (1885 und 1886) zeigte, daß unabhängig von den Terbin- und Gadoliniterden, welche das Yttrium stets begleiten, man auf beinahe unüberwindliche Schwierigkeiten stößt, es von den phosphoreszierenden Erden $Y\alpha, \beta$ usw. zu trennen.

Da auch nach den neuesten Untersuchungen von Baur und Marc (1902) dem Yttriumoxyd und seinen Salzen kein Lumineszenzspektrum zukommt, wohl aber unter bestimmten Umständen den bunten Erden, dürfte die Crookessche Theorie der Metaelemente auf einem Trugschluß aufgebaut sein.

Schützenberger und Boudouard (1896) wollten aus der Yttria eine Erde mit dem Atomgewicht 97 isoliert haben, ebenso vermutete Drossbach (1896) eine solche in den Yttererden des Monazits, und Delafontaine (1880) gewann aus dem Euxenit eine farblose Erde vom Atomgewicht 90. Urbain (1900) konnte die Substanz vom Atomgewicht 97 jedoch durch kombinierte Fraktionierung in zwei Glieder zerlegen, deren eines das Yttrium mit dem Atomgewicht 87 war, deren anderes aber mit dem Atomgewicht 152 hauptsächlich Terbium und Gadoliniterden enthielt.

Gegenstand ausgedehnter Untersuchungen sind ferner in letzter Zeit die hohes Interesse darbietenden Ceritmetalle gewesen, und zu nicht geringem Teil hat die Anstrebung eines praktischen Zieles, nämlich die Ausbildung der Gasglühlichtbeleuchtung, den Anlaß dazu gegeben.

Bis zum Jahre 1878 wurde das Didym für einen einfachen Körper gehalten.

Forscher wie Marignac (1873), Cleve (1874), Bunsen (1875) und Nilson (1875) haben seine Salze studiert, sein Atomgewicht und seine Valenz bestimmt, sowie sein Spektrum beobachtet, ohne die zusammengesetzte Natur dieses Körpers zu vermuten. Das Didym, eine ganz bestimmte Substanz, hatte also charakteristische Eigenschaften eines Elementes!

Als Erste vermuteten Cleve (1878) und Delafontaine (1878), daß das Didym eine neue Erde enthielt, welche sich nach Ansicht des letzteren Forschers durch ein besonderes Absorptionsspektrum auszeichnete.

Im darauffolgenden Jahr isolierte Lecoq de Boisbaudran (1879) aus dem Samarskit eine neue Erde mit einem Absorptionsspektrum und Atomgewicht 150, die er Samarerde nannte. Nachdem Delafontaine (1881) seine Untersuchungen wieder aufgenommen hatte, berichtete er, daß seine 1878 (s. Delafontaine 1878, I und 1880) entdeckte Decipinerde ein Gemisch von Samar- und der eigentlichen Decipinerde ohne Spektrum sei. Cleve (1882) scheint jedoch die Existenz der letzten Erde nicht anzuerkennen und Marc (1902) hielt sie für ein Gemisch von Gadolinium ($Y\alpha$) und Yttrium, gefärbt durch Praseodym.

Indem andererseits Marignac (1880) die Fraktionierung der Erden studierte, welche das Terbium und Yttrium begleiten, wies er mit seiner bekannten ausgezeichneten Genauigkeit die Existenz zweier neuer Erden nach, welche er durch die Symbole $Y\alpha$ und $Y\beta$ bezeichnete. Doch war nach Marignac die Möglichkeit vorhanden, daß seine Erde $Y\alpha$ mit dem kurz vorher von Delafontaine (1878) angegebenen Philippium identisch ist. Hierzu kam, daß das von L. Smith (1878) bekannt gegebene Mosandrium, obgleich von vielen Chemikern als Gemisch (s. S. 24) erkannt, noch eine gewisse Unsicherheit übrig ließ, weshalb Marignac bis auf weiteres verzichtete, seine Erde zu benennen. Lecoq de Boisbaudran (1886) setzte die Untersuchungen Marignacs fort und stellte durch Atomgewichtsbestimmung die Einheitlichkeit dieser Erde außer Zweifel. Nachdem er (1886) das Mosandrium als ein Gemenge von $Y\alpha$ und Terbin konstatiert hatte, legte er 1886 mit Zustimmung Marignacs der Erde $Y\alpha$ den Namen Gadolinium mit dem Symbol *Gd* bei. Crookes (1886) isolierte ebenfalls eine Erde, die der Marignacschen $Y\alpha$ identisch war. Bald darauf wollte Crookes (1887) behaupten, Gadolinium bestehe aus einem Gemisch von 61 Teilen Y_2O_3 und 39 Teilen Sm_2O_3, welcher Ansicht Lecoq de Boisbaudran (1889) widersprach, indem er (1890) nachwies, daß Marignacs Gadoliniumpräparat nur Spuren Didym und $Z\beta$ enthielt.

In Übereinstimmung mit der bisherigen Praxis in der Chemie, Namen der Grundstoffe von hervorragenden Personen abzuleiten, brachte man dieses neue Element mit Gadolin, dem bekannten finnländischen Forscher und Entdecker der alten Yttererde in Verbindung.

Schon Klaproth (1800) hielt es nicht für ratsam, den Namen eines Elementes von einer seiner einzelnen Eigenschaften herzuleiten, wie dieses seinerzeit Vauquelin bei der Glyzinerde, wegen der Eigenschaft, süß schmeckende Salze zu bilden, getan hatte. Um daher eine Verwechselung mit der Yttererde (Ytteriterden), welche ebenfalls süß schmeckende Salze besitzt, zu vermeiden, hatte Professor Link aus demselben Grunde empfohlen, dafür den Namen Beryllerde zu setzen.

Klaproth hingegen (s. Gilbert 1818) machte es zur Regel, die Namen neuer Metalle aus dem alten Götterkreise der Fabel zu entlehnen, worin ihm viele Forscher folgten.

Die Einheitlichkeit des Samariums, welches sich mit Marignacs $Y\beta$ als identisch erwies (Delafontaine 1881), hatte viele Anfechtungen erfahren. Brauner (1881) hatte inzwischen Samarium im Cerit nachgewiesen.

Demarçay (1886) war es durch eine Reihe von Fraktionierungen gelungen, aus dem Samarium eine Erde abzuscheiden, die nur zwei Banden λ 417 und λ 374 besaß, und für welche er das Symbol S wählte. Crookes (1886) wollte ebenfalls eine neue Erde $S\alpha$ im Samarskit konstatiert haben, deren Phosphoreszenzspektrum die orangefarbene Linie λ 609 bezw. $\frac{1}{\lambda 2} = 2693$ zeigte, und welche im Gadolinit nicht vorkommen sollte. Eigentümlicherweise beobachtete Crookes (1885) diese Linie auch bei einem Gemisch von Yttrium- und Samariumoxyd, dessen Bestandteile diese Linie jedoch nicht enthielten.

Krüss und Nilson (1887), die Erdlösungen beobachtet hatten, in welchen sich nur die Bande λ 417 zeigte, bezeichneten mit *Sm α* den durch diese Linie charakterisierten Körper.

Endlich schloß Crookes (1889) auf Grund der verschiedenen Phosphoreszenzspektren, daß das Samarium aus drei Bestandteilen zusammengesetzt ist, ein jeder durch eine Bande charakterisiert. Die Samarerde, aus dem Samarskit dargestellt, soll noch einen vierten Bestandteil enthalten.

Nachdem auch Lecoq de Boisbaudran (1892 und 1893) drei neue blaue Linien — *Zε* und *Zξ* — gefunden haben wollte, von welchen *Zε* Demarçay (1900) als sein Europium erkannte, untersuchte dieser Chemiker (Demarçay 1893) aufs neue diejenigen Produkte, deren Spektren ihn und andere Forscher früher veranlaßt hatten, anzunehmen, daß das Samarium aus verschiedenen Körpern bestehe, und fand keinen Grund, an der Einheitlichkeit des Samariums zu zweifeln.

Brauners *Di α* erwies sich nach eigenen späteren Untersuchungen[1] als hauptsächlich aus Samarium bestehend, während sein *Di β* (1882 und 1883) als übereinstimmend mit Cleves Erde *Di β* (1882) gefunden wurde, nachdem Cleve und Thalén (1882) nachgewiesen hatten, daß die helle Linie λ 4333,5, welche als charakteristisch für *Di β* angesehen wurde, dem Lanthan angehört.

Eine teilweise Sondierung der in ihren Eigenschaften so ähnlichen Elemente hat die Natur bereits selbst vorgenommen (Krüss und Nilson 1887; Krüss 1891), denn nach Delafontaine (1878) und Soret (1879) soll das Didym des Samarskits verschieden von demjenigen des Cerits sein, was Cleve (1879) bestreitet; nach Boudouard (1895) ist das Didym des Cerits verschieden von demjenigen des Monazits.

Wenn auch schon frühzeitig Zweifel über die Einheitlichkeit des Didyms entstanden und Cleve (1878) ein neues Element mit höherem Oxyd darin vermutete, wie wir oben gesehen, so gelang

[1] **Brauner, Wiener Anzeiger 1882, S. 184 und private Mitteilung.**

es doch erst 1885 Carl Auer v. Welsbach, dem verdienstvollen Schöpfer der modernen Beleuchtungsweise, dasselbe in zwei Elemente — Neodym und Praseodym — zu zerlegen.

Bei der späteren Verarbeitung von Monazitsand zum Material für die Herstellung der Glühkörper wurde, wie die Weltausstellungen zu Chicago 1893 und Paris 1900[2] gezeigt haben, Gelegenheit genommen, die lauchgrün, beziehentlich rosenrot gefärbten Salze dieser merkwürdigen Ceritmetalle in größerer Menge darzustellen.

Wenn man vom Spektrum des alten Didyms die Spektren dieser Elemente abzieht, so findet man, daß zwei Banden λ 462 und λ 475 übrig bleiben, welche weder dem einen, noch dem anderen der neuen Didymbestandteile angehören. Auer würde also das Didym in drei Körper zerlegt haben.

W. Crookes (1886) nimmt an, daß diese Banden verschiedenen Körpern, und Demarçay, daß sie einem Körper angehören.

Durch eine Reihe von Fraktionierungen will Crookes (1886) nach und nach alle für das Didym charakteristischen Banden aus seinen Metaelementen eliminiert und endlich ein Didym erhalten haben, welches nur die blaue Bande des Praseodyms λ 444 aufweist. Das spektroskopische Verhalten des Didyms führt Crookes (1886) zu dem Schluß, daß die beiden von Auer dargestellten Erden nicht als wirkliche chemische Elemente zu betrachten sind, sondern daß sie zwei Gruppen von Molekülen darstellen, in welchen das komplexe Molekül Didym bei einer besonderen Fraktionsmethode gespalten ist.

Thompson (1887) nimmt fünf Elemente im Didym an, ebenso halten Kiesewetter und Krüss (1888) das Didym weiterzerlegbar, wogegen Bailey (1887 s. auch Thompson 1891) einsprach; Schützenberger (1895) hält nur das Didym des Cerits für komplex.

Andererseits hat Demarçay eine Lösung erhalten, in welcher die Linien λ 444 und λ 469 von gleicher Intensität waren, während in dem Spektrum von Auer die Bande λ 444 eine weit höhere Intensität als λ 469 aufweist. Auch Böhm (1900) erhielt bei Anwendung einer neuen Trennungsmethode Anhaltspunkte, die dafür sprechen, daß Praseodym kein einheitlicher Körper ist. In neuester Zeit treten v. Scheele (1901) und Auer v. Welsbach

[2] O. N. Witt, Die chemische Industrie, 24. Jahrg. Nr. 8, 15. April 1901.

(1903) für die elementare Natur des Praseodyms ein, trotz der entgegengesetzten Meinungen von Becquerel (1887), Demarçay (1887), Bettendorff (1890), Dennis-Chamot (1897) und Muthmann (1899).

Indem Becquerel (1887) das Absorptionsspektrum der Kristalle im polarisierten Licht studierte, kam er zu dem Schluß, daß zu den anormalen Banden des Praseodyms λ 469 als charakteristisch für einen Körper anzusehen ist, der auch von Demarçay und Böhm (1900) erkannt wurde, und Neodym aus neun Körpern zusammengesetzt ist. Dennis und Chamot (1897) schließen ebenso wie Bettendorff (1890) aus dem Intensitätswechsel der Absorptionsbanden einzelner Ammondoppelnitratfraktionen auf die Zerlegbarkeit des Praseodyms, aber auch auf eine solche des Neodyms.

Chroustschoff (1897) will noch zu den von Auer entdeckten Didymkomponenten eine dritte hinzufügen, mit bläulich gefärbten Salzen — Glaucodidym; das Spektrum soll einem Teil des Neodyms entsprechen.

Diesen Anschauungen widersprechen die Erfahrungen Demarçays und Urbains (1900), nach welchen das Neodym als Element zu betrachten ist.

Anhaltspunkte für die Zerlegbarkeit des Lanthans erhielten Brauner (1882) und Auer v. Welsbach (1885).

Bereits 1881 sprach Brauner die Vermutung aus, daß Cer aus zwei Elementen zusammengesetzt ist, worin er 1895 das eine Metacerium nannte. Ebenso gibt Schützenberger (1895) an, daß das gewöhnlich als Cer bezeichnete Element ein Gemisch ist; der eine Bestandteil sei vom Atomgewicht 139,5 und besitze ein weißes Oxyd, der andere vom Atomgewicht 142,4—143,3 bilde ein rotes Oxyd. Zwei Jahre darauf erschien eine Arbeit von Schützenberger und Boudouard (1897 und 1898), wonach das Cer des Monazits aus drei Erden mit den Atomgewichten 138, 148 und 157 besteht. Wyrouboff und Verneuil (1898), Drossbach (1900) und Holm (1902) konnten keine Anzeichen für die Zerlegbarkeit des Cers auffinden, so daß die von Schützenberger und Boudouard vertretene Ansicht sehr fraglich wird.

Es ist unmöglich und würde auch ermüdend sein, hier näher auf die Entwicklung der einzelnen Elemente einzugehen, die man bis jetzt als einheitliche Körper anerkannt hat und die eine Geschichte für sich bilden. Es sei daher auf das diesem Kapitel vorausgeschickte und mit Exzerpten versehene ausführliche Literaturverzeichnis verwiesen.

Wie wir uns überzeugt haben, fallen die Forschungen auf diesem Gebiet der Hauptsache nach in das letzte Viertel des vorigen Jahrhunderts. Seit der Veröffentlichung der Arbeiten über das Terbium von Marignac und Delafontaine im März 1878 waren bis 1880 nicht weniger als zehn neue Erden angekündigt — Mosandrium, Philippium, Ytterbium, Decipium, Scandium, Holmium, Thulium, Samarium und zwei andere ohne Namen $Y\alpha$ und $Y\beta$ später Gadolinium und Samarium genannt.

Wie zu erwarten war, ist eine so außerordentliche Vermehrung von Körpern, die schwer zu trennen und zu charakterisieren sind, nicht unbezweifelt geblieben, so daß eine Weiterzerlegung einzelner Erden nicht unmöglich erschien.

Barrières Lucium, welches 1896 angekündigt wurde, ist bald darauf durch die Arbeiten von Crookes (1897) und Shapleigh (1897) wieder hinfällig geworden (s. auch Chroustschoff 1897), und das gleiche ist der Fall bezüglich des von Chroustschoff (1887 und 1897) als Begleiter des Thoriums in einigen Zirkonen und im Monazit angenommenen Russiums.[1]

Als seinerzeit (Entscheidung des Patentamtes vom 7. Novbr. 1895) die Streitfrage in der Auerschen Glühkörperangelegenheit noch unentschieden blieb, wurde von Wien aus als Ersatz des Ceriums ein Russium benanntes Präparat angeboten, das sich nach Wenghöffer (1897) als Thorium-Cernitrat erwies. Welche Blüten das Streben, thorium- und cerfreie Glühkörper zu schaffen, trieb, zeigt auch die Anpreisung einer sogen. Lucianerde, die in Verbindung mit Barrières Lucium gebracht wurde.

Wieder ganz von der Bildfläche verschwunden sind: Svanbergs Norerde (Svanberg 1845; Berlin 1853; Marignac 1860; Hermann 1866; Knop 1871), Sorbys Jargonium (Sorby 1869, I und 1870; Forbes 1870) und Churchs (1869) Nigrium, welche vermeintlichen Elemente sich als Zirkonerde erwiesen, die bereits 1789 von Klaproth entdeckt war (Klaproth 1789 und 1795; Guyton-Morveau 1797; Vauquelin 1797; Chevreul 1820; Pfaff 1820; Breithaupt 1825; Sjögren 1852; Nylander 1864;

[1] Vgl. Wyrouboff und Verneuil, C. r. **127**, p. 412—414; C. C. 1898, **2**, S. 833.

Loew 1869) und mit der neuerdings von Hofmann und Prandtl (1901) gefundenen Euxenerde im Euxenit von Brevig sehr ähnlich sein soll. Thomsons (1811) Iunonium (s. auch Gilbert 1818); Smiths (1879) Columbium und Rogerium, welche Elemente im Samarskit vorkommen sollten; das Austrium Linnemanns (1886), welches nach Lecoq de Boisbaudran (1886) wahrscheinlich als Gallium anzusehen ist; das Norwegium Dahlls (1879), welches auch Prochazka (1880) im Blei gefunden haben wollte; Phipsons Actinium (1881) durch das gleichnamige im Thorium vorkommende radioaktive Element wieder in Erinnerung gebracht (Debierne 1899); Masrium Richmonds und Offs (1892) und andere unbenannt gebliebene Elemente. Ebenso sind Sorbys (1869, II), Gerlands (1898) und Crookes' Ankündigungen neuer Elemente im Zirkon und Gadolinit bis zum heutigen Tage unbegründet geblieben; unaufgeklärt sind auch die von Brauner (1881) im Funkenspektrum des Cerits beobachteten 100 neuen Linien geblieben. Über die von Baskerville (1901 u. 1904) in neuester Zeit im Monazitsand entdeckten radioaktiven Elemente Carolinium und Berzelium sind weitere Angaben abzuwarten.

Ganz neuerdings ist das bereits in Vergessenheit geratene Wasium, welches Bahr 1862 isoliert haben wollte, jedoch von Nicklès (1863), Delafontaine (1863) und Popp (1864) bezweifelt und von ihm selbst (Bahr 1864) später als Thorium erkannt, von Stevens (1901) mit Metathorium in Verbindung gebracht worden, während Bergemanns (1851) Donarium schon nach kurzer Zeit (Berlin 1852, Damour 1852 und Bergemann 1852) als die von Berzelius 1829 (s. auch Gahn, Berzelius, Wallmann und Eggertz 1817) entdeckte Thorerde identifiziert und aus der Liste der Elemente gestrichen wurde. In neuester Zeit sieht Brauner (1901) die Thorerde für einen komplexen Körper an.

Aus diesem geschichtlichen Überblick dürfte zur Genüge hervorgehen, daß von allen Elementen die seltenen Erden diejenigen sind, deren Trennung die größten Schwierigkeiten bietet. Ihre Anzahl, die Übereinstimmung ihrer Eigenschaften, alle ungünstigen Bedingungen scheinen sich hier vereinigt zu haben, um diese Erden in Dunkelheit und Verworrenheit zu hüllen, die heutzutage nicht seltener als ihr Name sind.

Zweiter Abschnitt.

Allgemeines Verhalten der seltenen Erden zu den Reagentien.

Literatur.

1795. Klaproth, Beitr. **1**, S. 216—217.
1797. Vauquelin, An. Chim. **22**, p. 201; übersetzt in Trommsdorffs Jour. d. Pharm. **5**, S. 244; K. W. 1809, **4**, S. 477—478.
1801. Klaproth, An. Chim. **37**, p. 86; Cr. A. 1801, **1**, p. 307—308.
1801. Vauquelin, An. Chim. **36**, Nr. 107, p. 143—160; Cr. A. 1801, **1**, p. 227—242; vgl. auch An. Chim. 1805, **54**, p. 26.
1802. M. Ekeberg, K. Vet. Ak. Hdl. 1802, **1**, p. 68; Gilb. An. 1803, **14**, S. 247; An. Chim. **43**, p. 228.
1802. Klaproth, Beitr. **3**, S. 66 u. ff.
1804. W. Hisinger und J. Berzelius, A. Gehl. 1804, p. 397—418.
1804. Klaproth, A. Gehl. **2**, p. 303—316.
1807. W. Hisinger und J. Berzelius, K. W. **1**, S. 574 u. ff.
1807. Klaproth, K. W., **1**, S. 572 u. ff.; Beitr. 1807, **4**. S. 140—152.
1809. — K. W., **4**, S. 84, 477 und 721.
1810. — K. W., **5**, S. 690, 769—770.
1816. Thomson, Thomsons Annal of Philosophy Nr. **13**, p. 356; K. W., Supbd. 1816, **1**, S. 455 u. ff.
1816. Vauquelin, K. W., Supbd. 1816, **1**, S. 721.
1818. J. Berzelius, Gilb. An. **59**, S. 248.
1825. — Pg. A. (2) **4**, S. 133, 140—141, 143; B. J. 1826, 5. Jahrg., S 110.
1829. — K. Vet. Ak. Hdl. 1829, St. 1; Pg. A. **16**, S. 385; B. J. **10**, S. 98.
1831. — Pg. A. (2) **22**, S. 58.
1833. Trommsdorff, Pg. A. **26**, S. 159.
1835. N. J. Berlin, K. Vet. Ak. Hdl. p. 212; B. J. 1837, 16. Jahrg. S. 137 u. ff.; Pg. A. 1838, **43**, S. 108.
1837. J. Berzelius, Berzelius' Lehrbuch der Chemie **6**, S. 167, 176.
1839. Kersten, Pg. A. (2) **47**, S. 385.
1839. Mosander, Pg. A. (2) **47**, S. 210.
1842. Th. Scheerer, Pg. A. 1842 (2), **56**, S. 483.
1843. P. Berthier, J. pr. **29**, S. 68; aus An. Chim.
1843. L. L. Bonaparte, C. r. **16**, S. 1008; J. pr. 1843, **29**, S. 268—270; Pg. A. 1843 (2), **59**, S. 623—624; L. A. 1843, **48**, S. 223; B. J. 1845,

(24. Jahrg.) S. 115; Gazetta Toscana delle Scienza Medicofisiche v. 15. April, 1. Mai und 1. September 1843.
1843. Mosander, Lond. Edinb. Dubl. Oct. 1843, p. 251; L. A. 1843, **48**, S. 220; Pg. A. (3) **60**, S. 303, 305, 309; J. pr. 1843, **30**, S. 281, 283, 286, 289.
1843. H. Rose, Pg. A. (2) **59**, p. 102.
1844. J. Berzelius, B. J. 23. Jahrg., p. 148—151.
1844. Hermann, J. pr. **31**, S. 81 u. ff.
1845. Mosander, B. J. 24. Jahrg., p. 116.
1852. Damour, An. min. (5) **1**, p. 587; Pg. A. **85**, S. 555; L. A. **84**, S. 237; B. J. 1852, S. 367 und 862.
1852. Sjögren, J. pr. **55**, S. 298—299; Pg. A. 1852, Ergänzungsbd. **3**, S. 465.
1853. N. J. Berlin, J. pr. 1853, **58**, S. 145—148; J. 1853, S. 350.
1853. Marignac, An. Chim. (3) **38**. p. 148; L. A. **88**, S. 232.
1854. G. J. Brusch, J. pr. **62**, S. 7—8.
1856. A. Damour, C. r. **43** (Nr. 20), p. 976; J. pr. 1857, **71**, S. 305—307.
1860. A. E. Nordenskiöld, J. pr. **81**, p. 207—212; Pg. A. (2) **110**, S. 642—647.
1861. J. J. Chydenius, Kemisk undersökning of Thorjord och Thorsalter, Helsingfors — im Auszug übersetzt von Rammelsberg 1863, Pg. A. (2) **119**, S. 45; J. pr. **89**, S. 464.
1861. L. Th. Lange, J. pr. **82**, S. 135.
1861. A. E. Nordenskiöld, Pg. A. (3) **114**, S. 617 u. ff.; aus Oefv. K. Vet. Fhd. 1860.
1864. M. Delafontaine, L. A. **131**, S. 110.
1864. Hermann, J. pr. **93**, S. 113—114.
1864. O. Popp, L. A. **131**, S. 188.
1865. M. Delafontaine, Bibliothèque Universelle et Revue Suisse **22**, Jan. 1865; J. pr. 1865, **94**, S. 297—304.
1865. F. Pisani, Z. alyt. **4**, S. 416—417.
1866. Hiortdahl, C. r. **61**, p. 175; L. A. 1866, **137**, S. 35.
1870. Gustav Wunder, J. pr. **1**, S. 452—459 u. 475.
1870. — J. pr. **2**, S. 211—212.
1871. C. Erk, Zeitsch. Chem. [2] **7**, S. 107; Z. alyt. 1871, **10**, S. 482.
1871. Knop, L. A. **159**, S. 51 u. ff.
1873. P. T. Cleve und O. M. Höglund, Bih. K. Vet. Hdl. 1873, **1**, **3**, Nr. 8; Ber. 1873, **6**, S. 1467—1468.
1874. P. T. Cleve, Bull. chim. [2] **21**, p. 116; J. 1874, S. 261.
1874. F. Frerichs, Ber. **7**, S. 798.
1874. F. Stolba, Z. alyt. **13**, S. 59—60.
1875. Alexander Brauell, Dis., Universität Jena, S. 32.
1876. Rich. Hornberger, L. A. 181 [1876], S. 232.
1877. C. Vincent, Bull. chim. [2] **27**, p. 194; C. C. (3. Folge), **8**., S. 262 bis 263.
1878. M. Delafontaine, C. r. **87**, p. 633; C. C. 1878, S. 801—802; Ber. 1879, **12**, 1, S. 364.
1879. P. T. Cleve, C. r. 89, p. 421; C. C. 1879, S. 627.

1880. — Bull. chim. **33**, p. 156; Z. alyt. **19**, S. 479.
1883. M. Weibull, Om Zirkonium och vers foreningar. (Lunds Univers, Årsskrift 1883), s. auch Truchot, Les terres rares.
1884. Alph. Cossa, C. r. **98**, p. 900—993; J. pr. [2], 1884, **29**, S. 383 bis 384; C. C. 1884 (3. Folge) **15**, S. 452; Z. K. 1886, **11**, S. 192.
1884. Lecoq de Boisbaudran, C. r. **99**, p. 525—526; C. C. 1884 (3. Folge), **15**, S. 805; J. 1884, 2, **37**, S. 1594.
1886. P. T. Cleve, Ch. N. **53** [1886], p. 30.
1889. G. H. Bailey, Ch. N. **60**, p. 6 u. ff.; Proc. Lond. **46**, p. 74; C. C. 1889, **2**, S. 311—312; Z. alyt. 1890, **29**, S. 743; J. 1889, 1, **42**, S. 113.
1889. J. Thomas Davis jun., Am. Chem. J. **11**, p. 26—29; Ch. N. **59**, p. 100; C. C. 1889, **1**, S. 454; J. 1889, 2, **42**, S. 2388—2389.
1890. Lecoq de Boisbaudran, C. r. **111**, p. 393; C. C. 1890, **2**, p. 687 bis 688.
1892. Anton Loose, Dis., Universität München, S. 16.
1893. Wolkott Gibbs, Am. Chem. J. **15**, p. 546—566; C. C. 1894, **1** (6), S. 180.
1893. G. Krüss, Z. an. **3**, S. 108—113.
1893. G. Krüss und A. Loose, Z. an. **3**, S. 92.
1894. William Crookes, Ch. N. **70**, p. 81—82; C. C. 1894, **2**, S. 668.
1894. Dennis und Kortright, Am. Chem. J. **16**, p. 79; C. C. 1894, **1**, S. 720; Z. an. **6**, S. 35.
1894. Henry A. Rowland, John Hopkins Univ. Circular Mai 1894; Ch. N. **70**, p. 68—69; C. C. 1894, **2** (6), S. 517.
1894. Edgar F. Smith und Paul Heyl, Z. an. **7**, S. 89.
1894. Conrad Volk, Z. an. **6**, S. 161—162.
1895. G. P. Drossbach, J. G. W. **38**, S. 582.
1895. P. Waage, Gesellsch. d. Wis. in Christiania, Sitzung vom 25. Mai 1895; Chem. Ztg. 1895, S. 1072.
1895. H. C. Jones, Am. Chem. J. **17**, p. 154—164; J. 1895, **1**, S. 96.
1896. M. Delafontaine, Ch. N. **73**, p. 284; C. C. 1896, **2**, S. 339; J. 1897, **1**, S. 1040—1041.
1896. Dennis, J. Am. Ch. Soc. **18**, p. 947; C. C. 1897, **1**, S. 128.
1896. R. Fresenius und E. Hintz, Z. alyt. **35**, S. 531.
1896. Glaser, J. Am. Ch. Soc. **18**, p. 782; Chem. Ztg. **20**, S. 612; C. C. 1896, **2**, S. 803.
1896. L. A. Hallopeau, Bull. chim (3) **15**, p. 917; C. C. 1896, **2**, S. 775.
1896. Aksel Larsen, Z. an. **12**, S. 94; C. C. 1896, 2, **8** (4), S. 234—235.
1896. Urbain, Bull. chim. (3) **15**, p. 347; C. C. 1896, **1**, S. 887.
1897. Glaser, Z. alyt. **36**, S. 213; C. C. 1897, **1**, S. 851.
1897. G. Krüss, aus dem Nachlasse herausgegeben von Wilh. Palmaer, Z. an. **14**, S. 366; C. C. 1897, 2, **1**, S. 252.
1897. H. Moissan, C. r. **124**, p. 1233; C. C. 1897, 2, **1**, S. 99.
1897. Schützenberger und Boudouard, C. r. **124**, p. 483—485; C. C. 1897, 1, **1**, S. 794—795.
1898. Erdmann, Erdmanns Lehrbuch der Chemie, S. 601.
1898. Ludwig Haber, Mhft. Ch. **18**, S. 687, 698; C. C. 1898, **1**, S. 657. J. 1897, **1**, S. 1037—1039.

1898. **H. Harris**, Am. Chem. J. **20**, p. 871.
1898. **F. P. Venable** und **A. W. Belden**, J. Am. Ch. Soc. **20**, p. 273–276; C. C. 1898, **1**, S. 1095.
1898. **Wyrouboff** und **Verneuil**, C. r. **126**, p. 340; C. r. **127**, p. 412; Bull. chim. (3) **19**, p. 219; C. C. 1898, **1**, S. 529; C. C. 1898, **2**, S. 883.
1899. **André Job**, C. r. **128**, p. 179; C. C. 1899, **1**, S. 471; An. Chim. 1900, (7) **20**, p. 253; Chem. Ztg. 1899, **23**, S. 424.
1899. **Kauffmann**, Dis. Universität Rostock.
1899. **W. Muthmann** und **L. Stützel**, Ber. **32**, 3, S. 2659.
1899. **L. Stützel**, Dis. Universität München, S. 11–12.
1900. **Chavastelon**, C. r. **130**, p. 781; C. C. 1900, **4** (5. Folge), S. 876.
1900. **Curtius** und **Darapsky**, J. pr. (2) **61**, S. 408 und ff.; C. C. 1900, **1**, S. 16.
1900. **Pissarjewsky**, Z. an. **25**, S. 390.
1900. **M. G. Urbain**, An. Chim. **19**, p. 184.
1901. **Charles Baskerville**, J. Am. Ch. Soc. **23**, p. 761—774.
1901. **H. Behrens**, Arch. Neer. S. II, **5**, p. 72.
1901. **G. P. Drossbach**, Z. agw. 1901, Heft 26, S. 656.
1901. **Camille Matignon**, C. r. **133**, p. 289.
1901. **W. A. A. Prandtl**, Dis. Universität München, S. 15.
1902. **A. M. M. Jefferson**, J. Am. Ch. Soc. 1902, **24**, p. 540.
1902. **R. J. Meyer**, Z. an. **33**, Heft 1, S. 31.
1902. **R. J. Meyer** und **M. Koss**, Ber. **35**, Heft 3, S. 673 und ff.
1902. **E. Rutherford** und **F. Soddy**, Proc. Chem. **18**, p. 2—4; C. C. 1902, **1**, p. 512.
1902. **J. Schilling**, Dis. Universität Heidelberg, p. 141 und ff.
1903. **Alfred Mandl**, Z. an. **37**, Heft 2, S. 252—302.
1903. **Burt Laws Hartwell**, J. Am. Ch. Soc. **25**, p. 1128—1136; C. C. 1903, **1**, S. 53—54.
1903. **A. Rosenheim**, **V. Samter** und **J. Davidsohn**, Z. an. **35**, S. 424; **V. Samter**, Dis. Berlin 1901; **J. Davidsohn**, Dis. Berlin 1902.
1904. I. **Charles Baskerville** und **J. W. Turrentine**, J. Am. Ch. Soc. 1904, **26**, p. 46—53; C. C. 1904, **1**, S. 710—711.
1904. II. — und **Reston Stevenson**, J. Am. Ch. Soc. **26**, p. 54—64; C. C. 1904, **1**, S. 711—712.
1904. III. — und **Hazel Holland**, J. Am. Ch. Soc. **26**, p. 71—74; C. C. 1904, **1**, S. 712.
1904. IV. — und **Eugene G. Moss**, J. Am. Ch. Soc. **26**, p. 67—71; C. C. 1904, **1**, S. 712.
1904. V. — und **George F. Catlett**, J. Am. Ch. Soc. **26**, p. 75—80; C. C. 1904, **1**, S. 713.
1904. **Emil Baur**, Ber. **37**, Heft 4, S. 795—798.
1904. **Bohuslaw Brauner** und **Jan Picek**, Z. an. **38**, S. 322—341; C. C. 1904, **1**, S. 710.
1904. **C. Engler**, Ber. **37**, Heft 1, S. 49—59.

Die salzartigen Verbindungen der Ytteriterden besitzen anfangs einen adstringierenden, später einen süßen Geschmack wie die Bleisalze (Vauquelin 1801), eine Eigenschaft, die zu Anfang des vorigen Jahrhunderts die alte Yttererde der Beryllerde in nahe verwandtschaftliche Beziehung brachte (Klaproth 1801 und 1802). Adstringierend schmecken auch die Salze der Ceriterden, des Thoriums und des Zirkons, jedoch ist der Geschmack der beiden ersteren im Gegensatz zu den Ytteriterden nicht süß (Klaproth 1801) oder sauer wie bei der Zirkonerde (Berzelius 1829, vergl. auch Thomson 1816).

Die charakteristischen Reaktionen der seltenen Erden sind die folgenden:

Acetate der Ytteriterden sind ebenso wie die Nitrate leicht kristallisierbar (Vauquelin 1816, Berlin 1835), während die essigsauren Salze der Ceriterden leicht löslich und schwer zur Kristallisation zu bringen sind (Klaproth 1804 u. 1807; Hisinger u. Berzelius 1804 u. 1807; Brauell 1875).

Die Kristallbildung wird durch Reiben befördert. Lanthanacetat kristallisiert aus sirupösen Lösungen in dünnen Prismen (700 mikr), die sich träge in Wasser lösen. Erwärmen fördert die Kristallbildung. Praseodymacetat bildet jedenfalls mit Lanthanacetat Mischkristalle. Didymacetat kristallisiert ungleich schwieriger, in undeutlichen Körnern, Ceriumacetat konnte Behrens nicht kristallisiert erhalten. Konzentrierte Lösungen von Ceriumacetat werden schon durch gelindes Erwärmen getrübt, beim Erkalten klären sie sich wieder. Verdünnte Lösungen dieser Acetate, die keine freie Säure enthalten, erleiden durch Kochen bleibende Zersetzung unter Bildung basischer Acetate (Behrens 1901). Decipiumacetat kristallisiert sehr leicht und ist löslicher als das entsprechende Salz des Terbiums (Delafontaine 1878). Setzt man zu Lösungen der Acetate, die keine freie Säure enthalten, einige Tropfen Wasserstoffsuperoxyd, so erfolgt bei Anwesenheit von Cer Färbung in gelb oder rotgelb, aus weniger verdünnter Lösung scheidet sich ein rotbrauner Niederschlag ab, während in Lösungen der Acetate von Lanthan, Praseodym und Neodym keine Färbung auftritt (Boudouard 1897, Behrens 1901). Reines Cer soll als Acetat nach Boudouard[1]

[1] Boudouard, C. r. 1897, **125**, p. 772—774; das. p. 1096—1097; J. 1897, **1**, S. 1031—1032.

nicht vollständig durch H_2O_2 gefällt werden, was Wyrouboff und Verneuil[1] bestreiten.

Thoriumlösungen geben mit Essigsäure keine Fällung, hingegen mit Natriumacetat in der Kälte langsam, in der Hitze schnell einen körnig kristallinischen Niederschlag, der leicht am Glase anhaftet und im Überschuß des Fällungsmittels unlöslich ist. Nach Haber (1898) soll die Lösung klar bleiben und erst beim Kochen der Niederschlag sich bilden, was Schilling (1902) nicht bestätigt fand. Der Niederschlag besteht, wie aus den Untersuchungen von Berzelius (1829), Chydenius (1861), Cleve (1874) und Urbain (1896) hervorgeht, wahrscheinlich aus Thoriumacetat $Th(C_2H_3O_2)_4$. Haber glaubt, daß der Niederschlag durch das Kochen in ein basisches Acetat übergeht — $Th(OH)_2(C_2H_3O_2)_2 + H_2O$ und will diese Eigenschaft für die Reinigung der Thorerde verwenden. In einem solchen Falle muß das Cersalz zuvor zu Cerosalz reduziert werden, wie aus den unten angeführten Eigenschaften der Cersalze hervorgeht. Natriumacetat fällt nur 59% der angewandten Thorerde (Schilling). Thoriumacetat ist nach Delafontaine (1864) unlöslich in Wasser, leicht löslich in Mineralsäuren und Essigsäure, nach Berzelius (1829) nicht kristallisierbar, während die oben erwähnten Forscher es kristallisiert erhielten. Durch Lösen des Thoriumacetats in einer Mineralsäure und Eindampfen der Lösung kann man nach Haber (1897) leicht reines Thoriumsalz erhalten und durch eventuelle Wiederholung der Fällung mit Natriumacetat auch stark mit Cer verunreinigtes Thorium rein darstellen. Zirkonacetat soll beim Eindampfen eine gummiähnliche Masse bilden (Weibull 1883; Mandl 1903). Zirkonlösungen werden beim Kochen mit Natriumacetat fast quantitativ gefällt; der flockig gelatinöse weiße Niederschlag soll ein basisches Salz sein (Haber 1898); Essigsäure erzeugt ebenso wie Ameisensäure und Buttersäure einen Niederschlag (Mandl 1903). Didym-, Lanthan- und Cerosalze werden durch Natriumacetat nicht gefällt, hingegen Ceri- und Skandiumsalze in neutralen Lösungen, und zwar erstere quantitativ (Meyer und Koss 1902; Haber, Cleve 1879); verdünnte Samariumlösungen werden beim Kochen nicht durch essigsaures Natrium gefällt (Cleve 1886). Die Gadolinit-

[1] **Wyrouboff und Verneuil, C. r. 125, p. 950—951; J. 1897, 1, S. 1032.**

erden fallen schwer aus konzentrierten Lösungen (Haber 1898), Kalium- und Ammoniumacetat fällen selbst beim Kochen Thorerde nicht aus der salpetersauren Lösung (Berzelius 1829; Glaser 1896/1897), aber Magnesiumacetat Cerisalze quantitativ (Meyer u. Koss); vgl. Trennungsmethoden Wasserstoffsuperoxyd. Lecoq de Boisbaudran (1890) machte die Beobachtung, daß die seltenen Erden bei Gegenwart von Ammonacetat durch einen Überschuß von Ammoniak langsam und nur teilweise fällbar sind. Mandl (1903) fällte ZrO_2 bei Gegenwart von Ammonacetat mit Ammoniak und erhielt einen leicht filtrierbaren Niederschlag, der durch Lösen in Essigsäure in Acetat übergeführt wurde.

Auf der sekundären Bildung von Ammonacetat beruht auch folgende Reaktion:

Versetzt man eine Lösung von Yttriumacetat allmählich mit Ammoniak, bis ein geringer Überschuß desselben vorhanden ist, so bildet sich kein Niederschlag, selbst wenn man die Flüssigkeit tagelang stehen läßt.

Erst beim Kochen entsteht aus der opalisierenden Lösung ein gelatinöser Niederschlag, der sich beim Abkühlen wieder löst, wenn nicht genügend lang gekocht wurde. Durch Dialyse läßt sich das gebildete Ammonacetat größtenteils entfernen. Behandelt man eine Lösung von Yttriumacetat mit Yttererde, so erhält man ebenfalls eine kolloidale Lösung. Aus dieser Lösung wird durch Erhitzen auf 60^0 oder durch Zusatz von etwas Oxalsäure der größte Teil der Yttererde ausgeschieden. Nach Eindampfen der Lösung bei möglichst niedriger Temperatur oder durch freiwilliges Verdunsten erhält man einen durchsichtigen, dem Gummi arabicum ähnlichen Rückstand, der sich nicht immer vollständig in kaltem Wasser wieder löst. Ähnliche Produkte geben die Acetate von Didym, Lanthan und Erbium (Delafontaine 1896).

In einer schwachsauren oder neutralen Cerlösung entsteht auf Zusatz von Ammonacetat und Wasserstoffsuperoxyd ein bräunlicher Niederschlag, der bald dunkler wird (Hartley, s. Cerreaktionen).

Ammonacetat löst die schwerlöslichen Doppelsulfate der Ceriterden (vgl. Alkalidoppelsulfatmethode; ebenso löst Ammonacetat die Hydrate des Thoriumsulfats (Urbain 1896) und mehrere Erdoxalate, welche Eigenschaft von mehreren Chemikern, wie z. B. Rose und Finkener sowie Drossbach (1895) zur Trennung benutzt wurde. Rose und Finkener bedienten sich der Löslichkeit des Thoroxalates in Ammonacetat und Alkaliacetaten bei der Mineralanalyse, während Drossbach Ytteriterden trennte. Die sorgfältig ausgewaschenen Ytteritoxalate wurden in eine kochende, heißgesättigte Lösung von essigsaurem Ammon (die noch ungelöstes Salz enthielt) eingetragen, heiß filtriert, heiß mit konzentrierter Ammonacetatlösung ausgewaschen und dieses Filtrat sehr stark verdünnt, hierauf mit Salzsäure und Oxalsäure gefällt. Aus dem Filtrat schied sich hierbei eine große Menge von Oxalaten der ein Absorptionsspektrum gebenden Elemente aus, während die restierende Lösung Oxalate der ungefärbten Erden neben Didym enthielt, d. h. farblose Yttererden, sowie Cer und Lanthan.

Fällt man eine Lösung von Lanthanacetat mit einem Überschuß von Ammoniak, wäscht den Niederschlag des basischen Acetats aus und fügt im feuchten Zustand Jod hinzu, so entsteht an der Berührungsstelle eine blaue Färbung, die sich allmählich über die ganze Masse verbreitet. Die aus einer anderen Lanthansalzlösung mit Ammoniak gefällten Niederschläge färben sich durch Jod nicht blau. Auch Thorerde, Yttererden und Cererden auf dieselbe Weise behandelt, werden durch Jod nicht gebläut, sie nehmen nur eine mehr oder weniger dunkelgelbe Farbe an (Damour 1856), jedoch verliert die Blaufärbung ihren eindeutigen Charakter, wenn andere Erden gleichzeitig zugegen sind (Meyer 1902).

Praseodym stört diese Reaktion nicht merklich; erhebliche Beimischung desselben, sowie solche von Neodym verursacht, daß die Farbe nicht über Rotviolett hinausgeht. Cerium wirkt in stärkstem Maße störend, die Färbung bleibt längere Zeit bei Rotbraun stehen und schlägt schließlich in Gelb um. Die blaue Farbe ist jedenfalls keine chemische Verbindung der beiden Körper, sondern das Jod durchdringt, ähnlich wie bei der Stärke, das Salz, da die blaue Farbe durch die Wärme leicht verschwindet. Nach Biltz[1] ist das blaue Jodlanthanpräparat und die Jodstärke unter die auf dem Gebiete der colloidalen Stoffe überaus häufigen Adsorptionsverbindungen zu rechnen.

Die Reaktion ist weder besonders empfindlich, noch besonders charakteristisch, da unter günstigen Bedingungen auch basisches Praseodymacetat mit Jod eine blaue Färbung gibt. In der Regel geht die Färbung bei Praseodym nicht über Violett, bei Neodym nicht über Weinrot hinaus (Behrens 1901).

[1] Biltz, Ber. 1904, S. 724.

Der Jodreaktion bedienten sich Posetto (s. Carbonate) und Treadwell[1].

(Vgl. auch Trennungsmethode mittels Chlor und Alkaliacetaten.)

Die Wellenlängen im Absorptionsspektrum sind bekanntlich vom säurebildenden Bestandteil der Salze abhängig. Bunsen[2] untersuchte neben Chlorid und Sulfat des Didyms auch das Acetatspektrum. Nach Stützel (1899) steht das Acetatspektrum der gefärbten Erden zwischen demjenigen des Carbonats und Chlorids (vgl. Carbonate).

Acetylacetonate s. Trennungsmethoden.

Acetylsulfate s. Trennungsmethoden.

Ätzalkalien und **Ammoniak** fällen die Yttererden (Vauquelin 1801 und 1809, S. 477; Klaproth 1802), Ceriterden (Klaproth 1804 und 1807, Hisinger und Berzelius 1804, Thomson 1816; Cleve 1886 — Samarium), Thorium (Berzelius 1829, Chydenius 1861, Hermann 1864) und Zirkonium vollständig; der Niederschlag ist im Überschuß des Fällungsmittels unlöslich. Wenn salpetersaure und salzsaure Zirkonerde bis zur Trockne eingedampft und hierauf in Wasser gelöst wird, kann man sehr viel Ammoniak hinzusetzen, ehe ein bleibender Niederschlag entsteht (Berzelius 1825), in geringerem Maße gibt auch Zirkonsulfatlösung diese Erscheinung (priv. Mitt. Hauser). Lösungen von Zirkonsalzen mit schwefligsaurem Ammon versetzt geben anfangs einen Niederschlag, der sich bei weiterem Zusatz von schwefligsaurem Ammon wieder löst. Durch Ätzalkalien ist die Auflösung nicht fällbar (Hermann 1844). Zirkonhydroxyd ist in starkem Ammoniak nicht merklich löslich, in verdünntem etwas (Venable und Belden 1898). Werden Zirkonlösungen mit überschüssigem Ammoniak kalt gefällt und unmittelbar filtriert, so gehen stets geringe Mengen Zirkonhydroxyd mit durchs Filter; $^1/_2$stündiges Erhitzen auf ca. 100° beseitigt diese Erscheinung (priv. Mitt. Hauser). Die Löslichkeit des Zirkonhydrats in Kali- und Natronlauge ist von Clarke[3] bestimmt worden. Auch bei Gegenwart von Weinsäure werden die Yttererden durch Ammoniak gefällt (Rose 1843), eine Reaktion, durch welche sich dieselben von den anderen Erden — Ceriterden, Thorium und Zirkon —

[1] Bunsen, Pg. A. **128**, S. 100.

[2] Treadwell, Qualit. Analyse, 2. Aufl. 1902, S. 391.

[3] Nach Angaben von Venable und Belden 1898.

(Fresenius und Hintz 1896) unterscheiden, denn diese sind aus einer weinsauren oder zitronensauren Auflösung durch genannte Reagentien nicht fällbar (Mosander 1843). Ebenso werden auch die löslichen milchsauren Erden durch Ammoniak nicht gefällt. Bei Gegenwart von Hydroxylamin werden Lösungen der Thorerde gefällt, hingegen Uransalze nicht, welches Verhalten man für eine Trennung derselben verwenden kann (vgl. Trennung von Uran). Bei Gegenwart von Ammonacetat werden die seltenen Erden durch Ammoniak nur langsam und teilweise gefällt.[1] Bezüglich der Reihenfolge, welche diejenige der Basizität ist, vgl. Trennungsmethode mittels Ammoniak.

Durch Erwärmen von Lanthanoxyd mit Alkalihydroxydlösungen auf 100° will Baskerville (1904, IV) Natriumtetralanthanat ($Na_2La_4O_7$) und Metalanthanate von Na, K, Li und Ba ($MH_9La_5O_{15}$) erhalten haben, s. Carbonate.

Äpfelsäure fällt nicht die Ceriterden, hingegen Thorerde aus ihren Salzen. Der Niederschlag ist körnig-kristallinisch, leicht absetzbar und in Wasser fast unlöslich. Das ausgeschiedene Salz $Th_2(OH)_2(C_4H_4O_5)_3$ ist basisch und analog den Citraten, Acetaten und Formiaten zusammengesetzt; es löst sich in essigsaurem und ameisensaurem Natrium (Haber 1897). Lösungen saurer äpfelsauer Salze nehmen in der Siedehitze größere Mengen frisch gefällten Thoriumhydrats auf. Die mit Thoriumhydrat abgesättigten Laugen sind nicht zur Kristallisation zu bringen, sondern erstarren zu glasigen zerspringenden Massen. Sie sind Salze einer den Tartraten analogen Thoriumdiäpfelsäure und enthalten ein komplexes Anion. Zum Unterschied von den analogen Tartraten lassen die Lösungen dieser Salze aber durch Alkali und Ammoniak das Thorium ausfällen und demgemäß sind hier Verbindungen, die den thoriummonoweinsauren Salzen entsprechen, nicht existenzfähig. Es liegt dieses möglicherweise an der Anwesenheit nur einer Alkoholhydroxylgruppe in der Äpfelsäure, während zwei Hydroxylgruppen notwendig sind, um wie in den Thoriummonotartraten das Radikal ThO'' zu binden. $Th=(C_4H_4O_5K)_2 \cdot 4H_2O$; $ThO=(C_4H_4O_5Na)_2 \cdot 6H_2O$; $ThO=(C_4H_4O_5NH_4)_2 \cdot 4H_2O$ — Rosenheim 1902. Zirkon fällt leicht beim Kochen flockig aus, der Niederschlag ist im Natriumacetat und im Überschuß des Fällungsmittels löslich (Haber 1897). Die äpfelsauren Alkalien

[1] Lecoq de Boisbaudran, C. C. 1890, **111**, S. 394. S. Acetate.

fällen die Yttererden, wenn sie nicht im Überschuß zugesetzt werden (Berlin 1835). Ammoniummalonat bringt in Ceritlösungen flockige Niederschläge hervor (Behrens 1901).

Ameisensäure fällt die seltenen Erden nur aus Auflösungen mit schwachen Säuren, z. B. Essigsäure, ameisensaures Natrium aus allen neutralen Lösungen. Ammoniumformiat fällt die Erden der Ceritgruppe, hingegen diejenigen der Ytteritgruppe nicht. Calcium und Mangan bleiben in Lösung und können so von den Ceriterden getrennt werden. Behufs völliger Entfernung dieser Verunreinigungen können die Formiate in verdünnter Essigsäure gelöst werden, woraus sie kristallisieren (Behrens 1901). Die Fällung der Ceriterden mittels Natriumformiat aus konzentrierten Lösungen ist unvollständig (Haber 1898). Die Löslichkeit der Erdformiate ist eine sehr verschiedene, weshalb man die ameisensauren Salze auch als Trennungsmittel, besonders für die Terbinerden, verwendet (vgl. Trennungsmethoden-Formiate).

Die Formiate der Ceritelemente sind schwer löslich und scheiden sich in pentagondodekaedrischen, lebhaft polarisierenden Scheinkristallen (50—70 mik) aus verunreinigten Lösungen in strahligen Scheiben (80—120 mik) mit schönem Polarisationskreuz, bisweilen auch in kleinen Stäbchen ab. Die Fällung kann in Lösungen der Ceritmetalle in starken Säuren durch Zusatz von Natrium- und Ammoniumformiat bewirkt werden, in Lösungen der Acetate durch Ameisensäure; sie wird durch Erwärmen beschleunigt. Zirkonerde wird durch freie Ameisensäure gefällt (Mandl 1903).

Ammoniak s. Ätzalkalien.

Ammoniumchlorid s. Chlorammonium.

Arsensäure erzeugt in den Lösungen der Ceriterden keine Fällung. Durch Digerieren der Hydroxyde mit Arsensäure erhält man schwerlösliche Salze, die im Überschuß der Säure löslich sind. Beim Eindampfen der Lösung scheiden sich wieder die arsensauren Salze pulverförmig ab. Die rückständige Lösung kristallisiert nicht, sondern trocknet zu einer farblosen, durchsichtigen, gelatinösen Masse ein (Hisinger und Berzelius 1804 und 1807).

Nach Marignac (1853) bewirkt Arsensäure in Didymsalzlösungen beim Kochen einen Niederschlag, der in Säuren wenig löslich ist.

Arsensaures Kali fällt die Yttererden und der gelatinöse Niederschlag besteht aus basischen Salzen; fügt man aber zu einer Lösung des arsensauren Kalis diejenige der Yttererden, so ist der Niederschlag weiß, schwer und unlöslich (Klaproth 1802; Berlin 1835). Arsensaure Thorerde ist unlöslich in Wasser und Arsensäure, sie wird sowohl aus sauren als auch aus neutralen Salzen in Form eines flockigen weißen Niederschlages erhalten (Berzelius 1829). In Anbetracht der schwach basischen Eigenschaften einiger seltenen Erden — Skandin, Ytterbin, Erbin, Terbin usw. — machten Krüss und Loose (1893) den Versuch, diesen Teil der seltenen Erden von den stärkeren Basen Samarium, Lanthan und Didym unter solchen Bedingungen zu trennen, daß die Zersetzbarkeit der Salze der schwächeren Basen möglichst verstärkt war. Dieses sollte dadurch erreicht werden, indem man diese Basen mit schwachen Säuren verband oder Gelegenheit zur Umsetzung in diesem Sinne gab. Versuche über die Einwirkung von Kaliumarsenit auf Erdnitratlösungen blieben ebenso erfolglos wie solche mit Natriumnitrit.

Baldriansäure. Nach Bonaparte (1843) hat man in der Baldriansäure ein bequemes Mittel für die Trennung des Cers vom Didym. Versetzt man eine konzentrierte Nitratlösung der beiden Erden mit einer konzentrierten wäßrigen Baldriansäuresolution, so scheidet sich baldriansaures Cer ab, während Didym mit etwas Cer in Lösung bleibt. Ob das Lanthan auch mitgefällt oder aufgelöst bleibt, hat Bonaparte nicht angegeben.[1] Baldriansaure Alkalien fällen auch die übrigen Erden; die Löslichkeit der Valerianate der übrigen Erden in saurer Lösung wird jedenfalls eine Trennung bewirken, jedoch hat bis zum heutigen Tage niemand sich dieser Methode zur Darstellung von Cererde bedient, und ist auch fernerhin eine Anwendung derselben ausgeschlossen, da wir gerade für Cer außerordentlich bequeme Trennungsmethoden besitzen. Es muß daher eigentümlich erscheinen, wenn in neuerer Zeit die englische Zeitschrift Chemical News[2] die Arbeiten des Prinzen Louis, Lucien Bonaparte, in Erinnerung bringt und als wertvolle Argumente für dessen Wirken auf dem Gebiet der seltenen Erden bezeichnet.

Baldriansaure Zirkonerde scheint unlöslich zu sein (Trommsdorff 1833 und Berzelius 1837).

Bariumcarbonat s. Carbonate.

[1] Vgl. Mosander 1843, L. A. **48**, S. 223; derselbe 1845; Notiz d. Redaktion d. J. pr. 1843, **29**, S. 269—270.

[2] Ch. N. 1891, **63**, p. 263; J. 1891, 1, **44**, S. 509—510.

Bariumsuperoxyd erzeugt in Lösungen der Ceriterden einen Niederschlag (Mosander 1839). Wyrouboff und Verneuil (1898) benutzten Baryumsuperoxyd zur approximativen Abscheidung des Thoriums aus dem Monazit. In die fast neutrale Lösung (wegen des Baryts wird die Flüssigkeit alkalisch) wurde in kleinen Portionen Baryumsuperoxyd eingetragen, bis kein Niederschlag mehr erfolgte. Man erhielt hierbei eine rötlich gefärbte Lösung, in der sich das gesamte Thorium mit etwa 20—30 % der anderen seltenen Erden befand. In der Kälte wurde der Niederschlag in Salzsäure gelöst, der Baryt mit Schwefelsäure entfernt und die Erden mit Oxalsäure gefällt. Die Oxalate wurden hierauf mit einer ammoniakalischen Ammoncarbonatlösung behandelt (vgl. Trennung mittels der Carbonate).

Benzoesaure Alkalien erzeugen in Auflösungen der Ytteriterden nicht sogleich einen Niederschlag, sondern erst nach einiger Zeit, wenn das Gemisch an einem warmen Ort gestanden hat (Berlin 1835, Berzelius 1837). Die Fällung der Ceriterden löst sich anfangs etwas und wird bei weiterem Zusatz des Fällungsmittels käseähnlich (Berzelius 1837).

Benzoesaures Ammon kann nach Behrens (1901) als Reagens für Unterscheidung der Ceritmetalle in Anwendung gebracht werden (vgl. Mikrochemische Reaktionen). Benzoesäure erzeugt keine Fällung; das durch Digestion der Hydroxyde mit Benzoesäure erhaltene pulverförmige weiße Produkt ist in Salz- und Salpetersäure löslich (Hisinger und Berzelius 1804 und 1807; Thomson 1816; Brauell 1875).

Benzoesaure Alkalien fällen Thorerde aus ihren Auflösungen und der gallertartige Niederschlag löst sich selbst beim Erhitzen nicht wieder. Mischt man Thoriumnitrat mit Benzoesäure in heißer alkoholischer Lösung, so löst sich bald der zuerst gebildete Niederschlag. Hat man hierzu 30 g $Th(NO_3)_4 + 4H_2O$ und 13,3 g Benzoesäure gewählt, so scheiden sich beim langsamen Abkühlen Kristallkrusten des neutralen Salzes $Th(C_6H_5 . CO_2)_4$ aus. Der bei anderen Mengenverhältnissen durch Benzoesäure aus Thoriumsalzlösungen ausgefällte Niederschlag ist amorph, unlöslich in Alkohol, Wasser und Äther — jedenfalls kein einheitlicher Körper (Kauffmann 1899). Zirkonsalze geben mit benzoesauren Alkalien einen gallertartigen Niederschlag, der sich beim Erhitzen der Flüssigkeit nicht wieder löst.

Bernsteinsäure bringt wie Oxalsäure bei den Salzen der Ceriterden kristallisierende Niederschläge hervor, die im Überschuß des Fällungsmittels nicht merklich löslich sind. Freie Bernsteinsäure tut dieses jedoch nur schwächeren Säuren — Essigsäure — gegenüber; in Lösungen von Chloriden und Nitraten der Ceritmetalle wendet man Ammoniumsuccinat als Fällungsmittel an. Thomson 1816; Behrens 1901 (vgl. Mikrochemische Reaktionen).

Die neutralen Lösungen werden anfangs durch die freie Säure getrübt, klären sich jedoch bald wieder. Auch der durch bernsteinsaures Ammon erzeugte Niederschlag (in Chlorid- und Nitratlösungen) verschwindet bald. Durch weiteren Zusatz dieses Reagens fällt jedoch wieder die weiße bernsteinsaure Verbindung der Erden aus, die in Wasser nicht ganz unlöslich ist. Ceriverbindungen geben ebenso wie Ferriverbindungen mit Ammoniumsuccinat einen flockigen Niederschlag, hingegen die Ceroverbindungen wohl charakterisierte Kristalle (Behrens 1901). Ebenso verhält sich das durch Digerieren der Hydroxyde mit Bernsteinsäure erhaltene Produkt, es löst sich in Säuren und hinterläßt beim Glühen die Oxyde. Die essigsauren Salze werden von bernsteinsaurem Ammon nicht gefällt, welches Verhalten von Hisinger und Berzelius (1804 und 1807) für die Trennung dieser Erden von Eisen empfohlen wurde.

Klaproth (1804 und 1807) und andere Chemiker benutzten ebenfalls die bernsteinsauren Alkalien zur Trennung der Ceriterden von Eisen, jedoch verwendete man Nitrat oder Chloridlösungen, wobei das Eisen zuerst ausfällt (vgl. Trennnng der seltenen Erden von Eisen.

Die Ytteriterden fallen auf Zusatz von bernsteinsaurem Natrium nicht sogleich aus, aber nach einigen Minuten trübt sich die Flüssigkeit und ein feines kristallinisches Pulver setzt sich ab (Berlin 1835). Die Acetatlösungen geben mit bernsteinsaurem Natrium keine Fällung, das Gemisch trocknet beim Verdunsten zu einer zähen Masse ein (Klaproth 1802). Nach Ekeberg (1802) sollen die Ytteriterden überhaupt nicht durch bernsteinsaure Alkalien gefällt werden, hingegen die Beryllerde, was allerdings ganz den Angaben anderer Chemiker (Cleve & Höglund 1873 — Yttrium wird durch Ammonsuccinat gefällt, Erbium nicht, hingegen in einem Gemisch beide Nitrate) widerspricht.

Thoriumsalze werden ebenfalls von bernsteinsaurem Ammon

gefällt, und das Hydrat mit einer Lösung von Bernsteinsäure übergossen, verwandelt sich in ein weißes Salz, welches von einem Überschuß der Säure kaum gelöst wird (Berzelius 1829).

Kaufmann (1899) erhielt ein basisches Succinat durch Fällen einer Thoriumnitratlösung mittels bernsteinsaurem Kalium. Berzelius (1829) betrachtete seine erhaltenen Körper — allerdings ohne Analyse — als Neutralsalze. Die Fällung der Thorerde mit bernsteinsaurem Ammon und bernsteinsaurem Kalium ist quantitativ, während Natriumsuccinat von dieser Erde 99·5 % fällt. Man trägt die heiße Alkalisuccinatlösung in die schwach kochende Lösung von Thorerde ein, wobei sich sofort ein voluminöser weißer Niederschlag bildet, welcher sich gut filtrieren und auswaschen läßt (Schilling 1902).

Blausaures Kali s. Cyankalium.

Bleisuperoxyd dient in stark salpetersaurer Lösung als Oxydationsmittel für Cerosalze (vgl. Gibbs' Methode).

Boraxperle s. Perlen.

Borsäure. Die neutralen und sauren Borate der Ytteriterden bilden weiße Niederschläge, welche beim Auswaschen leicht Kohlensäure anziehen (Berlin 1835), während die borsaure Thorerde in Form eines weißen flockigen Niederschlages ausfällt und im Überschuß von Borsäure unlöslich ist (Berzelius 1829).

Buttersäure fällt Zirkonerde aus ihren Auflösungen (Mandl 1903).

Carbide. Die Wissenschaft ist in letzter Zeit besonders durch die Arbeiten Moissans zur Erkenntnis gekommen, daß bei hohen Temperaturen die Metalloxyde, die man bisher für beständig hielt, leicht zu zersetzen sind. Reaktionen, die bei den Temperaturen des gewöhnlichen Ofens unvollständig verliefen, verlaufen im elektrischen Ofen weit vollständiger. Viele unserer Verbindungen werden bei den hohen Temperaturen dissoziiert, andere, bis vor nicht langer Zeit unbekannte Körper entstehen dort, und zwar in wohl charakterisierter beständiger Form, wie die Carbide, Boride und Silicide. Viele dieser Körper zerfallen wieder, wenn die Erhitzung noch weiter getrieben wird. Einige der Carbide bilden eine schöne Stufenleiter der Dissoziation bei hohen Temperaturen, und man erkennt, daß bei ca. 3000° dieselben chemischen Gesetze gelten, wie bei gewöhnlichen Temperaturen.

Versuche, alle Metalloxyde durch Kohle zu reduzieren, führten bald zu dem Ergebnis, daß sehr viele Metalloxyde, anstatt Metall zu liefern, bei hohen Temperaturen wohldefinierte Verbindungen von Kohlenstoff und Metall ergeben. Die Metallcarbide lassen sich nach Moissan in zwei Klassen teilen; die erste ist diejenige der Metallcarbide, die durch Wasser nicht zersetzt werden: Carbide des Zirkons, Vanadins, Chroms, Molybdäns, Eisens usw.

Die zweite Klasse enthält die durch kaltes Wasser zerlegbaren Carbide des: Cers, Lanthans, Neodyms, Praseodyms, Samariums, Yttriums, Thoriums, Calciums, Strontiums usw.

Auch zur Trennung bezw. Darstellung von Cererde benutzte Moissan (1897) den Weg über die Carbide. Feinpulverisiertes Ceriumcarbid wurde mit sehr verdünnter Salpetersäure mehrmals bis zum vollkommenen Verschwinden des Carbids behandelt. Die bei der zweiten Behandlung erhaltene Lösung ergab durch einfaches Calcinieren rein weißes (!) Ceroxyd. Das Eisen befand sich in dem ersten Auszug und Thorium in den nicht zersetzten Anteilen des Carbids. Da das Cercarbid, wie Moissan selbst angibt, durch Thoriumcarbid verunreinigt war, so ist es nicht ausgeschlossen, ja sogar nach den neuesten Untersuchungen Brauners[1] sehr wahrscheinlich, daß auch das Ceroxyd durch Thoriumoxyd, welches bekanntlich weiß ist, verunreinigt war (s. bes. Nitratmethode). Durch Zusammenschmelzen von Carbid mit dem entsprechenden Oxyd kann man sogen. Metallschmelzen herstellen — affinieren —, die bedeutend weniger Kohlenstoff enthalten, als das normale Carbid. Als Aufschlußmittel ist die Behandlung der Materialien im elektrischen Ofen oft empfohlen und jedenfalls da von besonderem Wert, wo die entsprechenden Einrichtungen bereits vorhanden sind. So z. B. wurde von Moissan und Lengfeld der Zirkon, von Muthmann und einigen seiner Schüler der Monazit bezw. Cerdioxyd mittels des elektrischen Bogens aufgeschlossen (vgl. Aufschließen der Mineralien).

Carbonate. Yttererden fallen aus ihren Auflösungen durch Natrium-, Kalium- und Ammoncarbonat weiß und locker aus und sind im Überschuß des Fällungsmittels löslich (Klaproth 1802). In einer kalten Ammoncarbonatlösung sind die Ytteritcarbonate besonders leicht löslich, eine Eigenschaft, die sie mit der Beryllerde gemein haben, jedoch sind die Ytteriterden 5—6 mal weniger darin löslich als die Beryllerde, d. h. sie brauchen 5—6 mal mehr Ammon-

[1] Branner 1903, Z. an. **34**, S. 224.

carbonat als das gleiche Quantum Beryllerde (Klaproth 1801; Vauquelin 1801 und 1809, S. 477). Ist die Lösung mit Ytteritcarbonaten gesättigt, so kristallisieren Doppelcarbonate aus; und zwar in einer solchen Menge, daß nach einigen Stunden sich sehr wenig Erden in Lösung befinden (Mosander 1843).

Beim Kochen der Ytteritcarbonatlösung in Ammoncarbonat werden die Ytteriterden, ebenso wie die Beryll- und Zirkonerde noch vor dem vollkommenen Entweichen des Ammoniaks wieder gefällt (Berzelius 1825). Drossbachs (1895) Versuche zeigten, daß es gelingt, unter Anwendung eines sehr großen Überschusses höchst konzentrierter Kaliumcarbonatlösung, bei Gegenwart von Ammonsalzen, diese Oxyde in Lösung zu behalten. Durch Ansäuern und Zusatz von Oxalsäure werden die Oxalate gefällt.

Die Ytteritcarbonate sind in freier Kohlensäure etwas löslich und kristallinisch, wenn sie nach der Fällung mittels Natriumcarbonat einige Zeit mit einem Überschuß des Fällungsmittels in Berührung bleiben (Berlin 1835).

Selbst die stark geglühten Ytteritoxyde sind in einer heißen gesättigten Lösung von Natriumcarbonat löslich, woraus sich nach einigen Tagen ein Doppelsalz ausscheidet (Mosander 1843).

Erbiumcarbonat besitzt nur eine geringe Löslichkeit im kohlensauren Ammon, zumal, wenn es gemeinschaftlich mit Didym ausgefällt ist (Krüss 1891).

Yttriumcarbonat löst sich in Kaliumcarbonat schwer, in Kaliumbicarbonat, sowie Ammoncarbonat leichter. Die Lösung von Yttriumhydrat in Ammoncarbonat scheidet beim Kochen alles Yttrium ab; ist aber Chlorammonium zugegen, so wird dieses bei weiterem Erhitzen unter Ammoniakbildung zersetzt und Yttrium geht als Chlorid in Lösung.[1]

Phosphorsaure Ytteriterden (vermeintliche Thorerde) werden von Kalium- und Ammoncarbonatlösungen nur in geringer Menge aufgelöst, Säuren fällen sie wieder aus (Berzelius 1818).

Ceriterden geben mit Kalium-, Natrium- und Ammoniumkarbonat einen weißen Niederschlag, der im Überschuß des Fällungsmittels unlöslich ist (Klaproth 1804 und 1807; Thomson 1816). Nach Hisinger und Berzelius (1804) werden nur ganz geringe Erdmengen gelöst. In Lösungen von kohlensauren Alkalien, namentlich Ammoncarbonat, löst sich Cerdioxydhydrat in

[1] Truchot 1898, Les terres rares, p. 288.

großer Menge, die Lösung nimmt hierbei eine hellgelbe Farbe an. Didymoxyd ist im Ammonkarbonat unlöslich (Mosander 1843), Didymcarbonat in gesättigten Alkalicarbonatlösungen (besonders Kaliumcarbonat) ziemlich löslich (Drossbach 1902), während nach Marignac basisches Didymcarbonat in überschüssigem Ammoncarbonat fast unlöslich ist (Krüss 1891).

Durch Schmelzen von Lanthanoxyd mit Alkalicarbonaten will Baskerville (1904, IV) Natriumtetralanthanat ($Na_2La_4O_7$) und Metalanthanate von Na, K, Li und Ba ($MH_9La_5O_{15}$) erhalten haben, s. Ätzalkalien.

In Samariumlösungen erzeugen die kohlensauren Alkalien und Ammoncarbonat gelatinöse, voluminöse Niederschläge, welche, wenn sie frisch gefällt sind, löslich im Überschuß des Fällungsmittels sind; nach einiger Zeit scheiden sich schwer lösliche Doppelcarbonate aus (Cleve 1886).

Scandiumlösung gibt mit Natriumcarbonat einen voluminösen Niederschlag, der im Überschuß des Fällungsmittels löslich ist (Cleve 1879).

Posetto[1] gibt an, daß sich alle Erdhydroxyde in Ammoncarbonat lösen und verwendet diese Eigenschaft für den analytischen Gang.

Nach André Job (1899) erhält man eine Carbonatlösung der Ceriterden leicht, indem man die Hydroxyde in eine 40 $^0/_0$ige siedende Kaliumcarbonatlösung einträgt. Die Erden sind darin wahrscheinlich als Kaliumdoppelcarbonate enthalten, denn wie Muthmann fand, scheiden sich beim Verdünnen der Lösungen Kristalle der Doppelsalze von der allgemeinen Formel $R_2(CO_3)_3 \cdot 2K_2CO_3 \cdot 20H_2O$ in nadelförmigen Kristallen ab. Muthmann versuchte auf diese Weise durch Umkristallisieren der Kaliumdoppelcarbonate Neodym von Praseodym zu trennen und glaubte anfangs, diesen Zweck durch wenige Kristallisationen erreichen zu können, da nach etlichen Fraktionen das Praseodymspektrum vollkommen verschwand. Eine nähere Untersuchung zeigte jedoch, daß diese Meinung durchaus irrtümlich war, denn in der Lösung des Doppelcarbonats verschwinden die Praseodymkalium-Absorptionslinien bei nur mäßiger Verdünnung fast vollständig, während die Neodymlinien namentlich im gelben Teile des Spektrums viel stärker hervortreten als bei anderen Salzen.

[1] Posetto, Giorn. Farm. Chin. **48**, p. 49—54; C. C. 1898, **1**, S. 634.

Stellt man eine solche Carbonatlösung von Neodym her, so besitzt dieselbe nicht die schön himbeerrote Farbe, welche Neodymchlorid und Nitratlösungen zeigen, sondern eine ziemlich intensiv blaue Färbung, was offenbar davon herrührt, daß die Intensität der Banden im Gelb sehr stark zunimmt, während dieselbe im Grün entsprechend zurückgeht. Die Bande im Violett λ 432 bis λ 434 war in der Carbonatlösung nicht mehr wahrzunehmen. Zu gleicher Zeit findet eine bedeutende Änderung der Wellenlänge statt, und zwar für die intensive mittlere Bande im Gelb um $7^1/_2 \lambda$ nach dem Rot zu (Muthmann-Stützel 1899).

Cersalze sind in neutralem Kaliumcarbonat löslich. Wasserstoffsuperoxyd gibt mit solchen Lösungen eine intensiv rote Farbe (vgl. Cerreaktionen); die Färbung bleibt bestehen, wenn auch alles Wasserstoffsuperoxyd verschwunden ist. Auf die von Job angegebene Weise kann man farblose Cerlösungen herstellen, die im Liter bis 40 g Cerdioxyd auf 280 g Alkalicarbonat enthalten.

In Kaliumdicarbonat sind die Cersalze weniger löslich. Eine Lösung der Cersalze in Kaliumcarbonat ist bei gewöhnlicher Temperatur lange Zeit aufzubewahren. Setzt man einen geringen Überschuß Wasserstoffsuperoxyd hinzu, so gibt die Flüssigkeit Sauerstoff ab.

Cerolösungen in Kaliumcarbonat peroxydieren sich an der Luft, wobei sie sich tief dunkelrot färben, und es ist Job gelungen, aus solchen Lösungen eine monoklin kristallisierende Substanz von der Zusammensetzung $(CO_3)_3Ce_2O_3 \cdot 4K_2CO_3 \cdot 12H_2O$ zu isolieren. Diese Substanz enthält also das Cer in der Oxydationsstufe CeO_3 und da das Cerdioxyd die Zusammensetzung CeO_2, das Ceroxydul Ce_2O_3 besitzt, so folgt ein Aktivierungsverhältnis von 2 : 1. Baur (1902) vervollständigte die Jobschen Beobachtungen. Die durch Schütteln oder Durchleiten von Luft peroxydierten Cerolösungen enthalten nicht allen aufgenommenen Sauerstoff in Form von Peroxyd, vielmehr setzt sich während der Absorption ein Teil desselben mit übrigem Cerosalz zu Cerisalz um. Die abweichenden Resultate führt Baur (1904) auf katalytische Einflüsse von Verunreinigungen zurück, ohne nähere Belege.

Bringt man in zwei gleich große Flaschen je 50 ccm einer konzentrierten K_2CO_3-Lösung und 5 ccm einer 1 $^0/_0$ igen Ceronitratlösung und darauf in die eine Flasche 20 ccm einer verdünnten K_2CO_3-Lösung, welche ungefähr 10 g arseniger Säure pro Liter enthält und in die andere Flasche das gleiche Volumen einer verdünnten reinen K_2CO_3-Lösung, so beobachtet man, wenn man die beiden Flaschen schüttelt, daß sich die Flasche, welche kein Arsenit enthält, rasch orangerot färbt, während die andere Flasche nur schwach gefärbt wird. Hört man jetzt mit dem Schütteln auf, so bleibt die orangerote Farbe in der arsenitfreien Flasche bestehen, während die schwache Rotfärbung in der anderen Flüssigkeit nach einigen Minuten einer lebhaft gelben Platz macht. In beiden Fällen bildet sich ein Peroxydsalz, welches in der einen Flasche das Arsenit schnell oxydiert und hierbei selbst zur Ceriverbindung reduziert wird, während es in der anderen Flasche das überschüssige Cerosalz nur langsam weiter oxydiert, weshalb hier die orangerote Farbe stundenlang bestehen bleibt.

Eine konzentrierte Lösung von Glukose und K_2CO_3 reduziert die Percerverbindung bis zur Ceroverbindung, und zwar bei gewöhnlicher Temperatur langsamer als Kaliumarsenit.

Eine cerisalzhaltige Kaliumcarbonatlösung, welche unfähig ist, sich an der Luft weiter zu oxydieren, wird auf Zusatz von Glukose farblos, d. h. die Ceriverbindung wird zu Ceroverbindung reduziert und vermag dann beim Schütteln mit Luft Sauerstoff zu fixieren.

Während Job die Oxydation der Cerolösungen in Kaliumcarbonat ebenso wie Baur zu der direkten Autoxydation rechnet, treten Engler und Ginsberg[1] dafür ein, daß man es mit einer indirekten Autoxydation nach Ostwald zu tun hat und das erste Produkt der Anlagerung von molekularem O_2 wie bei der Oxydation der Metalle H_2O_2 ist. Nach Englers Versuchen (1904) werden von Cersalzen (Sulfat und Chlorid) in Carbonatlösung auf 2 Atome Cer 2 Atome Sauerstoff aufgenommen, nicht wie Baur gefunden zu haben glaubte; bei Gegenwart eines mittelstarken Akzeptors z. B. As_2O_3 wird die Hälfte des Sauerstoffs an diesen abgegeben.

Auch Drossbach (1901 und 1902) bemerkt entgegen den meisten Literaturangaben, daß sämtliche Elemente der Cer- und Yttergruppe sehr leicht in konzentrierten Alkalicarbonatlösungen löslich sind. Gießt man diese Lösung in eine größere Menge heißen Wassers, so fallen die Carbonate der Elemente der Cergruppe zu Boden, während die Elemente der Yttriumgruppe in Lösung bleiben. Didymcarbonat ist in gesättigten Alkalicarbonat-

[1] Engler und Ginsberg, Ber. **36**, S. 2642; C. C. 1903, **2**, S. 547.

lösungen (besonders Kaliumcarbonat) ziemlich löslich. Verdünnt man eine solche Didymlösung mit verdünnter Alkalicarbonatlösung allmählich, so scheidet sich schließlich ein starker Niederschlag aus, während verhältnismäßig kleine Mengen in Lösung bleiben, die nunmehr auch nach dem Ausfällen und Umwandeln in Chlorid wesentlich das Neodymspektrum zeigen. Die Absorptionsbanden des Praseodyms treten ganz zurück; dagegen ist Samarium und Erbium deutlich zu erkennen.

Zur Abscheidung der Ytteriterden des Monazits löste Drossbach (1901) die frisch gefällten Oxalate in starker Pottaschelösung. Beim Eingießen dieser Lösung in eine größere Menge heißen Wassers fallen die Carbonate der Elemente der Cergruppe zu Boden, während die Elemente der Yttriumgruppe in Lösung bleiben. Durch Säuren können sie als Oxalate, durch Kali bezw. Natronlauge als Hydrat ausgefällt werden.

In Thoriumlösungen geben Alkalicarbonate und Ammoncarbonat weiße Niederschläge, die nach Berzelius (1829) aus einem basischen Carbonat bestehen und nach dem Trocknen glasige Stücke bilden (Chydenius 1861). Hydroxyd und basische Salze des Thoriums sind ebenso wie das Carbonat im Überschuß des Fällungsmittels löslich, besonders bei starker Konzentration desselben.

Wenn man die Thorerdelösung in Ammoncarbonat bis zu 50° erwärmt, so trübt sich dieselbe, und es wird viel Thorerde niedergeschlagen, nach dem Erkalten tritt langsam vollständige Klärung ein. Ein Zusatz von Ammoniak trübt die Auflösung nicht, hingegen wird sie dadurch wieder klar, wenn sie zuvor durch eine anfangende Fällung getrübt war (Berzelius 1829; Chydenius 1861; Hermann 1864; Drossbach 1895 S. 482 und 1901).

Setzt man zu einer Thoriumsalzlösung tropfenweise Natriumcarbonatlösung, so lange sich der zuerst entstehende Niederschlag wieder löst und fällt alsdann die Lösung mit Alkohol, so erhält man ein weißes Kristallpulver, das nach Cleve[1] die Zusammensetzung zeigt: $Na_6Th(CO_3)_5 \cdot 12\,H_2O$. Rosenheim (1903, S. 436) bestätigte diese Angaben. Durch den Alkoholzusatz erhält man zwar zuerst ein Gemisch des Doppelsalzes mit Natriumcarbonat; wäscht man aber das Kristallgemisch einige Male schnell mit

[1] Cleve, Bull. chim. [2] **21**, p. 116.

kaltem Wasser, so erhält man das Doppelsalz, welches wesentlich schwerer löslich ist, als das Natriumcarbonat, ganz rein. Eine wesentlich größere Ausbeute erhielt Rosenheim durch Absättigung einer Bicarbonatlösung mit Thoriumhydrat. Das analoge Kaliumsalz besteht aus klaren prismatischen Kristallen $K_6Th(CO_3)_5 \cdot 10\,H_2O$. Das Ammondoppelcarbonat wurde als ein mikrokristallinisches Pulver von der Formel $(NH_4)_2Th(CO_3)_3 \cdot 6\,H_2O$ erhalten.

Wurde die Lösung von Thoriumhydrat in Ammoniumcarbonat mit einer verdünnten Lösung von Thalliumoxydulnitrat versetzt, so schied sich bald ein kristallinisches Pulver ab. Die Zusammensetzung dieses Thalliumthoriumcarbonats ist analog der des Kalium- und Natriumthoriumcarbonats $Tl_6Th(CO_3)_5$.

Thoriumoxalat ist ebenfalls in Alkalicarbonaten und Ammoncarbonat löslich (Damour 1852; Drossbach 1901), welche Reaktion die Technik zur Gewinnung der Thorerde vielfach verwendet.

Zirkonerde. Wenn eine Zirkonlösung in eine Auflösung von Natrium- und Kaliumbicarbonat getröpfelt wird, so tritt vollkommene und schnelle Lösung der Zirkonerde ein. Wird bereits gefällte kohlensaure Zirkonerde mit einer Auflösung des Bicarbonats vermischt, so löst sie sich sehr langsam auf. Zirkonerdehydrat wird nicht gelöst. Kocht man die Lösung, so daß sich das Bicarbonat in Carbonat verwandelt, so wird ein Teil der Zirkonerde in Form von Hydrat gefällt. Die in der Carbonatlösung noch zurückgebliebene Zirkonerde scheidet sich auf Zusatz von Salmiak und Kochen ab; auch durch Ammoniak kann man die Zirkonerde hieraus fällen, jedoch weniger vollständig als durch Kochen.

Kohlensaures Ammon löst das Zirkonerdehydrat äußerst schwer und unvollkommen auf; kohlensaure Zirkonerde wird leichter gelöst und am leichtesten geschieht dieses, wenn eine Auflösung von Zirkonerde nach und nach in kleinen Portionen und unter ständigem Umrühren in eine Auflösung von kohlensaurem Ammon getröpfelt wird. Ist ein unbedeutender Teil der Erde einmal niedergefallen, ohne sich durch Umrühren sogleich wieder aufzulösen, so können dann mehrere Stunden vergehen, bevor er sich wieder löst. Beim Kochen wird die Erde in Form von Hydrat gefällt; war sie in Ammonbicarbonat gelöst, so wird der Niederschlag weiß, im anderen Falle gelatiniert die Flüssigkeit und der Niederschlag ist klumpig und halbdurchsichtig. Beim längeren Stehen fällt Zirkonerde aus ihrer Ammoncarbonatlösung langsam und unvollständig, ebenso aus einer ammoniakalischen Zirkon-Ammoncarbonatlösung (priv. Mitt. Hauser).

In beiden Fällen besteht der Niederschlag aus Hydroxyd. Noch bevor alles Ammoniak entwichen, ist die Erde vollkommen ausgefällt und beim fortgesetzten Kochen geht nichts in Lösung (Berzelius 1825). Nach Venable (1898), Prandtl (1901) und Mandl (1903) löst Ammoncarbonatlösung Zirkonhydrat auf. Überschüssiges neutrales kohlensaures Alkali löst die sich flockig ausscheidende Zirkonerde auf (Klaproth 1795, I, S. 225; 1802, III, S. 269—270; 1810, S. 769—770; Vauquelin 1797), welche dann in der Wärme nicht wieder ausfällt (Klaproth 1802, III, S. 269 bis 270). Der Niederschlag durch kohlensaure Alkalien erzeugt, besteht aus einem Carbonat (Vauquelin 1797; Klaproth[1] 1810, S. 769—770; Hermann 1844). Nach Rose (Handbuch der analytischen Chemie) soll durch Alkalicarbonate intermediär zirkonsaures Alkali entstehen, welches durch Wasser zersetzt wird, was Hiortdahl (1866) bestreitet.

Zirkonkaliumsulfat, welches weder von Ammoniak, noch von Kaliumcarbonat zersetzt wird, löst sich in Ammoncarbonat, wird jedoch durch Kochen wiederum mit unveränderten Eigenschaften gefällt (Berzelius 1825).

Kohlensaures Baryum fällt die Ceriterden schon in der Kälte vollständig, Cer besonders in der vierwertigen Form, aber langsam (Marignac 1853). Popp (1864) wollte hierauf eine Trennungsmethode gründen. Die Ytteriterden bleiben hierbei gelöst, fallen aber beim Kochen wieder vollständig aus. Erk (1871) will gefunden haben, daß bei diesem Verfahren die in Lösung bleibenden Oxyde die ganz gleiche Zusammensetzung haben wie der Niederschlag. Schmidt[2] bestimmte im Cerit das Eisen mittels Bariumcarbonat.

Thorerde wird aus ihren Auflösungen durch Baryumcarbonat ebenso vollständig wie mit Ammoniak und Ätzalkalien gefällt. Der Niederschlag ist im Überschuß der reinen Alkalien unlöslich, dagegen in kohlensauren Alkalien leicht löslich (Chydenius 1861). Weinsäure und Citronensäure verhindern die Fällung.

---

[1] Klaproth, Jour. of Chem. et Phys. **4**, p. 389.
[2] Schmidt, L. A. 1852, **83**, S. 329—330.

Zirkonsalze werden nur unvollständig durch Baryumcarbonat gefällt, selbst beim Kochen.[1]

Chlorammonium bewirkt in den Auflösungen der seltenen Erden keine Fällung, hingegen werden phosphorsaure Yttererden aus Lösungen niedergeschlagen, welche Reaktion seinerzeit Berzelius (1818) Veranlassung zur Entdeckung der vermeintlichen Thorerde (phosphorsaure Yttererde) gab.

Die Cerithydroxyde lösen sich in einer Auflösung von Chlorammonium zum größten Teil auf (Kersten 1839) (s. Oxydation auf trockenem Wege).

Die Lösung des Yttriumhydroxyds in Ammoncarbonat scheidet beim Kochen alles Yttrium ab, ist aber Chlorammonium zugegen, so wird dieses bei weiterem Erhitzen unter Ammoniakabscheidung zersetzt und Yttrium geht als Chlorid in Lösung.

Aus erbiumreichen basischen Nitraten des Auerschen Oxydverfahrens werden durch Auskochen mit Chlorammoniumlösung bedeutende Mengen farbloser Erden, wesentlich Yttrium, entfernt (s. Trennung mittels der Oxychloride).

Chloride der Ytterit- und Ceriterden, sowie der Thor- und Zirkonerde sind stark hygroskopische Salze und schwer zu kristallisieren (Vauquelin 1801 und 1809, S. 477; Hisinger und Berzelius 1804).

Thoriumchlorid[2] ist flüchtig, welcher Eigenschaft sich Drossbach (1895) bei der Bestimmung der Thorerde im Monazitsand bediente. Das Gemenge der seltenen Erden wird zu diesem Zweck mit Kohlenstaub gemischt und im Chlorstrome erhitzt; es verflüchtigt sich wesentlich Thoriumchlorid und die Metalle der Cergruppe bleiben als schwer flüchtige Chloride zurück. Das so gewonnene Thoriumchlorid (man verwende 20—50 g Monazitsand) wird in salzsäurehaltigem Wasser gelöst, die Lösung neutralisiert und das Thoriumoxyd nach Lecoq de Boisbaudran durch Kochen mit Kupferoxydulhydrat oder H_2O_2 gefällt.

Die Hydrate des Thoriumchlorids haben Cleve[3], Krüss[4],

---

[1] Rose-Finkener, Analyt. Chem. **1**, S. 462.

[2] Wasserfreies Thoriumchlorid stellten Matignon und Délefine C. r. **132**, p. 36) sowie Rosenheim (Z. an. **35**, S. 448) dar.

[3] Cleve, Bull. chim. [2] **21**, p. 116.

[4] Krüss, Z. an. 1897, **14**, S. 361.

Rosenheim[1] und seine Mitarbeiter beschrieben; es sollen folgende Hydrate existieren

$Th(OH)_2Cl_2 \cdot 5H_2O$; $Th(OH)Cl_3 \cdot 7H_2O$; $ThCl_4 \cdot 8H_2O$; $ThCl_4 \cdot 9H_2O$.

Thoriumchlorid bildet mit Alkohol und Aldehyden (Acetaldehyd, Zimtaldehyd, Benzaldehyd, Aceton, Salicylsäuremethylester, Milchsäureäthylester) gut charakterisierte Molekularverbindungen (Rosenheim 1903).

Die Bromide und Jodide des Thoriums untersuchten Jannasch[2], Lesinsky, Gundlich[3] und Rosenheim[4].

Beim Erhitzen der Chloride der Cerit- und Ytteriterden auf Rotglut bleiben einige Chloride unverändert, andere gehen wie das Zirkon in Oxychloride über. Indem man diese durch Wasser voneinander trennt und die aus beiden Gruppen regenerierten Chloride wieder erhitzt, gelangt man zu Fraktionen von sehr verschiedenem Atomgewicht. Auch die Zerlegung der Bromide kann zu gleichen Resultaten führen (Gibbs 1893).

Lanthan- und Didymchlorid verwandeln sich beim Erhitzen in Oxychloride. Lanthanoxychlorid wird beim Kochen mit Wasser nicht verändert, während Didymoxychlorid hierbei in Didymchlorid und Hydroxyd übergeht. Ist aber in einer Lösung von Didymchlorid Lanthanoxychlorid vorhanden, so tritt eine Umsetzung ein und Lanthanchlorid bleibt in Lösung. Dieses Verhalten benutzte Frerichs (1874) zur Trennung der beiden Erden.

Konzentrierte Neodymchloridlösung hat die Eigenschaft, allmählich Neodymoxalat und die unlöslichen Oxalate der übrigen seltenen Erden zu lösen. Durch Abkühlen der heißen Lösung erhält man Oxalochloridkristalle, deren Existenz von Job zur Kenntnis gebracht ist (Matignon 1901).

Zirkonchlorid ist vollkommen in Wasser löslich; wird die Auflösung verdünnt und eine halbe Stunde gekocht, so bildet sich ein gelatinöser Niederschlag, der äußerst schwer zu filtrieren ist.

Wenn Zirkonchlorid zur Trockne eingedampft und hierauf in H_2O gelöst wird, so kann man viel Ammoniak hinzufügen, ehe ein bleibender Niederschlag entsteht (Berzelius 1825).

---

[1] Rosenheim, Ber. **33**, S. 977; Z. an. 1903, **35**, S. 424.
[2] Jannasch, Z. an. **5**, S. 268 u. S. 287.
[3] Lesinsky und Gundlich, Z. an. **15**, S. 83—84.
[4] Rosenheim, Z. an. **35**, S. 428—430.

Wird eine Zirkonchloridlösung bis auf ein geringes Volumen eingedampft, so kristallisiert die Oxychloridverbindung aus, während Eisen, wenn solches vorhanden war, in Lösung bleibt (Bailey 1890).[1]

Die nahe Verwandtschaft zwischen Zirkon und Thorium ließ vermuten, daß von letzterem eine analoge Verbindung zu Zirkonoxychlorid existiert. Krüss (1897) bemühte sich vergeblich, jedoch gelang es Rosenheim[2] ein in Nadeln kristallisierendes Oxychlorid der Zusammensetzung $Th(OH)_2Cl_2 8H_2O$ zu erhalten. Ein zweiter, weniger gut kristallisierender Körper soll annähernd die Formel $Th(OH)Cl_3 \cdot 11 H_2O$ besitzen (vgl. Trennungsmethode, Chloride und Oxychloride).

Chromate. Wird eine nur wenig freie Säure enthaltende Lösung von Thoriumnitrat bei hinreichender Verdünnung einige Zeit mit Chromsäure gekocht, so bildet sich ein prächtig kristallisierender, orangegelb gefärbter Niederschlag von Thoriumchromat, welchen man noch leichter und in größerer Menge erhält, wenn man Natrium- oder Kaliumchromat anwendet. In mäßig konzentrierten Mineralsäuren löst sich Thoriumchromat. Die Ceriterden bilden bei Gegenwart freier Säuren keinen Niederschlag, hingegen wird das Zirkon durch freie Chromsäure leicht und vollständig gefällt. Die Ytteriterden, welche bedeutend schwerer durch Alkalichromate gefällt werden, können von jenen Erden hierdurch leicht getrennt werden. Man hat sich öfter der verschiedenen Löslichkeit der Chromate bei der Trennung seltener Erden bedient, weshalb auf die ausführliche Beschreibung dieser Methode hingewiesen sei.

Citronensäure und deren Salze. Citronensaure Alkalien fällen die Ytteriterden aus ihren Auflösungen. Der weiße Niederschlag, welcher sich anfangs auflöst, später aber bleibend wird und aus den citronensauren Erden besteht, löst sich leicht und in großer Menge in citronensaurem Natrium, besonders die frisch gefällten und noch feuchten Erden. Die Auflösung wird durch ätzende und kohlensaure Alkalien nicht gefällt, hingegen durch oxalsaures Kalium (Berlin 1835 und 1838). Die Gegenwart von Citronensäure verhindert die Fällung der seltenen Erden durch Ammoniak und Ätzalkalien (vgl. S. 43).

---

[1] Venable, J. Am. Ch. Soc. **20**, p. 119; M. Weibull, Oefv. K. Vet. Fhdl. 1887 Nr. 5, p. 329—330; Ber. 1887, **20**, 1, S. 1394—1396.

[2] Rosenheim, Z. an. **35**, S. 424.

Freie Citronensäure verursacht in Thoriumsalzlösungen einen weißen, flockigen Niederschlag, der ein dichteres Gefüge als das betreffende weinsaure Salz besitzt. Der Niederschlag löst sich in essigsaurem und ameisensaurem Natrium (Chydenius 1861; Haber 1897; Kauffmann 1899.

Zirkonsalze fallen beim Kochen mit Citronensäure flockig aus. Der Niederschlag ist in essigsaurem Natrium und im Überschuß des Fällungsmittels löslich (Vauquelin 1797, Haber 1897).

Ammoncitrat fällt ein Doppelsalz der citronensauren Zirkonerde (Harris 1898).

Die Ceriterden werden von Citronensäure nicht gefällt. Durch Behandeln der Erdhydroxyde mit dieser Säure bilden sich die unslöslichen Verbindungen, die sich auch nicht im Überschuß der Citronensäure lösen — ebenso nicht in Alkohol; in Mineralsäuren sind sie jedoch leicht löslich (Klaproth 1804 und 1807; Hisinger und Berzelius 1804; Haber 1897).

Baskervilles (1904, I) Methode zur Darstellung reiner Praseodymverbindungen beruht im wesentlichen auf der Sättigung einer konzentrierten wäßrigen Zitronensäurelösung mit NH_3-freiem Praseodymhydroxyd, welches noch durch Lanthan verunreinigt ist. Die Lösung wird erhitzt, wobei augenblicklich ein normales Citrat $Pr(C_6H_5O_7)$ gefällt wird. Das Praseodymhydroxyd muß vollkommen frei von NH_3 sein, weil das Citrat in Ammoncitrat löslich ist.

Die Löslichkeit des Neodymhydroxyds in konzentrierter Zitronensäurelösung ist nur $^1/_{10}$ so groß, wie die des Praseodymhydroxyds. Aus der siedenden Lösung wird Neodymcitrat erst gefällt, wenn die Lösung sehr konzentriert geworden ist. Die Löslichkeit des Lanthanhydroxyds steht zwischen beiden. Das Citrat des Lanthans wird auch erst nach lang andauerndem Kochen gefällt.

Nach der Citratmethode soll man in wenigen Stunden reine Praseodymverbindungen herstellen können, was bei den bisherigen Erfahrungen über Praseodymdarstellung fraglich erscheinen muß solange keine weiteren Mitteilungen hierüber vorliegen.

Baskerville (1901) vermutet, daß bei der Fällung der Thorerde mit Citronensäure ein neues Element in Lösung bleibt, welches durch Eindampfen der Lösung und Glühen des Rückstandes als Oxyd gewonnen werden kann. Diesem Körper soll das Thorium seine Radioaktivität verdanken. Das bis jetzt über diesen Gegenstand keine weiteren Resultate vorliegen, ist wohl anzunehmen, daß es sich um durch Citronensäure unausgefällte Thorerde handelt.

Erdmann (1900) löst Thoriumhydroxyd in Citronensäure auf und fällt mit Ammoniak und Schwefelammonium etwaiges Eisen aus. Pissarjewsky (1900) reinigte auf diese Weise sein Thoriumpräparat.

Nach Berzelius (1829) soll beim Auflösen des Thorerdehydrats in Citronensäure ein weißes flockiges, neutrales Salz ungelöst erhalten werden und ein saures Salz, welches in Lösung bleibt. Letzteres Salz ist nicht kristallisierbar, die Lösung kann bis zur Sirupkonsistenz eingedampft werden. Beide Salze sollen von Ammoniak gelöst werden, ohne die geringste Fällung. Beide eingetrockneten durchsichtigen gummiartigen Massen lösen sich wieder in Wasser. Zur Abscheidung der Thorerde durch Ammoniak usw. muß man die Citronensäure, wie die Weinsäure zuerst zerstören. Citronensäure verhindert auch die Fällung der Thorerde mittels Wasserstoffsuperoxyd.[1]

Curcumapapier wird von Zirkonchloridlösung orangerot gefärbt, welches Verhalten eine einfache und charakteristische Probe für diese Erde bietet, falls Borsäure nicht zugegen ist. Letztere bräunt bekanntlich Curcumapapier und verdeckt die charakteristische Färbung des Zirkons.

Enthält die Lösung einen Überschuß von Eisen, so wird dieses vorher zu Chlorür reduziert; die Reaktion muß dann sofort ausgeführt werden, damit das Eisen sich nicht wieder an der Luft oxydiert und das Papier färbt. Ist der Gehalt der Lösung an Zirkonerde sehr gering, so läßt man das Papier $^1/_2$—1 Minute in der Lösung, in jedem Fall tritt die Reaktion deutlicher hervor, wenn die Lösung warm ist (Brusch 1854).

Titansäure, welche unter denselben Umständen eine Braunfärbung des Papiers veranlaßt, würde die Erkennung der Zirkonerde bei ihrer Gegenwart verhindern, wenn man nicht diese Säure durch Zink leicht reduzieren könnte. Durch die Überführung zu Titansesquioxyd wird die schädliche Wirkung auf die Reaktion vollkommen aufgehoben und die Zirkonerdereaktion tritt dann vollkommen gut ein, nur darf man den Papierstreifen nicht zu lange trocknen, weil sonst das Titansesquioxyd in Titansäure

[1] Benz, Z. agw. 1902, S. 300.

wieder übergeht und die Braunfärbung des Curcumapapiers bewirkt (Pisani 1865).

Cyankalium fällt die Ytteriterden als weißes unlösliches Pulver, wenn dasselbe in alkoholischer Lösung einer solchen der Erdchloride zugesetzt wird (Berlin 1835). Der Niederschlag ist in verdünnten Säuren löslich (Klaproth 1802). Beryllerde wird hierdurch nicht gefällt (Vauquelin 1801 und 1809, S. 721; Ekeberg 1802).

Die neutralen Lösungen der Ceriterden werden ebenfalls durch Alkalicyanate gefällt, der Niederschlag ist voluminös und dem Chlorsilber ähnlich (Hisinger und Berzelius 1804 und 1807; Klaproth 1804 und 1807), löslich in verdünnten Säuren (Thomson 1816).

Essigsaure Salze s. Acetate.

Ferrocyankalium erzeugt in Auflösungen der Ytteriterden einen weißen Niederschlag (Berlin 1835); ebenso werden die Ceriterden gefällt, die Niederschläge sind nicht kristallinisch (Lange 1861; Brauell 1875; Cleve 1886). Der geringste Gehalt von Thorerde gibt sich durch Ferrocyankalium zu erkennen, wonn man neutrale Thorlösungen verwendet. Der Niederschlag ist schwer und weiß, Säuren lösen ihn auf und Alkalien zersetzen ihn zu Thorhydroxyd. Von Ferricyankalium werden Thorsalzlösungen nicht gefällt (Berzelius 1829; Chydenius 1861; Hermann 1864). Ebenso erzeugt Ferrocyankalium in neutralen Zirkonsalzlösungen einer gelblichweißen, im Überschuß des Fällungsmittels unlöslichen Niederschlag (Rose, Sjögren 1852; Hornberger 1876). Nach Berzelius (1829) soll jedoch noch nicht einmal eine Trübung eintreten; jedenfalls war die Lösung sauer.

Rowland (1894) empfahl das Ferrocyankalium zur Darstellung der Yttererde, eine Methode, welche bereits von Behrens (1891) und Crookes (1894) angewendet worden war; Jones (1895) bediente sich derselben bei der Gewinnung reiner Yttria zur Atomgewichtsbestimmung.

Fluoride der seltenen Erden werden als gelatinöse Niederschläge erhalten, wenn Flußsäure, neutrale oder saure Fluoralkalien zu einer Lösung derselben gegeben werden. Beim Versetzen einer Thoriumlösung (Chlorid) mit Flußsäure entsteht ein gelatinöser Niederschlag, der sich bald in ein schweres weißes Pulver verwandelt, welches mit dem von Berzelius (1829) durch Lösen von Thorhydroxyd in Flußsäure erhaltenen Fluorid identisch ist. Beim Glühen des Thoriumfluorids hinterbleibt ThO_2. Die Fällung des Thoriums aus seinen Auflösungen durch Flußsäure ist fast quantitativ. Ebenso erzeugt saures flußsaures und neutrales flußsaures Kalium einen anfangs voluminösen, dann pulverigen weißen Niederschlag in Thorsalzlösungen, der nach Berzelius (1829) und Chydenius (1861) aus dem Doppelsalz bestehen und in Wasser unlöslich sein soll. Chydenius und Rosenheim (1903) beschreiben drei verschiedene Kaliumthoriumfluoride, deren Formel sich nicht genau feststellen ließ. Flußsäure fällt aus Zirkonlösungen Zirkonfluorid, welches in flußsäurehaltigem Wasser löslich ist und die Eigenschaft besitzt, gut kristallisierbare Doppelsalze zu bilden, die man mit gutem Erfolge für die Reinigung dieser Erde benutzen kann (s. Trennungsmethode — Doppelfluoride). Daher löst sich das Zirkonfluorid im Überschuß von Flußsäure sowie sauren und neutralen Alkalifluoriden, mit welchen Reagentien es zuerst gelatinöse Niederschläge gibt.

Formiate s. ameisensaure Salze.

Fumarsäure. Thorium wird aus 40%iger Alkohollösung durch Fumarsäure quantitativ gefällt, während kalte Lösungen von Cer, Lanthan und Didym durch dieses Reagens nicht verändert werden.[1]

Galläpfeltinktur
Gallussäure } s. Tannin.

Hypochlorite s. Mosanders Chlormethode.

Jodsaure Alkalien fällen die Ytteriterden als weißes Pulver (Berlin 1835). Jodsaures Alkali gibt in den schwachsauren Lösungen der Zirkonerde Niederschläge von Zirkonjodat. Die Fällung ist vollständig. Thoriumjodat entsteht durch doppelte Umsetzung als weißer armorpher Niederschlag, der beim Glühen reine Thorerde hinterläßt (Cleve 1874).

Kalilauge s. Ätzalkalien S. 43.

Kalium- und **Natriumazid** (stickstoffwasserstoffsaures Kalium und Natrium). Die Nitrat- oder Sulfatlösungen der Ceriterden bleiben beim Vermischen mit einer Stickstoffnatriumlösung klar, erst beim Kochen bilden sich Niederschläge. Derjenige von Lanthan ist weiß und haftet der Gefäßwand fest an, der Didym-

---

[1] Floyd J. Metzger, J. Am. Ch. Soc. **24**, p. 275—76; C. C. 1902, 1, S. 1046.

niederschlag ist schwach rosa gefärbt und pulverig, Cer wird als weißes Pulver erhalten, welches ebenso wie entsprechende Lanthanverbindung beim Erhitzen verpufft, eine Eigenschaft, die dem Didym fehlt. Nach Curtius und Darapsky (1900) sind die gebildeten Produkte basische Azide. Die Erdhydroxyde oder Carbonate lösen sich mit Rotfärbung in Stickstoffwasserstoffsäure. Beim Verdunsten im Vakuum werden ebenfalls die basischen Azide erhalten, die so dargestellt beim Erhitzen heftig verpuffen. Yttrium zeigt die gleichen Eigenschaften.

Eine neutrale Auflösung von Thorerde wird auf Zusatz von stickstoffwasserstoffsaurem Kali oder Natrium bereits in der Kälte fast vollständig gefällt, der Rest scheidet sich beim Erhitzen aus, so daß man die Thorerde von ihren Begleitern mit Hilfe dieser Reaktion leicht abscheiden kann (Curtius und Darapsky 1900). Dennis und Kortright (1894) wiesen zuerst auf das eigentümliche Verhalten des stickstoffwasserstoffsauren Kali gegenüber Thorerde und Ceriterden hin und verwendeten diese Methode zur Darstellung von Thorium (s. Trennung mittels Kalium- und Natriumazid).

Dem schwach basischen Charakter des Zirkons entspricht sein Verhalten gegen Stickstoffwasserstoff.

Das Azid ist, wie zu erwarten, nicht existenzfähig; versetzt man eine Zirkonsulfatlösung mit Stickstoffnatrium, so wird bereits in der Kälte alles Zirkon als Hydroxyd gefällt; im Filtrat ist keine Spur Zirkon enthalten. Eine quantitative Bestimmung wurde nicht von Curtius und Darapsky (1900) ausgeführt.

Kaliumferrocyanid s. Ferrocyankalium S. 63.

Kaliumpermanganat s. Trennung mittels Kaliumpermanganat.

Kaliumsulfat fällt die Ceriterden, Thorium- und Zirkonsalze, hingegen die Ytteriterden nicht. Die verschiedene Löslichkeit der Kaliumdoppelsulfate in einer gesättigten Kaliumsulfatlösung ist sehr oft für eine Scheidung der Erdgruppen verwendet worden. Man vergleiche das ausführliche Kapitel „Alkalidoppelsulfate" (Trennungsmethoden).

Kieselfluorwasserstoffsaure Salze. Versetzt man eine Auflösung der Ceriterden, welche nicht allzuviel freie Säure enthält, mit Kieselfluorwasserstoffsäure, so entsteht bei einigen Salzen, den z. B. Acetaten, je nach der Konzentration der Lösung eine scheinbar amorphe Fällung oder Trübung von kieselfluorwasserstoffsauren Erden, bei anderen Salzen ist keine Veränderung zu bemerken. Die Niederschläge sind in Wasser, Essig- und Kieselfluorwasserstoffsäure sehr schwer löslich, dagegen leicht in den meisten Mineralsäuren.

Auch durch Zusatz von Kieselfluorwasserstoffsäure und Alkohol zu den Lösungen der Ceriterden kann man die entsprechenden Salze abscheiden, da dieselben in Alkohol unlöslich sind (Stolba 1874). Inwiefern dieses Verhalten der Ceritsalze als Reaktion verwendet werden kann und zur Unterscheidung von anderen Körpern dienlich ist, wird das eingehende Studium dieser Verbindungen wohl erst zeigen.

Kobaltlösung gibt nur dann mit Zirkonsalzen eine blaue Farbe, wenn sie Alkali enthalten. Das stark geglühte Zirkonsulfat wird mit Kobalt nicht blau, sondern graubraun.[1]

Kohlensaure Alkalien s. Carbonate S. 50.

Kupferoxyd fällt aus neutralen Lösungen (Sulfat) die Thorerde, hingegen die anderen Erden nicht, weshalb Schützenberger und Boudouard (1897) diese Eigenschaft benutzten, um geringe Mengen Thorerde, welche durch Umkristallisieren der Sulfate nicht zu beseitigen gewesen sein sollen, von der Cererde zu entfernen.

Urbain (1900) konnte bei den Erden des Äschynits durch einmalige Kupferoxydfällung nicht alles Thorium entfernen.

Kupferoxydul benutzte Lecoq de Boisbaudran (1884) als Fällungsmittel für Thorium bei der Trennung dieser Erde von Cerium. Vgl. Trennung mittels Kupferoxyd und -oxydul.

Lactate s. milchsaure Salze.

Magnesiumdoppelnitrate s. Trennungsmethoden.

Magnesiumoxyd fällt die seltenen Erden in der Reihenfolge ihrer Basizität (vgl. Trennungsmethoden).

Malate s. äpfelsaure Salze S. 44.

Merkuronitrat. Gewisse Reaktionen von Merkuronitrat mit seltenen Erden treten nur bei bestimmten, nicht genau erkannten Mischungen der letzteren auf (Gibbs 1893).

Milchsaure Salze. An Stelle der Doppelsulfat- oder Ammoncarbonatmethode zur Trennung der Ceriterden von den Ytteriterden kann man sich nach Behrens (1901) des milchsauren Ammons bedienen, wenn es sich um kleine Mengen der Cerit-

[1] Berzelius, An. Chim. Maiheft 1817, **5**, p. 5 u. ff.; Schw. J. 1817, **21**, S. 42—43.

erden handelt. Die Fällung geschieht bei Gegenwart wenig freier Milchsäure und tritt nicht augenblicklich ein, sie wird durch gelindes Erwärmen beschleunigt. Thorerde und die Ceriterden bleiben hierbei in Lösung, während sich Zirkonlaktat fast gleichzeitig mit den Laktaten der Yttriummetalle in feinen Flocken abscheidet.

Die Lösung der milchsauren Ceriterden wird wie die weinsauren und citronensauren Salze dieser Erden durch Ammoniak nicht gefällt; selbst durch Oxalsäure werden die milchsauren Ceriterden kaum gefällt, wenn die Lösung vorher mit Ammoniak alkalisch gemacht worden ist. Setzt man jedoch kein Ammoniak hinzu, so werden alle Ceriterden durch Oxalsäure abgeschieden. Es bilden sich jedenfalls basische milchsaure Ammondoppelsalze, die sehr leicht löslich sind und nicht kristallisiert erhalten werden können (Brauell 1875).

Gibbs. (1893) wies auch auf die eigentümliche Reaktion der Milchsäure mit den seltenen Erden hin.

P. Waage (1895) macht Mitteilung über Milchsäure und die in Gadolinit und Euxenit enthaltenden Erden.

Konzentrierte Lösungen von Erbinerde geben mit Milchsäure kristallinischen Niederschlag, der in Wasser schwer löslich ist, in verdünnter Lösung indes erst nach einiger Zeit entsteht, er enthält 31.7 % Oxyd und entspricht also der Formel $Er(C_3H_5O_3)_3$ — ein normales Laktat.

Lösungen von Ceritoxyden sowie Thoroxyden werden von Milchsäure nicht gefällt; die Milchsäure kann also zur Trennung der beiden Erdgruppen dienen.

Molybdänsaure Alkalien fällen die Ytteriterden als weiße käseähnliche Verbindungen, die in Wasser gänzlich unlöslich, jedoch in Salpetersäure löslich sind (Berlin 1835). Die Ceriterden werden durch diese Reagentien aus ihren neutralen Auflösungen ebenfalls gefällt, der flockige Niederschlag ist in Säuren löslich (Hisinger und Berzelius 1804 und 1807, Cossa 1884). Hitchcock (1895) beschrieb einige Molybdate des Neodyms und Praseodyms. S. Wolframate.

Thorerde wird sowohl aus neutralen als aus sauren Salzen dieser Metallsäure gefällt, der weiße flockige Niederschlag ist in Säuren löslich (Berzelius 1829; Chydenius 1861). Die Verbindungen, die mit Phosphormolybdänsäure entstehen, sind wahrscheinlich nur Salze von einfachen, nicht von komplexen Säuren, und verdienen als Mittel zur Trennung der Erden Beachtung (Gibbs 1893).

Natriumhyposulfit erzeugt nur in Auflösungen der Thor- und Zirkonerde eine Fällung und dient als Trennungsmittel (vgl. Trennung mittels Thiosulfat und quantitative Bestimmung der Thorerde).

Natriumnitrit fällt Thoriumsalze als Hydroxyd aus (Erdmann 1898, Pissarjewsky 1900). Kalium- und Natriumnitrit fällen Zirkonhydroxyd aus Lösungen von Zirkonsulfat und -Nitrat schon in der Kälte vollständig, wenn keine überschüssige Säure vorhanden ist (Hauser, priv. Mitt.). Trennungsversuche mit Natriumnitrit fielen bei den Ytterit- und Ceriterden negativ aus (Krüss und Loose 1893) (vgl. auch Arsensäure).

Natriumsulfat bildet mit sämtlichen seltenen Erden Doppelsulfate, von welchen nur diejenigen der Ceriterden in einer gesättigten Lösung dieses Alkalisulfates sehr schwer löslich sind (vgl. Alkalidoppelsulfate).

Natronlauge s. Ätzalkalien S. 43.

Niobsaure Alkalien. Kaliumniobat fällt aus Chloridlösungen der Yttria des Thoriums und des Zirkons Niobate (Larsen 1896).

Nitrate der Ytteriterden (Vauquelin 1801) und Ceriterden (Klaproth 1804 und 1807, Hisinger und Berzelius 1809) sind schwer zu kristallisieren. Vom Thoriumnitrat existiert eine Reihe von Hydraten und das entsprechende Salz der Zirkonerde ist ebenfalls kristallinisch. Die Ammonium-, Natrium- und Magnesiumdoppelnitrate der Ceriterden bilden ein schätzbares Trennungsmittel (s. Trennungsmethoden „Nitrate und Doppelnitrate").

Nitrite s. Natriumnitrit.

Nitrobenzolsulfonsäure soll gut kristallisierende Salze mit den Ceriterden bilden und sich zur Darstellung von Neodym eignen.[1]

Nitroso-β-Naphtol benutzte v. Knorre[2] zur quantitativen Bestimmung des Eisens in Zirkonlösungen s. Trennung des Zirkons von Eisen.

Organische Basen. Anilin, salzsaures Anilin, O-Toluidin, Xylidin, Dimethylanilin, Diäthylanilin, Benzyl-

---

[1] Holmberg — eine Mitteilung von v. Scheele in der Sitzung der Wissenschaften zu Stockholm. Chem. Ztg. 1903, S. 344—345.

[2] v. Knorre, Z. agw. 1904, S. 641.

amin, Pyridin, salzsaures Pyridin, Piperidin, Chinolin, salzsaures Chinolin, Phenylhydrazin, Dimethyl- und Trimethylamin, Diphenylamin, Naphtylamin usw.

Zirkonerde wird von fast allen organischen Basen quantitativ gefällt. Thorerde fällt durch Anilin, o-Toluidin, Xylidin, Diäthylanilin, Dimethylanilin, Pyridin, Piperidin und Chinolin aus. Für Cersalze sind Anilin, o-Toluidin, Diäthylanilin, Benzylamin, Pyridin und Piperidin Fällungsmittel, während für Lanthan, Neodym und Praseodym nur Benzylamin und Piperidin. Chinolin soll Thorium von Neodym und Zirkon von letzterem trennen, während Anilin Thorerde und auch Zirkonerde von Lanthan trennt. Letzteres und Thorerde werden auch durch Chinolin getrennt. Mit o-Toluidin kann Cerium von Praseodym getrennt werden, letzteres und Thorium auch mit Anilin. Xylidin trennt Zirkon sowohl von Lanthan, als auch von Praseodym (Jefferson 1902).

Trimethylamin verhält sich gegenüber den Metallsalzlösungen im allgemeinen verschieden von Ammoniak, und zwar gibt es mit Zirkon und Cersalzen einen weißen, mit Cerisalzen einen blaßroten, im Überschuß des Fällungsmittels unlöslichen Niederschlag (Vincent 1877); ebenso verhält sich Dimethylamin den Zirkonsalzen gegenüber (Vincent 1880). Mit Diphenylamin sowie Naphtylamin erzielt man keine Fällung (Krüss 1893).

Auch Hartwell (1903) hat das Verhalten vieler organischer Basen gegen Cer, Lanthan, Neodym, Praseodym, Thorium und Zirkon studiert. Die Salzlösungen wurden in der Regel in kleinen Quantitäten der Lösung einer reichlichen Menge der betreffenden Base in einem Gemisch aus Alkohol und Wasser zugesetzt. Die Konzentration des wäßrigen Alkohols wurde jenach der Löslichkeit der Base verschieden gewählt, wobei berücksichtigt werden mußte, daß Thor- und Zirkonnitratlösungen durch Alkohol von bestimmter Stärke gefällt werden.

I. Basen, durch welche keines der sechs Elemente aus seinen Lösungen gefällt wird: Benzylanilin, Dimethylnitrosamin, Dipropylnitrosamin, o-, m-, p-Nitranilin, p-Nitrophenylhydrazin, o-Chloranilin, Piperidin, Succinimid, Tetranitromethylanilin.

II. Basen, welche mit den Salzlösungen aller sechs Elemente Fällungen geben: Äthylamin, Äthylendiamin, Allylamin, Amylamin, Benzylmethylamin, Borylamin, n-Buthylamin Camphylamin, Diäthylamin, Diamylamin, Dibenzylamin, Di-iso-butylamin, Di-n-butylamin, Dimethylamin, Dipropylamin, Heptylamin, Hexylamin, Methylamin, Neurin, Propylamin, Propylendiamin, Tetraäthylammoniumhydroxyd, Tetramethylammoniumhydroxyd, Triäthylamin, Tri-i-butylamin, Trimethylamin, Tripropylamin.

III. Basen, welche nur Thorium und Zirkon fällen: Benzidin, m- und p-Bromanilin, p-Bromphenylhydrazin, p-Chloranilin, Isochinolin, α-Pikolin, p-Toluidin, m-Toluylendiamin, Tribenzylamin.

IV. m-Chloranilin fällt Zirkonsalze schon in der Kälte, Thorsalze nur beim Erwärmen quantitativ aus, doch werden aus Gemischen beide Elemente schon in der Kälte vollständig ausgefällt. Ähnlich verhalten sich Hexamethylentetramin, α- und β-Naphtylamin, m-Bromanilin und p-Bromphenylhydrazin. Aus Zirkon-Cerlösungen sollen m- und p-Chloranilin und p-Toluidin nur Zirkonerde fällen; durch p-Toluidin wird auch Thorerde aus einem Gemisch mit Cer gefällt, während Cererde in Lösung bleibt. Methylanilin soll aus Ceritgemischen nur Cer ausscheiden. Durch Tetrahydrochinolin ließ sich Cer aus Lösungen von Cer-Lanthannitrat bei zweimaliger Fällung quantitativ ausscheiden. Mittels p-Toluidin konnten sowohl Zirkon- wie Thorerde von den Ceriterden bei zweimaliger Fällung getrennt werden. Die Resultate sind beim Zirkon weniger befriedigend als beim Thorium.

Aus den bei 100° getrockneten Cerithydroxyden, welche durch Schütteln mit gesättigter methylalkoholischer Salzsäure (auf 10 g etwa 100 ccm Flüssigkeit) gelöst sind, wird das Cer mit Pyridin- oder Chinolinchlorhydrat gefällt. Durch einmalige Fällung kann man 87 % des vorhandenen Cers abscheiden, frei von den anderen Erden in Form von Doppelverbindungen, die man mit Wasser zersetzt und mit Oxalsäure fällt. Sollte das Cer noch nicht den genügenden Reinheitsgrad besitzen, so kann man denselben durch Umkristallisieren der Doppelverbindung erreichen (Koppel 1898).

Die Einwirkung des Anilins und salzsauren Anilins hat Krüss eingehend studirt und diese Reagentien als Trennungsmittel verwendet (vgl. Trennungsmethoden — Anilin).

Organische Säuren. Die Einwirkung organischer Säuren auf Zirkonsalze studierte Mandl (1903).

Ameisensäure, Buttersäure, Essigsäure, Mono-, Di- und Trichloressigsäure geben mit Zirkonnitratlösungen einen Niederschlag, der sich nicht löst; ebenso verhalten sich: Acetessigsäure (Ketobuttersäure), Bernsteinsäure, Fumarsäure, Tricarballylsäure, Aconitsäure, Benzoesäure, m- und p-Oxybenzoesäure, Trimesinsäure, Benzoylameisensäure.

Die nachfolgenden Reagentien lösen im Überschuß den anfangs entstandenen Niederschlag, in diesem Lösungen bewirkt Ammoniak keine Fällung: Glykolsäure, Äthylidenmilchsäure, Glyzerinsäure, Tartronsäure, Äpfelsäure, Weinsäure, Zuckersäure, Schleimsäure, Zitronensäure, Dioxybenzoesäure (Resorcylsäure), Trioxybenzoesäure (Gallussäure), Mandelsäure und Chinolinsäure.

Der Niederschlag löst sich; beim Erwärmen entsteht wohl eine Fällung, hingegen mit Ammoniak in der Kälte nicht: o-Oxybenzoesäure (Salicylsäure), Orthophtalsäure, Benzalmalonsäure (auch mit Ammoniak eine Fällung).

Niederschlag löst sich, Lösung beim Kochen klar, hingegen mit Ammoniak Niederschlag: Oxalsäure, Malon- und Maleinsäure. Brenztraubensäure gibt keinen Niederschlag, sowohl beim Kochen als auf Ammoniakzusatz.

H. Erdmann und Th. Nieszytka[1] haben einige organische Verbindungen des Cers dargestellt.

Aus mineralischen Cerosalzlösungen fällt naphtalin-monosulfosaures Natrium die entsprechenden α- und β-Verbindungen des Cers als weiße, gelblich schimmernde Schuppen aus; die Lösungen müssen ziemlich konzentriert sein, Alkohol vermindert etwas die Löslichkeit. Das α-Salz ist leichter löslich als das β-Salz, beide lösen sich in heißem Wasser leichter als in kaltem.

Naphtalindisulfosaures Cer, und zwar die Verbindungen 1—5, 2—6 und 2—7 fallen aus kalten Lösungen des betreffenden Natriumsalzes und Ceronitrat; 1—6 erst nach starkem Konzentrieren. 1—5 und 2—7 stellen weißgelbe Blätter, 2—6 gelbweiße Krusten, 1—6 gelbe Krusten dar. 1—5, 2—6, 2—7 sind schwer löslich, besonders 1—5, dagegen 1—6 leicht löslich. Das Salz 1—5 ist in kaltem Alkohol schwer löslich.

Naphtalintrisulfosaures Cer (1—3—5, 1—3—6, 1—3—7) fällt aus kalten Lösungen in sehr feinen Schuppen auf Zusatz des betreffenden Natriumsalzes, 1—3—6 erst auf Zusatz von Alkohol. Die Löslichkeit ist bei allen größer als bei den disulfosauren Salzen, Alkohol verringert dieselbe nicht wesentlich.

[1] Erdmann, priv. Mitt. v. Juni 1904; Nieszytka, Dis. Halle 1904.

Oxynaphtalinsulfosaures Cer (1—8), mikrokristallinische oder amorphe Niederschläge aus kalter Ceronitratlösung auf Zusatz des 1—8 oxynaphtalinsulfosauren Ammons; der Niederschlag ist schmutzig blaurot und in kaltem sowie heißem Wasser und Alkohol etwas löslich, wenn frisch gefällt. Beim Kochen mit Alkohol sowie langem Liegen an der Luft bildet sich ein basisches Salz von blauer Farbe, welches in Wasser und Alkohol unlöslich, jedoch in Säuren mit rötlicher Farbe löslich ist; aus der Lösung in Alkalien fällt ein Teil des Cers aus, in beiden Fällen wird das Salz zersetzt.

Anthrachinonsulfosaures Cer bildet große gelbe, lebhaft glänzende, schön ausgebildete Blätter, die sich in heißem Wasser merklich und in kaltem Wasser sowie Alkohol sehr schwer lösen.

Oxalsäure und oxalsaure Alkalien fällen alle Erden aus neutralen und schwach sauren Lösungen. Die Oxalate der Ytteriterden (Vauquelin 1801 und 1809 p. 477), sowie der Ceriterden (Klaproth 1804 und 1807, Thomson, 1816, Cleve 1886) lösen sich in Säuren leicht auf, so daß bei zu sauer gehaltener Lösung dieser Erden auf Zusatz von Oxalsäure oft keine Fällung entsteht. Zirkonoxalat ist im Überschuß der Säure leicht löslich (Berlin 1853), nach Vauquelin (1797) nicht ganz unlöslich, Thoriumoxalat erweist sich hingegen auch bei Überschuß anderer Säuren als ganz unlöslich, so daß hierdurch eine Trennung von anderen Erden erzielt werden kann. Die anfangs voluminösen Oxalatniederschläge werden bald pulverig und kristallinisch, wenn man sie einige Zeit unberührt läßt (vgl Ausfällen der Oxalate).

Die oxalsauren Salze der Cerit- und Ytteriterden werden nur zu einem sehr geringen Betrage durch Kochen mit Ammonoxalat und nachfolgendem Verdünnen mit Wasser gelöst, hingegen diejenigen des Thoriums und Zirkons vollständig. In der Siedehitze wird eine neutrale Thoriumsalzlösung von wenig Ammonoxalat nicht gefällt, erst beim Abkühlen setzt sich Thoroxalat ab (Glaser 1897). Thoriumoxalat löst sich ebenfalls in Ammoncarbonat und -acetat (Behrens 1901). Aus der Auflösung der Oxalate in Ammonoxalat scheiden Mineralsäuren wohl Thorerde, Zirkonerde jedoch nicht ab; Ammoniak fällt hieraus Thor- und Zirkonerde (s. Trennungsmethoden: partielle Löslichkeit der Oxalate in Mineralsäuren und Ammondoppeloxalate. Den Oxalaten der seltenen Erden ist als ausgezeichnetes Trennungsmittel ein besonderes Kapitel gewidmet, so daß hierauf verwiesen wird; vgl. ebenfalls mikrochemische Reaktionen.

Perle — Phosphorsalz- und Borax-. Die rohen Ceritoxyde färben die Boraxperle in der Oxydationsflamme blutrot, beim Erkalten geht die Farbe allmählich ins Grüne, Gelbliche und endlich ins Wasserhelle über. Die mit der reduzierenden Flamme hinreichend behandelte Perle zeigt diese Eigenschaft nicht, sondern sie stellt ein farbloses helles Glas dar. Wird dieses aber in der äußeren Flamme eine Zeitlang angeblasen, so kehrt der Farbenwechsel wieder zurück. Setzt man zuviel Oxyde zu, so geht das Glas in eine gelbe undurchsichtige Emaille über. Noch leichter beobachtet man diese Erscheinungen, wenn die Oxyde mit dem Phosphorsalz verglast werden. Beide farblosen Perlen vereinigt und zusammengeschmolzen bilden ein helles Glas, das beim Erstarren undurchscheinend und opalfarben wird (Hisinger und Berzelius 1804, Klaproth 1804 und 1807).

Didymoxyd färbt beide Perlen blaß rosenrot, ähnlich wie eine sehr geringe Menge Manganoxyd (Marignac 1853) oder in der Oxydationsflamme amethystrot mit einem Stich ins Violett, wie die Titansäure in der Reduktionsflamme (Berzelius 1844). Lanthan und Samarium geben farblose Perlen (Cleve 1886). Cererde färbt beide Perlen in der Oxydationsflamme gelb bis gelbrot, in der Reduktionsflamme gar nicht.

Charakteristisch ist für diese Erde außerdem die Kristallform, in welcher das Oxyd in der Boraxschmelze kristallisiert. Wird die mit einem Oxyd des Cers versetzte Boraxperle in der Oxydationsflamme behandelt, so erstarrt sie zwar, sofern die Sättigung eine nicht allzu starke ist, bei raschem Erkalten zu einem völlig durchsichtigen, gelben Glase, wird jedoch selbst bei schwacher Sättigung beim Wiedererwärmen trübe. Wird die so getrübte Perle so lange in der Oxydationsflamme behandelt, bis sie eben wieder klar geworden ist, und hierauf in der minder heißen äußersten Spitze der Oxydationsflamme so lange erhitzt, bis sie sich aufs neue zu trüben beginnt, so erkennt man in ihr unter dem Mikroskop undurchsichtige, braun gefärbte Kristallaggregate, welche bisweilen viereckig sind, häufiger aber die Form regelmäßiger Sechsecke oder sechseckiger Sterne besitzen und oft ähnlich wie die Sproßpilze der Hefe aneinander gereiht sind. Das Auftreten dieser Formen gestattet das Cer von Didym und Lanthan zu unterscheiden, welche letztere bei gleicher Behandlung der Perle entsprechende Formen nicht geben.

Wird eine mit einem Oxyd des Cers in reichlicher Menge versetzte Boraxperle in der Reduktionsflamme klar geblasen, und setzt man sie darauf kurze Zeit geringerer Hitze aus, indem man sie je nach dem Grade der Sättigung entweder in den äußersten Mantel einer nicht rußenden Brennerflamme oder dicht neben dieselbe hält, so entstehen schneeflockenähnliche Gebilde, die jedoch dadurch besonders charakterisiert sind, daß sie nicht wie die wirklichen Schneeflocken die Form regelmäßiger Sechsecke besitzen, sondern siebeneckig erscheinen, indem die eine Ecke des Sechseckes abgestumpft ist.

Wird eine mit einer Cerverbindung stark gesättigte Boraxperle in der Reduktionsflamme klar und farblos geblasen und darauf durch rasches Erkalten in ein durchsichtiges Glas verwandelt, so wird auch dieses beim Erwärmen getrübt. Wird die trübe Perle hierauf in der Reduktionsflamme bis zum eben bebeginnenden Klarwerden behandelt und darauf bis zur beginnenden Kristallisation z. B. durch Einführen in den heißen Teil einer gewöhnlichen Brennerflamme einer niedrigeren, aber immerhin ziemlich hohen Temperatur ausgesetzt, so entstehen schwer definierbare, aber höchst charakteristische Formen, die Wunder, ebenso wie alle übrigen, in einer umfangreichen Arbeit abgebildet hat (1870).

In der Kalium-Natriumboratperle entstehen bei Zusatz von Bleioxyd die mannigfaltigsten Formen, welche sich besonders durch ihre vollkommene Ausbildung auszeichnen. Bei einfachen Kristallkombinationen herrscht die Würfelform vor, in Verbindung mit einem sehr stumpfen Pyramidenwürfel und Oktaeder, letzteres zurücktretend. Manchmal tritt an Stelle des Oktaeders ein Hexathiooktaeder, die Würfelecken abstumpfend auf. Komplizierte Zwillinge und Viellinge, welche an die komplizierten Viellinge des Diamant, auch an die Kupferkies- und Hausmannitzwillinge erinnern, sind sehr häufig. Die Kriställchen sind häufig zu unregelmäßigen Haufen aggregiert; sie sind stark lichtbrechend und isotrop, also unzweifelhaft regulär (Florence).

Unter den in der Phosphorsalzperle bei Zusatz von Bleioxyd ausgeschiedenen Formen sind besonders charakteristisch ziemlich große, schwefel- bis zitronengelbe, schwalbenschwanzähnliche, doppelbrechende Kristallite und büschelförmige Aggregate solcher. Daneben entstehen oft kleinere, tafelige Kriställchen, welche entweder gerade abgeschnitten, oder spindelförmig zugespitzt sind und häufig Durchkreuzungszwillinge bilden. Nicht selten treten vollkommen ausgebildete, dem tetragonalen System angehörende Kristalle, auf. Diese Kristalle löschen gerade aus, sind optisch einachsig und positiv (Florence).

Didym und Lanthan verhalten sich in der Boraxperle dem Cer sehr ähnlich, nur geben sie bei der Behandlung der Perle in der Oxydationsflamme die oben beschriebenen, braun gefärbten sechsseitigen Tafeln und Sterne nicht, vielmehr gibt die mit einer Didym- oder Lanthanverbindung versetzte Boraxperle, sie möge in der Oxydations- oder in der Reduktionsflamme behandelt worden sein, nur die schneeflockenähnlichen Aggregate oder die schwer definierbaren Formen, und zwar entstehen die ersteren, wenn die Kristallisation bei minder hoher, die letzteren, wenn die Kristallisation bei höherer Temperatur erfolgt.

Die in der Kalium-Natriumboratperle bei Zusatz von Bleioxyd ausgeschiedenen Formen sind ebenfalls charakteristische eisblumenartige, sechsstrahlige Sterne, welche isotrop sind, wenn sie auf der Basis aufliegen; schiefliegende Sterne weisen starke Doppelbrechung auf. Optisch einachsig und negativ; sie sind aus Einzelindividuen mit rhombischem Umrisse, welche auch selbständig auftreten, aufgebaut (Florence).

In der Phosphorsalz-Bleioxydperle entstehen bei dunkler Rotglut dieselben tetragonalen Kriställchen und die schwalbenschwanzförmigen Skelette wie beim Cerdioxyd und unterscheiden sich von demselben nur dadurch, daß sie farblos sind (Florence).

In Erden, die so wenig Didym enthalten, daß sie einer Perle keine Spur einer violetten Färbung erteilen, kann man die charakteristischen Absorptionsstreifen erkennen, wenn man die Perle vor den Spalt eines Spektroskops hält.

Unter Zuhilfenahme dieser Reaktion kann man Cer, Lanthan und Didym durch ihr Verhalten in der Boraxperle wie folgt unterscheiden.

Cer ist, abgesehen von der Färbung, die es der Borax- und Phosphorsalzperle erteilt, durch die mittels der Oxydationsflamme in der Boraxperle hervorgerufenen kleinen undurchsichtigen, braun gefärbten sechsseitigen Tafeln und Perlen, Didym durch das Verhalten der Perle im Spektralapparat charakterisiert, während das Auftreten der schneeflockenähnlichen Aggregate und der schwer definierbaren Formen bei mehr oder minder vollständig negativem Ergebnis der Prüfung auf Cer und Didym einen sicheren Nachweis des Lanthans gewährt. Neben viel Cer und Didym ist das Lanthan auf diese Weise allerdings nicht zu erkennen.

Um das Verhalten der Ceritoxyde in der enkaustischen Malerei zu prüfen, versetzte Klaproth[1] dieselben mit den gewöhnlichen Schmelzflüssen, trug das Gemisch auf Porzellan auf und ließ bei entsprechenden Temperaturen brennen. Die damit bemalten Stellen kamen mit hellbrauner Farbe aus dem Ofen.

Die Ytteriterden geben im Gegensatz zu den rohen Ceritoxyden mit beiden Salzen sowohl in der Oxydations- als auch Reduktionsflamme farblose Perlen (Vauquelin 1801, Klaproth 1802, 1804 und 1807, Scheerer 1842). Bei Gegenwart von Cer wird die Perle in der Oxydationsflamme trübe und farblos, mit Didym gemengt wird die Phosphorsalzperle in der Reduktionsflamme trübe und farblos, aber beim Erkalten durchsichtig und amethystfarben (Delafontaine 1865).

Sehr charakteristisch für Yttererden ist die in der Kalium-Natriumboratperle bei Zusatz von Bleioxyd erhaltene Kristallform, kreisrunde Scheiben, welche durch eigentümliche, vielfach gewundene und von der Scheibenmitte ausgehende Linien gekennzeichnet sind. Wenn sie platt aufliegen, sind sie isotrop, im Längsschnitt doppelbrechend und interferieren mit wenig lebhaften Farben. Diese Formen sind wohl hexagonal (Florence).

Unter den Kristallformen, welche sich in der Phosphorsalz-Bleioxydperle ausscheiden, sind rektanguläre, anscheinend quadratische Prismen mit sehr lebhaften Interferenzfarben und gerader Auslöschung. Auf dem Kopf stehende Nadeln mit quadratischem Querschnitte sind isotrop. Diese Nadeln vereinigen sich zu radialen Gruppen. Zwillinge sind häufig. Sehr charakteristisch sind größere, an den Enden abgerundete, parallel zur Hauptachse gestreifte Prismen mit gerader Auslöschung und sehr starker Doppelbrechung; sie sind positiv und optisch einachsig (Florence).

Thorerde gibt weder mit Phosphorsalz noch mit Borax eine gefärbte Perle, wenn dieselbe eisenfrei ist, weder kalt noch warm — Unterschied von den Ceriterden. Thorerde ist in der Boraxperle äußerst träge löslich, das klare Glas läßt sich nicht

[1] Klaproth, 1807, Beitr. 4, S. 149.

unklar flattern. Bei großem Überschuß an Thorerde wird die Boraxperle unklar-milchig. Phosphorsalz löst die Thorerde gleichfalls sehr träge und Natriumcarbonat überhaupt nicht (Berzelius 1829).

Die mit Thorerde gesättigte Kalium-Natriumboratperle muß möglichst heiß und anhaltend geblasen werden, bei deutlicher Rotglut tritt dann Kristallausscheidung ein — gelbe Würfel mit treppenartig vertieften Flächen, ähnlich den Kochsalzkristallen, vollkommen isotrop und häufig in fluoritähnlichen Durchkreuzungszwillingen. Mit Bleioxydzusatz tritt in demselben Perlenmaterial und unter gleichen Bedingungen dieselbe Kristallform auf, jedoch weit vollkommener.

In der Phosphorsalzperle, auch mit Bleioxyd entstehen bei schwacher Rotglut große Kristalle, welche dem monoklinen oder triklinen System angehören und den Kristallen der Beryllerde in der Boraxperle etwas ähnlich sind. Das Klinodoma tritt nur bei den Kristallen auf, bei welchem Bleioxyd nicht zur Anwendung kam (Florence l. c.).

Phosphorsalz vermag die Zirkonerde nicht aufzulösen, hingegen löst sich diese Erde nach und nach ruhig und gänzlich in der Boraxperle auf, auch bleibt die davon entstandene Perle völlig klar und farblos (Klaproth 1795). Nach dem Auflösen der Schmelze in verdünnter Salzsäure restiert ein weißes Pulver, welches unter dem Mikroskop deutlich kristallinisch ist und die Form rechtwinkliger Parallelepipede zeigt (Knop 1871, S. 47).

In der Kalium-Natriumboratperle bei Zusatz von Bleioxyd beginnt die Kristallisation sehr oft nach anhaltendem heißen Blasen mit der Ausscheidung von spindelförmigen Nadeln, die entweder glatt sind, oder durch angewachsene Kriställchen rauh erscheinen. Letztere treten besonders gern an den Spitzen auf. Diese Nadeln vereinigen sich häufig zu zweien zu einem Kreuze, oder sie bilden zu vielen vereinigt Büschel. Anstatt der Nadeln erscheinen auch breitere Kristalle, Prismen, welche in der Form den Thorerdekristallen in der Phosphorsalzperle mit Bleioxyd ähnlich, in ihrem optischen Verhalten aber von demselben verschieden sind. So winzig die Kristalle sind, so zeigen sie stets sehr lebhafte Interferenzfarben und gerade Auslöschung. Zwillinge, scheinbar nach einer Prismenfläche, ganz ähnlich der natürlichen Zirkonerde, kommen häufig vor (Florence).

Auch die Formen der kristallisierten Zirkonerde in der Boraxperle sind für diese Erde charakteristisch. Nachdem die mäßig gesättigte Boraxperle vor dem Lötrohr klar geblasen ist, wird sie noch einige Zeit der Rotglut ausgesetzt. Wird dagegen die Perle längere Zeit stärkster Hitze ausgesetzt, so daß beträchtliche Mengen von Borax verdampfen und die Perle unmittelbar beim Erkalten Kristalle ausscheidet, so erhält man reguläre Würfel, denn sie erweisen sich bei allen Lagen im polarisierten Lichte indifferent (Wunder; vgl. auch Nordenskiöld 1860 und 1861; Knop 1871). Dieselben regulären Würfel entstehen in der Phosphorsalzperle bei Zusatz von Bleioxyd Florence).

Bauer und Florence (l. c.) haben auch viele Mineralien — Zirkon, Monazit, Xenotim, Orangit, Gadolinit, Orthit — in den einzelnen Perlen geprüft und erhielten immer die charakteristischen Formen der darin vorherrschenden Erden.

Nach Wallroth[1] sollen Cer, Lanthan, Yttrium, Erbium und Ytterbium in der Phosphorsalzperle Salze von

$$\left.\begin{matrix} R_2 \\ Na_2 \end{matrix}\right\} 2\,(O_4P_2O_3) \text{ Pyrophosphate}$$

bilden, Didym ein Orthophosphat $R_2\,2(O_3PO)$, Thorium und Zirkon (?) ein Orthophosphat

$$R_2Na\,3\,(O_3PO).$$

Kristallisieren der Oxyde in der Phosphorsalz- und Borax schmelze. 1867 zeigte G. Rose[2], daß einige Verbindungen des Eisens sowie auch einige Verbindungen des Titans, wenn man sie vor dem Lötrohre in der Borax- oder Phosphorsalzperle auflöst und die Perle hierauf kurze Zeit geeigneter Temperatur aussetzt, kristallinische Absonderungen entstehen. Unter dem Mikroskop läßt sich dann die zu untersuchende Substanz an wohl charakterisierten Kristallen erkennen. Es gelang Rose, die Oxyde des Eisens in der Boraxperle in den Formen des Eisenglanzes und Magneteisenerzes kristallisiert zu erhalten, und er wies nach, daß die Titansäure in den Perlen, je nach der Temperatur, bei welcher die Kristallbildung vor sich geht, in den Formen des Anatas oder des Rutils kristallisiert. Rose selbst

[1] K. A. Wallroth, Oefv. K. Vet. Fhdl. 1883, Nr. 3, p. 37—43.

[2] G. Rose, Berl. Akad. Ber. 1867, S. 129 u. 450; J. pr. 1867, **101**, S. 217—218.

deutete an anderem Orte darauf hin, daß die von ihm in Anwendung gebrachte, aber noch einer weiteren Ausbildung fähige Methode der Erzeugung und Beobachtung von Kristallen ohne Zweifel ein Mittel mehr darbiete, die Natur der Körper zu erkennen.

Hierzu muß bemerkt werden, daß Emerson in einer, wie es scheint, wenig bekannten Abhandlung[1] bereits im Jahre 1866 auf die in der Borax- und Phosphorsalzperle häufig stattfindenden Kristallbildungen aufmerksam gemacht hat. Ferner liegen von Nordenskiöld (1860 und 1861), Sorby[2], Wunder[3], Knop (1871), Bauer[4] und Florence[4] Mitteilungen über denselben Gegenstand vor.

Wunder gelang es durch Eintragen der verschiedenen Erden in die genannten Perlen entweder vollkommen gut ausgebildete, unter dem Mikroskop erkennbare und bestimmbare Kristalle, oder nicht minder charakteristische Aggregate von Kristallen hervorzubringen und die Bedingungen, unter welchen sich dieselben sicher bilden, genauer festzustellen, so daß diese Methode eine allgemeine analytische Verwendung finden kann.

Bedingungen, unter welchen sich die charakteristischen Kristalle bilden.

Einige bei den Kristallisationsversuchen zu beachtende allgemeine Regeln dürften sich aus folgenden Betrachtungen ergeben:

Ohne Zweifel ist die durch die Ausscheidung von Kristallen bewirkte Trübung der Perle eine der Entglasung des gewöhnlichen Glases vollkommen analoge Erscheinung. Florenze erklärt diese Erscheinung durch Überschmelzung des kristallisierbaren Teiles der Perle. Nur wenige borsaure und phosphorsaure Salze besitzen, wie das metaphosphorsaure Natrium und der Borax, die Eigenschaft beim Übergange aus dem flüssigen in den festen Zustand zu einer amorphen, glasigen Masse zu erstarren; die Mehrzahl derselben erstarrt kristallinisch. Stellt

---

[1] Emmersen, Procedings of the Americ. Acad. of Arts and Sciences **6**, p. 476.

[2] Sorby, Ch. N. 1869, **20**, p. 18.

[3] Wunder, Osterprogramm der Kgl. höheren Gewerbeschule zu Chemnitz, 1870; J. pr. 1870, **1**, S. 452—459 u. S. 475—479.

[4] W. Florence, Neues Jahrb. f. Min. 1898, **2**, S. 102—145; s. auch Berichte des naturwissenschaftlichen Vereins zu Regensburg 1893; die Bauerschen Erfahrungen befinden sich in der obigen Arbeit veröffentlicht.

man nun durch Eintragen, z. B. einer Erde in die Borax- oder Phosphorsalzperle ein Gemenge eines an sich kristallinisch erstarrenden Borats oder Phosphats dieser Erde mit glasig erstarrenden borsauren oder phosphorsauren Alkalien her, so sind dadurch die ersteren ihrer Kristallisationsfähigkeit nicht beraubt, der Akt der Kristallisation ist dadurch nur erschwert, indem die zwischen den Molekülen der kristallisierbaren Verbindung liegenden Moleküle des glasig erstarrenden Alkalisalzes der Vereinigung der ersteren zu Gruppen, welche die Kristalle bilden, hindernd im Wege stehen. Wenn nun ein solches im geschmolzenen Zustande sich befindendes Gemenge durch Abkühlung relativ rasch über die Temperaturgrenzen hinweggeführt wird, innerhalb welcher die einzelnen Gemengteile erstarren, so finden die Moleküle der kristallisierbaren Verbindung möglicherweise nicht Zeit, die Widerstände der nicht kristallisierbaren Verbindung zu überwinden und sich zu Kristallen zusammenzulagern; das Gemenge erstarrt dann, ohne daß es durch sich ausscheidende Kristalle getrübt wird, amorph, glasig. Wird hingegen ein solches geschmolzenes Gemenge während der Abkühlung längere Zeit innerhalb der Temperaturgrenzen erhalten, bei welchen die Gemengteile aus dem flüssigen in den festen Zustand übergehen, liegt insbesondere der Erstarrungspunkt der kristallisierbaren Verbindung wesentlich höher als der der amorphen, und bleibt das Gemenge einige Zeit einer mittleren Temperatur ausgesetzt, so muß, wenn nicht besondere Umstände hindernd im Wege stehen, die Kristallisation vor sich gehen. Dieselbe wird um so vollständiger erfolgen, je länger die der Kristallisation günstige Temperatur erhalten wird, und um so rascher, in je relativ größerer Menge die kristallisierbaren auftreten; auch die Differenz des Erstarrungspunktes beider wird hierbei von Einfluß sein. Die Masse erscheint dann nach völligem Erstarren durch ausgeschiedene Kristalle getrübt. Hieraus ergibt sich die Regel, daß man, um Kristalle hervorzubringen, die Perle, nachdem man sie mit der zu prüfenden Substanz versetzt und klar geblasen hat, eine Zeitlang einer gemäßigten Temperatur aussetzt. Dadurch, daß man die Perle dieser gemäßigten Temperatur mehr oder minder lange exponiert, kann man auf Abscheidung einer größeren oder geringeren Menge von Kristallen hinwirken und durch mehr oder minder starke Sättigung der Perle mit der zu prüfenden Substanz die Zeit, innerhalb deren die Kristallisation beginnt und fortschreitet, verkürzen oder verlängern. Da indessen einerseits ein zu schnelles Kristallisieren der Entstehung gut ausgebildeter Kristalle nicht günstig ist, und da andererseits bei Abscheidung zu reichlicher Mengen von Kristallen die Perle leicht nach dem Erkalten ein vollkommen milchig-trübes Aussehen erlangt, so ergeben sich die ferneren Regeln, daß man eine zu starke Sättigung der Perle zu vermeiden und letztere bei der der Kristallisation günstigen Temperatur nur eben so lange zu erhalten hat, bis man mit bloßem Auge die Entstehung einer eben beginnenden schwachen Trübung erkannt, worauf man die Perle unter das Mikroskop bringt.

Welche Temperatur der Kristallbildung am günstigsten ist, hängt teils von der Natur der zu kristallisierenden Substanz ab, teils von der relativen Menge derselben im Vergleich zur Menge des als Lösungsmittel dienenden Perlenmaterials. In jedem Falle läßt sich dieses leicht ermitteln, indem man die im heißesten Teile der Lötrohrflamme klar geblasene Perle, während man sie genau beobachtet, successiv den minder heißen Teilen der Lötrohrflamme beziehentlich dem inneren Teile oder Saume einer gewöhnlichen, nicht rußenden Brennerflamme aussetzt. Oft begünstigt ein wiederholtes Aus- und Einführen der Perle in die Flamme die Kristallisation.

Nicht selten beobachtet man bei Anwendung derselben Substanzen die Entstehung verschiedener Kristallformen, je nachdem man die Perle einer höheren oder weniger hohen Temperatur, z. B. der äußeren Spitze der Lötrohrflamme oder dem äußeren Mantel einer Brennerflamme aussetzt, oder je nachdem die Perle andauernd einer sehr hohen Temperatur ausgesetzt wurde oder nicht. Dieses kann sowohl durch Dimorphismus (Titansäure) als auch dadurch bedingt sein, daß bei verschiedenen Temperaturen verschiedene Verbindungen der eingetragenen Substanz gebildet werden — einmal die Oxyde, das andere Mal Borate bezw. Phosphate.

Zusätze von Bleioxyd, wovon die Borax- und Phosphorsalzperle, besonders aber erstere, erhebliche Mengen aufzulösen vermögen, erniedrigen den Schmelzpunkt des Perlenmaterials und beeinflussen in günstigster Weise den Sättigungsgrad der Perle. Auch Zusatz von einigen Kristallkörnern Kaliumphosphat (KH_2PO_4) kann gute Dienste leisten. Die Farbe der bleioxydhaltigen Kalium-Natriumboratperle ist in der Hitze blutrot und wird beim Erkalten grünlichgelb, schließlich smaragdgrün. Die Phosphorsalzperle mit Bleioxyd ist heiß und kalt farblos. Beim Auflösen des Bleioxydes wende man eine möglichst reine Oxydationsflamme an, weil in der Reduktionsflamme das Bleioxyd reduziert wird und das Blei die Schlinge abschmilzt. Kalium-Natriumborat stellt man sich dar, indem man zwei gleiche Teile reiner Borsäure in möglichst wenig heißem Wasser auflöst, die eine Lösung mit Natriumcarbonat, die andere mit Kaliumcarbonat neutralisiert, beide Flüssigkeiten vereinigt und eindampft.

Die Kalium-Natriumboratperle löst mehr Bleioxyd als die Phosphorsalzperle; erstere etwa 260, letztere 80 Gewichtsteile in 100 Gewichtsteilen Substanz; überschreitet man dieses Verhältnis, so kann man bei niedriger Temperatur eine Kristallausscheidung beobachten und unter dem Mikroskop erkennen, daß dieselbe aus Nadeln besteht (Florence l. c.).

Vorstehendes möge genügen, um das Verfahren im allgemeinen zu charakterisieren. Einige kleine Vorteile, die man im Auge behalten muß, wenn man sich die Beobachtung der Perlen unter dem Mikroskop nicht erschweren will, sind folgende:

Das Platinöhr wird durch Umlegen des Drahtes um einen etwa 3 mm dicken Glasstab kreisrund geformt; man lasse die Perle höchstens 1—1 $^1/_2$ mm dick werden, da bei einer Kugelform nur die der Achse der Perle nahe gelegenen Kristalle sichtbar werden. Die in eine Platindrahtschlinge von 2,5 mm Durchmesser eingeschmolzene Boraxperle von 2 mm Dicke besitzt im Mittel eine Gewicht von 23 mg, wenn der Druck 0,3 mm stark ist (Florence). Es ist auch empfehlenswert, den Draht nur eben so stark zu wählen, daß die Perle bequem in demselben haftet. Eine 80—100fache Linienvergrößerung genügt in fast allen Fällen. Man kann die Perle in noch weichem Zustande, wie dieses Rose empfiehlt, zwischen einer Pinzette plattdrücken und dadurch die Kristalle der Beobachtung besser zugänglich machen, aber hierdurch erlangt die Oberfläche oft eine störende, wellenförmige Beschaffenheit und zarte Kristalle können hierbei eine Verzerrung bezw. Zerreißung erleiden. Man kann diese Manipulation durch Anfertigung dünner Perlen vermeiden, bei starker Färbung der Perlen ist sie jedoch kaum zu umgehen (Wunder).

Permanganat-Kalium s. Trennungsmethode mittels Kaliumpermanganat.

Persulfate von Ammonium und Kalium dienen als Oxydationsmittel für Cer — s. Trennung mittels Ammonium- und Kaliumpersulfat. S. 165.

Phosphorsalzprobe s. Perlen S. 73.

Phosphorsäuren und Alkaliphosphate. Phosphorsäure fällt die Ceriterden (Hisinger und Berzelius 1804, Marignac 1853), die Zirkonerde (Vauquelin 1797, Hermann 1844) und Thorerde, jedoch die Ytteriterden nicht (Vauquelin 1801 und 1809, p. 84), hingegen werden durch Natriumphosphat alle Erden niedergeschlagen (Vauquelin 1801 und 1809, p. 84; Klaproth 1802, 1804 und 1807). Sekundäres Natriumphosphat fällt aus Yttriumauflösungen nur primäres Phosphat (Loose 1892, S. 17). Die Niederschläge sind weiß und voluminös und in Mineralsäuren löslich.

Beim Vermischen einer Thornitratlösung mit Dinatriumorthophosphat bildet sich ein voluminöser Niederschlag $Th_3(PO_4)_4 + 4H_2O$ (Cleve 1874). Nach Volck (1894) ist der so gewonnene Körper natriumhaltig und nicht einheitlich.

Thoriumsalze sind durch freie Orthophosphorsäure quantitativ fällbar, ebenso mit metavanadinsauren Salzen. — $ThH_2(PO_4)_2 + H_2O$. Dieses saure Salz geht nach dem Auswaschen und Trocknen bei 100° in ein hornartiges Produkt über (Cleve 1874, Volck 1894), in kaltem Wasser ist es unlöslich, in Säure leicht löslich. Wyrouboff und Verneuil[1] verwendeten einen geringen Zusatz (entsprechend der Thoriummenge) von P_2O_5 zur Nitratlösung, um das gesamte Thorium als unlösliche Verbindung abzuscheiden.

Pyrophosphorsäure bildet in Thoriumchloridlösung einen voluminösen Niederschlag $ThP_2O_7 + 2H_2O$ (Cleve 1874).

Phosphorige, unterphosphorige und Unterphosphorsäure erzeugen in Thornitratlösung weiße Niederschläge, von denen derjenige des Thoriumhypophosphits kristallinisch und wasserfrei ist.

Natriumsubphosphat oder Unterphosphorsäure bilden unter den gleichen Umständen ein weißes amorphes Pulver Thoriumsubphosphat, das weder in Wasser und in verdünnten Säuren und Alkalien, noch in konzentrierten Säuren löslich ist (Kauffmann 1899).

Phosphormolybdänsäure s. Molybdänsäure S. 67.

---

[1] Wyrouboff u. Verneuil, C. r. 1898, 126, p. 340.

Phosphorwolframsäure s. wolframsaure Alkalien S. 89.

Quecksilberoxyd fällt aus einer Lanthanchloridlösung in der Kälte $^1/_5$ dieser Erde als Hydroxyd, in heißer Lösung etwa 75% salzsaure Lösungen des Cers verhalten sich ebenso (Smith und Heyl 1894). Quecksilberoxyd in Kombination mit Kaliumpermanganat verwendete Winkler zur Trennung der Criterden (vgl. Trennungsmethode-Kaliumpermanganat).

Quecksilberoxydulnitrat s. Merkuronitrat S. 66.

Salicylsaures Ammon fällt die Ceriterden Thor- und Zirkonerde, hingegen die Ytteriterden nicht. Die Reaktion auf Ceriterden soll hiermit ebenso empfindlich sein, wie diejenige mit Ammonoxalat, gestattet aber keine Unterscheidung der einzelnen Ceritmetalle. In Größe und Form haben die Stäbchen der Salicylate viel Ähnlichkeit mit Kriställchen der Oxalate (Behrens 1901). Kauffmann (1899) erhielt Thoriumsalicylat durch Fällen einer Thoriumnitratlösung mit Kaliumsalicylat.

Schwefelammonium fällt sämtliche Erden als Hydroxyde (Klaproth 1802, 1804, 1807, 1810 S. 769—770; Hisinger und Berzelius 1804; Thomson 1816; Popp 1864; Cleve 1886). Didymsalze sollen nach Mosander (1843, S. 286 u. 309) eine Ausnahme machen und erst auf größeren Zusatz des Reagens fallen. Schwefelammonium benutzte man früher auch zur Trennung der Erden von Eisen, da hierbei Eisen zuerst gefällt wird (Klaproth 1802).

Schwefelwasserstoff fällt die seltenen Erden nicht (Klaproth 1802, 1804, 1807, 1810 S. 769—770; Berzelius 1829; Cleve 1886).

Stickstoffwasserstoffsäure und deren Salze s. Kalium und Natriumazid S. 64.

Succinate s. bernsteinsaure Salze S. 47.

Sulfate. Sämtliche seltenen Erden sind als schwefelsaure Verbindungen kristallisierbar. Die Löslichkeitsunterschiede bei den Sulfaten der Ytteriterden (Vauquelin 1801, Klaproth 1801, 1804, 1807, 1809 S. 721, 1810 S. 690; Gadolin und Ekeberg) sind nicht groß, jedoch bei den entsprechenden Salzen der Ceriterden (Klaproth 1804 und 1807, Hisinger und Berzelius 1804 und 1807) bedeutend, so daß Mosander sich derselben bediente, um Lanthan von Didym zu trennen. Seit jener Zeit ist das Kristallisieren der Ceritsulfate ein schätzbares Trennungsmittel geworden. Brauner (1904) hat die sauren Sulfat der

Ceriterden, des Yttriums und Thoriums untersucht und nimmt die Existenz der Erdschwefelsäuren an. Ebenso ist die Schwerlöslichkeit der wasserhaltigen Thoriumsulfate von ganz besonderem Werte bei der Darstellung dieser Erde, hingegen bediente man sich nur selten des Sulfats bei der Reinigung der Zirkonerde. Bei mittleren Temperaturen (Umgebung von 40°) bildet sich in verdünnten Zirkonsulfatlösungen ein kristallisiertes schwer lösliches basisches Sulfat (Hauser priv. Mitt.; vgl. Trennungsmethoden — Sulfate und basische Sulfate).

Sulfite. Auflösungen der Ceriterden werden in der Kälte durch die schwefligsauren Alkalien nicht getrübt, aber beim Kochen werden diese Erden ausgefällt, ebenso wie Ytteriterden; der Niederschlag ist in schwefliger Säure löslich (Berlin 1835; Berthier 1843). Schüttelt man eine neutrale Lösung der seltenen Erden mit einer gesättigten kalten oder warmen neutralen Natriumsulfitlösung, so geht Thorium in Lösung und die Cerit- und Ytteriterden fallen aus (Chavastelon 1900).

Schweflige Säure fällt neutrale Auflösungen von Thorerde fast völlig als basisches Sulfit (Baskerville 1901).

Eine Chloridlösung eignet sich hierzu besonders (Baskerville 1894). Thoriumhydroxyd löst sich mit einiger Schwierigkeit in wässriger schwefliger Säure (Cleve 1874). Die Zirkonerde löst sich selbst im Hydratzustande nur in geringer Menge in schwefliger Säure, und der gelöste Teil scheidet sich vollständig aus der Flüssigkeit durch Kochen aus (Berthier 1813). Lösungen von Zirkonsalzen mit schwefligsaurem Ammon versetzt geben anfangs einen Niederschlag, der sich bei weiterem Zusatz von schwefligsaurem Ammon wieder löst. Durch Ätzalkalien ist diese Auflösung nicht mehr fällbar (Hermann 1844) s. Trennungsmethoden — Sulfite.

Tannin. Wäßrige Galläpfelauflösung sowie Galläpfeltinktur erzeugen in neutralen Auflösungen der Ytterit- und Ceriterden meist grau gefärbte, flockige Niederschläge (Vauquelin 1801 und 1809, S. 721; Klaproth 1801, 1802, 1804, 1807, 1810; Thomson 1816). Gallussäure erzeugt in Ytteritlösungen nur eine geringe Trübung (Klaproth 1802), hingegen in Lösungen der Ceriterden einen weißen Niederschlag, der sich auf Zusatz von ätzenden Alkalien schokoladebraun bis rotbraun färbt (Hisinger und Berzelius 1804 und 1807). Dieselbe Säure bewirkt in einer Zirkonchloridlösung ebenfalls eine weiße, bei Gegenwart von Eisen eine grüne, dem grauen sich nähernde Fällung. Die Flüssigkeit behält eine grünliche Farbe, ein neuer Zusatz von Gallussäure bringt keinen weiteren Niederschlag hervor, aber Ammoncarbonat scheidet eine beträchtliche Menge einer flockigen, mehr purpurrot gefärbten Substanz ab; der Niederschlag ist in Mineralsäuren löslich (Vauquelin 1797).

Tartrate s. weinsaure Salze S. 87.

Thiosulfate s. Trennungsmethode mittels Natriumthiosulfat.

Übermangansaures Kali s. Trennungsmethode mittels Kaliumpermanganat.

Unterchlorigsaure Alkalien s. Mosanders Chlormethode.

Unterschwefligsaures Natrium s. Trennungsmethode mittels Natriumthiosulfat.

Valeriansäure s. Baldriansäure.

Vanadinate. Neutrale vanadinsaure Alkalien erzeugen in Auflösungen der Ytteriterden einen gelben Niederschlag, saure vanadinsaure Salze bewirken keine Fällung, da die entsprechenden Salze der Ytteriterden löslich sind (Berzelius 1831).

Zirkonsulfat wird weder von neutralen noch von sauren vanadinsauren Alkalien gefällt, die Lösung färbt sich nur gelb (Berzelius 1831).

Vanadinsaures Alkali fällt Thorerdelösungen auch in der Hitze, saures vanadinsaures Alkali hingegen nicht (Berzelius 1831). Metavanadinsaure Salze fällen die Thorerde quantitativ (Cleve-Volk 1894).

Wasserstoffperoxyd fällt aus neutralen oder schwach sauren Lösungen Thorerde und aus salzsauren und schwefelsauren Zirkonlösungen Zirkonerde als Peroxyde, hingegen die übrigen Erden nicht. Citronensäure verhindert die Fällung der Thorerde mit Wasserstoffsuperoxyd.[1] Zirkonnitratlösungen werden durch Wasserstoffsuperoxyd nicht gefällt, nach Zusatz von Schwefelsäure tritt Fällung ein, dagegen kann Zirkonerde aus mit Ammoniak alkalisch gemachten Weinsäurelösungen durch Wasserstoffsuperoxyd abgeschieden werden. Man kann damit die lästige Zerstörung der Weinsäure umgehen.[2] Die Abscheidung ist so eine völlig quantitative und es muß bei Gegenwart eines großen Überschusses von Wasserstoffsuperoxyd filtriert werden. Der

---

[1] Benz, Z. agw. 1902, S. 300.

[2] Wedekind, Z. an. 1903, **33**, S. 83—84.

Niederschlag katalysiert Wasserstoffsuperoxyd und löst sich dabei in der Weinsäure wieder auf (Hauser, priv. Mitt.).

Wasserstoffsuperoxyd bewirkt mit Ammonacetat in Cerosalzlösungen eine braunrote Färbung und dann einen gelatinösen Niederschlag. Wasserstoffsuperoxyd und Ammoniak gibt einen orangeroten charakteristischen Niederschlag von Cerihydrat (Hartley).

Mit Magnesiumacetat dient es als Abscheidungsmittel für Cer (Meyer).

Vgl. S. 90. 1. Trennung mittels Wasserstoffsuperoxyd und 2. Cer Reaktionen (Lecoq de Boisbaudran).

Weinsäure und weinsaure Alkalien. Weinsaure Alkalien fällen die Ytteriterden, der voluminöse Niederschlag bildet getrocknet ein weißes Pulver, welches in Wasser unlöslich ist (Berlin 1835, 1838). Durch die Fällbarkeit der Ytteriterden mittels Ammoniak bei Gegenwart von Weinsäure unterscheiden sich diese Erden in charakteristischer Weise von den anderen seltenen Erden (H. Rose 1843; Brauell 1875; Fresenius und Hintz 1896).

Ammoniumpyrotartrat erzeugt in Ceritlösungen klumpige Niederschläge, welche durch die freien Säuren mit Leichtigkeit gelöst werden (Behrens 1901).

Durch die freie Weinsäure werden die Ceriterden nicht gefällt, hingegen durch deren Alkalisalze in neutralen Lösungen. Ammoniak löst den in verdünnten Säuren löslichen Niederschlag auf. Die weinsauren Erden lassen sich nicht kristallisiert erhalten, jedoch scheidet Ätznatron eine leicht kristallisierbare Verbindung aus der Lösung ab. Die weinsauren Ceriterden sind in Wasser nicht gänzlich unlöslich. Die Auflösung läßt sich durch Kaliumcarbonat zersetzen (Hisinger und Berzelius 1804 und 1807; Klaproth 1804 und 1807; Thomson 1816). Nach Brauell (1875) fallen beim geringsten Überschuß von Weinsäure die Tartrate aus.

Die ammoniakalische Lösung des Samariumtartrats setzt bei gewöhnlicher Temperatur nach einiger Zeit, beim Erhitzen sofort einen weißen pulverigen Niederschlag ab (Cleve 1886).

Die neutralen Thorerdelösungen geben mit Weinsäure einen gallertartigen Niederschlag, der nach dem Trocknen gummiähnlich erscheint. Das Filtrat gibt beim Eindampfen abermals eine Fällung, die trocken ein weißes lockeres Pulver bildet und aus einem basischen Salz besteht (Chydenius 1861). Nach Kauffmann (1899) wird bei vorsichtigem tropfenweisen Zusatz von Weinsäure zu einer Thorsalzlösung der zuerst gebildete Niederschlag wieder gelöst und erst bei erhöhtem Weinsäurezusatz wird er bleibend. Genau dieselbe Erscheinung tritt ein, wenn man umgekehrt zu einer Weinsäurelösung tropfenweise Thoriumsalzlösung hinzusetzt. Hieraus erklärt es sich, daß Chydenius und Haber (1898) von sofort entstehenden gelatinösen bezw. flockigen, weißen Niederschlägen sprechen, während Cleve (1874) Thoriumtartrat erst beim Verdunsten einer mit Weinsäure versetzten Thoriumchloridlösung erhielt.

Haber (1898) schloß sich der Cleveschen Formulierung $Th_3(OH)_4(C_4H_4O_6)H_2O$ an und Kauffmann sowie Rosenheim (1903) fanden entsprechende Analysenwerte, Kauffmann für eine Verbindung mit $23\,H_2O$ und Rosenheim mit $20\,H_2O$. Diese scheinbare komplizierte Formel wird wesentlich vereinfacht, wenn man wie Rosenheim (l. c. S. 445) die nicht unwahrscheinliche Annahme macht, daß der Körper als das Thoriumsalz der Thoriumdiweinsäure anzusehen ist, eine Annahme, die mit den Erscheinungen bei der Fällung des Körpers gut im Einklang steht:

$$[ThO(C_4H_4O_6)_2]_2Th.20\,H_2O.$$

Nach dieser Annahme wären nur $^2/_3$ des Thoriums komplex gebunden; doch läßt sich das nicht experimentell beweisen, da bei Zusatz von Alkali oder Ammoniak zu der Verbindung, um das nicht komplex gebundene Thorium zu fällen — das komplex gebundene müßte gelöst werden — die Verbindung naturgemäß in thoriummonoweinsaure Salze übergeht, die alles Thorium dann in komplexer Form enthalten. Daß es sich um eine komplexe Thoriumweinsäure handelt, wird auch durch die Bestimmung des spezifischen Drehungsvermögens der Salzlösungen bestätigt.[1]

Die Fällung der Thorerde mit Weinsäure ist nicht quantitativ, sie wird jedoch durch mehrtägiges Stehen sowie mehrstündiges Kochen stark vermehrt. Wurde der Niederschlag sofort abfiltriert, so beträgt die Fällung 67·5 %, wurde der Niederschlag mehrere Stunden gekocht oder mehrere Tage stehen gelassen, so können bis 86 % der angewandten Thorerde erhalten werden. Die rein weißen Niederschläge sind colloidartig und besitzen die Eigenschaft leicht durch das Filter zu gehen, was große Vorsicht beim Filtrieren

[1] Vgl. Landolt, Das optische Drehungsvermögen, 2. Aufl., S. 218 u. ff.; Rosenheim und Itzig, Ber. **32**. S. 3424; **33**, S. 707.

erfordert. Selbst die Gegenwart von Natriumacetat (um die freiwerdende Mineralsäure abzustumpfen) vermehrt die Fällung nicht. Natriumacetat verhindert aber auch nicht die Fällung und der Niederschlag ist im Überschuß von Weinsäure ebenso löslich. Thoriumtartrat soll nach Haber (1898) in essigsaurem und ameisensaurem Natrium löslich sein. Die weinsauren Lösungen der Thorerde geben mit Ammoniak oder Oxalsäure keine Fällung.

Mit weinsaurem Ammon erhält man dicke weiße Niederschläge, die aber nur 33 % der vorhandenen Thorerde enthalten (Schilling 1902).

Zirkonerde wird aus ihren Auflösungen durch Weinsäure (Vauquelin 1797) und weinsaure Alkalien gefällt (Klaproth 1795). Der weiße Niederschlag von weinsaurer Zirkonerde löst sich in Kalilauge, überschüssiger Weinsäure und in neutralem weinsauren Natrium (Hornberger 1876), ferner in Natriumacetat (Haber 1898).

Zirkonhydroxyd löst sich in weinsaurem Ammon (Venable und Belden 1898).

Über die von Berzelius vorgeschlagene Methode zur Trennung des Eisens von Zirkonerde mit Schwefelammon und Extraktion der Zirkonerde mit weinsaurem Ammon vgl. Trennung des Zirkons von Eisen.

Wismuttetroxyd dient als Oxydationsmittel für Cersalze (vgl. Gibbs' Methode S. 144).

Wolframsaure Alkalien. Wolframsaures Natrium fällt die Ytteriterden als weiße Wolframate, die in Wasser sehr wenig, in dem entsprechenden Alkalisalz etwas löslich sind (Berlin 1835). Auch Cer-, Lanthan- und Didymsalze (Nd und Pr) werden von wolframsaurem Natrium gefällt (Frerichs und Smith, Cossa[1] und Zechini[2] und Hitchcock.[3] Didymwolframat bildet einen rötlichen Niederschlag, welcher auch nach mehreren Tagen nicht kristallinisch wird; auf dem Gebläseofen mit Kochsalz bis zur vollständigen Verpflüchtigung des letzteren erhitzt geht das amorphe Didymwolframat in das kristallinische — anscheinend

[1] A. Cossa, Gaz. chim. 1881, **10**, p. 467, 468; Ber. 1881, Ber. **14**, 1, S. 107.

[2] A. Cossa und M. Zechini, Gaz. chim. 1880, **10**, p. 225; Ber. 1880, **13**, 2, S. 1861—1862.

[3] Fanny R. M. Hitchcock, J. Am. Ch. Soc. 1895, **17**, p. 520—537; C. C. 1895, **2**, S. 284; J. 1895, **1**, S. 797.

dimetrische Oktaeder — über.[1] Die Verbindungen von Nd und Pr entsprechen der Formel: Nd_2 resp. $Pr_2(WO_4)_3$ — Hitchcock.

Thoriumwolframat bildet sich nach Berzelius (1829) beim Vermischen von Lösungen eines Thorsalzes und eines Wolframats.

Zirkonhydroxyd löst sich in einer siedenden Lösung von Kaliumparawolframat auf.

Die Verbindungen, die mit Phosphorwolframsäure entstehen, sind wahrscheinlich nur Salze von einfachen, nicht von komplexen Säuren und verdienen als Mittel zur Trennung der Erden Beachtung (Gibbs 1893).

Zink bewirkt in Ceritlösungen keine Fällung (Thomson 1816). Zirkonerde wird durch Zink nicht wie Titan gefärbt.[2]

Der qualitative chemische Nachweis der Cererde, Zirkonerde und Thorerde.

Von allen seltenen Erden besitzt die Cererde charakteristische chemische Reaktionen, welche es ermöglichen, dieselbe in allen Erdgemischen leicht nachzuweisen. Thorerde kann man ebenso sicher und schnell identifizieren, wenn die Gegenwart von Zirkonerde ausgeschlossen ist, da letztere mit Wasserstoffsuperoxyd unter bestimmten Bedingungen ebenfalls eine Fällung gibt.

Wenngleich bei den einzelnen Trennungsmethoden die qualitativen Reaktionen berücksichtigt sind, dürfte es bei der Wichtigkeit des Nachweises und der verhältnismäßig großen Anzahl der Cerreaktionen doch erwünscht sein, eine übersichtliche Zusammenstellung hier folgen zu lassen.

Der chemische Nachweis des Cers.

Wenn man von der Mosanderschen Chlormethode (s. Trennungsmethoden) absieht, so besaß man bis zum Jahre 1864, in welchem Gibbs seine Bleisuperoxydreaction (s. Trennungsmethoden) beschrieb, keine charakteristische Cerreaktion. Für die damalige Zeit bedeutete die Beobachtung Gibbs', daß Cerlösungen beim

[1] Cossa, Accad. d. Lincei 1879, **3**; Ber. 1879, **12**, 1, S. 683.
[2] C. H. Pfaff 1820, Schw. J. **28**, S. 102.

Kochen mit Bleisuperoxyd und konzentrierter Salpetersäure eine gelbe bis braune Färbung annehmen, einen wesentlichen Fortschritt, und war PbO_2 bis 1882 das einzige Hilfsmittel. In diesem Jahre fand Hartley, daß Wasserstoffsuperoxyd in schwach sauren oder neutralen Cerlösungen bei Gegenwart von Ammonium- oder Natriumacetat einen bräunlichen bis dunkelbraunen Niederschlag bewirkt. Während die Empfindlichkeit der Gibbsschen Reaktion 0,025 mg betrug, steigerte sich dieselbe im Hartleyschen Reagens bis 0,01 mg.

Einige Jahre darauf studierten Lecoq de Boisbaudran (1885) und Cleve die oxydierende Wirkung des Wasserstoffsuperoxydes auf die Hydroxyde der seltenen Erden, bei welcher Gelegenheit der erstgenannte Forscher auf die Empfindlichkeit des Cerhydroxydes aufmerksam wurde — die geringsten Spuren Cer gaben in mit Wasserstoffsuperoxyd und überschüssigem Ammoniak versetzten Erdlösungen sich durch dieselbe orangerote Färbung wie beim Hartleyschen Reagens zu erkennen, nur mit dem Unterschiede, daß die Schärfe der Reaktion um das Doppelte gesteigert wurde (s. Trennungsmethode — Wasserstoffsuperoxyd).

Ein noch besseres Oxydationsmittel will v. Knorre im Ammonium- bezw. Kaliumpersulfat gefunden haben, jedoch liegen über die Empfindlichkeit dieser Reaktion keine Zahlen vor (s. Trennungsmethode — Ammonium- und Kaliumpersulfat).

Popps Methode der Abscheidung des Cers mittels Natriumacetat und Chlor bezw. Natriumhypochlorit dürfte heute für den Nachweis des Cers überhaupt nicht in Betracht kommen; dasselbe gilt vom Manganchlorür, das Hillebrand und Norton[1] verwendeten, und von der durch Kochen mit Salzsäure in der Vorlage ausgeschiedenen Jodmenge einer KJ-Lösung.[2]

Auf die irrtümliche Beobachtung Stroheckers, daß die Ceritoxyde aus den Hainstädter Tonen mit KOH eine charakteristische Blaufärbung geben, sei ebenfalls nur hingewiesen.[3]

P. C. Plugge[4] verwendete die von Sonnenschein[5] beob-

[1] Hillebrand und Norton, 1875, Pg. A. **156**, S. 471.

[2] Kjerulf, 1853, L. A. **87**, S. 14.

[3] Strohecker, J. pr. 1886 [2] **33**, S. 134; Ber. 1886, **19**, 3, S. 133; das. S. 1099; das. S. 1368—1369; Arch. Pharm. (3) **25**, p. 775; Ch. N. **56**. p. 175; Blomstrand, C. W., J. pr. 1886, **33**, S. 483—488; J. 1886, S. 407,

[4] P. C. Plugge, Arch. Pharm. 1891, **229**, p. 558—561; C. C. 1892, **4**, 1, S. 179.

[5] Sonnenschein, Klinische Wochenschrift 1870; C. C. 1870, **3**, S. 633.

achtete Reaktion des Strychnins zum Nachweis der Cererde und fand als Grenze der Empfindlichkeit 0,01 mg Cer.

Von der zu prüfenden Erdlösung wird eine kleine Probe mit Natronlauge bis zur deutlichen alkalischen Reaktion versetzt, in einer Schale verdunstet und der Rückstand mit einigen Tropfen einer Lösung, welche 1 T. Strychnin in 1000 T. konzentrierter H_2SO_4 enthält, übergossen; zuvor getrocknete Hydroxyde lassen sich ebenfalls verwenden. Der Nachweis gelingt nicht bei Gegenwart von Sulfiden, da der hierbei freiwerdende H_2S die charakteristische Blaufärbung, welche allmählich in kirschrot übergeht, stört; bei Gegenwart von Oxalsäure bleibt die Reaktion ebenfalls aus.[1]

Eine Kaliumcarbonatlösung der Cersalze gibt mit Wasserstoffsuperoxyd eine intensiv rote Färbung, welche Reaktion André Job[2] zum Nachweis der Cererde empfiehlt, ohne Belege für deren Empfindlichkeit zu geben, s. S. 53.

Die von Rob. Marc[3] aufgestellte Behauptung, daß sich Cer im Didym unterhalb 2 $^0/_0$ nur an der Farbe des Oxydes, nicht aber durch Wasserstoffsuperoxyd oder Ammoniumpersulfat, nachweisen läßt, bedarf noch einwandsfreier Beweise.

Der qualitative Nachweis des Thoriums und Zirkoniums mittels Wasserstoffsuperoxyd.

Durch Wasserstoffsuperoxyd wird aus neutraler Lösung beim Erhitzen auf 60° Thorium gefällt, eine Eigenschaft, welche auch manche Zirkonsalze besitzen. Da es sich aber in den meisten Fällen nicht um die Gegenwart beider Erden handelt und dieselben leicht durch Oxalsäure getrennt werden können, so bedient man sich vielfach dieser Reaktion zum Nachweise der Thorerde. Ist man andererseits von der Abwesenheit der Thorerde überzeugt, so kann man auch mit Wasserstoffsuperoxyd in Erdgemischen auf Zirkonerde prüfen. Jedenfalls wird man aus dem Trennungsgange leicht auf die Gegenwart bezw. Abwesenheit der einen oder anderen Erde schließen können. S. H_2O_2 — Trennungsmethode und S. 86.

---

[1] Dennis und Magee, Z. an. 1894, 7, S. 256—258.

[2] André Job, C. r. 1899, **128**, p. 179; C. C. 1899 (3) 1, S. 471.

[3] Rob. Marc, Ber. 1902, 35, S. 2370; Chem. Ztg. Repert. 23, Jahrg. 26.

Dritter Abschnitt.

Mikrochemische Reaktionen.

Literatur.

1884. K. Haushofer, Sb. M. **13**, S. 436; Ber. 1884, S. 182; J. 1884, S. 1551.

1885. — Mikroskopische Reaktionen. Eine Anleitung zur Erkennung verschiedener Elemente und Verbindungen unter dem Mikroskop. Verlag von Vieweg & Sohn, Braunschweig. — Im Auszuge in Z. K. 1886, **11**, S. 165—167.

1888. — Z. K. **13**, S. 171—178.

1888. O. Lehmann, Molekularphysik. Leipzig, Engelmann **2** (1889) Anhang über Kristallanalyse, S. 533—564.

1891. H. Behrens, Z. alyt. **30**, S. 144 u. ff.; S. 156 u. ff.

1899. H. Behrens, Anleitung zu mikrochemischen Analyse. Hamburg und Leipzig, Leopold Voss. Cerit- und Ytteriterden S. 57—62, Zirkon- und Thorerden S. 91—94.

1900. M. E. Pozzi-Escot u. H. C. Couquett, C. r. **130**, p. 1136; C. C. 1900, **1**, S. 1199.

1901. H. Behrens, Arch. Neer. S. II, **5**, p. 68 u. ff.; C. C. 1902, **1**, S. 296.

1902. R. J. Meyer, Z. an. **33**, S. 31—44; S. 113—116.

Schon seit längerer Zeit dienen einige durch die Stetigkeit ihrer Kristallformen ausgezeichnete Verbindungen in der chemischen Praxis zum Nachweis gewisser Körper. In den beiden letzten Dezennien hat Haushofer (1884, 1885, 1886, 1888) sich um den mikrochemischen Nachweis der Elemente besonders verdient gemacht, indem er die Literatur sammelte und durch eigene umfangreiche Untersuchungen vermehrte. Wenn sich auch seine Beschreibungen verschiedener Verbindungen der seltenen Erden oft auf die Gemische der Cerit- und Ytteritmetalle beziehen, so sind dieselben dennoch von Interesse, da man mit ihrer Hilfe die einzelnen Erdgruppen (Cerit- und Ytteriterden, Thor- und Zirkonerde) in sehr geringen Stoff- bezw. Mineralmengen nachweisen kann. Ebenso dürfen die experimentellen Ausführungen derartiger Untersuchungen durch das grundlegende Werk von O. Lehmann (1888) gefördert worden sein.

Eine weitere Anregung für die mikrochemische Prüfung seltener Erden gab in neuester Zeit Behrens (1901), nachdem er bereits zehn Jahre früher die seltenen Erden mikrochemisch untersucht hatte.

Behrens will für die Kontrolle der Trennungsmethoden und Reinheit der Präparate die Succinate als geeignetes Erkennungsmittel gefunden haben, denn die Kristallformen derselben sollen bis zu einem gewissen Grade für die Ceriterden charakteristisch sein und isomorphe Mischungen bei ihnen in geringerem Maße auftreten, als bei anderen Salzen.

Meyer (1902) wiederholte die Untersuchungen Behrens' und fand dessen Angaben in vielen Punkten nicht bestätigt.

Die Bedingungen, unter welchen chemisch-analytische Operationen zu richtigen Resultaten führen, sind zwar für die mikroskopische Prüfung im wesentlichen dieselben wie für Reaktionen im größeren Maßstabe. Da es sich aber bei mikroskopischen Versuchen in erster Linie darum handelt, die charakteristischen Verbindungen in Kristallen zu erhalten, und deren Bildung von vielen äußeren Umständen abhängt, so empfiehlt Haushofer (1885), folgende Maßregeln zu beachten.

Die mikroskopischen Kristalle, welche zum Nachweis gewisser Stoffe dargestellt werden, bilden sich entweder als Niederschläge bei bestimmten Reaktionen oder beim Verdunsten von Lösungen. Der erste Vorgang bietet für die Praxis oft, aber nicht immer den Vorzug geringeren Zeitaufwandes, denn in der Regel erfolgt die Ausbildung der mikroskopischen Kristalle um so vollkommener, je langsamer sie sich vollzieht. Ist die Lösung zu konzentriert, oder beschleunigt man die Kristallisation durch schnelles Entziehen des Lösungsmittels, so entstehen meistens unvollkommen ausgebildete Kristalle, entweder Zerrformen und Kristallskelette oder Aggregatformen, die für die Beurteilung des Stoffes nur selten Verwendung finden können. Einige Verbindungen wie z. B. das Thoriumsulfat können kaum anders erhalten werden.

Die Bildung normaler Kristallformen in den Niederschlägen wird in der Regel durch die Anwendung sehr verdünnter Lösungen begünstigt. Jede Beschleunigung der Bildung eines Niederschlages wirkt störend auf die Entwicklung normaler Kristalle, z. B. der Zusatz einer Substanz, welche die Löslichkeit des Niederschlages vermindert. (Alkohol usw.)

Niederschläge, welche sich durch hohen Grad von Schwerlöslichkeit auszeichnen, sind nur schwierig in deutlichen Kristallen zu erhalten und deshalb für mikroskopische Reaktionen unmittelbar wenig geeignet.

Von großem Einfluß auf die Entwicklung der Kristalle sind die Substanzmengen, mit welchen man bei der Fällung operiert. Bei gleichen Verdünnungsgraden der Lösungen gewinnen die Kristalle in der Regel größere Dimensionen und bessere Ausbildung, wenn man mit größeren Flüssigkeitsmengen operieren kann. Man wird deshalb, wenn es die zur Verfügung stehenden Substanzmengen erlauben, oft die Fällungen in kleinen Probierröhrchen vornehmen. Auch die Fällung bei höheren Temperaturen kann auf diese Weise leichter ausgeführt werden als auf dem Objektglase. Wenn die verfügbare Substanzmenge sehr klein ist, wird man die Fällung auf dem Objektglase mit kleinen Tropfen der Lösung vornehmen. Meistens genügt es mit Hilfe eines Glasstabes der Lösung einen Tropfen des Fällungsmittels ohne umzurühren zuzusetzen. Manchmal ist es besser, die Einwirkung des Reagens zu verzögern. Dieses erreicht man dadurch, daß man einen Tropfen der zu prüfenden Lösung unmittelbar neben den Tropfen des Reagens auf das Objektglas setzt und beide dann durch ein feines Pinselchen, durch eine Leinfaser oder einen Glasfaden in Verbindung setzt.

Es bedarf kaum der Bemerkung, daß die Charakteristik der Mikrokristalle ohne Herbeiziehung ihrer optischen Eigenschaften nur eine unvollständige und ungenügende ist. Deshalb muß mit dem Studium der Kristallformen, welche den Nachweis einer Substanz vermitteln, immer auch die Untersuchung der Kristalle im polarisierten Licht verbunden sein.

Eine 120 fache Linearvergrößerung dürfte für die meisten Fälle genügen.

Ameisensaure Salze — Formiate. Versetzt man eine neutrale oder schwach saure Cerolösung mit ameisensaurem Ammon, so bilden sich nach einigen Minuten ziemlich große, am Objektglase festsitzende Kristalle, welche in den Umrissen oft vollkommen dem Pentagondodekaëder gleichen; ihr optisches Verhalten und gewöhnlich auch ihre Flächenbeschaffenheit läßt erkennen, daß sie mimetisch gebildet und aus vielen kleinen prismatischen Kristallen zusammengesetzt sind, welche parallel der Prismenachse auslöschen. Lanthan-Didymlösungen geben ähnliche Aggregate, welche in der äußeren Konfiguration minder regelmäßig und manchmal nur als radial angeordnete Kristallbündel erscheinen (Haushofer).

Benzoesaure Salze — Benzoate. Ammoniumbenzoat kann man als Reagens für Unterscheidung der Ceritmetalle in Anwendung bringen, und zwar mit ähnlichem Erfolge, wie mit bernsteinsaurem Ammon. Es bewirkt in Lösungen von Cer Abscheidung von weißen faserigen Klumpen, in Lanthanlösungen bringt es durchsichtige Spieße, in Neodymlösungen weiße Körner hervor, die leichter übersehen werden können, als die weit größeren Knöllchen des Succinats (Behrens 1901).

Bernsteinsaure Salze — Succinate. Die Homologen der Oxalsäure zeigen den Metallen der Ceriumgruppe gegenüber ungleiches Verhalten. Ammoniummalonat bringt flockige, Ammoniumpyrotartrat klumpige Niederschläge hervor, welche durch die freien Säuren mit Leichtigkeit gelöst werden. Ganz anders verhält sich die Bernsteinsäure. Sie bringt, wie die Oxalsäure, kristallisierende Niederschläge hervor, die in einem Überschuß des Fällungsmittels unmerklich löslich sind, thut dieses aber nur schwächeren Säuren gegenüber, während Oxalsäure an die Stelle von Salzsäure usw. zu treten vermag. Die Niederschläge, welche man mit freier Bernsteinsäure in Lösungen von Acetaten erhält, unterscheiden sich in Form und optischem Verhalten nicht von denen, welche Ammoniumsuccinat in Lösungen von Chloriden und Nitraten der Ceritmetalle hervorbringt.

Die neutralen Erdlösungen müssen sehr verdünnt, ca. 0,5 %, angewendet werden, im anderen Falle erhält man sofort voluminöse Niederschläge, die aus einem dichten Gewirr von miteinander verwachsenen Büscheln und Nadeln bestehen. Mit einem Glasstabe bringt man von der noch mehr verdünnten 0,5 %igen Erdlösung einen Tropfen auf den sorgfältig entfetteten Objektträger und breitet ihn in dünner Schicht aus, worauf man einige ganz kleine Kristallsplitterchen von Ammoniumsuccinat hinzufügt, mit einem Uhrglas zudeckt und abwartet, bis die Kristallisation, dem bloßen Auge erkennbar, genügend weit fortgeschritten ist (Meyer).

Neodym. In sehr verdünnten Lösungen herrschen die schiffchenartigen Formen vor, welche im Verlauf der Kristallisation sich an beiden Enden vielfach spalten und haarähnliche Ausläufer aussenden. Schließlich schnürt sich der Kristallkörper immer mehr ein, und es entstehen kugelförmige, aus konzentrisch gruppierten dünnen, teilweise paarförmigen Prismen bestehende Gebilde, welche die Endphase der Kristallisation darstellen. Letztere treten in konzentrierten Lösungen als dominierende Form auf und können dann das Ansehen der kleinen knötchenartigen Sphäroide gewinnen, die nach Behrens (1901) eine charakteristische Form für Neodymsuccinat vorstellt. Es wechselt also das Bild je nach der Verdünnung und auch mit dem Stadium der Kristallisation. So kommt es, daß man gewöhnlich alle drei Entwicklungsstufen im Bilde nebeneinander sieht, ohne hieraus auf eine chemische Inhomogenität schließen zu dürfen. Behrens betrachtet die mittlere Form als dem Samariumsuccinat angehörig.

Praseodym. Die Kristallformen des Praseodymsuccinats sind prinzipiell vom Neodymsuccinat nicht verschieden; es scheint etwas schwerer löslich zu sein als dieses. In dem von Meyer untersuchten Praseodymmaterial traten auch wohl ausgebildete Rhomboide auf, die Behrens für Lanthansuccinat anspricht. Praseodym- und Neodymsuccinat lassen sich in Gemischen beider mikroskopisch nicht mit Sicherheit voneinander unterscheiden, da sie sich vollkommen isomorph miteinander mischen (Meyer).

Didym verhielt sich durchaus identisch mit einer synthetischen Mischung von Neodym und Praseodym, nur konnte Meyer keine Rhomboide entdecken. In verdünnter Lösung traten die drei Formen, in konzentrierterer nur die Endform (Sternknötchen) auf.

Samariumsuccinat scheint nächst dem Cersuccinat das am schwersten lösliche Succinat der ganzen Ceritgruppe zu sein. Im übrigen verhält es sich nach Meyer mikroskopisch genau so, wie die Didymkomponenten, nur mit dem Unterschiede, daß die Endform, nämlich die kugel- und sternförmigen Gebilde, bereits zu Anfang in der Lösung auftreten, und daß demgemäß die erste Schiffchenform — Primitivform — nur in sehr verdünnter Lösung beobachtet werden kann. Samariumsuccinat kristallisiert isomorph mit den Didymsuccinaten; eine spezifisch charakteristische Form konnte Meyer nicht beobachten.

Lanthan. Das Lanthansuccinat unterscheidet sich nach Behrens (1901) in seiner Kristallform durchaus von allen anderen Succinaten der seltenen Erden. Es tritt in farblosen, glashellen Rhomboiden auf, die lebhaft interferieren und stark doppelbrechen. Meyer erhielt mit sehr reinen Lanthanpräparaten Bilder, die einmal ausschließlich Rhomboide zeigten, das andere Mal vorwiegend Büschel, so daß die ersteren fast verschwanden. Nach der Auffassung von Behrens spricht dieses Vorkommen der beiden Formen für isomorphe Gemische von Praseodym- und Lanthansuccinat, die bald in der einen, bald in der anderen Form kristallisieren sollen.

Der Nachweis des Praseodyms durch Ausziehen des Präparates mit Natronlauge und Glühen auf Glimmerblättchen, wie ihn Behrens führt, gelang Meyer in keinem Falle einwandsfrei. Nach Meyer tritt das Lanthansuccinat dimorph auf und beide Formen können ineinander übergehen. Das Vorkommen der Rhombenform in mikroskopischen Bildern beweist nicht die Gegenwart von Lanthan, da auch Cersuccinat unter bestimmten Bedingungen in Rhomboiden zu kristallisieren vermag, also Cer- und Lanthansuccinat isomorph sind (Meyer 1902, S. 115).

Cer. Behrens (1901) kam bei der Prüfung verschiedener Trennungsmethoden der Ceriterden zu dem Resultate, daß sich Ceriammonnitrat durch Umkristallisieren aus Salpetersäure zwar leicht von Didym, aber nur sehr schwer von Lanthan befreien lasse. Er stützte seine Behauptung auf die Beobachtung, daß mehrfach umkristallisiertes Ceriammonnitrat nach der Überführung in Succinat unter dem Mikroskop neben der für das Cersuccinat charakteristischen Strahlen- und Büschelform stets die dem Lanthansuccinat angehörenden Rhomboide erkennen läßt. Diese Beobachtung konnte Meyer bestätigen und gleichzeitig beweisen, daß Cer- und Lanthansuccinat isodimorph sind. Cersuccinat kann je nach den Bedingungen seiner Bildung in zwei verschiedenen Kristallumbildungen auftreten, so daß man aus dem Vorkommen der Rhomben nicht auf die Gegenwart von Lanthan schließen darf.

Hiernach erscheint es zweifelhaft, ob der mikroskopischen Prüfung der seltenen Erden mittels der Succinate überhaupt ein erheblicher Wert beigemessen werden darf.

Borax s. Perlen, vorig. Kapitel: Allgemeines Verhalten der seltenen Erden zu Reagentien.

Carbonate. Mit kohlensaurem Natrium geben die Ceriterden flockige Niederschläge, der des Lanthans ist weißlich, die anderen im durchfallenden Lichte bräunlich. Im Überschuß des Reagens erfolgt nach einer Weile Kristallisation. Das Lanthancarbonat ist nach einer halben Stunde vollständig zu blassen, ovalen Blättchen und Distelköpfchen von 40—70 mikr umgewandelt. Cericarbonat bildet etwas langsamer Stachelkugeln und spitze Rauten von 10—40 mikr. Didymcarbonat erfordert mindestens eine Stunde und die Kristallisation geht nicht weiter als bis zur Bildung kristallinischer Knöllchen von 12—20 mikr. Grenze der Reaktion für Cer bei 0,00005 mg, für Lanthan bei 0,00006 mg, für Didym bei 0,0001 mg (Behrens 1891 u. 1899).

Löst man Ytteritoxalate in Ammoncarbonat, so können Pseudooctaeder (tetragonal) von 10—25 mikr erhalten werden. Setzt man zu einer Lösung von Ytteritcarbonaten in Ammoncarbonat ein wenig Ammonoxalat, so läßt sich der fein kristallinische Niederschlag durch wiederholtes Erwärmen unter Ersatz des Wassers und des Ammoncarbonat ebenfalls in die bewußten Kristallo umwandeln. Die Reaktion ist in dieser Gestalt sehr brauchbar; ihre Grenze liegt bei 0,00003 mg des Gemisches der Ytteriterden (Behrens 1891 u. 1899).

Über die charakteristischen Kristalle des Thallo-Thoriumcarbonats vergl. Thallosulfate S. 106.

Chloride s. Oxychloride.

Chromate. Yttriumsalze geben mit Ammoniumchromat ein in wenigen Minuten kristallisierendes Yttriumchromat, hexagonale, schwach violett gefärbte, große Kristalle. Mit Couquettschem Reagens (Lösung von Chromsäure in Schwefelsäure) geben Yttriumsalze kleine Kristalle, welche sich allmählich in sehr voluminöse Kristalle verwandeln. Erbiumsalze bilden mit Ammoniumchromat ein nicht oder nur schwierig kristallisierendes Chromat. Mit einer Lösung von Chromsäure in Schwefelsäure bilden Erbiumsalze schlecht definierbare Kristalle. Didymsalze liefern bei Einwirkung von Ammoniumchromat ein in orangefarbenen, voluminösen Kristallen sich ausscheidendes Didymchromat. Mit Couquettschem Reagens geben Didymsalze einen amorphen Niederschlag, welcher allmählich kristallinisch wird (Pozzi-Escot und Couquett 1900). Thoriumchromat s. S. 60.

Ferrocyankalium gibt mit den Ceriterden körnige Niederschläge; mit Cer durchsichtige, farblose Körnchen von 4—5 mikr, zum Teil abgerundete Würfel; mit Lanthan zunächst klare Kanten von 50 mikr, ein Überschuß des Reagens ändert sie zu tonnenförmigen Prismen um und fällt farblose Sechsecke mit eingebogenen Kanten, radial geriefte Rosetten, Sterne und Dendriten von etwa 60 mikr; von der Kante gesehen knopfförmig; die größten Exemplare sind grau-violett. Grenze der Reaktion für Cer und Lanthan bei 0,0001 mg, für Didym bei 0,00015 mg (Behrens 1891 u. 1899).

Formiate s. ameisensaure Salze.

Kaliumdoppelsulfate. Die Ceritkaliumdoppelsulfate treten ebenso wie die Natriumdoppelsulfate im Gegensatz zu den entsprechenden Doppelsulfaten des Thoriums, des Zirkons und der Gadoliniterden stets in gut ausgebildeten Kriställchen auf (Behrens 1901). Die nicht zu saure Lösung der Ceriterden gibt mit gesättigter Kaliumsulfatlösung einen aus kugeligen Aggregaten bestehenden Niederschlag. Wendet man verdünnte Ceritlösungen an, so erhält man bisweilen deutliche hexagonale Tafeln, welche das Licht nicht polarisieren, wenn sie auf der Basis liegen. Die Reaktion hat für mikrochemische Zwecke wenig Wert (Haushofer 1885).

Nach Behrens (1891) fällt Kaliumsulfat Scheibchen von 4—6 mikr.

Bringt man in einen Tropfen einer verdünnten Lösung von Thoriumsulfat einen Kristall von Kaliumsulfat, so setzen sich bald, besonders am Rande, kleine, farblose, hexagonale Täfelchen des Doppelsalzes ab. Sehr oft erscheinen die Kristalle bloß als kreisrunde Scheibchen; aus starken Lösungen bilden sich kugelige Kristallgruppen mit Aggregatpolarisation.

Diese Reaktion unterscheidet das Thorium von den Metallen der Ytteritgruppen, mit welchen es in der Form des Oxalates teilweise übereinstimmt (Haushofer 1885).

Kaliumfluorid. Wenn man in der Platinschlinge einen Teil Zirkonpulver mit dem 15—20fachen Volumen Fluorwasserstofffluorkalium zusammenschmilzt, erhält man eine in der Hitze klare Perle, in welcher kleine unlösliche Flocken schweben; bei relativ größeren Mengen von Zirkon bildet sich eine aufgequollene, stark leuchtende Masse, welche nicht in Fluß zu bringen ist. Die besten Resultate erhält man, wenn das Schmelzen so lange fortgesetzt wird, bis das angewandte Fluorkalium etwa zur Hälfte verflüchtigt ist. Die vollkommen geschmolzene nach dem Erkalten trübe Perle zerfällt in einer reichlichen Menge Wasser unter Abscheidung eines unlöslichen Rückstandes, der sich unter dem Mikroskop bei starker Vergrößerung (500 : 1) als ein lockeres Haufwerk sehr kleiner farbloser Kristalle von rhombischen und quadratischen Umrissen und starker Polarisation erweist. Die Verbindung ist sehr beständig und wird selbst durch Abdampfen mit verdünnter Fluorwasserstoffsäure kaum angegriffen, ein Umstand, der ihren Wert für den Nachweis von Zirkon erhöht.

Den Formen nach konnte die Verbindung mit dem wasserhaltigen Fluorkalium verwechselt werden, welches beim Verdunsten reiner Lösungen auskristallisiert, jedoch in Wasser leicht löslich ist.

Aus Eudialyt ist das Salz nur schwierig, aus Wöhlerit gar nicht zu erhalten.

Reine Zirkonerde liefert unter den gleichen Bedingungen nur amorphe Flocken. Ein Zusatz von Kieselsäure verursacht die Bildung von Kristalliten, die in viel Wasser löslich sind, aber das aus Zirkonpulver zu erhaltende Salz erlangt man hierdurch nicht. Auch durch Schmelzen von Zirkonpulver mit Kaliumcarbonat werden andere Verbindungen erhalten, die undeutlich kristallisieren (Haushofer 1885, Behrens 1899).

Natriumdoppelsulfate. Die Natriumdoppelsulfate der Ceriterden bilden im Gegensatz zu den übrigen Erden gut kristallisierbare Verbindungen. In verdünnten Lösungen wird durch Erwärmen die Kristallisation beschleunigt; starke Säuren, vor allem Schwefelsäure, wirken störend. Der Niederschlag besteht aus kleinen Linsen und abgerundeten Stäbchen, deren Länge von 4 mikr (für Cer) bis 10 mikr (Didym) beträgt. Thallosulfat fällt langsam sechsseitige, farblose Tafeln bis zu 100 mikr.

Grenze der Fällung: Cer bei 0,00002 mg, Lanthan bei 0,00004 mg, Didym bei 0,00007 mg (Behrens 1891 u. 1899).

Behrens benutzte die Schwerlöslichkeit des Natriumdoppelsulfates des Cers für den Nachweis des Natriums (Haushofer 1885, S. 101).

Thoriumsulfat mit Natriumsulfat verdunstet gibt einen Rückstand, der aus kleinen, beiderseits gespitzten, prismatischen Kristallen besteht, den Formen des Ceriumnatriumsulfates nicht unähnlich. Sie löschen parallel ihrer Längsachse aus (Haushofer 1885, S. 129—130).

Natriumzirkonat. Durch 3—5 Minuten langes Schmelzen von Zirkonpulver mit Natriumcarbonat in der Platinöse vor dem Lötrohre bildet sich neben Natriumsilicat, welches aus dem Schmelzprodukt durch Wasser ausgezogen werden kann, ein unlösliches Natriumzirkonat von der Zusammensetzung $Na_2Zr_8O_{17} + 12\,H_2O$.[1] Dasselbe ist stets kristallisiert und erscheint bei starker Vergrößerung (500 : 1) in kleinen hexagonalen Tafeln und in polarisierenden Kristallkörnern.

Oxalate. In neutralen oder nicht stark sauren Ceriumlösungen fällt Oxalsäure oder oxalsaures Alkali einen kristallinischen Niederschlag von Ceriumoxalat, der bei Anwendung sehr verdünnter und besonders kochend heißer Lösungen durch charakteristische Formen von großer Beständigkeit ausgezeichnet ist. Bei gewöhnlicher Temperatur bildet sich ein anfangs flockiger Niederschlag, der jedoch bald kristallinisch wird und aus feinen, beiderseits zugespitzten, meistens an den Enden gegabelten Kristallnadeln besteht.

Aus kochend heißen, sehr verdünnten Lösungen fällt ein Salz in ziemlich großen aber sehr dünnen rhomboidalen Blättchen. Von diesen Tafeln finden sich Übergänge zu schmäleren Lamellen und endlich zu stäbchenförmigen Kristallen. Diese Übergänge machen es wahrscheinlich, daß die Formen des heiß und des kalt gefällten Oxalates ein und demselben Salze angehören.

Als sehr charakteristisch erscheint die Verwachsung zweier Lamellen in der Art, daß die großen Flächen in zwei annähernd rechtwinklig sich schneidende Ebenen fallen, wodurch die Zwillinge eine Ähnlichkeit mit dem Windfange der Uhren erhalten. Behrens (1891) beschreibt diese Form als Kreuze und gibt für ihre Größe 70 mikr an.

Die charakteristischen Formen des heiß gefällten Ceriumoxalates kommen nur dann zu vollkommener Entwicklung, wenn man mit sehr verdünnten Lösungen operiert und die Fällung in größeren Flüssigkeitsmengen (etwa mit 3—4 ccm) im Probierröhrchen vorgenommen wird (Haushofer 1885).

Im anderen Falle kommen neben den malteserkreuzförmigen Verwachsungen sehr oft sehr kleine, flach-würfelähnliche Kriställchen oder quadratische Täfelchen zur Erscheinung, welche von den

[1] Hiortdahl, L. A. 137, S. 236.

vorher beschriebenen Formen vollständig verschieden sind und keine Übergänge in dieselben erkennen lassen.

Die Menge der quadratischen Täfelchen soll unabhängig vom Konzentrationsgrad der Lösung mit dem Lanthangehalt derselben zunehmen. Haushofer fand, daß in den Niederschlägen, welche im Probierröhrchen in der sehr verdünnten Lösung käuflicher Lanthansalze hervorgebracht wurden, die großen charakteristischen Lamellen des Ceriumoxalates nur ganz vereinzelt vorkamen, während umgekehrt in den Lösungen käuflicher Cerium- und besonders Didymsalze das quadratische Salz nur in ganz untergeordneter Menge gefällt wurde. Lösungen, welche unmittelbar von Cerit herrühren, geben, auch in Probierröhrchen gefällt, eine gewisse Menge des quadratischen Salzes. Nach Behrens (1891 u. 1899) gibt Lanthan Nadeln und lange Rauten von 60 mikr zu Garben gruppiert, Didym dieselben Formen wie Cer. Die Grenze der Reaktion soll sein: für Cer bei 0,00004 mg, für Lanthan bei 0,00006 mg, für Didym bei 0,0001 mg.

Aus neutralen oder schwach sauren Auflösungen der Ytteriterden fällt Oxalsäure oder oxalsaures Ammon die entsprechenden Oxalate, die bei gleichbleibenden Modifikationen der Fällung Salze von gleichen morphologischen Eigenschaften sind und daher zum Nachweis für die Gegenwart dieser Erden verwendet werden können.

Wenn man neben einem Tropfen einer nicht zu sehr verdünnten Lösung der Erdsulfate (Yttrium) auf dem Objektglase einen Tropfen Oxalsäurelösung setzt und dieselben in Verbindung bringt, so daß eine allmähliche Vermischung stattfindet, so zeigt sich zuerst eine weiße flockige Trübung, in welcher man unter dem Mikroskop sehr bald kugelige, büschel- sternförmige Aggregate unterscheiden kann, welche aus spießigen, teils an die Formen des Gipses, teils an spitze Rhomboëder erinnernden Kristallen bestehen. Bei weiterer Einwirkung bilden sich nicht selten kleine rektanguläre Lamellen, welche gewöhnlich an den Enden gegabelt oder ausgezähnt, oft zu kreuz- oder gitterförmigen Gruppen verbunden sind. Sie zeigen wie die vorher besprochenen, lebhafte Polarisationserscheinungen.

Gegen Ende der Einwirkung, besonders in der Zone, in welcher die beiden Lösungen zuletzt sich vereinigen, entstehen sehr viele kleine, aber scharf ausgebildete, quadratische oder durch Abstumpfung der Ecken oktogonale Täfelchen, die dem tetragonalen System angehören. Durch Aggregation bilden sie dicke tafelförmige Massen von annähernd quadratischem Umrisse, oft mit zwei Einschnürungen, welche entweder den Seiten oder den Diagonalen parallel liegen; in stärkeren Lösungen erscheinen sie oft als kugelige und knospenförmige Gruppen.

Durch Fällung sehr verdünnter, kochend heißer Erdlösungen vermittelst Oxalsäure erhält man stets die rhombische Form und zwar in kürzeren oder längeren unregelmäßig cannelierten Säulchen. Seltener findet man Kristalle von einfachem Bau mit rhombischem Querschnitte.

Bei der Fällung sehr verdünnter heißer Sulfatlösungen durch oxalsaures Ammon erhält man einen Niederschlag, der aus sehr dünnen quadratischen und oktogonalen Blättchen des tetragonalen Systems besteht.

Neutrales Kaliumoxalat ruft vorwiegend tetragonale Formen hervor, aus sehr verdünnten heißen Lösungen oft tetragonale Pyramiden von oktaederähnlichen Verhältnissen (Haushofer 1885).

Durch starken Salzsäurezusatz soll man Kreuze von 25 mikr erzielen. Die Grenze der Reaktion soll bei 0,005 mg liegen (Behrens 1891).

Thoriumoxalat besteht in der Regel nur aus winzigen, unregelmäßig geformten Körnchen; in der Randzone findet man gewöhnlich deutliche quadratische Blättchen, welche, wenn sie flach auf dem Objektglase liegen, nicht polarisieren. Die deutlichsten Kristalle erhält man, wenn Lösungen, welche so weit verdünnt sind, daß der Niederschlag erst in einigen Stunden entsteht, in der Siedehitze fällt. Durch Kochen des Oxalats mit konzentrierter Salpetersäure werden die charakteristischen Formen gut ausgebildet erhalten (Böhm).

Durch die mikroskopischen Formen des heiß gefällten Oxalates unterscheidet sich Thorium charakteristisch von Cerium und Didym, mit welchen es in der Form des schwefelsauren Kaliumdoppelsalzes übereinstimmt, nicht aber vom Lanthan. Lanthanoxalat ist jedoch in Säuren leicht löslich, Thoroxalat fast unlöslich, s. Trennungsmethode — Partielle Löslichkeit der Oxalate.

Nach Behrens (1891 u. 1899) erhält man aus sehr verdünnten Lösungen hauptsächlich Stäbchen von 4 mikr. Die Reaktion soll ihre Grenze bei 0,0001 mg haben.

Saures oxalsaures Kalium fällt aus Lösungen von Zirkoniumsulfat bis zu einem Gehalt von 0,01 % des Sulfats farblose Pyramiden von 20—60 mikr, dem Strontiumoxalat ähnlich, jedoch leichter in Salzsäure löslich. Die Grenze der Reaktion liegt bei 0,00006 mg. Oxalsäure fällt nur bis zu 200facher Verdünnung, neutrales Oxalat fällt kleine Stäbchen (Behrens 1891 u. 1899). Fresenius und Hintz[1] wiesen mit Hilfe dieser Reaktion in einem käuflichen Thoriumpräparat Zirkonerde in Spuren nach. Einen Tropfen der zu prüfenden Lösung läßt man auf einem Objektträger verdunsten, setzt einen Tropfen Wasser und einen Tropfen einer Lösung von saurem oxalsauen Kali hinzu und prüft nach nochmaligem Verdunsten unter dem Mikroskop auf die charakteristischen Kriställchen.

Oxychloride. Zirkonchloridlösung bildet beim Verdunsten über Schwefelsäure ein Haufwerk von sehr feinen, flachen, prismatischen Kristallen, welche eine schiefe Endigung besitzen (Haushofer 1885).

Palladiumchloride. Nach Pozzi-Escot und Couquett (1900) bildet Palladiumchlorid mit Yttrium-, Erbium- und Didymsalzen charakteristische Doppelchloride.

Phosphorsalzperle s. Perlen — Allgemeines Verhalten der seltenen Erden zu Reagentien.

Rubidiumchlorid bewirkt in Lösungen von Zirkoniumsulfat oder Chlorid, die mit Salzsäure und Fluorammonium versetzt sind, die Abscheidung von farblosen Oktaedern, die 30 bis 60 mikr messen. Dieselben stark lichtbrechenden Kristalle gibt das Rubidiumchlorid in der salzsauren Lösung einer Schmelze von Zirkon und Fluornatrium. Cäsiumchlorid gibt ähnliche, aber kleinere Kristalle. Die Grenze der Reaktion liegt bei 0,0005 mg (Behrens 1891 u. 1899).

Salicylate. In Größe und Form haben die Stäbchen der Salicylate der Ceritmetalle viel Ähnlichkeit mit Kristallen der Oxalate (Behrens 1901).

Succinate s. bernsteinsaure Salze.

Sulfate. Für den ersten Nachweis der Ceriterden in durch Schwefelsäure zersetzbaren Verbindungen ist die Kenntnis der charakteristischen Formen, in welchen ihre Sulfate kristallisieren, angenehm.

Wenn man Cerit, Orthit oder andere Mineralien, welche

[1] Fresenius und Hinz, Z. alyt. 1896, **35**. S. 535.

Ceriterden enthalten, mit konz. Schwefelsäure bis zur Trockne abraucht, den Rückstand mit einer ungenügenden Menge Wasser auslaugt und die Lösung, welcher noch ein wenig Schwefelsäure zugesetzt wird (um die Kristallisation zu verzögern) verdunsten läßt, so bilden sich zuerst die Kristalle des monoklinen Salzes; löst man diese in einer größeren Menge Wasser wieder auf, so erhält man beim Verdunsten Kristalle des hexagonalen Salzes. Diese sind in ihrem Habitus und optischen Verhalten gut charakterisiert und leicht wiederzuerkennen. Beide bilden vorzugsweise prismatische Kristalle, welche gewöhnlich zu radial angeordneten Gruppen verwachsen sind; auch flache Gruppen von der Form zweier mit den Stielen zusammenstoßender Palmfächer oder kreuz- und garbenförmige Gebilde treten auf (Haushofer 1885, S. 40—42).

Thoriumsulfat fällt beim Erwärmen bis auf ca. 100° aus nicht zu sehr verdünnten Lösungen von schwefelsaurem Thorium als feine Nadeln von 70—100 mikr. Die Grenze der Reaktion liegt bei 0,03 mg.

Man lege auf das eine Ende des Objektglases ein Deckgläschen, bringe auf dieses den Probetropfen, erhitze schnell bis zum beginnenden Sieden, zerstöre die Randkruste und schiebe das Deckgläschen auf die kalte Hälfte des Objektglases. Für nicht allzu kleine Quantitäten Thorium ist dieses eine schnelle und zuverlässige Reaktion. Verwechslung mit den Sulfaten der Ceritmetalle und mit Gipsnadeln bleibt ausgeschlossen, wenn nachträglich mit Ammoncarbonat geprüft wird — vgl. Thallosulfat (Behrens 1891 u. 1899).

Oft findet man die Nadeln oder Stäbchen radial zu kugeligen Aggregaten wie bei den Ceritmetallen vereinigt. Zwischen gekreuzten Nicols erscheint jedes dieser kugeligen Gebilde hell mit einem dunklen Kreuze, dessen Stellung beim Drehen des Objekttisches ungeändert bleibt (Haushofer 1884, 1885 S. 128) Über die einzelnen Hydrate vgl. Trennungsmethode — Sulfate).

Thallosulfat oder Thallonitrat bewirkt in ammoniakalischen Lösungen von Thorium-Ammoncarbonat die Abscheidung von scharfen, farblosen Rauten und flachen, rhombischen Pyramiden von 30—40 mikr (Thallo-Thoriumcarbonat). Sehr verdünnte Lösungen geben während des Verdunstens längs dem Rande Rauten von 4—10 mikr. Die Grenze der Reaktion liegt bei 0,00005 mg.

Man fällt die zu untersuchende Lösung mit Ammoncarbonat, fügt einen Überschuß des Ammoniumcarbonats hinzu und beschleunigt die Auflösung des Thoriumcarbonats durch Zusatz von Ammoniak. Ein Körnchen Thallosulfat läßt dann die beschriebene Reaktion eintreten. Von Uran, welches ähnliches Verhalten zeigt, unterscheidet sich Thorium durch sein Sulfat und Oxalat (Behrens 1891 u. 1899 S. 94).

Vierter Abschnitt.

Die Trennungsmethoden.

Geschichtliche Übersicht.

Die Reindarstellung der seltenen Erden bietet von allen Elementen die größten Schwierigkeiten. Wenn man von Zirkon, Thorium und Cer absieht, so gibt es kein charakteristisches Unterscheidungsmerkmal bei dem heutigen Stande der Wissenschaft, worauf man vorteilhaft eine Trennungsmethode gründen könnte. Nur allein die verschiedene Löslichkeit einiger Salze und Basizität der Erden erlauben es, beim Fraktionieren Endprodukte zu erhalten, deren Menge in keinem Verhältnis zum Ausgangsmaterial steht. Bei Anwendung einer Trennungsmethode erhält man im allgemeinen als Endglieder einfachere Gemische als das Ausgangsprodukt, so daß Kombinationen mit anderen Methoden getroffen werden müssen. Allerdings kann dieses nur bei Vernachlässigung von Zwischengliedern (Zwischenfraktionen) geschehen, und es ist eine alte Erfahrung, die Menge der Materialien hierbei derart reduziert zu sehen, daß ein weiteres Fraktionieren mit denselben unmöglich ist. Es ist auch eine häufige Beobachtung, daß die Leichtigkeit, mit der sich ein Erdgemisch zerlegen läßt, mit der Anzahl der Operationen abnimmt.

Ohne Zweifel fehlt es uns noch an exakten Methoden zur Trennung der seltenen Erden, und auch manches der häufig benutzten Verfahren ist noch nicht in zuverlässiger Weise ausgebildet denn welcher Aufwand von Mühe und Zeit ist erforderlich, um, einige dieser Erden rein darzustellen.

Mehrere Forscher, deren Namen mit den wichtigsten Entdeckungen auf diesem Gebiete eng verknüpft sind, haben den größten Teil ihres Lebens dem näheren Studium der Trennungsmethoden gewidmet.

Solange die Ytter- und Cererde als einheitliche Körper galten und deren gemeinsames Vorkommen in den meisten Mineralien erkannt war, begnügte man sich mit einer Methode zur Trennung dieser beiden Erden. Schon frühzeitig (1804) hatten Klaproth, Hisinger und Berzelius auf einen wesentlichen Unterschied dieser beiden Erden aufmerksam gemacht, der in der verschiedenen Löslichkeit ihrer Doppelsulfate, besonders in einer gesättigten Lösung der Alkalisulfate, bestand. Nichts war daher näherliegend, als diese Eigenschaft für eine Trennung zu verwerten. Man begnügte sich mit einer einmaligen Behandlung und betrachtete die löslichen Produkte als Yttererde, die unlöslichen als Cererde. Da alle anderen Elemente mit ihren charakteristischen Reaktionen zu jener Zeit bekannter waren, so richtete man bei der Darstellung dieser beiden Erden das Hauptinteresse auf die Entfernung der Schwermetalle.

Fünfzig Jahre sind vergangen, ehe einige Klarheit in das dunkle Gebiet gebracht wurde. Es waren die klassischen Arbeiten Mosanders (1842 und 1843), welche der Wissenschaft mehrere neue Elemente zuführten. Mit Hilfe der Chlormethode (1842) gelang es diesem Chemiker das eigentliche Cer, mit derjenigen der Sulfate (1843) das Lanthan und Didym und endlich auf basischem Wege mittels Ammoniak Erbium, Terbium und das eigentliche Yttrium zu isolieren. Gleichzeitig wußte Mosander (1843) die verschiedene Löslichkeit der Oxalate in verdünnten Säuren und das Verhalten der Kaliumdoppeloxalate für eine Trennung sich verwertbar zu machen und erkannte die Unlöslichkeit der Oxalate im Wasser als ein Charakteristikum der seltenen Erden. Diese Erden, welche eine Gruppe zwischen den Alkalimetallen und Aluminium bildeten und nur vereinzelte Beachtung fanden, wurden von diesem Zeitpunkt ab mit einem besonderem Interesse von der wissenschaftlichen Welt aufgenommen.

Bald erkannte man aber, daß es diejenigen Elemente sind, welche einer Trennung die größten Schwierigkeiten entgegensetzen, und daß ihre Zahl weit größer ist, als man bis dahin annahm. Man fand diese Erden in vielen Mineralien, neuen oder bereits bekannten, und immer wurde es mehr klar, daß die nahen verwandtschaftlichen Beziehungen und die große Anzahl dieser eigenartigen Körper, überhaupt alle ungünstigen Bedingungen, welche man hier vereinigt findet, diese Gruppe von Erden in Dunkelheit und Verworrenheit halten, deren Repräsentanten nicht seltener als ihr Name selbst sind.

Trotzdem viele Forscher bemüht waren, die Mosanderschen Methoden zu verbessern oder durch neue zu ersetzen, kehrte man doch immer zu denselben zurück, und selbst heute benutzt man die alten Fraktionierungen mit Vorliebe bei der Darstellung einiger Erden.

Berthiers Verfahren (1843) zur Abscheidung des Eisens von Zirkon und anderen Erden hatte nur Bedeutung für die Zirkonerde, deren Befreiung von Eisen bekanntlich große Schwierigkeiten bietet. Marignacs (1860) Methode zur Reinigung der Zirkonerde, welche im Umkristallisieren der Kaliumdoppelfluoride bestand, hatte hingegen große Vorzüge und zählt auch heute noch zu den beliebten Verfahren.

Charakteristische Reaktionen für die einzelnen Cerit- oder Yttererden kannte man bis dahin nicht, um dieselben in einem Gemisch schnell zu identifizieren. Gladstone[1] wurde durch die Untersuchungen optischer Eigenschaften verschiedener Didymlösungen Ende der fünfziger Jahre zu der Entdeckung der Absorptionsbanden dieser Erde geführt. Den beiden Gladstoneschen Linien reihten sich durch die Arbeiten Erdmanns[2], Roods[3], Delafontaines[4], Bahrs und Bunsens[5], Zschiesches[6], Erks[7] und Bührigs[8], eine Anzahl neuer Banden an, so daß man 1875 bereits 14 derselben kannte und in diesem Mittel ein empfindliches Reagens besaß, um z. B. $^1/_{146296}$ Didymoxyd (Bührig) im Erdgemisch erkennen zu erkennen.

Gibbs (1864) oxydierte Cerlösungen mittels Bleisuperoxyd und konzentrierter Salpetersäure, um diese Erde hierauf als basisches Salz abzuscheiden. Gleichzeitig wurde er hierbei auch auf die Empfindlichkeit dieser Reaktion aufmerksam und empfahl dieselbe zum qualitativen Nachweis des Cers in Gemischen.

[1] Gladstone, J. Ch. S. **10**, Nr. 39, p. 219; J. pr. 1858, **73**, S. 380.
[2] Erdmann, J. pr. 1862, **85**, S. 394—395.
[3] Rood, Am. J. Sc. (2) **34**, p. 189; Pg. A. **117**, S. 350.
[4] Delafontaine, L. A. **135**, S. 194; J. pr. **94**, S. 303.
[5] Bahr und Bunsen, L. A. **137**, S. 1; Pg. A. 1866, **138**, S. 100.
[6] Zschiesche, J. pr. **104**, S. 174.
[7] Erk, Zeitsch. Chem. (2), **7**, S. 100.
[8] Bührig, J. pr. 1875, (2) **12**, S. 209.

Die beiden analytischen Hilfsmittel, die Spektralanalyse und die Cerreaktion, bildeten fortan ein schätzbares und unentbehrliches Kriterium bei der Darstellung seltener Erden. Alle bis zu dieser Zeit dargestellten Präparate konnten diese Probe nicht bestehen, wie es die nachträglichen Untersuchungen solcher Erden gezeigt haben (z. B. Czudnowicz, Zschiesche).

Der Entdeckung dieser modernen Hilfsmittel muß man die klassischen Untersuchungen Bahrs und Bunsens vom Jahre 1866 zur Seite stellen, die nicht nur die Trennungsmethoden um ein sehr wertvolles Verfahren bereicherten, welches der Ausgangspunkt der Entdeckung neuer Elemente, wie z. B. Gadolinium, Ytterbium und Scandium wurde, sondern auch die Spektralanalyse in die Bahnen lenkten, welche bis zum heutigen Tage die Wissenschaft so außerordentlich förderten.

Nachdem der Altmeister der deutschen Chemiker, Robert Bunsen, einmal das Gebiet der seltenen Erden betreten hatte, prüfte er alle die bis dahin bekannt gewordenen Verfahren zur Herstellung seltener Erden, besonders reiner Thorpräparate, jedoch befriedigte ihn keines derselben. Es ist für Bunsen charakteristisch, daß er sich nicht damit aufhielt, die bekannten Methoden zu verfeinern, sondern sofort zur Ausarbeitung einer ganz neuen Methode schritt, welche dann auch binnen kurzem zu dem gewünschten Ziele führte. 1875 veröffentlichte Bunsen eine Trennungsmethode für Thorerde, die in der Fällung derselben mittels Natriumthiosulfat besteht und noch heute für analytische Zwecke (Drossbach) Verwendung findet. Zu gleicher Zeit arbeitete dieser Forscher ein zweites Verfahren für den gleichen Zweck aus, das im Behandeln der Oxalate mit Ammonoxalat bestand und in neuerer Zeit durch Brauner vervollständigt wurde.

Der zwischen Bunsen, Cleve und Delafontaine entstandene Streit, ob die Terbinerde Mosanders existiert, führte Delafontaine (1878) zur Fraktionierung der ameisensauren Salze und Marignac (1880) zur Untersuchung der Löslichkeitsverhältnisse der Kaliumdoppelsulfate.

Während bekanntlich Gibbs Cerlösungen mit Bleisuperoxyd oxydierte, versuchte Stolba (1878) dieses mit Kaliumpermanganat und Lecoq de Boisbaudran (1879) auf elektrischem Wege zu erreichen. Stolbas Methode konnte auch für quantitative Zwecke mit Vorteil Verwendung finden, hingegen dürfte diejenige von Lecoq de Boisbaudran keinen praktischen Wert besitzen. Debray (1883) benutzte zur Abscheidung der Cererde die Zersetzbarkeit des Cernitrats bei Gegenwart von Salpeter, während Auer von Welsbach (1883) denselben Zweck durch Hinzufügen fein verteilter Oxyde zur kochenden Nitratlösung erreichte. Die letzte Methode erlangte aber durch die Ausarbeitung des Entdeckers der Didymkomponenten eine generelle Anwendung und sollte an Stelle der Bunsenschen Nitratabtreibung treten.

Demselben Forscher verdanken wir ein Verfahren zur bequemen Darstellung von Lanthan und Praseodym, das auf der verschiedenen Löslichkeit der Ammondoppelnitrate beruht, die bereits Mendelejeff für die Gewinnung der Lanthanerde verwendet hatte.

Die Abscheidung des Thoriums durch Kupferoxyd wurde von Lecoq de Boisbaudran (1884) empfohlen, dürfte jedoch anderen Methoden, wie z. B. derjenigen mittels Wasserstoffsuperoxyd (1885) weit nachstehen.

Derselbe Forscher (1890) prüfte auch die Acetate auf ihre Brauchbarkeit für eine Trennung, während Meyer und Koss (1902) die Einwirkung der Alkaliacetate auf eine Lösung der Ceriterden studierten und im Magnesiumacetat in Verbindung mit Wasserstoffsuperoxyd ein neues Mittel zur Abscheidung der Cererde fanden.

Nachdem Vincent (1877 und 1888) auf Erdlösungen Dimethyl- und Trimethylamin einwirken ließ, vermochte Krüss (1891) eine Trennung mittels Anilin zu erzielen, und in neuester Zeit sind von Jeffersen (1902), Hartwell und Mandl (1903) eine ganze Reihe organischer Basen und Säuren auf ihr Verhalten gegenüber Erdlösungen geprüft worden. Koppel (1898) will mit Pyridin- und Chinolinchlorhydrat Cererde reinigen, was bei den vielen und guten Methoden für diesen Zweck wohl nur wissenschaftliche Bedeutung hat. Die gleiche Bedeutung dürfte den Beobachtungen Bröckelmanns (1891) betreffs Fällbarkeit der Nitrate mit Alkohol und denjenigen Hofmanns (1893) über Absorptionsfähigkeit der Kohle zugemessen werden.

Die Kristallisierbarkeit einiger organischer Salze verwerteten Urbain — Acetylacetonate (1896) und Äthylsulfate (1898) — und Stützel (1899) — Sulfanilsaure Salze — für eine Trennung.

Das von Demarçay (1896) empfohlene Kristallisieren der Nitrate aus Salpetersäure konnte Benedicks (1900) mit

Vorteil zur Darstellung der Gadolinerde verwenden. Muthmann und Roelig (1898) ziehen die von Drossbach (1896) studierte fraktionierte Fällung der seltenen Erden mittels Magnesia für die Trennung der Ceriterden der von Cleve empfohlenen Ammoniakmethode vor.

Ein neues Oxydationsmittel für Cer fand v. Knorre (1897) im Ammoniumpersulfat und Mengel (1899) im Natriumsuperoxyd.

Die quantitativen Methoden von Cer wurden durch den erstgenannten Forscher (v. Knorre 1897) um eine außerordentlich leicht auszuführende Bestimmungsform mittels Wasserstoffsuperoxyd vermehrt. Eine Methode, die jedenfalls in Zukunft die Ammondoppelnitrate verdrängen wird, scheint Demarçay (1900) in neuester Zeit in den entsprechenden Doppelverbindungen des Magnesiums gefunden zu haben.

In Anbetracht der schwach basischen Eigenschaften einiger seltener Erden — Scandium, Ytterbium, Erbium, Terbium — machten Krüss und Loose (1895) den Versuch, diesen Teil der seltenen Erden von den stärkeren Basen — Samarium, Didym und Lanthan — unter solchen Bedingungen zu trennen, daß die Zersetzbarkeit der Salze der schwächeren Basen möglichst verstärkt wurde. Dieses sollte dadurch erreicht werden, daß man diese Basen mit schwachen Säuren verband oder ihnen Gelegenheit zu Umsetzung in diesem Sinne gab. Versuche über die Einwirkung von Kaliumarsenit und Natriumnitrit auf Erdnitratlösungen blieben erfolglos. Hingegen schien Kaliumchromat ein brauchbares Fällungsmittel für genannten Zweck zu sein. Indem Muthmann und Böhm (1900 und 1902) von den Dichromaten der Erden ausgingen und diese Methode näher studierten, gelangten sie verhältnismäßig schnell zu reiner Yttria und anderen Erden.

Wie wir aus diesem kurzen geschichtlichen Überblick ersehen haben, handelt es sich bei der Trennung seltener Erden entweder um basische Prinzipien oder um Löslichkeitsdifferenzen einzelner Salze. Es scheint, als ob, wenigstens in vielen Fällen, die Fraktionierverfahren, die im wiederholten Umkristallisieren irgend eines Salzes der seltenen Erden bestehen, vor den sogenannten basischen Methoden den Vorzug verdienen. Jedoch sind hierüber die Ansichten geteilt, wenngleich die in den letzten zehn Jahren ausgebildeten Methoden zur Darstellung der Ceriterden so gut wie ausschließlich Kristallisationsmethoden sind.

Um sicher zu gehen und die Verfahren beurteilen zu können, ist jedoch ein eingehendes Studium und möglichst vollkommene Kenntnis der Löslichkeitserscheinungen bei den betreffenden Salzen unbedingtes Erfordernis. Man sollte, bevor man eine solche Trennungsmethode versucht, zunächst die Löslichkeit des Salzgemisches und, wenn irgend möglich, auch diejenige der Einzelsalze kennen; je größer die Löslichkeitsdifferenzen sind, um so schneller wird man zum Ziele gelangen.

Wenngleich Löslichkeitsbestimmungen der Doppelsulfate, Oxalate und Sulfate von Marignac, Brauner, Muthmann, Roozeboom, Wyrouboff u. a. ausgeführt wurden, so sind unsere Kenntnisse in dieser Beziehung dennoch recht mangelhaft, so daß es zu empfehlen ist, dem Beispiele der erwähnten Chemiker zu folgen und auch die anderen wichtigen Verbindungen auf die fraglichen Eigenschaften zu prüfen.

Beim Fraktionieren erreicht man gewöhnlich Grenzen, deren richtige Auslegung die ganze Schwierigkeit dieses trügerischen Problems bildet, das schon so häufig den Scharfsinn der Chemiker getäuscht und Veranlassung zur trügerischen Entdeckung vieler vermeintlichen Erden gegeben hat.

Um die Frage der Reinheit eines dieser Körper, deren Zahl eine verhältnismäßig große ist, mit Bestimmtheit beantworten zu können, muß man es besonders vermeiden, über die Natur der seltenen Erden und über die Bestandteile der sogenannten Grenzfraktionen eine vorgefaßte Meinung zu haben. Man muß sich Mühe geben, systematisch jede Vorstellung einer Hypothese a priori zurückzuweisen und niemals den festen Boden der Beobachtung gegen das unsichere Gebiet theoretischer Voreingenommenheit einzutauschen (Urbain).

Die Richtigkeit dieser Forderungen wird man erkennen, wenn man einen Blick auf die Geschichte der Entdeckung der seltenen Erden wirft.

Den Fortgang des Fraktionierens sowie die Reinheit der Präparate erkennt man[1]:

1. durch die Atomgewichtsbestimmung des betreffenden Materials;
2. durch die Färbung der Oxyde und deren Lösungen und
3. durch die spektroskopische Untersuchung.

[1] Hierüber sind die einzelnen Kapitel zu vergleichen.

Letztere kann sich beziehen auf:

a) Absorptionsspektrum,

b) Funkenspektrum (Emissionsspektrum),

In vereinzelten Fällen wird man auch die Kathodolumineszenz zu Rate ziehen, jedoch ist deren Wert für genannte Zwecke nach neueren Untersuchungen sehr gering.

Beschreibung der Trennungsmethoden.

Die folgende Übersicht ist vielleicht durch die etwas andere Anordnung geeignet, den Überblick über die Trennungsmethoden zu erleichtern, so daß sie deren Beschreibung vorangeschickt sei.

I. Trennung durch Oxydation.

A. Auf trockenem Wege.

1. Glühen der Erdnitrate, Carbonate, Oxalate usw. Die gemischten Oxyde werden extrahiert mit:
   a) verdünnter Säure,
   b) Ammonnitrat und
   c) Chlorammonium.
2. Glühen mit Magnesiumoxyd.

B. Auf nassem Wege durch:

1. Chlor und Hypochlorite.
2. Kaliumpermanganat.
3. Bleisuperoxyd, Mennige und Wismuttetroxyd.
4. Wasserstoffsuperoxyd.
5. Natriumsuperoxyd.
6. Ammonium und Kaliumpersulfat.
7. Baryumsuperoxyd. S. 47.
8. Elektrolyse.

II. Trennung durch partielle Fällung.

A. Basische Salze.

1. Abtreiben der Nitrate.
2. Schmelzen mit Kaliumnitrat.
3. Vermischen der Nitratlösungen mit Oxyden desselben Materials (sog. Oxydverfahren).
4. Vermischen der Salzlösung mit Magnesiumoxyd.
5. Vermischen der Salzlösung mit Kupferoxyd.

6. Partielle Zersetzung der Halogenverbindungen (Oxychloride).
7. Zersetzung durch viel Wasser:
   a) basische Nitratmethode,
   b) basische Sulfatmethode.

B. Hydroxyde und andere Salze durch Fällen mit:
1. Ammoniak.
2. Kali- und Natronlauge.
3. Anilin.
4. Pyridin, Chinolin, Toluidin, Xylidin, Dimethylamin, Benzylamin, Piperidin, Phenylhydracin und andere organische Basen. S. 68.
5. Kieselfluorwasserstoffsäure. S. 65.
6. Stickstoffwasserstoffsaures Kalium und Natrium.
7. Natriumsulfit.
8. Natriumthiosulfat.
9. Alkalicarbonaten.
10. Baryumcarbonat. S. 57.
11. Kaliumchromat.
12. Ferrocyankalium. S. 63.
13. Ameisensäure und deren Salze.
14. Alkaliacetaten und Magnesiumacetat. S. 66.
15. Baldriansäure und deren Salze. S. 46.
16. Milchsäure und Ammoniumlactat.
17. Oxalate und deren Salze.
18. Apfelsäure und deren Salze. S. 44.
19. Bernsteinsäure und deren Salze. S. 48.
20. Weinsäure und deren Salze. S. 87.
21. Citronensäure und deren Salze. S. 60.
22. Salicylsäure und deren Salze. S. 84.
23. Andere organische Säuren und deren Salze. S. 70.

III. Trennung durch Kristallisieren.

A. Einfache Salze.

a) Kristallisieren aus wäßrigen Lösungen.
1. Sulfate.
2. Nitrate.
3. Chloride.
4. Äthylsulfate.
5. Acetate.

6. Formiate.
7. Nitrobenzolsulfonsaure Salze. S. 68.

b) Kristallisieren aus Alkohol, Chloroform usw.
1. Sulfate.
2. Nitrate.
3. Acetylacetonate (aus Chloroform, Benzol usw.).

c) Kristallisieren aus Säuren.
1. Nitrate.
2. Oxalate.

d) Kristallisieren der Oxalate ans Alkaliacetatlösungen.

e) Kristallisieren der Oxalate aus Ammonoxalatlösung.

B. Doppelsalze.
1. Kaliumdoppelsulfate.
2. Natriumdoppelsulfate.
3. Ammondoppelnitrate.
4. Natriumdoppelnitrate.
5. Magnesiumdoppelnitrate.
. Wis mutdoppelnitrate.
7. Kaliumdoppeloxalate.
8. Ammondoppeloxalate.
9. Doppelfluoride.
10. Pyridin- und Chinolinchlorhydrate. S. 70.

IV. Trennung auf physikalischem Wege mittels Kohle.

---

1. Trennung durch Glühen der Erdnitrate, Carbonate, Oxalate usw.

Literatur.

1835. N. J. Berlin, K. Vet. Ak. Hdl. 1835, p. 209; Pg. A. 1838, **43**, S. 106—107.

1839. Mosander, Pg. A. (1) **46**, S. 649; J. pr. **16**, S. 514; C. r. **8**, p. 356.

1839. C. Kersten, Pg. A. (2) **47**, S. 385.

1840. Th. Scheerer, Pg. A. (3) **51**, S. 468 u. 476.

1842. — Pg. A. **56**, S. 498—499 u. 504; J. pr. **27**, S. 78.

1842. A. Beringer, L. A. **42**, S. 134—136; B. J. 1844, 23. Jahrg., S. 187.

1842. C. Rammelsberg, Pg. A. (1) **55**, S. 65.

1843. Mosander, Lond. Edinb. Dubl. Oct. 1843, p. 241; L. A. **48**, S. 212; J. pr. **30**, S. 277—278 u. 282—283; Pg. A. (3) **60**, S. 299 u. 305—306; B. J. 1844, 23. Jahrg., S. 146; Berzelius, Lehrbuch 1862, **2**, S. 416.

1843. **Hermann**, J. pr. **30**, S. 198.
1844. C. **Kersten**, Pg. A. (3) **63**, S. 138.
1846. **Wöhler**, Pg. A. (1) **67**, p. 426.
1848. C. **Marignac**, Arch. sc. ph. et nat. **8**, p. 267; L. A. **68**, S. 213.
1849. — J. pr. **48**, S. 417—418 u. 420; An. Chim. **27**, p. 209; L. A. **71**, S. 306 — aus der Bibl. univers. de Genève.
1853. **Kjerulf**, L. A. **87**, S. 12.
1858. **Bunsen** (**Jegel**), L. A. **105**, S. 40, 41—42, 43, 44, 45; J. pr. **73**, S. 200.
1858. **Holzmann**, J. pr. **75**, S. 345.
1859. C. **Rammelsberg**, Pg. A. **107**, S. 631; **108**, S. 45, 62—63 u. 435.
1860. F. M. **Stapff**, J. pr. **79**, S. 273—274.
1860. C. **Czudnowicz**, J. pr. **80**, S. 17—18.
1861. **Hermann**, J. pr. **82**, p. 385.
1861. **Lange**, J. pr. **82**, S. 130—131.
1864. A. **Damour** und H. **Sainte-Claire Deville**, C. r. **59**, p. 270, 272.
1864. E. **Berlin**, Über die Trennung der Ceritoxyde, Dis., Göttingen, S. 20.
1869. H. **Zschiesche**, J. pr. **107**, S. 68, 70 u. 80.
1871. C. **Erk**, Zeitsch. Chem. (N. F.) **7**, S. 103, 104; Z. alyt. **10**, S. 476, 479; Jenaische Zeitschrift **6**, S. 299.
1875. H. **Bührig**, J. pr. (N. F.) **12**, S. 216—217, 219.
1878. F. **Frerichs** und F. **Smith**, L. A. **191**, S. 337.
1880. J. **Bennet Mackay**, Engl. Patentschrift 1275 v. 25. März 1880; Ber. 1881, **14**, 1, S. 1021; C. C. 1882, **13** (3. Folg.), S. 607.
1882. B. **Brauner**, Mhft. Ch. **3**, S. 5, 21—22, 492—495, 498; Ber. **15**, 1, S. 114.
1884. **Auer v. Welsbach**, Mhft. Ch. **5**, S. 508.
1886. J. R. **Strohecker**, J. pr. (2) **33**, S. 134—135.
1891. B. **Brauner**, Ber. **24**, Heft 8, S. 1329.
1892. **Schottländer**, Ber. **25**, 1, S. 378.
1894. L. M. **Dennis** und W. H. **Magee**, Z. an. **7**, S. 251.
1897. **Buddäus**, **Preussner**, **Itzig** und **Oppenheimer**, Deutsche Patentschrift Nr. 95061; Patentblatt **19**, S. 2; C. C. 1897, **1**, S. 486.
1897. **Wyrouboff** und **Verneuil**, C. r. **124**, p. 1230.
1898. W. **Muthmann**, Ber. **31**, S. 1832.
1898. C. v. **Scheele**, Z. an. **17**, S. 317, 326.
1899. P. **Mengel**, Z. an. **19**, S. 67.
1900. **Richard Jos. Meyer** und E. **Marckwald**, Ber. **33**, Heft 16, p. 3005.
1901. H. **Behrens**, Arch. Neer. S. 2, **6**, p. 82; C. C. 1902, **1**, S. 297.
1902. R. J. **Meyer** und M. **Koss**, Ber. **35**, S. 672; C. C. 1902, **1**, S. 705; Ber. **35**, 3, S. 3743.
1903. **Rich. J. Meyer**, Z. an. **37**, S. 385.

Beim Glühen der Erdnitrate, Carbonate, Oxalate und sonstiger durch die Hitze zersetzbarer Salze tritt bekanntlich eine Oxydation des Cers ein. Die älteren Chemiker nahmen an, daß in den gemischten Ceritoxyden das Cer sowohl in vierwertiger als auch in dreiwertiger Form enthalten ist. Um daher eine vollständige Oxydation zu erzielen, versuchten Rammelsberg (1859) und Stapff (1860) die Oxyde mit chlorsaurem Kali zusammen zu schmelzen, wobei die Masse auf einmal in lebhaftes Glühen unter stürmischer Sauerstoffentwicklung geriet. Kochen der Sulfate mit konzentrierter Salpetersäure, starkes Glühen der Sulfate mit kohlensaurem Natrium, Vermischen der Sulfate mit Ammonnitrat und nachheriges gelindes Glühen, alle Methoden schlugen fehl, indem beim darauf folgenden Lösen in Salpetersäure stets Ceroxydul- neben Ceroxydsalz vorhanden war (Zschiesche 1869, S. 68). Nach C. v. Scheele (1898, S. 326) geht Praseodym sowohl beim Erhitzen an der Luft als auch beim Schmelzen mit chlorsaurem Kali in Superoxyd über. Um eine gänzliche Oxydation herbeizuführen, sollen die Oxyde mit Salpetersäure angefeuchtet und wiederholt geglüht werden (Frerichs und Smith 1878).

Zschiesche (1869, S. 80) erklärte die braune Farbe der Ceritoxyde als eine Folge einer chemischen Verbindung zwischen Ceroxyd und Didymoxyd, da selbst in der stärksten Hitze diese Farbe sich nicht ändert und die Oxyde der einzelnen Erden gelblich, lachsfarben, grau bis hellbraun gefärbt sind. In neuerer Zeit ist man der Ansicht, daß beim Glühen das Cer mit dem höheren Oxyd des Praseodyms eine in der Hitze beständige Verbindung bildet, in welcher das sauerstoffreichere Superoxyd vielleicht die Rolle einer Säure spielt. Nach Wyrouboff und Verneuil (1897) enthält das nach allen bisher vorgeschlagenen Methoden hergestellte und für rein gehaltene gelbliche Cerdioxyd noch Spuren einer Verbindung dieses Oxydes mit einer der Komponenten des Didyms, jedoch stehen die Ansichten dieser Forscher vereinzelt da, siehe basische Nitratmethode.

So würde sich dann auch das Mitfallen eines mehr oder weniger großen Betrages an Didym und Lanthan erklären durch die ausgesprochene Neigung des Cerdioxydes, seines Hydrates und seiner basischen Salze, mit den Oxyden der dreiwertigen Erdmetalle zu Verbindungen zusammen zu treten, die ihrer ganzen Art nach mit den Manganiten (Kjerulf 1853) oder Chromiten durchaus vergleichbar sind (Brauner 1882, S. 5; Auer v. Welsbach 1884; Schottländer 1892; Mengel 1899; R. J. Meyer und M. Koss 1902).

Reines Ceroxalat geht beim Glühen[1] vollständig in CeO_2 über und es ist hierdurch überhaupt unmöglich, aus einem Ceroxalat oder Carbonat, sogar im Wasserstoffstrom, das Sesquioxyd zu erhalten (Muthmann 1898; Meyer 1903). Dieses Verhalten des Ceroxalats zeigt sich auch in Gemischen mit den anderen Erden beim Glühen, was bei der leichten Oxydierbarkeit des Sesquioxydes vollkommen begreiflich ist (Mengel 1899).

Die Erkenntnis der leichten Oxydierbarkeit des Cers beim bloßen Glühen der Erdoxalate usw. ist für die verschiedenen Trennungsmethoden des Cers von Wichtigkeit. In den meisten Fällen werden die stark geglühten Oxyde in konzentrierter Salpetersäure gelöst. Bis auf Schottländer (1892) war es allen früheren Forschern entgangen, daß hierbei eine starke Sauerstoffentwicklung stattfindet, wobei das Cerdioxyd teilweise zu Sesquioxyd reduziert wird. Bei der größeren Menge freiwerdender Kohlensäure, welche die geglühten Oxyde aus der Luft aufgenommen hatten, war der Sauerstoff übersehen worden. Dieses ist auch der Grund der früheren irrigen Annahme, daß das Ceroxalat beim Glühen nicht vollständig in das Dioxyd übergehe.

Eine nachfolgende Oxydation der salpetersauren Lösung mit verschiedenen Oxydationsmitteln ist bei den verschiedenen Methoden erforderlich, nicht weil das Cer in dem Oxydgemisch zum Teil als Sesquioxyd vorhanden ist, sondern weil das Dioxyd beim Lösen in starker Salpetersäure teilweise reduziert wird. Die Sauerstoffentwicklung durch Salpetersäure und auch die Chlorentwicklung durch Salzsäure beweisen, daß das Cerdioxyd zur Gruppe der Polyoxyde vom Typus PbO_2, MnO_2 usw. gehört, jedoch als solches leichter Salze zu bilden imstande ist, als letztere. Ebenso wie jene kann es aus der niedrigen Oxydationsstufe durch verschiedene Oxydationsmittel wie Cl, PbO_2, KMO_4, Na_2O_2, H_2O_2 und dergleichen dargestellt werden. Das Praseodymsuperoxyd zeigt dagegen einen anderen Charakter, denn es läßt sich mit Hilfe von Cl aus dem Sesquioxyd nicht darstellen und ist, wie Piccini[2] richtig hervorhebt, ein Repräsentant der eigentlichen Superoxyde vom Typus H_2O_2, BaO_2 usw.

---

[1] Selbst stärkste Weißglut reduziert CeO_2 nicht zu Sesquioxyd (Meyer u. Koss 1902, S. 3741); Cersesquioxyd existiert überhaupt nicht (Meyer 1903).

[2] Piccini, Z. an. **12**, S. 169.

Während reines Cerdioxyd in Salpetersäure unlöslich ist, löst es sich bei Gegenwart von Lanthan und Didym, und ist um so löslicher, je größer der Gehalt an letzteren Metallen ist. Außer von dem Gehalt an Lanthan und Didym ist die Löslichkeit des Oxydes in Salpetersäure in hohem Grade abhängig von seiner mechanischen Beschaffenheit und von der Gegenwart von Verunreinigungen wie Kieselsäure, Eisenoxyd usw. Viele früher angegebene Reaktionen des Cers finden auch nur statt, wenn etwas Didym und Lanthan zugegen ist. Beträgt der Cergehalt etwa die Hälfte des Gemisches und ist nur wenig jener Verunreinigungen zugegen, so kann man dasselbe oft schon in Lösung bringen, wenn man das fein verteilte trockene Oxyd auf einmal mit 4 Teilen Salpetersäure von 50 % Gehalt (an HNO_3) übergießt; es findet unter starker Sauerstoffentwicklung eine heftige Reaktion statt, bei der sich die Mischung bis zum Sieden erhitzt, und in wenigen Sekunden ist alles zu einer dunkel rotgelben Flüssigkeit gelöst. Befeuchtet man aber dasselbe Oxyd zuerst mit Wasser und digeriert mit konzentrierter Salpetersäure bei 100°, so erfolgt die Einwirkung unter äußerster Langsamkeit, und selbst durch tagelanges Digerieren mit immer neuen Säuremengen gelingt es nicht, alles Oxyd aufzulösen.

Um das Auflösen der Ceritoxyde aus dem Orthit in konzentrierter Salpetersäure zu erleichtern, versetzten Dennis und Magee (1894) einen Teil mit schwefliger Säure und einen anderen Teil mit Oxalsäure, indes beides ohne merklichen Erfolg. Scheerer bemerkte bereits 1840 die Schwerlöslichkeit des aus einem Allanit abgeschiedenen roten Pulvers in Salzsäure und Salpetersäure und wollte dieses durch die Gegenwart von Kieselsäure erklären, welche sich unter gewissen Umständen sehr innig mit Cer bezw. Lanthan (Lanthan und Didym — sog. altes Lanthan) verbindet. Cerdioxyd und Anreicherungen desselben lösen sich in Salzsäure und Jodkali unter Jodabscheidung (Bunsen 1858, S. 45), ebenso in einem Gemisch von Jodwasserstoffsäure und konzentrierter Salzsäure.[1] Denselben Zweck erfüllt ein Zusatz von Wasserstoffsuperoxyd zur Salpetersäure[2] (vgl. Trennung mittels H_2O_2 S. 130). Nach Strohecker (1886) sollen sich die Ceritoxyde aus den Hainstädter Tonen in Alkalien lösen, s. S. 91.

[1] Meyer, Z. an. **33**, S. 113.

[2] v. Knorre, Zeitsch. agw. 1897, S. 723.

Selbst wenn man Salpetersäure und Salzsäure auf Cerdioxyd bei gleichzeitigem Hindurchleiten des elektrischen Stromes einwirken läßt, erfolgt keine Lösung (Bührig 1875).

Die Eigenschaft des Mangans durch Glühen mit Magnesia oder Zinkoxyd zu einer feuerbeständigen Verbindung sich zu vereinigen, aus welcher es durch verdünnte Säuren getrennt werden kann, ließ Bunsen (1858) vermuten, daß auch das Ceroxyd ein ähnliches Verhalten zeigen würde. Das Resultat entsprach aber den Erwartungen nicht, weshalb Bunsen bald diese Methode aufgab und einsah, daß die Gegenwart der anderen Erden (Lanthan und Didym) nötig ist, um die Umwandlung in die lösliche Form zu vermitteln (Holzmann 1858; Rammelsberg 1859, S. 435; Czudnowicz 1860; Lange 1861; Zschiesche 1869; Erk 1871; Bührig 1875).

Durch warme konzentrierte Schwefelsäure wird jedoch das geglühte Cerdioxyd, sowie sehr cerreiche Ceritoxyde unter Bildung von in Wasser löslichem Sulfat aufgeschlossen. Beim Verdünnen der Sulfatlösung tritt Abscheidung eines basischen Salzes ein, welche Reaktion Hermann (vgl. basische Sulatmethode) für die Reindarstellung des Cers verwendete.

Ein Oxydgemenge, wie man es durch Verarbeitung der meisten Cermineralien, z. B. des Cerits erhält, wird gewöhnlich zu reich an Cer sein, um auf die angegebene Weise in Salpetersäure gelöst zu werden. In einem solchen Falle ist es vorteilhaft, das Oxyd in einer Reibschale mit dem Anderthalbfachen seines Gewichtes von konzentrierter Schwefelsäure zu verreiben, die Mischung in eine Platinschale zu bringen und unter Umrühren gelinde zu erhitzen, bis die Masse durchweg gelb geworden und in Sulfat übergegangen ist.

Nach dem Erkalten löst man in möglichst wenig Wasser, ohne zu erwärmen, läßt absetzen und gießt die klare gelbe Lösung vom Rückstand ab.

Dieselbe wird dann in überschüssige Natronlauge, die man zuvor in einer Porzellanschale erhitzt hatte, eingegossen, die Flüssigkeit einige Zeit gekocht, das vorwiegend aus Cerdioxydhydrat bestehende abgeschiedene Gemenge von Hydroxyden einige Male mit kochendem Wasser durch Dekantieren in der Schale gewaschen, dann in ein großes Standglas gebracht und so lange durch Dekantieren mit kaltem Wasser gewaschen, bis sich in letzterem keine Spur Schwefelsäure nachweisen läßt. Hierauf wird der Niederschlag abfiltriert und bei 100° C getrocknet. Er ist jetzt in Salpetersäure von 1,40 spez. Gew. leicht löslich (Schottländer 1892).

Um das Cer von vornherein in den vierwertigen Zustand überzuführen, kann man auch den folgenden nassen Weg einschlagen, falls Oxalate vorliegen, und damit die erwähnten Schwierigkeiten vollständig umgehen. Wenn man nämlich das Oxalatgemisch mit Kalilauge unter Zusatz von Wasserstoffsuperoxyd kocht, so wird die Oxalsäure vollständig entfernt und die Erden bilden einen gelben kristallinischen Niederschlag, der das Cer in der Form eines Gemisches von Cerihydroxyd mit höheren Oxyden (Superoxyden) enthält (vgl. Trennung mittels Wasserstoffsuperoxyd). Der Niederschlag läßt sich leicht absaugen und auswaschen, wird bei 120° getrocknet und löst sich dann mit großer Leichtigkeit in konzentrierter Salpetersäure zu einer tief dunkelroten Flüssigkeit. Hierbei muß bemerkt werden, daß ein längeres Trocknen bei 120° durchaus notwendig ist, um die Superoxyde des Cers zu zerstören, weil diese sich in Säuren wie Wasserstoffsuperoxyd verhalten, d. h. beim späteren Auflösen der Hydroxyde in Salpetersäure vollständige Reduktion der Cerilösung bewirken würden (Meyer und Marckwald 1900).

R. Jacoby[1] bediente sich bei der Darstellung des Cers dieser Methode.

Nach Bennet Mackay (1881) löst sich das Cerhydroxyd auch in Ammoncitrat, wodurch eine schwach alkalische Lösung entstehen soll.

2. Trennung durch Digerieren der Oxyde mit verdünnter Salpetersäure und Ammonsalzen.

Bald nach der Entdeckung des heutigen Cers trennte Mosander (1839 und 1843) das alte Lanthan (Lanthan und Didym) von jener Erde durch Digerieren der stark geglühten Ceritoxyde mit sehr verdünnter Salpetersäure (mit 50—200 Teilen Wasser verdünnt). Eine solche Säure läßt den größten Teil des rotbraunen Oxydes ungelöst zurück, und aus der so erhaltenen Lösung gewann Mosander sein Lanthanoxyd, welches er zu

[1] R. Jacoby, Dissertation, Universität Berlin 1901, S. 23—24.

seinen ersten Versuchen im Jahre 1839 verwendete. Nach seinen Angaben enthielt dasselbe sieben Substanzen und es glückte ihm nicht, auf diese Weise aus dem Rückstand reines Cer zu erhalten, wie er solches zuerst mit Hilfe seiner Chlormethode abgeschieden hatte (1843, S. 212).

Rammelsberg (1842) und Hermann (1843) stellten nach Mosander die alten Lanthanpräparate ebenfalls dar, während Kersten (1839) dieses Gemisch von Lanthan und Didym im Monazit und in einem sächsischen Feldspat (1844) auf die erwähnte Art qualitativ nachgewiesen haben will.

Cerpräparate stellten durch Digerieren mit verdünnter Salpetersäure dar: Scheerer (1840, S. 468; 1842, S. 498—499, S. 78) $HNO_3 : H_2O = 1:50$; Beringer (1842) digerierte mehrere Tage; Wöhler (1846) macerierte die Oxyde des Kryptoliths; Marignac (1848) digerierte zuerst mit einer Salpetersäure 1:100, hierauf behandelte er das Ungelöste mit konzentrierter Salpetersäure; Rammelsberg (1859) entfernte den größten Teil von Lanthan und Didym mit sehr verdünnter Salpetersäure, wodurch gleichzeitig etwa vorhandener Kalk beseitigt wurde; Hermann (1861) arbeitete mit einer Salpetersäure 1:100 und 2:100, reinigte aber hierauf das Ungelöste mit Hilfe seiner basischen Sulfatmethode; Damour und Sainte-Claire Deville (1864) verwendeten ein cerarmes Gemisch von Lanthan und Didym.

Marignac (1849) behandelte auch ein Gemisch von Lanthan und Didym mit einer Salpetersäure, die mit dem 200fachen Gewicht Wasser verdünnt war. Die Oxyde wurden zuerst mit einer großen Menge Wasser, hierauf mit einer zur vollständigen Lösung ungenügenden Menge Salpetersäure versetzt. Die Trennung ist nur annähernd, denn man erhält nur Anreicherungen der einen oder anderen Erde. Wurden auf gleiche Weise die gemischten und stark geglühten Ceritoxyde behandelt, so erhielt man ebenfalls zuerst eine wenig gefärbte, an Lanthan reiche Lösung, während der später lösliche Teil gefärbter erschien und an Didym reich war.

Behrens (1901) hat die Einwirkung einer 3%igen Salpetersäure auf solche Gemische ebenfalls studiert und bestätigt Marignacs Angaben. Die Reihenfolge, in welcher sich die Elemente extrahieren, ist:

Bei gewöhnlicher Temperatur und öfterem Umrühren oder Schütteln geht nach 10 Minuten zuerst Lanthan in Lösung, bei längerer Einwirkung Praseodym, etwas später Neodym und Samarium nebst Spuren von Cer. Der größte Teil bleibt ungelöst und kann auch durch Erwärmen mit konz. Salpetersäure von dem Cerdioxyd nicht getrennt werden.

Scheerer (1842, S. 504) und Zschiesche (1869) fanden bereits, daß das Ungelöste sich selbst bei anhaltender Behandlung nie didymfrei machen läßt, was Brauner (1882) mit Hilfe des Absorptions- und Funkenspektrums vollkommen bestätigte.

Nach Zschiesche (1869) lassen sich mit einer verdünnten Salpetersäure (1:100) cerfreie Präparate darstellen, während Scheerer (1842, S. 504) behauptet, geringe Mengen Cer stets in Lösung erhalten zu haben.

Mit einer mäßig verdünnten Salpetersäure kann man jedoch aus einem fein verteilten Oxydgemenge der Ceriterden das meiste Lanthan aus Didym als Nitrat extrahieren und bei richtiger Wahl der Verhältnisse und genügend langer Einwirkung alles Cer bis auf die letzte Spur in den hauptsächlich aus basischen Nitraten bestehenden, in der Flüssigkeit absolut unlöslichen Niederschlag bringen (Auer v. Welsbach 1884). Schottländer (1892) hat bei seinen Arbeiten diese Angaben bestätigt gefunden und bemerkt, daß die Reaktion mit großer Langsamkeit, manchmal überhaupt nicht zustande kommt, wobei die Anwesenheit fremder Beimengungen und andere schwer zu ermittelnde Ursachen eine nicht unwesentliche Rolle zu spielen scheinen, wenn man es mit einem sehr cerreichen Oxydgemenge zu tun hat. Es dürfte daher ratsam sein, nach der einen oder anderen Methode (nach Debray oder als Ceriammonnitrat) das Lanthan und Didym im Arbeitsmaterial anzureichern und dann erst zur völligen Abscheidung des Cers zu schreiten (vgl. Oxydverfahren).

Die Einwirkung verdünnter schwefliger Säure auf ein Gemenge von Lanthan und Didym bei 0°, wozu die Erfahrung Marignacs Veranlassung gab, war ohne Erfolg (Erk 1871). Verdünnte Essigsäure auf schwach geglühte Oxyde von Lanthan und Praseodym gab ein wenig befriedigendes Resultat. Viel besser wirkte verdünnte Schwefelsäure (Behrens 1901).

Buddäus, Preussner, Itzig und Oppenheimer (1897) behandelten zum Anreichern des Thoriums die Monazitoxyde mit verdünnten Säuren, am zweckmäßigsten mit Schwefeldioxyd, wobei ein relativ thorreiches Material als Rückstand erhalten wird.

Rammelsberg (1859, S. 631) versuchte in ähnlicher Weise, wie mit sehr verdünnter Salpetersäure die Ceritoxyde durch Auskochen mit Chlorammonium zu trennen, mußte aber einen zu hohen Gehalt an Cer finden, da bei dem von ihm benutzten Verfahren ebenfalls Lanthan- und Didymoxyd beim Ceroxyd zurückbleiben (Brauner 1882, S. 5). Kersten (1839) hatte zuerst auf die lösenden Eigenschaften des Chlorammoniums aufmerksam gemacht, und schon früher fand Berlin (1864), daß ein so bereitetes Cerpräparat noch Didym enthält.

Kocht man das höhere Oxyd des Didyms mit Ammonsalzen, so wird es zersetzt und zum Teil gelöst; der Rückstand besteht aus einem basischen Salze der Säure, dessen Ammonsalz man angewendet hat.

Behandelt man dagegen dasselbe Peroxyd mit einer kalten konz. Lösung von Ammonnitrat, so erscheint es darin als schwer löslich und der in Lösung gegangene Anteil besteht neben Didym, zum Teil noch aus Spuren von fremden, dem Peroxyd beigemengten Erden, deren Gegenwart sich durch andere Mittel nicht mehr nachweisen läßt. Eine Lösung von 31 g Ammonnitrat in etwa 600 ccm Wasser nahm nach 24 bezw. 72 Stunden 0,0194 bezw. 0,0217 g auf. Das niedere Oxyd ist unter denselben Umständen bedeutend leichter löslich, wie schon Damour und Deville[1] gefunden haben, denn dieselbe Menge Nitratlösung löste nach 24 Stunden 0,208 g Di_2O_3 auf. Noch größer ist die unter denselben Umständen aufgenommene Lanthanmenge 0,5877 g. Nachdem Brauner (1882, S. 21—22 u. Ber.), diese Verhältnisse[2] näher bestimmt hatte, lag es nahe, das verschiedene Verhalten des Didymoxydes und Lanthanoxydes zur direkten Trennung des Lanthans von Didym zu verwenden. Obwohl sich das Lanthanoxyd vom Didymperoxyd durch seine weit (etwa 29 mal) größere Löslichkeit in Ammonnitrat unterscheidet, so haben dennoch Brauners lange fortgesetzten Versuche zu einer direkten Trennungsmethode nicht geführt (1882, S. 492—495).[3]

---

[1] Deville, C. r. **59**, p. 270.

[1] Nach Brauner löst eine bestimmte Menge Ammonnitratlösung folgende Mengen Didympentoxyd, Didymtrioxyd und Lanthanoxyd auf:

$1\,Di_2O_5$, $10\,Di_2O_3$, $29\,La_2O_3$.

[2] Wiederholte Fraktionierungen mit Ammonnitrat auf dem positivsten Lanthanende führten zu einem Lanthan nicht unter La = 138. Als Brauner (1891) jedoch ein unreines Didym dem fraktionierten Erschöpfen der Oxalate mit verdünnter Säure und der weiteren Reinigung mit Ammonnitrat unterwarf, erhielt er in den verschiedenen Stadien der Prozesse folgende Zahlen: 137,8; 137,6; 137,5; 137,1; 135,0; 132,2. Diese niedrigen Atomgewichte wurden durch die Gegenwart von Yttererde bedingt.

v. Scheele (1898, S. 317) benutzte diese Methode zur Abscheidung des Lanthans von Praseodym und zum Nachweis der Homogenität seiner Präparate. Nach mehrere hundertmal wiederholter Extraktion zeigte es sich, daß das Ausgangsmaterial eine nicht unbedeutende Menge Lanthan enthalten hatte. Es gelang jedoch nicht, die letzten Spuren Lanthan zu entfernen, weshalb zum Schluß die Oxalate aus Salpetersäure kristallisiert wurden.

3. Debraysche Trennungsmethode.

Literatur.

1883. Debray, C. r. **96**, p. 828; Ber. 1883, **16** (1) S. 1096—1097.
1885. H. Gorceix, C. r. 1885, (1) **100**, p. 357.
1885. P. Didier, C. r. 1885, (2) **100**, p. 1461.
1885. W. Crookes, Ch. N. **54**, p. 41—43.
1889. Boudouard, Bull. chim. (3) **19**, p. 10—13; C. C. 1889, **1**, S. 435.
1890. A. Bettendorff, L. A. **256**, S. 160.
1894. L. M. Dennis und W. H. Magee, Z. an. **7**, S. 253—256.
1894. B. Brauner, Ch. N. **71**, p. 283.
1895. P. Schützenberger, C. r. **120**, p. 633? 663 und p. 693. 962? p. 1143; Z. alyt. 1896, **35**, S. 643; Ch. N. **71**, p. 188.
1896. P. Schützenberger und O. Boudouard, C. r. **122**, p. 697—698; C. C. 1896, **1**, S. 1141.
1897. — — C. r. **124**, p. 481—482.
1897. Wyrouboff und Verneuil, Bull. chim. **17**, p. 679—690; J. 1897, **1**, S. 1033.
1899. C. v. Scheele, Ber. **32**, 1, S. 411.
1900. M. G. Urbain, An. Chim. **19**, p. 184.
1901. Jean Sterba, C. r. **133**, p. 221.
1901. B. Brauner und F. Pavliček, Proc. Chem. **17**, p. 63—64; C. C. 1901, **1**, S. 1035.
1903. Rich. Jos. Meyer, Z. an. **37**, Heft 3, S. 384.

Debray (1883) schmolz die Erdnitrate mit der acht- bis zehnfachen Menge Kaliumnitrat im Porzellantiegel zusammen und erhitzte mehrere Stunden bei 300—350° bis zum Entweichen salpetriger Dämpfe. Hierbei soll nur Cernitrat zersetzt werden, Didym- und Lanthannitrat hingegen kaum verändert werden. Die ausgewaschenen Cerrückstände werden zur völligen Reinigung in Nitrat übergeführt und abermals der Operation unterworfen.

Die cerarmen Lösungen wurden eingedampft und bei 350° geschmolzen, um die letzten Spuren von Cersalz zu zersetzen, so daß nach dem Erkalten und Lösen in Wasser ein vollkommen cerfreies Gemisch von Lanthan und Didym bezw. Ytteriterden resultierte.

Dennis und Magee (1894) fanden den Schmelzpunkt des Gemenges an seltenen Erdnitraten und Kaliumnitrat in der Regel zu 325° (als Schmelzpunkt für Salpeter findet man 339). Nach Behandlung der geschmolzenen Masse mit Wasser zeigte sich, daß der unlösliche Rückstand auch nach zweimaligem Schmelzen merkliche Mengen Didym enthielt; Wyrouboff und Verneuil (1897) bestätigen diese Angaben. Da Cernitrat bei 200° und Didymnitrat bei 300° zersetzt wird, so ist die Gegenwart von Didym im unlöslichen Cerniederschlag offenbar, eine Folge des hohen Schmelzpunktes des von Debray angewandten Nitratgemenges.

Natriumnitrat schmilzt bei 316°, aber selbst dieser Schmelzpunkt ist noch zu hoch gelegen, um es für diese Methode vorteilhaft verwenden zu können.

Carnelley und Thomson[1] haben gezeigt, daß ein molekulares Gemenge von Kalium- und Natriumnitrat bei 231° schmilzt, weshalb Dennis und Magee (1894) die Einwirkung eines derartigen Gemenges auf die seltenen Erdnitrate in folgender Weise mit sehr gutem Erfolg verwendeten.

Die Nitratlösung der seltenen Erden wird bis zur sirupartigen Konsistenz eingedampft und die konzentrierte Lösung noch heiß in große Porzellantiegel gegossen, welche halb mit dem gut zerkleinerten Gemenge von Kalium-Natriumnitrat gefüllt sind. Man gießt eine zum völligen Bedecken der trockenen Nitrate eben genügende Menge hinein und mischt das Ganze innig.

Empfehlenswert ist ein doppelwandiges Luftbad, bei welchem Wandungen und Deckel innen und außen mit Asbestplatten ausgekleidet sind. Die beiden Deckel besitzen Öffnungen zum Aufnehmen von Thermometern; die Tiegel stellt man in kreisförmige Öffnungen einer Asbestplatte, außerdem ruhen dieselben im Innern auf Tonstäben.

Die Temperatur steigert man zunächst langsam, da ein zu schnelles Erhitzen ein Aufschwellen des Tiegelinhalts und Übersteigen über den Rand bewirken kann. Die Thermometerkugeln

[1] Cornelley und Thomson, J. Ch. S. 53, p. 782.

befinden sich in gleicher Höhe mit den Tiegelböden. Man steigert die Hitze allmählich, bis das Thermometer des inneren Bades auf 300° gestiegen.

Das Gemenge schmilzt etwas unter 230°, und fast sofort beginnt die Zersetzung des Cernitrats. Mit Steigerung der Temperatur geht die Zersetzung unter Entwicklung brauner Dämpfe vor sich. Hat die Gasentwicklung aufgehört, so ist die bei der angewandten Temperatur mögliche Zersetzung vollendet. Dieses ist in der Regel in 4—5 Stunden nach Steigerung der Temperatur auf 300° der Fall. Selbst bei 350° ist das Cernitrat nicht vollständig zersetzt und nach Steigerung der Temperatur über 320° hinaus enthält das Cer etwas Didym.

Nach Beendigung der Reaktion und Erkalten des Tiegels kann man den Inhalt desselben durch Klopfen des Randes meistens in Form eines Kuchens entfernen. Sonst erreicht man dieses leicht durch Benetzen des oberen Randes mit heißem Wasser.

Die Farbe des sich am Boden befindlichen Oxydes muß hellgelb oder nahezu weiß sein, im anderen Falle ist auch etwas Didymnitrat zersetzt worden.

Nach Extraktion der geschmolzenen Masse mit heißem Wasser wird der Rückstand mit 4 oder 5 % Salpetersäure und zuletzt mit heißem Wasser ausgewaschen.

Dennis und Magee (1894) erhielten auf diese Art ein Cerpräparat, dessen konzentrierte Sulfatlösung in einer 30 cm dicken Schicht keine Didymlinie erkennen ließ.

Die vorbeschriebene Methode (Kalium-Natriumnitrat) ist keine quantitative, aber sehr schnell ausführbar bei Erzielung großer Ausbeute. Ihr Hauptwert liegt darin, daß das aus jeder Schmelze gewonnene Ceroxyd frei von Didym ist.

Schützenberger (1895, 1897; vgl. auch Brauner 1895) stellte sich Cer nach Debray dar, erhitzte bei 310—325° und wusch den durch Wasserextraktion erhaltenen Rückstand mit einer Lösung von salpetersaurem Ammon (Urbain — 1900 — bediente sich auch des NH_4NO_3) auf dem Filter aus. Zur völligen Reinigung wurde das Cerdioxyd nochmals in Nitrat verwandelt und bei 320° geschmolzen. Selbst dieses Produkt war nicht rein und mußte als Sulfat noch 5—6 mal umkristallisiert werden.

War Thorium zugegen, so enthält der unlösliche Rückstand gleichzeitig die in der ursprünglichen Mischung enthaltene Menge dieser Erde und bei Gegenwart von Yttererden auch einen Teil der letzteren. Hieraus lassen sich auch die Resultate erklären, die Schützenberger und Boudouard[1] zu der Ansicht führten, daß sowohl im Monazitsand wie im Cerit ein dem Cer nahestehendes fremdes Element enthalten sei (Meyer 1903).

Urbain (1900) gießt die geschmolzene Masse langsam durch einen dünnen Trichter in Wasser und will durch diese Manipulation Zeit sparen — ungeachtet der Gefährlichkeit des Spritzens.

Ist der Cerniederschlag gering, so kann man ihn sehr schnell in Jodwasserstoffsäure auflösen, welche das Cerdioxyd reduziert und in Cerjodür überführt. Man kann mit Vorteil eine Mischung von Jodkalium und Salzsäure anwenden, um die Reduktion zu vollziehen. Urbain (1900) leitete in die warme Lösung noch einen Strom von Schwefelwasserstoff, der die Jodwasserstoffsäure unter Schwefelabscheidung in dem Maße regenerierte als bei der Reduktion sich Jod abschied (vgl. Lösen des Cerdioxyds, S. 121).

Bei größeren Niederschlagsmengen führt man dieselben durch Abdampfen mit Schwefelsäure in wasserfreie Sulfate über, die man in Eiswasser löst und mit Oxalsäure oder Ammoniak fällt. Die gut ausgewaschenen Niederschläge wandelt man hierauf in Nitrate um (vgl. Überführen der Oxalate in Hydroxyde, Nitrate, Sulfate usw.).

Die bei der Trennung des Cers von Lanthan und Didym erhaltenen wäßrigen Lösungen der Salpeterschmelze, welche nur noch geringe Mengen Cer enthalten, werden durch Eindampfen und nachheriges Schmelzen mit Salpeter bei 350—360° vom Cer befreit, die Filtrate eingedampft und die Rückstände fraktionsweise bei verschiedenen Temperaturen geschmolzen, wobei immer wieder unlösliche Erden erhalten werden.

Aus den ersten fünf Fraktionen, die bei einer Schmelztemperatur von 400—420° gewonnen waren, ergab sich nach Schützenberger (1895) ein Atomgewicht von 138—139. Die ersten Fraktionen enthielten das Didym, während das Lanthan sich in den letzten ansammelte. Durch wiederholtes fraktioniertes Schmelzen der ersten Abscheidungen mit Salpeter und Weiterbehandlung wie oben wurde eine vollständige Trennung des Didyms

[1] Schützenberger und Boudouard, C. r. 1895, **120**, p. 663, 962, 1143; das. **124**, p. 481; das. **125**, p. 772, 1096; Kritiken von Wyrouboff und Verneuil, C. r. **125**, p. 950, 1180.

von Lanthan erzielt. Das so dargestellte Didym hatte ein Atomgewicht von 143—143,5. Durch fortgesetztes fraktioniertes Schmelzen gelang es Schützenberger (1896) das Lanthan in zwei Erden vom Atomgewicht 138 und 135 zu zerlegen.

Urbain (1900) benutzte zur Darstellung des Lanthans ebenfalls die von Schützenberger gewählte Methode und hält dieselbe für sehr praktisch, um schnell Lanthan zu erhalten, welches nur Spuren von Didym enthält, oder die Gegenwart von Lanthan in einem Erdgemisch zu konstatieren. Lanthan in reinem Zustande zu erhalten, erlaubt diese Methode nicht. Crookes (1886) trennte Samarium und Lanthan von Didym durch Schmelzen mit Kaliumnitrat.

Brauner und Pavlíček (1901) reinigten ihr aus den Ammoniakfraktionen stammendes Lanthan durch Schmelzen mit Kalium-Natriumnitrat und hierauf folgendes Fraktionieren mit Kalilauge.

Ebenfalls mit einem Kalium-Natriumnitratgemisch fraktionierten Schützenberger und Boudouard (1896) die Yttererdnitrate des Monazits und wollten in Kombination mit der Sulfatmethode eine farblose Erde vom Atomgewicht 102 isoliert haben.

Boudouard (1889) und Gorceix (1885) benutzten die Debraysche Methode auch bei der Analyse des Monazits, während Didier (1885), Schützenberger und Boudouard (1897) sich mit ihrer Hilfe Cer darstellten. Bettendorff (1889) schied Cer- und Thorerde von den übrigen Erden des Orthits ab, Sterba (1901), v. Scheele (1899) und Crookes (1886) trennten Cer von den anderen Erden des Monazits.

4. Mosanders Chlormethode.

Literatur.

1842. Mosander, Förhandlingar vid de Skandinaviska naturforskarnes tretje nöte, in Stockholm; L. A. **44**, S. 125; 1843, Lond. Edinb. Doubl. Oct. **28**, p. 241; L. A. **48**, S. 211; J. pr. **30**, S. 276; P. A. **60** (3), S. 298; B. J. 1844, XXIII. Jahrg., S. 145.

1853. Bunsen, L. A. **86**, S. 286—287.

1853. Th. Kjerulf, L. A. **87**, S. 15.

1859. Rammelsberg, Pg. A. **108**, S. 40.

1864. A. Damour und H. Sainte-Claire Deville, C. r. **59**, p. 272.
1864. O. Popp, L. A. **131**, S. 359—360; B. J. 1864. S. 195 und S. 702.
1871. C. Erk, Zeitsch. Chem. (N. F.) **7**, S. 101—103; Z. alyt. **10**, S. 476—477.
1874. Jolin, Bih. K. Vet. Hdl. **2**, p. 14; Bull. chim. **21**, p. 533.
1875. H. Bührig, J. pr. (2) **12**, S. 218.
1882. B. Brauner, Mhft. Ch. **3**, S. 6.
1882. W. N. Hartley, Ch. N. **45**, p. 40; C. C. 1882, XIII, S. 151.
1883. L. Smith, Am. Chem. J. **5**, p. 73—80; Ber. 1883, **16**, S. 1885—1886; Ch. N. 1883, **48**, p. 29—31.
1885. B. Brauner, Sb. W. **92**, 2, S. 828.
1889. A. Bettendorff, L. A. **256**, S. 160.
1891. G. Krüss, L. A. **265**, S. 13—15.
1891. K. Bröckelmann, Dis. Erlangen, Beiträge zur Kenntnis der Elemente der Yttrium- und Cergruppe.
1893. O. Pettersson, Z. an. **4**, S. 1—9.
1894. L. M. Dennis und F. L. Kortright, Z. an. **6**, S. 37.
1894. L. M. Dennis und W. H. Magee, Z. an. **7**, S. 252—253.
1895. G. P. Drossbach, J. G. W. **38**, S. 582.
1896. R. Fresenius und E. Hintz, Z. alyt. **35**, S. 530.
1896. O. N. Witt, Chem. Ind. **19**, S. 156.
1897. L. M. Dennis und E. M. Chamot, J. Am. Ch. Soc. **19**, p. 799—809; C. C. 1897, **2**, S. 1133.
1897. Ludwig Haber, Mhft. Ch. **18**, S. 693.
1898. W. Muthmann und H. Roelig, Ber. S. 1720.
1898. H. Roelig, Dis. Univerität München, S. 28.
1899. Philip E. Browning, Z. an. **22**, S. 298.
1899. P. Mengel, Z. an. **19**, S. 70—71.
1899. L. Stützel, Dis. Universität München, S. 31.
1901. H. Behrens, Arch. Neer., Serie II, Vol. VI, p. 84; C. C. 1902, **1**, S. 297.
1901. G. P. Drossbach, Ber. S. 3506.
1901. Jean Sterba, C. r. **133**, p. 221.
1902. R. J. Meyer und M. Koss, Ber. S. 673—677.
1902. L. Pissarjewsky, Z. an. **31**, S. 364—367.
1903. B. Brauner, Z. an. **34**, S. 227.

Bereits 1827 vermutete Mosander, daß die alte Cererde ein Gemisch mehrerer Metalloxyde sei. Da man schon damals zwei Oxydationsstufen des Cers kannte, hielt es dieser Forscher für wahrscheinlich, das Ceroxydulhydrat durch eine entsprechende Behandlung mit Chlor zu oxydieren und eine Trennung zu erzielen. Auf diesem Wege gelangte bekanntlich Mosander zur Isolierung des eigentlichen Cers.

In eine Suspension der mit überschüssiger Kali- oder Natronlauge ausgefällten Erdhydroxyde wird Chlor eingeleitet. Die

Farbe der Hydroxyde verändert sich sogleich, das Volum nimmt ab und ein schweres hellgelbes bis orangefarbenes Pulver fällt zu Boden. Das Cersesquioxydhydrat[1] wird hierbei in Cerdioxydhydrat übergeführt, während Lanthan, Didym und die anderen Erden in Lösung gehen.

Um nach dieser Methode reines Cersalz zu erhalten, ist ein mehrmaliges Wiederholen des Verfahrens erforderlich (Bunsen [1853], Kjerulf [1853], Jolin [1874], Dennis und Magee [1894], Haber [1897] mußten siebenmal den Niederschlag dieser Behandlung unterwerfen), da das Cerdioxydhydrat hartnäckig die anderen Erden zurückhält. Immerhin konnten sich Bunsen, Kjerulf, Jolin, Cleve, Brauner, Hartley, Dennis, Chamot, und Browning mit ihrer Hilfe reine Cersalze herstellen, und Cleve bezeichnete die Chlormethode seinerzeit als das beste Verfahren für die Reindarstellung des Cers (vgl. Mengel 1899); Dennis und Chamot halten dieses Verfahren für vorteilhafter als das Schmelzen mit Salpeter.

O. N. Witt kombinierte die Behandlung mit Chlor mit der Auerschen Methode, indem er das Cerdioxydhydrat von den letzten Spuren der anderen Ceriterden durch Auflösen desselben in konzentrierter Salpetersäure und Abscheidung als Ammondoppelnitrat befreite.

Nachdem J. Sterba (1901) die cerreichen Fraktionen nach Debray mit Chlor behandelt hatte, reinigte er endgültig sein Cerpräparat nach Wyrouboff und Verneuil (s. basische Nitratmethode).

Brauner (1903) schied Cer zuerst als basisches Cersulfatnitrat ab und behandelte hierauf das Hydroxyd längere Zeit mit Chlor. Das so erhaltene Cerdioxyd war rein weiß, was durch die Gegenwart von Kieselsäure verursacht wurde (s. basische Nitratmethode).

Um cerfreie Präparate zu erhalten, eignet sich diese Methode sehr gut, denn in dem Filtrat des Erdgemisches kann man bereits nach einmaliger Behandlung mit Chlor keine Spur Cer nachweisen (Kjerulf 1853, Krüss 1891, Bröckelmann 1891, Pettersson 1893, Dennis und Chamot 1897, Stützel 1899, Mengel 1899, Böhm).

---

[1] Nach Mosander (1842) Oxydoxydulhydrat; nach Kjerulf (1853) und Rammelsberg (1859) ein Hydrat von Ce_3O_4.

Der einzige Übelstand des Verfahrens ist das lästige Arbeiten mit Chlor, zumal ein befriedigendes Resultat nur nach mindestens fünfzehnstündiger Einwirkung des Chlors erreicht wird (Mengel). Brauner (1882, 1885) leitete sogar drei Tage lang Chlor ein. Muthmann und Roelig (1898) rechnen auf 1 kg Erden eine zwanzigstündige Dauer der Chloreinwirkung.

Durch geeignete Anordnung großer Apparate konnten Dennis und Chamot (1897) große Mengen der Erdnitrate auf einmal verarbeiten und Chlorverluste vermeiden.

Daß Muthmann und Roelig bei Anwendung der Chlormethode nicht das gewünschte Resultat erzielten, ist wohl auf die ungenügende Einwirkung des Chlors zurückzuführen, denn gerade das Cerfreimachen von Erdgemischen gelingt hiernach ganz vortrefflich.

L. Smith (1883) benutzte die Mosandersche Methode auch zur Abscheidung des Thoriums, indem er die Erdhydroxyde mit der 4—5fachen Menge Ätznatron vermischt der Einwirkung von Chlor aussetzte. Hierbei fällt zu gleicher Zeit Cer nieder. Empfohlen kann diese Methode nicht werden, da man zu diesem Zweck bequemere und exaktere besitzt; ebenso bedienten sich Dennis und Kortright (1894) dieser Methode zur Abscheidung der Thorerde aus Thorit.

Popp (1864) versetzte die Erdchloridlösung mit einer genügenden Menge Natriumacetat, leitete hierauf bis zum Überschuß Chlor ein und erhitzte. Schon bei einer weit unter dem Siedepunkt liegenden Temperatur trübt sich die Lösung durch einen weißgelben, flockigen Niederschlag, welcher mit steigender Temperatur verhältnismäßig zunimmt. Der aus einem basischen Acetat (Erk, Behrens), und nicht, wie Popp annahm, aus Hydroxyd bestehende Niederschlag ist in heißem Wasser etwas, in kaltem mehr löslich, in Natriumacetat jedoch unlöslich, weshalb das Auswaschen desselben mit einer Lösung von essigsaurem Natrium erfolgen muß. Das nach Popp erhaltene Cer ist nach einmaliger Behandlung von demselben Reinheitsgrad wie das nach dem Mosanderschen Verfahren hergestellte Präparat, muß also einer mehrmaligen Behandlung unterworfen werden. Das Filtrat bleibt jedoch immer cerhaltig (Erk 1871, Bührig 1875, Muthmann und Roelig 1898).

Der Ersatz des Chlors durch Natriumhypochlorit, wie ihn Popp empfahl, wurde von Fresenius und Hintz (1896) zur Abscheidung des Cers in käuflichen Thorpräparaten so angewendet, daß die salzsaure Lösung mit kohlensaurem Natrium annähernd neutralisiert und nach dem Hinzufügen von Natriumacetat und etwas freier Essigsäure mit unterchlorigsaurem Natrium bis zum Kochen erhitzt wurde. Der ausgewaschene Niederschlag wurde nach dem Lösen einer abermaligen Behandlung unterworfen.

Ein Zusatz von Ammoniak befördert die Fällung in hohem Maße, steigert aber auch den Gehalt an anderen Erden (Behrens 1901). Neutralisiert man die freiwerdende Säure in dem Maße als sich Cerdioxyd bildet, so gelingt es leicht, alles Cer abzuscheiden (Drossbach 1895).

Drossbach (1901) oxydierte mit Chlorkalk, während Ludwig Haber (1897) mit Brom, welches Oxydationsmittel Muthmann und Roelig mit dem gleichen negativen Erfolge wie Chlor verwendeten — jedenfalls aus demselben Grunde, wie oben ausgeführt.

Nach L. Pissarjewsky (1901) bilden sich bei der Einwirkung von NaOCl auf $Th(OH)_4$ und $Zr(OH)_4$ Superoxyde dieser Elemente und man kann mit Wahrscheinlichkeit dasselbe auch über $Ce(OH)_4$ sagen.

Wasserstoffsuperoxyd ist als Ersatzmittel für Chlor bei Gegenwart von Natriumacetat nicht zu empfehlen, da der Niederschlag derartig voluminös und schwer filtrierbar ist, daß er in größeren Mengen nicht bewältigt werden kann und sich während des Filtrierens und Auswaschens zum Teil wieder löst, indem die Hydrolyse des Acetats beim Erkalten zurückgeht. Außerdem konnten Meyer und Koss (1902) konstatieren, daß bei Gegenwart von Wasserstoffsuperoxyd sehr beträchtliche Mengen von Didym mit dem Cer zusammen ausfallen.

Aus letzterem Umstand wollten Meyer und Koss eine Trennungsmethode für Lanthan und Didym herleiten.

Während Cerisalze in neutraler Lösung durch Natriumacetat unter Abscheidung eines basischen Salzes quantitativ gefällt werden, bleiben Didym und Lanthan hierbei vollständig in Lösung. Trotzdem läßt sich das Cer durch Natriumacetat allein nicht rein abscheiden, vielmehr enthält der Niederschlag stets einige Prozente Didym. Für eine quantitative Bestimmung des Cers bei Gegenwart der anderen Erden kommt also die Natriumacetatmethode nicht in Betracht, ebensowenig wie die Mosandersche Chlormethode.

Didymsalze werden aber durch Natriumacetat bei gleichzeitiger

Anwesenheit von viel Wasserstoffsuperoxyd in der Hitze gefällt und zwar in Form eines voluminösen Superoxydacetates (Meyer und Koss). Auf diesem Wege soll man verhältnismäßig schnell zu größeren Mengen lanthanfreien Didyms gelangen, doch sind die rein technischen Unbequemlichkeiten der Ausführung dieser Methode infolge des übermäßigen Schäumens der Flüssigkeiten, sowie der schlechten Filtrierbarkeit und leichten Auflösbarkeit der Niederschläge vorläufig noch so erheblich, daß diese Methode für die Praxis nicht empfohlen werden kann.

Da die fällende Wirkung des Natriumacetats auf Salze von Metallen verschiedener Basizität, wie Cer und Didym, von der Konzentration der Hydroxylionen abhängt, die sich durch die Hydrolyse des Fällungsmittels ausbilden, so wird man bei Wahl von Acetaten schwächerer Basen einen besseren Erfolg erwarten dürfen. Meyer und Koss fanden diese Voraussetzung im Magnesiumacetat bestätigt, welches bei Gegenwart von Wasserstoffsuperoxyd zwar das Cer vollständig fällt, Didym und Lanthan dagegen nicht (vgl. H_2O_2-Methode).

Zum qualitativen Nachweis des Cers verwendete Bettendorff 1889 die Mosandersche Chlorreaktion, die jedoch weniger zu empfehlen ist, da wir in der Wasserstoffsuperoxydreaktion von Lecoq de Boisbaudran ein so vorzügliches Erkennungsmittel für die geringsten Mengen Cer besitzen (vgl. qualitative Reaktionen des Cers, S. 90).

Bei der Analyse des Cerits bediente sich Kjerulf (1853) der Chlormethode, ebenso Damour und Sainte-Claire Deville bei derjenigen des Parisits (1864).

---

5. Trennung mittels Kaliumpermanganat.

Literatur.

1860. F. M. Stapff, J. pr. **79**, S. 258—261.
1864. W. Gibbs, Am. J. Sc. (2) **37**, Nr. 111, p. 352; Z. alyt. 1864, **3**, S. 395—396; J. pr. 1865, **94**, S. 123—124.
1865. Cl. Winkler, J. pr. **95**, S. 410; Z. alyt. **4**, S. 417.
1878. Franz Stolba, Separat-Abdr. aus Sb. P. Juli (20. Dez. 1878), Prag; C. C. **10** (3. Folge), S. 595; J. 1878, S. 1059.

1879. — Sb. P. v. 4. Juli 1879; Ch. N. 1880, **41**, S. 31; C. C. **10** (3. Folge), S. 812; Z. alyt. 1880, **19**, S. 194; J. 1879, S. 1044; das. 1880, S. 1178.
1882. — Separat-Abdr. aus Sb. P. 1882; C. C. 1883, **14** (3. Folge), S. 312—313.
1893. W. Gibbs, Proc. Amer. Acad. **28**, S. 260.
1895. B. Brauner, Ch. N. **71**, S. 285.
1896. G. P. Drossbach, D.R.P. Nr. 143106, Kl. 12 m.; Ber. **29**, 3, S. 2453; J. 1897, 1, S. 1026.
1898. W. Muthmann und H. Roelig, Ber. **31**, p. 1719—1721.
1898. H. Roelig, Dis., Universität München, S. 27—29.
1898. C. v. Scheele, Z. an. **17**, S. 320—321.
1899. P. E. Browning, Z. an. **22**, S. 297—307.
1899. L. Stützel, Dis., Universität München, S. 32.
1900. C. R. Böhm, Dis., Universität München, S. 25.
1901. G. P. Drossbach, Z. an. Heft 26, S. 657—658.
1902. — Ber. **35** 3, S. 2830.
1902. B. Brauner und F. Pavlíček, Trans. of the Chem. Soc. 1902, **81**, S. 1264—1267.
1903. C. R. Böhm, Z. agw. Heft 47.
1903. B. Brauner und A. Batěk, Z. an. **34**, S. 114.
1903. B. Brauner, Z. an. **34**, S. 209—211.
1903. Rich. Jos. Meyer, Z. an. **37**, Heft 3, S. 383.
1903. W. Muthmann und L. Weiss, L. A. **331**, S. 9.

Die Trennung des Cers von den übrigen seltenen Erden mittels Kaliumpermanganat beruht darauf, daß Cersesquioxyd als Hydrat oder in stets neutral gehaltener Lösung durch dieses Oxydationsmittel nach folgender Gleichung oxydiert wird:

$$3\,Ce_2O_3 + 2\,KMn.O_4 + H_2O = 6\,CeO_2 + 2\,KOH + 2\,MnO_2.$$

Stapff (1860) und Gibbs (1864) stellten zum erstenmal Versuche an, Cerlösungen (Sulfat-, Nitrat- und Chlorid) durch Kaliumpermanganat zu oxydieren, ihre Versuche waren jedoch ohne Erfolg.

Durch einen Zusatz von Quecksilberoxyd vermochte aber Winkler (1865) eine vollständige Oxydation zu erzielen und seine Methode für quantitative Zwecke verwendbar zu machen.

Indem Stolba (1879) das Quecksilberoxyd durch das wohlfeilere Zinkoxyd ersetzte, machte er das übermangansaure Kali zum brauchbaren Trennungs- und Titriermittel für Cer.

Kaliumpermanganat fällt nämlich Cer aus seinen Auflösungen bei Gegenwart von Zinkoxyd vollständig. Während eine Lösung von Didym und Lanthan unter diesen Bedingungen sofort die

Permanganatfärbung annimmt und dieselbe auch bei längerem Kochen behält, entsteht bei Gegenwart von Cer sofort ein brauner Niederschlag, welcher Cer und Mangan enthält. Die Flüssigkeit nimmt die charakteristische Rotfärbung an, wenn die letzten Spuren des Cers ausgefällt sind. Muthmann und Roelig (1898) haben nach diesem Verfahren gearbeitet und es für gut befunden, ebenso Stützel (1899), Browning (1899) und Drossbach (1901). Bei Verarbeitung größerer Mengen Ceriterden betrachtete Böhm (1900) das Entfernen der in Lösung gegangenen Zinksalze als eine unangenehme Beigabe, zumal er mit Kaliumpermanganat die gleich guten Resultate erhielt, wenn er an Stelle des Zinkoxydes mit den Erdhydroxyden oder Erdcarbonaten arbeitete.

Für analytische Zwecke, falls man die Kaliumpermanganatlösung gegen eine Cerlösung eingestellt hat, ist die Anwendung des Zinkoxydes nur zu empfehlen, da der Übergangspunkt deutlicher zu erkennen ist und auch die Resultate den theoretisch berechnten Zahlen am nächsten kommen.

Bereits Drossbach (1896) hatte die Beobachtung gemacht, daß Cerohydrat nach obenstehender Gleichung oxydiert wird. Wenngleich dieser Chemiker seinerzeit auf die Abscheidung des Cers mittels der Hydroxyde und Kaliumpermanganat hingewiesen hatte, so blieb dennoch diese Methode lange unberücksichtigt.

Damit das übermangansaure Kali als Oxydationsmittel in der Chemie der seltenen Erden öfter als bisher Verwendung findet, sei im folgenden eine genaue Beschreibung der Methode gegeben.

Anfangs trennte Böhm Cer von den übrigen Ceriterden dadurch, daß er deren Nitrat- oder Doppelnitratlösungen abwechselnd mit Ätznatron und Kaliumpermanganat in konz. Lösungen versetzte und so lange kochte, bis eine Probe des Filtrats keine Cerreaktion zeigte. Auch erreichte man denselben Zweck, wenn man mit Ammoniak, Carbonaten oder basischen Verbindungen der Erden arbeitete. Wurde z. B. das Cer nach dem Auerschen Oxydverfahren abgeschieden und wollte der Rest dieser Erde sich nicht schnell genug entfernen lassen, so bedurfte es nur eines kleinen Zusatzes von Permanganat, um die Trennung vollkommen zu machen.

Während Kaliumpermanganat auf Zusatz von Schwefel- oder Salpetersäure (Ammoniak zu verdünntem Chamäleon hinzugefügt, entfärbt dasselbe nicht sogleich, ebensowenig Ammonsalze, hingegen Kali- und Natronlauge sofort) die Farbe nicht verändert, geschieht dieses jedoch bei Gegenwart reduzierender Stoffe, wie z. B. Metalle, welche zwei Oxydationsstufen besitzen, von denen die niedere durch Kaliumpermanganat höher oxydiert wird. Das Chamäleon bietet also ein Maß des Sauerstoffs, welches notwendig ist, das Metall von der niederen auf die höhere Oxydationsstufe zu erheben. Indem man die Natur des Metalles und seiner Oxyde, sowie die Stärke der Chamäleonlösung vorher kennt, kann man die Zusammensetzung bezw. den Gehalt an Metall finden. So gute Resultate man auch mit der wohl von Margueritte[1] stammenden Titriermethode mittels Kaliumpermanganat in sauren Lösungen, z. B. beim Eisen erzielt, so ungenau ist die Bestimmung des Cers mit Zinkoxydzusatz, wenn man dem üblichen Weg der theoretischen Berechnung folgt. 316 g $KMnO_4$ sind äquivalent 1032 g CeO_2 und 984 g Ce_2O_3—Atgew. = 148. Böhm fand bei seinen vielen Versuchen stets ca. 5 % CeO_2 mehr als gewichtsanalytisch. Es ist daher unbedingtes Erfordernis, die Kaliumpermanganatlösung zuvor gegen eine bekannte Cerlösung einzustellen und so den Titer zu finden; auch ist das Zinkoxyd recht stark zu glühen. Wenn man diese Bedingungen erfüllt und sich vor einem Überschuß von Zinkoxyd hütet, so erhält man beim zweiten Male dasselbe Resultat und kann beim starken Kochen der Flüssigkeit den Übergangspunkt deutlich wahrnehmen.

Ersetzt man das Zinkoxyd durch einen aliquoten Teil Ätzkali oder Ätznatron, so wird der Verbrauch bedeutend geringer, so daß der berechnete Cergehalt um ca. 18 % sinkt.[2]

Während der Umschlag bei Anwendung von Zinkoxyd recht deutlich zu erkennen ist, kann man dieses vom Quecksilberoxyd nicht sagen. Titriert man mit einem Überschuß von Ätzkali oder Ätznatron, so hat man zwei Kennzeichen hierfür — zuerst macht sich die rötliche Permanganatfarbe bemerkbar und nach kurzer Zeit wechselt sie mit der grünlichen des mangansauren Alkali.

Die Gegenwart von Ammonsalzen hindert die Anwendung dieser Methode nicht, denn Böhm erhielt mit Ceroammonnitratlösungen die gleichen Resultate als mit einer Ceronitratlösung.

Reine Schwefelsäure und Salpetersäure in starker Verdünnung

---

[1] Margueritte, An. Chim. **18**, p. 244.

[2] Eine Ceroammonnitratlösung enthielt in 10 ccm 0,1531 g CeO_2, gewichtsanalytisch bestimmt. Bei ZnO wurden auf 10 ccm Cerolösung 15,55 ccm $^1/_{10}$ $KMnO_4$, bei KnOH = 12,1 ccm $^1/_{10}$ $KMnO_4$ verwendet.

zersetzen Kaliumpermanganat nicht, ebensowenig salpetersaure Salze bei Gegenwart verdünnter Schwefelsäure; konzentrierte Salzsäure tut dieses jedoch bei gewöhnlicher Temperatur und Oxalsäure bereis in der Kälte (vgl. Mohr, Titriermethoden, von Classen herausgegeben). Außer der Oxalsäure lassen sich keine anderen organischen Säuren mit Kaliumpermanganat vollständig titrieren. Letztere Eigenschaft verwendeten mehrere Forscher, um die Atomgewichte einiger seltener Erden zu bestimmen (s. Atomgewichtsbestimmungsmethoden).

Die Abscheidung des Cers gestaltet sich praktisch folgendermaßen: Man bestimmt mit einer Kaliumpermanganatlösung von bekanntem Gehalt in einem kleinen Quantum der zu trennenden Flüssigkeit den Kaliumpermanganatverbrauch bei Gegenwart von Ätznatron. Ein Überschuß des letzteren, d. h. wenn soviel NaOH zugesetzt wurde, daß auch gleichzeitig ein Teil der übrigen Erden ausfiel, ist hierbei ohne Einfluß auf das Resultat. Sind jedoch die ganzen Erden ausgefällt und außerdem NaOH im größeren Überschuß vorhanden, so wird der Kaliumpermanganatverbrauch zu hoch bestimmt, da sich mangansaures Kali bildet. Für 100 ccm einer Nitratlösung der Ceriterden wurden beispielsweise 41,5 ccm einer Kaliumpermanganatlösung, die 20 g $KMnO_4$ in einem Liter enthielt, verbraucht; folglich setzte man zu je 5 Liter dieser Erdlösung 41,5 g $KMnO_4$ und die vorher empirisch bestimmte Menge NaOH hinzu. Um ein unnützes Mitfallen der anderen Erden zu vermeiden, ist es empfehlenswert, jedoch nicht Bedingung, wie unten näher ausgeführt wird, die nötige Menge Ätznatron vorher empirisch zu bestimmen. Es geschieht dieses durch allmähliches Zusetzen von NaOH zu einem kleinen Quantum der Erdlösung, wofür man zuvor die Kaliumpermanganatmenge bestimmt hat. Ist der Punkt erreicht, bei welchem das Filtrat cerfrei geworden, so besitzt man die erforderlichen Daten. Bei dem oben angeführten Beispiel wurden für 100 ccm Erdlösung 7 g KOH verbraucht, was etwa dem 8,5 fachen der Kaliumpermanganatmenge entspricht; NaOH verbrauchte man dem Atomgewicht entsprechend weniger — 5,4 g. Theoretisch sind 140 Teile KOH = 100 Teile NaOH, jedoch fand man praktisch 108,3 g NaOH gleich dem 6 fachen von $KMnO_4$.

Die schmierigen Erdhydroxyde zerfallen fast sofort nach Zusatz von $KMnO_4$ und Kochen; der Niederschlag läßt sich dann vorzüglich dekantieren und filtrieren.

Hat man also die erforderlichen Mengen von NaOH und $KMnO_4$ bestimmt, so löst man diese Substanzen einzeln auf ($KMnO_4$ löst sich bereits in 16 Teilen Wasser von 15° C) und gießt die Lösungen in die heiße Cerlösung. Kaliumpermanganat kann man auch in Substanz zufügen, Ätznatron muß aber unbedingt vorher gelöst sein, da sich im anderen Falle dasselbe mit einer unlöslichen Erdhydroxydschicht übergießt und nicht weiter gelöst wird. Hat das Ganze etwa $^1/_2$ Stunde gekocht, so sieht man es demselben meistens schon ohne Probefiltration an, daß ein kleiner Überschuß von Kaliumpermanganat vorhanden ist. Nachdem man eine Probe abfiltriert und, falls das Filtrat von Kaliumpermanganat gerötet, mit Alkohol den Überschuß desselben durch Kochen entfernt, prüft man nach dem abermaligen Filtrieren mit Ammoniak und Wasserstoffsuperoxyd nach Lecoq de Boisbaudran (vgl. Cerreaktionen S. 90) auf Cer.

War das Filtrat von Kaliumpermanganat gefärbt und enthielt es noch Cer, so war die Menge NaOH zu gering gewesen, so daß ein weiterer Zusatz hiervon gemacht werden muß, je nach der approximativen Schätzung des Cergehaltes. War hingegen das Filtrat von vornherein farblos und cerhaltig, so muß entsprechend Kaliumpermanganat hinzugegeben werden.

Hat man die Mengenverhältnisse zuvor titrimetrisch bestimmt (jedoch nicht mit ZnO, da dieses bedeutend mehr $KMnO_4$ verlangt — wurden oben 0,83 g $KMnO_4$ bei NaOH verwendet, so mußten bei Anwendung von ZnO zu der gleichen Cermenge 0,9 g $KMnO_4$ verbraucht werden, also ca. 9 % mehr), so kann der Zusatz von Ätznatron oder Kaliumpermanganat zum Schluß nur unbedeutend sein.

Tritt der Fall ein, daß das Filtrat cerfrei und stark durch einen Überschuß von Kaliumpermanganat gefärbt ist, so hat dieses nichts zu sagen, da man durch den Alkoholzusatz, den man auch sonst macht, um etwaiges Mangan zu entfernen, die vom Cerniederschlag getrennte Flüssigkeit nach kurzem Erwärmen vom Mangan befreien kann. Nach der Abscheidung des Mangansuperoxydhydrats erscheint die Erdlösung schön rosa, falls man mit Ceriterden oder erbiumreichen Gemischen gearbeit hat.

Bei der Certrennung nach dem Auerschen Oxydverfahren kommt es bekanntlich darauf an, Ammonsalze fern zu halten. Auch sonst ist die Entfernung der letzten Spur Cer nach dieser Methode erschwert, so daß man mit Vorteil sich zum Schluß des

Kaliumpermanganats bedienen kann. Gibt man nämlich zu dem Gemisch der basischen Niederschläge übermangansaures Kali hinzu, so beschleunigt man hierdurch ganz wesentlich die Operation und erhält leicht cerfreie Filtrate.

Will man das technische Cercarbonat verarbeiten, so löst man einen Teil der rohen Carbonate in roher Salpetersäure und kocht kurze Zeit, bis sich der größte Teil der Kieselsäure, die meistens in beträchtlicher Menge vorhanden ist, abgeschieden hat. Durch Dekantation und Filtration wird dieselbe entfernt, worauf man mit demselben Carbonat neutralisiert und die berechnete Menge Cercarbonat und Kaliumpermanaganat hinzusetzt.

Bei richtiger Wahl der Verhältnisse kann man in kürzester Zeit auf diese Weise das Cer fast quantitativ abscheiden — das Cer enthält dann 0,3—0,8 % Di_2O_3 und das Filtrat ca. 0,5 % Ce_2O_3. Die vollständige Entfernung des Cers gelingt jedoch mit Ätznatron, Ätzkali oder Ammoniak und ist der Gebrauch dieser Agentien überhaupt mehr zu empfehlen; auf 1 Molekül $KMnO_4$ rechnet man 6 Moleküle Na_2CO_3 (Meyer 1903).

Nach Muthmann und Weiss (1903) soll man die Cermenge durch Titration nach v. Knorre bestimmen und hierauf so viel Permanganat und Soda abwägen, als nach der folgenden Gleichung zur vollständigen Ausfällung des Cers nötig ist

$$6\,Ce(NO_3)_3 + 2\,KMnO_4 + 8\,Na_2CO_3 + 16\,H_2O =$$
$$6\,Ce(OH)_4 + 2\,Mn(OH)_4 + 16\,NaNO_3 + 2\,KNO_3 + 8\,CO_2.$$

Die Salze werden dann zusammen in Wasser gelöst und in die kalte, neutrale, cernitrathaltige Lösung unter Umrühren eingetragen.

Hat man das cerfreie Filtrat durch Kochen mit Alkohol vom Mangan befreit, so kann man die Nitratlösung eindampfen und nach Zusatz von Ammonnitrat zur Kristallisation der Doppelnitrate verwenden.

Den Niederschlag verarbeitet man auf reines Cer, indem man denselben zuerst durch Dekantieren so lange wäscht, bis das Waschwasser nur wenig Reaktion mit Ammoniak gibt, hierauf digeriert man denselben kalt mit Wasser, dem 10—20 % Salpetersäure zugesetzt sind. Auf diese Weise extrahiert man die durch überschüssiges Ätzalkali resp. Ammoniak mitgefallenen übrigen Ceriterden, bezw. Ytteriterden, wenn es sich auch um letztere handelt. Ist die Operation einigermaßen richtig geleitet, so enthält die erste Extraktion des Cerniederschlages nur 2—2,5 % Cer und besteht zum größten Teil aus Didym. Von dem Mitfallen nur einer Didymkomponente, wie dieses Drossbach (1896) beobachtet haben will, konnte Böhm (1903) sich nicht überzeugen, trotzdem er auch mit einigen 100 kg arbeitete.

Ein zweiter kalter Auszug mit der gleichstarken Säure ist zwecklos, da hierdurch meistens nur Spuren von Erden in Lösung gebracht werden. Man muß den so vorgearbeiteten Niederschlag mit starken Säuren in der Wärme behandeln und bekommt dann sukzessive Extraktionen, die immer reineres Cer liefern; der letzte Auszug enthält nur sehr geringe Spuren Didym, denn das Oxyd hat Chamoixfarbe.

Bei der Behandlung mit Salpetersäure bleibt alles Mangan im Niederschlag. Das Auswaschen größerer Mengen von Cerniederschlägen nimmt man zweckmäßig in Leinenspitzbeuteln vor, falls ein größerer Überschuß von Kaliumpermanganat vermieden wurde, der das Leinen zerstört und ein Abreißen der Beutel verursacht.

Den Niederschlag, welcher Cerdioxydhydrad und Mangansuperoxydhydrat enthält, kann man auch mit Salzsäure und Oxalsäure zersetzen, wobei Ceroxalat zurückbleibt, welches auch ein absolut lanthanfreies Oxyd liefert, falls von vornherein nur wenig Lanthan zugegen war. Bekanntlich war bisher die Entfernung der letzten Spuren Lanthan von Cer eine außerordentlich schwierige Aufgabe, denn nach den neuesten Untersuchungen Meyers (1903) erreicht man diesen Zweck nicht mit den Ammondoppelnitraten oder einem anderen Verfahren, sondern nur mit dieser Methode. Die hellbräunliche Färbung, die das Oxyd nach dieser Behandlung zeigt, verliert es nach wiederholter Behandlung mit schwefliger Säure und konzentrierter Salzsäure vollkommen.

Will man eine Cerilösung erhalten, um selbige mit Ammonnitrat zur Kristallisation zu bringen, so empfiehlt es sich, den einmal mit verdünnter Salpetersäure ausgewaschenen Niederschlag vor dem Lösen in konzentrierter Salpetersäure stark zu trocknen. Im anderen Falle kann es vorkommen, daß eine Reduktion zu einer nur hellgelb gefärbten Lösung eintritt.

Zum Schluß muß bemerkt werden, daß die Verwendung von Salzsäure an Stelle von Salpetersäure nicht benutzt werden kann, da die Chlorentwicklung sehr lästig ist und Cerlösungen erhalten werden, die den größten Teil des Cers in dreiwertiger Form enthalten.

6. Gibbssche Methode.
Abscheidung des Cers mittels Bleisuperoxyd.

Literatur.

1864. W. Gibbs, Am. J. Sc. (2) **37**, Nr. 111, p. 352; Z. alyt. 1864, **3**, S. 396; J. pr. 1865, **94**, S. 123—124.
1864. T. M. Down, vergl. Gibbs.
1869. H. Zschiesche, J. pr. **107**, S. 68.
1870. C. H. Wing, Ber. **3**, S. 309; Am. J. Sc. (2) **49**, p. 358.
1875. H. Bührig, J. pr. (2) **12**, S. 219—221, 236—237.
1885. H. Robinson, Proc. Lond. **37**, p. 150.
1887. G. Krüss und L. F. Nilson, Oefv. K. Vet. Fhd. Nr. 5; Ber. 1887, **20**, 1, S. 1677—1678.
1894. L. M. Dennis und W. H. Magee, Z. an. **7**, S. 252.
1894. W. Gibbs, Am. Chem. J. **15**, p. 546.
1896. R. Fresenius und E. Hintz, Z. alyt. **35**, S. 531.
1897. G. v. Knorre, Z. agw. 1897, S. 718.
1899. P. Mengel, Z. an. **19**, S. 67.
1899. W. André Job, C. r. **128**, p. 101—102; C. C. 1899, **3**, 1 (3. Folge), S. 453—454.
1900. G. v. Knorre, Ber. **33**, S. 1926—1927.

Vor dem Jahre 1864 besaß man keine charakteristische Reaktion, die den Nachweis des Cers in geringen Mengen gestattet, wenn von der alten Mosanderschen Chlorreaktion, die nur vereinzelt Anwendung fand[1], abgesehen wird.

Für die damalige Zeit bedeutete also die Bleisuperoxydreaktion einen großen Fortschritt, denn hiermit konnten 0,025 mg Cer nachgewiesen werden. H. Zschiesche vermochte daher in den von Czudnowicz dargestellten und aus dem Jahre 1860 stammenden Präparaten noch Spuren von Cer nachzuweisen, so daß die Annahme wohl berechtigt ist, alle vor dem Jahre der Gibbsschen Methode hergestellten Präparate der seltenen Erden als mehr oder weniger cerhaltig anzusehen.

Gibbs bewirkte die Oxydation der Cerosalze durch Kochen mit Salpetersäure und Bleisuperoxyd, während Zschiesche hierzu Mennige (Pb_3O_4) verwendete. 1894 ersetzte Gibbs PbO_2 durch Wismuttetroxyd.

---

[1] A. Bettendorff, 1889, L. A. **256**, S. 160.

Zur Abscheidung des Cers werden die Ceritsulfate (in entsprechender Verdünnung) mit konzentrierter Salpetersäure und Bleisuperoxyd bezw. Mennige versetzt und anhaltend gekocht. Die Flüssigkeit nimmt hierbei eine tief pomeranzengelbe Färbung an, die auch schon in der Kälte nach einigem Stehen eintritt. Bleisuperoxyd bezw. Mennige und Salpetersäure werden abwechselnd in kleinen Portionen so lange zugesetzt, als die Lösung mit Bleiessig versetzt noch einen Niederschlag von Bleisulfat gibt. Wenn diese Reaktion nicht mehr eintritt, wird das ganze Gemenge noch zirka anderthalb Stunden gekocht, wobei von Zeit zu Zeit die verdampfte Salpetersäure zu ersetzen ist. Nach dem Erkalten läßt sich der Niederschlag von schwefelsaurem Blei durch Dekantieren sehr gut von der darüber stehenden Flüssigkeit trennen. Der Niederschlag wird auf dem Wasserbade mit verdünnter Salpetersäure digeriert und die vereinigten Lösungen dampft man hierauf bis zur Sirupkonsistenz ein.

Die Konzentration darf nicht zu weit getrieben werden, da sich sonst ein in Wasser unlösliches basisches Didymsalz bildet, das später mit dem Cersalz zusammen niederfallen würde. Es ist daher für die Reinheit des Cerpräparates direkt schädlich, wenn man nach Gibbs die Lösung zur Trockne verdampft und die Erhitzung bis zur Spaltung der Salpetersäure treibt.

Handelt es sich darum, andere Erden cerfrei zu machen, so ist es von Vorteil, den Sirup so konzentriert wie möglich zu wählen, weil sonst viel Cer in Lösung bleibt, das man nur durch Wiederholen der Operation abscheiden kann. Die sirupöse Lösung wird mit sehr viel siedendem Wasser in ein geräumiges Gefäß gespült, worauf sich basisches Cerinitrat als ganz hellgelber Niederschlag absetzt. Man rechnet auf 1 Vol. Niederschlag ca. 8—10 Vol. siedendes Wasser. Die Anwendung kochenden Wassers ist Bedingung, wenn sich der Niederschlag schnell absetzen soll.

Der durch Dekantieren mit heißem Wasser gut ausgewaschene Niederschlag wird nach dem Abnutschen mit konzentrierter Schwefelsäure behandelt und das gebildete Sulfat entwässert. Das in kaltem Wasser gelöste Cersulfat enthält noch etwas Blei, welches man mit Schwefelwasserstoff leicht entfernt. Beim Eindampfen der Lösung auf dem Wasserbade kristallisieren farblose wasserhelle Kristalle von schwefelsaurem Ceroxydul aus, die einen großen Reinheitsgrad besitzen, falls die Bedingungen genau eingehalten wurden. Bührig konnte in seinen auf diese Weise hergestellten Cerpräparaten selbst in einer kalt gesättigten Cersulfatlösung in 72 cm langer Schicht keine Absorptionsbande des Didyms wahrnehmen. Die größte Sorgfalt beim Auswaschen des Cerniederschlages ist für solche Resultate ein Haupterfordernis, denn ein weniger gut ausgewaschenes Präparat ist nicht ganz didymfrei. Bei Wiederholung der Operation kann man jedoch dieses wieder ausgleichen. Gibbs erhielt nach eigener Angabe bei Anwendung seiner Methode kein didymfreies Cerpräparat.

Durch das Wiederholen der Operationen wird die Gibbssche Methode ziemlich zeitraubend, weshalb man mit Vorteil didymarme Ausgangsmaterialien, wie z. B. die basischen Niederschläge des Auerschen Oxydverfahrens oder der Hermannschen Sulfatmethode verwendet (Bührig). Robinson (1885) reinigte ebenso wie Bührig (1875) sein Cerium zur Atomgewichtsbestimmung nach der Gibbsschen Methode. Bei einer Kombination der basischen Sulfatmethode mit der Gibbsschen erhielt Mengel (1899) ein sehr reines Cerdioxyd, jedoch betrug die Ausbeute nur 50 % bei Anwendung eines Oxydgemisches mit ca. 45 % CeO_2.

Wing (1870) versuchte eine Cerosalzlösung mit Bleisuperoxyd und Schwefelsäure zu oxydieren und dann mit schwefelsaurem Luteokobalt zu versetzen. Das schöne Doppelsalz Luteocobaltcerocerisulfat $[Co(NH_3)_6](SO_4)_3 . Ce_2(SO_4)_3 + H_2O$ enthielt jedoch immer Didym.

Die Gibbssche Reaktion zum qualitativen Nachweis des Cers.

Kocht man ca. 5 ccm einer sehr verdünnten Cerlösung mit überschüssigem Bleisuperoxyd und Salpetersäure (1 : 2), so läßt sich nach Dennis und Magee (1894) bei einem Gehalt von 0,025 mg Ceroxyd noch ein schwachgelber Stich beobachten. Bührig bestimmte als unterste Grenze der Empfindlichkeit mittels Mennige 0,4887 mg. Ist der Cergehalt größer, so steigert sich der Farbenton bis pomeranzengelb. Das Bleisuperoxyd vermag niemals mit Sicherheit eine quantitative Oxydation der Cersalze zu bewirken, wie dieses Job (1899) behauptet, und läuft bei Beginn der Filtration leicht durch das Filter; bringt man indessen die trübe Flüssigkeit ein- oder zweimal wieder auf das Filter, so gelingt es schließlich, klare gelbe Filtrate zu erhalten (v. Knorre 1897 und 1900).

Die Reaktion gelingt mit allen Salzen, die in Salpetersäure löslich sind, obgleich bei der Prüfung gemischter Oxalate die Oxalsäure erst zu CO_2 oxydiert wird, ehe die charakteristische Gelbfärbung eintritt. Kocht man ein in starker Salpetersäure gelöstes Cersalz kurze Zeit mit einem großen Überschuß von PbO_2, so entweicht Sauerstoff und das zuerst entstandene vierwertige Cer geht in die Dreiwertigkeit über, so daß die Lösung wieder farblos wird (Gibbs; v. Knorre). Dieses ist eine bemerkenswerte Reaktion, die zu Täuschungen Veranlassung geben kann. Mit verdünnter Schwefelsäure gelingt die Oxydation nur teilweise.

Krüss und Nilson (1887) bedienten sich dieser Reaktion zum qualitativen Nachweis des Cers im Fergusonit, während Fresenius-Hintz und v. Knorre hiermit Cer in den käuflichen Thoriumpräparaten nachwiesen.

Durch Kochen von Mangansuperoxyd bezw. dessen Hydrat mit Salpetersäure werden Cerosalze überhaupt nicht oxydiert, vielmehr wird eine mit Salpetersäure angesäuerte Ceriammonnitratlösung durch Kochen mit Mangansuperoxydhydrat farblos (v. Knorre).

7. Trennungsmethoden mittels Wasserstoffperoxyd.[1]

Literatur.

1843. Hermann, J. pr. **30**, S. 189.

1880. B. Brauner, C. r. **91**, p. 931.

1882. W. M. Hartley, J. Ch. Soc. 1882, **41**, 1, p. 203—204; Ch. N. **45**, p. 40; Ber. 1882, **15**, 1, S. 1439; J. 1882, **35**, S. 281.

1885. P. T. Cleve, Bull. chim. (3) p. 453—463; Ber. **18**, S. 318; C. C. 1885, **16**, 3, S. 198.

1885. Lecoq de Boisbaudran, C. r. **100**, p. 605, 607; C. C. 1885, **16**, 3, S. 244.

1886. I. Bailey, Ch. N. **53**, p. 55; C. C. **17**, S. 172.

[1] Das technische Wasserstoffsuperoxyd ist unanwendbar, weil es Phosphorsäure enthält, wodurch Phosphate der seltenen Erden ausfallen würden. E. Merck, Darmstadt, und Kahlbaum, Berlin, bringen ein 30%iges H_2O_2 in den Handel, welches sehr rein ist und in jedem beliebigen Verhältnis verdünnt werden kann. Neben diesem sehr teuren Wasserstoffsuperoxyd dürfte das 3 oder 10%ige medizinische Präparat von Raspe, Weißensee b. Berlin, für die meisten Zwecke schon wegen seiner Billigkeit neben großer Reinheit Verwendung finden.

1886. II. — L. A. **232**, S. 352; J. Ch. S. **49**, p. 149 u. 481; C. C. **17**, S. 682; Ch. N. **53**, p. 160; Ber. **19**, S. 319; Z. alyt., 1889, **28**, S. 699; J. 1886, **2**, S. 1941.
1887. Piccini, Gaz. chim. ital. **17**, p. 479; J. 1887, **10**, 1, p. 551.
1889. Bailey, Ch. N. **60**, p. 6; C. C. 1889, **2**, S. 311; Z. alyt. 1890, **29**, S. 743.
1896. G. P. Drossbach, Ber. **29**, 3, S. 2453.
1896. B. Kosmann, D.R.P. Nr. 90652; Patentbl. **18**, S. 117; C. C. 1897, **1**, 837.
1896. Wyrouboff und Verneuil, Bull. chim. [3] **17**, p. 679.
1897. G. v. Knorre, J. agw. Heft 21, S. 685; Heft 28, S. 717; J. 1897, **1**, S. 1034—1035.
1898. I. Wyrouboff und Verneuil, C. r. **126**, p. 340; C. C. **98**, 1, S. 529.
1898. II. — C. r. **127**, p. 412; C. C. **98**, 2, S. 833.
1898. III. — Bull. chim. [3] **19**, p. 219; C. r. **128** (1899), p. 1331—1334; C. C. **99**, 2, S. 145.
1900. L. Pissarjewsky, Z. an. **25**, S. 378; C. C. 1901, **1**, S. 86.
1900. M. G. Urbain, An. chim. **19**, p. 184.
1900. G. v. Knorre, Ber. **33**, S. 1924.
1900. R. Chavastelon, C. r. **130**, p. 781; C. C. 1900, **1**, S. 876.
1900. Rich. Jos. Meyer und E. Marckwald, Ber. 1900, **33**, S. 3005.
1901. H. Behrens, Arch. Neer. [2], **6**, p. 88; C. C. 1902, **1**, S. 297.
1901. G. P. Drossbach, D.R.P. Nr. 117755 vom 5. März 1899; C. C. 1901, **1**, S. 546.
1901. G. und E. Urbain, C. r. **132**, p. 136—137; C. C. 1901, **1**, S. 437—438.
1902. H. Geisow und P. Horkheimer, Z. an. **32**, S. 375.
1902. K. A. Hofmann und F. Zerban, Ber. **35**, 1, S. 531.
1902. Rob. Marc, Ber. **35**, 2, S. 2372.
1902. R. J. Meyer und M. Koss, Ber. **35**, 1, S. 673.
1902. E. Benz, Z. agw. Heft 13, S. 303 ff.
1902. L. Pissarjewsky, Z. an. **31**, S. 359.
1903. B. Brauner und A. Batěk, Z. an. **34**, S. 117.
1903. Rich. J. Meyer, Z. an. **37**, Heft 3, S. 379—380.
1903. Wedekind, Z. an. **33**, S. 83—84.
1904. Wilhelm Hiller, Dis., Universität Berlin.

Bailey (1886) fand, daß die stark sauren Zirkonsulfat- oder Zirkonacetatlösungen mit Wasserstoffperoxyd einen wasserhaltigen Niederschlag von Zirkonsuperoxyd (Zr_2O_5) geben. Die konzentrierten Wasserstoffperoxydlösungen geben sofort einen Niederschlag, während die schwächeren erst nach einiger Zeit eine Fällung erzeugen. Verdünnte Mineralsäuren und Essigsäure, welche frisch gefälltes Zirkonerdehydrat leicht lösen, wirken auf dieses Oxyd erst nach langem Erhitzen ein, so daß sich beide Oxyde mittels kalter verdünnter Säure trennen lassen und dieses Verhalten vorteilhaft zur Darstellung der Zirkonerde verwendet werden kann.

Da Titan, Niobsäure, Eisen und Thonerde unter diesen Umständen keine Fällung geben, verwendete Bailey das Wasserstoffperoxyd zur Reinigung der Zirkonerde von jenen Metallen. Wenn die Zirkonerde höchstens 2,3 % der Mischung betrug und das Gemisch 2—3 Tage lang in verstopften Flaschen stehen gelassen wurde.

Nach Geisow und Horkheimer (1902) soll sich der Niederschlag nur bei sehr starker Konzentration und Anwendung von 30 % H_2O_2 bilden. War das Reagens einigermaßen verdünnt, so konnten diese Chemiker, wie Piccini (1887), keinen Niederschlag erhalten. Im Gegensatz zu Bailey, der auch aus stark schwefelsauren Lösungen mit konz. H_2O_2 sofort einen Niederschlag beobachtet haben will, stellten Geisow und Horkheimer fest, daß bei Gegenwart von 30 % freier H_2SO_4 das Superoxyd des Zirkons erst nach 24 stündigem Stehen ausfällt, dagegen bei Abstumpfung der Säure mit Natriumacetat der Niederschlag sofort auftritt, da er in Essigsäure unlöslich ist.

Verdünnte Zirkonsalzlösungen werden bei Gegenwart von Wasserstoffsuperoxyd durch Alkali nicht gefällt, welche Eigenschaft Geisow und Horkheimer zur Trennung der Zirkonerde von Eisen verwendeten.

Gibt man zu einer verdünnten Lösung der beiden Salze die etwa drei- bis vierfache Volumenenge käuflichen Wasserstoffsuperoxydes und versetzt dieses Gemisch hierauf mit der ca. zehn- bis zwölffachen Menge des zur Fällung von Eisen nötigen Alkalis (aluminiumfrei und dessen Lösung vom spez. Gew. v. 1,25—1,3 ist), so zeigt sich nach dem entsprechenden Verdünnen, Stehenlassen in der Kälte (ca $^1/_2$ Std.) und Filtrieren (da die Lösung stark alkalisch wird, empfiehlt es sich, hierzu gehärtete Filter zu verwenden), daß der Niederschlag alles Eisen enthält und das Filtrat der Zirkonerde gänzlich eisenfrei ist.

Die Trennung soll quantitativ verlaufen und ebenso mit Natriumperoxyd gelingen (vgl. Trennung mittels Natriumsuperoxyd).

Aus mit Ammoniak alkalisch gemachten Weinsäurelösungen kann Zirkonerde durch H_2O_2 abgeschieden werden, so daß man die lästige Zerstörung der Weinsäure umgehen kann (Wedekind 1903). Die Abscheidung ist so eine völlig quantitative und es muß bei Gegenwart eines großen Überschusses von H_2O_2 filtriert werden. Der Niederschlag katalysiert H_2O_2 und löst sich dabei in der Weinsäure wieder auf (Hauser, priv. Mitt.).

Während Cleve (1885) die Superoxyde der seltenen Erden

nur bei gleichzeitiger Gegenwart von Ammoniak, bezw. von Erdhydroxyden und H_2O_2 erhielt, konnte er beim Thorium die merkwürdige Eigenschaft feststellen, daß dessen Sulfatlösung mit H_2O_2 allein einen Niederschlag gibt, für welchen er die Formel Th_4O_7, SO_3 feststellte. Lecoq de Boisbaudran (1885) machte unabhängig von Cleve die gleiche Beobachtung, welche Wyrouboff und Verneuil (1898) in neuerer Zeit zur Reindarstellung der Thorerde verwendeten.

In einer Thoriumnitratlösung, welche möglichst frei von überschüssiger Säure sein muß, scheidet überschüssiges H_2O_2 bei Erwärmen auf 60° das gesamte in der Lösung sich befindende Thorium ab. Die Reaktion ist so empfindlich, daß man noch leicht 0,001 % Thorerde erkennen kann, sei es in einer Lösung mit Cer allein, oder mit den gesamten Cerit- und Gadoliniterden. Die so abgeschiedene Thorerde enthält immer noch etwas Cer, bezw. andere Erden, falls letztere in größeren Mengen vorhanden waren. Es ist daher empfehlenswert, zuvor eine Anreiherung von Thorerde nach dieser oder jener Methode (etwa durch Extraktion mit Ammonoxalat und ca. 10 % Ammoniak oder durch Fällung mit BaO_2) zu schaffen. Nach dreimaliger Fällung erhält man dann ein Präparat, welches Anspruch auf absolute Reinheit hat.

G. Urbain (1900) wendete mit Vorteil diese Methode zur Abscheidung des Thoriums an, ein anderes Mal in Gemeinschaft mit E. Urbain (1901) zur Trennung des Ytterbiums von Thorerde; in der gleichen günstigen Weise äußert sich Meyer (1903).

Kosmann (1897) ließ sich sogar die Wasserstoffperoxydmethode in Kombination mit der Sulfatmethode und Ammoniakfällung bei Gegenwart von Ammmoncitrat (vgl. Trennungsmethoden des Thoriums) patentamtlich schützen.

Drossbach (1901) ließ sich die mittels Wasserstoffsuperoxyd höher oxydierten Thoriumsalze zur Herstellung von Glühstrümpfen patentieren. Diese Glühkörper sollen größere Leuchtkraft besitzen, was auf eine stärkere Volumvergrößerung der Gewebsfäden beim Veraschen zurückgeführt wird. Der Sauerstoffgehalt dieser Salze soll zwischen ThO_2 und Th_2O_7 stehen.

Wyrouboff und Verneuil verdanken wir die ersten Mitteilungen über die Anwendung des Wasserstoffperoxydes in der Analyse. Nach denselben stießen hierbei die genannten Forscher auf unvorhergesehene Schwierigkeiten, hauptsächlich darin bestehend, daß das Thorperoxyd beim Glühen zerstäubt und sich auch in Säure wegen Spritzens trotz aller Vorsicht nicht ohne Verlust lösen läßt. Diesen von Benz (1902) als unzutreffend befundenen Angaben ist es jedenfalls zuzuschreiben, wenn von dieser Methode bis zu jener Zeit in der Analyse thoriumhaltiger Mineralien kein Gebrauch gemacht wurde.

Die Analyse des Monazitsandes hat es immer mit geringen Thorniederschlägen zu tun und diese lösen sich, mit Wasser in eine Schale gespült, in Salzsäure und in Salpetersäure in der Kälte langsam, in der Wärme rascher, aber ohne namhafte Gasentwicklung auf. Mit verdünnter Säure beobachtet man überhaupt keine solche, vermutlich weil die geringe Menge Sauerstoff in der Flüssigkeit gelöst bleibt. Wyrouboff und Verneuil schildern den Thoroxydniederschlag als eine äußerst voluminöse Gallerte und erachten es für nötig, denselben in mit Jodammonium versetzter Salzsäure zu lösen und mit Ammoniak die Thorerde wieder auszufällen. Bei den Benzschen Versuchen mit H_2O_2 wurde gleich von Anfang an ein Ammonsalz (Ammoniumchlorid oder -nitrat) zugesetzt, wodurch ganz wesentliche Vorteile erreicht wurden: die Fällung erfolgte viel schneller und unter Bildung eines lockeren, flockigen Niederschlages, der sich bei einigem Rühren alsbald zu Boden setzte und ohne Mühe filtriert und ausgewaschen werden konnte. Durch direktes Glühen des Niederschlages kann man das Oxyd zur Wägung bringen. Da das Peroxyd beim Glühen zu einem feinen Pulver zerstäubt, wickelt man den etwas getrockneten Niederschlag in das Filter und verbrennt ihn entweder in der Platinspirale oder im Platintiegel. Auf diese Weise erhält man dieselben Resultate als durch Lösen des Peroxydes in Säuren und darauffolgendes Fällen der Thorerde mittels Ammoniak.

Da bei Anwendung von Sulfatlösungen leicht schwerlösliches Cerisulfat mitfallen kann, ist es unbedingt erforderlich, die schwefelsauren Verbindungen zu vermeiden und nur mit salpetersauren Salzen zu arbeiten. Die Fällung der Thorerde durch Wasserstoffperoxyd ist nur aus neutraler oder ganz schwach saurer Lösung (auf 50 ccm Flüssigkeit 1 ccm Salpetersäure 1 : 10) quantitativ.

Citronensäure verhindert die Fällung der Thorerde mit Wasserstoffsuperoxyd (Benz 1902).

Die neutrale Mischung der Nitrate (ca. 1 g Oxyde enthaltend) versetze man mit konzentrierter Ammonnitratlösung, verdünne auf ca. 100 ccm und fälle nach dem Erwärmen auf 60—80° mit 20 ccm H_2O_2 (2,3—2,5 %). Den Niederschlag, der meistens durch Spuren von Cerperoxyd hellgelb gefärbt ist, filtriert man nach dem Absetzen und wäscht ihn mit heißem, Ammonnitrat enthaltendem Wasser aus; halb getrocknet wird derselbe im Platintiegel, wie oben bereits angegeben, verbrannt.

In dieser von Benz angegebenen Form geht das Thorium quantitativ in die erste Fällung, welches Resultat mindestens ebenso zuverlässig ist, als wie es mittels Natriumthiosulfat erst durch ein mühsames Verfahren mit wenigstens vier Fällungen erhalten wird. (Über Anwendung dieser Methode bei der Analyse des Monazits vgl. Quantitative Analyse.)

Hat man durch H_2O_2 aus der Lösung der gemischten Ceritnitrate das Thorium vollständig ausgefällt, so gibt man tropfenweise sehr verdünntes Ammoniak zum Filtrat, wodurch sich ein rotbrauner Niederschlag von Cerihydroxyd bildet, der nur geringe Mengen anderer Erden enthält. Man hält mit der Fällung inne, wenn die Flüssigkeit einen weißen Niederschlag gibt; das Filtrat hiervon ist dann cerfrei und kann direkt zur weiteren Trennung von Lanthan und Didym mittels der Ammon- oder Magnesiumdoppelnitrate Verwendung finden (Wyrouboff und Verneuil 1897; M. G. Urbain 1900). Behrens (1901) entfernte den Rest des Cers, nachdem er die Hauptmenge desselben als basisches Sulfat abgeschieden hatte, ebenfalls durch wiederholtes Hinzusetzen von Ammoniak und Wasserstoffperoxyd. Ammoniak wurde bis zur Trübung, hierauf H_2O_2 zugesetzt, geschüttelt und erwärmt, wodurch sich ein flockiger Niederschlag bildete. Diese Methode gründet sich auf die bekannte empfindliche Cerreaktion von Lecoq de Boisbaudran (1885), auch ist sie verwandt mit dem von Mengel[1] vorgeschlagenen Verfahren, nach welchem Natriumsuperoxyd als Oxydationsmittel für Cerlösungen angewandt werden soll. Nach Dennis und Magee[2] vermag man mit der Reaktion von Lecoq de Boisbaudran noch 0,005 mg Cerdioxyd zu ermitteln und besitzt hierin ein recht bequemes Mittel, um die geringsten Mengen Cer in allen Erdgemischen nachzuweisen, denn es bedarf nur eines Zusatzes von H_2O_2 und NH_3 (im Überschuß), um die charakteristisch gefärbte Fällung zu erhalten.

---

[1] Mengel, Z. an. 19, S. 67.

[2] Dennis und Magee, Z. an. 1894, 7, S. 256—258.

Diesen Angaben widersprechend hatte Marc[1] gefunden, daß Ceriterden mit einem Gehalt von weniger als 2 % Cerdioxyd mit ammoniakalischem H_2O_2 keine Cerreaktion geben. Der leider zu früh verstorbene große Praktiker Drossbach[2] wies auf die Zuverlässigkeit dieser Reaktion hin und bemerkte, daß für ein Gelingen derselben vor allem von Wichtigkeit ist, vor der Fällung mit Alkali so viel H_2O_2 zuzusetzen, daß dadurch sämtliche Oxyde in Peroxyde übergeführt werden können.

In neuester Zeit will Hiller (1904 im Laboratorium von Rich. Jos. Meyer) ebenso wie Marc gefunden haben, daß beim Sinken des Cergehaltes in Erdgemischen (Cerit-) die Cerreaktionen ganz unverhältnismäßig an Empfindlichkeit einbüßen, und zwar fast unabhängig von der Gesamtkonzentration der Lösung. Die Carbonatreaktion mit H_2O_2 soll am empfindlichsten sein. Siehe Trennungsmethode — Carbonate. Fresenius und Hintz[3] wiesen mit Hilfe der Reaktion von Lecoq de Boisbaudran in Thornitratpräparaten des Handels geringe Cermengen nach, jedoch mußte zuvor die Thorerde mit $Na_2S_2O_3$ ausgefällt werden; erst das eingedampfte thorfreie Filtrat gab eine deutliche braune Fällung (vgl. Cerreaktionen S. 91 und Trennung mittels Natriumsuperoxyd).

Bei einem Gehalt von mehr als 50 % Ceroxyd löst sich bekanntlich das Erdgemisch nicht in konzentrierter Salpetersäure. Lösung erfolgt aber, wenn H_2O_2 in kleinen Anteilen zu der HNO_3 gesetzt wird (Wyrouboff und Verneuil 1899).

Die Schwerlöslichkeit der cerreichen Ceritoxyde kann man umgehen und dennoch eine Überführung des dreiwertigen Cers in die Vierwertigkeit bewirken, wenn man das Oxalatgemisch nicht verglüht, sondern mit Kalilauge unter Zusatz von Wasserstoffsuperoxyd kocht. Hierbei wird die Oxalsäure gänzlich entfernt und es hinterbleiben die Erden als gelber kristallinischer Niederschlag, in welchem das Cer als Cerihydroxyd und Superoxyd enthalten ist. Der leicht auszuwaschende Niederschlag wird bei 120° getrocknet und löst sich leicht in konzentrierter Salpetersäure zu einer tief dunkelroten Flüssigkeit. Ein längeres Trocknen bei 120° ist unbedingt erforderlich, da die Superoxyde

[1] Marc, Ber. 1902, **35**, S. 2371.
[2] Drossbach, Ber. 1902, **35**, S. 2830.
[3] Fresenius und Hintz, Z. alyt. 1896, **35**, S. 530.

zerstört werden müssen, um ihre reduzierenden Wirkungen bei der Behandlung mit Säuren zu verhindern (Wyrouboff und Verneuil 1897 und 1899; Meyer und Marckwald 1900). Ist weniger Cer als 50 % in dem Gemisch enthalten, was man an der leichten Löslichkeit desselben erkennt, oder hat man bereits eine Cerlösung und will dieselbe nur oxydieren, so kann man hieraus ebenfalls mit Wasserstoffsuperoxyd und Ammoniak das braune Cerhyperoxydhydrat fällen. Nach der Dekantation der klaren Flüssigkeit wird dieses Cerhyperoxydhydrat mit Wasser auf gegen 100° erhitzt und endlich gekocht, bis es vollständig in das hellgelbe Certetroxydhydrat übergegangen ist. Löst man das gut gewaschene Hydroxyd in einer Porzellanschale (nicht Platinschale!) in Salpetersäure, so hat man die von Wyrouboff und Verneuil für ihr basisches Verfahren erforderlichen Bedingungen (Brauner und Batěk 1903).

Chavastelon (1900) trennt die seltenen Erden umgekehrt, wie es meistens der Fall ist; das Thorium wird allein, oder mit Cer zusammen in Lösung gehalten und die übrigen seltenen Erden in unlösliche Verbindungen übergeführt. Er erreicht diesen Zweck einmal durch Schütteln einer neutralen Erdnitratlösung mit einer gesättigten Natriumsulfitlösung (vgl. Trennung mittels schwefliger Säure oder deren Salze), das andere Mal durch Fällen der Erden mittels Ammoniak und Wasserstoffsuperoxyd und Extraktion des Peroxydniederschlages mit Alkalibicarbonat, wodurch nur Thorium und Cer gelöst werden. Die aus der Lösung mit Alkalihydroxyd gefällten Peroxydhydrate werden mit schwefliger Säure reduziert, in Salzsäure gelöst und aus dieser Lösung das Thorium mittels Wasserstoffsuperoxyd gefällt. Man kann auch die Lösung von Thorium und Cerperoxyd in Alkalicarbonat mit einer größeren Menge Natriumcarbonat versetzen und durch Zusatz von schwefliger Säure eine konzentrierte Lösung von Natriumsulfit herstellen usw.

Wollte man im großen nach der Poppschen Methode mit Natriumacetat arbeiten und die Oxydation mittels H_2O_2 ausführen, so würde man aus zwei Gründen nicht zum Ziele gelangen; der erhaltene Cerniederschlag ist nämlich derartig voluminös und schwer filtrierbar, daß er in größeren Mengen nicht bewältigt werden kann und sich während des Filtrierens und Auswaschens zum Teil wieder auflöst, indem die Hydrolyse des Acetates beim Erkalten wieder zurückgeht. Außerdem konnten Meyer und Koss (1902) konstatieren, daß bei Gegenwart von Wasserstoffsuperoxyd sehr beträchtliche Mengen von Didym mit dem Cer zusammen ausfallen.

Die Oxydation des Cers mittels H_2O_2 bei Gegenwart von Natriumacetat empfahl bekanntlich Hartley (1882) zum qualitativen Nachweis dieser Erde. Setzt man zu einer schwach sauren oder neutralen Cersalzlösung essigsaures Natrium und H_2O_2, so entsteht ein Niederschlag, der je nach der Cermenge bräunlich bis dunkelbraun gefärbt ist — essigsaures oder ein basisches Cersalz (Erk, Behrens), 0,01 mg Cerdioxyd lassen sich mit dieser Reaktion noch nachweisen[1]. Schottländer[2], Muthmann und Roelig[3] bedienten sich dieser Reaktion bei ihren umfangreichen Arbeiten über Ceriterden, s. auch Cerreaktionen S. 91.

Während Lösungen von Didymsalzen durch Natriumacetat allein nicht gefällt werden, scheidet sich bei gleichzeitiger Anwesenheit von viel Wasserstoffperoxyd in der Hitze ein voluminöser Niederschlag aus, der das Didym in Form eines Superoxydacetates enthält, und zwar gelingt es bei Anwendung kleinerer Mengen, das gesamte Didym auf einmal auszufällen; die Fällung löst sich wieder beim Erkalten, auch von Essigsäure wird sie in der Wärme leichter gelöst als basisches Ceriacetat, so daß größere Mengen Didym nur unter zeitweiliger Neutralisation der Lösung fraktioniert abgeschieden werden können. Unter denselben Bedingungen werden Lanthansalze nicht gefällt, was den Gedanken nahe legt, die in diesem Verhalten wie auch sonst zutage tretende, verhältnismäßig große Basizitätsdifferenz zwischen Didym und Lanthan zu einer Trennung im großen zu verwenden. Allerdings soll man auf die gekennzeichnete Weise verhältnismäßig schnell zu größeren Mengen lanthanfreien Didyms gelangen können, jedoch sind die rein technischen Unbequemlichkeiten der Ausführung dieser Methode infolge des übermäßigen Schäumens der Flüssigkeit, sowie der schlechten Filtrierbarkeit und leichten Auflösbarkeit der Niederschläge vorläufig noch so erheblich, daß Meyer und Koss sie für die Praxis nicht empfehlen.

Bei der fraktionierten Fällung einer Didymlösung mit Natriumacetat und H_2O_2 soll man auch eine auffallend schnelle Scheidung der Didymkomponenten erzielen.

[1] Dennis und Magee, Z. an. 1894, **7**, S. 256—258.
[2] Schottländer, Ber. 1892, **25**, 1, S. 384.
[3] Muthmann und Roelig, Ber. 1898, **31**, 2, S. 1720; Roelig, Dis., Universität München 1898, S. 28—29.

Da die fällende Wirkung des Natriumacetates auf Salze von Metallen verschiedener Basizität, wie Cer und Didym, von der Konzentration der Hydroxylionen abhängt, die sich durch die Hydrolyse des Fällungsmittels ausbilden, so wird man bei Wahl von Acetaten schwächerer Basen von vornherein einen besseren Erfolg erwarten dürfen. Diese Voraussetzung bestätigt sich, denn durch ein Gemisch von Magnesiumacetat und Wasserstoffperoxyd wird das Cer vollständig gefällt, Didym und Lanthan dagegen nicht, auch nicht bei längerem Kochen. Der Cerniederschlag ist jedoch stets etwas didymhaltig, wie man auch die Versuchsbedingungen variiert; da derselbe aber in Säuren leicht löslich ist, so macht seine weitere Reinigung keine besonderen Schwierigkeiten.

Meyer und Koss lösten 100 g Ceritoxyde in einem 3—4 l fassenden Kolben in 2 l Wasser, erhitzten die Lösung zum Sieden und hielten dieselbe durch eingeleiteten Wasserdampf dauernd in Bewegung, während aus einem Tropftrichter langsam eine Lösung von 50 g Magnesiumacetat in 500 ccm Wasserstoffperoxyd von 2,5 % eingetropft wurde; jeder Tropfen erzeugte eine dunkelorangerote Fällung eines Cerperoxydacetates. Das Eintropfen wurde so lange fortgesetzt, bis eine Probe des Filtrates mit Ammoniak und H_2O_2 versetzt, einen rein weißen Hydroxydniederschlag gab, d. h. bis alles Cer gefällt war. Hört man bei diesem Punkt auf, so setzt sich der Niederschlag schnell ab und kann auf einer Nutsche abgesaugt und mit heißem Wasser ausgewaschen werden. Der ursprünglich orangerote Niederschlag wird bei fortgesetztem Kochen unter Sauerstoffabgabe rein gelb, indem das Cerperoxydacetat in Cerioxydacetat übergeht. Es ist empfehlenswert, zum Schluß einen kleinen Überschuß von H_2O_2 zuzusetzen, weil ein Gehalt von Peroxydacetat dem Niederschlag eine mehr kristallinische Beschaffenheit gibt, die seine Filtrierbarkeit begünstigt. — Da das so erhaltene Cerpräparat immer 3—4 % Di_2O_3 enthält, muß dasselbe nach anderen bewährten Methoden weiter gereinigt werden, s. auch Meyer 1903.

Das von G. v. Knorre (1897, 1900) ausgearbeitete maßanalytische Verfahren zur Bestimmung des Cers, welches allen Anforderungen genügt, beruht darauf, daß die gelb bis orange gefärbten Ceriverbindungen bei Gegenwart freier Säure durch Wasserstoffperoxyd glatt zu farblosen Ceroverbindungen reduziert werden, gemäß den Gleichungen

$$2\,Ce(SO_4)_2 + H_2O_2 = Ce_2(SO_4)_3 + H_2SO_4 + O_2$$

oder

$$2\,Ce(NO_3)_4 + H_2O_2 = Ce_2(NO_3)_6 + 2\,HNO_3 + O_2.$$

Die vollendete Reduktion der Cerdioxydlösung läßt sich leicht durch den Eintritt vollkommener Entfärbung erkennen. Die gelben Cerilösungen färben sich bei der Reduktion mit Weingeist merkwürdigerweise blutrot (Drossbach 1896).

Zur Ausführung des Verfahrens versetzt man dementsprechend die angesäuerte Cerdioxydsalzlösung in der Kälte (Zimmertemperatur) mit einer überschüssigen gemessenen Menge von verdünnter Wasserstoffperoxydlösung von bekanntem Gehalt und titriert nach vollständiger Entfärbung den Überschuß von H_2O_2 mit Kaliumpermanganatlösung zurück. Entspricht das zugesetzte Volumen der Wasserstoffperoxydlösung a ccm und der Überschuß von H_2O_2 b ccm Permanganat, so ergibt sich aus der Differenz $a - b$ die Menge von Cer, welche in der Lösung in Form von Cerdioxyd vorhanden war.

Ist der Titer der Permanganatlösung in bezug auf Eisen ermittelt, so läßt sich die dem Eisentiter äquivalente Menge von Cer bezw. von Cerdioxyd auf Grund folgender Überlegung berechnen: Da 2 Mol. $KMnO_4$ 10 At. Fe (bezw. 10 Mol. Ferrosalz) oxydieren und 5 Mol. H_2O_2 zersetzen, ferner 1 Mol. H_2O_2 2 Mol. CeO_2 reduziert, so ergibt sich, daß 1 At. Fe 1 At. Ce, bezw. 1 Mol. CeO_2 entspricht; 56 T. Eisen sind demnach 140 T. Cer bezw. 172 T. CeO_2 äquivalent.

Entspricht 1 ccm Permanganatlösung c mg Eisen, so zeigt 1 ccm der Maßflüssigkeit $c\ ^{140}/_{56}$ mg Cer, bezw. $c\ ^{172}/_{56}$ mg CeO_2 und $c\ ^{164}/_{56}$ mg Ce_2O_3 an.

Die Menge des in der titrierten Lösung vorhandenen Cerdioxyds (in mg) ergibt sich daher aus dem Produkt

$$(a - b) \cdot c\ ^{172}/_{56}.$$

Da dieselbe Menge von Permanganatlösung, welche 1 mg Eisen anzeigt, 3,07143 mg Cerdioxyd entspricht, so ist es behufs Erzielung möglichster Genauigkeit zweckmäßig, keine zu konzentrierte Permanganatlösung zu verwenden (nicht mehr als etwa 2 g $KMnO_4$ pro l) und ferner mit Büretten zu arbeiten, die noch bequem das Ablesen von 0,05 ccm gestatten.

Wenn auch übermangansaures Kali langsam durch eine mit etwas Schwefelsäure versetzte Lösung des Ceroxyduls entfärbt wird (vgl. Trennung mittels Kaliumpermanganat), so läßt sich doch die Endreaktion sehr gut erkennen. Die in einer angesäuerten Cerosalzlösung durch einen Tropfen Permanganatlösung erzeugte schwache Rotfärbung bleibt etwa eine halbe Minute deutlich sichtbar bestehen.

Bei einer frisch hergestellten, angesäuerten Cerammonnitratlösung erfolgt die Entfärbung auf Zusatz von H_2O_2 fast momentan; hat dagegen die Lösung längere Zeit gestanden, so tritt die Reduktion nicht mehr sofort ein, sondern erfordert einen Zeitraum von einigen Minuten bis etwa zu einer Viertelstunde.

Die bei der Titration erhaltenen Zahlen stimmen indessen mit den bei der frischen Lösung erhaltenen vollkommen überein.

Die sofortige Reduzierbarkeit einer älteren Cerilösung läßt sich übrigens dadurch wieder erreichen, daß man die mit verdünnter Schwefelsäure angesäuerte Lösung einige Minuten zum Sieden erhitzt; nach dem Erkalten erfolgt dann die Reduktion durch H_2O_2 wiederum fast momentan, ebenso wie bei einer frischen Lösung. (Durch das Kochen mit verdünnter Schwefelsäure findet eine Zersetzung der Ceriverbindung nicht statt, vielmehr erhält man bei der Titration genau dieselben Werte, wie bei der nicht bis zum Sieden erhitzten Flüssigkeit.)

Erhitzt man dagegen eine ältere Ceriammonnitratlösung zum Sieden, ohne vor dem Erhitzen Säure zuzugeben, sondern säuert erst nach dem Erkalten an, so läßt sich nun eine Beschleunigung der reduzierenden Einwirkung des H_2O_2 nicht beobachten.

Bei der Ausführung des Verfahrens kann man zum Ansäuern an Stelle von Schwefelsäure mit demselben Erfolge auch Salpetersäure verwenden; sind ferner in der Flüssigkeit Papierfasern verteilt, so werden die Ergebnisse der Titration dadurch nicht beeinflußt. Schottländer[1] filtrierte die Cerilösungen durch Asbest, da er die reduzierenden Eigenschaften des Filtrierpapiers fürchtete.

Von sehr wesentlicher Bedeutung ist es, daß das Ansäuern der Cerilösung vor dem Zusatz von H_2O_2 erfolgt; versetzt man eine neutrale Cerilösung mit H_2O_2 und fügt dann erst Säure hinzu, so werden infolge von Nebenreaktionen falsche, und zwar zu hohe Resultate erhalten.

Dieses Verfahren führt auch bei Gegenwart von Cerosalzen, sowie von Lanthan-, Didym-, Thorverbindungen und Eisenoxydsalzen zum Ziele; die Anwesenheit dieser Körper beeinflußt die

[1] Schottländer, 1892, Ber. **25**, 1, S. 379—382.

Reaktion von H_2O_2 auf Ceriverbindungen in angesäuerter Lösung nicht. Im ersten Falle ist es natürlich erforderlich, die Cerosalze in Ceriverbindungen überzuführen, was am vollkommensten mit Ammonium- bezw. Kaliumpersulfat gelingt (vgl. Trennung mittels Ammoniumpersulfat).

Die Cerosalzlösung wird zunächst mit möglichst wenig verdünnter Schwefelsäure angesäuert, da ein großer Überschuß konzentrierter H_2SO_4 die Oxydation ganz verhindern kann (indessen darf die Säuremenge doch nicht so gering bemessen werden, daß beim Sieden basisches Cerisulfat ausfällt); darauf fügt man in der Kälte Ammoniumpersulfat hinzu und erhitzt ein bis zwei Minuten zum Sieden (zweckmäßig in einem Erlenmeyerschen Kolben); alsdann kühlt man durch Eintauchen in kaltes Wasser auf etwa 40—60° ab, fügt eine zweite Portion Persulfat hinzu und erhitzt nun 5—10, oder besser noch 15 Minuten zum Sieden; dabei ist es zweckmäßig, gegen Schluß des Siedens mit etwas mehr verdünnter Schwefelsäure anzusäuern, um das überschüssige Persulfat möglichst vollständig zu zerstören (zur Oxydation von 0,2—0,3 g Cer genügen etwa 3 g Ammoniumpersulfat; das Salz wird für sich in Wasser gelöst und vor dem erstmaligen Aufkochen etwa die Hälfte, das zweite- und drittemal je etwa der vierte Teil von der Persulfatlösung der zu oxydierenden Flüssigkeit zugesetzt.

Nach vollständigem Erkalten der nun das Cer in Form von Cerdioxyd enthaltenden Lösung kann dann in der oben beschriebenen Weise die Titration mit H_2O_2 vorgenommen werden. Um dabei indessen möglichst genaue Resultate zu erzielen, selbst wenn noch eine Spur von Persulfat unzersetzt in der Lösung vorhanden, ist es zweckmäßig, die Wasserstoffsuperoxydlösung nur in ganz geringem Überschuß zuzusetzen, um jede Nebenreaktion zwischen Persulfat und H_2O_2 möglichst zu vermeiden. Daher empfiehlt v. Knorre, nicht etwa mit einer Pipette eine gemessene Menge von H_2O_2 zuzusetzen und dann mit Permanganat zurückzutitrieren, sondern die H_2O_2-Lösung vorsichtig aus einer Quetschhahnbürette zufließen zu lassen, bis eben Entfärbung erfolgt, und dann den geringen Überschuß von H_2O_2 sofort mit Permanganat zurückzutitrieren. Verfährt man in beschriebener Weise, so erhält man zufriedenstellende Ergebnisse.

Hat man die Titration ausgeführt, so ist es nicht angängig, in derselben Flüssigkeit — etwa behufs Ausführung einer Kontrollbestimmung — noch einmal die Oxydation mit Persulfat vorzunehmen, weil dabei das in Lösung befindliche Mangan unter Braunrotfärbung der Flüssigkeit zu Manganisulfat oxydiert wird. Bei Zusatz von H_2O_2 würde alsdann nicht nur das Cerisalz, sondern auch das Manganisalz reduziert werden, so daß richtige Zahlen nicht zu erhalten wären.

Die Anwesenheit kleinerer Mengen von Nitraten bei der Ausführung der Oxydation mit Persulfat beeinflußt das Resultat nicht merklich, jedoch ist das Ansäuern mit Salpetersäure an Stelle von Schwefelsäure unstatthaft, weil in diesem Falle zu niedrige Ergebnisse erhalten werden.

Anscheinend läßt sich die Zersetzung der Überschwefelsäure unter Abspaltung von H_2O_2 in der mit Salpetersäure angesäuerten Lösung schwerer vermeiden als bei Gegenwart überschüssiger Schwefelsäure.

Zu bemerken wäre noch, daß Titansäure und Phosphorsäure störend einwirken, so daß eine direkte Cerbestimmung im Monazitaufschluß ausgeschlossen ist. Es ist daher nicht zu umgehen, aus der phosphorsäure- und titansäurehaltigen Lösung die Erden zuvor durch Oxalsäure auszufällen, zu welchem Zweck die Sulfatlösung nicht zu weit verdünnt werden darf, da sonst leicht Phosphate der seltenen Erden als unlösliche Verbindungen ausfallen (um dieselben in Lösung zu halten, muß überhaupt eine reichliche Menge freier Schwefelsäure vorhanden sein); zweckmäßig fällt man zuerst die Hauptmenge der Erden in der nur wenig verdünnten Lösung durch überschüssige Oxalsäure aus und verdünnt darauf erst stärker; hat man zum Schluß genügend verdünnt, so fallen die Erden nach längerem Stehen quantitativ aus, während Phosphorsäure, Titansäure usw. in Lösung bleiben (vgl. Fällen der Erden).

Die Superoxyde der seltenen Erden.

Im Anschluß an die Trennungsmethode mittels Wasserstoffperoxyd seien noch einige Angaben über die dabei entstehenden Verbindungen — Superoxyde — gemacht.

Vielfach ist der Versuch gemacht worden, die Superoxyde mit Hilfe von Wasserstoffperoxyd darzustellen. Nach den ausgezeichneten Untersuchungen von Schönn[1] über die Superoxyde

[1] Schönn, L. A. **192**, S. 257; **193**, S. 241.

der Alkali- und Alkalierdmetalle geben diese Metalle — ohne das Kristallwasser zu berücksichtigen — die Superoxyde

$$R_2O_2 \quad \text{und} \quad R_2H_4O_6$$
$$RO_2 \quad \text{und} \quad RH_4O_6.$$

Die Superoxyde $R_2H_4O_6$ zersetzen sich leicht unter Bildung der Oxyde R_2O_4. Von den Metallen der Magnesiumgruppe hat Haas[1] die Superoxyde des Zinks, Cadmiums und Mangans untersucht (R_2O_3 und RO_2), Krüss[2] das Kupfersuperoxyd CuO_2H_2O, Etard[3] die Einwirkung des Baryumperoxydes auf Borsäure studiert, Brauner[4] erhielt mit H_2O_2 ein Superoxyd des Didyms ($Di_2O_5 + 3H_2O$), nach P. T. Cleve[5] geben weder Aluminium noch Eisen mit H_2O_2 Superoxyde und von den vierwertigen Elementen untersuchte man das Superoxyd des Titans. Das Titansäurehydrat hat nach Schönn[6] eine tiefbraune Farbe, ein Mittel zum Nachweis der Titansäure. Diese Farbe hat nach den Untersuchungen von Weller[7] ihren Ursprung in der Bildung eines Oxydes TiO_3.

Uranylacetat und -nitrat geben nach M. Fairley[8] mit H_2O_2 gelbe Fällungen von der Formel $UO_4 + 6H_2O$.

Daß Chromsäure mit H_2O_2 einen blauen, in Äther löslichen Körper gibt, ist lange bekannt. Nach den Untersuchungen von Moissan[9] ist die Formel desselben CrH_2O_5.

Molybdän- und Wolframsäure können ebenfalls Superoxyde geben. Berwald[10] fand, daß Ammoniummolybdat mit H_2O_2 ein braunes und kristallisierbares Salz gibt.

Während die Beryllerde mit H_2O_2 kein Superoxyd liefert, verbinden sich die Oxyde (R_2O_3) der Yttria, des Lanthans, Didyms und Samariums mit H_2O_2 und geben Superoxyde R_4O_9, d. h. sie nähern sich der Formel R_2O_5. Die Zirkonerde und das Cerdioxyd (RO_2) geben wie die Titansäure nach Cleve (a. a. O.) ein Superoxyd

[1] Haas, Ber. **17**, S. 2249.
[2] Krüss, Ber. **17**, S. 2593.
[3] Etard, C. r. **91**, p. 931.
[4] Brauner, Mtsft. Ch. **3**, S. 41.
[5] P. T. Cleve, Bull. Chim. 1885, **43**, p. 53.
[6] Schönn, Z. alyt. **9**, S. 41.
[7] Weller, Ber. **15**, S. 2599.
[8] M. Fairley, J. Ch. S. 1877, **1**, p. 127.
[9] Moissan, C. r. **97**, p. 96.
[10] Berwald, Ber. **18**, S. 1206.

RO_3[1], die Thorerde, die zur selben Gruppe gehört, ein Superoxyd R_2O_7 (nach Lecoq de Boisbaudran $ThO_{3,595}$).

Die angeführten Superoxyde erhielt Cleve durch Einwirkung von H_2O_2 und NH_3 auf die Salze dieser Elemente, ebenso stellten Lecoq de Boisbaudran (1885), Hermann (1843) und Bailey (1886, 1889) die Superoxyde von Thorium, Zirkon und Cer dar. Witt (priv. Mitt. v. 20. Juni 1904) machte die Beobachtung, daß alle seltenen Erden bei Gegenwart von Milchsäure mit H_2O_2 eine Fällung geben, und benutzt mit großem Vorteil dieses Verhalten zur Darstellung der Superoxyde. Nach Cleve und Lecoq de Boisbaudran entsteht Thoriumsuperoxyd auch bei Einwirkung von H_2O_2 ohne Ammoniak auf Thoriumsulfat oder Thoriumacetat. Hermann und Lecoq de Boisbaudran hatten Ceriumsuperoxyd durch Einwirkung von H_2O_2 auf eine Lösung von Cerosalz und Natriumacetat erhalten und Bailey fand, daß die stark sauren Zirkoniumsulfat- und Zirkoniumacetatlösungen mit H_2O_2 einen wasserhaltigen Niederschlag von Zirkonperoxyd von der Formel Zr_2O_5 geben. Nach Pissarjewsky (1900, 1902) gibt Thorerde außer ThO_3 noch eine viel beständigere Verbindung Th_2O_7. Die thermochemischen Daten für die Superoxyde des Thoriums, Zirkons und Cers sind ebenfalls von diesem Chemiker bestimmt worden.

Da die Versuche von Calvert[2] zeigen, daß H_2O_2 eine einbasische Säure ist, so kann man die Superoxyde als Salze von H_2O_2 betrachten. Diese Meinung hat Böttger[3] zuerst ausgesprochen und dadurch begründet, daß Thoriumsalzlösungen mit Wasserstoffperoxyd eine weiße Fällung geben, deren Lösung in Schwefelsäure die H_2O_2 Reaktion zeigt. Diese Verhältnisse deuten darauf hin, daß es sich hier, wie auch in anderen Fällen nicht um Superoxyde in dem Sinne von Blei- oder Mangansuperoxyd handelt, sondern, daß die Niederschläge vermutlich schwer lösliche Salze des Wasserstoffsuperoxyds sind. Wolffen-

[1] Mengel (1899, Z. an. **19**, S. 72) und v. Knorre (l. c.) erhielten mit Ammoniak und Natrium- bezw. Wasserstoffsuperoxyd immer weniger Sauerstoff bei der Bestimmung des Superoxydes von Cer als Cleve.

[2] Calvert, Zeitsch. phys. Chem. **38**, S. 513; auch Bredig, Zeitsch. Elec. Chem. **7**, S. 622.

[3] W. Böttger, Grundriß der qualitativen Analyse vom Standpunkte der Lehre von den Ionen, 1902, S. 299.

stein[1] behauptet, daß H_2O_2 wie eine zweibasische Säure reagiert und empfiehlt das von Pissarjewsky und Melikoff[2] erhaltene Ammoniumhyperoxyd als Salz von H_2O_2 der Formel $NH_4O{-}OH$ zu betrachten. A. v. Baeyer und Villiger[3] beschreiben das Äthylhydroperoxyd als eine schwache Säure, die mit Alkali- und Erdalkalimetallen Salze bildet, sehr ähnlich den Salzen von H_2O_2. Hiernach sehen auch Baeyer und Villiger die Superoxyde als Salze von H_2O_2 an.

Der Begriff echte Hyperoxyde wurde von D. Mendelejeff eingeführt, als er zum ersten Male sein periodisches Gesetz veröffentlichte und auf die Lage der Elemente im periodischen Systeme hinwies (1869—71). Nicht alle Verbindungen des Typus RO_2 können nach Mendelejeff als Hyperoxyde betrachtet werden; einige von diesen Verbindungen stellen Derivate des Wasserstoffperoxydes dar, andere erweisen sich als höhere Oxyde vom Typus des Blei- und Manganhyperoxydes. Diese echten Hyperoxyde geben in Schwefelsäurelösung die Reaktion auf H_2O_2. Pissarjewsky und Melikoff[4] haben ebenso wie Böttger vorgeschlagen, solche Übersäuren und Superoxyde, welche bei der Einwirkung von Säuren Wasserstoffperoxyd entwickeln, als Derivate von H_2O_2 zu betrachten. Die Formeln solcher Verbindungen sollen geschrieben werden $O_2U\!<\!\begin{smallmatrix}O\\|\\O\end{smallmatrix}$ (Überuransäure), $O_2Mo\!<\!\begin{smallmatrix}O\\|\\O\end{smallmatrix}$ (Übermolybdänsäure) usw., das heißt, daß wir solche Verbindungen als Wasserstoffperoxyd, in welchem zwei Wasserstoffatome durch UO_2 oder MoO_2 ersetzt werden, zu betrachten haben. Was die Superoxyde von Alkalimetallen und Ammoniumhyperoxyd betrifft, so haben diese Forscher die Vermutung ausgesprochen, daß diese Substanzen in der Lösung Hydrate von der Formel $NaO{-}OH$, $KO{-}OH$ und $NH_4O{-}OH$ bilden.[5] Melikoff und Klimenka[6] geben für Praseodymsuperoxyd die Formel $Pr\!<\!\begin{smallmatrix}O{-}OH\\(OH)_2\end{smallmatrix}$ und bemerken, daß bei der Einwirkung von H_2O_2 auf Praseodymsalz

[1] Wolffenstein, Ber. **34**, S. 2430.
[2] Pissarjewsky und Melikoff, Z. an. **18**, S. 89.
[3] A. v. Baeyer und Villiger, Ber. **34**, S. 741.
[4] Pissarjewsky und Melikoff, Z. an. **18**, S. 57.
[5] Pissarjewsky und Melikoff, Z. an. **19**, S, 415 und **18**, S. 94.
[6] Melikoff und Klimenka, J. russ. ph.-ch. G., 1901, **33**, S. 663.

anfangs Hyperoxydhydrat der Formel $Pr(O—OH)_2$ sich bildet, welches unter Sauerstoffentwicklung allmählich sich zersetzt und in $Pr(O_3H)(OH)_2$ übergeht. Diese Hyperoxydhydrate muß man ebenfalls als Salze von H_2O_2 betrachten.

Die Sauerstoffentwicklung durch Salpetersäure, sowie die Chlorentwicklung durch Salzsäure beweisen, daß das Cerdioxyd zur Gruppe der Polyoxyde vom Typus des PbO_2, MnO_2 usw. gehört, jedoch als solches leichter Salze zu bilden imstande ist, als letztere. Ebenso wie jene kann es aus der niedrigeren Oxydationsstufe durch verschiedene Oxydationsmittel wie Cl, PbO_2, $KMnO_4$, Na_2O_2, H_2O_2 und dergl. dargestellt werden. Einen anderen Charakter zeigt dagegen das oben erwähnte Praseodymsuperoxyd, welches sich nicht mit Hilfe von Chlor aus dem Sesquioxyd darstellen läßt und, wie Piccini[1] richtig hervorhebt, zur Gruppe der eigentlichen Superoxyde vom Typus des H_2O_2, BaO_2 usw. gehört.[2]

Um einwandsfreie Versuche mit H_2O_2 zu machen, ist es erforderlich, destilliertes Wasserstoffperoxyd zu verwenden, welches keine fixen Bestandteile enthält.

Da das käufliche Produkt meistens sehr verdünnt ist, so wird dasselbe bei der Reinigung zugleich konzentriert. Es geschieht dieses dadurch, daß man das käufliche Produkt (ca. 1 %) in einem geräumigen Fraktionierkolben im Vakuum in bekannter Weise bis auf $^1/_4$ seines Volumens einengt, dann die Vorlage, welche ein ganz verdünntes H_2O_2 enthält, wechselt und den Rest für sich auffängt. So gewinnt man aus einem ca. 1 %igen H_2O_2 ein 2,3—2,5 %iges, das sich für die quantitativen Arbeiten besonders gut eignet.

8. Trennung mittels Natriumsuperoxyd.

Literatur.

1899. P. Mengel, Z. an. **19**, S. 67.
1902. H. Geisow und P. Horkheimer, Z. an. **32**, S. 374—375.

Als ein geeignetes Oxydationsmittel für die Überführung des Cers in die höhere Oxydationsstufe fand Mengel das Natrium-

[1] Piccini, Z. an. **12**, S. 169.
[2] Mengel, Z. an. 1898, **19**, S. 67—77.

superoxyd. Man kann hierbei von jedem beliebigen Oxydulsalz des Cers ausgehen. Die Lösung derselben fällt man bei Zimmertemperatur, indem man langsam und unter stetem Umrühren eine Lösung von Natriumsuperoxyd in Eiswasser zugibt. Der rote, fast eisenoxydfarbene Niederschlag wird mit heißem Wasser durch Dekantieren ausgewaschen und abgenutscht. Das Trocknen desselben geschieht bei 120—130°, wobei die rotbraune Farbe in Hellbraun bis Gelb übergeht. Der getrocknete Niederschlag wird alsdann in kleinen Portionen in konzentrierte Salpetersäure gegeben, worin er sich unter Erwärmung löst. Hierbei entwickelt sich Kohlensäure, welche das Hydrat aus der Luft aufgenommen hat, eine Sauerstoffentwicklung unter teilweiser Reduktion des Cerisalzes soll hierbei nicht wie beim Lösen der stark geglühten Ceritoxyde in Salpetersäure stattfinden. Es mag dieses damit zusammenhängen, daß das Cerdioxydhydrat sich leichter und unter geringer Wärmeentwicklung in Salpetersäure löst als das wasserfreie Dioxyd und bei dieser niedrigen Temperatur seinen Sauerstoff nicht abgibt. Die Abscheidung des Cers geschieht hierauf am bequemsten als Ammondoppelsalz in bekannter Weise (vgl. Trennung mittels Ammondoppelnitrate).

Die Oxydation mit Natriumsuperoxyd ist nicht ganz vollständig und von der Temperatur der Lösung abhängig. In der Kälte gefälltes Oxyd enthält mehr Sauerstoff als heiß gefälltes.

Eine ebenso bequem und einfache Trennung des Zirkons vom Eisen wie diejenige mit Wasserstoffsuperoxyd ist Geisow und Hockheimer mit Natriumsuperoxyd gelungen.

In Eiswasser, welches in ständiger Bewegung gehalten wird, trägt man so lange Natriumsuperoxyd in kleinen Portionen ein, bis 1 g Na_2O_2 etwa 8—10 ccm Wasser entspricht. 40 ccm hiervon werden dem Gemisch der Eisen- und Zirkonlösung (30 ccm) hinzugefügt. Nach einigen Minuten verdünnt man auf 250 ccm und läßt die Flüssigkeitsmenge über Nacht unter Eiskühlung stehen. Die weitere Trennung erfolgt in der unter Wasserstoffsuperoxyd angegebenen Weise (vgl. Trennung mittels Wasserstoffsuperoxyd S. 149).

Wyrouboff und Verneuil benutzten zur approximativen Trennung des Thoriums von den Erden des Monazits Baryumsuperoxyd (vgl. S. 47).

9. Trennung mittels Ammonium- und Kaliumpersulfat.

Literatur.

1897. G. v. Knorre, Z. agw. Heft. 22, S. 717—725.
1898. Wyrouboff und Verneuil, C. r. 128, p. 1331; Bull. chim. [3] 19, p. 219; C. C. 99, 2, S. 145.
1900. G. v. Knorre, Ber. 33, Heft 12, S. 1926.
1900. O. N. Witt und Walter Theel, Ber. 33, 1, S. 1315—1324.
1900. Richard Jos. Meyer und E. Marckwald, Ber. 33, S. 3007, 3009.
1901. H. Behrens, Arch. Neer. S. II, 6, p. 84—85.
1902. Richard Jos. Meyer und M. Koss, Ber. 35, Heft 3, S. 672; C. C. 1902, S. 705—706.
1904. Murdoch Koss, Dis., Universität Berlin, 1904.

G. v. Knorre (1897) gelang es nach einer großen Anzahl von Versuchen mit Hilfe von Ammonium- bezw. Kaliumpersulfat[1] ein Verfahren zu ermitteln, welches eine glatte und quantitative Oxydation der Cerosalze ermöglicht.

Die Persulfate zersetzen sich beim Kochen in schwach saurer Lösung gemäß der Reaktionsgleichung

$$\overset{\mathrm{I}}{\mathrm{R}}_2\mathrm{S}_2\mathrm{O}_8 + \mathrm{H}_2\mathrm{O} = \overset{\mathrm{I}}{\mathrm{R}}_2\mathrm{SO}_4 + \mathrm{H}_2\mathrm{SO}_4 + \mathrm{O};$$

durch den naszierenden Sauerstoff werden dabei die Ceroverbindungen in Cerisalz übergeführt.

Selbst sehr verdünnte, mit Schwefelsäure angesäuerte Cerosalzlösungen färben sich, nach dem Zusatz von Ammoniumpersulfat einige Minuten zum Sieden erhitzt, gelb; es dürfte das eine der schärfsten Reaktionen zum Nachweis von Cer sein. Das Verfahren führt auch bei Anwesenheit von Lanthan, Didym, Thor usw. zum Ziele (bei Anwesenheit von Thor ist es zweckmäßig, die Flüssigkeit so weit zu verdünnen, daß beim Kochen keine oder doch keine allzu beträchtliche Abscheidung von Thorsulfat bezw. basischem Sulfat erfolgt).

Die Oxydation durch Kochen mit Persulfat hat vor der Gibbsschen Probe (vgl. Cerreaktionen S. 90) den Vorzug, daß sich

[1] Beide Präparate sind käuflich zu beziehen und enthalten fast regelmäßig minimale Mengen von Bleisuperoxyd, die wahrscheinlich den Bleianoden entstammen; beim Lösen der Salze setzen sich indessen die Partikelchen von PbO_2 leicht zu Boden.

die Gelbfärbung viel leichter erkennen läßt, weil die Flüssigkeit klar und in derselben kein braunes Bleisuperoxyd suspendiert ist.

Eine wesentliche Bedingung bei der Verwendung von Persulfat zum Oxydieren der Ceroverbindungen ist es, die Lösung nicht etwa mit einem großen Überschuß konzentrierter Schwefelsäure anzusäuern; tut man dieses, so erfolgt keine Oxydation des Cerosalzes, sondern vielmehr werden in sehr stark schwefelsaurer Lösung sogar Cerisalze durch Kochen mit Persulfat reduziert. Diese Erscheinung beruht darauf, daß sich die Überschwefelsäure bei Gegenwart viel freier Säure in der Wärme unter Bildung von Wasserstoffsuperoxyd zersetzt, wahrscheinlich gemäß der folgenden Reaktionsgleichung:

$$H_2S_2O_8 + 2\,H_2O = 2\,H_2SO_4 + H_2O_2.$$

Daß unter den genannten Bedingungen in der Tat Wasserstoffsuperoxyd entsteht, läßt sich durch den Versuch leicht nachweisen. Versetzt man eine Ammoniumpersulfatlösung mit so viel konzentrierter Schwefelsäure, daß die Flüssigkeit heiß wird, so werden durch die Mischung große Mengen von Permanganat entfärbt, und Äther färbt sich auf Zusatz von etwas Chromsäure beim Schütteln schön blau.

Ähnlich verhält sich eine Persulfatlösung beim Kochen mit Salpetersäure (spez. Gew. 1,2); auch hier läßt sich die Bildung von Wasserstoffsuperoxyd nachweisen, wenn auch nicht in so großer Menge, als bei Zusatz von konzentrierter Schwefelsäure.

Säuert man dagegen eine Persulfatlösung mit nur wenig verdünnter Schwefelsäure an und erhitzt zum Kochen, so läßt sich nach dem Erkalten Wasserstoffsuperoxyd nicht nachweisen.

Für die qualitative Prüfung auf Ceroverbindungen genügt es dementsprechend, wenn die folgenden Bedingungen eingehalten werden: Der mit nicht allzuviel verdünnter Schwefelsäure versetzten Cerolsalzlösung werden in der Kälte einige Kubikzentimeter konzentrierter Persulfatlösung zugefügt (die Verwendung des Ammoniumsalzes[1] dürfte vorzuziehen sein, weil es leichter löslich als das Kaliumsalz ist); darauf erhitzt man einige Minuten zum Kochen. Selbst bei den minimalsten Mengen von Cer ist dann

[1] F. B. Power und F. Shedden — Jour. Soc. of Chem. Industry 1900, **19**, p. 636; Chem. Ztg. 1900, No. 53, S. 568 — bedienten sich auch des Ammoniumpersulfats beim Nachweise des Cers in einem Gemisch von Lanthan und Didym.

die Gelbfärbung (insbesondere bei Benutzung einer weißen Unterlage) erkennbar. Enthält die Cerlösung von vornherein viel freie Säure, so stumpft man die Hauptmenge derselben vor dem Zusatz von Persulfat durch Hinzufügen von Ammoniak ab, bezw. verdampft vorher zur Trockne; es ist ferner nicht zweckmäßig, zum Ansäuern Salpetersäure an Stelle der verdünnten Schwefelsäure zu verwenden (die Anwesenheit nicht allzugroßer Mengen von Nitraten stört indessen bei der qualitativen Prüfung nicht); die Anwesenheit von Chloriden ist nicht statthaft, da — wie bekannt — Ceriverbindungen durch Salzsäure unter Chlorentwicklung reduziert werden.

Bei der ebenfalls von Knorre (vgl. Trennung mittels Wasserstoffsuperoxyd) beschriebenen quantitativen Bestimmung des Cers durch Titration mit Wasserstoffsuperoxyd und Kaliumpermanganat sind indessen bei der Oxydation der Cerosalze mit Persulfat außer den oben genannten Bedingungen noch einige weitere zu beachten.

Es ist zunächst in Betracht zu ziehen, daß Persulfatlösung und Wasserstoffsuperoxyd nicht ganz ohne Einwirkung aufeinander sind. Titriert man ein bestimmtes Volumen angesäuerter Wasserstoffsuperoxydlösung mit Permanganat und darauf das gleiche Volumen noch einmal unter Zusatz von Persulfat, so verbraucht man im letzteren Falle etwas weniger Permanganat, wenn auch der Unterschied in den verbrauchten Kubikzentimetern $KMnO_4$ im allgemeinen nicht allzu groß ist.

Um dieser Fehlerquelle zu begegnen, ist es daher zweckmäßig, vor dem Zusatz von Wasserstoffsuperoxyd bei der Ausführung der Titration den Überschuß an Persulfat möglichst zu zerstören.

Hierzu genügt ein etwa fünf Minuten langes Kochen der Flüssigkeit bei Gegenwart freier Schwefelsäure.

Parallelversuche mit Kaliumpersulfat lieferten ganz analoge Resultate, so daß eine nähere Beschreibung derselben unterbleiben kann.

Wegen der genaueren Angaben über die Oxydation der Cerosalze bei der quantitativen Bestimmung des Cers vgl. Tennung mittels Wasserstoffsuperoxyd S. 155 (v. Knorre 1897 und 1900).

Witt und Theel (1900) bedienten sich zur Trennung des Cers von den übrigen seltenen Erden ebenfalls des zu billigem Preise und in reinem Zustande im Handel erhältlichen Ammoniumpersulfats.

Im Gegensatz zu v. Knorre arbeiteten diese Chemiker in völlig neutraler Lösung und verwendeten Mengen von Persulfat, welche diejenigen der theoretischen Berechnung kaum überschritten. Hierbei wird das Cer in Form eines unlöslichen Niederschlages erhalten. Der Vorgang, der sich bei diesem Verfahren abspielt, ist folgender:

Im Gegensatz zu der freien Überschwefelsäure sind die Persulfate — wenigstens die des Ammons und der Alkalien — verhältnismäßig beständig und haben das Bestreben, in saure Sulfate überzugehen, worauf ihre oxydierende Wirkung beruht. Wird nun ein Molekulargewicht eines neutralen Cerosalzes mit einem Molekulargewicht Persulfat in wässeriger Lösung zum Sieden erhitzt, so geht das dreiwertige Cer in vierwertiges über, aber das gleichzeitig gebildete saure Sulfat reicht gerade hin, um mit seinen sauren Eigenschaften die neue Valenz des Cers abzusättigen, es wird mit anderen Worten ein neutrales Cerisalz entstehen müssen. In einfachster Form läßt sich der Vorgang durch die nachfolgende Gleichung:

$$\overset{\mathrm{III}}{\mathrm{Ce}}(NO_3)_3 + NH_4,\ SO_4 = \overset{\mathrm{IV}}{\mathrm{Ce}}\left\langle\begin{matrix}(NO_3)_3 \\ SO_4NH_4\end{matrix}\right.$$

ausdrücken, wobei es freilich zweifelhaft ist, ob ein Ceriammoniumsulfat-Nitrat von der angenommenen Zusammensetzung als chemisches Individuum existiert. Dasselbe wird vielmehr nur als Zwischenstufe auftreten und sich sogleich, event. mit den sonst noch in der Lösung vorhandenen Salzen, umsetzen. Immerhin bleiben in einer solchen Lösung die Verhältnisse von Basen zu Säuren im Zustande des Gleichgewichts. Nun sind jedoch neutrale Cerisalze in wässerigen Lösungen nicht existenzfähig, sie dissoziieren, indem freie Säure sich bildet und gleichzeitig basisches Cerisalz entsteht. Erst wenn durch eine derartige Zersetzung eine gewisse Menge von freier Säure in der Flüssigkeit sich gebildet hat, bleibt das sich weiter bildende Cerisalz unzersetzt. Die basischen Cerisalze sind in Wasser völlig unlöslich, sie scheiden sich daher in Form eines rahmfarbigen Niederschlages ab. Würde man die bei dieser Reaktion sich bildende Säure nicht abstumpfen, so würde nur ein Teil des in der Flüssigkeit enthaltenen Cers in Form eines unlöslichen Salzes gewonnen und von den Verbindungen der anderen Erden, welche durch diesen ganzen Vorgang gar nicht berührt werden, getrennt werden können; außerdem würde aber freie Überschwefelsäure entstehen, welche in der heißen Flüssigkeit einem raschen Zerfall preisgegeben wäre, ohne auf noch vorhandene Ceroverbindungen einzuwirken. Um diese beiden Übelstände zu vermeiden, muß die Flüssigkeit während des Vorganges genau neutral gehalten werden, indem man die beim Zerfall des Cerisalzes entstehende freie Säure in dem Maße absättigt, in welchem sie sich bildet. Alkalisch darf man die Flüssigkeit nicht machen, weil in diesem Falle die vorhandenen anderen Metalle der Ceritgruppe in Form ihrer unlöslichen Hydroxyde ausgefällt und dem basischen Cersalz beigemengt werden würden.

Leider ist es nicht möglich, diese Bedingungen in der Weise zu erfüllen, wie es so häufig bei organischen Arbeiten durch Zusatz eines Überschusses von essigsaurem Natrium geschieht. Denn einerseits hält auch die Essigsäure genau so wie die Mineralsäuren die Dissoziation des neutralen Cerisalzes auf, andererseits scheint sie selbst durch das Persulfat oxydiert zu werden, indem unter starkem Schäumen Kohlendioxyd entweicht. Trotzdem sich in dieser Hinsicht die Erfahrungen von Meyer und Koss (1902) mit denjenigen von Witt und Theel in vollständiger Übereinstimmung befinden, scheint man diese Methode für analytische Zwecke nach Wyrouboff und Verneuil (1898) mit Erfolg benutzen zu können (vgl. S. 174). Es gelingt leicht, die erforderliche Neutralität der Flüssigkeit durch zeitweiliges, vorsichtiges Absättigen mit Carbonaten herzustellen, da die Reaktion zwischen Persulfat und Cersalz ganz langsam und regelmäßig verläuft und zu oft wiederholter Prüfung des Zustandes der Flüssigkeit vollauf Zeit gibt. Auch braucht man im Anfange mit dem Zusatz des Neutralisationsmittels nicht ängstlich zu sein, denn selbst wenn etwas Lanthan oder Didym als Carbonat ausgefällt werden sollte, so geht dasselbe bei der wiederkehrenden sauren Reaktion der Flüssigkeit immer wieder in Lösung. Nur gegen das Ende der Operation muß eine völlig neutrale Reaktion mit großer Genauigkeit innegehalten werden, weil sich sonst Lanthan oder Didym dem Cerniederschlage beimengen würde.

Das strenge Innehalten der Neutralitätsgrenze gelingt sehr leicht und sicher auf Grund folgender Beobachtungen. Die neutralen Ammoniumdoppelnitrate der Ceriterden zeigen in wäßriger Lösung eine ganz leicht saure Reaktion gegen blaues Lackmuspapier, sie reagieren dagegen völlig neutral gegen Congopapier, welches letztere nur durch freie Mineralsäuren gebläut wird. Man braucht also nur die siedende Flüssigkeit stets gleichzeitig mit Lackmus- und Congopapier zu prüfen und das Neutralisationsmittel in solcher Menge zuzusetzen, daß Congopapier nicht mehr von der Flüssigkeit gebläut, Lackmuspapier aber noch gerötet wird.

Was nun das zuzusetzende Neutralisationsmittel anbelangt, so liegt es natürlich am nächsten, verdünntes Ammoniak oder die Carbonate der Alkalien zu verwenden, welche in verdünnten (2—4 $^0/_0$igen) Lösungen zu benutzen sind. Es gelingt aber bei Anwendung dieser Hilfsmittel nicht, den Cerniederschlag frei von den anderen Erden zu erhalten und so vollständig auszuwaschen, daß das Filtrat mit Ammoniumoxalat keine Reaktion mehr gibt. Diese Erscheinung beruht auf folgenden Gründen. Der Cerniederschlag ist ein basisches Cersulfat, wie sich sehr genau bei der Lösung desselben in Salzsäure feststellen läßt, wobei normales Cerosulfat als weißes Kristallmehl zurückbleibt. Das basische Sulfat reagiert nun während des Fortschreitens der Reaktion mit den Nitraten der anderen Erden, welche sich in der überstehenden Flüssigkeit befinden; es werden die schwer löslichen gewässerten Sulfate des Lanthans und Didyms niedergeschlagen, während das basische Cerisufat in das ebenfalls völlig unlösliche basische Cerinitrat übergeht. Infolge dieser Vorgänge enthält die von Cersalz abfiltrierte Flüssigkeit nicht nur Nitrate, sondern auch Sulfate des Lanthans und Didyms — welche sich bei etwaigem Eindampfen der Lauge in Kristallen abscheiden —, aber auch in dem Cerniederschlage sind solche noch enthalten und verursachen die schwierige Auswaschbarkeit desselben. Wo es auf eine völlige Befreiung des Cers von seinen Begleitern nicht ankommt, also dann, wenn man beabsichtigt, das Cer in den Kreislauf der fraktionierten Kristallisation der Ammondoppelnitrate nach v. Scheele (vgl. Trennung mittels der Ammondoppelnitrate) zurückkehren zu lassen, ist immerhin die Neutralisation der Reaktionsflüssigkeit mit Sodalösung als einfachstes Hilfsmittel zu empfehlen. Will man aber auch das Cer möglichst frei von den anderen Erden haben, so ist es besser, kohlensaures Calcium zum Neutralisieren zu benutzen. Es entsteht dann Gips als Nebenprodukt der Reaktion, welcher sich dem Cerniederschlage beimengt und mit den Nitraten der anderen Erden nicht umsetzt. Noch sicherer wirkt in dieser Beziehung Baryumcarbonat, aber der bei der Umsetzung desselben in neutraler Lösung gebildete schwefelsaure Baryt ist so fein verteilt, daß er beim Abfiltrieren des Cerniederschlages durch die Filter geht und dieselben verstopft. Auch scheint das intermediär entstehende Baryumpersulfat sich freiwillig zu zersetzen, ohne auf das Cersalz einzuwirken, wie sich aus der Tatsache ergibt, daß bei der Verwendung von Baryumcarbonat der Verbrauch an Persulfat weit über das Theoretische hinausgeht und nicht mehr kontrollierbar ist. Wird die Neutralisation mit Calciumcarbonat vorgenommen, so wird selbstverständlich Ammoniumoxalat als Prüfungsmittel der Filtrate unverwendbar, wohl aber kann man durch Zusatz von Ammoniak zu den Filtraten den Punkt, bei welchem das Auswaschen beendet ist, sehr genau feststellen.

Die Filtrierbarkeit des Cerniederschlages ist eine vortreffliche, auch läßt sich derselbe leicht und vollkommen auswaschen, ohne jemals schleimig zu werden, wie es die Ceriverbindungen sonst nur zu leicht tun. Beim Trocknen springt der Cerniederschlag glatt vom Filter ab und bildet ein seidenglänzendes, leicht zerreibliches Produkt von blasser Crêmefarbe. Dasselbe löst sich beim Kochen in mäßig verdünnter Salpetersäure zu einer orangeroten Flüssigkeit. Will man das ursprüngliche Ceroammonnitrat wieder herstellen, so braucht man nur aus der entstandenen Lösung den Gehalt derselben an Schwefelsäure mit Baryumnitrat vorsichtig auszufällen, von Baryumsulfat abzugießen, durch Zusatz von Wasserstoffsuperoxyd nach der schönen Methode von G. v. Knorre (a. a. O.) oder mit Alkohol das Cer aus dem Ceri- in den Cerozustand überzuführen (wobei die Flüssigkeit im ersten Falle unter Aufbrausen durch Sauerstoffentwicklung momentan farblos wird, im zweiten Falle [durch Alkohol- bezw. Spiritus-zusatz] zuerst blutrot gefärbt und erst nach einiger Zeit beim Erwärmen entfärbt erscheint) und die überschüssige Salpetersäure durch Ammoniak zu neutralisieren. Aus der eingedampften Flüssigkeit kristallisiert dann reines Ceroammonnitrat in den charakteristischen großen Tafeln und Säulen.

Die Filtrate vom Cerniederschlag sind unter allen Umständen absolut cerfrei, wie sich durch die so außerordentlich empfindliche Reaktion von Lecoq de Boisbaudran (vgl. Cerreaktionen) mit Hilfe von Wasserstoffsuperoxyd in ammoniakalischer Lösung sehr leicht feststellen läßt. Sollte sich bei dieser Probe, welche man stets anstellen muß, die geringste Gelbfärbung des entstandenen

Niederschlages zeigen, so rührt dies von einer unrichtigen Bemessung des angewandten Persulfats her und ist dadurch sehr leicht zu rektifizieren, daß man noch etwas Persulfat zu der ganzen Filtratmenge setzt, aufs neue zum Kochen erhitzt und in der angegebenen Weise unter Benutzung von Congo und Lackmus neutralisiert. Aus den cerfreien Filtraten werden die darin enthaltenen Erden mit Hilfe von Ammonoxalat ausgefällt. Ist Calciumcarbonat zur Neutralisation benutzt worden, so müssen die Fällungen in stark saurer Lösung erfolgen. Zur völligen Beseitigung des Kalks empfiehlt es sich, die Ceritoxyde zunächst mit Ammoniak auszufällen, durch Dekantieren auszuwaschen, in Salzsäure zu lösen und nun erst als Oxalate abzuscheiden.

Witt und Theel benutzten dieses Verfahren bei der Durchführung der Scheeleschen Trennung (s. Ammondoppelnitrate) zur bequemen Abscheidung des Cers aus seinen Gemischen mit den anderen Ceriterden, wie es notwendig ist, um die einzelnen, bei der Ausführung der Scheeleschen Trennungsmethode gewonnenen Fraktionen aufzuarbeiten.

Praktisch gestaltet sich das Verfahren von Witt und Theel wie folgt: Das zu trennende Gemisch liegt in Form eines Ammondoppelnitrats vor, dessen Cergehalt man in den meisten Fällen nicht kennen wird. Man betrachtet dasselbe als reines Ceroammonnitrat und verwendet die für dasselbe theoretisch erforderliche Menge an Ammoniumpersulfat, wodurch ein Überschuß an letzterem verbürgt wird. 112 g des Doppelnitrats erfordern 23 g Ammoniumpersulfat. Man löst diese Salzmenge in 1 Liter heißen Wassers und erhitzt direkt oder durch eingeleiteten Dampf zum Sieden. Die klare Flüssigkeit trübt sich nach wenigen Minuten und die Ausscheidung des basischen Cerisalzes beginnt. Sobald eine starke Trübung eingetreten ist, beginnt man mit den Tüpfelproben auf Lackmus- und Congopapier und versetzt mit dem Neutralisationsmittel, Sodalösung oder feinpulverigem Calciumcarbonat, portionenweise, bis die Congoreaktion verschwindet. Die Säuerung der Flüssigkeit kehrt immer wieder, bis schließlich, nach etwa halbstündigem Kochen, der Punkt erreicht ist, wo auch mehrere Minuten fortgesetztes Sieden die Congoreaktion nicht wiederbringt. Man entfernt die Wärmequelle, worauf sich der schwere Cerniederschlag sofort zu Boden setzt. Er wird zwei- bis dreimal durch Dekantation ausgewaschen, dann auf ein Filter gebracht und fertig gewaschen, bis im Filtrat die Gegenwart seltener Erden nicht mehr nachweisbar ist. Die weitere Verarbeitung des Filtrates und des Cerniederschlages ergibt sich aus dem oben Gesagten.

Es bedarf wohl kaum der besonderen Erwähnung, daß diese Trennungsmethode keineswegs nur auf die Ammondoppelnitrate der Ceriterden beschränkt ist, sondern sich, mutatis mutandis, auch auf jedes beliebige andere Gemisch von Salzen derselben mit solchen Säuren anwenden läßt, welche widerstandsfähig gegen Persulfat sind. Bei wiederholter Anwendung dieser Methode fanden Meyer (1900 u. 1902) und Koss (1904), daß ihr gewisse Schwächen anhaften. Zunächst ist der Betrag an Didym, der gleichzeitig mit dem basischen Cerisulfat ausfällt, ein ziemlich bedeutender, selbst wenn man die zum Gelingen der Operation erforderliche Neutralität der Lösung mit peinlicher Sorgfalt aufrecht erhält; außerdem aber erfordert der Cerniederschlag, wenn man ihn zur weiteren Reinigung in Ceriammonnitrat überführen will, einen großen Überschuß von Salpetersäure zur Lösung. Trotzdem aber wird häufig hierbei nicht alles Sulfat in Nitrat übergeführt, so daß nach dem Zusatz von Ammonnitrat neben dem gewünschten Doppelsalz oft unverändertes Cerisulfat und Calciumsulfat sich ausscheiden. Will man diese Complikation unter allen Umständen vermeiden, so muß man den Cerniederschlag durch Kochen mit Alkali in Hydroxyd überführen, ehe man ihn in Salpetersäure löst.

Was nun das Mitfallen eines mehr oder weniger großen Betrages an Didym und Lanthan betrifft, so beruht dasselbe zweifellos auf der entsprechenden Neigung des Cerdioxydes, seines Hydrates und seiner basischen Salze, mit den Oxyden der dreiwertigen Erdmetalle zu Verbindungen zusammenzutreten (vgl. Trennung durch Oxydation auf trocknem Wege S. 119).

Behrens (1901) macht auf die Verunreinigung durch Doppelsulfate von Calcium mit den Ceritmetallen aufmerksam, welche das Verfahren von Witt und Theel in den Niederschlag vom basischen Cerisulfat bringt. Calciumsulfat, welches hierbei als Nebenprodukt auftritt, soll mit den Sulfaten der Ceritmetalle Doppelsalze bilden, welche sich mit dem basischen Cerisulfat absetzen und durch Auswaschen nur äußerst langsam in Lösung gehen.

Wyrouboff und Verneuil (1898) schieden die Hauptmenge des Cers, ca. 90 %, als basisches Sulfat ab und machten das Filtrat durch Zusatz von Natriumacetat und Ammoniumpersulfat cerfrei. Auf 0,05 g Ammoniumpersulfat rechnet man 1 ccm einer

50 $^0/_0$ igen Natriumacetatlösung. Man muß das Gemisch der Erden hiermit so lange kochen, bis die Flüssigkeit klar wird. Der filtrierte, gewaschene und geglühte Niederschlag hatte eine Lachsfarbe und enthielt einige Prozent der anderen Erden.

10. Trennung mittels Elektrolyse.

Literatur.

1879. Lecoq de Boisbaudran, C. r. **88**, Nr. 7, p. 322; Ber. 1879, **12**, 1, S. 841.
1880. Edgar F. Smith, Ber. **13**, 1, S. 754.
1881. Alex. Classen, Ber. **14**, 2, S. 2771 und 2783.
1882. B. Brauner, Mhft. Ch. **3**, S. 15; Ber. **15**, 1, S. 113.
1893. Gerhard Krüss, Z. an. **3**, S. 60—61.
1893. Troost, C. r. **116**, p. 1428—1429.
1894. G. Bricout, C. r. **118**, p. 146; C. C. **94**, VI, 1 (4. Folge), S. 408.
1897. G. v. Knorre, Z. agw. S. 408, 717.
1898. W. Muthman, Ber. **31**, S. 1835.
1901. Jean Sterba, C. r. **133**, p. 222; C. C. 1901, **2**, S. 573.

Eine Erdchloridlösung verhält sich bei der Elektrolyse wie die Lösung eines Hydroxyds in verdünnter Salzsäure; es entwickelt sich Chlor und Wasserstoff an den Elektroden, die Erdchloridlösung verliert mehr und mehr Salzsäure und läßt, entsprechend der Verminderung des Lösungsmittels, Hydroxyd in wachsender Menge ausfallen.

Es wäre zu erwarten, daß diejenigen Basen hierbei zuerst als Hydroxyde ausfallen, die sich der Salzsäure gegenüber am schwächsten verhalten. Die stärkeren Basen werden dann als beständigere Chloride noch in Lösung bleiben. Die durch Elektrolyse ausgefällten Hydroxyde sollen ein ganz anderes Aussehen besitzen, als die voluminösen Niederschläge, welche man mit Ammoniak erhält. Krüss elektrolysierte $1\,^1/_2\,^0/_0$ ige Chloridlösung der Ytteriterden und hoffte auf diese Weise zu einer geeigneten Trennungsmethode zu gelangen — jedoch blieben diese Arbeiten infolge seines Ablebens unbeendet.

Bei der Elektrolyse einer Didymacetatlösung bemerkte Brauner unter Benutzung von Platinelektroden am negativen Pol eine Ausscheidung von blaßroten kristallinischen Krusten, die neben Didym auch Essigsäure enthielten. Ähnlich verhalten sich die Nitrat- und Sulfatlösungen; die Flüssigkeit wird hierbei stark sauer, aber Superoxydbildung tritt nicht ein. Lecoq de Boisbaudran fraktionierte mit Hilfe des elektrischen Stromes bereits 1879 ein Didym aus dem Samarskit, und Smith (1880) stellte dieselben Versuche mit Nitrat- und Acetatlösungen eines Didyms an — am positiven Pol soll eine Ausscheidung stattfinden, aber Didym hierbei nicht fällbar sein.

Als Oxydationsmittel für Cer verwendete Bricout (1894) ebenfalls die Elektrolyse. Eine schwach saure Chromatlösung wurde bei 2,5—3 V. elektrolysiert, wobei eine positive Elektrode von großer Oberfläche benutzt wurde. Der nach Schluß des Stromes augenblicklich sich auf der positiven Elektrode bildende kristallinische Niederschlag ist in Wasser vollständig unlöslich und von demselben namentlich in der Siedehitze vollständig zersetzbar, so daß zuletzt Cerihydroxyd zurückbleibt. Lanthan und Didym geben unter diesen Umständen am positiven Pol keinen Niederschlag. Die Zusammensetzung des kristallinischen Niederschlages soll sein: $CeO_2 . 2 CrO_3 . 2 H_2O$.

Elektrolysiert man eine angesäuerte Cerosalzlösung, so bemerkt man alsbald, daß sich die farblose Flüssigkeit an der Berührungsfläche mit der Platinanode infolge der Bildung von Cerisalz gelb färbt. Eine quantitative Oxydation des Cersalzes ist jedoch auf diesem Wege nicht zu erreichen; selbst bei Anwendung sehr hoher Stromdichten an der Kathode und relativ großer Oberfläche der Anode war es v. Knorre nicht möglich, mehr als 90,9 % des Cerosalzes in die Ceriverbindung überzuführen. Als Kathode diente ein etwa 1 mm starker Platindraht, der etwa 3—8 mm tief in die Flüssigkeit eintauchte, und als Anode eine Classensche elektrolytische Schale. Bei Anwendung von Kathoden mit größerer Oberfläche ist die Oxydation eine noch viel unvollständigere; offenbar reduziert in statu nascendi der an der Kathode entwickelte Wasserstoff wiederum einen Teil der an der Anode gebildeten Ceriverbindung. Dementsprechend bereitet es keine Schwierigkeiten, bei umgekehrter Schaltung (die Schale als Kathode, der Draht als Anode) Ceriverbindungen auf elektrolytischem Wege so gut wie vollkommen zu reduzieren. In einer mit Schwefelsäure angesäuerten Lösung von Ceriammonnitrat, welche 0,1889 g Cer enthielt, waren z. B. nach sechsstündiger Elektrolyse (5 V., 0,3 Amp.) 99,5 % der Ceriverbindung reduziert.

Sterba (1901) erhielt mit einer Cernitratlösung, welche 1 % freie Säure enthielt, die gleichen Resultate und kombinierte die elektrolytische Oxydation zur Darstellung der Cererde mit der Methode von Wyrouboff und Verneuil (s. bas. Nitratmethode). Die Gegenwart von Ammonnitrat wirkt bei dieser Oxydation nicht störend.

Daß Cerchlorid in alkoholischer Lösung dissoziiert ist, zeigte ein elektrolytischer Versuch. Die Flüssigkeit leitete ziemlich gut und die Kathode überzog sich schon nach wenigen Minuten mit einem amorphen durchscheinenden Körper, der nach qualitativen Versuchen ein Ceralkoholat war (Muthmann).

Classen (1881) bildete vom Zirkon das lösliche Doppelsalz mit Ammonoxalat (bei einem Überschuß dieses Reagens) und schied aus der Lösung auf elektrolytischem Wege das Eisen ab, s. Trennung der Zirkonerde von Eisen.

Troost (1893) arbeitete ein elektrolytisches Verfahren für Thorerde aus.

---

11. Das sogenannte Abtreiben der Nitrate.

Literatur.

1825. J. J. Berzelius, Pg. A. (2) **4**, S. 140; B. J. 1826, 5. Jahrg., S. 110.

1843. Mosander, Lond. Edinb. Doubl. Octob. 1843, p. 241; Pg. A. (3) **60**, S. 303.

1853. Marignac, An. Chim. (3) **38**, p. 148.

1864. A. Damour und H. Sainte-Claire Deville, C. r. **59**, p. 272—273; Bull. chim. [2] **2**, p. 339.

1864. O. Popp, L. A. **131**, S. 193.

1865. M. Delafontaine, Biblioth. Univers. et Revue Suisse **22**, Jan.; J. pr. **94**, S. 298, 300—301, L. A. **135**, S. 189—190.

1866. Bahr und Bunsen, L. A. **137**, S. 2—7; J. pr. 1866, **99**, S. 278.

1873. P. T. Cleve und O. M. Höglund. Bih. K. Vet. Hdl. III, **1**, Nr. 8; Ber. 1873, **6**, S. 1467—1468.

1878. I. M. Delafontaine, C. r. **87**, p. 561; C. C. 1878, **9** (3. Folge), S. 739.

1878. II. — C. r. **87**, p. 933—934; C. C. 1879, S. 66.

1878. I. Marignac, An. Chim. (5) **14**, p. 247;

1878. II. — C. r. **87**, p. 578—580; C. C. 1878, S. 769—770; Ber. 1879, **12**, 1, S. 363.

1879. L. F. Nilson, Ber. **12**, 1, S. 550—554, 556; C. r. **88**, 2, p. 642—644, 647; C. C. 1879, S. 353—354, 356.

1879. J. L. Soret, C. r. **88**, p. 422—424; Ber. 1879, **12**, 1, S. 1019; C. C. 1879, **10** (3. Folge), S. 308.
1879. P. T. Cleve, C. r. **89**, p. 422—424; Ber. 1879, **12**, 1, S. 1019.
1880. — C. r. **91**, p. 381—382; C. C. **11**, S. 661—662.
1880. M. Delafontaine, C. r. **90**, p. 223; C. C. 1880, **11**, S. 164—165.
1880. Marignac, C. r. **90**, p. 900—902; Ber. **13**, 1, S. 1134—1135; C. C. **11**, S. 355; Arch. sc. ph. et nat. (3) **3**, p. 113; L. A. (5) **20**, S. 535.
1880. L. F. Nilson, Ber. **13**, 2, S. 1430—1433, 1435, 1439—1440, 1444; C. r. **91**, p. 57; C. C. 1880, **11**, S. 563—564 aus Oefv. K. Vet. Fhdl. 1880, Nr. 6.
1882. P. T. Cleve, C. r. **95**, p. 1225; C. C. 1883, **14** (3. Folge), S. 36.
1882. L. F. Nilson, Ber. **15**, 2, S. 2526.
1882. H. E. Roscoe, Ber. **15**, 1, S. 1275.
1883. Auer v. Welsbach, Mhft. Ch. **4**, S. 635 u. ff.; Sb. W. 1883, Juliheft **88**, 2. Abt.
1886. W. Crookes, Ch. N. **54**, p. 42.
1886. H. Robinson, Ch. N. **54**, p. 229—231.
1887. G. Krüss und L. F. Nilson, I. Oefv. K. Vet. Fhd. Nr. 5; Ber. **20**, 1, S. 1677—1679, 1680; II. Ber. **20**, 2, S. 2134 u. ff., spez. 2137.
1888. P. Kiesewetter und G. Krüss, Ber. **21**, 2, S. 2311—2317.
1889. A. Bettendorff, L. A. **256**, S. 161—163.
1891. — L. A. **263**, S. 164—165.
1891. G. Krüss, L. A. **265**, S. 3—4, 8—9, 16.
1892. A. Loose, Dis., Universität München, S. 12—15.
1893. R. Hofmann, Dis., Universität München, S. 23—26.
1893. R. Hofmann und G. Krüss, Z. an. **3**, S. 413; das. **4**, S. 37.
1893. G. Krüss, Z. an. **3**, S. 354—358.
1893. G. Krüss und A. Loose, Z. an. **3**, S. 93.
1895. O. Boudouard, C. r. **121**, p. 273—275; C. C. 1895, **2**, S. 501.
1897. M. Delafontaine, Ch. N. **75**, p. 229; C. C. 1897, **2**, S. 98.
1897. P. Schützenberger und O. Boudouard, C. r. **123**, p. 782; J. 1897, **1**, S. 1039.
1897. C. v. Scheele, Z. an. **17**, S. 315—316.
1898. O. Boudouard, C. r. **126**, p. 1648—1649.
1899. W. Crookes, Proc. Lond. **65**, p. 237; C. C. 1899, III, **2** (V. Folge), S. 748—749.
1899. C. v. Scheele, Ber. **32**, 1, S. 411.
1900. C. Benedicks, Z. an. **22**, S. 397—398.
1900. M. G. Urbain, An. Chim. **19**, p. 184.
1901. H. Behrens, Arch. Neer. S. II, Vol. **6**, p. 86.
1901. G. und E. Urbain, C. r. **132**, p. 137; C. C. 1901, **1**, S. 437—438.
1902. R. Marc, Dis., Universität München, S. 35.
1902. W. Muthmann, H. Hofer und L. Weiss, L. A. **320**, S. 268.
1902. L. Weiss, Dis., Polytechnikum München, S. 46.

Die für unsere Kenntnis der Gadolinitmetalle bedeutungsvolle Beobachtung, welche Berlin 1859 (vgl. Nilson 1879,

Cleve und Höglund 1873) gemacht hat, daß die Nitrate derselben bei erhöhter Temperatur einer verschiedenen Zersetzung unterworfen sind, ist bald darauf fruchtbringend für die Wissenschaft geworden.

Bei Anwendung und Erweiterung dieser Methode gelang es, die Gruppe der Yttererden um eine Anzahl neuer Elemente zu bereichern, so daß die Geschichte dieser Erden mit dem sog. Abtreibeverfahren eng verbunden ist.

Berlin selbst konnte auf Grund seiner Beobachtung die Yttererde frei von der sie begleitenden Erbinerde darstellen; Bahr und Bunsen vermochten die genannte rosenrote Erde von der Yttererde zu reinigen, bestritten jedoch die Existenz der Terbinerde. Für sie wurde die gelbe Färbung des Oxydes durch eine Spur von Didym bedingt. Forscher wie Cleve verfielen in einen ähnlichen Irrtum, den Delafontaine und Marignac später beseitigten. Dennoch bleibt die Arbeit von Bahr und Bunsen (1866) klassisch! Ihr Irrtum wurde in den meisten Abhandlungen wiedergegeben, so daß sich auf diese Weise ungenaue Angaben über die eigentliche Natur der Yttererde erhielten.

Indem Marignac die Zersetzung der Nitrate noch weiter führte und auf die Erbinerde anwendete, entdeckte er das Ytterbium. Und diese Methode, auf die Ytterbinerde Marignacs übertragen, führte Nilson zu einer neuen Erde, deren Element er Scandium nannte.

Im allgemeinen ist das Abtreiben der Nitrate nicht anwendbar, wenn in dem Anfangsgemisch die Terbinerden (Gadolinium, Terbium, Europium) sich in einigem Überschuß befinden.

Diesem Umstand ist es auch zuzuschreiben, daß Schützenberger und Boudouard bei jahrelangem Fraktionieren der aus dem Monazit stammenden Yttererden eine Substanz fanden, die um zehn Einheiten vom Atomgewicht des Yttriums abwich und sich nicht weiter zerlegen zu lassen schien. Auch Delafontaines (1878, 1880, 1897) vermeintliches Philippium dürfte hiermit im Zusammenhang stehen.

M. Urbain hat sich durch umfangreiche Untersuchungen überzeugen können, daß das Schmelzen der Nitrate, überhaupt jede Trennungsmethode, die auf Unterschiede in der Basizität der Yttererden beruht, nur gute Resultate mit denjenigen Oxyden liefert, welche die charakteristische orange Farbe der Terbinerden nicht zeigen.

Die bis zur Sirupkonsistenz abgedampfte Lösung der salpetersauren Yttererden schießt in zerfließlichen Kristallblättern an, welche sich vollständig in Wasser wieder lösen lassen, und die aus den neutralen Salzen dieser Erden bestehen.

Dampft man weiter als zur Sirupkonsistenz ein, bis die ersten Blasen nitroser Dämpfe zu entweichen beginnen, so löst sich auch jetzt noch die beim Erkalten glasig erstarrte Salzmasse vollständig in Wasser auf. Geschah die Lösung in der möglichst geringsten Menge kochenden Wassers, so scheidet sich beim Erkalten ein in harten rosenroten kleinen Nadeln kristallisiertes Salz ab, welches aus einem basischen Nitrat dieser Erden besteht. Das Salz ist in Wasser, welches viel salpetersaure Yttererden enthält, unzersetzt löslich, zerfällt aber mit reinem Wasser behandelt in Salpetersäure und unlösliches überbasisches Nitrat.

Treibt man das Abdampfen noch weiter, als bis zum Erscheinen der ersten Blasen von Stickstofftrioxyd, so scheidet sich beim Auflösen der erkalteten Masse ein gelblicher gelatinöser Niederschlag ab, der aus den überbasischen Erdnitraten besteht, und der sowohl in der Mutterlauge, wie in reinem Wasser unlöslich ist.

In diesem Verhalten hatten Bahr und Bunsen (1866) den Weg ihrer Fraktioniermethode vorgezeichnet.

Die Nitrate der Yttererden lassen sich leicht auch in größeren Mengen zu einer klaren Flüssigkeit schmelzen, weil ihr Schmelzpunkt niedrig und entfernt vom Zersetzungspunkte liegt. Die Ceritnitrate lassen sich jedoch nur in kleinen Mengen im Platintiegel über freiem Feuer zu einer durchsichtigen Flüssigkeit schmelzen, denn sobald man versucht, in derselben Weise mit größeren Mengen zu arbeiten, zeigt sich, daß lange bevor gänzliche Schmelzung eingetreten ist, ein Teil der Masse unter Abscheidung von Oxyd und basischem Nitrat zersetzt ist. Offenbar steht unter diesen Verhältnissen die Wärmezufuhr nicht im Einklang mit der Wärmeleitungsfähigkeit des festen Nitrats, welches an den der Flamme zunächst liegenden Stellen geschmolzen und zersetzt wird, bevor die ganze Menge zum Schmelzen gelangt. Daß ein solches Verfahren nicht die günstigsten Bedingungen zur Trennung der Ceritoxyde bietet, ist einleuchtend (Bettendorff 1889, Behrens 1901). Am Schluß dieses Kapitels werden wir sehen, wie man diesem Übelstand abhelfen kann, hier sei an erster Stelle diese Methode in ihrer Anwendung auf die Yttererden beschrieben.

Die Nitrate der Yttererden werden in einer Platinschale über einer kleinen Gasflamme bis zum deutlichen Erscheinen der ersten Gasblasen von Stickstofftrioxyd eingedampft. Beim schnellen Abkühlen der Schale in kaltem Wasser erstarrt die zähflüssige Masse zu einem durchsichtigen, schmutzig-rötlichen Glase von solcher Sprödigkeit, daß dasselbe beim Berühren nicht selten mit einer kleinen Detonation in Stücke zerspringt. Man löst die Masse unter Erwärmen der Platinschale in gerade so viel Wasser auf, daß die kochende Flüssigkeit nicht mehr getrübt erscheint, und trennt die beim langsamen Erkalten in Nadeln ausgeschiedenen basischen Nitrate von der Mutterlauge durch Dekantieren und schnelles Abspülen der kleinen Kristalle mit Wasser, welches ca. 3 % Salpetersäure enthält. Behandelt man die erhaltene Mutterlauge in gleicher Weise, so erhält man eine zweite Kristallisation, und durch Behandlung der abermals zurückbleibenden Mutterlauge eine dritte u. s. f. Vereinigt man die ersten an Erbinerde reicheren Kristallisationen und behandelt dieselben nach Zusatz von etwas Salpetersäure auf dieselbe Art, so erhält man eine zweite Reihe an Erbinerde noch reicherer Kristallisationen, mit denen wiederum wie oben verfahren wird.

Um eine größere Menge Erbin aus dem ursprünglichen Gemenge abzuscheiden, ist es nötig, wohl hundertmal denselben Prozeß zu wiederholen, wobei man noch genau darauf zu achten hat, daß die Zersetzung der Nitrate nicht weiter schreitet, als eben angegeben wurde, weil sich sonst überbasische Salze bilden, die eine noch langsamere Trennung bedingen würden, und infolge ihrer Löslichkeit in verdünnter Salpetersäure von den mit ausgeschiedenen Spuren basischer Cerverbindungen sich nicht trennen lassen würden.

Dieses Verfahren liefert jedenfalls die besten Resultate in bezug auf Abscheidung der Hauptmenge der Erbinerde von den übrigen Yttererden, zur Trennung der letzten Spuren des Erbin von der Hauptmenge des Yttriums kann es aber nicht verwendet werden.

Um diese zu erreichen, müssen die geschmolzenen Nitrate noch weiter zersetzt werden, als früher, so weit, daß ein Teil sich als Erden abzuscheiden beginnt.

Da die Ceriterden Lanthan und Didym nicht in die erbinerdereichen Kristallisationen mit übergehen, so konzentrieren sich diese in der Gesamtmasse meistens nur in Spuren vorhandenen Erden in den yttererdereichen Mutterlaugen. Diese letzteren müssen daher, wenn sie Spuren eines Didymspektrums zeigen, durch einmaliges oder wiederholtes Behandeln mit schwefelsaurem Kali (vgl. Kaliumdoppelsulfate — nach Bettendorff-Marc) von dieser Verunreinigung befreit werden. Hierauf werden die gereinigten Erdnitrate abgedampft und bis nahe zur Glühhitze in einem Sandbade allmählich erhitzt, bis sie in Oxyde und überbasische Salze verwandelt sind. Die erkaltete Masse gibt mit kaltem Wasser extrahiert einen Rückstand und eine Lösung. Durch Vereinigung ähnlicher Produkte und Wiederholen der Operationen, bis in der konzentrierten Lösung kein Erbiumspektrum zu erkennen ist, erhält man erbinfreie Produkte, deren Ausbeute aber sehr gering ist.

Zu einer weiteren Trennung der so gewonnenen Körper lassen sich die eben angeführten Methoden nicht verwenden. Die einfache Modifikation, das Erhitzen der Nitrate weiter fortzusetzen als es oben angegeben wurde, nämlich so weit, bis die geschmolzene Masse dickflüssig geworden ist, gab diesem Verfahren eine neue Grundlage und führte Marignac (1878) zur Entdeckung des Ytterbiums. Beim Auskochen der Schmelze mit Wasser bilden sich überbasische Salze, und zwar diejenigen von Ytterbium und Scandium leichter, wie die des Erbiums.

Wird das Verfahren so durchgeführt, wie es ursprünglich von Marignac angegeben wurde, so muß diese Operation sehr oft mit den jeweilig erhaltenen Rückständen wiederholt werden, bis endlich das Erbiumspektrum in der konzentrierten Lösung nicht mehr zu erkennen ist (Auer 1883).

Durch weiteres Fortsetzen des Verfahrens gelangte Nilson (1879 und 1880) zum Scandium, dessen Nitrat bei erhöhter Temperatur leicht zersetzt wird, so daß bei gleichzeitiger Gegenwart von Ytterbium letzteres in den Mutterlaugen zurückbleibt.

Durch Einhalten bestimmter Temperaturen vermochten Damour und Sainte-Claire Deville (1864) Lanthan von Didym zu trennen.

Die gemischten Nitrate werden zur Trockne eingedampft und hierauf einige Minuten auf 400—500° erhitzt, wobei die

Masse nitrose Gase ausstößt. Die Schale muß von der Flamme entfernt werden, noch bevor die Nitrate vollständig zersetzt sind. Beim Extrahieren des Inhaltes mit heißem Wasser löst sich Lanthannitrat, während Didymnitrat zurückbleibt. Wie zu Eingang dieses Kapitels bereits bemerkt, ist es unmöglich größere Mengen dieser Nitrate auf einmal zu verarbeiten, wenn man nicht die von Bettendorff (1889) angegebene Anordnung der Tiegel wählt.[1] Der die Nitrate enthaltende Platintiegel wird in einen Porzellantiegel so gestellt, daß zwischen beiden überall ein Zwischenraum von 1—2 mm bleibt. Da der Porzellantiegel sehr bald zu springen pflegt, so umwindet man ihn mit einigen Ringen von Platindraht; man kann dann hunderte von Schmelzungen darin vornehmen. In dieser Weise soll man nach Bettendorff beliebig große Mengen Nitrat zu einer klaren Flüssigkeit schmelzen und bei stärkerem Erhitzen zur Zersetzung bringen können. Sobald sich an der Oberfläche der Schmelze kleine Kriställchen von basischem Nitrat zeigen, gießt man den Tiegelinhalt in eine große Platinschale. Die erkaltete Masse löst sich in der zehnfachen Gewichtsmenge Wasser vollständig klar auf und beim Kochen scheidet sich aus der Lösung basisches Nitrat in dichten schweren Flocken ab, die durch Filtration leicht beseitigt werden können. Aus dem eingedampften Filtrat wird dann eine zweite Abscheidung gewonnen und so fort.

Es gelingt leicht durch systematische partielle Zersetzung der Nitrate dieser Oxyde, nach wenigen Zersetzungsreihen alles vorhandene Lanthan abzuscheiden; dieses enthält zwar immer noch kleine Mengen von Didymoxyd, besitzt aber schon einen hohen Grad von Reinheit. Man treibt die Abscheidung so weit, bis in den zuletzt resultierenden basischen Nitraten keine Lanthanlinien mehr im Funkenspektrum des Chlorids aufgefunden werden können. Die vereinigten von Lanthan völlig befreiten basischen

[1] Schützenberger und Boudouard (1897) verwendeten bei den Nitraten der Ytteriterden des Menazitsandes eine zylindrische Platinschale, die sich in einem schmelzenden Bade gleicher Moleküle Soda und Salpeter befand. Während die Methode der fraktionierten Kristallisation der Sulfate nur unbefriedigende Resultate gab, erlaubte die Zersetzung der Nitrate — in dieser Weise ausgeführt — ein Yttererdengemisch vom Atomgewicht 105 bis 108 zu zerlegen in Portionen mit dem Atomgewicht 96 (untere Grenze) und solche mit dem Atomgewicht 150 (obere Grenze). Die Zersetzung wurde bei 310—350° bewirkt; es wurde so lange erhitzt, bis keine braunen Dämpfe mehr entwichen.

Nitrate enthalten die Hauptmenge Didym- und Samarerde, sowie größere oder kleinere Mengen von Gadolin- und Terbinerde, je nachdem man die Trennung der Ytteriterden mit Kaliumsulfat nach Berzelius oder nach Bettendorf vorgenommen hatte.

Die weitere Reinigung der lanthanreichen Produkte durch systematische partielle Zersetzung der Nitrate beim Schmelzen bietet erhebliche Schwierigkeiten. Obgleich der Schmelzpunkt derselben ein ziemlich hoher geworden, so gelingt es dennoch nach diesem Verfahren eine klare Schmelze zu erhalten, aus der sich Blättchen von basischem Nitrat abscheiden. Allein beim Erkalten beginnt die erstarrte Masse in um so stärkerem Grade zu Mehl zu zerstäuben, je reicher sie an Lanthannitrat wird, manchmal mit einer solchen Heftigkeit, daß unter schwacher Detonation erhebliche Mengen fortgeschleudert werden, welche Erscheinung bereits von Mosander (1843) beschrieben wurde. Nach Cleve erhält man nach 12—14maliger Wiederholung eine ziemlich didymfreie Lösung von Lanthan.

Zur Darstellung des Lanthans wird man heute wohl ausschließlich von der Auerschen Methode des Umkristallisierens der Ammondoppelnitrate oder Magnesiumdoppelnitrate Gebrauch machen, während für ein lanthanfreies Didympräparat das Abtreiben der Nitrate mit Vorteil Verwendung finden kann, wie Bettendorf angegeben hat.

Delafontaine (1865) wendete das Deville-Damoursche Verfahren auch auf die Trennung der Yttererden an, erhielt jedoch hierbei das Erbium stets mit einer kleinen Menge der übrigen Erden verunreinigt.

Das Marignacsche Verfahren kann man hingegen auch auf das Gemenge der Nitrate der Gadoliniterden mit Vorteil anwenden, da schon seit Bunsen bekannt ist, daß bei der Kristallisation der basisch salpetersauren Salze Didym und die übrigen Ceriterden — jene kleine Mengen, welche in der ersten Lösung noch enthalten sind — sich in der Mutterlauge anhäufen.

Was in dieser Beziehung für die basischen Salze gilt, gilt mit Ausnahme des Cers, auch für die überbasischen.

Cerinitrat ist der erste Körper, der sich zersetzt. Durch Auskochen mit Wasser bleibt er als basisches Salz zurück. Die davon abfiltrierte Mutterlauge enthält nun die übrigen Erden.

Durch Fortsetzen desselben Verfahrens wird die Mutterlauge

immer reicher an den noch vorhandenen Ceriterden und nach 7—8maliger Wiederholung enthält sie keine Ytteriterden mehr, während nach ca. 50 solcher Operationen die Hauptlösung didymfrei ist. Um einen Teil des Ytterbiums und Scandiums zu gewinnen, mußte Nilson (1880) etwa 500 Abtreibungen ausführen. — Krüss (1893) erhielt die geschmolzenen Nitrate einige Zeit im klaren Fluß und erhitzte unter beständigem Umrühren bis zur eintretenden Trübung der Schmelze. Die abgekühlte Masse ist dann bei Zimmertemperatur in Wasser vollkommen löslich und die Lösung liefert beim Erwärmen auf 90° eine kristallinische Ausscheidung, welche sich noch vermehren läßt, wenn man die Lösung nochmals eindampft und erhitzt.

Als theoretische Grundlage dieser Methode gibt man die verschiedene Widerstandsfähigkeit der Nitrate bei Temperaturerhöhungen an.

Die Reihenfolge, in welcher die seltenen Erden in Form ihrer Nitrate zersetzt werden, ist diejenige ihrer Basizität. Untenstehend sind die Elemente derart geordnet, daß die Reihe von den stärksten Basen eröffnet, von den schwächsten beschlossen wird.

Lanthan — (Didym) — Praseodym — Neodym — Gadolinium — Samarium — Decipium — Yttrium — Terbium — Holmium — Erbium — Thulium — Ytterbium — Scandium — Cer (als CeO_2) — Thorium — Zirkonium (vgl. hierüber: Marignac 1880; Cleve 1880; Nilson 1879 und 1880; Krüss und Nilson 1887; Krüss 1893; Boudouard 1895; M. Urbain 1900; G. und E. Urbain 1901).

Ammoniak soll nach Krüss (1891) die Erden richtiger in der Reihenfolge ihrer Basizität trennen.

Diese Methode wurde zur Reindarstellung bezw. Anreicherung und Prüfung auf Homogenität (Nilson 1880) der meisten Erden angewendet, so daß im folgenden genauere Angaben über die einzelnen Erden gemacht sind.

Yttrium stellte Berlin durch partielle Zersetzung der Nitrate zum ersten Mal dar; hierauf Popp (1864), Bahr und Bunsen (1866), Cleve und Höglund (1873), Schützenberger und Boudouard (1897), G. und E. Urbain (1901) und M. Urbain (1900).

Erbium. Bahr und Bunsen (1866) sowie Cleve und Höglund (1873) bedienten sich zur Darstellung der Erbinerde dieser Methode. Das Erbin, welches nach diesem Verfahren erhalten werden kann, zeigt nach Cleve (1880) noch immer Spuren der Absorptionsbanden des Thuliums und Holmiums. Auch Krüss und Kiesewetter (1888 und 1891) konnten hiermit nicht das alte Erbium in seine Bestandteile zerlegen. Krüss (1893) gelangte bekanntlich durch Kombination der Bunsenschen Methode und partiellen Anilinfällung zu der Ansicht, daß die Erbinerde ein zusammengesetzter Körper ist. M. Urbain (1900) griff zur Kombination mit Ammoniak. Die Eigenschaften des Erbiumnitrats in der Hitze beschreibt Delafontaine (1865).

Terbium. Diese Erde kann man nach Bunsens Methode nicht darstellen. Schon Marignac (1878, I) vermochte hiermit sein Terbiummaterial nur vorzuarbeiten. Cleve (1882) macht auf die großen Schwierigkeiten aufmerksam, welche die Herstellung der Terbinerde nach dieser Methode bietet — die Ausbeute soll sehr gering sein und das Resultat gleich demjenigen, welches man mit der Kaliumdoppelsulfatmethode erzielt. Hofmann und Krüss (1893) empfehlen die Kombination mit der partiellen Anilinfällung.

Thulium, welches Element in reinem Zustand bis jetzt überhaupt nicht dargestellt worden ist, kann nach dieser Methode nur in Form von Anreicherungen erhalten werden. Es ist die stärkste Base aller, ein Absorptionsspektrum gebender Erbinerden, geht selbst nach mehreren 100 vorsichtigen Abtreibungen gemischter Erdnitrate als Nitrat noch in Lösung und reichert sich zusammen mit Ytterbium in den Mutterlaugen an. Thulium frei von Ytterbium zu erhalten, gelang bisher auf diese Art nicht (Cleve 1880, Nilson 1880, Krüss und Nilson 1887, II, Krüss 1893).

Holmium. Auch diese Erde kann nur in angereicherter Form erhalten werden (Cleve 1880, Krüss und Nilson 1887, II). Während ein Holmiummaterial $\overset{\text{III}}{R}$ 161,5 durch partielle Zersetzung der Nitrate nicht weiter zerlegt werden konnte, erwies sich dasselbe gegen salzsaures Anilin unbeständig (Hofmann und Krüss 1893). Lecoq de Boisbaudran konnte ebensowenig wie Krüss und Kiesewetter (1888 und 1891 S. 4) diese Erde, welche identisch mit Sorets Element X ist, mit Hilfe partieller Abtreibungen und Ammoniakfällungen spalten.

Ytterbium. Delafontaine (1878, I) gewann aus den Erden

des Sipylit durch Abtreiben der Nitrate eine Erde, die in allen ihren Eigenschaften der von Marignac (1878, II) entdeckten Ytterbinerde glich. Auch Nilson (1879 und 1880) hatte wie Marignac diese Erde durch etwa 500 maliges Abtreiben gewonnen und schloß aus den übereinstimmenden Atomgewichtsbestimmungen der letzten Fraktionen auf die Homogenität derselben. G. und E. Urbain (1901) konnten sich auf diese Weise ebenfalls Ytterbinerde darstellen.

Gadolinium. Mit Hilfe partieller Nitratabtreibungen und Kaliumsulfatfällungen isolierte bekanntlich Marignac (1880) aus den Erden des Samarskit ein neues Element, das er anfangs *Yα* nannte.

Benedicks (1900) empfiehlt zur Darstellung dieser Erde, zuvor die schwächeren Basen durch das sog. Abtreiben zu entfernen und hierauf die Nitrate aus konzentrierter Salpetersäure fraktioniert zu kristallisieren.

Decipium reinigte Delafontaine (1880)[1] mit Hilfe dieser Methode.

Scandium ist bisher nur von Nilson (1879 und 1880) in äußerst geringer Menge dargestellt worden, und zwar führte ihn diese Methode in der Modifikation Marignacs zur Entdeckung desselben. Scandiumnitrat zersetzt sich leicht vollständig bei derjenigen Temperatur, bei welcher sich das Ytterbiumnitrat nur unvollkommen in Subnitrat verwandelt, so daß diese Erden leicht voneinander getrennt werden können. Die Scandinerde kommt bei dieser Methode immer mit der Ytterbinerde zusammen vor und scheidet sich bei der weiteren Erhitzung der gemischten Nitrate zuerst aus, so daß die Ytterbinerde in der Mutterlauge zurückbleibt. Der Scandiumniederschlag bildet eine milchige Flüssigkeit, die, selbst nach geraumer Zeit, nicht klar wird. Dieses Verhalten kennzeichnet die Scandinerde ganz besonders.

Lanthan nach dieser Methode darzustellen, ist nicht vorteilhaft, da beim Erkalten der Schmelze dieselbe in um so stärkerem Grade zu Mehl zerstäubt, je reicher sie an Lanthan ist, eine Erscheinung, die bereits von Mosander (1843) beschrieben wurde. Nachdem wir aber im Umkristallisieren der Ammon- bezw. Magnesiumdoppelnitrate ein so vorzügliches Trennungsmittel be-

[1] Delafontaine, J. 1880, S. 298; Arch. sc. ph. et nat. [3] 3, p. 250.

sitzen, kommt für die Darstellung dieser Erde die partielle Zersetzung der Nitrate überhaupt nicht in Betracht. (Bettendorff 1889.)

Didym. Während man heute das Lanthan verhältnismäßig leicht didymfrei erhalten kann, ist der umgekehrte Fall mit bedeutend mehr Schwierigkeiten verbunden. Hierzu kann man sich nach Bettendorff mit Vorteil dieser Methode bedienen. Es gelingt leicht, alles vorhandene Lanthan abzuscheiden, das resultierende Didym enthält dann allerdings Samarium, sowie größere oder kleinere Mengen von Gadolin- und Terbinerde.

Muthmann, Hofer und Weiß (1902) prüften ein Neodympräparat auf Homogenität, die erste und letzte der dreizehn Nitratabtreibungen erwiesen sich als identisch. Nach Krüss und Kiesewetter (1888 und 1891 S. 3) läßt sich das Didym durch partielle Zersetzung des Nitrats nicht in seine Komponenten zerlegen. Marignac (1853) hatte ein Didympräparat ebenfalls mit Hilfe dieser Methode dargestellt, welches von Soret (1879) spektroskopisch noch näher geprüft wurde. Boudouard (1895) nimmt auf Grund der verschiedenen Beständigkeit der Nitrate in der Hitze an, daß die Didymerde des Monazits ein niedrigeres Atomgewicht besitzt als diejenige des Cerits (vgl. auch Loose 1892).

Cerium. Diejenige Erde, welche sich von allen übrigen am leichtesten in reinem Zustand erhalten läßt, ist bekanntlich die Cererde. Wir besitzen für diesen Zweck mehrere schnell zum Ziele führende Methoden, zu denen aber nicht diejenige Bunsens zählt, welche in anderer Beziehung so vortreffliche Dienste leistet, wie wir uns soeben überzeugen konnten. Erdgemische cerfrei zu machen kann man sich jedoch auch der leichten Zersetzbarkeit des Cerinitrats bedienen, und nach v. Scheele (1897 und 1899) sogar mit sehr gutem Erfolge. Nilson (1880 und 1882), Crookes (1886), Krüss (1887), Marc (1902) und andere Chemiker benutzten zu genanntem Zweck ebenfalls diese Methode. S. basische Nitratmethode.

Thorium. Bei Behandlung der Nitratschmelzen mit Wasser ist Thorium diejenige Erde, welche infolge ihres schwach basischen Charakters sich sehr leicht aus Erdgemischen entfernen läßt; sie fällt meistens mit Cer zu gleicher Zeit als basische Verbindung aus. Nilson (1880 und 1882), Roscoe 1882), Krüss (1887), Scheele (1897) und G. und E. Urbain

(1901) konnten auf diese Weise Thorerde aus ihren Materialien entfernen.

Zirkon. Krüss und Nilson (1887, II) trennten die Erden des Wöhlerits durch partielle Nitratabtreibungen, wobei die Niob- und Zirkonverbindungen als unlöslich in den allerersten Niederschlägen sich befanden, während die Lauge die stärkeren seltenen Basen dieses Minerals enthielten.

Auch die Nitrate des Eisens Mangans und Urans sind in der Hitze leicht zersetzbar, so daß man diese Metalle bei der genannten Methode meistens in den allerersten Niederschlägen erhält (Nilson 1880 und Roscoe 1882). Nach Crookes (1899) soll sich Victorium in den mittleren Fraktionen anhäufen; in Kombination mit partieller Oxalatfällung stellte sich Crookes sein Victoriumpräparat dar.

12. Das sogenannte Oxydverfahren.

Literatur.

1860. C. Czudnowicz, J. pr. **80**, S. 17.
1783. Auer v. Welsbach, Mhft. Ch. **4**, S. 635; Sb. W. Juliheft 1883, II. Abt. Bd. 88.
1885. — Mhft. Ch. **5**, S. 508; Sb. W. Juliheft 1884, II. Abt. Bd. 90; Amerik. Pat. 1888, 7. Febr., Nr. 377701; Engl. Pat. 1886, 29. Juli, Nr. 9806.
1892. Schottländer, Ber. **25**, 1, S. 382—390.
1896. G. P. Drossbach, Ber. **29**, 3, S. 2453.
1898. W. Muthmann und H. Roelig, Ber. **31**, 2, S. 1721.
1898. H. Roelig, Dis., Universität München, S. 30—31.
1900. C. R. Böhm, Dis., Universität München, S. 25.
1901. G. P. Drossbach, Z. agw. 1900, S. 658.
1901. H. Behrens, Arch. Neer. S. II, Vol. **6**, p. 85; C. C. 1902, **1**, S. 297.
1902. C. R. Böhm, Z. agw. Heft 16, S. 372.
1902. I. G. P. Drossbach, Ber. **35**, S. 1486.
1902. II. — Ber. **35**, Heft 15, S. 2826—2827.
1903. W. Muthmann und L. Weiss, L. A. **331**, S. 3.

Während beim sogen. Abtreiben der Nitrate nach Bunsen die Nitrate durch Schmelzen, also durch starkes Erhitzen basisch gemacht werden, erreicht man nach Auer v. Welsbach (1883) diesen Zweck leichter durch Zusatz der aufgeschlämmten Oxyde zur kochenden Lösung. Czudnowicz (1860) erhitzte die Magnesiumdoppelnitrate des Cerits, die er beim Wiederholen der Bunsenschen Oxydationsmethode mittels Magnesia erhalten hatte, so lange, bis eine teilweise Zersetzung zu braunem Oxyd eingetreten war. Die erkaltete Masse wurde hierauf mit viel kochendem Wasser, welches mit Salpetersäure schwach angesäuert war, behandelt. Es schied sich hierbei eine reichliche Menge basisch salpetersaures Cer ab, welches durch Dekantieren gereinigt wurde. Die Laugen wurden wieder eingedampft und in dieser Weise weiter behandelt, wobei sich nur wenig Cer abschied. Die hierauf aus den Laugen erhaltenen amethystroten Kristalle gaben bei erneuter Anwendung dieses Verfahrens kein basisches Cersalz mehr ab.

Während also Czudnowicz das Erdsalzgemisch teilweise zu Oxyd durch Erhitzen zersetzt und es hierauf mit kochendem Wasser behandelt, erzielt Auer durch Zusatz der feinverteilten Oxyde zur Lösung gewisser Verbindungen der seltenen Erden den gleichen Effekt.

Da man mit dem Oxydverfahren nicht nur eine überraschende einfache und vollständige Trennung der Ytterit- von den Cerit-Erden erreicht, sondern auch auf diese Weise z. B. das Ytterbium vom Erbium, das Cer von allen anderen Erden, sehr einfach das Lanthan von Didym usf. trennen kann, ist das Verfahren von allgemeiner Bedeutung für die Trennung der seltenen Erden und aus diesem Grunde im folgenden genauer beschrieben.

Bestimmt charakterisierte Körper, die eine Trennung von der Mutterlauge leicht ermöglichen, resultieren aus diesem Prozeß.

Obwohl sonach die Reaktion in gleicher Weise eingeleitet wird, das Trennungsverfahren also einheitlich gemacht ist, ist es doch je nach der Art des zu scheidenden Gemenges den mannigfachsten Modifikationen unterworfen. Es richtet sich dann selbstverständlich nach der Natur des die Hauptmenge in dem jeweiligen Oxydgemenge bildenden Körpers, in welcher Reihenfolge die Modifikationen des Verfahrens zur Anwendung kommen.

So führt man zur Trennung der Ytterit-Erden von den Cerit-Erden[1] die Reaktion nur so weit, daß die basischen und

[1] Muthmann und Weiss konnten auf diese Art einen Teil der Yttrium- und Erbiumgruppe aus einem Neodympräparat ziemlich rasch entfernen.

nicht die überbasischen Salze (Nitrate) entstehen, weil erstere sich unter allen Verhältnissen leichter und reichlicher bilden, sich von Cer befreien lassen usw., und weil diese Verbindungsstufe unter gleichen Umständen bei Didym und Lanthan für sich gar nicht erhalten werden kann. Die betreffenden überbasischen Salze können dagegen leicht erzeugt werden, wodurch eine gleich vollständige Trennung eben ausgeschlossen wäre.

Wenn später mit den überbasischen Salzen weiter getrennt wird, so liegt das entweder in der Natur der Verbindungen oder der zu trennenden Körper.

Bei der Trennung der Cerit-Erden, wie sie im Cerit enthalten sind, wird natürlich mit der Abscheidung des Cers begonnen, da das Oxydgemenge hauptsächlich (90 $^0/_0$) aus diesem besteht, und die etwa $^1/_2$ $^0/_0$ betragenden Ytterit-Erden werden zuletzt entfernt, was, wie aus dem weiter unten Angeführten sich ergibt, durchaus kein Abweichen vom systematischen Gange bedeutet.

Es ist zu betonen, daß die Oxyde immer nur das Mittel sind, die Lösungen basisch zu machen, es hätte in gleicher Weise die Reaktion etwa durch Kalk erfolgen können. Je nach der Zusammensetzung des Oxydgemenges usw. ist zwar die Reaktionsfähigkeit verschieden, aber dadurch werden nur die nötige Dauer der Einwirkung und die sie begleitenden Umstände variiert; das Endresultat ist in allen in Frage kommenden Fällen doch das gleiche, der verschiedene Grad von Basizität bleibt demnach immer das leitende Prinzip der Haupttrennungen. Das ist von großer Wichtigkeit. Damit werden aus den in Arbeit genommenen Mineralien, wie Gadolinit, Cerit, Samarskit direkt vergleichbare Produkte erhalten. Spezielle Reaktionen finden sonach nur bei schon fast rein erhaltenen Präparaten Anwendung.

Nachdem die Intentionen, welche Auer bei seinen jahrelang währenden Untersuchungen in dieser Beziehung leiteten, genügend erklärt sind, wenden wir uns zur genauen Beschreibung der einzelnen Operationen.

a) Ytteriterden.

Die Gadolinitoxyde wie sie unmittelbar nach dem Rösten der Oxalate erhalten werden, rührt man mit Wasser zu einem Brei an, versetzt einen Teil hiervon mit Salpetersäure und schüttelt um, wobei ein lebhaftes Aufbrausen stattfindet, von unzersetzten

Carbonaten herrührend. Man gibt nun abermals von dem Oxydbrei zu und hierauf Salpetersäure, wobei die Säure nicht hinreichen darf, eine vollständige Lösung zu erzielen. Man muß nach jedesmaligem Zusatz gut umschütteln. Hat man die ganze Operation mehrmals wiederholt und sind zum Schluß in der nun kochend heiß gewordenen sirupartigen Flüssigkeit überschüssige Oxyde in reichlicher Menge verteilt, so beginnt das Gemenge nach kurzer Zeit breiartig zu werden und die ursprünglich gelbe Farbe wird graurötlich.

Man läßt längere Zeit, mindestens bis zum vollständigen Erkalten stehen. Der größte Teil des Erbiums und ein großer des Yttriums ist hierauf in der Masse als basisch salpetersaures Salz enthalten. Man versetzt nun sukzessive mit soviel konzentrierter Salpetersäure, als eben nötig ist, damit die Farbe in eine rötliche übergeht. Daß hierbei gut umgerührt werden muß, ist selbstverständlich. Hierdurch werden überschüssige Oxyde, Carbonate, basische Cerverbindungen, auch die Spuren des Eisens aufgelöst und es setzt sich jetzt ein großer rosafarbener Niederschlag, auf den die schwach salpetersaure Lösung ohne jeden Einfluß ist, ab. Nach einiger Zeit bildet derselbe eine kompakte Masse, von welcher sich die Mutterlauge leicht fast ganz abgießen läßt.

Zu dem Rückstand setzt man Alkohol, in welchem sich die Nitrate leicht, die basischen Nitrate nicht lösen, rührt um, bringt auf das Saugfilter und wäscht mit Alkohol aus. Von den größeren Konkretionen, die, wenn das Verfahren nicht gut angewendet wurde, in der Kristallmasse verteilt sein können, und die durch das Zusammenballen von Oxyden und nachherige teilweise Umwandlung in basische Salze erhärtet sind, muß das basische Erbium-Yttriumnitrat vor seiner Lösung getrennt werden. Es geschieht dieses am besten durch Abschlämmen mit Alkohol.

Es ist unbedingt erforderlich, genau nach diesen Angaben die Operationen zu leiten, da sonst zweifelsohne der Prozeß ohne besonderen Erfolg verläuft. Auch ist es ratsam, nach dieser ersten reichlichsten Abscheidung der Erden der Yttergruppe die gewonnene Mutterlauge vom Cer zu befreien.

Erhitzt man die in einer Platinschale befindlichen Nitrate so lange, bis die entstandene Trübung keine weitere Zunahme zu erkennen gibt, läßt dann unter Umschwenken und Eintauchen in kaltes Wasser rasch erkalten, übergießt mit heißem Wasser, kocht endlich, bis die größeren Teile gelöst sind, so ist fast die Gesamtmenge als unlöslicher Niederschlag in der Flüssigkeit enthalten. Derselbe enthält auch die ganz kleine Menge Eisen als basische Verbindung, die den Erden selbst durch wiederholte Fällung mit Oxalsäure aus saurer Lösung nicht entzogen werden kann.

Der auf diese Weise gewonnene Niederschlag darf keine kleinen nadelförmigen Kriställchen enthalten; wenn dieses der Fall ist, hat man das Erhitzen zu lange fortgesetzt.

Zur weiteren Abscheidung der Yttererden erhitzt man die ziemlich konzentrierte Lösung in der Platinschale bis zum Kochen und gießt nach dem Entfernen der Flamme den in der Achatreibschale gut verriebenen, nicht zu dickflüssigen Brei unter lebhaftem Umrühren hinzu. Hat die von den Oxyden gelb gefärbte Flüssigkeit ihre ursprüngliche Farbe wieder angenommen, so ist die Reaktion zu Ende. Die weitere Behandlung des Niederschlages erfolgt nach dem bereits Gesagten.

So verläuft der Prozeß, wenn etwa der zehnte Teil der in der Flüssigkeit enthaltenden Nitrate in Form der Oxyde zugesetzt wurde. Man kann aber auch zwei-, ja dreimal so viel nehmen, nur hat man in betreff des Erhitzens eine kleine Modifikation anzuwenden.

Nach dem Zusetzen der Oxyde wird die Flüssigkeit nicht mehr klar und man muß, nachdem die Gelbfärbung wieder in die rötliche übergegangen ist, die Reaktion durch kurzes Aufkochen unterstützen. In keinem Falle jedoch darf das Zugeben zur kochenden Flüssigkeit stattfinden, sonst setzen sich die Oxyde am Boden der Flüssigkeit fest und entziehen sich der Einwirkung.

Die Herstellung der Oxyde findet in gewöhnlicher Weise durch Fällen mit Oxalsäure und Glühen der Oxalate in einer Platinschale statt. Man kann die Oxyde gleich für drei oder vier Operationen vorbereiten, also etwa den fünften Teil der vorhandenen Nitrate mit Oxalsäure fällen.

Nach fünf, höchstens sechs Operationen sind die Yttererden so gut wie vollständig der Mutterlauge entzogen. Die Scheidung von Didym usw. ist dabei so vollständig, daß die konzentrierte Lösung der basisch salpetersauren Salze kaum mehr eine Spur des Didymsprektrums erkennen läßt.

Die so erhaltenen Fraktionen sind voneinander verschieden. Die zuerst gewonnenen schwach rosafarben, die zuletzt dargestellten rein weiß. Erstere enthalten die Hauptmenge des Erbins, Ytterbins und Scandins, letztere die des Yttriums und Terbiums.

Die Fraktionen werden nicht vereinigt, wie es bisher üblich gewesen ist. Die rasche Durchführung der weiteren Operationen macht dieses unnötig und es läßt sich dadurch das zuerst erhaltene Produkt nach fünf bis sechs Operationen so rein erhalten, als man es überhaupt mit Hilfe der basisch salpetersauren Salze vorteilhaft erreicht. Ungefähr die Hälfte der ersten Fraktion wird in verdünnter Salpetersäure gelöst und sukzessive die andere Hälfte aus der gewonnenen Lösung umkristallisiert. Man erhitzt auch hier, wie bei allen diesen Operationen, die Lösung zuerst zum Kochen und gibt die basischen Salze dann zu. Je reicher die Lösung an Erbinerde ist, desto leichter löst sie bei Siedetemperatur die erbinreicheren Fällungen auf; beim folgenden Erkalten läßt sie fast die ganze Menge basischer Salze niederfallen. Man beschleunigt die Kristallisation durch lebhaftes Umrühren. Hat man die andere Hälfte umkristallisiert, was nach ein paar Operationen geschehen ist, so wird der vollständig erkaltete Gesamtniederschlag unter Zusatz von wenigen Tropfen Salpetersäure mit einem kleinen Teilchen Mutterlauge aufgerührt und auf dem Saugfilter mit Alkohol ausgewaschen. Die so gewonnene ganze Menge wird zu der Mutterlauge, welche von der in gleicher Weise zu behandelnden zweiten Fraktion stammt, zugesetzt und so fort, bis die schließlich erhaltene Lösung nur mehr schwach rosa gefärbt ist, also der Hauptmenge nach aus Yttriumnitrat besteht.

In dieser Weise fährt man mit dem sogen. Oxydverfahren fort, wobei man sich die nötigen Oxyde zweckmäßig aus dem Waschalkohol oder durch Glühen der basischen Salze der betreffenden Fraktionen darstellt, und erhält schließlich eine Reihe von Produkten, deren erstes schön rosafarben, deren letztes rein weiß ist und die kleine Menge Mutterlauge, die nun das Absorptionsspektrum des Didyms deutlich zeigt.

Die Yttererden sind nach dieser zweiten Reihe als frei von allen Ceriterden zu betrachten (Drossbach 1901).

Die Fällungen von ungefähr gleichem Gehalt werden vereinigt; man erhält so etwa sehr erbiumreiche Fraktionen.

Zur weiteren Trennung wendet man zweckmäßig wieder das Oxydverfahren an.

Nach vier bis fünf Reihen ist ein Unterschied im Erbingehalte der ersten Fraktionen mit dem Auge nicht mehr zu erkennen, sie sind gleich gefärbt. Das Funkenspektrum des ersten Präparates zeigt keine Spur der Yttriumlinien, dafür treten um so glänzender die Linien des Ytterbiums und Scandiums auf. Das Absorptionsspektrum ist das des gewöhnlichen Erbinspektrums. Nach weiteren vier bis fünf Reihen ist die Hauptmenge des Erbiums in eben diesem Zustand der Reinheit.

Die überbasischen Salze wendet man zur Trennung kleiner Mengen von Erbin an, die bei der Scheidung durch die basischsalpetersauren Salze hartnäckig dem Yttrium anhaften; ferner, wenn es sich darum handelt, das Erbium von seinen Begleitern Ytterbium und Scandium, zu befreien.

In bezug auf die erstere Trennung ist besondere Vorsicht bei der Durchführung nicht nötig, in bezug auf die letztere von großer Wichtigkeit.

Die wenig Erbin enthaltende Yttriumlösung wird wie früher mit den Oxyden versetzt. Ist die Reaktion beendet, so versetzt man die nun klare Lösung unter beständigem Aufkochen mit Wasser so lange, bis ein reichlicher weißer Niederschlag ausfällt. Man filtriert ab, wäscht mit Wasser aus und engt die erhaltene Mutterlauge ein.

Eine nochmalige Wiederholung der ganzen Operation ist meist nötig, dann aber läßt die Lösung keine Spur eines Absorptionsspektrums des Erbiums mehr erkennen.

Auf ähnliche Weise gelingt die Trennung des Yttriums vom Terbium; übrigens ist gerade dieses kein besonders vorteilhaftes Verfahren zu genanntem Zwecke. Interessanter gestaltet sich die Trennung des Ytterbiums und Scandiums vom Erbium. Die ziemlich konzentrierte Lösung wird in bekannter Weise basisch gemacht und nun vorsichtig mit Wasser verdünnt; man setzt das Erhitzen fort, am besten nicht ganz bis zum Kochpunkt, gibt, wenn nach kurzer Zeit keine Veränderungen eingetreten, wieder etwas Wasser zu, so lange, bis die Flüssigkeit sich zu trüben beginnt; die Flamme wird jetzt noch kleiner gemacht. Nach einiger Zeit ist die Ausscheidung beendet. Das Resultat dieses Verfahrens ist, daß fast die ganze Menge des Erbiums in der Mutterlauge zurückgeblieben und der Niederschlag aus den leichter zersetzbaren Körpern besteht. Nach mehrmaliger Wiederholung ist die Ytterbinlösung farblos. Man bildet auch hier wieder eine Reihe und verwendet als jeweiligen Zusatz die geglühten Niederschläge der früheren Operationen vom gleichen Gehalte als die zu fällende Lösung. Namentlich die letzterwähnte Methode gab auffallend gute Resultate (Auer v. Welsbach 1883).

Bei der Trennung des Yttriums vom Erbium nach diesem Verfahren hat Drossbach (1902, II) die Beobachtung gemacht, daß man aus den erbiumreichen basischen Nitraten durch Auskochen mit Chlorammoniumlösung bedeutende Mengen farbloser Erden, wesentlich Yttrium entfernen kann.

Durch Auslaugen mit verdünnter Salzsäure in zur Lösung unzureichender Menge gelangt man zu einem ähnlichen Resultat (vgl. Trennung mittels der Oxychloride).

b) Ceriterden.

a) Trennung des Cers von Lanthan, Didym usw.

Die erste Abscheidung findet, wie schon erwähnt, zwischen Cer und den übrigen Erden (hauptsächlich Lanthan und Didym) statt.

Es ist empfehlenswert, die erforderliche Salpetersäuremenge durch einige Versuche mit kleinen Oxydmengen jedesmal zu ermitteln. Zu dem Zwecke werden 30 g Oxyd in einer Porzellanschale mit 30 ccm Wasser zu einem gleichmäßigen Brei verrieben und zunächst 60 g Salpetersäure von 1,20 spez. Gewicht zugesetzt. Beim Umrühren erhitzt sich die Mischung und ein Teil des Oxydes, darunter auch viel Cer, geht unter Gasentwicklung mit gelber Farbe in Lösung. Die Schale wird dann auf dem Wasserbade unter fleißigem Umrühren und Ersatz des verdampften Wassers eine Stunde erhitzt. Nach dieser Zeit ist gewöhnlich alles ungelöste Oxyd aufgeschlossen (falls Lanthan und Didym etwa 50% oder mehr in dem Gemisch enthalten sind) und das gelöste Cer wieder als bas. Nitrat abgeschieden. Sollten sich Klümpchen zeigen, so sind diese mit dem Pistill zu zerdrücken. Nun setzt man so viel Wasser zu, daß das Gesamtgewicht der Mischung etwa 140 g beträgt und erhitzt noch eine Stunde unter öfterem Umrühren auf dem Wasserbade. Hat die Flüssigkeit eine rosa Farbe und der Niederschlag eine gelblichweiße, so ist die Menge der Salpetersäure genügend. Wenn der Niederschlag dagegen bräunlichrosa erscheint, so verdampft man die Flüssigkeit annähernd auf das Volumen, welches sie nach Zusatz der Salpetersäure hatte und setzt aus einem gewogenen Kölbchen während des Erhitzens von Zeit zu Zeit vorsichtig etwas Salpetersäure von 1,2 spez. Gewicht zu, bis der Niederschlag nach dem Verdünnen auf 140 g Gesamtgewicht und Erwärmen mit etwas im Mörser mit Wasser angeriebenem Oxyd gelblichweiß erscheint und das gelöste Cer vollständig ausgefällt worden ist. Nachdem die Probe 12 Stunden gestanden, filtriert man ein paar Tropfen der Lösung ab und überzeugt sich durch die Wasserstoffsuperoxydreaktion (vgl. Cerreaktionen) von der Abwesenheit des Cers.

Zur Abscheidung des Cers werden nun 500 g des geprüften Oxydes in einer geräumigen Porzellanschale mit 200 ccm kalten Wassers zum gleichmäßigen Brei angerührt und im Verhältnis die vorher ermittelte Salpetersäuremenge von 1,20 spez. Gewicht langsam unter Rühren zugesetzt. Im allgemeinen braucht man dazu 1100—1350 g solcher Säure. Nachdem die heftige Reaktion vorüber ist, wird die Schale auf ein im Sieden erhaltenes Wasserbad gestellt und unter öfterem Umrühren und zeitweiligem Ersatz des verdampften Wassers mehrere Stunden erhitzt, bis alle bräunlichen Oxydpartikel in gelblichweiße Klümpchen übergegangen sind. Dann läßt man ca. 10 Stunden stehen, vermischt in einem Dekantierglase die Masse mit $2^1/_2$ l kalten Wassers und läßt 24 Stunden absetzen.

Die rosenrote Lösung, die bei richtiger Arbeit keine Spur Cer enthält, wird möglichst klar abgegossen und die durch eine geringe Menge Niederschlag getrübte Flüssigkeit hinreichend und ganz klar abfiltriert, indem der Niederschlag gewissermaßen selbst das eigentliche Filter bildet. Nun wird der Cerniederschlag mit ca. $2^1/_2$ l 7 $^0/_0$ige Ammonnitratlösung durchgerührt, wieder absitzen gelassen und auf ein Filter gebracht. Nach dem Abtropfen der Ammonnitratlösung läßt sich fast die ganze Menge desselben als zähe, lehmartige Masse vom Filter entfernen.

Der bei ca. 100^0 getrocknete Niederschlag wird dann auf reines Ceriammonnitrat verarbeitet, wie dieses bei der Trennung durch Ammondoppelnitraten ausführlich beschrieben ist.

Jener merkwürdige Niederschlag besitzt je nach seiner Darstellungsweise sehr verschiedene Eigenschaften und jedenfalls auch verschiedene Zusammensetzung. Wurde derselbe aus einem sehr cerreichen Oxydgemenge erhalten, so ist er, wie Auer fand, löslich in reinem Wasser und aus dieser Lösung wieder fällbar durch verdünnte Salpetersäure oder Ammonnitrat; bei Verarbeitung eines Oxydes von einem ca. 45 $^0/_0$igen Cergehalt erweist sich der Niederschlag stets als ganz unlöslich in reinem Wasser. Gewöhnlich trocknet der Niederschlag zu einem feinen gelblichweißen Pulver aus, wurde aber bei seiner Bereitung so viel Salpetersäure angewandt, daß etwas Cer in Lösung ging, so stellt derselbe nach dem Trocknen eine bernsteingelbe durchsichtige Masse dar.

Es ist wahrscheinlich, daß in dieser Substanz nicht lediglich verschiedene basische Nitrate des Cerdioxydes vorliegen, sondern daß dieselbe als wesentlichen Bestandteil auch Ceroxydul undin dessen Vertretung Lanthan- und Didymoxyd enthält (Schottländer).

b) Trennung von Lanthan und Didym.

Das Verfahren gründet sich darauf, daß das Didymnitrat durch das Oxydgemenge leichter überbasisches Salz liefert als das Lanthannitrat. Da nun aber diese Verschiedenheit nicht groß ist, so muß darauf geachtet werden, die Umwandlung unter solchen Umständen einzuleiten, daß sie eben beginnen kann und langsam verläuft. Nur die überbasischen Salze des Didyms und Lanthans sind unlöslich in Wasser und dabei leicht in verdünnter Salpetersäure löslich. Schwerlösliche basische Salze existieren von Didym und Lanthan nicht.

Zur Ausführung des Verfahrens ist zunächst erforderlich, daß das durch Glühen der Oxalate bereitete Oxydgemisch in einem bedeckten Tiegel möglichst stark, wenigstens längere Zeit bei heller Rotglut erhitzt wird, damit es alle Kohlensäure verliert und zur Verwendung kommt, bevor es wieder solche aus der Luft angezogen hat. Wird dieses nicht beachtet, so zeigt es sich auch bei Einhaltung der übrigen Bedingungen zuweilen ganz wirkungslos auf die Nitratlösung. In bezug auf die Fällung der Oxalate ist das im Kapitel „Fällen der Erden" Gesagte genau zu befolgen.

Die mit dem Oxyd zu behandelnde Lösung muß völlig frei von Ammonnitrat sein (Schottländer, Böhm 1900 und 1902) und darf selbstverständlich keine freie Salpetersäure enthalten. Ihre Konzentration ist am besten eine solche, daß in 8 ccm derselben 1 g Oxyde gelöst sind.

Es werden dann beispielsweise 100 g Oxyd in einer Reibschale zunächst trocken fein gerieben, dann unter allmählichem Zusatz von 100 ccm Wasser zu einem ganz gleichmäßigen dünnen Brei verarbeitet; dazu setzt man 800 ccm der Lösung von angegebener Beschaffenheit zu und verreibt alles auf das sorgfältigste. Dabei tritt gewöhnlich nach kurzer Zeit unter Erwärmung und bedeutender Verdickung der Masse die Reaktion ein. Mag dieses nun der Fall sein oder nicht, so wird alles in eine geräumige Porzellanschale gebracht, der Mörser mit 100 ccm Wasser nachgespült und die Schale unter fleißigem Umrühren und Zerreiben etwaiger Klümpchen zur Beendigung der Reaktion noch $^1/_2$—1 Stunde auf dem Wasserbade erhitzt. Dann läßt man etwas erkalten, bringt die blaßrosa gefärbte kleisterartige Masse in ein hohes Standglas, spült die Schale mit möglichst wenig lauwarmem Wasser nach und läßt das Glas wohlbedeckt 12 Stunden stehen. Zur Extraktion wird die Masse durch Zusatz kalten Wassers auf etwa 1400 ccm gebracht, durch längeres starkes Rühren gleichmäßig gemacht und mehrere Tage zur völligen Klärung stehen gelassen. Da die basischen Nitrate dieser Erden mit großer Begierde Kohlensäure anziehen und hierdurch wieder Didym in Lösung geht, so ist Luftzutritt möglichst auszuschließen. Die Lösung wird tunlichst klar vom Niederschlage abgegossen, dieser nochmals mit 800 ccm Wasser angerührt, dekantiert und die klare Lösung mit der ersteren vereinigt. Ein weiteres Auswaschen des Niederschlages ist nicht ratsam, da sich derselbe dann nicht mehr absetzt. Man bringt ihn daher auf ein Filter, gießt das Ablaufende zurück, bis es klar wird und läßt abtropfen, wozu oft 24 Stunden kaum genügen.

Lösung und Niederschlag werden dann in ähnlicher Weise weiter fraktioniert, letzterer, nachdem man ihn mit Salpetersäure in Lösung gebracht hat. Bei den weiteren Fraktionierungen ist es zweckmäßig, nicht jedesmal die Hälfte der Lösung mit Oxalsäure zu fällen, sondern bei den Lanthanfraktionen, in dem Maße, als sie ärmer an Didym werden, einen immer kleineren, bei den Didymfraktionen dagegen einen immer größeren Bruchteil, je mehr sich das Didym darin anreichert.

In bezug auf die Konzentration der Nitratlösung, welche bei den späteren Fraktionierungen einzuhalten ist, wäre zu bemerken, daß man bei den Lanthanfraktionen nicht unter eine Stärke von 1 g Oxyd in 8,4 ccm Lösung, bei den Didymfraktionen dagegen nicht über eine solche von 1 g Oxyd in 7,5 ccm Lösung gehen sollte, ohne die oben angegebenen, zum Anreiben der Oxyde und Nachspülen der Reibschale erforderlichen Wassermengen zu rechnen (Schottländer).

Während man mit Hilfe des Oxydverfahrens sehr leicht cerfreie Lösungen erhalten kann, so ist dasselbe in seiner Anwendung auf ein Gemisch von Lanthan und Didym wegen der sehr unangenehmen und zeitraubenden Arbeit mit den erwähnten völlig amorphen und ziemlich voluminösen basischen Nitratniederschlägen weniger empfehlenswert (Schottländer 1892, S. 390; Muthmann und Roelig 1898).

Drossbach (1896) erhielt bei der Trennung des Lanthans von Didym hiermit die gleichen Resultate als mit der partiellen Natriumhydratfällung (vgl. Trennung mittels Natrium- und Kaliumhydrat).

Behrens (1901) gibt bei der Trennung des Lanthans vom Praseodym dem Oxydverfahren den Vorzug, nachdem er zuvor mit Ammoniak fraktioniert hatte. In bezug auf das Samarium (Samarium von Neodym zu trennen) liefert diese Methode keine besonders ermutigenden Resultate (Muthmann und Weiss).

Werden die nach dem Oxydverfahren gewonnenen basischen Nitratfraktionen durch Alkalilauge zersetzt und dann in Chloride verwandelt, so kann es trotz größter Sorgfalt vorkommen, daß hinreichende Mengen Nitrate unzersetzt bleiben (Drossbach 1902, I).

13. Trennung mittels gebrannter Magnesia — Magnesiumoxyd.

Literatur.

1896. G. P. Drossbach, Ber. **29**, 3, S. 2454.
1898. W. Muthmann und H. Roelig, Ber. **31**, 2, S. 1721—1722, 1725.
1898. H. Roelig, Dis., Universität München, S. 31—32.
1899. L. Stützel, Dis., Universität München, S. 32.
1900. Richard, J. Meyer und E. Marckwald, Ber. **33**, 3, S. 3010—3012.
1901. H. Behrens, Arch. Neer. S. II, Vol. VI, p. 86.
1901. G. P. Drossbach, Z. agw. Heft 26, S. 658.
1904. Wilh. Hiller, Dis., Universität Berlin, 1904, S. 30—31.

Drossbach (1896) verwendete als Fällungsmittel für die seltenen Erden Magnesiumoxyd. Nach zweimaliger Fällung enthielt die Lösung der Ytteriterden die Hauptmenge Yttrium, der Niederschlag alles Ytterbium, Erbium und die schwächer basischen Erden (vgl. Ammoniakmethode betreffs Basizitätsreihe). Fraktioniert man diese Erdgemische entweder nach dem Auerschen Oxydverfahren oder mit NaOH, so läßt sich fast alles Ytterbium in den ersten Fraktionen ansammeln. Alle diese ersten Fraktionen werden vereinigt, soweit sie keine Spur eines Absorptionsspektrums zeigen, und bilden ein vorzügliches Ytterbiummaterial.

Die erhaltenen schön rot gefärbten Erbinlösungen werden stark verdünnt und weiter fraktioniert — vorteilhaft mit NaOH (Drossbach 1896).

Muthmann und Roelig (1896) hielten die kochende Erdlösung mit einem Rührer in Bewegung und siebten[1] Magnesia in dieselbe. Da ein Gemisch von Lanthan und Didym zur Anwendung gelangte, so wurde die über dem Niederschlag stehende Flüssigkeit immer heller und zuletzt verschwanden Farbe und Absorptionsstreifen des Didyms vollkommen. Die Lösungen fällt man nach Zusatz von Chlorammonium mit Oxalsäure oder Ammonoxalat. Magnesium bleibt so in Lösung. Muthmann und Roelig wollen auf diese Weise bei nur einmaliger Behandlung aus 470 g der gemischten Oxyde (La und Di) 200 g völlig reines Lanthanoxyd erhalten haben. Bedingung ist langsames Eintragen der Magnesia, andauerndes Rühren und Erwärmen. Stützel (1899) stellte den größten Teil seiner Lanthanerde nach dieser Methode dar und auch Meyer und Marckwald (1900) sowie Hiller (1904) empfehlen die Magnesiafällung für die Trennung von Lanthan und Didym. Die Didymfraktionen löst man in Salpetersäure und behandelt sie öfters mit Magnesia in der Weise, daß man bei den Wiederholungen nicht bis zum völligen Verschwinden der Absorptionslinien fraktioniert, sondern nur so weit, daß die Streifen von größter Intensität noch eben sichtbar bleiben. Der zuletzt erhaltene Didymniederschlag wird vorteilhaft in Salzsäure gelöst und nach Zusatz von Oxalsäure mit überschüssigem Ammoniak gefällt. Auch diese Operation muß wiederholt werden, um die Magnesia gänzlich abzuscheiden. Drossbach (1901) trennte hiermit die Yttergruppe von Didym bezw. Lanthan und Didym und Böhm verwendete diese Methode mit Vorteil zur Abscheidung von Praseodymresten aus einem Lanthanmaterial, Muthmann und Roelig (1898, S. 1725) zum umgekehrten Zweck, nämlich aus einem Shapleighschen Praseodympräparat Lanthanreste zu entfernen.

Behrens (1901) scheint hiermit weniger gute Resultate erzielt zu haben.

[1] Eine feine wäßrige Aufschlämmung frisch geglühter Magnesia, wie solche von Böhm und Hiller (1904) verwendet wurde, dürfte aus Bequemlichkeitsgründen vorzuziehen sein.

14. Trennung mittels Kupferoxydul bezw. Kupferoxyd.

Literatur.

1884. Lecoq de Boisbaudran, C. r. **99**, p. 525—526; C. C. 1884, **15** (3. Folge), S. 805.
1895. G. P. Drossbach, J. G. W. **38**, S. 582.
1897. Schützenberger und Boudouard, C. r. **124**, p. 481—486; J. 1897, **1**, S. 1030.
1900. M. G. Urbain, An. Chim. **19**, p. 184.

Zur Abscheidung des Thoriums empfiehlt Lecoq de Boisbaudran folgende Methode:

Die neutrale Sulfat- oder Chloridlösung der Erden (Thor- und Cererde) wird mit einigen Tropfen Salzsäure versetzt und mehrere Minuten lang über Späne von reinem Kupfer gekocht. Hierbei werden die Cerisalze zu Cerosalzen reduziert. Man setzt nun der Flüssigkeit (ohne sie von den Kupferspänen abzugießen) einen geringen Überschuß von Kupferoxydul[1] hinzu und erhält das Ganze wenigstens $^3/_4$ Stunden lang im Sieden. Der auf dem Filter gesammelte Niederschlag wird mit destilliertem Wasser, welches vorher über etwas Kupferoxydul gekocht worden ist, gewaschen; er enthält die Thorerde, sowie eine geringe Spur von Cer und wird in Salzsäure, der man etwas Salpetersäure zugesetzt hat, aufgelöst. Das Kupfer beseitigt man entweder durch Schwefelwasserstoff in sehr saurer Lösung oder durch überschüssiges Ammoniak. Die unreine Thorerde wird ein zweites oder, wenn nötig, ein drittes Mal in gleicher Weise behandelt.

Die verschiedenen Filtrate und Waschwasser werden vereinigt und durch Schwefelwasserstoff oder Ammoniak vom Kupfer befreit. Wegen der Leichtigkeit der Behandlung mit Kupfer und Kupferoxydul ist es nicht von besonderem Nachteil, bei der ersten Fällung der Thorerde etwas größere Mengen von Cer darin zu lassen, wichtig aber ist es, erstere vollständig zu fällen; es ist deshalb besser, die Flüssigkeit mit überschüssigem Kupferoxydul etwas länger, vielleicht eine Stunde lang, zu kochen. Drossbach

[1] Am besten stellt man das Kupferoxydul durch Reagieren einer siedenden Lösung von weinsaurem Kupfer in überschhüssigem Kali durch Traubenzucker dar. Dieses Oxydul muß vollständig ausgewaschen werden, damit es keine Spur organischer Substanz enthält.

(1895) bestimmte mittels Kupferoxydulhydrat die Thorerde im Monazitsand. Wollte man jedoch in dem Gemenge der Monazitoxyde die Thorerde sofort nach Lecoq de Boisbaudran bestimmen, so würde man zu hohe Resultate erhalten, denn da die Fällung aus fast neutraler Lösung vorgenommen werden muß, würde ein Teil des Cers mitfallen. Drossbach behandelt daher zuvor das Oxydgemisch mit Kohle im Chlorstrom und erhitzt so lange, bis alles Thoriumchlorid übersublimiert ist (s. S. 207 und Quantitative Bestimmung der ThO_2).

Schützenberger und Boudouard (1897) benutzten Kupferoxyd, um geringe Mengen Thorerde, welche durch Umkristallisieren der Sulfate nicht zu beseitigen gewesen sein sollen, vom Cer zu entfernen. Nach ihrer Angabe lassen sich aus Monazitcerpräparaten durch fraktionierte Fällung der Cerosulfatlösung mittels Kupferanhydrohydrat ($3CuO \cdot H_2O$) drei Arten von Cerium darstellen, mit dem Atomgewicht a) ungefähr 138, wahrscheinlich kleiner, b) ungefähr 148 und c) ungefähr 157.

Urbain (1900) prüfte diese Methode an den Erden des Äschynits und fand, daß Kupferoxyd nicht vollständig das Thorium aus seinen Lösungen zu fällen vermag.

15. Trennung mittels der Chloride und Oxychloride.

Literatur.

1801. Vauquelin, An. Chim. **36**, Nr. 107, p. 143—160; Cr. A. 1801, **1**, S. 227—242; vergl. auch: 1805, An. Chim. **54**, p. 26.
1804. W. Hisinger und J. Berzelius, An. Gehl. 1804, S. 397—418.
1809. Klaproth, K. W. **4**, S., 477.
1825. J. J. Berzelius, Pg. A. (2) **4**, S. 140; B. J. 1826, 5. Jahrg., S. 110.
1853. Marignac, An. Chim. (3) **38**, S. 148—177.
1874. F. Frerichs, Ber. **7**, S. 798.
1876. Rich. Hornberger. L. A. **181**, S. 235.
1882. B. Brauner, Mhft. Ch. **3**, S. 487.
1882. P. T. Cleve, C. r. **94**, p. 1528—1530; C. C. 1882, **13**, S. 451.
1887. G. Krüss und L. F. Nilson, Ber. **20**, 2, S. 2146.
1889. G. H. Bailey, Ch. N. **60**, p. 6—8, 17—18, 32—33; C. C. 1889, **2**, S. 311—312; Z. alyt. 1890, **29**, S. 743.
1893. Wolcott Gibbs, Am. Chem. J. **15**, p. 546—566; C. C. 1894, **1**, S. 180.
1893. O. Pettersson, Z. an. **4**, S. 1—9.
1895. G. P. Drossbach, J. G. W. **38**, S. 582.
1896. Moissan und Lengefeld, Chem. Ztg. 1896, S. 273.
1897. G. Krüss — aus dem Nachlasse herausgegeben von Wilh. Palmaer, Z. an. 1897, **14**, p. 366.

1897. Fronstein und Mai, D. R. P. Nr. 93940; C. C. 1897, **2**, 1087.
1898. F. P. Venable, J. Am. Ch. Soc. **20**, p. 119—128; C. C. 1898, **1**, S. 708.
1898. J. Merrit Mathews, J. Am. Ch. Soc. **20**, p. 346; C. C. 1899, **1**, 3. Folge, S. 63.
1901. Camille Matignon, C. r. **133**, p. 289.
1901. H. Behrens, Arch. Neer. (2) **6**, p. 89; C. C. 1902, **1**, S. 297.
1902. G. P. Drossbach, Ber. **35**, 3, S. 2826—2831.
1904. Charles Baskerville und Reston Stevenson, J. Am. Ch. Soc. **26**, p. 54; C. C. 1904, **1**, S. 711—712.

Bei der Trennung des Yttriums vom Erbium nach dem Auerschen Verfahren hatte Drossbach (1902) die Beobachtung gemacht, daß man aus den erbiumreichen basischen Nitraten durch Auskochen mit Chlorammoniumlösung bedeutende Mengen farbloser Erden, wesentlich Yttrium entfernen kann. Durch Auslaugen mit verdünnter Salzsäure in zur Lösung unzureichender Menge konnte man zu einem ähnlichen Resultat gelangen. Das von Drossbach angewendete Verfahren und das quantitative Ergebnis zeigt folgender Versuch: 40 g des Oxydgemenges, wesentlich Yttrium- und Erbiumoxyd vom mittleren Molekulargewicht $R_2O_3 = 271$, sonach annähernd 28 % Erbiumoxyd enthaltend, wurden in der eben ausreichenden Menge Salzsäure gelöst und so lange (insgesamt 27 g) des gleichen kohlensäurefreien, in Wasser aufgeschlämmten Oxydgemenges eingetragen, bis die überstehende Lösung keine Erbiumbanden mehr zeigte. Da die Reaktion nur in konzentrierter Lösung günstig verläuft, wird auf dem Wasserbade bis zur Sirupkonsistenz eingedampft. Nach mehrstündigem Stehen auf dem lebhaft siedenden Wasserbade übergießt man mit viel kochendem Wasser und läßt absitzen. Die fast völlig erbiumfreie Lösung trennt man durch Dekantieren von dem Niederschlage und kocht diesen wiederholt mit Chlorammoniumlösung aus. Da das Oxychlorid sich meist kaum filtrieren läßt, wird stets dekantiert. Mitunter fällt dasselbe kristallinisch aus, als fest am Boden der Schale haftende Kruste. Doch läßt sich in diesem Falle das Yttrium nicht so vollständig dem Niederschlage entziehen. Dieser Fall tritt jedesmal ein, wenn man nicht genügend Wasser zusetzt, oder nicht anhaltend rührt.

Es wäre ganz zwecklos, von vornherein eine große Menge Chlorammonium zu verwenden, um das Verfahren abzukürzen. Es geht nur so lange Yttrium in Lösung, bis das Verhältnis von Chlorid und Oxychlorid einen bestimmten Wert erreicht hat, ein treffendes Beispiel für das Massenwirkungsgesetz, das bei der Spaltung des Didyms in seine Komponenten noch charakteristischer hervortritt. (Durch fortgesetzte Behandlung mit viel Chlorammonium geht selbstredend auch Erbium in Lösung. Man hat sonach den Prozeß spektroskopisch zu kontrollieren.) Die erbiumarme Yttriumchloridlösung wurde direkt eingedampft und mit etwas Ammoniak versetzt. Die gallertartigen Hydratklümpchen verteilten sich rasch zur zarten Emulsion im Gegensatz zum Verhalten in Nitratlösungen. Auf diese Weise wurden drei Fraktionen erhalten. Das erbiumreiche Oxychorid, eine größere Menge der aus der Yttriumlösung abgeschiedenen Mittelfraktion und eine völlig farblose Yttriumfraktion, die das Erbiumspektrum nur angedeutet zeigte. Alle Fraktionen wurden in Oxalate und diese durch Glühen in Oxyde verwandelt. Die Molekulargewichtsbestimmung ergab nach der Sulfatmethode: 1. 7,68 g R_2O_3 = 337, daher ungefähr 74 % Erbiumoxyd; 2. 19,2 g R_2O_3 = 302, daher ungefähr 49 % Erbiumoxyd; 3. 40,1 g R_2O_3 = 236, sonach 94 % Yttriumoxyd. Das letztere war gelblich gefärbt und enthielt vielleicht Terbium? Durch Wiederholen des Verfahrens mit den erbiumreichen Fraktionen läßt sich der Erbiumgehalt weiter anreichern, doch werden die Resultate, wie nicht anders zu erwarten, fortlaufend ungünstiger. Das gleiche gilt, wenn man die letzten Spuren Erbium aus der Yttriumfraktion entfernen will, eine Erscheinung, die sich ja auch auf anderen Gebieten zeigt.

Das Drossbachsche Verfahren auf die Ceritelemente angewendet (S. 2827) lieferte sehr befriedigende Resultate. Aus einem rohen Didymsulfat konnte man neben der Hauptmenge des vorhandenen Lanthans sukzessive praseodymreiche Fraktionen in reichlicher Menge erhalten, die ein sehr bequemes Ausgangsmaterial (die Lösungen sind fast farblos, da Neodym- und Praseodymsalze in bestimmtem Verhältnisse komplementär gefärbt sind) für die Gewinnung dieser Komponente bilden. Sofern es sich um die Gewinnung eines neodymreichen Ausgangsmateriales handelt, kommt diese Methode jedoch nicht in Frage, da eine bequemere Methode — Carbonat-Methode — weit rascher zum Ziele führt.

Ein Gemisch von Neodym, Samarium und Gadolinium (durch das Carbonatverfahren aus Rohdidymsulfat, später durch Umkristallisieren der Magnesiumdoppelnitrate — Mutterlauge — gewonnen und durch Natriumbisulfat von Yttererden befreit) wurde nach dieser Methode behandelt, wodurch Samarium und Neodym wenigstens teilweise getrennt werden konnten.

Auch beim Erhitzen der Chloride der Cerit- und Ytteriterden (s. S. 58) auf Rotglut bleiben einige Chloride unverändert und gehen in Oxychloride über. Indem man diese durch Wasser voneinander trennt und die aus den beiden Gruppen regenerierten Chloride wieder erhitzt, gelangt man zu einer Reihe von Fraktionen, die sehr verschiedene Atomgewichte besitzen. Marignac (1853) benutzte diese Eigenschaft der Erden, um Didym darzustellen, und Cleve (1882) fand in denjenigen Didymfraktionen, welche der Zersetzung am besten wiederstehen, dieselbe Linie, die auch nach Brauner (1882) einem neuen Elemente — Diβ- angehören sollte. Bekanntlich erwies sich Cleves Diβ nach den gemeinschaftlichen Untersuchungen mit Thalén als Lanthan.

Gibbs (1893) erzielte mit dieser Methode auch bei Anwendung der Bromide keine besonderen Resultate.

Zur Gewinnung eines ca. 50 % ThO_2 enthaltenden Materials aus Monazitsand benutzten Fronstein und Mai (1897) die verschiedene Beständigkeit der Erdchloride gegenüber Rotglut. Der Sand wird mit Schwefelsäure aufgeschlossen, die Erden aus der Lösung mit Oxalsäure gefällt, die Rohoxalate im eisernen Tiegel auf Rotglut erhitzt und das resultierende dunkelbraune Produkt mit Salzsäure aufgenommen. Die entstehende Lösung wird eingedampft und der Abdampfungsrückstand — am besten auf einer Asbestplatte — auf freier Flamme erhitzt, bis die Masse weiß geworden und kaum noch Salzsäuregeruch vorhanden ist Man nimmt nun das Produkt mit Wasser auf, wobei hauptsächlich Cerbasen in Lösung gehen, während die zurückbleibende Masse ca. 50 % ThO_2 enthält. Sie wird ausgewaschen, in konzentrierter Salzsäure gelöst und die Lösung sodann nach einer beliebigen Trennungsmethode von den das Thor verunreinigenden Erden befreit.

Behrens (1901) erhitzte die Kristallisationen der Oxalochloride von Lanthan und Didym (ca. 1 Teil Lanthan und 2 Teile Didym) und kochte die restierenden Oxychloride mit Wasser aus; hierdurch soll eine Lanthanlösung erhalten worden sein, die das Verhältnis 80 : 1 ergab.

Lanthanoxyd und Didymoxyd verwandeln sich, im Chlorstrom gelinde erhitzt, unter Feuererscheinung in Oxychloride. Lanthanoxychlorid wird beim Kochen mit Wasser nicht verändert, während Didymoxychlorid auf dieselbe Weise behandelt in Didymchlorid und Didymhydroxyd übergeht. Ist aber in einer Lösung von Didymchlorid Lanthanchlorid vorhanden, so tritt eine Umsetzung ein und Lanthanchlorid bleibt in Lösung.

Dieses Verhalten wurde von Frerichs (1874) in folgender Weise zur Trennung der beiden Erden benutzt:

Ein Gemenge von Lanthan- und Didymoxyd wird im Chlorstrom erhitzt und das so erhaltene Gemenge der Oxychloride mit Wasser übergossen an einen warmen Ort gestellt. Ist so viel Lanthan vorhanden, daß auf sechs Atome Didym mindestens drei Atome Lanthan in Reaktion treten, so enthält die Lösung nach mehrtägigem Digerieren nur Lanthanchlorid, der Niederschlag besteht dann aus Didymhydrat und Lanthanoxychlorid. War mehr Didym vorhanden, so wird nur ein an Lanthan reicheres Präparat erhalten, welches dann, noch ein- oder mehrmal derselben Operation unterworfen, ein reines Präparat liefert.

Drossbach (1895) empfiehlt diese Methode für eine Trennung von Didym und Lanthan.

Zur Wertbestimmung von Monazitsanden, d. h. zur Ermittelung ihres Thorgehaltes glüht man nach Drossbach (1895) die Oxyde mit Kohle in einem Chlorstrom, wobei wesentlich Thoriumchlorid sich verpflüchtigt, während die Chloride der anderen Erden zurückbleiben. Das Thoriumchlorid wird in Salzsäure gelöst und die Lösung nach Lecoq de Boisbaudran (S. 202) gefällt (vgl. Quantitative Bestimmung der Thorerde).

Um Eisen von Zirkon zu trennen, dampfte Bailey (1889) die Zirkonchloridlösung bis auf ein kleines Volumen ein. Nach dem Abkühlen schied sich Zirkonoxychlorid aus und wurde von dem in Lösung gebliebenen Eisen durch Filtration getrennt. Dieses Verfahren muß mehrmals wiederholt werden (vgl. Trennung der seltenen Erden von Eisen).

Krüss und Nilson (1887) schieden aus einer Chloridlösung des Wöhlerits von Brevig durch einen Überschuß von Salzsäure den größten Teil der Zirkonerde als Oxychlorid ab, während Venable (1898) zur Atomgewichtsbestimmung Zirkonchlorid aus siedend heißer Salzsäure mehrere Male umkristallisierte. Moissan und Lengfeld (1896) hatten den im elektrischen Ofen aufgeschlossenen Zirkon durch Überleiten von Chlor in Chlorid umgewandelt und kristallisierten das Zirkonchlorid aus heißer Salzsäure.

Nach Berzelius (1825) ist Zirkonchlorid in Wasser vollkommen löslich; wird die Auflösung aber verdünnt und eine halbe Stunde lang gekocht, so fällt eine gelatinöse Masse aus, welche sehr schwer zu filtrieren ist und aus einem basischen Chlorid besteht. Wird ferner salzsaure Zirkonerde eingedampft und hierauf in Wasser gelöst, so kann man sehr viel Ammoniak hinzusetzen, ehe ein bleibender Niederschlag entsteht.

Auch nach Hauser[1] besitzt das Zirkonoxychlorid nur geringe Kristallisationsfähigkeit. Man erhält statt seiner leicht gummiartige Massen, die natürlich alle Verunreinigungen der Mutterlauge mit einschließen, und die Kristalle sind für die sichere qualitative Charakterisierung der Zirkonerde kaum zu verwenden. Im basischen Zirkonsulfat besitzen wir aber eine hinreichend schwer lösliche Verbindung, um die Zirkonerde bequem zu reinigen, s. basische Sulfatmethode.

Mathews (1899) gründet seine Methode zur Trennung des Eisens von Zirkonerde auf die Beobachtung, daß aus einer ätherischen[2] Lösung von Zirkonchlorid und Eisenchlorid bei Zusatz einer kleinen Menge Wasser Zirkonoxychlorid, $ZrOCl_2 \cdot 8H_2O$, frei von Eisen ausfällt. Man verfährt so, daß man die gemischten Chloride in Wasser löst, zur Trockne abdampft, mit absolutem Äther und einem trocknen Chlorwasserstoffstrom behandelt. Die so erhaltene Lösung wird schnell filtriert. Der Rückstand wird in Wasser gelöst und mit Ammoniak das Zirkon als Hydroxyd gefällt, welches nach dem Glühen als ZrO_2 gewogen wird. Nach dem Abdampfen der ätherischen Lösung wird der Rückstand derselben mit verdünnter Salzsäure gelöst und das Eisen ebenfalls mit Ammoniak gefällt. Bei der Prüfung der wäßrigen Lösung des Zirkoniumrückstandes mit Rhodankalium ergab sich keine Spur von Eisen. Die Methode ist auch anwendbar für die Trennung des Eisens von Thorium und Ceriterden. Da wir aber in der Oxalsäure ein so vorzügliches Abscheidungsmittel für die seltenen Erden besitzen, dürfte diese Methode für Thorium und die Ceriterden nicht in Betracht kommen.

Pettersson (1893) vermutete durch Anwendung physikalischer Methoden mehr zu erreichen als mit dem bisherigen auf chemischem Wege. Zu diesem Zwecke untersuchte er die wasserfreien Chloride auf ihre Flüchtigkeit.

[1] Hauser, Ber. 1904, 37, S. 2024.

[2] Chlorzirkonium und Alkohol setzen sich nach Hornberger (1876) in Zirkonoxyd (jedenfalls Zirkonhydroxyd bezw. Zirkonoxychlorid) und Chloräthyl um.

Unter den Gadolinitmetallen scheint Yttrium, unter den Ceritmetallen Didym (oder vielleicht Neodym — ziegelrotes Chlorid) das leichtest flüchtige Chlorid zu bilden. Diese scheinen im allgemeinen schwerflüchtiger als jene zu sein. Bereits Hisinger und Berzelius (1804) fanden, daß das alte Cerchlorid bei Gegenwart von Eisen durch Erhitzen von letzterem getrennt werden kann, da Cerchlorid im Gegensatz zu Eisenchlorid nicht flüchtig ist. Bei Glühhitze sollen nach Pettersson (1893) jedoch alle seltenen Erden flüchtig sein, so daß sie dadurch im Gegensatz zu den Chloriden von Aluminium und den Elementen der unpaaren Reihe der dritten Gruppe des periodischen Systems stehen.

Das bei der Darstellung erhaltene überdestillierte Produkt ist also im allgemeinen ein Kollektivchlorid, das im wesentlichen dieselben Komponenten wie das Rohmaterial enthält. Eine Lösung eines solchen Mischchlorides zeigte Absorptionsstreifen, wenn die Lösung der ursprünglichen Erde solche enthielt. Ebenso wenig wie die wasserfreien Chloride eignen sich die wasserhaltigen Salze zu einer Fraktionierung, denn die letzteren sind außerordentlich hygroskopisch und schwer kristallisierbar (Vauquelin 1801 und 1809; Hisinger und Berzelius 1804).

Baskerville und Stevenson (1904) beschreiben eine neue und schnell auszuführende Methode, um Neodym von Lanthan zu trennen, und zwar durch fraktionierte Fällung der Chloridlösung mittels HCl-Gas. Die sich ausscheidenden Chloride werden mit konzentrierter Salzsäure gewaschen, in H_2O gelöst und von neuem mit HCl-Gas behandelt.

Nach Matignon (1898) besitzt die konzentrierte Neodymchloridlösung die Eigenschaft, allmählich Neodymoxalat und die unlöslichen Oxalate der übrigen seltenen Erden zu lösen. Durch Abkühlen der heißen Lösung erhält man Oxalochloridkristalle, deren Existenz von Job bereits zur Kenntnis gebracht wurde (s. Trennungsmethode „Partielle Löslichkeit der Oxalate“).

16. Basische Nitrat- und Sulfatmethode.

Literatur.

1825. J. J. Berzelius, Pg. A. 1825 (2) **4**, 138—139.
1843. Hermann, J. pr. **30**, S. 185.
1843. Mosander, Pg. A. 1843, (3) **60**, S. 305; J. pr. 1843, **30**, S. 283.
1848. Marignac, An. Chim. 1848, **8**. p. 262; L. A. 1848, **68**, S. 212.

1858. Bunsen, L. A. **105**, S. 42; J. pr. **73**, S. 202; Pg. A. **155**, S. 375.
1858. Holzmann, J. pr. **75**, S. 322 und S. 345—346.
1859. Rammelsberg, Pg. A. 1859, (3) **108**, S. 41 und 52; J. 1859, **12**, S. 135.
1860. C. Czudnowicz, J. pr. **80**, S. 17—18.
1861. Hermann, J. pr. **82**, S. 385—386.
1861. Th. Lange, J. pr. **82**, S. 129—131.
1864. Hermann, J. pr. **92**, S. 122.
1868. Ch. Wolf, Am. J. Sc.' (2) **46**, p. 53—62; Zeitsch. Chem. (2) **4**, 671—672; Z. alyt. 1869, **8**, S. 525—526.
1869. H. Zschiesche, J. pr. **107**, S. 70.
1870. C. H. Wing, Ber. 1870, **3**, S. 309; Am. J. Sc. (2) **49**, p. 358.
1871. C. Erk, Zeitsch. f. Chem. (2) **7**, S. 103; Jenaische Zeitsch. **6**, S. 299; Z. alyt. 1871, **10**, S. 478—479.
1875. H. Bührig, J. pr. (2) **12**, S. 217.
1875. Bunsen, Pg. A. **155**, S. 375—376.
1875. Endemann, J. pr. (2) **11**, S. 220—221.
1879. S. R. Paykull, Ber. 1879, S. 1719; J. 1879, S. 241.
1882. I. B. Brauner, Mhft. Ch. **3**, S. 497.
1882. II. — Ber. **15**, 1. S. 110.
1882. Hartley, J. Ch. S. **41**, p. 202.
1886. B. Brauner, Sb. W. 1886, **92**, 2, S. 821.
1886. W. Crookes, Ch. N. **54**, p. 41.
1886. H. Robinson, Ch. N. **54**, p. 229—231; Proc. Lond. **37**, p. 150.
1887. G. Krüss und L. F. Nilson, Oefv. K. Vet. Fhd. 1887, Nr. 5; Ber. 1887, **20**, 1, S. 1678.
1995. B. Brauner, Ch. N. **71**, p. 283—285; C. C. 1895, **7**, 2, S. 284.
1895. Wyrouboff und Verneuil, Société chimique de Paris, Sitzung v. 8. März 1895; Chem. Ztg. 1895, Nr. 33, S. 755; J. G. W. 1895, **38**, S. 571.
1897. — — C. r. **124**, p. 1230—1233; C. C 1897, **2**, S. 98; Bull. chim. 1897, (3) **17**, p. 679; Chem. Ztg. 1897, S. 477; J. 1897, 1, S. 1034; J. G. W. 1897, **40**, S. 570.
1898. G. P. Drossbach, J. G. W. **41**, S. 352.
1898. Harry C. Jones, Am. Chem. J. **20**, p. 345—358; C. C. 1898, 2, S. 172.
1898. Kölle, Dis., Zürich 1898, S. 1—50. Beiträge zur Kenntnis des Cers.
1898. Wyrouboff und Verneuil, Bull. chim. (3) **19**, p. 219.
1899. — — C. r. **128**, p. 1331.
1900. M. G. Urbain, An. Chim. 1900, **19**, p. 184.
1901. H. Behrens, Arch. Neer. S. II, **6**, p. 82—87, 88—89; C. C. 1902, **1**, S. 297.
1901. G. P. Drossbach, Ber. **33**, S. 3507.
1901. Jean Sterba, C. r. **133**, p. 221—223.
1903. B. Brauner, Z. an. **34**, S. 206.
1903. B. Brauner und A. Batěk, Z. an. **34**, S. 103.
1903. Rich. Jos. Meyer, Z. an. **37**, S. 383.
1904. Otto Hauser, Ber. **37**, 2, S. 2024—2026.
1904. Morduch Koss, Dis. Universität Berlin.
1904. Sterba, An. Chim. 1904, **2**, p. 193—232.

Das Cer unterscheidet sich von allen übrigen Erden durch die Existenz eines sehr beständigen höheren Oxydes, welches leicht sehr schwer lösliche basische Salze bildet. Diese Eigenschaft verwendeten bereits die ältesten Forscher für die Darstellung der Cererde.

Mosander (1843) hatte aus einer Cerisulfatlösung durch Verdünnen mit Wasser ein schwefelgelbes basisches Salz erhalten. Hermann wandte im Jahre 1843 dieses Salz, dessen Darstellung er ausführlich beschrieb, zuerst zur Gewinnung reiner Cersalze an. Die gemischten Oxyde wurden zuerst nach Mosander (1843) mit verdünnter Salpetersäure (S. 123) extrahiert und, wenn selbst konzentrierte Säure nichts mehr löste, wurde der Rückstand durch Schwefelsäure in Sulfat übergeführt. Die mit viel Wasser verdünnte Sulfatlösung wurde gekocht, wobei das basische Cerisulfat ausfiel.

Da der Niederschlag immer noch geringe Mengen der anderen Erden enthielt, so wiederholte man diese Operation mit dem durch etwas Säure in Lösung gebrachten Niederschlag.

Lange Zeit galt diese Methode als die beste und sicherste für die Reingewinnung der Cererde, so daß Marignac (1848), Holzmann (1858), Rammelsberg (1859), Czudnowicz (1860), Hermann (1861 und 1864), Lange (1861), Wolf (1868), Wing (1870), Erk (1871), Bührig (1875), Bunsen (1875) u. a. m. sich mit ihrer Hilfe Cererde darstellten.

Holzmann (1858) löste 100 Teile Nitrat in 100 Teilen kalten Wassers; die filtrierte Lösung wurde in 2 l siedenden Wassers eingetragen, dem zuvor 12 % konzentrierte Schwefelsäure beigemischt waren (nach Bunsen — 1859 — 2 ccm konzentrierte H_2SO_4 auf 1 Liter H_2O und auf 100 g der Oxyde 1600 ccm H_2O); das ausgeschiedene basische Cerisulfat wurde mit schwefelsäurehaltigem Wasser dekantiert und ausgewaschen. Erk (1871) wusch nur mit heißem Wasser den Niederschlag so lange aus, bis Oxalsäure im Filtrat keine Fällung gab.

Das mit schwefelsäurehaltigem Wasser sorgfältig ausgewaschene Cerisulfat enthält noch Spuren Didym, auch bleibt ziemlich viel Cer bei der Holzmannschen Modifikation in Lösung, welches aber durch Wiederholen der Operation zurückgewonnen werden kann (Bührig 1875). Kocht man die cerarme, etwas Schwefelsäure enthaltende Nitratlösung wiederholt längere Zeit mit Magnesit, so scheiden sich die letzten Reste Cer als basisches Salz ab (Holzmann 1858). Die hierbei niederfallenden Produkte hat Brauner (1882, I) auf ihr Funkenspektrum geprüft und vermutete hierin Di β.

Rammelsberg (1859) will durch Lösen des Niederschlages mit Hilfe von Schwefelsäure[1] und Wiederholen der Operation reines Cer gewonnen haben; ebenso behauptet Wolff (1868), dieses durch Lösen in wenig Salpetersäure und zwanzigmaligem Wiederholen erreicht zu haben, was Bührig (1875) jedoch bestreitet.

Das einmal ausgefallene basische Cerisulfat soll nach Behrens 1901) weit reiner sein, als Niederschläge, die aus demselben Material mittels Hypochlorit, abgeschieden waren. Auch Behrens ist der Meinung, daß man durch Wiederholen der Operation reine Cerpräparate erhalten kann (Spuren von Lanthan seien schwierig zu entfernen). Das wiederholte Auflösen des basischen Niederschlages in H_2SO_4 empfiehlt sich nicht. Man erleidet bei dieser Arbeitsweise große Verluste, weil durch den unvermeidlichen Überschuß der zugefügten H_2SO_4 ein Teil des Niederschlages in neutrales Cerisulfat übergeführt wird, welches beim Eingießen in Wasser gelöst bleibt. Bedeutend vorteilhafter erweist sich zu diesem Zweck die von Brauner[2] angegebene Modifikation, nach der die Wiederauflösung des Niederschlages nicht in H_2SO_4, sondern in Salpetersäure geschieht. Ein Überschuß dieser Säure ist viel weniger schädlich, weil Cerinitrat viel leichter durch Wasser hydrolytisch gespalten wird, als das beständige Cerisulfat (Koss 1904 vgl. auch Meyer und Aufrecht[3]). Durch wiederholte Fällung als basisches Sulfat und nochmalige Behandlung des Hydroxyds mit Chlor nach Mosander stellte sich Brauner (1882, II) sein Cer zum Tetrafluorid dar.

Das basische Cerisulfat löst sich in frisch gefälltem Zustande ziemlich leicht in Säuren und verliert seine Löslichkeit auch nicht nach wochenlangem Trocknen über Schwefelsäure (Rammelsberg 1859). Cerisulfat wird bei 600° zu Cerosulfat reduziert (Muthmann und Roelig). Die Sulfate des vierwertigen Cers sind ausführlich von Meyer und Aufrecht (a. a. O.) in neuester Zeit untersucht worden, s. auch Brauner und Picek.[4] Durch Kochen mit Ätzalkalien verwandelt man das Salz in Hydroxyd (Lange)

[1] Brauner (1903, S. 112) löst den Niederschlag in Schwefelsäure und Salpetersäure.

[2] Brauner, Mhft. Ch. **6**, S. 792.

[3] Meyer und Aufrecht, Ber. 1904, **37**, Heft 1, S. 140.

[4] Brauner und Picek, Z. an. 1904, **38**, Heft 3, S. 322.

1861; Brauner 1903, S. 227). Brauner (1903, S. 112) führte den Niederschlag durch Einwirkung von schwefliger Säure und Schwefelsäure in das Cerosulfat über und reinigte zum Schluß durch öfteres Umkristallisieren dieses Salzes.

Später behandelte Brauner (1903, S. 227) das durch Kochen des basischen Cerisulfatnitrates mit Ätzkali erhaltene Cerhydroxyd nach Mosander mit Chlor. Das gut ausgewaschene Hydroxyd liefert nach dem Überführen mit Schwefelsäure in Cerisulfat und starkem Glühen im Platintiegel ein absolut weißes Certetroxyd, ohne den geringsten gelblichen oder „chamois" Stich. Die nähere Untersuchung ergab als Ursache dieser merkwürdigen Erscheinung die Gegenwart von Kieselsäure, welche durch die Einwirkung des Kalihydrats auf das Glas in das Cer gelangt war. Drossbach (1898) erhielt das Cer als basisches Sulfat ebenso rein als mit Hilfe der Ammondoppelsalze.

Ein basisches Sulfat existiert auch vom Zirkon.

Wenn neutrale schwefelsaure Zirkonerde mit Zirkonhydroxyd oder mit etwas Ätzalkalien vermischt wird, so entsteht ein in Wasser lösliches basisches Salz, welches beim Verdunsten zu einer gummiähnlichen Masse eintrocknet, die am Ende weiß und undurchsichtig wird. Wird dieselbe erhitzt, so entweicht unter Aufblähen Wasser, gerade so wie beim Calcinieren des Alauns. Wenn eine wäßrige Auflösung dieses Salzes mit mehr Wasser vermischt wird, so trübt sie sich nach einigen Augenblicken und setzt einen weißen Niederschlag ab, welcher gleichfalls ein basisches Salz ist. Das in Wasser unlösliche basische Sulfat wird sehr leicht erhalten, wenn man die neutrale Sulfatlösung mit Alkohol fällt (Berzelius 1825).

Das durch Alkohol abgeschiedene Salz enthält immer etwas Alkohol und ist in einer geringen Menge Wasser löslich, zersetzt sich jedoch auf Zusatz von mehr Wasser unter Abscheidung eines basischen Salzes, während ein saures Salz in Lösung geht (Endemann 1875). Die Existenz solch löslicher basischer und amorpher Zirkonerdesalze ist wohl eine Erklärung für Svanbergs Norerde oder andere vermeintliche Elemente mit höherem Atomgewicht als das Zirkonium, wie sie gelegentlich und häufig von verschiedenen Chemikern veröffentlicht worden sind (s. Geschichte der Entdeckung der seltenen Erden S. 33). Paykull (1879) bestätigt im wesentlichen die Angaben von Berzelius (1825) und beschreibt mehrere basische Zirkonsulfate.

Hauser (1904) hat die Fähigkeit der Zirkonerde, kristallisierte, basische Verbindungen zu geben, systematisch untersucht und im basischen Zirkonsulfat, $4ZrO_2.3SO_3.14H_2O$, eine solche gefunden, die in Wasser hinreichend schwer löslich ist, um zur bequemen Reinigung (kleiner Quantitäten), sowie zur sicheren analytischen Feststellung der Zirkonerde in hervorragendem Maße dienen zu können.

Die älteren Angaben über basische Zirkonsulfate sind für den heutigen Stand der anorganischen Wissenschaft nur von beschränktem Werte und haben für das Verhalten von wäßrigen Zirkonsulfatlösungen zu den widerspruchvollsten Angaben, die man in der Literatur finden kann, geführt. Es muß das auf zwei Ursachen zurückgeführt werden. Einmal auf die Vernachlässigung der Temperatur, die auf das Verhalten der Zirkonsulfatlösungen einen entscheidenden Einfluß ausübt, und darauf, daß gewisse Verzögerungserscheinungen in der Umwandlung Zirkonsulfat ⟶ basisches Salz nicht richtig beobachtet worden sind. So erhält man, wenn die Löslichkeit in der üblichen Weise untersucht wird, Zahlen, die unter sich und mit den Forderungen der modernen Chemie im Widerspruch stehen. Als jedoch die Lösungskurve und die Zersetzungskurve für verschiedene Temperaturen genau festgelegt wurden in Versuchsreihen, deren Einzelversuche über mehrere Tage, zum Teil über Wochen ausgedehnt wurden, gelang es, befriedigende Ordnung in die Verhältnisse zu bringen. Die Ergebnisse stehen dann im Einklang mit dem Phasenschema und lassen sich, soweit sie für die analytische und präparative Chemie in Betracht kommen, kurz wie folgt formulieren.

Bei Temperaturen in der Nähe von 40^0 wird wasserfreies Zirkonsulfat von Wasser unter langsamer Umwandlung in $Zr(SO_4)_2 \cdot 4H_2O$ sehr reichlich aufgenommen. 100 Teile der Lösung enthalten bei $39{,}5^0$ 59,3 Teile des Sulfathydrates. Die gesättigte Lösung befindet sich mit dem Hydrat im stabilen Gleichgewicht. Werden solche Zirkonsulfatlösungen mit Wasser verdünnt, so bleiben sie zunächst bis zu einem gewissen Verhältnis $Zr(SO_4)_2 : H_2O$ dauernd klar und erleiden von diesem Punkt ab eine mit weiter steigendem Wasserzusatz rasch fortschreitende hydrolytische Zersetzung unter Ausscheidung eines basischen Sulfates von der Zusammensetzung $4ZrO_2.3SO_3.14H_2O$. Die Bildung dieses Salzes erfolgt nicht sofort nach dem Wasserzusatz, sondern die Lösungen bleiben erst noch längere Zeit völlig klar; erst nach 5—6 Stunden bei sehr verdünnten Lösungen, bei konzentrierteren noch viel langsamer, beginnt die Flüssigkeit, sich zu trüben. Einmal begonnen, vollzieht sich die Abscheidung auch nicht momentan, wie bei übersättigten Lösungen, sondern erfordert zu ihrer Vollendung bei stark verdünnten Lösungen ca. 30 Stunden, bei konzentrierteren erheblich mehr. Mit steigender Temperatur nimmt die Verdünnung, die zur Ausfällung erforderlich ist, sehr rasch zu, so daß über 50^0 überhaupt keine Ausscheidung mehr stattfindet. Bei gewöhnlicher Temperatur vollzieht sich dagegen die Reatkion außerordentlich langsam. In diesem Verhalten liegt denn auch der Grund dafür, daß die Existenz des Salzes bisher noch nie beobachtet wurde. Die von Berzelius, Paykull u. a. beschriebenen basischen Sulfate können als Bodenkörper des Systems $ZrO_2—SO_3—H_2O$ nicht existieren.

Um nach der hiermit angedeuteten Methode, Zirkonerde als basisches Sulfat zu fällen, verfährt man folgendermaßen: Zirkonsulfat, durch Abrauchen von Zirkonoxyd mit konzentrierter Schwefelsäure erhalten, wird durch 8—10 stündiges Erhitzen im Luftbade bei $370—380^0$ von überschüssiger Säure völlig befreit. Man löst nun in Wasser und zwar auf 15 Teile Wasser 1 Teil Sulfat und läßt die Lösung bei $39—40^0$ im Thermostaten stehen. Es entsteht zunächst eine völlig klare Lösung, und erst nach Verlauf von ca. 5 Stunden beginnt das basische Sulfat, in mikroskopischen Nadeln von schwacher Doppelbrechung sich abzuscheiden. Zur Vollendung der Reaktion läßt man insgesamt ca. 40 Stunden im Thermostaten stehen. Es fallen 75 % des angewendeten Zirkonsulfates aus. Alsdann wird abfiltriert und mit kaltem Wasser gewaschen. Der Niederschlag besitzt bei allen Konzentrationen der ursprünglichen Lösung die Formel $4ZrO_2 . 3SO_3 . 14H_2O$ für das über Chlorcalcium getrocknete Präparat.

Als basisches Cerinitrat schied Bunsen (1858) die Cererde ab, indem er die Nitratlösung bis zur Sirupkonsistenz eindampfte und in einen großen Überschuß etwas salpetersäurehaltigen Wassers goß; der Niederschlag wurde durch Dekantieren mit etwas salpetersäurehaltigem Wasser gewaschen. Waschwasser sowie die Mutterlauge zur Sirupkonsistenz eingedampft und nach demselben Verfahren behandelt. Zusatz von etwas Säure zu dem Waschwasser ist unbedingt erforderlich, da die gefällten basischen Salze in reinem Wasser ziemlich löslich sind.

Da nach dieser Methode das ausgefällte Cer nicht so rein ist wie nach dem Hermannschen Verfahren als basisches Cerisulfat, zog Bunsen (1875) es später vor, und ebenso Rammelsberg (1859) und Czudnowicz (1860), diese Erde als basisches Cerisulfat abzuscheiden.

Nachdem Zschiesche (1869) seine Cerlösung nach Gibbs (s. S. 144) oxydiert hatte, fällte er das Cer als basisches Nitrat, ebenso fällten Brauner (1886), Krüss und Nilson (1887), sowie Jones (1898) diese Erde, letzterer Chemiker befreite auf diese Art ein sonst reines Praseodympräparat von Cer. Kölle (1898) stellte sich durch Hydrolyse des Cerinitrates ein verhältnismäßig reines Cer dar, welches zur letzten Reinigung als Cersulfat kristallisiert wurde. Nach Brauner (1886) soll die Abscheidung fast vollständig sein, auch will dieser Forscher (1895) eine unbekannte Erde im Cer (s. Geschichte S. 32) aus den Mutterlaugen des basischen Cerisulfats und Nitrats erhalten haben. Behrens (1901) zog es vor, Cer als basisches Sulfat abzuscheiden, da man hiermit schneller zum Ziele gelangt.

Der Niederschlag des basischen Cerinitrats geht leicht durchs Filter, welchen Übelstand man durch einen Zusatz von Ammonnitrat zum größten Teil beseitigen kann.

In einem Falle fand Behrens (1901, mikroskopisch!) neben Cer recht viel Lanthan, Samarium und Neodym, im anderen Falle Cer mit 20 % Lanthan im Niederschlage.

Das durch zehnmal wiederholte hydrolytische Zersetzung der wäßrigen Lösung des rohen normalen Cerinitrats durch reines kochendes Wasser gereinigte Cerinitrat gab Brauner (1903, S. 207) nach dem Überführen in Sulfat und starkem Glühen ein fast weißes, nur einen schwachen Chamois-Ton besitzendes Certetroxyd.

Wyrouboff und Verneuil (1895 und 1897) wollen in neuerer Zeit gefunden haben, daß zwischen dem niederen Oxyd CeO und dem höheren Oxyd Ce_3O_4 ein sehr beständiges Oxyd $Ce_6O_7 = Ce_3O_4 + 3CeO$ liegt, welches ebenfalls unlösliche basische Salze bildet. Hierzu soll man in den meisten Fällen sowohl durch Oxydation von CeO, wie auch durch Reduktion von Ce_3O_4 gelangen. In Gegenwart von Lanthan und Didym wird dieses intermediäre Oxyd noch beständiger, indem sich ein komplexes Oxyd $Ce_3O_4 . 3MO$ bildet, in welchem $M = Ce + La + Di$ in verschiedenen Verhältnissen ist. Das Verfahren der Verfasser beruht nun darauf, dieses intermediäre Oxyd in seine Komponenten zu spalten, d. h. in Ce_3O_4, das unlösliche basische Salze bildet und in CeO + LaO + DiO, welche lösliche neutrale Salze geben. Man löst die durch mäßiges Calcinieren der Oxalate erhaltenen Oxyde in warmer Salpetersäure, wobei das intermediäre Oxyd entstehen soll, verdampft die Lösung bis zur Sirupkonsitenz, löst in so viel Wasser, daß die Lösung etwa 4 % Oxyd enthält, und versetzt in der Wärme mit 5 % Ammonnitrat. Das Oxyd Ce_3O_4 soll jetzt als basisches Salz $(Ce_2O_4)N_2O_5$ ausfallen, während die Protoxyde gelöst bleiben. Der mit 5 % Ammonnitratlösung gewaschene Niederschlag (du premier coup, also durch eine einzige Operation!) soll vollständig lanthan- und didymfrei sein, ebenso keine Yttererden enthalten. Die Fällung ist nicht quantitativ, nur etwa 75 % des vorhandenen Cers kann man auf einmal abscheiden. Man wiederholt die Operationen, indem man die filtrierte Flüssigkeit mit Oxalsäure fällt, die Oxalate schwach glüht und wieder in Salzsäure löst. Enthielt das Oxydgemisch mehr als 5 % Cererde, so löst es sich nicht vollständig in Salpetersäure. Man löst dann die Oxalate in Salpetersäure, fügt Wasserstoffsuperoxyd und Ammonnitrat hinzu, kocht behufs Umwandlung des braunen Peroxydes in gelbes Cerocerihydroxyd — nach Brauner (1903) Certetroxydhydrat —, löst letzteres nach dem Waschen in Salpetersäure und verfährt dann wie oben beschrieben. Das so erhaltene Cerium enthält auch alles in dem Oxydgemisch etwa vorhanden gewesenes Thorium, und zwar findet sich letzteres ausschließlich in den bei der ersten Operation erhaltenen 75 % des Ceriums. Wyrouboff und Verneuil entfernen das Thorium durch Ammoncarbonat und Kristallisation des Sulfates, wobei es in Lösung bleibt.

Will man ein völlig reines Cer erhalten, so soll man nach Wyrouboff und Verneuil (1898) am besten das Thorium vor der Abscheidung des Cers entfernen, und zwar mittels H_2O_2 (s. S. 150).

Die Methode von Wyrouboff und Verneuil unterscheidet sich nicht wesentlich von der Bunsenschen. Nur die theoretische Begründung, welche von den genannten Forschern gegeben wird, ist neu.

Bei der Wiederholung dieser Methode fanden Brauner und Batěk (1903), daß dieselbe gegenüber der basischen Sulfatmethode keinen Vorteil besitzt, da im günstigsten Falle viel Cer in Lösung bleibt. Durch Zusatz von Schwefelsäure kann dasselbe in der Form von basischem Sulfat gefällt werden. Aus einer brieflichen Mitteilung Wyrouboffs an Brauner (1903, S. 108) geht auch hervor, daß bei diesem Prozeß die Schwefelsäure eine wichtige Rolle spielt, welche bei der Fällung der Sulfatlösung der Erden durch Oxalsäure in die Oxalate und aus diesen in die geglühten Oxyde und Nitrate gelangt. Nach Urbain (1900) ist die Ursache der Gegenwart von Schwefelsäure im Ammonnitrat zu suchen, welches immer einige Hundertstel Prozent hiervon enthalten soll.

Deshalb wird später von denselben Autoren (1899) statt des Ammonnitrats das Ammoniumsulfat empfohlen[1]. Es ist aber gar nicht ersichtlich, warum die Gegenwart des einen oder anderen Ammoniumsalzes das „Mitreißen" von kleinen Mengen Lanthan und Didym mit dem Cerium, welches stets bei einmaliger Anwendung der basischen Sulfatmethode beobachtet wurde, verhindern sollte. Vielleicht entsteht hieraus nur der eine Vorteil, daß der Niederschlag des basischen Salzes bei Gegenwart von Ammonnitrat sich besser absetzt, wie dieses Behrens (1901) hervorhebt.

Während Wyrouboff und Verneuil behaupten, nach dieser Methode ein Cerpräparat erhalten zu haben, welches ein rein weißes Oxyd lieferte, konnten Drossbach (1901), Brauner, Batêk (1903) und Meyer (1903) nur ein gelbliches bis lachs-

[1] Die genaue Vorschrift ist folgende: Die Nitratlösung wird bis zur Sirupkonsistenz eingedampft, aber nicht bis zum Aufhören der Entwicklung der sauren Dämpfe. Dann wird in Wasser gelöst (150 ccm auf 0,5 g Oxyd), gekocht, 1 ccm einer 5%igen Ammonsulfatlösung hinzugefügt, der Niederschlag filtriert, gewaschen und calciniert, bis es weiß geworden ist. Erst bei 1500° gibt der Niederschlag die gesamte Schwefelsäure ab. Der Niederschlag enthielt ca. 90° des Gesamtcers. Das heiße Filtrat wird mit 0,05 g Ammoniumpersulfat (s. S. 165) und 1 ccm einer 50%igen Natriumacetatlösung gekocht, bis die Flüssigkeit klar wird, der Niederschlag filtriert, gewaschen und bei hoher Temperatur calciniert. Man erhält dann den Rest des Cers in Form eines lachsfarbenen Rückstandes, da er einige Prozente der anderen Erden enthält. Ist sehr wenig Cer (10—15%) vorhanden, was man an der leichten Löslichkeit des Oxydes in Salpetersäure erkennt, so kann man die salpetersaure Lösung unter Umständen des ersten Teils des obigen Verfahrens leicht mit Persulfat und Natriumacetat behandeln. Aus den mitgeteilten Analysen geht hervor, daß die quantitative Bestimmung des Cers mit einer Genauigkeit von 1% erreicht wird. Bei geringem Cergehalt muß man mit mehreren Grammen der Oxyde operieren, den erhaltenen Niederschlag wieder auflösen und nach obigen Verfahren nochmals behandeln.

farbenes Oxyd erhalten. Selbst die zweimal nach W. und V. gereinigte Cererde besaß eine blasse „Chamois"-Farbe.

Ein Teil des Didyms geht hartnäckig mit den schwächst basischen Fraktionen in den Niederschlag (Drossbach 1901).

Man kann die Niederschläge in wenig Salzsäure lösen, die Lösung reduzieren und eindampfen, den Rückstand mit viel H_2O aufnehmen und die Lösung bei lebhaftem Sieden mit Ammoniumpersulfat fraktioniert fällen, um aus den ersten Anteilen durch Glühen ein Oxyd von normalem Aussehen zu erhalten (Wyrouboff private Mitteilung an Meyer 1903).

Ein weißes Cerdioxyd, wie solches Wyrouboff und Verneuil nach dieser Methode und Moissan (s. S. 50) mit Hilfe der Carbide erhalten haben wollen, scheint nach den Untersuchungen Drossbachs, Brauners, Meyers (1903) und Sterbas (1904) überhaupt nicht zu existieren.

Ist das Cerdioxyd rein weiß, so ist es nach Brauner (1903, S. 222—230 und 237) nicht ganz rein. Die weiße Farbe wird durch Anwesenheit seiner Verbindungen mit Kieselsäure oder Silberoxyd, vielleicht auch mit anderen Oxyden, veranlaßt.

Ob die basische Nitrat-Sulfatmethode ein völlig lanthanfreies Produkt liefert, kann nicht als absolut sicher betrachtet werden. Zwar hat Hartley (1882) das nach dem Bunsenschen Verfahren hergestellte Cer mittels des photographierten Funkenspektrums untersucht und frei von Lanthan befunden, doch ist diese Methode nicht so sicher wie die des Bogenspektrums.

Sterba (1901) bediente sich ebenfalls der Methode von W. und V., oxydierte jedoch seine Cerlösung auf elektrolytischem Wege (s. S. 174).

Robinson (1886) reinigte ein Gemisch von Cer und Lanthan dadurch, daß er die Nitratlösung bis zur Trockne eindampfte, mit heißem Wasser und wenig Salpetersäure aufnahm, wobei ein unlöslicher Rückstand blieb, der abfiltriert wurde. Das Filtrat wurde wieder eingedampft usw. und dieses so lange fortgesetzt, bis beim Eindampfen und Aufnehmen mit heißem Wasser kein Rückstand blieb. Die ersten Produkte waren am reichsten an Cer, während die letzten lanthanreich waren und nur Spuren Cer enthielten.

17. Trennungsmethode mittels Ammoniak.

Literatur.

1825. J. J. Berzelius, Pg. A. (2) **4**, S. 140.
1843. Mosander, Lond. Edinb. Doubl. Octbr. 1843, p. 241; L. A. **48**, S. 221—222; Pg. A. (3) **60**, S. 303, 314; J. pr. **30**, S. 281, 289; B. J. 1844, 23. Jahrg. S. 145, 151.
1853. Marignac, An. Chim. (3) **38**, p. 148—177.
1861. R. Hermann, J. pr. **82**, S. 386.
1864. M. Delafontaine, Arch. sc. ph. et nat. **21**, Octbr.; L. A. 1865, **134**, S. 105.
1864. R. Hermann, J. pr. **93**, S. 113.
1864. O. Popp, L. A. **131**, S. 180.
1865. M. Delafontaine, Bibliothèque Universelle et Revue Suisse **22**; J. pr. 1865, **94**, S. 298.
1871. C. Erk, Z. Chem. (2) **7**, S. 104; Z. alyt. 1871, **10**, S. 479—480.
1874. P. T. Cleve, Bull. chim. **21**, p. 196, 246.
1875. — Oefv. K. Vet. Fhd.; Ber. **8**, S. 129.
1878. F. Frerichs und F. Smith, L. A. **191**, S. 338.
1879. P. T. Cleve, C. r. **89**, p. 478.
1879. I. Lecoq de Boisbaudran, C. r. **88**, p. 323; C. C. 1879, S. 258—259.
1879. II. — C. r. **88**, p. 516—517; C. C. 1879, S. 483.
1879. III. — C. r. **89**, p. 212.
1880. P. T. Cleve, C. r. **91**, p. 328; C. C. 1880, **11**, S. 661—662.
1882. I. B. Brauner, Mhft. Ch. **3**, S. 14.
1882. II. — Mhft. Ch. **3**, S. 487, 495—496, 498—501.
1882. P. T. Cleve, C. r. **95**, p. 33; C. C. 1882, **13**, S. 616.
1883. I. B. Brauner, Ch. N. **47**, p. 175; C. C. 1883, **14** (3. Folge), S. 291.
1883. II. — J. Ch. S. **43**, p. 278—289; Ber. 1883, **16**, 2, S. 1867.
1883. I. P. T. Cleve, Bull. chim. **39**, p. 151—155; Ber. **16**, 1, S. 775—776.
1883. II. — Bull. chim. **39**, p. 289—291; Ber. **16**, 1, S. 1212—1213.
1883. L. Smith, Ch. N. **48**, p. 29—31; Am. Chem. J. **5**, p. 73—80; Ber. **16**, 2, S. 1885—1886.
1885. B. Brauner, Sb. W. **92**, 2, S. 826—829.
1885. Eug. Demarçay, C. r. **100**, p. 740; Rep. anal. Chem. 1885, S. 186 (Auszug); J. 1885, **38**, 2, S. 1929—1930.
1886. P. T. Cleve, Ch. N. **53**, p. 30—31.
1886. I. W. Crookes, Proc. Lond. **40**, p. 236.
1886. II. — Ch. N. **54**, p. 42.
1886. I. Lecoq de Boisbaudran, C. r. **102**, p. 153, 395, 483, 899.
1886. II. — C. r. **102**, S. 647—648; C. C. **17**, S. 341.
1886. III. — C. r. **102**, p. 1004.
1886. IV. — C. r. **103**, p. 627—629; Ch. N. 1886, **54**, p. 225.
1890. Lecoq de Boisbaudran, C. r. **111**, p. 393—394, 397; C. C. 1890, **2**, S. 687—688.

1891. B. Brauner, Ber. **24**, 1, S. 1329.
1891. G. Krüss, L. A. **265**, S. 8—16.
1892. A. Bettendorff, L. A. **270**, S. 378—379.
1892. Lecoq de Boisbaudran, C. r. **114**, p. 575; C. C. 1892, **1**, (4), S. 662.
1892. A. Loose, Dis., Universität München, S. 13.
1893. Eug. Demarçay, C. r. **117**, p. 163—164; C. C. 1893, **2**, S. 355.
1893. Karl Hofmann und G. Krüss, Z. an. **4**, S. 27.
1893. G. Krüss und A. Loose, Z. an. **3**, S. 93.
1893. G. Krüss, Z. an. **3**, S. 353.
1893. Lecoq de Boisbaudran, C. r. **116**, p. 611—613; C. C. 1893, **1**, (4), S. 771.
1896. Marc Delafontaine, Ch. N. **73**, p. 284; C. C. 1896, **2**, S. 339.
1896. G. P. Drossbach, Ber. **29**, 3, S. 2454.
1896. C. Glaser, Chem. Ztg. 1896, **2**, S. 612.
1898. W. Muthmann und H. Roelig, Ber. **31**, 2, S. 1722 — Anmerk.
1898. H. Roelig, Dis., Universität München, S. 31.
1899. C. v. Scheele, Ber. **32**, 1, S. 411—412.
1900. C. Benedicks, Z. an. **22**, S. 396—398.
1900. C. R. Böhm, Die Zerlegbarkeit des Praseodyms und Darstellung seltener Erden mit Hilfe einer neuen Trennungsmethode, 1900 Verlag Fr. Starke, Halle a. S., S. 23—24.
1900. W. Muthmann und E. Baur, Ber. **33**, 2, S. 1753.
1900. M. G. Urbain, An. Chim. **19**, p. 184.
1900. Otto N. Witt und Walther Theel, Ber. **33**, S. 1318.
1901. H. Behrens, Arch. Neer. S. II., **6**, p. 85, 89; C. C. 1902. **1**, S. 297.
1902. Rob. Marc, Dis., Universität München, S. 19—20, 23, 26, 29, 33—36, 43—44; Ber. **35**, S. 2382—2390; C. C. 1902, **2**, S. 498.
1902. W. Muthmann, H. Hofer, L. Weiß, L. A. **320**, S. 268.
1902. K. Postius, Dis., Polytechnikum München, S. 10—11, 13—15, 16, 19—20.
1902. E. Rutherford und F. Soddy, Proc. Chem. **18**, p. 2—5; C. C. 1902, **1**, S. 512.
1902. L. Weiss, Dis., Polytechnikum München, S. 46.

Will man bei der Trennung seltener Erden die verschiedene Basizität dieser Oxyde verwenden, so kann man am vorteilhaftesten entweder die gemischten Nitrate durch vorsichtiges Erwärmen fraktioniert zersetzen (s. Abtreiben der Nitrate), oder die Auflösung der gemischten Oxyde mit Ammoniak fraktioniert fällen. Der erstere Weg gehört zu den am häufigsten zur Zerlegung von Erdgemischen verwendeten Methoden.

Die meisten Chemiker benutzten diese Methode, um ein bestimmtes, auf anderem Wege erhaltenes Erdgemisch, welches nur noch wenige Erden enthielt, weiterhin zu fraktionieren und auch reine Erden auf ihre Homogenität zu prüfen [Crookes, Lecoq de Boisbaudran, Cleve (1883, I), Brauner (1882, II; 1883, II; 1885)]. Krüss (1891), Postius (1902) und Böhm fraktionierten das Rohmaterial, so wie es direkt aus den Mineralien gewonnen wird, mit sehr verdünntem Ammoniak.

Das Fraktionieren mit Ammoniak hat vor dem partiellen Zersetzen der Nitrate durch Hitze den Vorteil, daß es in den erhaltenen Niederschlägen die einzelnen Erden richtiger in der Reihenfolge ihrer Basizität liefert (Krüss, 1891).

Die nachfolgenden Bemerkungen über relative Basizität der Erden, wie sie sich in der Literatur, oft sehr widersprechend, befinden, stützen sich auf sehr verschiedenartige empirische Beobachtungen. Untersuchungen mit Rücksicht auf die von Ostwald eingeführten speziellen Begriffe sind bisher nicht angestellt worden. Die Skala beginnt mit der stärksten Base und endet mit der schwächsten.

Lanthan—(Didym)—Praseodym—Neodym—Gadolinium—Samarium—Decipium—Yttrium—Terbium—Holmium—Erbium—Thulium—Ytterbium—Scandium—Cer (als CeO_2)—Thorium—Zirkon.

Die Reihenfolge von Lanthan—Praseodym—Neodym findet man allgemein richtig genannt, jedoch existieren beträchtliche Unterschiede in den Angaben über die Basizität der anderen Erden.

Marc (1902) und Truchot (Les terres rares, 1898, Paris, p. 243) nehmen an, daß Samarerde stärker basisch als Gadolinerde ist. Lecoq de Boisbaudran hatte 1890 das Umgekehrte gefunden, nämlich Samarerde geringer basisch als Gadolinerde, was Bettendorff (1892) und Benedicks (1900) bestätigten (vgl. auch Lecoq de Boisbaudran 1879, I).

Muthmann, Hofer, Weiß (1902) sowie Postius (1902) sind der Meinung, daß Terbinerde schwächer basisch als Erbinerde ist, was mit den Mosanderschen (1843) Beobachtungen Erbium—Terbium—Yttrium im Einklang steht, nachdem wir heute wissen, daß dessen Erbium unser heutiges Terbium und Terbium unser heutiges Erbium ist. Hingegen ist nach Krüss (1891 und 1893), Loose (1892), Hofmann (1893), Truchot (a. a. O.), Urbain (1900) und Marc (1902) Erbinerde die schwächere Base und fällt vor der Terbinerde aus.

Die Reihenfolge der Erbinerden dürfte nach Cleves Angaben

(1879 und 1880) Holmium—Erbium—Thulium sein, da Holminerde der Yttererde und Thulinerde der Ytterbinerde näher steht, Erbinerde bei der Nitratabtreibung sich in den mittleren Fraktionen befindet. Krüss und Loose (1892 und 1893) führen diese Erden in derselben Reihenfolge auf, Marc (1902) nennt nur Holminerde als stärkste Base der Erbinerden, da er die Thulinerde für ein Gemisch ansieht, während Truchot (a. a. O.) die eigentliche Erbinerde als die stärkste Base dieser Gruppe bezeichnet und folgende Reihenfolge hierfür annimmt: Thulium—Holmium—Erbium.

Nach Lecoq de Boisbaudran (1886, II) wird $Z\alpha$ und (das wahrscheinlich damit identische) $Z\gamma$ durch Ammoniak vor $Z\beta$ bezw. Terbium gefällt, umgekehrt durch Kaliumsulfat. Auch soll (1890) $Z\beta$, welche Erde wohl auch mit Terbium identisch ist[1] vor Gadolinium ausfallen und ebenso wie Samarerde weniger basisch als Gadolinerde sein.

Di-β erwies sich bekanntlich durch seine Linie λ 4333,5 als Lanthan und sollte nach Cleve (1882) nach dem eigentlichen Didym ausfallen. Daß Lanthanoxyd stärker basisch als Didymoxyd ist, hatte bereits Hermann (1861) bewiesen.

Dysprosium ist nach Lecoq de Boisbaudran (1886, III) stärker basisch als Holminerde.

Thorerde als sehr schwache Base fällt vor Cererde (Behrens 1901) und Zirkonerde durch seinen teilweisen elektronegativen Charakter natürlich vor Thorerde.

Die sich in der Literatur befindlichen Reihenfolgen sind:

Krüss und Loose (1892 und 1893) Ce als CeO_2, Sc, Yb, Thu, Er, Ho, Tr, Y, Sm, Di, La —

Truchot (a. a. O.) Sc, Yb, Tm, Ho, Er, Tr, Y, Dp, Gd, Sm, Nd, Pr, La —

Urbain (1900) Sc, Yb, Er, Ho, Tm, Tr, Gd, Y —

Marc (1902) Yb, Er, Ho, Tr, Y, Gd, Sm, Nd, Pr —

Muthmann, Hofer, Weiss (1902) farblose Yttererden, Tr, Er, Sm, Nd, Pr —.

Die Löslichkeitsverhältnisse der Erdoxalate in wäßrigem Ammonoxalat und wäßriger Schwefelsäure sollen nach Brauner auch als eine Funktion der Basizität anzusehen sein.

$$(NH_4)_2C_2O_4 + aq = La, Pr, Nd, Ce, Y, Th$$
$$H_2SO_4 + aq = La, Y, Ce, Pr, Nd, Th.$$

[1] Lecoq de Boisbaudran, C. r. **102**, p. 1536.

Bei Betrachtung dieser Reihen (von welchen die erste mit demjenigen Oxalat beginnt, das in Ammonoxalat am schwersten löslich ist, die zweite Reihe hingegen mit dem in verdünnten Säuren am leichtest löslichen Lanthanoxalat anfängt) muß vom praktischen Standpunkt aus bemerkt werden, daß sie die relativen Verwandtschaften der Basen nicht zum Ausdruck bringen, obgleich theoretisch dieses aus der Umkehrung der Ostwaldschen Methode hervorgehen könnte, nach welcher die Affinitäten der verschiedenen Säuren durch die Menge des durch sie zersetzten Calciumoxalates bestimmt wird, s. Trennungsmethode — Ammondoppeloxalate und partielle Löslichkeit der Oxalate in verdünnten Säuren.

Fünfundzwanzig Jahre früher wurde das Yttrium von Nilson als das positivste aller seltenen Erdmetalle angesehen, weil es das neutralste Chloroplatinat bildet: $4\,YCl_3 \cdot 5\,PtCl_4 + 51\,H_2O$, wogegen die anderen Erdmetalle Salze von der Formel $2\,RCl_3 \cdot 2\,PtCl_4 + H_2O$ bilden. Jetzt aber wird Lanthan allgemein als das positivste Erdmetall angesehen. Zu bemerken ist, daß Yttriumoxalat beim Digerieren mit verdünnten Säuren (s. oben) dem Lanthan sich stark nähert. Jedoch beim Betrachten des Verhaltens der Salzlösungen seltener Erden gegen Ammoniak finden wir, daß Yttrium vor den dreiwertigen Ceritmetallen gefällt wird, d. h. es ist mehr negativ oder weniger basisch. Dasselbe bemerken wir bei der Zersetzbarkeit der Nitrate seltener Erden durch höhere Temperaturen (vgl. Abtreiben der Nitrate).

Die schwächsten Basen befinden sich in den ersten Niederschlägen, während die stärksten in den Laugen verbleiben. Der Vorgang ist indessen nicht so einfach, wie man aus der umstehenden Reihenfolge schließen könnte. Gesetzt, man habe zu einem Erdgemisch von Lanthan, Praseodym, Neodym und Samarium nicht mehr Ammoniak hinzugefügt, als zur Fällung des Samariums erforderlich ist, so werden dennoch zu Anfang durch lokales Übermaß des Fällungsmittels Neodym usw. mit dem Samarium niedergeschlagen. Ob diese wieder in Lösung gehen, hängt von der Dauer der Digestion und mindestens ebensosehr von der Beschaffenheit des Niederschlags ab. Ist derselbe klumpig, so ist selbst lange fortgesetztes Kochen nicht imstande, den Austausch vollständig zu machen, im Gegenteil bilden sich hierbei basische Salze, die für die Trennung nur hindernd sind.

Auch andere Verhältnisse können das Bild verschleiern.

Hofmann (1893) fand nämlich beim Fraktionieren mit Anilin, daß aus einem Gemisch von bestimmter Zusammensetzung Yttria vor den schwächeren Basen ausfällt, daß jedoch, sobald sich die Mengenverhältnisse der Erden geändert haben, d. h. sobald die ausgeschiedene Yttererde für sich verarbeitet wird, dieselbe wieder ganz normaler Weise in der Reihe der Fällbarkeit an den Schluß kommt. Die hierfür zunächstliegende Erklärung wäre nun die, daß man annimmt, diese Erscheinung werde lediglich durch Löslichkeitsverhältnisse veranlaßt, derart, daß sich bei der Einwirkung des Anilins auf die neutralen Erdchloride zunächst basische Chloride bilden, und daß ein Yttriumoxychlorid in der Lösung der basischen Chloride anderer Erden schwer löslich sei, sich aber bei einer bestimmten Konzentration der Lösung ausscheide. Doch müßte dann die Fällung nach dem Filtrieren durch das Waschwasser gelöst werden und Salzsäure enthalten, was beides nicht der Fall ist. Man kann dagegen einwenden, daß das durch die Gegenwart der anderen basischen Chloride ausgeschiedene Yttriumoxychlorid von reinem Wasser zersetzt werde in Hydroxyd und Salzsäure, welche einen Teil der Erde als neutrales Chlorid in Lösung führen würde. Diese Auffassung ist nicht ohne weiteres von der Hand zu weisen, sie verliert jedoch bedeutend an Wahrscheinlichkeit, wenn man bedenkt, daß auch durch Zersetzung der Nitrate ein Teil des Yttriums z. B. vor Terbium und Holmium abgeschieden wurde; es müßten sich die Nitrate wie die Chloride verhalten.

Schließlich erhält man ähnliche Anomalien, wenn man die Salzsäure aus einer Erdchloridlösung durch den galvanischen Strom entfernt und so eine Trennung der Erden nach ihrer Basizität zu erreichen sucht (vgl. Trennung durch Elektrolyse).

Eine andere Auffassung obiger Erscheinung, welche Hofmann bevorzugt, besteht darin, daß man annimmt, die Yttererde verhalte sich einem Gemisch schwächeror Basen von bestimmter Zusammensetzung gegenüber wirklich als schwächere Base als dieses Gemisch, wenngleich die Komponenten des letzteren unzweifelhaft schwächere Basen als Yttria sind. Dieses ist aber nur so denkbar, daß man ei ne gegenseitige Beeinflussung der Erden zugesteht, was zu weiteren Spekulationen über die Natur der letzteren Anlaß gibt, die vielleicht verfrüht erscheinen. Immerhin deuten auch einige schon länger bekannte Erscheinungen auf eine solche gegenseitige Beeinflussung hin, so z. B. die von

A. Rose gemachte Beobachtung, daß sich die Beryllerde den seltenen Erden nicht unter allen Umständen durch KaOH entziehen läßt, sowie der auch von Cleve gefundene Vorteil, daß man reine Yttria dadurch am leichtesten isoliert, daß man das sie begleitende Didym nicht entfernt, sondern erst die schwächeren Basen durch Zersetzung der Nitrate abscheidet, und erst nachdem dieses geschehen, durch Kaliumsulfat das Didym von der Yttria trennt.

Auch nach Krüss[1] ist die fraktionierende Wirkung des Anilins auf Erdchloride in alkoholischer Lösung nicht direkt darauf zurückzuführen, daß, wie er 1891[2] angenommen hatte, Anilin stärker basisch als ein Teil der Erden und schwächer basisch als der übrige Teil sei. Da sogar Yttrium- und Didymoxyd durch Anilin, gegenüber den schwächer basischen Erden, fällbar sind, wenn sie nur in dem Material stark genug angereichert sind, so beruht diese Reaktion nach Krüss (a. a. O.) darauf, daß zwischen Hydroxyden und salzsaurem Anilin einerseits und Anilin und Erdchloride andererseits ein Gleichgewichtszustand eintritt — die Hydroxyde der Erden also in einer Lösung von salzsaurem Anilin löslich sind.

Wie man auch die Erscheinung erklären mag, jedenfalls ist dieselbe von großer Wichtigkeit bei der Verarbeitung eines Materials von Gadoliniterden. Zudem gewährt sie einen Einblick in die Schwierigkeiten, welche sich der Trennung der Erden darbieten, indem dadurch, daß die Reihenfolge der Basizität gestört wird, ein Übereinandergreifen verschieden basischer Erden bewirkt werden kann.

Man kann verdünnte Erdnitratlösung mit sehr verdünntem Ammoniak schnell und vollständig mischen, bevor eine Fällung entsteht, da in verdünnten Lösungen erst nach einiger Zeit allmählich Trübung und dann Ausscheidung der Erden erfolgt. Wenn salpetersaure oder salzsaure Zirkonerde eingedampft und hierauf in Wasser gelöst wird, so kann man nach Berzelius (1825) sehr viel Ammoniak hinzusetzen, ehe ein bleibender Niederschlag entsteht.

Auch die Gegenwart mancher organischer Verbindung verhindert die Fällung. Während die Yttererden bei Gegenwart

[1] Krüss, Z. an. 1893, **3**, S. 108—113.
[2] Krüss, L. A. **265**, S. 18—19.

von Weinsäure durch Ammoniak abgeschieden werden, sind die übrigen Erden aus einer weinsauren oder citronensauren Auflösung nicht fällbar; ebenso werden auch die löslichen milchsauren Erden durch Ammoniak nicht gefällt. Bei Gegenwart von Hydroxylamin werden Thorerdelösungen gefällt, hingegen Uransalze nicht, welches Verhalten für eine Trennung dieser beiden Körper verwendet werden kann. Auch auf Zusatz von Ammonacetat sollen die seltenen Erden durch einen Überschuß von Ammoniak nur langsam und teilweise abgeschieden werden (vgl. Allgemeines Verhalten seltener Erden zu den Reagentien — Ammoniak und Ätzalkalien S. 41 und 43).

Nach Mosander (1843), Delafontaine (1864 und 1865) und anderen (Cleve 1874) ist der Niederschlag ein basisches Salz, das gleich dem durch Erhitzen entstandenen sein soll — selbst bei sehr unvollständiger Fällung in der Hitze. Krüss (1891) spricht von Hydroxydfällungen, Cleve (1886) von Samariumhydroxyd, das durch Ammoniak entsteht, und Hermann 1864 von Thoriumhydroxyd; Postius (1902) bemerkt, daß die basischen Verbindungen sich nur in der Wärme bilden. Dieselben sollen die Trennung verzögern, weshalb es vorteilhaft ist, in der Kälte zu operieren, im Sommer sogar mit Eiskühlung, damit nur Hydroxyde entstehen. Die meisten Forscher wie z. B. Crookes, Cleve (1886), Benedicks (1900) usw. fraktionierten bei gewöhnlichen Temperaturen oder in der Kälte und hatten jedenfalls diese Beobachtung schon früher gemacht.

Die Erdlösung bringt man am besten schwachsauer zum Fraktionieren, wodurch allerdings einige Zeit vergeht, bis ein Niederschlag entsteht. Man vermeidet aber auf diese Weise das lästige Überneutralisieren, wobei sich immer das ausgeschiedene Hydroxyd zu Klümpchen zusammenballt, die nur schwer und erst durch einen Säureüberschuß wieder in Lösung gebracht werden können. Die meisten Forscher wählten zum Fraktionieren einfacherer Erdgemische 1 %ige Nitratlösungen (z. B. Crookes 1886), während zum Aufteilen bezw. Zerlegen eines rohen Oxydgemisches, wie man solches aus den Mineralien direkt erhält, 5 bis 15 %ige Lösungen (Krüss 1891, Postius 1902).

Die Ammoniaklösung wird natürlich in demselben Verhältnis gewählt, und zwar für reinere Produkte sehr verdünnt und für rohe Gemische etwa 30 ccm 10 % NH_3 auf 1—1½ Liter Wasser (Postius 1902). Für reine Präparate, die man eventuell auf ihre Homogenität prüfen will, wähle man die Ammoniaklösung so schwach, daß eine Fällung erst nach einer Weile und erst nach kräftigem Schütteln eintritt. Chloride sind jedenfalls ebensogut zu verwenden wie Nitrate, jedoch erscheinen die Sulfate hierzu ungeeignet, da sie zu leicht in basische Verbindungen übergehen. Benedicks (1900) benutzte zur Reinigung der Gadolinerde die salpetersauren Salze, während Lecoq de Boisbaudran (1890) die Acetate, wobei auf die langsame Abscheidung der Erden bei Gegenwart von Ammonacetat zu achten war. Delafontaine (1896) studierte die Einwirkung von Ammoniak auf Yttriumacetat (vgl. Allgemeines Verhalten der seltenen Erden zu den Reagentien S. 41).

Krüss (1891) versuchte, ob sich auf diese von Lecoq de Boisbaudran mitgeteilte Beobachtung, daß die seltenen Erden bei Gegenwart von Ammonacetat durch einen Überschuß von Ammoniak langsam und nur teilweise fällbar sind, eine Trennungsmethode für Erbin, Holmin, Thulin und Ytterbin gründen ließe — die diesbezüglichen Resultate waren jedoch negativ.

Zur Trennung von Zirkon und Titan wird nach Demarçay (1885) das Titan aus der flußsauren Lösung durch Ammoniak erst siedend gefällt, dann bei immer niederer Temperatur. Zuletzt scheidet man die Zirkonerde durch KOH ab, da sie auch in der Kälte durch Ammoniak bei Gegenwart von Fluorammonium nur teilweise ausfällt. Die annähernd neutralen Flüssigkeiten greifen Glasgefäße nicht stark an.

Der Zusatz der Ammoniaklösung zur Erdlösung erfolgte in den meisten Fällen auf einmal. Auf 20 Liter einer ca. 5 $^0/_0$ igen Erdnitratlösung (rohe Gadolinitoxyde) setzte Krüss (1891) z. B. unter heftigstem Umrühren 100 ccm Ammoniak vom sp. Gew. 0,91, zuvor mit 2 Liter Wasser verdünnt, auf einmal zu. Marc (1902), Postius (1902), Böhm und andere Schüler Muthmanns führten das Fraktionieren in der Art aus, daß sie die Erdchlorid- oder -nitratlösung in großen Glasstutzen durch ein Rührwerk in lebhafte Bewegung versetzten. Über jedem Stutzen war ein Tropftrichter mit verdünntem wäßrigem Ammoniak angebracht, aus welchem in einer Stunde immer 1 Liter Flüssigkeit tropfenweise floß. Ist in der Flüssigkeit alle Säure abgestumpft, so trübt sie sich plötzlich; es entsteht aber selbst nach längerer Zeit kein Niederschlag, denn durch den Rührer wird das gebildete Hydroxyd am Absetzen gehindert und in inniger Berührung mit der

Flüssigkeit gehalten. Von Zeit zu Zeit entnimmt man eine filtrierte Probe und untersucht sie vor dem Spektralapparat, falls es sich um gefärbte Erden, wie z. B. Didym oder Erbium handelt.

Brauner (1882, I und 1883, II) ließ bei der Darstellung eines Didympräparates die verdünnte Ammoniaklösung von bekannter Stärke aus einer Bürette in die erwärmte Erdlösung eintropfen.

Die Menge des Ammoniaks bemißt man am besten nach der Zusammensetzung des Oxydgemisches oder dem Zweck der Zergliederung des Materials. Aus einem cerfreien Gemisch von Lanthan und Didym schlug Brauner (1882, I und 1883, II) zuerst die Hälfte der gemischten Oxyde nieder und aus dem wieder gelösten Niederschlag $^2/_3$ der Menge und so fort. Hierdurch soll eine reichere Ausbeute an Didym erzielt werden.

Verfügt man über eine größere Materialmenge, so teilt man dieselbe in mehrere Portionen und fällt aus jeder ungefähr die Hälfte der Oxydmenge, vereinigt die korrespondierenden Fraktionen der einzelnen Portionen und fraktioniert in demselben Verhältnis weiter.

Entspricht jede Fraktion nur einem kleinen Teil des Ausgangsmaterials, so vereinigt man die annähernd gleich zusammengesetzten Fraktionen (was man mit Hilfe des Spektroskops oder der Äquivalentgewichtsbestimmung feststellt) und kann dann bei reinen Produkten auch das Lösungsverhältnis der Erden und des Ammoniaks variieren.

Hermann (1861) fällte zur vollständigen Reinigung der Sulfate von Lanthan und Didym einen Teil dieser Salze mit Ammoniak. Der gut ausgewaschene und noch feuchte Niederschlag wurde mit dem übrigen Teil der Lösung desselben Salzes vermischt und das Ganze in mäßiger Wärme einige Tage unter häufigem Umrühren stehen gelassen.

Hat man zu dieser Operation unreines schwefelsaures Lanthan verwendet, so fällt Lanthan das Didym vollständig aus und in der Lösung bleibt Lanthan. Verwendet man dagegen unreines Didymsulfat, so löst sich das in demselben enthaltene Lanthan heraus.

Erk (1871) wiederholte die Hermannsche Methode und erhielt bereits nach zweimaliger Behandlung eine Lanthanlösung, welche die Didymlinien nur schwach zeigte. Nach viermaliger Behandlung erwies sich selbst eine 30 cm lange Schicht als didymfrei. Ein ziemlich reines Didym konnte auf diese Weise ebenfalls erhalten werden. Cleve (1875), sowie Frerichs und Smith (1878) konnten nach der von Hermann angegebenen Methode ebenfalls Lanthan- und Didymoxyd in reinem Zustand erhalten.

Der sich beim richtigen Manipulieren erst allmählich bildende Niederschlag setzt sich gut ab und läßt sich durch Dekantieren waschen; er wird filtriert und auf dem Filter nachgewaschen, bis im Filtrat keine Fällung mit Ammoniak entsteht. Die Filtrate engt man wieder auf das ursprüngliche Volumen ein und fraktioniert so fort. Hat man z. B. ein Gadolinitoxydgemisch, aus welchem zuvor beim Eindampfen der Nitratlösung das Cer als basisches Salz entfernt ist, so reichert sich in den ersten Fällungen Erbium an, während in den letzten Fällungen diese Erde nur andeutungsweise auftritt und außer wenigen Thulium-Holmium- und Samariumlinien nur Didymlinien vorhanden sind. Vereinigt man die ersten erbiumreichen Fraktionen miteinander, ebenso die letzten didymreichen Fraktionen und fraktioniert systematisch weiter, so erhält man einmal ein sehr erbiumreiches Material, welches didymfrei ist und andererseits ein Didymmaterial, welches erbiumfrei ist. Die Gewinnung derartiger Materialien ist in verhältnismäßig kurzer Zeit ausgeführt, da man leicht zehn oder mehr Fällungen zu gleicher Zeit vornehmen und verarbeiten kann. Bedingung zum guten und schnellen Gelingen ist, die Ammoniakniederschläge möglichst gut schon durch Dekantation mit Wasser auszuwaschen. Die auf diesem Wege gewonnenen Erden sind noch durch farblose Oxyde verunreinigt, und da durch die Ammoniakfraktionierung die Erden nach ihrer Basizität gruppiert werden, so begleiten das Didym wohl besonders Lanthan, Samarium, Yttrium und Terbium; das Erbium die Körper Holmium, Thulium, Scandium, Ytterbium, Cer, falls alle diese seltenen Erden im angewandten Ausgangsmaterial vorhanden waren. Naturgemäß läßt sich Erbinerde leichter von den stärksten Basen unter den seltenen Erden, wie z. B. Didymoxyd durch fraktioniertes Fällen mit Ammoniak trennen, als von den ebenfalls schwachen Basen Holmium, Thulium, Ytterbium.

Die Verarbeitung mancher Niederschläge verlangt einige Übung. Bei der großen Verdünnung der Lösungen und Anwendung eines Rührwerkes fallen natürlich die entstandenen Hydroxyde sehr fein aus. Das Yttriumhydroxyd hat im Gegensatz zum Erbiumhydroxyd z. B. die unangenehme Eigenschaft, auch nach tagelangem Stehen sich nicht klar abzusetzen. Größere Flüssigkeitsmengen mit darin verteiltem schleimigen Hydroxyd zu filtrieren, ist aber fast unmöglich. In einem solchen Falle ist es empfehlenswert, Niederschlag und Lauge auf dem Wasserbade zu erwärmen, bis das Hydroxyd sich zusammengeballt hat. Ist die überstehende Flüssigkeit klar geworden, kann man dekantieren. Das Erwärmen darf man aber nicht zu lange fortsetzen, da sonst die Lösung wieder trübe wird oder sich das Hydroxyd, welches zusammengeballt war, wieder durch die ganze Flüssigkeit verteilt; die Lösung ist dann überhaupt nicht mehr klar zu bekommen (Postius 1902).

Aus diesem Grunde kann es manchmal den Vorzug verdienen, Oxydgemenge, durch sorgfältiges Glühen feingepulverter Oxalate bereitet, als Fällungsmittel zu verwenden (vgl. Oxydverfahren — Auer). Auch soll sich noch in anderer Beziehung das Fraktionieren mit Ätznatron bewährt haben, da die lösende Wirkung der Ammonsalze hierbei vermieden wird (Behrens 1901). Drossbach (1896) will bei der Darstellung von Lanthan- und Didympräparaten durch Fraktionieren der Nitratlösungen mittels Ätznatron gleich gute Resultate erhalten haben als mit dem Auerschen Oxydverfahren. Dieser Chemiker will mit Ammoniak hierbei keine Erfolge erzielt haben, da sowohl Lanthan- als Didymoxyd Ammoniak aus dessen Salzen austreiben.

Muthmann und Roelig (1898) verwenden als Fällungsmittel Magnesiumoxyd und wollen hierdurch eine vollkommenere Trennung als mit Ammoniak erzielen (vgl. Trennungsmethoden — mittels Magnesiumoxyd).

Die Ammoniakmethode fand Anwendung bei der Darstellung folgender Erden:

Ytterbium konnte Postius (1902) in fast reinem Zustande darstellen, indem er diese Methode mit derjenigen von Muthmann und Böhm[1] und der fraktionierten Kristallisation der Acetate kombinierte.

Erbium läßt sich verhältnismäßig leicht in den ersten Niederschlägen eines entsprechenden Materials stark anreichern (Krüss 1891). Für die Reindarstellung dürfte die Kombination mit der Acetat- und Chromatmethode von Muthmann-Böhm (a. a. O.)

[1] Muthmann und Böhm, Ber. **33**, S. 42—49.

(Postius 1902) bezw. mit der Oxalatmethode (Marc 1902) empfehlenswert sein. Drossbach hält diese Methode hierfür wenig geeignet und empfiehlt die Oxychloride als Trennungsmittel (vgl. S. 204).

Holmium vermochte Lecoq de Boisbaudran (1886, III) in Kombination mit der Kaliumdoppelsulfatmethode zu gleicher Zeit mit Dysprosium abzuscheiden. Eine Trennung dieser sehr schwachen Basen gelingt mit Ammoniak allein nicht (Krüss 1891).

Terbium stellte Lecoq de Boisbaudran (1886, I) durch Fraktionieren mit Ammoniak dar. Sein Oxyd hatte eine dunkelgelbe Farbe und soll nur geringe Mengen anderer Erden, außer Holmium, welches in etwas reicherem Maße vorhanden war, enthalten haben. Marc (1902) konnte aus den letzten Chromsäurefraktionen der Monaziterden mit Kaliumsulfat und hierauf mit Ammoniak nur ein sehr terbiumreiches Material abscheiden.

Yttrium konnte Urbain (1900) verhältnismäßig leicht darstellen durch Kombination der Ammoniakmethode mit der fraktionierten Kristallisation der Äthylsulfate, Marc (1902) und Postius (1902) in Verbindung mit der Chromatmethode von Muthmann und Böhm, und Lecoq de Boisbaudran (1886, IV) in Kombination mit der Oxalatmethode.

Spuren Erbinerde lassen sich sehr gut von Yttererde mit Ammoniak trennen (Muthmann und Baur 1900, Postius 1903). Aus einem Yttriummaterial fällten Muthmann, Baur (1900) und Postius (1902) die schwächer basischen Erden mittels Ammoniak, kristallisierten hierauf die Formiate und fällten die Chromate, zum Schluß wurde abermals mit Ammoniak gefällt. Bereits Popp (1864) hatte gefunden, daß selbst bei öfterem Wiederholen der Ammoniakfällung nur eine approximative Scheidung der Yttererde erzielt werden kann. Drossbach empfiehlt für die Darstellung der Yttria die Oxychloride (S. 203), hält die Ammoniakmethode für genannten Zweck wenig geeignet.

Decipium reinigte Delafontaine (1878) nur zum Schluß mit Ammoniak, nachdem er diese Erde zuvor mit Kaliumsulfat und Alkohol aus den Sulfaten abgeschieden hatte.

Samarium. Die ersten Fällungen eines Samariummaterials enthalten immer etwas Didym (Crookes 1886, II). Um dieses zu entfernen, brauchte Cleve (1883, II und 1886) volle fünf Monate. Das so erhaltene Samarium war noch von Terbium und Gadolinium begleitet, welche Erden mit Kaliumsulfat entfernt wurden. Die Erd- wie die Ammoniaklösung waren sehr verdünnt gewählt und außerdem wurde in der Kälte fraktioniert. Jedenfalls ist die Ammoniakmethode für die Darstellung von Samarerde die empfehlenswerteste. Lecoq de Boisbaudran (1886, II) konnte aus dem Smithschen Mosandrium viel Samarerde mittels Ammoniak abscheiden; ein anderes Mal (1892) prüfte dieser Chemiker ein ihm übergebenes Samarium mittels Ammoniak auf seine Homogenität, auch Cleves Samarium (1893) in Kombination mit der Oxalatmethode. Cleve (1883, I) prüfte selbst sein Samarium aus Orthit mit frisch destilliertem Ammoniak auf Reinheit. Die Verbindungsgewichte schwankten zwischen 149,940 und 150,120.

Demarçay (1893) prüfte das Absorptionsspektrum von vier fraktionierten Ammoniakfällungen des Samariums auf die Einheitlichkeit desselben. Außer geringen Beimengungen von Neodym und Erbinerden konnte er in dem Spektrum der verschiedenen Fraktionen nicht den geringsten Unterschied konstatieren.

Die Trennung des Samariums von Erbium geht mit Ammoniak verhältnismäßig leicht vonstatten, diejenige des Samariums von Neodym viel schwieriger (Marc 1902).

Samarium von Praseodym ist leicht mit Ammoniak zu trennen (Behrens 1901).

Gadolinium. Crookes (1886, I) will aus den mittleren Fraktionen eine Substanz abgeschieden haben, die alle Eigenschaften dieser von Marignac zuerst $Y\alpha$ genannten Erde zeigte. Lecoq de Boisbaudran (1890) fraktionierte eine von Marignac dargestellte Gadolinerde mit Ammoniak und isolierte hieraus Samarium, welches zuerst ausfiel, und Didym, welches in der Lauge verblieb.

Benedicks (1900) empfiehlt zur Darstellung dieser Erde, die Kaliumsulfatmethode mit der Ammoniakfraktionierung zu kombinieren. Das Kristallisieren der Nitrate aus Salpetersäure soll das letzte Reinigungsmittel bilden.

Auch Bettendorff (1892) konnte diese Methode mit Vorteil verwenden, um ein Gemisch von Terbium und Gadolinium zu fraktionieren. Die schwächer basische Terbinerde sammelte sich natürlicherweise in den ersten Fällungen an, während die stärker basische Gadolinerde in den Endfraktionen. Aus den Chromatendfraktionen der Monaziterden konnte Marc (1902) mit Hilfe der Ammoniak-, Kaliumsulfat- und Oxalatmethode Gadolinerde darstellen.

Neodym. Muthmann, Hofer und Weiß (1902) reinigten ein Neodympräparat mit Ammoniak. Um Neodym frei von Lanthan und Samarium zu machen, dürfte diese Methode am schnellsten zum Ziele führen (v. Scheele 1899). Auch Böhm (1900) fand, daß die Ammoniakfraktionierung sehr gut dazu verwendet werden kann, die Didymkomponenten von Lanthan zu trennen, daß man aber eine Trennung der Didymelemente nicht im geringsten erreicht. Es ist ganz gleichgültig, ob man von dem gewöhnlichen Didym oder von stark neodymreichen Materialien ausgeht; die Niederschläge haben immer konstante Zusammensetzung, und zeigte die erste Fällung spektroskopisch genau dieselbe Zusammensetzung wie die fünfundzwanzigste. Die Didymerden unterscheiden sich also in Bezug auf Basizität zu wenig, weshalb die erwähnte Methode nicht zum Ziele führte.

Didym stellte Cleve (1874) mittels unvollständiger Ammoniakfällung dar. Der zuerst erhaltene Niederschlag eines Lanthan- und Didymgemisches wurde von neuem partiell gefällt und diese Behandlung bis zur vollständigen Entfernung des Lanthans wiederholt. Thalén befand dieses Didym spektroskopisch lanthanfrei. Ein anderes Mal vereinigte Cleve (1883, II) die ersten fünf Ammoniakfällungen und fraktionierte wiederholt mit Oxalsäure, hierauf wieder mit Ammoniak. Die Erde besaß das Atomgewicht 142. — Brauner (1883, I) reinigte ebenfalls sein Didymoxyd mit Ammoniak und Marignac (1853) verwendete schon frühzeitig diese Methode zur Abscheidung der Didymerde.

Brauner (1882, II und 1883, II) fraktionierte ein mit besonderer Sorgfalt hergestelltes Didymoxyd von leicht aschgrauer Farbe mit Ammoniak in zwei Portionen, welche die Werte 145,50 bezw. 145,31 ergaben. Geringe Mengen Cer konnten hiermit entfernt werden (1882, II, S. 498).

Aus einem zu früheren[1] Atomgewichtsbestimmungen benutzten Didymoxyd = 146,58 konnte derselbe Chemiker (1882, I und 1883, II) durch fraktionierte Ammoniakfällungen die leichter fällbaren Anteile entfernen; der Rest ergab 145,40. Dadurch will Brauner die Anwesenheit eines weniger basischen Oxydes von höherem Atomgewicht[2] wahrscheinlich machen, weshalb eine

[1] Brauner, Ber. **15**, S. 109.
[2] Vergl. Brauner, Ber. **15**, S. 2231.

größere Menge Erden in Arbeit genommen wurde. Nachdem Cer als basisches Nitrat entfernt war, trennte er Lanthan und Didym durch fraktioniertes Fällen mit Ammoniak. Zuerst wurde die Hälfte der gemischen Oxyde niedergeschlagen und aus dem wieder gelösten Niederschlage $^2/_3$ der Menge und so fort. Auf diese Weise will Brauner eine reichere Ausbeute erzielt haben. Zur Fällung bediente er sich einer verdünnten Ammoniaklösung von bekannter Stärke, welche aus einer Bürette in die erwärmte Lösung eingetropft wurde.

In Gemeinschaft mit Thalén hatte Cleve (1882) erneute Untersuchungen über *Di β* angestellt und mit Hilfe der Ammoniakfraktionierung festgestellt, daß die diesem Element für charakteristisch beigelegte Linie λ 4333,3 dem Lanthan angehört. Hiernach erscheint es aber nicht sehr wahrscheinlich, daß das neue Element durch Ammoniak nach dem Didym fällt. Aus einer brieflichen Mitteilung Cleves an Brauner (1882, II, S. 487) geht auch hervor daß, aus einer Lösung von Didym und Lanthan durch Ammoniak zuerst das eigentliche Didym, hierauf *Di β* und zuletzt Lanthan ausfallen sollte.

Um die Frage zu entscheiden, ob (dem Atomgewicht nach) zwischen Lanthan und Didym ein neues Element liegt[1], hat Cleve (1883, I) größere Mengen einer Mischung beider Metalle mit verdünntem Ammoniak fraktioniert gefällt und verneint obige Frage.

Zur vollständigen Reinigung der Sulfate von Didym und Lanthan fällte Hermann (1861) einen Teil dieser Salze mit Ammoniak und vermischte den ausgewaschenen und noch feuchten Niederschlag mit dem übrigen Teil der Lösung desselben Salzes und ließ das Gemisch in mäßiger Wärme einige Tage unter häufigem Umrühren stehen.

Hat man zu dieser Operation unreines Didym verwendet, so löst sich das in demselben enthaltene Lanthan heraus.

Erk (1871), Cleve (1875), Frerichs und Smith (1878) wendeten diese Methode bei der Darstellung von Didymoxyd mit großem Vorteil an.

Nach Drossbach (1896) soll die Ammoniakmethode zur Trennung von Lanthan und Didym nicht zum Ziele führen, weil sowohl Lanthan und Didymoxyd Ammoniak aus dessen Salzen

[1] Vergl. Brauner, Ber. 15, S. 2231 und Cleve, Ber. 15, S. 1750.

austreiben. Gleich gute Resultate wie mit dem Oxydverfahren sollen durch Fraktionieren der Nitratlösungen mittels Ätznatron erhalten werden.

Zahlreiche Versuche haben ergeben, daß die Ammoniakmethode auch nicht einmal zu einer annähernden Trennung der Didymkomponenten führt (Böhm 1900, Witt und Theel 1900).

Lanthan. Cleve (1874) stellte Lanthanoxyd zum Studium seiner Salze mittels unvollständiger Ammoniakfällung dar. Am besten soll sich ein Gemisch von Lanthan- und Didymnitrat hierzu eignen. Crookes (1886, II) mußte die Fällungen sehr oft wiederholen, ehe das Lanthan vollständig didymfrei war. Nach v. Scheele (1899) ist die von Cleve[1]) angewendete und empfohlene Methode zur Reindarstellung des Lanthans nur dann mit Vorteil zu verwenden, wenn man über eine große Quantität Ausgangsmaterial verfügt.

Brauner (1882, II) prüfte das Funkenspektrum der ersten Ammoniakfällungen eines didymfreien Lanthans.

Drossbach (1896) hält diese Methode für genannte Zwecke nicht geeignet, da Lanthanoxyd ebenso wie Didymoxyd Ammoniak aus dessen Salzen austreiben. Das Fraktionieren mit Ätznatron oder mit fein gepulverten Oxyden (s. Oxydverfahren) hält dieser erfahrene Praktiker für geeigneter.

Hermann (1861) fällte einen Teil der Erden aus einem Gemisch von Lanthan und Didymsulfat aus und vermischte den gut ausgewaschenen und noch feuchten Niederschlag mit dem übrigen Teil der Lösung desselben Salzes. Hat man zu dieser Operation unreines schwefelsaures Lanthan verwendet, so fällt Lanthan das Didym vollständig aus und in der Lösung bleibt Lanthan. Erk (1871), Cleve (1875), Frerichs und Smith (1878) bestätigen die günstigen Erfolge, welche man mit der Hermannschen Methode erzielt.

Cer. Brauner (1882, II) untersuchte das Funkenspektrum einer Erde, welche durch partielle Fällung der intermediären cerhaltigen Fraktionen mit Ammoniak erhalten waren. Dieselbe enthielt neben einigen Cerlinien eine Anzahl fremder Linien, die dem vierten unbekannten Element im Cerit nicht angehörten.

1885 reinigte Brauner Cersulfat endgültig zur Atomgewichtsbestimmung mit Ammoniak. Einen größeren Unterschied des

---

[1] Vergl. auch Bull. chim. **39**, p. 151.

Prozentgehaltes an CeO_2 der einzelnen Fraktionen erzielte dieser Forscher, wenn er dasselbe Material, also Cersulfat partiell mit Alkohol fällte (vgl. Sulfatmethode).

Thorium. Smith (1883) empfiehlt zur Anreicherung von Thorerde, die entsprechende Erdlösung mit einem aliquoten Teil Ammoniak zu fällen. Hat man z. B. die durch Kaliumsulfat gefällten Erden in Nitrate übergeführt, mit etwa der sechzigfachen Menge Wasser (auf das Gewicht der Oxyde berechnet) zum Kochen gebracht, mit Ammoniak neutralisiert und aus der kochenden Lösung etwa $^1/_6$ der Oxyde durch Ammoniak von bekannter Stärke ausgefällt, so enthält der Niederschlag alle Thorerde. Nach dem Umwandeln des Niederschlages im Sulfat und Entwässern löst man in Wasser. Beim Kochen und Eindampfen scheiden sich ziemlich reine Thoriumsulfatkristalle ab (vgl. Sulfatmethode).

Auch nach Behrens (1901) ist dieses Verfahren zur Anhäufung von Thorerde zuverlässig und zeitsparend. Zusatz von Wasserstoffsuperoxyd, u. a. von Wyrouboff und Verneuil empfohlen (vgl. Trennung mittels Wasserstoffsuperoxyd), verbessert dasselbe nicht, da Wasserstoffsuperoxyd eine große Menge Cer in den Niederschlag bringt. Nach Glaser (1896) soll es nicht gelingen, Thorium in die erste Fällung vollständig zu erhalten.

Rutherford und Soddy (1902) machten die merkwürdige Beobachtung, daß Lösungen, aus denen alles Thorium durch Ammoniak gefällt war, noch beträchtliche Emanation und Radioaktivität zeigten. Dieses führte zur Darstellung von Substanzen, welche, obwohl thoriumfrei, noch Radioaktivität und ausstrahlende Kraft zeigten, nicht unterscheidbar von der des Thoriums und viele 100, ja zuweilen über 1000 mal so aktiv.

18. Trennung mittels Ätzalkalien.

Literatur.

1896. G. P. Drossbach, Ber. **29**, 3, S. 2453—2455; J. 1897, **1**, S. 1027.
1901. H. Behrens, Arch. Neer. S. II, **6**, p. 86, 89.
1901. B. Brauner und F. Pavliček, Proc. Chem. **17**, p. 63—64; C. C. 1901, **6**, S. 1035.

Drossbach (1896) will bei der Trennung von Lanthan und Didym mit der Ammoniakmethode nicht zum Ziele gelangt sein da sowohl Lanthan- wie Didymoxyd Ammoniak aus dessen Salzen vertreiben. An Stelle dieser Methode trat das Fraktionieren mit Ätznatron, womit dieser Praktiker ebenso gute Resultate als mit dem Auerschen Oxydverfahren erhalten haben will.

Natronlauge wurde zu einer Nitratlösung so lange zugesetzt, bis die überstehende Lanthanlösung frei von jedem Absorptionsspektrum war — die Lösung enthielt dann die Hauptmenge des Lanthans didymfrei; der Hydratniederschlag gab beim Digerieren mit roher Didymlauge alles Lanthan allmählich an diese ab — die lanthanhaltige Didymlauge wurde einer späteren Partie zugesetzt. Diese Variante entspricht dem Hermannschen Verfahren (vgl. Ammoniakmethode), womit bereits Erk, Frerichs-Smith und Cleve sehr gute Resultate bei der Darstellung von Lanthan- und Didymerde erzielten.

Auch aus erbiumreichen Materialien, welche zuvor durch Magnesiumoxyd von Yttria befreit waren, fraktionierte Drossbach (1896) Erbinerde mit NaOH durch langsames Zusetzen desselben zur sehr verdünnten Erdlösung heraus. Aus der überstehenden Flüssigkeit wurden die Erden mit Oxalsäure gefällt, hierauf mit NaOH in Hydrate und diese wiederum mit Salpetersäuse in Nitrate umgewandelt. Auf diese Art entfernte man die angehäuften, zum größten Teil aus den Reagentien stammenden Verunreinigungen. Häufig enthält die konzentrierte Lösung noch Spuren eines Erbiumspektrums, welches man mit NaOH entfernt. War früher die Abscheidung des Didyms nicht erfolgt, so zeigten sich jetzt noch einige Didymlinien. Didym als starke Base bleibt natürlich bei diesen Operationen immer in den Laugen zurück.

Bei Verarbeitung eines Monazitmaterials mit NaOH wollte Drossbach aus den erbinfreien Produkten durch sechsmalige Fällung eine Erde herausfraktioniert haben, die ein Atomgewicht nahe 100 hatte.

Brauner und Pavliček (1901) reinigten mit NaOH ihr Lanthan endgültig zur Atomgewichtsbestimmung.

Auch Behrens (1901) erzielte bei den Ceriterden mit dieser Methode gute Resultate, da nach seiner Meinung hierbei die lösende Wirkung der Ammonsalze vermieden wird. Die cerfreie Lösung wurde mit kleinen Anteilen Natronlauge versetzt, danach jedesmal geschüttelt und fünf Minuten gekocht.

19. Trennung mittels Anilin.

Literatur.

1891. G. Krüss, L. A. **265**, S. 18—19.
1892. A. Loose, Dis., Universität München, S. 25.
1893. I. G. Krüss, Z. an. **3**, S. 108—113.
1893. II. — Z. an. **3**, S. 354—369.
1893. I. K. Hofmann und G. Krüss, Z. an. **3**, S. 410—412.
1893. II. — — Z. an. **4**, S. 27—43.
1893. K. Hofmann, Dis., Universität München, S. 21—46.
1902. Alice Mac Michael Jefferson, J. Am. Ch. Soc. **24**, p. 540; Chem. Ztg. Nr. 64.
1902. A. Kolb, J. pr. **66**, S. 59; C. C. 1902, **2**, S. 610—611.

Das Anilin kann bei der Trennung seltener Erden in verschiedener Weise zur Anwendung gelangen.

1. Trennung durch partielle Zersetzung der Erdchloride mit Anilin in weingeistiger Lösung. Anfangs führte Krüss (1891) die Fällungen bei niederer (0°) Temperatur aus. Weit bessere Resultate erhält man jedoch, wenn man die Fällungen mit Anilin bei ungfähr 90° vornimmt.

Die Chloride müssen möglichst säurefrei sein, in 50% Alkohol gelöst und mit Anilin in weingeistiger Auflösung (ebenfalls 50% Alkohol) fraktioniert werden. Das Ganze wird auf 90° erwärmt; bei Zimmertemperatur findet zuweilen überhaupt keine Fällung statt. Umrühren befördert die Ausscheidung. Man filtriert heiß und wäscht mit 30—50%igem Alkohol aus. Der während der Operation verdampfende Alkohol ist stets zu ersetzen, weil sich sonst Anilin ausscheidet, welches das Filtrieren verlangsamt.

Z. B. besaß das Ausgangsmatrial R^{III} 129,06,
die Fällung ($^1/_3$) . . . 141,92,
das Filtrat ($^2/_3$) . . . 125,8.

Das Fraktionieren der Erden mit Anilin in wäßriger Lösung ist für die Praxis nicht zu empfehlen, da sich die Flüssigkeiten sehr schlecht filtrieren lassen. Alkoholische Lösungen sind entschieden vorzuziehen. Hierbei ist zu bemerken, daß die Menge des Lösungsmittels von wesentlichem Einfluß auf die Menge des ausgeschiedenen Niederschlages ist.

Da das Gelingen der Reaktion von der Menge der vorhandenen

Salzsäure ebenfalls abhängig ist, geht man am sichersten, die salzsaure Lösung der Erden über einem Gasofen vorsichtigt einzudampfen und das trockne Chlorid so lange nach erfolgtem Schmelzen weiter zu erhitzen, bis es gerade fest wird. Wird dieses vorsichtig gemacht, so löst sich der Rückstand in verdünntem Alkohol klar auf.

Entsteht mit Anilin keine Fällung, so muß man unter starkem Umrühren sehr verdünnte weingeistige Ammoniaklösung bis zur gleichmäßigen Trübung hinzufügen. Bei weiterem Erhitzen bildet sich von selbst ein voluminöser Niederschlag.

Mehr als ein Drittel kann man selbst durch sehr großen Anilinüberschuß nicht ausfällen. Mit konzentrierten Lösungen fällt noch viel weniger aus, weshalb man am zweckmäßigsten mit 2 $^0/_0$ igen Lösungen arbeitet. Bei großen Quantitäten ist es natürlich unmöglich, in diesem Verhältnis zu arbeiten, weshalb das Fraktionieren mit Anilin nur zur Verarbeitung kleiner Erdmengen gut geeignet ist.

Geringe wie auch große Mengen seltener Erden kann man bequem und noch vorteilhafter in folgender Weise trennen.

2. Trennung der seltenen Erden durch Behandeln der Hydroxyde mit salzsaurem Anilin.

Die Tatsache, daß bei Gegenwart von freier Salzsäure selbst ein großer Überschuß von Anilin in Erdlösungen keine Fällung bewirkt, weist darauf hin, daß die Hydroxyde der Erden in einer Lösung von salzsaurem Anilin löslich sind.

Die ganze vorher geschilderte Reaktion beruht aber darauf, daß ein Gleichgewichtszustand zwischen Hydroxyd und salzsaurem Anilin einerseits und Anilin und Erdchloriden andererseits eintritt. Die fraktionierende Wirkung des Anilins auf Erdchloride in alkoholischer Lösung ist demnach nicht direkt darauf zurückzuführen, daß, wie Krüss 1891 annahm, Anilin stärker basisch als ein Teil der Erden und schwächer basisch als der übrige sei. Sogar Yttrium und Didym sind durch Anilin gegenüber den schwächer basischen Erden fällbar, wenn sie in dem Material nur stark genug angereichert sind. Die Erden lassen sich also nicht in der Reihenfolge ihrer Basizität abscheiden.

Zum Zweck der Trennung mit salzsaurem Anilin versetzt man die Erdchloridlösung vorsichtig in Schalen mit verdünntem Ammoniak unter Umrühren, bis die über den Hydroxyden stehende Flüssigkeit eben auf Curcumapapier wirkt. Dann erwärmt man auf ca. 60° und verteilt durch Umrühren die Hydroxydklümpchen, worauf eine Lösung von salzsaurem Anilin zugefügt wird. Die Menge des letzteren richtet sich danach, wieviel Erden man zu lösen beabsichtigt. Alsdann hält man das Ganze 2—3 Stunden lang auf 60° und rührt hierbei öfter um.

Man kann die Methode noch dadurch vereinfachen, daß man die freie Salzsäure in der Erdchloridlösung mit Anilin sättigt und zwar mit so viel Gewichtsmengen Anilin, als Gramm Erden sich in Lösung befinden. Nachdem das Anilin in Lösung gegangen, kann man mit Ammoniak die gewünschte Quantität Erden ausfällen und nach 1 1/2 stündigem Erwärmen des Ganzen auf 80° die erhaltene Fraktion abfiltrieren. Das Filter muß trocken sein, da sonst bei vorher befeuchtetem Filter die Flüssigkeit trübe durchläuft.

In der letzten Form ist die Anwendung des Anilins zur Zerlegung auch größerer Quantitäten von Erden sehr bequem.

Man kann durch die eine Methode, eine Erde sowohl von den stärker basischen, als auch von den schwächer basischen Beimengungen reinigen. Scheidet man aus der Lösung, welche Erdchloride und salzsaures Anilin enthält, durch Hinzufügen von Ammoniak einen kleinen Teil der Erden als Hydroxyde ab und benutzt diese Fällungen als einzelne Fraktionen, so gewinnt man in diesen die schwächst basischen Bestandteile des Erdgemisches. Die stärker basischen Erden sondert man dagegen ab, wenn man die Erdchlorid-Anilinchlorhydratlösung mit verhältnismäßig viel Ammoniak versetzt, so daß nur ein kleiner Teil der Erden in Lösung bleibt. Auf diese Art reinigte Krüss (1893, I) Erbin von Holmium, eine Trennung, die mit Bunsens Nitratmethode (s. Abtreiben der Nitrate S. 177) viel Mühe verursacht.

Z. B. besaß das Ausgangsmaterial	R^{III}	158,02
I. Fällung	„	168,80
III. „	„	149,57
IV. „	„	102,15

Die Anwendung der Anilinmethode in Gemeinschaft mit der bekannten Methode der Nitratabtreibung hat Krüss (1893, II) Aufschluß über die Natur des Erbins gegeben und seine Ansichten betreffs Zerlegbarkeit der gefärbten Erden noch mehr gestützt.

Reine Erbinerde soll sich salzsaurem Anilin gegenüber als uneinheitlich, als ein Gemisch oder als eine Verbindung von Oxyden beträchtlich verschiedener Äquivalente erwiesen haben.

Mit salzsaurem Anilin soll sich Ytterbinerde von Erbinerde verhältnismäßig leicht und gut trennen lassen.

Zerlegt man erbinhaltige Yttererden durch fraktioniertes partielles Zersetzen der Nitrate in der Hitze, sowie ferner durch Einwirkung von Anilin, oder von salzsaurem Anilin und betrachtet stets diejenigen Fraktionen, welche nach gewichts- wie spektralanalytischer Beobachtung ein Erbin mit R^{III} 166—168 und den Absorptionslinien λ 654,7 und 523,1 enthalten, als Erbiummaterialien, so gelangt man nach Krüss (1893, II) nur zu einem scheinbar einheitlichen Oxyde mit ungefähr dem von Cleve für Erbin gefundenen Äquivalent. Zu der gleichen Bestätigung der Cleveschen Arbeiten gelangt man, wenn man erbinhaltige YtterErden lediglich durch Zersetzen der Nitrate in der Hitze in eine große Anzahl von Fraktionen zerlegt.

Hofmann und Krüss (1893 und 1893, I) fraktionierten ein Holmiummaterial mit salzsaurem Anilin und gelangten nach einer großen Reihe von Fraktionen bekanntlich zu der Ansicht, daß die anfängliche Konstanz der Erde R^{III} 161,5 eine trügerische war und Terbinerde kein einheitlicher Körper ist. Auch gegen Kaliumsulfat erwies sich diese Erde als homogen. Die neueren Arbeiten dürften die Existenz des Terbiums jedoch außer Zweifel stellen.

Loose (1892), ebenfalls ein Schüler von Krüss, prüfte mit Anilin sein Didympräparat auf Homogenität.

Die Fällung von Thorhydroxyd aus einer reinen Thornitratlösung nimmt Kolb (1902) in folgender Weise vor: Die verdünnte, mit wenig verdünnter Salzsäure oder Salpetersäure versetzte Lösung von Thornitrat wird mit Ammoniak so weit als möglich neutralisiert und zum Kochen erhitzt. In die heiße Lösung läßt man alsdann so lange tropfenweise und unter gutem Umschütteln Anilin einlaufen, bis in der Flüssigkeit eine deutliche Trübung eintritt, worauf alsbald die Abscheidung des Thorhydroxyds stattfindet. Zum Absitzen des Niederschlages läßt man das Ganze an einem warmen Orte stehen. Der Niederschlag wird durch Dekantieren mit 50° warmem Wasser gewaschen. Behufs quantitativer Bestimmung wird der gewaschene Niederschlag getrocknet, geglüht und schließlich gewogen. —

Zur Trennung des Thoriums von den anderen seltenen Erden muß zuvor das Cer reduziert werden (etwa mit SO_2 oder H_2S); am besten sollen sich hierzu Chlorid- oder Nitratlösungen eignen.

Über die Einwirkung der anderen organischen Basen ist unter „Allgemeines Verhalten der seltenen Erden zu den Reagentien" S. 68 zu vergleichen.

20. Trennung mittels Kalium- und Natriumazid (stickstoffwasserstoffsauren Alkalien).

Literatur.

1884. L. M. Dennis und F. L. Kortright, Z. an. **6**, S. 35—39; C. C. 1894, **1**, S. 720.

1884. L. M. Dennis und W. H. Magee, Z. an. **7**, S. 250—264.

1896. L. M. Dennis, J. Am. Ch. Soc. 1896, **18**, S. 947—952; C. C. 1897, **1**, S. 128.

1898. Wyrouboff und Verneuil, C. r. **126**, p. 340, 342—343; das. **127**, p. 412; Bull Chim. (3) **19**, p. 219; C. C. 1898, **1**, S. 529; 1898, **2**, S. 883; Z. an. **13**, S. 412.

Im Kapitel „Allgemeines Verhalten der seltenen Erden zu den Reagentien" S. 64 ist bereits ausführlich die Einwirkung des Kalium- und Natriumazids auf seltene Erden beschrieben worden, so daß es nur noch erübrigt, die Methode, welche von Dennis zur Darstellung von Thorerde empfohlen wurde, zu besprechen.

Man fügt zu einer neutralen thorerdehaltigen Lösung eine ca. 0,3 %ige Kalium- bezw. Natriumnitridlösung[1] und kocht etwa

[1] Die Stickstoffwassersäure wurde nach der Methode von W. Wislicenus (Ber. **25**, S. 2084) dargestellt, wobei die Form des benutzten Apparates eine geringe Modifikation des von Hopkins (Science **22**, Nr. 544, p. 1) vorgeschlagenen bildete. Ein Eisenblechzylinder von 12 cm Höhe und 8 cm Durchmesser und am Boden geschlossen, wird in einem großen Zylinder von 15 cm Höhe und 18 cm Durchmesser eingesetzt, wobei der letztere wie ein Luftbad wirkt. Der innere Zylinder ragt ein kurzes Stück über den Rand des großen Zylinders empor und ist mit einem dichtschließenden Eisendeckel versehen. In diesem Deckel befinden sich drei Öffnungen, eine zur Einleitung des Ammoniaks oder Stickoxyduls, die zweite für deren Entweichen und die dritte für das Thermometer. Etwa 25 g metallisches Natrium werden in eine kleine Eisenschale gebracht, und diese wird dann in den inneren Zylinder gestellt. Hierauf wird trocknes Ammoniakgas eingeleitet und das Bad durch einen Bunsenbrenner, der unter den äußeren Zylinder gestellt wird, bis auf eine Temperatur von über 300° C. erhitzt. Wenn sich das geschmolzene Natrium in das Amid verwandelt hat, wird die Temperatur bis auf 200—230° gesenkt und Stickoxydul eingeleitet. Das stickstoffwasser-

eine Minute lang, da in der Kälte keine Fällung entsteht, wohl aber beim Erhitzen. Das Thorium scheidet sich hierbei als Hydroxyd aus und nicht als Azid (Dennis, Curtius und Darupski).

Die Reaktion soll gleichzeitig zum Nachweis der Thorerde in Gemischen dienen und nach folgender Gleichung verlaufen:

$$Th(NO_3)_4 + 4KN_3 + H_2O = Th(OH)_4 + 4KNO_3 + 4HN_3.$$

Nach Ostwald ist Stickstoffwasserstoffsäure nur wenig stärker als Essigsäure, so daß vorliegende Gleichung an das Verhalten von Ferriacetatlösung beim Kochen erinnert.

Dennis will durch wiederholte Fällung ganz reine Thorerde und thorfreies Cer (D. u. M. 1894) erhalten haben, was Wyrouboff und Verneuil (1898) bestreiten, denn diese Chemiker konnten selbst durch mehrfaches Wiederholen der Operation kein reines Präparat erhalten; die von Dennis angegebene Reaktion ist wohl interessant, jedoch für die Praxis ungeeignet, so daß die Wasserstoffsuperoxydmethode unbedingt vorzuziehen ist.

21. Trennung mittels schwefliger Säure oder deren Salzen.

Literatur.

1804. Klaproth, An. Gehl. **2**, S. 303—316.
1807. — K. W. **4**, S. 84, 477, 721.
1835. N. J. Berlin, K. Vet. Ak. Hdl.; B. J. 1837, 16. Jahrg., S. 137.
1843. P. Berthier, J. pr. **29**, S. 68; aus An. Chim. Januar 1843.
1844. Hermann, J. pr. **31**, S. 85.
1846. W. Henneberg, J. pr. **38**, S. 509—510.
1871. C. Erk, Zeitsch. Chem. (2) **7**, S. 104; Z. alyt. 1871, **10**, S. 479.
1894. Charles Baskerville, J. Am. Ch. Soc. **16**, p. 475—476; das. **17**, p. 448; C. C. 1894, **2**, S. 299.
1895. H. L. Wells und H. W. Foote, Z. an. **10**, S. 434—437.
1897. Buddäus, Preussner, Itzig und Oppenheimer, Deutsche Patentschrift Nr. 95061; Patentblatt **19**, S. 2; C. C. 1897, **1**, S. 486.

---

stoffsaure Natrium wird in Wasser gelöst, die Lösung mit verdünnter Schwefelsäure angesäuert und die Stickstoffwasserstoffsäure überdestilliert. Die wäßrige Lösung der Säure wird dann zu einer Lösung von Kaliumcarbonat oder Ätzkali bis zur stark sauren Reaktion hinzugefügt (Dennis und Kortright).

1900. R. Chavastelon, C. r. **130**, p. 781; C. C. 1900, **1**, (5. Folge) **4**, S. 876.
1901. Charles Baskerville, J. Am. Ch. Soc. **23**, p. 761—774; C. C. 1901, **2**, S. 1145—1146.
1902. H. Geisow und P. Horkheimer, Z. an. **32**, S. 372.

Die schweflige Säure und die schwefligsauren Salze sind schon seit langer Zeit zu mehreren analytischen Operationen verwendet worden und Berthier (1843) übertrug zum erstenmal ihre Anwendung auf die seltenen Erden.

Da man mit Hilfe dieses Reaktionsmittels weniger die seltenen Erden unter sich, als dieselben von anderen Metallen trennen kann, seien zuvor die Eigenschaften der in Betracht kommenden schwefligsauren Salze beschrieben.

Schwefligsaurer Baryt und Strontian sind beinahe unlöslich in Wasser und wenig löslich in schwefliger Säure.

Die schweflige Säure löst leicht den kohlensauren Kalk, selbst den natürlichen auf.

Der schwefligsaure Kalk ist nicht löslicher in Wasser als der schwefelsaure, er löst sich in einer ziemlich großen Menge schwefliger Säure; läßt man jedoch die Lösung kochen, so scheidet er sich größtenteils in körnigen Kristallen aus.

Die gebrannte Magnesia löst sich leicht in schwefliger Säure selbst in der kalten, die Flüssigkeit trübt sich nicht im geringsten durch Kochen; wenn man sie eindampft oder der freiwilligen Verdunstung überläßt, so scheiden sich prismatische durchsichtige Kristalle von schwefligsaurer Magnesia aus; im Hydratzustande oder als Carbonat löst sie sich ebenfalls in schwefliger Säure, und die Lösungen dieser Salze werden kalt nicht durch schwefligsaure Alkalien getrübt; läßt man sie jedoch kochen, so schlägt sich die ganze Erde als basisches Salz nieder, das in Wasser ganz unlöslich, in schwefliger Säure aber löslich ist.

Die Beryllerde verhält sich zu der schwefligen Säure wie die Magnesia, und ihre Lösungen trüben sich beim Kochen.

Thonerde löst sich in schwefliger Säure, aber nur in feuchtem Hydratzustand; sie wird vollkommen aus der Flüssigkeit durch das Kochen gefällt, der Niederschlag ist ein Hydrat und nicht ein basisch schwefligsaures Salz. Das Hydrat ist gelatinös, leicht zu filtrieren und auszuwaschen, sowie nach dem Trocknen pulvrig, opak und schön weiß. Die schwefligsauren Alkalien, mit Säure übersättigt, trüben die Thonerdesalze nicht; läßt man sie jedoch kochen, so scheidet sich die Erde vollkommen aus. Gießt man Ammoniak im Überschusse in eine Lösung von schwefligsaurer Thonerde, so löst sich ein großer Teil der Erde, welcher zuvor ausgefallen war, wieder auf; läßt man aber die Lösung kochen, so fällt der gelöste Teil wieder nieder.

Läßt man mit schwefligsaurem Ammon eine Lösung von phosphorsaurer Thonerde kochen, so schlägt sich das ganze phosphorsaure Salz nieder. Behandelt man aber auf dieselbe Weise eine Lösung arsensaurer Thonerde, so schlägt sich nur die Thonerde, und zwar vollkommen rein nieder, alles Arsen bleibt aber in der Flüssigkeit als arsenige Säure.

Das kohlensaure Uranoxyd löst sich ohne Schwierigkeit in der kalten schwefligen Säure; läßt man die Flüssigkeit kochen, so scheidet sich das ganze Uran als basisch schwefligsaures Salz, körnig und von schön gelber Farbe aus.

Die gelben Lösungen von Uranoxyd werden ebenfalls durch schwefligsaures Ammon bei dem Kochen zersetzt, aber kalt werden sie durch dieses Reaktionsmittel nicht getrübt.

Die Zirkonerde und Titansäure lösen sich selbst im Hydratzustande nur in geringer Menge in der schwefligen Säure, und der gelöste Teil scheidet sich vollkommen aus der Flüssigkeit durch Kochen aus. Die Lösungen von Zirkonerde und Titan werden in der Kälte nicht durch schwefligsaures Ammon getrübt; läßt man sie aber kochen, bis sich kein Geruch nach schwefliger Säure mehr entwickelt, so fallen die beiden Oxyde vollkommen aus. Sie sind leicht zu filtrieren und enthalten nach dem Auswaschen mit warmem Wasser keine schweflige Säure (Berthier 1843). Nach Hermann (1844) geben Zirkonsalzlösungen mit schwefligsaurem Ammon anfangs einen basischen Niederschlag, der sich bei weiterem Zusatz von schwefligsaurem Ammon wieder löst; diese Auflösung ist durch Ätzalkalien nicht mehr fällbar.

Thorium wird aus seinen Auflösungen durch schweflige Säure fast vollständig gefällt — als basisches Sulfit. Ein von Baskerville (1901) vermutetes neues Element soll nach vorläufigen Mitteilungen hierbei in Lösung bleiben und durch Ammoniak ausgefällt werden können. Das neue Element soll radioaktiv sein und das Thorium seiner Beimengung die Radioaktivität verdanken (Chavastelon 1900).

Cerit- und Ytteriterden werden in Form von Carbonaten

leicht von schwefliger Säure gelöst. Der Versuch, durch verdünnte schweflige Säure aus einem Gemisch von Lanthan- und Didymoxyd bei einer Temperatur von ungefähr 0° ersteres allein zu extrahieren, gelingt nicht in erwünschter Weise, da stets, wenn auch verhältnismäßig wenig, Didymoxyd mit aufgelöst wird. Die Beobachtungen Marignacs[1], daß bei der Einwirkung von sehr verdünnter Salpetersäure zuerst Lanthan in Lösung geht, hatten Erk (1871) zu diesen Versuchen Veranlassung gegeben.

Buddäus, Preussner, Itzig und Oppenheimer (1897) behandeln zur Anreicherung des Thoriums die Monazitoxyde mit verdünnten Säuren — am zweckmäßigsten mit Schwefeldioxyd —, wobei nur Cerbasen in Lösung gehen, während ein relativ thorreiches Material zurückbleibt, das nach beliebigen Methoden gereinigt werden kann.

Natriumsulfit in gesättigter Lösung fällt Thorerde nicht, hingegen die Ceriterden; Alkalidisulfit fällt dagegen in der Kälte Thorium, aber Cersulfit nicht. Schüttelt man eine neutrale Lösung der seltenen Erden mit einer gesättigten kalten oder warmen neutralen Natriumsulfitlösung, so geht Thorium in Lösung, während die übrigen Erden — Cerit- und Ytterit- — gefällt werden (Chavastelon 1900). Berlin (1835) hatte bereits die schwefligsaure Yttererde (= Ytteriterden) durch doppelte Umsetzung als Niederschlag erhalten; dieselbe soll wasserfrei und in einem Überschuß von schwefliger Säure löslich gewesen sein; aus letzterer Lösung schieden sich beim Verdunsten wieder die schwefligsauren Yttererden aus. Die Fällbarkeit der Ceriterden[2] durch eine kalte oder neutrale gesättigte Natriumsulfitlösung benutzte Chavastelon (1900) für eine Trennung derselben von Thorerde. Nach Berthier (1843) sollen die Salze der Cerit- und Ytteriterden in der Kälte durch die schwefligsauren Alkalien nicht getrübt werden, hingegen beim Kochen eine vollständige Zersetzung erfahren; die basischen schwefligsauren Erden sollen körnig und weiß ausfallen.

Trennung der Cerit- und Ytteriterden von Beryllerde.

Zur konzentrierten Erdlösung gibt man eine hinreichende

---

[1] Marignac 1849, J. pr. **48**, S. 419—420; An. Chim. **27**, p. 209.

[2] Die schwefligsauren Ceriterden erhielt Klaproth (1804 und 1807) in nadelförmigen Kristallen.

Menge von schwefligsaurem Ammon, verdünnt und setzt abermals das Fällungsmittel — im Überschuß — hinzu. Wird hierauf so lange erhitzt, bis sich keine schweflige Säure mehr entwickelt, fallen die Cerit- und Ytteriterden vollständig aus und die Beryllerde bleibt in Lösung — diese kann mit Ammoniak abgeschieden werden.

Die Trennung gelingt auch, wenn man die gemischten Hydroxyde in schwefliger Säure löst und bis zur völligen Ausscheidung der seltenen Erden kocht.

Durch dieses Verfahren fand man seinerzeit (1843) eine beträchtliche Menge Beryllerde in einem Yttriumpräparat, welches in dem Laboratorium der Ecole des Mines aufbewahrt wurde und aus Gadolinit gewonnen war. Hiermit war gleichzeitig der Beweis erbracht, daß gewisse Gadolinite Beryllerde enthalten.[1]

Mangan, Kobalt, Nickel und Eisen trennt man auf die gleiche Weise von den seltenen Erden — Cerit- und Ytterit-. Bei Gegenwart von Eisen muß jedoch darauf geachtet werden, daß der Sauerstoff der Luft nicht die Bildung eines ockerartigen Absatzes herbeiführt, der die Erden verunreinigt. Man läßt die Lösung in einem enghalsigen Kolben kochen, füllt hierbei, wenn sich keine schweflige Säure entwickelt, den Kolben beinahe ganz mit kochendem Wasser und verschließt ihn; man gießt die Flüssigkeit auf ein Filter, wenn sie ganz erkaltet ist, wäscht hierauf mit kochendem Wasser aus und beendigt so das Filtrieren. Enthält die Lösung etwas Phosphorsäure, so wird diese durch die Erde niedergerissen; bei der Arsensäure ist dieses nicht der Fall.

Trennung der Zirkonerde von Eisen.

Das durch Schwefelammonium gefällte Gemisch von Zirkonhydrat und Schwefeleisen wird durch Einleiten von schwefliger Säure oder durch wäßrige schweflige Säure zersetzt. Hierbei löst sich das Eisen mit einem geringen Teil Zirkonerde, der jedoch beim Kochen gefällt wird. Da sich bei dieser Reaktion Schwefelsäure bildet, so kann es vorkommen, wenn man den Zirkonaufschluß mit Natriumcarbonat und Kaliumnitrat gemacht hat, daß die Zirkonerde durch die Doppelsulfate verunreinigt ist, was Henneberg (1846) bei Anwendung dieser von Berthier (1843) stammenden Methode passierte.

Mitchel (Truchot, Les terres rares, 1898, S. 174) gewann

[1] Vgl. auch Rose, Pg. A. 1843 (2) **59**, S. 110.

ebenfalls durch Einleiten von SO_2 in die neutrale Zirkonchloridlösung die Zirkonerde.

Mit schwefligsaurem Ammon kann man diese Trennung auch bewirken.

Zu diesem Zweck löst man den Niederschlag in Salzsäure, neutralisiert die Lösung so genau als möglich mit Ammoniak, setzt hierauf schwefligsaures Ammon hinzu, läßt kochen, bis keine Trübung auftritt und filtriert (Geisow und Horkheimer 1902).

Baskerville (1894) wollte das Zirkonhydroxyd ebenso wie das Titanhydroxyd durch Behandeln der Sulfatlösung mit schwefliger Säure abscheiden, fand aber, daß, solange die Lösung sauer ist, keine Zirkonerde fällt und aus nahezu neutraler Lösung nur bei großer Verdünnung, unvollkommen und schlecht filtrierbar. Sehr befriedigend ist dagegen die Abscheidung des Zirkons aus einer nahezu neutralen Lösung des Chlorids; die Fällung erfolgt augenblicklich, und der alles Zirkon enthaltende Niederschlag läßt sich leicht filtrieren. Hat man also eine Zirkonsulfatlösung, so muß man zuvor mittels Ammoniak das Hydrat fällen, dieses in Salzsäure lösen, mit Ammoniak fast neutralisieren und mittels schwefliger Säure fällen.

Wells und Foote (1895) reinigten nach der Methode von Baskerville ihre Zirkonerde.

Trennung des Thoriums von den Ceriterden.

Chavastelon (1900) benutzte die Löslichkeit des Thoriums in einer Lösung von Natriumsulfit zur Darstellung dieser Erde.

Die neutrale Lösung des durch die Cerbasen verunreinigten Thoriumsalzes, welches nach einer beliebigen Methode aus dem Rohmaterial hergestellt ist, wird unter Umrühren in eine gesättigte, heiße oder kalte Lösung von neutralem Natriumsulfit eingetragen; das Thorium bleibt hierbei in Lösung, während die anderen Erden zum größten Teil als unlösliche Sulfite ausfallen; die dem Thorium noch anhaftenden geringen Mengen fremder Erden kann man nach dieser Methode nicht entfernen, sondern bedient sich zu genanntem Zweck der Fällbarkeit der Thorerde durch Wasserstoffsuperoxyd (vgl. Trennung mittels Wasserstoffsuperoxyd S. 154). Auch das in den unlöslichen Sulfiten noch enthaltende Thorium kann man gewinnen, wenn man sie in Chloride verwandelt und aus diesen das Thorium mittels Wasserstoffsuperoxyd fällt.

Hat man sich nach dem Carbonatverfahren (S. 256) eine Lösung von Thoroxyd und Cersuperoxyd hergestellt, so versetzt man dieselbe mit einer größeren Menge Natriumcarbonat, so daß sich bei der Reduktion durch schweflige Säure eine konzentrierte Lösung von Natriumsulfit bildet, welche hinreicht, um das gesamte Thorium in Lösung zu halten. Hierbei muß aber die Bildung von Bisulfit, d. h. also ein zu lange andauerndes Einleiten von schwefliger Säure vermieden werden, weil in einer Bisulfitlösung in der Kälte auch das Cer sich löst, während sich unter den gleichen Verhältnissen das Thoriumsulfit abzuscheiden beginnt.

22. Trennung mittels Natriumthiosulfat.

Literatur.

1835. N. J. Berlin, K. Vet. Ak. Hdl. p. 212; B. J. 1837, 16. Jahrg. S. 137 u. ff.; Pg. A. 1838, **43**, S. 108.
1838. — Pg. A. **43**, S. 109.
1858. Chancel, J. pr. **74**, S. 471.
1861. J. J. Chydenius, Kemisk undersökning af Thorjord och Thorsalter, Helsingfors; im Auszuge übersetzt v. Rammelsberg in Pg. A. 1863, (2) **119**, S. 45.
1864. Hermann, J. pr. **93**, S. 107 u. ff.
1866. — J. pr. **97**, S. 330.
1867. Stromeyer, L. A. **113**, S. 127.
1875. Bunsen, Pg. A. **155**, S. 366 u. ff.
1877. Nils Engström, Undersökning af nogra mineral, som minehalla sallsynta jordarter, Dis. Upsala 1877, Z. K. 1879, **3**, S. 191—193.
1878. C. Marignac, C. r. **87**, p. 580; C. C. 1878, S. 769—770; Ber. 1879 **12**, **1**, S. 363.
1879. P. T. Cleve, C. r. **89**, p. 421; C. C. 1879, S. 627.
1883. Penfild, Am. J. Sc. **25**, p. 459.
1883. M. Weibull, Om Zirkonium och vers foreningar. (Lunds Univers, Arsskrift 1883), s. auch Truchot, Les terres rares.
1886. P. T. Cleve, Ch. N. **53**, p. 30.
1887. C. W. Blomstrand, Geol. Fören. Förhdl. 1887, **9**, p. 160; Z. K. 1889, **15**, S. 99—102.
1887. G. Krüss und L. F. Nilson, Oefv. K. Vet. Fhd. 1887, Nr. 5; Ber. 1887, **20**, 1, S. 1680.
1889. Boudouard, Bull. chim. (3) **19**, p. 10—13; C. C. 1889, **1**, S. 435.
1889. K. Rordam, Medd. Gron. 7; C. C. 1889, **1**, S. 533; Chem. Ztg. **13**, S. 73.
1890. H. Bäckström in W. C. Brögger, Mineralien der südnorwegischen Augitsyenite Z. K. **16**. S. 83.
1890. P. T. Cleve, das. S. 362—263.
1896. W. Crookes, Ch. N. **74**, p. 259, Nr. 1931, 27. Nov. 1896.

1896. R. Fresenius uud E. Hintz, Z. alyt. **35**, S. 530.
1896. Glaser, Chem. Ztg. 1896, S. 612.
1896. Urbain, Bull. chim. (3) **15**, p. 347; C. C. 1896, **1**, S. 887.
1897. Hintz und Weber, Z. alyt. **35**, S. 543; **36**, S. 30—31, 678—681; J. 1897, **1**, S. 1036.
1898. O. Boudouard, C. r. **126**, p. 1649.
1900. M. G. Urbain, An. Chim. **19**, p. 184.
1901. G. P. Drossbach, Z. agw. Heft 26, S. 656.
1902. E. Benz, Z. agw. Heft 13, S. 302—303.
1902. K. A. Hofmann und F. Zerban, Ber. **35**, 1, S. 531.

1861 machte Chydenius die Beobachtung, daß Lösungen von Thoriumsalzen auf Zusatz von Natriumthiosulfat und nachfolgendes Aufkochen einen pulverigen gelblich-weißen Niederschlag von Thoriumthiosulfat liefern und sich dadurch von den Salzen anderer seltenen Erden unterscheiden, deren neutrale Salzlösungen durch Thiosulfat nicht gefällt werden.[1] Bald darauf bestätigte

[1] Für Yttererden hatte Berlin dieses bereits 1835 (vgl. auch 1838) bewiesen. Crookes (1896) fand aber, daß Yttrium bei Gegenwart von Thorium durch Thiosulfat fällbar ist.

Auch Boudouard (1898) passierte es bei seinen bekannten Untersuchungen der Yttererden des Monazits, daß er aus einem Erdgemisch vom Atomgewicht 96 bis 112 mit Thiosulfat eine bedeutende Abscheidung erhielt. 70 g Ausgangsmaterial ergaben 45 g mit Thiosulfat gefällte Erden, während 25 g in Lösung blieben.

Urbain (1900) wiederholte diese Versuche und prüfte die Angaben bezüglich der Existenz einer neuen Erde in den Yttererden des Monazits, deren Atomgewicht annähernd = 100 sein sollte. Auch dieser Chemiker erhielt mit Thiosulfat einen Niederschlag, wenn er die von Ceriterden und Thorium befreiten Yttererden des Monazits mit diesem Reagens behandelte.

Die Existenz eines neuen Elementes wurde verneint und die von Boudouard und Schützenberger erhaltenen Produkte als Fraktionierungsgrenzen bezeichnet, da es gelang, aus dem Erdgemisch vom Atomgewicht 96 bis 112 reine Yttria vom Atomgewicht 89 darzustellen.

Eine Ytterbiumchloridlösung wird, wenn sie nicht zu konzentriert ist, durch Kochen mit Natriumthiosulfat nicht gefällt; wenn sie dagegen sehr konzentriert ist und zugleich Erbium und Yttrium enthält, so erhält man einen Niederschlag, welcher reicher an Erbin ist als das Basengemenge, das in der Lösung bleibt (Marignac 1878).

Siedende Scandiumlösung wird durch Natriumthiosulfat leicht aber nicht vollständig gefällt (Cleve 1879).

In Samariumlösungen erzeugt dieses Reagens keine Fällung (Cleve 1886).

Hermann (1864) diese Resultate und fand wie Chydenius die Fällung mit Thiosulfat unvollständig.

Während Chydenius dessenungeachtet seine Methode zur quantitativen Trennung des Thoriums von Cer empfahl, stellte Hermann bei der Analyse des Monazits zuvor die Löslichkeitsverhältnisse des Thiosulfats in Wasser fest und konnte hierdurch das Analysenresultat korrigieren. Bei einem Gemisch von Thorerde und Cer löst sich 1 Teil Thorerde in 1380 Teilen Wasser bezw. 1 Teil Thoriumthiosulfat in 1177 Teilen H_2O.

Es lag also sehr nahe, dieses Verhalten zur Trennung des Thors von den dasselbe begleitenden Erden zu benutzen und in der Tat spielt diese Methode bis auf den heutigen Tag in der analytischen Chemie, wie wir unten sehen werden, eine gewisse Rolle.

Auch Bunsen (1875) versuchte zunächst auf diese Reaktion ein Reinigungsverfahren zu gründen, fand aber, daß die auf diese Weise gereinigten Präparate sich noch „nicht ganz frei" von den begleitenden Erden zeigten (vgl. auch Urbain 1900).

Inzwischen hatte er aber eine weitere Eigentümlichkeit des Thoriums beobachtet, nämlich die, daß sein Oxalat sich mit Leichtigkeit löst, wenn man dasselbe mit einer Auflösung von oxalsaurem Ammon erwärmt. Dadurch unterscheidet sich das Thorium vom Cer und Didym, deren Oxalate in solchen Lösungen ebensowenig löslich sind, wie in Wasser. Das Oxalat des Lanthans ist dagegen, ebenso wie das des Thors, löslich in kochenden konzentrierten Lösungen von Ammonoxalat, scheidet sich aber wieder ab, wenn man die erhaltene Lösung mit viel Wasser verdünnt und erkalten läßt. Nachdem nun Bunsen festgestellt hatte, daß die Lösung des Thoroxalats in oxalsaurem Ammon weder beim Erkalten noch beim Verdünnen irgend etwas abscheidet, schlug er vor, rohe Thorsalze in der Weise zu reinigen, daß man sie mehrmals als Thiosulfat fällt und dann außerdem noch mehrmals in Form des Oxalats in oxalsaurem Ammon löst, die Lösung stark verdünnt und von den dabei ausgeschiedenen Verunreinigungen trennt. Auf diese Weise, bemerkt Bunsen ausdrücklich, wird ein vollkommen reines Präparat erhalten.

Witt (1897) prüfte diese Methode und fand, daß eine zweimalige Fällung mit Thiosulfat und einmalige Extraktion mit Ammonoxalat bereits genügen, um eine reine Thorerde zu gewinnen (vgl. Trennung mittels Ammonoxalat).

Um Thorpräparate auf ihren Gehalt an Cer zu prüfen, ist es

unbedingt notwendig, zuvor einige Thiosulfatfällungen auszuführen und in den vereinigten Laugen mit Ammoniak und Wasserstoffsuperoxyd nach Lecoq de Boisbaudran auf Cer zu reagieren.

Bei Gegenwart größerer Mengen von Thorsalzen tritt nämlich die charakteristische Braunfärbung nicht ein (vgl. S. 153).

Als Witt ein Nilsonsches Thoriumpräparat — Nitrat — in viel Wasser siedend löste und mit chemisch reinem Natriumthiosulfat kochend fällte, den erhaltenen Niederschlag in Salzsäure löste, vom ausgeschiedenen Schwefel abfiltrierte und diese Reinigung dreimal wiederholte, konnte er nach dem Fällen der vereinigten Mutterlaugen mit Ammoniak, Lösen des erhaltenen Hydrats in Salzsäure und abermaliger Fällung mit Thiosulfat in der restierenden Mutterlauge Cer nachweisen.

Krüss und Nilson (1887) konnten in der ersten Fraktion beim Abtreiben der Nitrate des Fergusonits durch Kochen mit Natriumthiosulfat keine Fällung erhalten. Die Fällbarkeit des Thoriums mittels Thiosulfat war diesen Chemikern charakteristisch genug, um durch das Ausbleiben derselben auf die Abwesenheit des Thoriums im genannten Mineral zu schließen.

Nach Hofmann und Zerban (1902) läßt sich die Radioaktivität der Thorpräparate aus Bröggerit durch fraktioniertes Fällen mit Natriumthiosulfat steigern, wobei die Aktivität sich in den am leichtesten fällbaren Teilen anreichert.

Zur Trennung der Zirkonerde von Eisen benutzten mehrere Chemiker — Chancel 1858, Hermann 1866, Stromeyer 1867, Weibull 1883, Rördam 1889, Cleve 1890 — die Fällbarkeit des Zirkons mittels Natriumthiosulfat.

Die salzsaure Lösung muß stark verdünnt sein — 1 Teil ZrO_2 auf 500 Teile H_2O —; man gibt zu der kalten Lösung Natriumthiosulfat (auf 1 Teil ZrO_2 = 4 Teile Thiosulfat — Hermann 1866) und wartet, bis sich unterschwefligsaures und tetrathionsaures Eisen gebildet haben, was an der vollständigen Entfärbung zu erkennen ist. Beim Kochen bildet sich ein Niederschlag, der sämtliche Zirkonerde mit Schwefel gemischt enthält, während Eisen in Lösung bleibt. Durch Lösen des Niederschlages in Salzsäure, Filtrieren und Fällen mit Ammoniak erhält man ein schwefelfreies Zirkonhydroxyd; verglüht man den Niederschlag, so verbrennt der Schwefel und es hinterbleibt Zirkondioxyd.

Bäckström (1890) und Boudouard (1898) bedienten sich dieser Methode zur Trennung der Zirkonerde von Titan.

Nach Drossbach (1901) soll Natriumthiosulfat in der Analyse der seltenen Erden fast ausschließlich angewendet werden und besonders in solchen Fällen, wenn es sich um thorreiche Produkte handelt. Hermann 1864, Engström 1877, Penfield 1883 und Blomstrand 1887 hatten bei der Analyse des Monazits die Thorerde mittels Thiosulfat abgeschieden, aber am eingehendsten studierten Hintz und Weber (1897) die Bedingungen für eine quantitative Trennung derselben und arbeiteten ein für die Glühkörper- und Thornitratanalyse bestimmtes, jedoch sehr weitläufiges Verfahren aus. Es besteht im wesentlichen darin, daß der erste durch Natriumthiosulfat erzeugte Niederschlag mit Salzsäure wieder in Lösung gebracht und ein zweites Mal mit Thiosulfat gefällt wird. Aus den vereinigten Filtraten werden die Erden mit Ammoniak abgeschieden, gelöst und wiederum der Thiosulfatfällung unterworfen. Während diese beiden Chemiker nur Erdgemische analysierten, die 99 % ThO_2 und 1 % CeO_2 enthielten, untersuchte Benz (1902) die Brauchbarkeit der Methode für die Thoriumbestimmung im Monazitsande, der bekanntlich entgegengesetzte Mengenverhältnisse aufweist.

20 ccm einer Thoriumnitratlösung (= 0,0443 g ThO_2) wurde auf ca. 150 ccm verdünnt, mit zwei Tropfen Salzsäure versetzt und mit 1 g Natriumthiosulfat kochend gefällt: Die Fällung ist nicht quantitativ, da ca. 3—4 % Thorium noch gelöst blieben.[1] Die Menge des Fällungsmittels wurde nicht variiert, denn nach Hintz und Weber (1897) bewirken 0,5 und 5 g Thiosulfat genau dieselbe Fällung. Der Niederschag kann direkt verglüht werden, braucht nicht zuvor gelöst und mit Ammoniak gefällt werden, denn er ist nicht alkalihaltig.

Ein Gemisch von Thorium- und Cersalz (0,0443 g ThO_2, 0,2086 g CeO_2) wurde auf ca. 150 ccm verdünnt, in der Siedehitze mit 1—2 g Thiosulfat gefällt und nach längerem Stehen durch Filtration getrennt: Das geglühte Thoroxyd war infolge Cergehalts etwas gelblich, doch erwies sich die Menge des Cers als sehr gering. Da mit dem Thorhydrat stets Schwefel abgeschieden wird und die überstehende Lösung auch nach längerem Stehen nie ganz klar wird, läuft das Filtrat sehr oft trübe durch. Infolgedessen ist auch das Auswaschen mit Schwierigkeiten verbunden.

---

[1] Hermann (1864) hatte dieses bereits gefunden und für die Löslichkeit des Thoriumthiosulfats 1 : 1177 angegeben, vgl. S. 252.

Da eine einmalige Fällung nur ganz rohe Werte lieferte, wurde der erste Niederschlag mit Salzsäure gelöst und einer zweiten Fällung mit Natriumthiosulfat unterworfen. Aus den vereinigten Filtraten wurden die Erden sodann mit Ammoniak abgeschieden, nach gründlichem Auswaschen mit Salzsäure gelöst, zur Trockne eingedampft, mit einigen Tropfen Salzsäure und Wasser aufgenommen und nochmals mit Thiosulfat getrennt. Das Gemisch entsprach 0,0436 g ThO_2 und 0,2077 g CeO_2.

Der Thiosulfatniederschlag ließ sich auf dem Filter nicht vollständig lösen. Es war daher vorteilhafter, das Filter auf einer Glasplatte auszubreiten, den Niederschlag mit heißem Wasser in eine Porzellanschale zu spülen und das Filter wiederholt mit heißer Salzsäure und Wasser abzuspritzen. Ein Rückstand ließ sich auf dem Filter alsdann nicht mehr nachweisen. Ganz gleich verfuhr man auch mit dem Ammoniakniederschlag: Das Resultat war ein durchaus befriedigendes und es darf bestimmt erwartet werden, daß die so durchgeführte Trennung auch für ganz andere Mengenverhältnisse von Thorium und Cer ähnliche Resultate liefern wird.

Wiederholt kam es vor, daß die Lösung des Ammoniakniederschlages nach dem Eindampfen, Befeuchten mit Salzsäure und Wiederaufnehmen in Wasser beim Erhitzen basisches Salz absetzte. Es ist deshalb ratsam, die Lösung vor dem Natriumthiosulfatzusatz stets zum Kochen zu erhitzen und sich zu überzeugen, daß hierbei keine Trübung eintritt. Als andere Nachteile der Methode müssen hervorgehoben werden das schlechte Filtrieren und die Unmöglichkeit, infolge der reichlichen Schwefelabscheidung einen geringen Thorerdeniederschlag ohne weiteres zu erkennen. Der Hauptübelstand ist jedoch die Weitläufigkeit des Verfahrens, das für eine einzige Thoriumbestimmung mindestens drei Thiosulfatfällungen und eine Ammoniakfällung notwendig macht.

Da wir im Wasserstoffsuperoxyd ein für die Thoriumbestimmung im Monazitsande sehr geeignetes und bequemes Reagens besitzen, dürfte diese Methode in solchen Fällen in erster Reihe Verwendung finden.

23. Trennung mittels der Carbonate.

Literatur.

1803. W. Gruner, Gilb. An. 1803, **13**, S. 495.
1825. J. J. Berzelius, Pg. A. (2) **4**, S. 141—143.
1835. N. J. Berlin, K. Vet. Ak. Hdl. 1835, p. 209; Pg. A. 1838, **43**, S. 108.
1843. Scheerer, Pg. A. (2) **59**, S. 333.
1852. Damour, Ann. d. min. (5) **1**, p. 587; Pg. A. **85**, S. 555; L. A. **84**, S. 237; B. J. 1852, S. 367 u. 862.
1861. Hermann, J. pr. **82**, S. 401.
1871. C. Erk, Zeitsch. Chem. (2) **7**, S. 104; Z. alyt. 1871, **10**, S. 479.
1874. P. T. Cleve, Bull. chim. (2) **21**, p. 252, 345.
1874. Jolin, Bull. chim. (2), **21**, p. 539—540.
1885. P. T. Cleve, Bull. chim. (2) **43**, p. 168, 364.
1891. G. Krüss, L. A. **265**, S. 20—21.
1894. O. N. Witt, Die chemische Industrie auf der Weltausstellung zu Chicago und in den V. St. v. Nordamerika im Jahre 1893. Bericht an den Kgl. Pr. Kultusminister, Berlin, 1894, S. 122.
1897. — Fünfte gutachtliche Äußerung — als Manuskript gedruckt — Berlin im April 1897.
1897. Wyrouboff und Verneuil, C. r. **124**, p. 1302; C. C. 1897, 5. Folge, **1**, 2, S. 177.
1898. — C. r. **127**, p. 412—414; C. C. 1898, **2**, S. 833.
1898. André Job, C. r. **126**, p. 247.
1898. C. v. Scheele, Z. an. **18**, S. 319, 362.
1899. André Job, C. r. **128**, p. 179, p. 1098; C. C. 1899, **1**, S. 471.
1899. W. Muthmann und L. Stützel, Ber. **32**, 3, S. 2659.
1899. L. Stützel, Dis., Universität München, S. 12.
1900. R. Chavastelon, C. r. **130**, p. 781; C. C. 1900, 1, **4** (5. Folge), S. 876.
1900. G. P. Drossbach, Ber. **33**, S. 3508.
1901. — Ber. 1901, **34**, S. 3508.
1902. Baur, Z. an. **30**, S. 256.
1902. G. P. Drossbach, Ber. **35**, Heft 15, S. 2828.
1902. H. Geisow und P. Horkheimer, Z. an. **32**, S. 372.
1904. Wilhelm Hiller, Dis., Universität Berlin 14. Mai 1904.

Aus den Untersuchungen von Berzelius, Berlin, Mosander, Marignac, Drossbach, Job, Muthmann usw. (s. Allgemeines Verhalten der seltenen Erden zu den Reagentien S. 50) wissen wir, daß die seltenen Erden durch kohlensaure Alkalien gefällt werden und die gefällten Carbonate sich teilweise leicht, zum Teil allmählich in einem Überschuß des Fällungsmittels wieder auflösen.

Versetzt man die Lösung eines Cerosalzes mit einer stark verdünnten, etwa viertelnormalen Alkalicarbonat- oder Bicarbonatlösung, so entsteht, ebenso wie bei den übrigen Salzen der Cergruppe, ein feiner amorpher Niederschlag der entsprechenden Erdcarbonate, die in einem Überschuß des verdünnten Fällungsmittels auch beim Erwärmen völlig unlöslich sind. Wie aus den Untersuchungen von Hermann (1861), Jolin (1874) Cleve (1874) und v. Scheele (1898) hervorgeht, besitzen diese Carbonate gemäß der hohen Basizität der Ceriterden stets neutrale Zusammensetzung und entsprechen der Formel $R_2'''(CO_3)_3 + 8\,H_2O$.

Werden dagegen für die Fällungen konzentrierte Kalium- oder Ammoniumcarbonatlösungen von etwa doppeltnormaler Stärke im Überschuß verwendet, in welche man die Erdsalzlösungen einträgt, so erhält man dichte körnige Niederschläge, die nach einiger Zeit kristallinische Beschaffenheit annehmen und aus den Doppelverbindungen der Ceritcarbonate mit den Carbonaten der Alkalien bestehen.

Cleve untersuchte das Doppelsalz des Yttriums (1874, S. 345), des Samariums (1885, S. 168) und Didyms (1874 S. 252; 1885, S. 364); Jolin (1874) beschrieb das Cerokalium- und Natriumcarbonat, Job (1899, S. 1098) und Baur (1902) Percerkaliumcarbonate. v. Scheeles (1898, S. 319) Versuche, entsprechende Praseodymverbindungen zu erhalten, verliefen resultatlos, wahrscheinlich infolge nicht ausreichender Konzentration des angewandten Fällungsmittels (Hiller 1904, S. 35). Die Thoriumdoppelcarbonate wurden von Rosenheim und Samter (s. S. 55) beschrieben und Hiller (1904) untersuchte eingehend die Alkalidoppelcarbonate der Ceriterden.

Im Gegensatz zu den analogen Verbindungen der elektronegativeren Elemente ist für die Ceritalkalidoppelcarbonate, von denen die Kalium- und Ammoniumverbindungen als gut definierte kristallinische Doppelsalze erhalten wurden, besonders ihre leichte Zersetzlichkeit durch Wasser charakteristisch. Während z. B. das zur Trennung des Thoriums benutzte Natriumthoriumcarbonat in kaltem Wasser unzersetzt löslich ist und erst beim Erhitzen der Lösung Ausscheidung von Hydroxyd stattfindet, erleiden die Ceritalkalidoppelcarbonate, am leichtesten die Lanthansalze, bereits in der Kälte durch Wasser allmähliche Zersetzung, wobei sich amorphes Erdcarbonat abscheidet und das Alkalicarbonat in Lösung geht. Ebenso wird auch durch sehr verdünnte Alkalicarbonatlösungen Zersetzung hervorgerufen, jedoch erst bei längerer Einwirkung oder beim Erwärmen. In letzterer Hinsicht unterscheiden sich die Ceriterden namentlich von den weniger basischen Yttererden, welche daher nach dem von Drossbach (1900) angegebenen Verfahren durch Eintragen der gemischten Kaliumdoppelcarbonatlösung in heißes Wasser leicht von den Ceriterden abgetrennt werden können.

Die der Formel $R_2'''(CO_3)_3 + K_2CO_3 + 12H_2O$ entsprechenden, untereinander isomorphen Kaliumdoppelcarbonate der Ceritelemente sind in stark konzentrierter Kaliumcarbonatlösung — von mindestens 30 % K_2CO_3 — auch bei gewöhnlicher Temperatur leicht löslich und scheiden sich beim Verdünnen dieser Lösung in Gestalt eines feinen, seidenglänzenden Kristallfilzes aus, welcher unter dem Mikroskop sehr regelmäßig ausgebildete Prismen von rhombischer Gestalt erkennen läßt. Bei sehr langsamer Kristallisation aus wenig verdünnten und daher nicht übersättigten Lösungen entstehen, namentlich bei den löslicheren Praseodym- und Neodymsalzen, auch mit bloßem Auge sichtbare, meist zu mehreren büschelförmig vereinigte Nadeln. Bei gelindem Erwärmen der Kaliumcarbonatlösung nimmt die Löslichkeit der Ceritdoppelcarbonate beträchtlich zu; die beim Erkalten der Lösungen sich alsdann rasch ausscheidenden Kristalle sind zu kugligen Aggregaten angeordnet, welche aus konzentrisch gestellten Prismen bestehen.

Die Ammoniumdoppelcarbonate, welche durch Eintragen konzentrierter Salzlösungen der Ceriterden in eine kaltgesättigte Lösung von gewöhnlichem Ammoncarbonat zunächst als dichte amorphe Niederschläge gefällt werden, nehmen nach kurzem Stehen ebenfalls kristallinische Gestalt an und sind den Kaliumverbindungen isomorph. Ihre Zusammensetzung entspricht, mit Ausnahme des etwas mehr Kristallwasser haltenden Cersalzes, dem Typus $R_2'''(CO_3)_3 + (NH_4)_2CO_3 + 4H_2O$.

Eine von den vorigen verschiedene Form und Zusammensetzung zeigen die Natriumdoppelcarbonate. Dieselben werden durch Fällen mittels konzentrierter Natriumcarbonatlösung als schwere gelatinöse Niederschläge erhalten und lassen auch nach wochenlanger Berührung mit der Mutterlauge keine oder nur äußerst geringe Spuren einer kristallinischen Struktur erkennen. Ihre Zusammensetzung nähert sich der auch von Cleve beim Didym erhaltenen Formel $2R_2'''(CO_3)_3 + 3Na_2CO_3 + xH_2O$ (Hiller 1904, S. 33—37).

Um die fraktionierende Wirkung des Ammoncarbonats zu studieren, goß Krüss (1891) eine neutrale Nitratlösung von gemischten Gadoliniterden unter Umrühren in eine konzentrierte Lösung von Ammoncarbonat (10 Teile Carbonat auf 1 Teil Erden) und digerierte den entstandenen Niederschlag 24 Stunden mit der überstehenden Flüssigkeit. Der mit Ammoncarbonatlösung ausgewaschene Niederschlag zeigte fast nur Didymlinien, Erbium war fast vollständig verschwunden. Liegt stark erbiumhaltiges Didym vor, so muß man den Niederschlag häufiger mit Carbonat digerieren. Dieses Resultat stimmt mit demjenigen Marignacs überein, wonach basisch kohlensaures Didym in überschüssigem Ammoncarbonat fast unlöslich ist. Durch die vereinigten Filtrate leitete man einen Dampfstrom, wodurch basische Carbonate ausfielen. Dieser Niederschlag zeigte nur wenige Didym-, fast ausschließlich Erbium- und X-linien. Das Erbium ist nach einmaliger Ausführung dieser Operation dem Spektrum nach fast ebenso rein, als wenn man Erbium aus einem Gemisch mit Didym durch zweimalige Behandlung der gemischten Salzlösung mit Kaliumsulfat gewonnen hat.

Jedoch ist zu bemerken, daß auch Erbiumcarbonat eine nur geringe Löslichkeit in kohlensaurem Ammon besitzt, zumal, wenn es mit Didym gemeinschaftlich als Carbonat ausgefällt ist.[1]

Zur Darstellung größerer Mengen, Erbinerde aus einem Gemisch Absorptionsspektra erzeugender Erden eignet sich obige Methode nicht; für diesen Fall empfiehlt Krüss die Ammoniakfraktionierung. Didym, das nur sehr geringe Mengen von Erbium enthält, kann man vorteilhaft mit einem Überschuß von Ammoncarbonat behandeln und hiermit längere Zeit digerieren, um es erbinfrei zu erhalten.

Bei der fraktionierten Extraktion eines Thoriumpräparates mit Ammoncarbonat erhielten Wyrouboff und Verneuil (1898)

---

[1] Den Einfluß anderer Metalle auf die Löslichkeit der Ytteritcarbonate in Ammoncarbonat bemerkte bereits Berlin (1835). Dieser Chemiker sagt: „Will man die Yttererde (Ytteriterden) durch Lösen in Ammoncarbonat reinigen, so muß sie gut von Eisen und Cer (Ceriterden) befreit sein, weil sonst die Yttererde nur in geringer Menge gelöst wird. Man darf also eine eisenhaltige Yttererde nicht mit Ammoncarbonat digerieren, sondern muß eine Lösung von reiner Yttererde mit Ammoncarbonat im großen Überschuß fällen und den Niederschlag absondern, falls nicht die Lösung sehr verdünnt ist."

keine Fällungen, in welchen eine von der Thorerde verschiedene Erde, wie z. B. Russium von Chroustschoff[1] enthalten war.

Während Didymcarbonat in Ammoncarbonat nach Marignac und Krüss schwer löslich ist, soll dasselbe nach Muthmann und Drossbach (1902) in gesättigten Alkalicarbonatlösungen (besonders Kaliumcarbonat) ziemlich löslich sein. Diese Lösungen zeigen, wie Muthmann und Stützel (1899) erkannt haben, eine auffällige Veränderung des Absorptionsspektrums. Die Banden sind nach Rot stark verschoben, die des Praseodyms treten gegen die des Neodyms stark zurück (s. S. 53). Verdünnt man diese Lösung mit verdünnter Alkalicarbonatlösung allmählich, so scheidet sich schließlich ein starker Niederschlag aus, während verhältnismäßig kleine Mengen in Lösung bleiben, die nunmehr auch nach dem Ausfällen und Umwandeln in Chlorid wesentlich das Neodymspektrum zeigen; die Absorptionsbanden des Praseodyms treten ganz zurück, dagegen sind Samarium und Erbium deutlich zu erkennen. Für die Gewinnung eines neodymreichen Ausgangsmaterials soll diese Methode sehr zu empfehlen sein (Drossbach 1902).

Die Bedingungen, welche für die Durchführung einer Trennung auf diesem Wege von Wichtigkeit sind, studierte Hiller (1904). Es ergab sich, daß mit der Abnahme der Basizität der Ceritelemente ihre Löslichkeit in mäßig konzentrierten Kaliumcarbonatlösungen stufenweise zunimmt und ihr Maximum beim Neodym erreicht. Dementsprechend war auch der Grad, in welchem die Doppelcarbonate beim Verdünnen der konzentrierten K_2CO_3-Lösung zur Abscheidung gelangten, ein sehr verschiedener. Während das Lanthankaliumcarbonat beim Verdünnen der Lösung bis zu einem Gehalte von 31% K_2CO_3 gleich so vollständig ausgefallen war, daß in dem mit Salzsäure schwach angesäuerten Filtrate nur noch geringe Spuren von Lanthan mittels Oxalsäure gefällt werden konnten, begannen die Doppelcarbonate der übrigen Erden erst bei sehr viel geringerer Konzentration der Kaliumcarbonatlösung auszukristallisieren; zuletzt das Neodymsalz, bei dem eine vollständige Abscheidung auch dann noch nicht eingetreten war, als der K_2CO_3-Gehalt der Lösung noch etwa 15% betrug.

Ähnlich verhielt sich in letzter Beziehung auch die Cerverbindung, welche sich aus der durch Autoxydation schwach gelblich gefärbten Flüssigkeit zunächst als kristallinischer Nieder-

[1] Chroustschoff, Bull. r. min. 1896.

schlag abgeschieden hatte, dann aber, wie die immer mehr zunehmende Braunfärbung der Flüssigkeit erkennen ließ, infolge weiterer Sauerstoffaufnahme aus der Luft zum größeren Teile als leicht lösliches Cerperoxydkaliumcarbonat, $Ce_2O_3(CO_3)_3 . 4K_2CO_3$, in Lösung gegangen war und erst nach sehr starkem Verdünnen daraus abgeschieden werden konnte.

Um die Wirkungsweise einer mehrfach wiederholten Fraktionierung kennen zu lernen, wurden einige Versuche in größerem Maßstabe ausgeführt, und zwar diente als Trennungsmaterial ein Gemisch von Lanthan und Didym. 120 g dieser Oxyde wurden in der gerade ausreichenden Menge Salzsäure gelöst und die mit wenig Wasser verdünnte Lösung in 1500 g einer 50 $^0/_0$ igen Kaliumcarbonatlösung eingetragen. Die nach kurzem Schütteln entstandene Lösung wurde filtriert und nun durch Verdünnen und Impfen mit wenig Lanthankaliumcarbonat der größere Teil der Erden zum Auskristallisieren gebracht. Die so erhaltene, gut filtrierbare Fraktion wurde abgesaugt, mit 25 $^0/_0$ iger K_2CO_3-Lösung ausgewaschen und dann noch zweimal in gleicher Weise umkristallisiert.

In dem von der ersten Fraktion verbliebenen bräunlichen Filtrate wurde sodann durch allmähliches Zufügen eines gleichen Volumens Wasser eine weitere Abscheidung von Doppelcarbonaten bewirkt und schließlich auch aus der letzten noch stark gefärbten Lösung der Rest der darin enthaltenden Erden mit Oxalsäure gefällt.

Wie ein Vergleich der Absorptionsspektren zeigte, findet bereits nach wenigen Fraktionen eine beträchtliche Zunahme des Lanthangehaltes statt. Nach dreimaliger Kristallisation der Kaliumdoppelcarbonate lassen sich in dem fast rein erhaltenen Lanthan in 20 cm dicker Schicht nur noch die intensivsten Banden λ 583—572, λ 521,6, λ 520,5, λ 481,3, λ 468,7 als schwache Schatten erkennen.

Außer der Abscheidung des Lanthans ist ferner auch noch eine merkliche Trennung der Didymkomponenten zu beobachten. In den letzten Laugen reichern sich die Erden der Yttergruppe und Samarium sowie Cer an.

Nach diesen Resultaten erweist sich die Anwendung der beschriebenen Methode hauptsächlich geeignet für eine schnelle Anreicherung des Lanthans, welches hierauf nach anderen geeigneteren Methoden von den letzten Spuren der farbigen Erden befreit werden kann. Für eine erfolgreiche Ausführung der Trennung ist es jedoch Hauptbedingung, durch vorsichtiges Verdünnen der Ceritkaliumcarbonatlösung und Impfen derselben eine ganz allmähliche Abscheidung der kristallisierten Kaliumdoppelcarbonate herbeizuführen.

Von Job (1898 und 1899) ist ein sehr empfindlicher Nachweis für Cer angegeben worden; derselbe gründet sich darauf, daß Cerokaliumcarbonatlösungen durch Zusatz von Wasserstoffsuperoxyd oder auch durch direkte Sauerstoffabsorption aus der Luft unter Bildung von Cerperoxydkaliumcarbonat eine tief orangerote Färbung annehmen. Die Erkennung des Farbenumschlages ist hier infolge der Durchsichtigkeit der Lösung bedeutend erleichtert; andererseits wird dieselbe immerhin noch besonders durch die vom Neodymgehalt herrührende Färbung stark beeinträchtigt.

Die Empfindlichkeit dieser Reaktion kann aber dadurch leicht gesteigert werden, daß bei Anwendung nicht zu geringer Mengen die Erden durch vorsichtiges Verdünnen der Kaliumcarbonatlösung fast vollständig zur Abscheidung gebracht werden.

Da das durch Zusatz von Wasserstoffsuperoxyd oder bei längerer Berührung mit der Luft gebildete Cerperoxydkaliumcarbonat in verdünnten K_2CO_3-Lösungen eine erheblich größere Löslichkeit besitzt, als die entsprechenden Verbindungen der dreiwertigen Erden, so wird dasselbe nicht ausgefällt und kann nun in der über dem kristallinischen Niederschlag stehenden Flüssigkeit an der gelbbraunen Farbe der Lösung deutlich erkannt werden. Sind letztere Operationen unter jedesmaliger Entfernung des Filtrats, welches nur noch geringe Mengen der weniger basischen Erden, besonders des Neodyms, gelöst enthält, einige Male wiederholt, so gelingt es, noch die letzten Spuren Cer aus dem Gemische der Ceriterden zu entfernen. Bezüglich der Ausführung der Reaktion bleibt noch zu bemerken, daß ein Überschuß von Wasserstoffsuperoxyd leicht eine völlige Reduktion des sechswertigen Cers unter Entfärbung der Lösung bewirkt. Es darf daher für die Oxydation nur eine sehr stark verdünnte H_2O_2-Lösung tropfenweise benutzt werden, falls man für die Überführung des Cerokaliumcarbonats in die Percerverbindung nicht die in kurzer Zeit eintretende Autoxydation desselben vorzieht.

Auch durch Eintragen einer konzentrierten Lösung der Erden in gesättigte Ammoncarbonatlösung, welche einige Tropfen H_2O_2-Lösung enthält, läßt sich ein geringer Cergehalt derselben nach längerem Schütteln der Flüssigkeit an der gelblichen Farbe des Filtrats erkennen und zur Abscheidung bringen. Letzterer Weg eignet sich hauptsächlich für die Reindarstellung des Neodyms, welches so infolge seiner nur geringen Löslichkeit in einem Überschusse der Ammoncarbonatlösung ohne erhebliche Verluste von den letzten Spuren des Cers befreit werden kann (Hiller 1904).

Da die Technik die vorläufige Trennung der Thorerde von der großen Menge der anderen im Monazit vorkommenden seltenen Erden nach dem von N. O. Witt (1894 und 1897) zuerst erwähnten Verfahren der Extraktion mit Sodalösung vornimmt, so ist der das Thorium begleitende Didymanteil nach den Drossbachschen Untersuchungen wesentlich Neodym, und die Fabriken bringen zwar dieses, aber nicht Praseodym, für technische Zwecke in den Handel.

Die Trennung der Yttriumelemente von den engeren Ceritoxyden mit Hilfe der Alkalidoppelsulfate gelingt nur, wenn die Ceritoxyde nicht zu sehr vorherrschen. Bei der Verarbeitung der Monazite, die bis 4% Yttererden (Yttrium, Erbium und besonders Ytterbium) enthalten, kommt diese Methode nach der Ansicht des großen Praktikers Drossbach (1901) nicht in Frage.

Zur Abscheidung der letzteren löst man die frisch gefällten Oxalate in starker Pottaschelösung (Soda eignet sich der Schwerlöslichkeit des Natriumoxalates wegen weniger). Gießt man diese Lösung in eine größere Menge heißen Wassers, so fallen die Carbonate der Elemente der Cergruppe zu Boden, während die Ytterelemente in Lösung beiben. Durch Säuren können sie als Oxalate, durch rohe Kalilauge als Hydrate ausgefällt und nun durch Überführung in Natriumdoppelsulfate weiter gereinigt werden. Damour (1852) löste das rohe Thoroxalat in Ammoncarbonat, wobei die Ceriterden, Kalk und Magnesia zurückblieben, Thorium und Yttererden in Lösung gingen. Die Technik macht bei der Darstellung der Thorerde von diesem Verhalten umfagreichen Gebrauch.

Die Löslichkeit der Ytterelemente in Ammoncarbonat eignet sich zur Trennung der beiden Gruppen weniger. Bei der Kaliumcarbonatmethode ist es notwendig, bald nach dem rasch erfolgten Absitzen der Ceritcarbonate zu dekantieren, wenn man Verluste vermeiden will (Drossbach 1900 u. 1901).

Wyrouboff und Verneuil (1897) führten Atomgewichtsbestimmungen mit einem Cer (Monazitmaterial) aus, welches bei diesem industriellen Verfahren gewonnen war.

Zur Trennung des Lanthans von Didym versuchte Erk (1871)

die schwach geglühten Oxalate (also Carbonate) von Lanthan und Didym nach dem Übergießen mit viel Wasser durch einige Stunden lang (unter öfterem Umrühren) fortgesetztes Einleiten von Kohlensäure zu trennen, indem er hoffte, daß sich lösliches saures kohlensaures Lanthan bilden und Didym zurückbleiben würde. Die Resultate waren jedoch negativ, denn im Filtrat befanden sich nur sehr geringe Erdmengen gelöst. Kohlensaure Ytteriterden sind nach Berlin (1835) in freier Kohlensäure auch nur etwas löslich.

Behandelt man hingegen die Cerithydroxyde mit überschüssigem Alkalicarbonat, so geht beim Einleiten von Kohlensäure das Cersuperoxyd allein in Lösung unter Bildungen einer braunen Flüssigkeit. Sind die ungelösten Hydroxyde noch gefärbt, so werden sie der Behandlung noch einmal unterworfen, bis sie weiß, bezw. hellrosa gefärbt sind. Spuren Cer in einem Lanthan- und Didymsalz soll man nach Chavastelon (1900) auf diese Weise abscheiden können.

Kaliumbicarbonat verwendete Scheerer (1843) als Trennungsmittel bei seinen Untersuchungen über den Wöhlerit. Die ziemlich konzentrierte, stark saure Erdchloridlösung wurde in eine gesättigte Auflösung von Kaliumbicarbonat getröpfelt, wodurch der größte Teil der Zirkonerde nebst etwas Eisen, Mangan und eine geringe Menge Calcium (da vorher bereits fast sämtlicher Kalk mit Ammoniak fortfraktioniert war) gelöst wurden. Das Ungelöste wurde von neuem mit Salzsäure behandelt und die erhaltene Lösung wie zuvor behandelt, bis alles extrahiert war.

Bei der Behandlung mit Alkalidicarbonat wird das durch Zusatz von Ammoniak oder Wasserstoffsuperoxyd zur Salzlösung entstehende Gemisch von Erden nach Chavastelon (1900) derartig getrennt, daß Thorium- und Cerdioxyd allein in Lösung gehen. Durch Zusatz von Kali- oder Natronlauge werden sie wieder gefällt, mit schwefliger Säure behandelt, in Salzsäure gelöst und aus dieser Lösung das Thorium mittels Wasserstoffsuperoxyd abgeschieden (vgl. diese Methode S. 154).

Gruner trennte bereits 1803 durch einen Überschuß von Kaliumcarbonat die Zirkonerde von anderen Metallen wie z. B Eisen, wobei die Erde in Lösung geht. Nach Berzelius (1825) kann man jedoch die Löslichkeit des Zirkons in Ammoncarbonat nicht mit Vorteil zur Trennung dieser Erde von Eisen und anderen Erden verwenden, und auch nach den neuesten Untersuchungen von Geisow und Horkheimer (1902) ist diese Methode der Trennung des Zirkons von Eisen nur unvollkommen. Vgl. auch S. 50 über das Verhalten der Carbonate.

24. Chromat-Trennungsmethode.

Literatur.

1835. N. J. Berlin, K. Vet. Ak. Hdl. 1835, p. 212; B. J. 1837, 16. Jahrg., S. 139.
1861. J. J. Chydenius, Kemisk undersökning of Thorjord och Thorsalter, Helsingfors, im Auszuge v. Rammelsberg übers. 1863, Pg. A. (2) **119**, S. 53.
1867. Pattinson und Clark, Ch. N. **16**, p. 259; Z. alyt. 1868, **7**, S. 249; Zeitsch. Chem. 1868, S. 191.
1875. Alexander Brauell, Dis., Universität Jena, S. 11. (Verlag Raffmann, Leipzig.)
1892. A. Loose, Dis., Universität München, S. 16—27.
1893. G. Krüss und A. Loose, Z. an. **3**, S. 103—107.
1894. G. Bricout, C. r. **118**, p. 145; C. C. 1894, 1, 6. Folge, S. 408.
1896. Moissan und Etard, C. r. **122**, p. 573—574; Moissan, Der elektrische Ofen, 1897, S. 291—292.
1897. Ludwig Haber, Mhft. Ch. 1897, **18**, S. 688—689; C. C. 1898, **1**, S. 657; J. 1897, **1**, S. 1037.
1899. W. Muthmann und L. Stützel, Ber. **32**, 3, S. 2660.
1900. W. Muthmann und R. Böhm, Ber. **33**, S. 42—49; C. C. 1900, **1**, S. 397.
1900. C. Richard Böhm, Die Zerlegbarkeit des Praseodyms und Darstellung seltener Erden mit Hilfe einer neuen Trennungsmethode. Verlag v. Friedrich Starke, Halle a. S.
1900. W. Muthmann und E. Baur, Ber. **33**, S. 1756—1758; C. C. 1900, **2**, S. 234.
1900. — — Ber. **33**, S. 2028; C. C. 1900, **2**, 4. Folge, S. 420.
1900. M. E. Pozzi-Escot und H. C. Couquett, C. r. **130**, p. 1136; C. C. 1900, **1**, S. 1199.
1901. E. Baur, Deutsche Patentschrift Nr. 120013; C. C. 1901, **1**, S. 1024.
1902. C. R. Böhm, Z. agw. Heft 16, S. 372—380.
1902. — Z. agw. Heft 50, S. 1282—1299.
1902. — Pharm. Ztg. **47**, S. 297—298.
1902. L. M. Dennis und Benton Dales, J. Am. Ch. Soc. **24**, S. 400—435; C. C. 1902, **1**, S. 1395—1396.
1902. K. A. Hofmann und F. Zerban, Ber. **35**, S. 531.
1902. Rob. Marc, Dis., Universität München, 1902, S. 15—16, 22—23, 48.
1902. — Ber. **35**, S. 2382; C. C. 1902, **2**, S. 498.
1902. W. Muthmann, H. Hofer und L. Weiss, L. A. **320**, S. 268.
1902. Karl Postius, Dis., Polytechnikum München, S. 12—13, 18—19.
1902. Ludwig Weiss, Dis., Polytechnikum München, S. 46.

Versetzt man irgend eine neutrale Salzlösung der Cerit- oder Gadoliniterden mit Kaliumchromatlösung so erhält man selbst bei großer Verdünnung Niederschläge, die nach genügendem Auswaschen völlig frei von Alkali sind (Krüss und Loose 1893) und, wenn kristallinisch, der allgemeinen Formel $R_2(CrO_3)_3 + nH_2O$ entsprechen. Der Wassergehalt wechselt, wie nicht anders zu erwarten, mit der Temperatur und der Natur der Metalle; meist kristallisieren die Chromate mit acht Molekülen Wasser, indessen existieren, wie bei den Sulfaten, sicher auch andere Hydrate, welche noch nicht näher untersucht sind (vgl. S. 60 und S. 99.

Diese neutralen Erdchromate bieten ein vorzügliches Mittel zur Trennung von Erdgemischen. Muthmann und Böhm haben durch fraktionierte Fällung mit Kaliumchromat Trennungen in relativ kurzer Zeit ausführen können, die nach den früher üblichen Methoden nur mit großem Aufwand von Mühe und Material zu erzielen waren (vgl. auch Marc 1902 und Postius 1902). Dabei stellte sich, wie unten näher dargelegt wird, die merkwürdige Tatsache heraus, daß man beim Fraktionieren weitaus am schnellsten zum Ziele kommt, wenn die leicht löslichen Dichromate mit gelbem Kaliumchromat behandelt werden.

Wenn man Erdgemische, welche wie z. B. das käufliche Yttriumoxyd oder oxalsaure Cer aus sämtlichen seltenen Erden bestehen, durch Fällung fraktionieren will, so hat man bei den Manipulationen eine Anzahl von Vorsichtsmaßregeln anzuwenden, die, so nebensächlich sie erscheinen, doch das Gelingen der Trennung in hohem Maße beeinflussen. In allen Fällen ergaben zahlreiche Vorversuche folgende Bedingungen für eine möglichst schnelle Trennnng:

I. Sowohl die Erdsalzlösungen als auch die Kaliumchromatlösungen müssen stark verdünnt sein.

II. Die Flüssigkeit muß während der ganzen Fällung im heftigsten Sieden erhalten werden.

III. Der entstehende Niederschlag muß aufs feinste verteilt und mit der Flüssigkeit in möglichst innige Berührung gebracht werden.

Um diese Bedingungen zu erfüllen, haben Muthmann und Böhm bei ihren Versuchen folgende Anordnung verwendet:

Die zu fällenden Flüssigkeiten wurden in großen tubulierten Retorten zunächst fast bis zum Sieden erhitzt und dann ein starker Dampfstrom eingeleitet. Um Verspritzen zu vermeiden, läßt man den Retortenhals schräg aufwärts ragen. Außer dem Dampfzuleitungsrohr wurde durch den Tubus noch ein zweites, mit Quetschhahn verschließbares Rohr geführt, welches durch eine Hebervorrichtung langsames Eintropfen der Kaliumchromatlösung aus einer kalibrierten Glasflasche ermöglichte. Dieses Rohr war so angebracht, daß die durch jeden Tropfen erzeugte minimale Fällung sofort in der ganzen, in heftigster Bewegung befindlichen Flüssigkeit fein verteilt wurde. Entsprechend große Rundkolben mit weiten Hälsen sind weniger zerbrechlich und daher empfehlenswerter. Marc, Postius und Weiss verwendeten Rundkolben. Auch scheint die von Muthmann in letzter Zeit gewählte Tropfvorrichtung, welche sich im oberen Ende des Dampfrohres in Form eines Zerstäubers befindet, von wesentlichem Vorteil betreffs feiner Verteilung der Kaliumchromatlösung zu sein. Um unter gleichmäßigen Bedingungen zu arbeiten, wurde nach jeder Fraktion die Flüssigkeit durch Eindampfen wieder auf das ursprüngliche Volumen gebracht.

Die ersten Versuche wurden in der Weise ausgeführt, daß in die siedende, mit einem Rührwerk in Bewegung gehaltene Flüssigkeit die Chromatlösung eingetropft wurde; auch probierte man, bei jedem Versuch die ganze, für die einzelne Fraktion berechnete Chromatlösung auf einmal einzugießen und den Niederschlag durch Kochen und Rühren fein zu verteilen. Es stellte sich aber heraus, daß in beiden Fällen die Trennung nie so glatt erfolgt wie bei der zuerst beschriebenen Methode. Was man an Zeit gewinnt, geht nachher durch das notwendige öftere Wiederholen der Fällungen wieder verloren. Besonders das Tropfen ist unbedingt nötig, denn sonst fallen die Erdchromate meistens amorph aus und werden selbst nach mehrstündigem Kochen nicht kristallinisch.

Meyer, Koss und Hiller[1] haben später diese Anordnung der Fraktionierung bei der Magnesiumacetatmethode verwendet.

Muthmann und Böhm haben die beschriebene Methode auf die verschiedensten Erdgemische angewendet und es soll zunächst ein Vorversuch beschrieben werden, der ihnen ein Mittel lieferte, in relativ kurzer Zeit reine Yttria darzustellen. Als Ausgangsmaterial diente ein Erdgemisch, das unter der Bezeichnung „Yttrium oxydat. pur.“ in den Handel gebracht wird und in

[1] Meyer und Koss, Ber. 1902, **35**, 1, S. 676; Wilh. Hiller, Dis., Universität Berlin, 1904, S. 25.

Wirklichkeit nur zum Teil aus Yttria besteht, daneben aber die Oxyde so ziemlich aller übrigen seltenen Erden enthält.

Mit Hilfe des Absorptionssprektrums wurden 12—15 % Erbinerde gefunden; ebenso ließen sich Neodym und Praseodym in kleinen Mengen nachweisen; beim Verarbeiten größerer Mengen erhielt man später Fraktionen, welche die Samariumlinien zeigten. Spuren von Cer ergab die Wasserstoffsuperoxydreaktion, kurz alles, was sich von seltenen Erden mit Hilfe einfacher Reaktionen erkennen läßt, war in größerer oder kleinerer Menge in obigem Gemisch nachweisbar.

Um nun zu konstatieren, wie sich dies Oxyd bei der oben beschriebenen Fraktionierungsmethode verhält, wurden 40 g mit ca. 90 g Chromtrioxyd verrieben und in 1 Liter Wasser eingetragen, worauf unter heftiger Reaktion Lösung zum Dichromat erfolgte. Die Flüssigkeit wurde sodann mit Kaliumchromatlösung bis zur beginnenden Trübung versetzt und in einer 2 Liter fassenden Retorte so verarbeitet, daß die ganze Menge in sechs Fraktionen zerlegt wurde. Diese wurden nun einzeln eingehender untersucht.

Fraktion I, erhalten mit 250 ccm 10 %iger Kaliumchromatlösung in 2 Stunden, lieferte nur 1,1 g Oxyde, da die Erdlösung offenbar noch Polychromate enthielt. Die Chromate waren ganz dunkelbraun, die Oxyde viel dunkler gefärbt als das Ausgangsmaterial. Das Absorptionsspektrum ergab bedeutende Anreicherung an Erbinerde; während eine 10 %ige Lösung des Ausgangsmaterials die roten Erbiumbanden nicht zeigte, traten dieselben in der ersten Fraktion deutlich hervor. Schätzungsweise enthielten die Oxyde ca. 25 % Erbinerde. Auch das Didymspektrum war unbedeutend verstärkt.

Fraktion IIa, ebenso erhalten wie die erste, bestand aus 34 g hellgelber, feiner Kristallnädelchen mit gerader Auslöschung. Die Oxalate waren schön intensiv rosa gefärbt und lieferten 13,6 g Oxyd. Auch hier war eine Anreicherung an Erbinerde zu konstatieren. Die Oxyde enthielten etwa 20 % davon; sie besaßen ebenfalls eine viel intensivere, mehr ins Orange spielende Färbung als die Ausgangsoxyde, was auf bedeutende Anreicherung an Terbium hindeutete.

Beim Eindampfen der Lösung auf das ursprüngliche Volum von einem Liter wurde

Fraktion IIb erhalten, 10,5 g Chromate, welche 6,04 g Oxyd

gaben. Die Kristallisation bestand, wie eine mikroskopische Untersuchung zeigte, aus einem Gemenge dreier verschiedener Körper; es wurden beobachtet 1. feine gelbe Nädelchen wie bei Fraktion IIa, 2. organgerote, dicke, flächenreiche Prismen, fast wie Kaliumdichromat aussehend, stark doppelbrechend, und 3. glasglänzende Kristallkrusten von eigenartig olivgrüner Färbung, scheinbar aus regulären Oktaedern von schwacher (vielleicht anormaler) Doppelbrechung bestehend, welche die Hauptmenge, etwa zwei Drittel der Fraktion, bildeten. Da die Chromate von Fraktion IIa etwa 40%, die von Fraktion IIb etwa 58% Oxyde ergaben, so muß man annehmen, daß die letzteren weniger Kristallwasser enthielten, als die ersteren, was recht auffallend ist, da die Temperatur bei der Bildung beider Salze doch dieselbe war. Noch auffallender war der Umstand, daß die Oxyde beider Fraktionen sich in Farbe und Erbingehalt kaum unterschieden. Nur eine Abnahme des Didymspektrums war bei Fraktion IIb zu konstatieren.

Fraktion III wurde mit 300 ccm 5%iger Kaliumchromatlösung erhalten: 17,6 g Niederschlag, bestehend aus einem Gemenge der gelben Nädelchen und der orangefarbenen Prismen. Daraus 7,04 g Oxyd, in der Farbe fast genau wie das Ausgangsmaterial. Erbingehalt ca. 10%, Didymlinien kaum noch sichtbar. Beim Eindampfen des Filtrats wurden nur geringe Mengen Chromat erhalten, die im ganzen 0,4 g Oxyd gaben, dieselben wurden mit III vereinigt.

Ein ähnliches Gemenge zweier verschiedener Kristallisationen ergab

Fraktion IV, genau so ausgeführt wie III. Hier wurden die beiden Arten von Kristallen nach Möglichkeit mechanisch voneinander getrennt und gesondert untersucht; es wurden erhalten:

orangefarbene Prismen	7,85 g,	daraus 2,55 g,	Oxyd	= 32,5%
hellgelbe Nädelchen	7,00 „	„ 2,8 „	„	= 40%.

Der Gehalt der Chromate an Oxyd war also hier gegen die vorigen Fraktionen wesentlich zurückgegangen, was auf eine Anreicherung einer Erde mit kleinem Äquivalent, also Yttria, hindeutete. In der Tat ließ sich in beiden Fraktionen eine Verminderung von Erbin konstatieren; sie enthielten nur noch etwa 2,5% davon. Die Oxalate erschienen nur noch ganz schwach, die Lösungen gar nicht mehr gefärbt. Auch der Gehalt an

Terbium war, nach der Farbe der Oxyde zu urteilen, noch weiter zurückgegangen. Einen wesentlichen Unterschied konnte man mit dem Spektroskop zwischen den beiden Oxyden nicht auffinden.

Beim Eindampfen der Lösung wurde das dunkelorange gefärbte Chromat einer noch leichteren Erde erhalten; 7,5 g ergaben 2,065 g Oxyd = 27,4 %. Das Oxyd war fast rein weiß, daß Erbinspektrum in der Lösung nur angedeutet.

Fraktion V, genau wie die beiden vorigen ausgeführt, lieferte sowohl direkt als auch durch Eindampfen der filtrierten Flüssigkeit Chromate fast reiner Yttria. Dieselben bestanden aus prächtig orangefarbenen Prismen; direkt wurden erhalten 4,2 g, beim Eindampfen 1,5 g Oxyd. Farbe der Oxyde rein weiß, keine Spur von Absorptionsspektrum selbst in sehr konzentrierter Lösung. Fast genau so verhielt sich das Oxyd von

Fraktion VI, den Rest der in Lösung befindlichen Erden darstellend, 5,7 g Chromate, daraus 1,5 g Oxyd = 27,4 %. Der Niederschlag wurde mit einem großen Überschuß Kaliumchromat, 250 ccm einer 10 %igen Lösung, hergestellt, um alle Erden auszufällen. Auch hier war der Niederschlag einheitlich und bestand aus tiefrot gefärbten, kurzen Prismen, welche sich häufig zu symmetrisch-sternförmigen, aus vier Einzelkristallen bestehenden Gebilden aneinanderlagerten.

Die restierende Lösung, aus der Kaliumchromat nichts mehr fällte, wurde mit Natronlauge behandelt; der schleimige Niederschlag bestand aus Magnesia, Kalk, Kieselsäure und Spuren von Yttria.

Die Erde der Fraktion V besaß ein Atomgewicht von 90,12, die Erde der Fraktion VI ein solches von 88,97 (für O = 16).

Marc (1902) und Postius (1902) stellten sich ebenfalls nach dieser Methode Yttria dar. Nach Postius lassen sich hiermit die letzten Spuren Erbinerde nicht entfernen, weshalb zum Schluß mit Ammoniak fraktioniert werden soll.

Ein ganz vorzügliches Mittel, um den Fortgang einer Fraktionierung bei den seltenen Erden zu verfolgen, bieten die Dichten der Oxyde dar, und namentlich in der Yttriagruppe, wo es sich um Erden von sehr verschiedenem Äquivalentgewicht, also auch von sehr verschiedenem spezifischem Gewichte handelt, können diese wichtigen Konstanten oftmals die viel schwierigeren und zeitraubenderen Äquivalentgewichtsbestimmungen geradezu entbehrlich machen. Wenn man bedenkt, daß die Dichte der Yttria etwa 5, die des Erbins etwa 8,8 und die des Ytterbins ungefähr

9,2 beträgt, und daß bei sorgfältigem Arbeiten die pyknometrische Methode völlige Sicherheit der Bestimmung in der zweiten Dezimale verbürgt, so sieht man ohne weiteres ein, daß bei einem Gemisch von zwei solchen Erden eine Dichtebestimmung einer quantitativen Methode gleichkommt, in jedem Falle aber wertvolle Aufschlüsse über die Natur der zu untersuchenden Körper geben muß.

Muthmann und Böhm (1900) haben diese wichtige Konstante bei ihren Arbeiten bestimmt, weshalb in der nachfolgenden Tabelle die Zahlen für die oben beschriebenen Fraktionen wiedergegeben werden sollen.

In der letzten Kolumne sind noch die Volume der bei jeder Fraktion erhaltenen Oxyde beigefügt, deren Summe natürlich gleich dem Volumen des Ausgangsmaterials sein muß, mithin eine Kontrolle bietet.

Fraktion	Gewicht	Dichte	Volumen
I.	1,1 g	6,06 (I.–II.)	3,41 ccm (I.–II.)
II.	19,6 „		
III.	7,4 „	5,62	1,31 „
IV.	7,3 „	5,43	1,34 „
V.	5,7 „	4,87	1,28 „ (V.–VI.)
VI.	1,5 „	4,83	
	42,6 g		7,34 ccm
Ausgangsmaterial	41,29 „	5,62	7,35 „

Die Übereinstimmung ist befriedigend, um so mehr, als die Gewichte der Einzelfraktionen nur approximativ festgestellt wurden.

Wie man sieht, nimmt die Dichte von Fraktion zu Fraktion rapide ab, es werden demnach die Erden von größtem Äquivalentgewicht zuerst ausgefällt. Fraktion III zeigte dasselbe spezifische Gewicht, wie das Ausgangsmaterial. Auffallend ist die niedrige Zahl, welche für die reine Yttria gefunden wurde, nämlich 4,83, während Cleve und Höglund[1] 5,028, Nilson und Pettersson[2] 5,046 angeben. Dagegen stimmt ein von Ekeberg[3] gefundener Wert, 4,842, gut mit obiger Zahl überein.

Muthmann untersuchte in Gemeinschaft mit Baur (1900, S. 1753) ein zuvor mit Ammoniak und durch Umkristallisieren der Formiate fraktioniertes Yttriummaterial auf seine Lumineszenz. Hierauf wurde dasselbe nach der Chromatmethode fraktioniert

---

[1] Cleve und Höglund, Bih. K. Vet. Hdl. 1872, 1, Heft 8.

[2] Nilson und Pettersson, C. r. 91, p. 232.

[3] Ekeberg, Phil. Mag. 14, S. 346.

und die Lumineszenz der einzelnen Fraktionen verglichen. Die neuesten Untersuchungen von Marc und Baur[1] dürften jedoch diese Resultate hinfällig machen.

Die Anwendung der Chromatmethode auf die Ceritelemente wurde von Böhm (1900 und 1902) ausführlich beschrieben und soll im Auszuge hier wiedergegeben werden.

Cerarme Monazitoxyde, d. h. Cerium oxalicum medicinale, welchem der größte Teil des Cers in Form von Ceriammonnitrat entzogen worden war, wurden mit etwa der dreifachen Menge schwefelsäurefreier Chromsäure gemischt. (Die zu verwendende Chromsäure muß frei von Schwefelsäure sein, da sich sonst Sulfate bilden, die ihrer Schwerlöslichkeit wegen den Fraktionierungsprozeß stören) und hierauf in kleinen Portionen in eine entsprechend geringe Quantität Wasser eingetragen. Das Ganze wurde hierauf in einer Porzellanschale unter beständigem Rühren so lange erhitzt, bis ein dünner Brei entstanden war, und alsdann mit Wasser auf das gewünschte Volumen verdünnt. Es hinterblieb fast immer ein größerer Niederschlag des basischen Cerichromats, von welchem abfiltriert wurde. Nachdem das Filtrat mit Kalilauge oder Kaliumchromat bis zur bleibenden Trübung versetzt war, konnte fraktioniert werden.

Die einzelnen Hauptfraktionen wurden in folgenden Verhältnissen ausgeführt, wobei die zu lösende Oxydmenge jeder Retorte 1,4 kg betrug und die Flüssigkeit nach jeder Fraktion durch Eindampfen auf das ursprüngliche Volumen von 6 Litern gebracht wurde.

Fraktion	I	II	III	IV	V	VI	VII	VIII	IX	X
Kaliumchromat	200	200	100	100	100	100	100	100	100	50

Fraktion	XI	XII	XIII	XIV	XV	XVI	XVII	XVIII	XIX
Kaliumchromat	50	50	50	50	50	50	25	Überschuß von Kaliumchromat	Überschuß von Kalilauge

Die Kaliumchromatlösungen von Fraktion I—IX waren 10%, diejenigen von X—XVI 5% und von Fraktion XVII 2,5%.

Ein anderes Mal wurde der Inhalt dreier Retorten parallel fraktioniert und nach Herausfraktionieren des größten Teiles der

[1] Marc und Baur, Ber. **34**, S. 12.

Oxyde vereinigt. Die letzten Fraktionen, welche Anreicherungen der Erden mit λ 475, λ 460 und λ 433, außerdem die sämtlichen Yttererden und Neodym enthielten, wurden als wertvolles Ausgangsmaterial für weitere Fraktionen benutzt.

Nachdem der Inhalt jeder der drei Retorten sechsmal im folgenden Verhältnis

Retorte I, II, III.

Fraktion	I	II	III	IV	V	VI
Kaliumchromat	200	200	200	200	200	100

fraktioniert war, wurden die Flüssigkeiten vereinigt und durch Eindampfen auf sechs Liter gebracht, wobei ein großer Teil Kaliumdichromat auskristallisiert werden mußte. Die weiteren Fällungen führte man mit nachstehenden Kaliumchromatmengen aus:

Fraktion	I	II	III	IV	V	VI	VII	VIII	IX
Kaliumchromat	100	100	100	50	50	50	50	50	50

Der Retorteninhalt wurde hierauf geteilt und zwei Retorten mit je sechs Litern dieser sehr weit im Fraktionieren vorgeschrittenen Flüssigkeit beschickt. Um in recht starken Verdünnungen zu arbeiten, wurden jetzt $2\frac{1}{2}\,\%$ige Kaliumchromatlösungen gewählt, während die früheren Fraktionen mit $5\,\%$igen Lösungen ausgeführt wurden.

Die Fällungen der Retorteninhalte wurden alsdann in folgenden Verhältnissen ausgeführt:

ktion	I	II	III	IV	V	VI	VII	VIII
lium-romat	50	50	50	50	50	50	Überschuß von Kaliumchromat	Überschuß von Kalilauge
altene lmenge	45,0	45,0	44,0	43,5	37,0	32,5	36,5	5,3
be der xyde	braun	braun	braun	graubraun	bräunlich	zwei verschiedene Kristallisationen ergaben hellbraunes und braunes Oxyd	gelbbräunlich (Terbium!)	hellgelb
be der kalate	rosa	rosa	rosa	dunkelrosa	rosa	hellrosa	erbiumrosa	weiß

Erst Fraktion III zeigte mikroskopisch schön ausgebildete doppelbrechende prismatische Nädelchen und kleine doppelbrechende Kristallaggregate, die nicht zu größeren Komplexen vereinigt waren, sondern isoliert auftraten. Fraktion IV und V ergaben nur die meistens auftretenden Aggregate, während Fraktion VI zwei verschiedene Kristallbildungen aufwies, eine dunkelbraune, aus kleinen Aggregaten bestehend und der Wandung der Retorte fest ansitzend, und eine hellgelbe seidenglänzende, auf der ersteren herumschwimmend und in geringerer Menge. Beim Eindampfen der darüber stehenden Flüssigkeit hatte sich nur die hellgelbe Modifikation gebildet, die aus sehr feinen gelben, gerade auslöschenden prismatischen Nädelchen bestand. Durch Schlämmen konnten aus dem Niederschlag die beiden Modifikationen leicht voneinander getrennt werden, indem die dunkelbraune sich sehr schnell zu Boden setzte, während die hellgelbe sich suspendierte und daher leicht abgegossen werden konnte.

Zur weiteren Untersuchung wurden aus dem geschlämmten Material isoliert:

a) Helle Modifikation, gelbes voluminöses Chromat, aus kleinen prismatischen Nädelchen bestehend, 1,3 g; reduziert lieferte es mit Oxalsäure gefällt ein hellrosafarbiges Oxalat, welches verglüht 0,51 g eines hellbraunen Oxydes ergab. Das Chromat enthielt mithin 39,2 % Oxyd;

b) dunkle Modifikation aus braunen Kristallkrusten bestehend, die aus kleinen doppelbrechenden Aggregaten zusammengesetzt waren. 5,0 Chromat ergaben 1,5 dunkelbraunes Oxyd = 33,3 %. Das Oxalat war schön rosafarbig und wies hierdurch auf einen größeren Neodymgehalt hin, was eine spektroskopische Prüfung auch bestätigte. In der gelben Modifikation waren entschieden Yttererden enthalten, denn das Spektrum war nur schwach und die Gegenwart von Lanthan ausgeschlossen, da sich letzteres bei dieser Methode bereits in den ersten Fraktionen anreichert und die Chromate der Yttererden infolge ihrer bedeutend größeren Löslichkeit in den Laugen sich befinden.

Aus der Farbe der Chromate kann man nach Postius (1902) nicht auf die Natur der vorhandenen Basen schließen. So z. B. wurden stark didymhaltige Chromate von derselben grünbraunen Farbe erhalten, mit der andererseits völlig didymfreies stark erbiumhaltiges Salz ausfiel; dann erhielt man bei ganz einheitlichem Material verschieden gefärbte Niederschläge — reine

Yttria lieferte einmal orangerotes, dann wieder hellgelbes Chromat. Diese Verschiedenheit rührt lediglich von den Konzentrationsverhältnissen der Lösungen her. Aus Analysen geht auch hervor, daß ganz verschieden zusammengesetzte Chromate gebildet werden, so zwar, daß einmal stark die Base prävaliert, dann bilden sich wieder neutrale Salze; auch alkalihaltige Chromate (Doppelchromate) wurden erhalten.

Muthmann und Böhm (1900) hingegen hatten bei ihren Yttriumfraktionen drei Arten von Kristallen beobachtet, nämlich rote Prismen, olivfarbige Oktaeder und feine gelbe Nadeln. Die ersteren hielten sie für an Yttrium reiche Salze, die Oktaeder für reich an Erbium und vermuteten auf Grund der Dichtebestimmungen einzelner Oxyde in den gelben Nadeln eine Erde, deren spezifisches Gewicht zwischen dem der Yttria und des Erbins liegen sollte.

Bei der siebenten Fraktion bildete sich mit 50,0 g Kaliumchromat nicht der geringste Niederschlag. Die Flüssigkeit wurde auf etwa drei Liter eingedampft und mit 500 g Kaliumchromat versetzt; der sich hierauf bildende sehr voluminöse Niederschlag eines hellgelben Chromats war amorph und lieferte 36,5 g eines hellbraunen Oxydes, dessen Farbe jedenfalls zum größten Teil von Terbium herrührte. Spektroskopisch konnte man im Verhältnis zu den früheren Fraktionen einen Rückschritt in der Intensität des Spektrums konstatieren, wenngleich das Neodymspektrum noch deutlich hervortrat. Erbiumbanden traten zum erstenmal auf, während Samariumbanden sich in Fraktion VI stark zeigten. λ 481,2 und λ 444,0 waren in Fraktion VI nur andeutungsweise, während λ 475,0 und λ 469,0 intensiv hervortraten; λ 433,0 und λ 460,0 erschienen in demselben Präparat sichtlich verstärkt, hingegen traten alle vorher genannten Banden außer λ 469,0 und λ 475,0 in Fraktion VII gar nicht auf.

Nachdem Kaliumchromat selbst bei einem Überschuß keine Trübung der Flüssigkeit hervorrief, wurde Kalilauge bis zur vollständigen Bildung der einfachen Chromate hinzugesetzt, was durch den Eintritt der gelben Farbe erkenntlich war.

Der genügend ausgewaschene Niederschlag war hydroxydartig und schmutzigfarben; in Salzsäure gelöst, mit Alkohol reduziert und nach fünfmaliger Fällung mit Oxalsäure wurden 5,3 g eines ganz hellgelben Oxydes erhalten, welches kein Spektrum zeigte. Muthmann und Baur (1900, S. 1758) untersuchten dieses Präparat mit Hilfe der Kathodelumineszenz und identifizierten es als

Weitere Zerlegung der letzten Chromsäurefraktionen.[1]

Nr. der Fällung	Fraktion XI. Starkes Neodymsprektrum; Praseodym gegen Fraktion X bedeutend abgenommen. 25,0 g	Fraktion XII. Praseodym abermals bedeutend abgenommen. Neodym recht stark auftretend. 17,5 g	Fraktion XIII. Spektrum wie Fraktion XII, nur um etwa $^1/_3$ an Intensität eingebüßt, was auf farblose Yttererden deutet. 15,0 g	Fraktion XIV. Neodymbanden nur im Grün und Gelb; Erbiumbanden λ 656,5 und 643,0, ferner im Rot, Grün und Violett; von Praseodymbanden λ 689,6 recht deutlich; λ 475 und 460 angedeutet. 15,0 g
I	Neodymspektrum unwesentlich stärker, ebenso die Praseodymbanden λ 481,2 und 444,0. 3,9 g	Eine wesentliche Verstärkung von λ 481,2 und λ 444,0 hat stattgefunden; sonst keine merkliche Veränderung. 2,85 g	Neodymbanden sichtlich verstärkt, hingegen Praseodymbanden abgenommen. 2,15 g	Neodym ganz bedeutend zugenommen. Erbium verschwunden, dafür treten wieder Pr Banden auf. 1,8 g
II	Spektrum unwesentlich verändert. Praseodymbanden λ 481,2 und λ 444,0 etwas schwächer auftretend. 5,2 g	Neodymspekt. stark, λ 481,2 und λ 444,0 abermals abgenommen; die Nitratlösung zeigt reinere Rosafärbung. 3,32 g	Neodymspektrum an Intensität gleich geblieben, Praseodym nur angedeutet. Nitratlösung rein rosa. 3,23 g	Spektrum im allgemeinen bedeutend abgenommen. Nd nur im Grün und Gelb sichtbar; im Grün und Rot Er angedeutet. Nitratlösung schwach hellrosa. Farblose Yttererden treten auf. 1,05 g
III	Praseodymbanden λ 481,2 und 444,0 abermals abgenommen. 4,8 g	Praseodymbanden abermals abgenommen. 3,55 g	Neodymspektrum bedeutend abgenommen. Die gelbbraune Farbe des Oxydes weist auf Terbiumoxyd hin. Samarium tritt auf. 2,55 g	Er deutlicher; Nd im Gelb andeutungsweise; Lösung fast farblos, farblose Yttererden in größerer Menge auftretend. 4,02 g

	tend abgenommen; die violetten Samariumbanden treten schwach auf. Nitratlösung rot und wesentlich reiner als bei den früheren Fraktionen. 4,7 g	verschwunden. Nd recht stark. Nitratlösung rein rosa. 3,45 g	Grün und Gelb auftretend. Erbium wird im Grün sichtbar, ebenso im Violett. Nitratlösung gelblich. 2,4 g	fast farblos, daher größere Mengen farbloser Ytterden zugegen. 2,95 g
V	Neodymspektrum s. stark; λ 481,2 fehlt, λ 444,0 andeutungsweise, Samarium bedeutend angereichert. 3,8 g	Neodymspektrum bedeutend zurückgegangen, hingegen Samarium stark auftret. Nitratlös. nur noch hellrosa. 2,16 g	Erbiumspektrum. Lösung schön erbiumrot. 2,75 g	Erbiumspektrum sichtlich verstärkt. Lösung etwas gelblich. 2,6 g
VI	Neodymspektrum nur angedeutet im Grün und Gelb; Nitratlösung rein gelblich. Samarium tritt recht stark auf. 0,6 g	Samariumspektrum angedeutet; Nitratlösung farblos; farblose Yttererden treten auf. 0,25 g	Spektrum wie V, nur abgeschwächt, daher auch die Lösung hellrosa. Auftreten farbloser Yttererden. 0,3 g	Er andeutungsweise. Lösung gelblich; viel farblose Yttererden. 0,7 g
VII	Samarium andeutungsweise, hingegen treten farblose Yttererden auf. 0,3 g	Yttererden; jedoch keine Andeutung von Erbium; hingegen solche von Samarium. 0,1 g	Erbiumspektrum andeutungsweise. Lösung farblos; farblose Yttererden angereichert. 0,2 g	Erbiumspektrum andeutungsweise. Lösung farblos; farblose Yttererden in großer Menge. 0,1 g
VIII	Wegen der geringen Oxydmenge kein Vergleich gezogen. 0,08 g			Lösung farblos. Oxalate weiß, ebenso Oxyde weiß. — Yttrium. 0,1 g

[1] Bei diesen Zerlegungen befanden sich 25 g Oxyde in einem Liter Flüssigkeit gelöst. Jede Fraktion wurde mit 500 ccm einer 2%igen Kaliumchromatlösung ausgeführt, denn viele Versuche bestätigten dieses Verhältnis als das günstigste. Fiel zuletzt mit dieser Menge Kaliumchromat nichts aus, so wurde ein Überschuß von Kaliumchromat, etwa die 6—8fache Menge, verwendet. Den Rest der noch in Lösung befindlichen Erden fällte man mit überschüssiger Kalilauge aus. Beim Eindampfen der fraktionierten Flüssigkeit auf das ursprüngliche Volumen bildete sich abermals ein Niederschlag, der meistens eine weitere Trennung zeigte. Das Eintropfen der Kaliumchromatlösung soll für 1 Liter Flüssigkeit eine Stunde dauern.

Bei einem Erbiummaterial fraktionierte Postius (1902) 12% (Oxyd) Erdlösungen mit $2\frac{1}{2}$% Kaliumchromatlösung, bei einem Yttriummaterial 10% Erdlösungen mit $2\frac{1}{2}$—3% Kaliumchromatlösungen; Marc (1902) hingegen 2% Erdlösungen (Yttriummaterial), mit $2\frac{1}{2}$% Kaliumchromatlösung.

ein Gemisch von Yttrium und Gadolinium, in welchem letzteres vorherrschen sollte.

Nachdem Marc und Baur[1] den Einfluß der gefärbten seltenen Erden — Neodym Praseodym, Samarium und Erbium — auf die Lumineszenz der farblosen Erden studiert haben, dürfte das zuerst von Muthmann und Baur erhaltene Resultat in Zweifel gezogen werden, denn nach Marc und Baur kommen den farblosen Oxyden und Salzen des Yttriums, Gadoliniums und Lanthans keine Lumineszenzspektren zu.

Da aber Marc (1902) als Ausgangsmaterial für seine Gadolinerde und Terbinerde gerade die letzten Chromsäurefraktionen verwendete und Yttria sich hierbei ebenfalls in den letzten Fraktionen anreichert, ist wohl die Annahme berechtigt, daß das hellgelbe Oxyd der Hauptsache nach aus einem Gemisch von Yttrium, Gadolinium und sehr wenig Terbium bestand.

Die letzten Chromsäurefraktionen wurden als Ausgangsmaterialien für weitere Trennungen benutzt und sind gewissermaßen als Hauptfraktionen zu betrachten. Auch diese Resultate seien nur im Auszuge wiedergegeben. (S. Tabelle auf S. 276).

Das Verhalten der seltenen Erden beim Fraktionieren der Dichromate.

Cer. Beim Auflösen roher Ceritoxyde, aus denen bereits der größte Teil des Cers in Form von Ceriammonnitrat abgeschieden war, in der zur Bildung der Dichromate berechneten Menge Chromsäure blieb ein feinpulvriger, schwerer, prachtvoll orangerot gefärbter Niederschlag zurück (vgl. S. 272). Dieser Körper bestand, wie eine Analyse ergab, aus Cerichromat, und zwar einem basischen Salze. Der Farbenton wechselte etwas; kristallisierte Präparate zu erhalten, ist nicht gelungen, meistens war der Niederschlag durchaus amorph. Die Prüfung der abfiltrierten Flüssigkeit ergab, daß dieselbe nur noch Spuren von Cer enthielt, die beim Fraktionieren mit Kaliumchromat in die allerersten Fraktionen hineingingen. Zu den vielen Methoden, die zur Trennung des Cers von den übrigen seltenen Erden angegeben sind, tritt also hier eine neue hinzu. Trägt man nämlich eine Mischung der rohen Oxyde mit einem Überschuß Chromsäure in

[1] Marc und Baur, Ber. 34, S. 12.

kleinen Portionen unter beständigem Rühren in eine entsprechend geringe Quantität Wasser ein und erwärmt das Ganze, so kann es bei einem geringen Cergehalt vorkommen, daß beim Konzentrieren der Flüssigkeit vollständige Lösung der Oxyde erfolgt. Fügt man aber hierauf zu dieser Lösung auch nur etwas Wasser hinzu, so fällt fast sämtliches Cer als basisches Chromat aus.

Lanthan. Die von dem basischen Cerichromat abfiltrierte dunkelrot gefärbte Flüssigkeit wurde mit Kalilauge oder Kaliumchromatlösung bis zur bleibenden Trübung versetzt und hierauf mit Kaliumchromat in der auf Seite 272 beschriebenen Weise fraktioniert. Das verwendete Material stammte zum Teil aus schwedischem Cerit, zum größten Teil wurde aber ein Oxydgemisch verarbeitet, das in der Technik bei der Thoriumdarstellung aus Monazit als Nebenprodukt gewonnen wird. Das letztere besaß fast genau die Zusammensetzung wie das Ceritmaterial. Kleine Thoriummengen, welche manchmal in den Monazitoxyden enthalten sind, gehen von vornherein bei der Behandlung mit Chromsäure zum Cer oder befinden sich in den allerersten Fällungen.

Lanthan reichert sich in den ersten Fraktionen an und fällt gleich nach Cer aus. Falls man die ersten noch sehr geringe Mengen Cer enthaltenden Fraktionen auf Lanthan verarbeiten will, so kann man dieselben in Salzsäure lösen und vor dem Reduzieren mit Kaliumchromat noch einmal fällen. Auf diese Weise erhält man ein sehr lanthanreiches und cerfreies Ausgangsmaterial, in welchem die Yttererden nur in Spuren vorhanden sind.

Praseodym reichert sich zu gleicher Zeit mit Lanthan in den ersten Fraktionen an und kann vorteilhaft mit diesem verarbeitet werden, wenn man die Ammondoppelnitrate zur Hilfe nimmt.

Böhm will beim Fraktionieren der Dichromate Anhaltspunkte für die Zerlegbarkeit des Praseodyms erhalten haben, s. S. 19 u. 32.

Neodym erhält man in den mittleren Fraktionen fast praseodymfrei mit λ 475,0, λ 469,0 und event. λ 460. Die große Verwandtschaft des Neodyms zu den Yttererden zeigt sich auch bei dieser Methode, denn dasselbe findet man in verhältnismäßig großer spektroskopischer Reinheit erst in denjenigen Fraktionen, in welchen die Yttererden schon stark vertreten sind, also mehr dem Ende zu. Weiss (1902) vermochte daher aus solchen Neodymfraktionen diese Erde mit Hilfe anderer Methoden zum ersten Male rein darzustellen. Die neodymreichen Ammondoppelnitratlaugen eignen sich besonders zum Weiterfraktionieren mit Chromsäure.

Samarium. Durch Photographieren sehr konzentrierter Lösungen und in entsprechend dicken Schichten stellte sich bei den letzten Chromsäurefraktionen eine bedeutende Absorption in Violett und Ultraviolett heraus, die durch die Anwesenheit von Samarerde bedingt wurde.

Während das Ausgangsmaterial unter denselben Bedingungen keine Andeutung dieser Absorption zeigte, hatte sich also dieses in demselben in sehr geringer Menge befindliche Element in den letzten Fraktionen bedeutend angereichert. Es lag daher sehr nahe, daß bei weiterem Zerlegen der letzten Fällungen das Samarium noch deutlicher sichtbar werden würde, was sich auch bei den Hauptfraktionen XI und XII (s. Tabelle S. 276) bestätigte, denn hier traten in einzelnen Fällungen nur Samariumbanden (λ 480; 462,5; 416,5; λ 375—373; λ 364—360 und λ 344) auf.

Es ist wohl nach diesen Resultaten anzunehmen, daß man mit Hilfe der Chromatmethode aus samariumreichen Materialien verhältnismäßig leicht diese Erde wird darstellen können. Jedenfalls dürfte aber in Kombination mit anderen Methoden dieses Ziel leichter als bisher erreicht werden.

Nachdem Neodym mit den Banden λ 475 und λ 469,0 herausfraktioniert war, trat Samarium in allen Monazit- und Ceritmaterialien auf und ist hierin entschieden in größerer Menge enthalten, als man bisher anzunehmen pflegt. Beim Fraktionieren der Dichromate steht es auf der Grenze von Cerit- und Ytteriterden, denn gleich darauf folgen gelblich gefärbte Oxyde — Terbium, Yttrium, Erbium, Gadolinium usw. enthaltend.

Unbekannte Erde mit λ 460.

λ 460 ist von den meisten Forschern übersehen worden. Schottländer[1] ist wohl der einzige, welcher diese Bande bemerkte und ihren mittleren Wert mit λ 460,4 angab. In fast sämtlichen Fraktionen trat diese Bande auf; der Durchschnitt mehrerer Messungen betrug λ 460,0. Ein Maximum besaß diese Linie nicht, sondern bildete einen Raum gleich großer Absorption, die ziemlich schwach war. Es wäre leicht anzunehmen, daß diese Bande dem Samarium angehört, aber Crookes, Bettendorff, Krüss und Nilson, Soret, Thalén, Forsling und Böhm

[1] Schottländer, Ber. **25**, 1, S. 390.

haben das Samariumspektrum gemessen und geben für die Bande in dieser Gegend folgende Werte an:

Crookes	V. Bettendorff	Krüss u. Nilson	Soret	Thalén	Forsling	Böhm
465,7	469,0—461,9	463,2	463,5	463,0	463,2	463,0

Zieht man aus den Zahlen der letzten fünf Autoren das Mittel, so erhält man λ 463,18. Diese Bande trat aber erst in den letzten Chromsäurefraktionen auf, und zwar zusammen mit den anderen Samariumbanden. Es dürfte aber die bereits von Schottländer beobachtete Bande λ 460 auch nach den Böhmschen Untersuchungen einer neuen Erde angehören.

Bei dieser Methode scheiden sich die seltenen Erden wie folgt ab:

1. Ceriterden — Cer, Lanthan, Praseodym, Neodym, Samarium.
2. Ytteriterden — Terbium, Ytterbium, Erbium, Yttrium, Gadolinium.

Der Gedanke, die Chromate der seltenen Erden für eine Trennung zu verwenden, ist nicht neu.

N. J. Berlin machte 1835 bei der chromsauren Yttererde die Beobachtung, daß eine Lösung derselben noch Yttererde aufnahm, letztere also löste. Beim Kochen fiel dann ein basisches Salz aus, während sich in der Lösung das neutrale befand. Offenbar hatte sich hierbei die alte Yttria teilweise in ihre Komponenten gespalten, was Berlin bei der damaligen Kenntnis dieser Erde entgehen mußte.

Pattinson und Clark (1868) erhitzten die gemischten Ceritchromate auf 110°, wobei Cer in unlöslicher Form zurückbleibt, während die anderen Ceritchromate sich hierbei nicht verändern. Bei Zusatz von heißem Wasser lösen sich außer Cer die übrigen Erden auf. Da die Methode als eine quantitative empfohlen wird, ist es auffallend, daß jeder Analysenbelag fehlt.

Brauell (1875) bediente sich dennoch derselben bei der quantitativen Bestimmung des Cers im Cerit und in neuester Zeit haben Dennis und Dales (1902) dieselbe auf ihre Verwendbarkeit für die Trennung der Yttererden geprüft.

Bricout (1894) elektrolysierte eine schwachsaure Chromatlösung von Ceriterden bei 2,5—3 V., wobei sich das Cer höher oxydierte und auf dem + Pol als krystallinischer Niederschlag ausschied (vgl. Trennung mittels Elektrolyse S. 176).

Haber (1897) studierte das Verhalten der seltenen Erden gegen Chromsäure und Kaliumdichromat.

Wird eine nur wenig freie Säure enthaltende Lösung von Thornitrat bei hinreichender Verdünnung einige Zeit mit Chromsäure gekocht, so bildet sich ein prächtig kristallinischer, orangegelb gefärbter Niederschlag von Thoriumchromat, welchen man noch leichter in größerer Menge erhält, wenn man statt der Chromsäure Natrium- oder Kaliumdichromat anwendet. Er besteht aus einem Konglomerat von sehr gut ausgebildeten, spitzwinkeligen, flachen rhombischen Tafeln. In wäßrig konzentrierten Mineralsäuren löst sich das Salz, seine Bildung erfolgt nach der Gleichung

$$Th(NO_3)_4 + Na_2Cr_2O_7 + H_2O = Th(CrO_4)_2 + 2NaNO_3 + 2HNO_3.$$

Die freigewordene Salpetersäure löst einen Teil des gebildeten Thoriumchromats und bei Überschuß von Natriumdichromat wird die entsprechende Menge Chromsäure frei, die ebenfalls teilweise lösend wirkt.[1] Cer, Lanthan und Didym bilden unter diesen Verhältnissen, d. h. bei Gegenwart freier Säure keine Chromate, hingegen wird das Zirkon durch freie Chromsäure leicht gefällt. Dieser Niederschlag ist flockig und ähnlich orangegelb gefärbt wie das Thoriumchromat; in verdünnten Säuren ist derselbe kaum löslich. Die Analyse ergab Zahlen, die auf eine basische Zusammensetzung des Zirkonsalzes schließen lassen.

Gadoliniterden fallen mit Chromsäure und Kaliumdichromat nicht.

Kaliumchromat wirkt auf die Nitratlösung seltener Erden nach Krüss und Loose (1893 und 1892) in doppelter Weise ein: in der Kälte vornehmlich als Fällungsmittel für die starken Basen, in der Wärme als zersetzendes Fraktioniermittel für die schwachen Basen.

Die Niederschläge sind gelb, flockig und dem Aluminiumhydroxyd ähnlich, beim Erwärmen vermehrt sich derselbe bedeutend und die gelbe Farbe der Lösung schlägt in intensives

[1] Bereits Chydenius (1861, in Pg. A. 1863 (2), **119**, S. 53) fand, daß Chlorthorium mit zweifach chromsaurem Kali erst auf Zusatz von Ammoniak einen gelben Niederschlag gibt, der aus einem basischen Salz bestehen soll. Berzelius (1829, Pg. A. (2) **16**, S. 412) gibt an, daß der Niederschlag von Thoriumchromat sich in einem Überschuß von Chromsäure zu einem sauren Salz löst.

Rot, dem Kaliumdichromat ähnlich, um. Bei einem Didymmaterial konzentriert sich Didym zumeist in den Kaltfällungen, während die Warmfällungen mehr Erbium enthalten; die X-linien erscheinen in den Warmfällungen. Jede Kaltfällung besitzt ein höheres Atomgewicht als die vorausgegangene Warmfällung. Die Abscheidung beim Erhitzen soll nach Loose (1892) eine Folge der schwächeren Basizität und, mit der Rotfärbung der Lösung zusammen betrachtet, ein Symptom der Zersetzung sein, d. h. die verschieden basischen Erden werden bei der Umsetzung zu Salzen schwacher Säuren — Chromsäure — partiell ausgefällt. Die von diesem Gedanken ausgehenden Vorversuche mit salpetrigsaurem Kali, sowie mit arsenigsaurem Kali (s. Allgemeines Verhalten der seltenen Erden zu den Reagentien S. 46) hatten negative Resultate ergeben.

Die mit Kaliumchromat aus Erdnitratlösungen erhaltenen Niederschläge enthielten kein Alkali, bestanden somit aus keinem Doppelsalz.

Krüss und Loose (1892 und 1893) stellten sich Didymerde (Atg. 145,3) durch Fällen eines rohen Didymnitrats mit Kaliumchromat dar, während Moissan und Etard (1896) diese Methode zur Gewinnung von Yttria benutzten und hierzu Sulfatlösungen verwendeten (vgl. auch Muthmann und Stützel 1899).

Muthmann und Baur (1900 und 1901) benutzten diese Methode für die Reinigung des käuflichen Thornitrats, also eines Produktes, welches nur noch recht geringe Mengen von Verunreinigungen (0,3 $^0/_0$ Yttererden und Didymkomponenten) enthält. Die Ausführung geschah folgendermaßen:

In eine Lösung von 840 g Thornitrat in 5 Liter Wasser wurde Dampf von drei Atmosphären Druck eingeleitet und gleichzeitig 1 Liter einer 6 $^0/_0$ igen Kaliumchromatlösung zugetröpfelt. (Die entsprechende Patentschrift von Baur [1901] gibt an, daß die 5 $^0/_0$ ige Thorlösung mit 10 $^0/_0$ iger Chromatlösung gefällt wird.) Diese Operation wurde sechsmal wiederholt, wobei jedesmal eine Fraktion von vollkommen einheitlichem Thoriumchromat gewonnen wurde, aus denen insgesamt 320 g rein weißes Thordioxyd resultierten. Beim weiteren Fällen bildete sich sodann eine geringe Menge eines schmutzig olivgrünen Chromates, aus dem ca. 0,5 g der Didymkomponenten erhalten wurden. In der Lösung verblieben ca. 0,5 g Yttererden, die durch Kaliumchromat nicht ausfielen und durch Kalilauge abgeschieden wurden. Das erhaltene Thordioxyd war außerordentlich rein, wie sich aus dem Leuchtvermögen der daraus unter Zusatz von ca. 1 % CeO_2 hergestellten Glühkörper ergab.[1]

Böhm hat einige Thorpräparate des Handels mit Hilfe von Kaliumchromat in mehrere Fraktionen zerlegt und erhielt stets zum Schluß geringe Mengen eines dunkel-olivgrünen Chromats. Kalilauge erzeugte nur selten einen Niederschlag. Das aus dem olivgrünen Chromat gewonnene Oxalat erwies sich aber meistens nach dem Lösen in Ammonoxalat und nachherigem Ausfällen mit Salpetersäure als Thorerde.

Nach Hofmann und Zerban (1902) läßt sich die Radioaktivität der Thorpräparate aus Bröggerit durch fraktioniertes Fällen mit Kaliumchromat steigern, wobei die Aktivität sich in den am leichtesten fällbaren Teilen anreichert.

Mikrochemisch untersuchten Pozzi-Escot und Couquett (1900) einzelne Erdchromate.

Yttriumsalze geben mit Ammoniumchromat ein in wenigen Minuten kristallisierendes Yttriumchromat, hexagonale, schwach violett gefärbte, große Kristalle; Erbiumsalze geben unter den gleichen Bedingungen nur schwierig kristallisierendes Chromat; Didymsalze ein in orangefarbenen, voluminösen Kristallen sich ausscheidendes Didymchromat. Über die Einwirkung einer Lösung von Chromsäure in Schwefelsäure vgl. Mikrochemische Reaktionen S. 99.

Was die Umwandlung der Chromate in Oxyd anbetrifft, so geschieht dieses am besten, wenn man das trockne Salz mit konzentrierter Salzsäure übergießt, und nach der ersten stürmischen Reaktion Alkohol hinzufügt und hierauf kurze Zeit erwärmt. Die Reduktion verläuft auf diese Weise in einigen Minuten. Die grüne Lösung fällt man heiß mit heißer Oxalsäure; in der Kälte bilden sich amorphe Oxalate, die sehr schwer zu filtrieren sind. Nach zweimaligem Auswaschen mit heißem Wasser ist der Niederschlag chromfrei. Wenn Chrom in den Oxalatniederschlag mitgegangen ist — was besonders dann vorkommt, wenn man Oxalsäure zum Reduzieren verwendet —, muß derselbe in konzentrierter Salzsäure gelöst und von neuem gefällt werden, da er durch Auswaschen hiervon nicht befreit werden kann.

[1] Nach einem englischen Patent (Nr. 17, 603 v. 11. Aug. 1902) sollen für Glühkörper nur die mittleren Chromatfraktionen Verwendung finden.

25. Die ameisensauren Salze als Trennungsmittel.

Literatur.

1829. J. J. Berzelius, Pg. A. (2) **16**, S. 414.
1864. Delafontaine, L. A. **131**, S. 110.
1865. — L. A. **135**, S. 197 Fußnote.
1874. P. T. Cleve, Bull. chim. **21**, p. 246.
1878. — Bull. chim. **30**, p. 2; C. C. 1878, **9**, S. 595.
1878. Delafontaine, C. r. **87**, p. 560; C. C. 1878, **9**, S. 738—739; An. Chim. (5) **14**, p. 238; Archives Genève (5) 3. März 1880.
1878. Marignac, An. Chim. (5) **14**, p. 247.
1878. — C. r. **87**, p. 580—581; C. C. 1878, S. 769—770.
1880. P. T. Cleve, C. r. **91**, p. 382; C. C. 1880, **11**, S. 662.
1880. Delafontaine, C. r. **90**, p. 222; C. C. 1880, **11**, S. 164—165.
1880. Marignac, C. r. **90**, p. 899—903; C. C. 1880, **11**, S. 355; Ber. 1880, **13**, 1, S. 1134—1135.
1882. B. Brauner, Mhft. Ch. **3**, S. 487, 498—499.
1882. H. E. Roscoe, Ch. N. **45**, p. 184; Ber. 1882, **15**, 1, S. 1274; C. C. 1882, (3. Folge) **13**, S. 341; J. Ch. S. **41**, p. 277; Monit. scientif. [3] **13**, p. 246.
1883. B. Brauner, Ch. N. **47**, p. 175; C. C. 1883, (3. Folge) **14**, S. 291; Ber. **16**, 2, S. 1861.
1886. P. T. Cleve, Ch. N. **53**, p. 30.
1893. Karl Hofmann, Dis., Universität München, S. 31, 34—35.
1893. Karl Hofmann und G. Krüss, Z. an. **4**, S. 34, 41, 43.
1897. Ludwig Haber, Mhft. Ch. **18**, S. 692—693.
1900. W. Muthmann und E. Baur, Ber. **33**, S. 1753.
1900. M. G. Urbain, An. Chim. **19**, p. 184.
1901. H. Behrens, Arch. Neer. S. II, **6**, p. 72, 83; C. C. 1902, **1**, S. 296.
1902. Postius, Dis., Polytechnikum München, S. 11.

Die ameisensauren Salze sind ebenso wie die Kaliumdoppelsulfate ein gutes Trennungsmittel für die Terbinerden (Terbium, Gadolinium). Ist das Gemisch reich an diesen Erden, so konzentriert man die Lösung so weit, bis sich ein Teil in Gestalt eines weißen mikrokristallinischen Niederschlages abscheidet. Die Mutterlaugen enthalten die Yttererden und einen nicht unbedeutenden Teil der Terbinerden; durch Konzentrieren wird die Flüssigkeit sirupös und fast unkristallisierbar, erst durch Hinzufügen von Alkohol ist es möglich, Abscheidungen von neuem zu erhalten

Delafontaine (1878) ließ sich durch die Löslichkeit des Terbiumformiats in einer Lösung der ameisensauren Yttria täuschen und nahm die Existenz eines neuen Elementes, des Philippiums an. Diese vermeintliche Erde mußte jedoch nur als eine Fraktionierungsgrenze angesehen werde, nachdem Roscoe (1882) einige Jahre später mit einem Gemisch von Yttrium und Terbium die für Philippinerde charakteristischen Eigenschaften hervorrufen konnte.

Die Terbinerden, welche sich z. B. in den Mutterlaugen der Ammon- oder Natriumdoppelnitrate mit den Yttererden zu gleicher Zeit anreichern, kann man mit Hilfe dieser Methode zum größten Teil extrahieren. Die mit Ätznatrium gefällten Hydroxyde werden zur Entfernung des Alkalis gut gewaschen und mit Ameisensäure in Lösung gebracht. Beim Kochen trübt sich die übersättigte Lösung und scheidet eine große Menge rosafarbener Formiate ab, die durch Filtrieren getrennt werden. Die Flüssigkeit enthält noch viel Neodym, fast alles ursprünglich vorhandene Praseodym ist aber ausgefallen (Urbain 1900).

Hierin würden sich die Formiate wie die Kaliumdoppelsulfate und Chromate verhalten; das Neodym, welches den Yttererden verwandter ist als das Praseodym, demnach in den Mutterlaugen anreichern.

Böhm wiederholte diesen Versuch mit einem ähnlichen Material und fand diese Angaben bestätigt.

Indem man die Ausscheidungen der Kristalle entfernt und die Laugen von neuem eindampft, erhält man schließlich eine sirupöse Lösung, welche auf diese Art nicht mehr zur Kristallisation gebracht werden kann, obgleich sie noch viel Terbinerden enthält. Wie bereits erwähnt, verändert die Gegenwart einer größeren Menge Yttria die Löslichkeit des Terbiumformiats.

Die an Terbinerden reichen Niederschläge werden verglüht, in Sulfate umgewandelt und mit Kaliumsulfat behandelt.

Man erhält also auf diese Weise immer nur mehr oder weniger große Anreicherungen der Terbinerde, wie z. B. seiner Zeit Delafontaine 1878, 1880 und Marignac 1878. Hofmann und Krüss (1893) fanden in Übereinstimmung mit Lecoq de Boisbaudran, daß erst bei $\ddot{R} = 158$ ein konstanter Punkt erreicht wird.

Da Samariumformiat schwerer löslich ist als Didymformiat (Cleve 1886), reinigte Brauner (1883) letzteres als ameisensaures Salz. Schon Delafontaine (1865) fand, daß das Formiat des Cers, namentlich des Lanthans noch weniger löslich ist als das

Bleiformiat, von welchem angenommen wird, daß es das am wenigsten lösliche ameisensaure Salz ist.

Die Löslichkeit in Wasser ist nach Cleve für ameisensaures Lanthan 1:421, für das entsprechende Salz des Cers 1:360 und für Didymformiat 1:220; für letzteres hat Marignac Zahlenwerte zwischen 1:128 und 1:160 angegeben (Behrens 1901).

Mischt man eine Acetatlösung der Ceriterden mit einer unzureichenden Quantität Ameisensäure und erwärmt gelinde bis zu beginnender Trübung, so fallen hauptsächlich Formiate von Lanthan und Praseodym aus. Bei weiterer Erwärmung werden Cer, Neodym und Samarium abgeschieden. Alle besitzen dieselbe Form und die gleichen optischen Eigenschaften (Behrens 1901) — vgl. Allgemeines Verhalten der seltenen Erden und Mikrochemische Reaktionen S. 95.

Erbiumformiat erhält man als rotes kristallinisches Pulver; wasserfrei löst sich dasselbe nur langsam in Wasser (Cleve 1880). Muthmann und Baur (1900) schieden dieses Formiat aus ihrem Yttriummaterial ab.

Ytterbiumformiat löst sich in weniger als seinem eigenen Gewicht Wasser und kristallisiert in kleinen Warzen wie Erbium und Yttrium. Wie diese zersetzt es sich in der Wärme unter Aufblähen und verliert bei 100° sein Kristallwasser (Marignac 1878).

Die große Löslichkeit der Ytteritformiate verwendete Brauner (1883) zur Trennung der beiden Erdgruppen Cerit und Ytteriterden.

Auf diese Weise konnte Brauner im Cerit Yttrium, Holmium, Thulium, Erbium und Samarium nachweisen.

Die letzten Didymreste aus den Ytteriterden kann man durch Kristallisieren der Formiate aus ameisensaurer Lösung nicht entfernen. Diese Methode ist nur anwendbar, wenn sehr viel Didym zugegen ist.

Fraktionierte Lösung der in Wasser aufgeschlämmten fein zerriebenen Oxyde mit verdünnter Ameisensäure bleibt ebenfalls erfolglos (Postius 1902).

Beim Kristallisieren der Formiate macht sich das feste Anhaften der Kristallkrusten an den Gefäßwandungen unangenehm bemerkbar. Meistens wird man die Ausscheidungen mit verdünnten Säuren herauslösen, um Verluste zu vermeiden.

Ameisensaures Thorium, welches in Alkohol etwas, in

heißem Wasser vollständig löslich ist (beim Kochen tritt sogar keine Trübung auf), wird von kaltem Wasser zersetzt (Berzelius 1829), so daß es Delafontaine (1864) für ausgeschlossen hielt, dieses Salz durch wiederholtes Umkristallisieren zu reinigen.

Haber (1897) will im Natriumformiat ein Fällungsmittel für Thorerde gefunden haben, welches für die Reindarstellung dieser Erde Verwendung finden kann.

Die Fällungen mit ameisensaurem Natrium bilden sich erst bei starker Verdünnung und anhaltendem Kochen als sehr schwere, weiße, feinkörnige Niederschläge, welche aus schön ausgebildeten durchsichtigen Hexaedern bestehen.

In den Auflösungen der Ceriterden bildet ameisensaures Natrium bei Siedehitze und entsprechender Konzentration prächtig kristallisierte Salze, die in kaltem und heißem Wasser sehr schwer löslich sind — die Fällung ist unvollständig.

In Zirkonsalzlösungen verursacht dieses organische Salz schon bei gelindem Erwärmen die Bildung eines flockigen, weißen, voluminösen Niederschlages und nahezu vollständige Fällung des Zirkons. Das Formiat ist basisch.

Ameisensaures Ammonium fällt wohl die Erden der Ceritgruppe, jedoch diejenigen der Ytteritgruppe nicht (Behrens 1901).

26. Trennung mittels der Acetate.

Literatur.

1829. J. J. Berzelius, Pg. A. (2) **16**, S. 413—414.
1835. N. J. Berlin, K. Vet. Ak. Hdl., p. 212; B. J. 1837, 16. Jahrg., S. 138.
1838. — Pg. A. **43**, S. 112.
1863. Finkener, Pg. A. **118**, S. 503—504; Z. alyt. 1864, **3**, S. 369.
1863. H. Rose, Pg. A. **118**, S. 503, aus Sb. B., Nov. 1862.
1864. M. Delafontaine, L. A. **131**, S. 110; aus dem Arch. d. sc. phys. et nat. **18**, p. 343.
1864. O. Popp, L. A. **131**, S. 195.
1866. J. Bahr und R. Bunsen, L. A. **137**, S. 2—3.
1878. M. Delafontaine, C. r. **87**, p. 633, 639; C. C. 1878, S. 801—802; Ber. 1879, **12**, 1, S. 364.
1890. H. Bäckström und W. C. Brögger, Mineralien der südnorwegischen Augitsyenite — Z. K. **16**, S. 83.

1890. P. T. Cleve, das. S. 362—363.
1890. Lecoq de Boisbaudran, C. r. **111**, p. 394.
1891. G. Krüss, L. A. **256**, S. 8—16.
1896. M. Delafontaine, Ch. N. **73**, p. 284; C. C. 1896, **2**, S. 339.
1897. O. Boudouard, C. r. **125**, p. 772—773, 1096—1097; C. C. 1898, **1**, S. 17 u. 235; J. 1897, **1**, S. 1031—1032.
1897. C. Glaser, Z. alyt. **36**, S. 213—219.
1897. Wyrouboff und Verneuil, C. r. **125**, p. 950—951; C. C. 1898 **1**, S. 235.
1898. — — C. r. **128**, p. 1331; Bull. chim. [3] **19**, p. 219; C. C. 1899, **2**, S. 145.
1900. C. Benedicks, Z. an. **22**, S. 419.
1901. G. P. Drossbach, Z. agw. Heft 26, S, 656.
1902. Richard Jos. Meyer und M. Koss, Ber. 35, S. 673—676; C. C. 1902, **1**, S. 705.
1902. Karl Postius, Dis., Polytechnikum München, S. 11—12, 13, 30.
1903. N. A. Orloff, Chem. Ztg. 1903, Nr. 25 v. 28. März, Repert. S. 67; Pharm. Jour. **42**, S. 5.

Das Kristallisieren der Acetate wurde nur in neuester Zeit von Postius (1902) zur Trennung der Yttererden (Erbium-Yttriumgemisch, erste Ammoniakfällung eines Yttriummaterials) von Didym und Samarium verwendet.

Berlin[1]) hatte bereits 1835 die Beobachtung gemacht, daß beim wiederholten Umkristallisieren des rosafarbenen Acetats der alten Yttria (Ytteriterden) farblose Kristalle erhalten werden. Offenbar hatte Berlin erbium- und yttriumreiche Fraktionen erhalten, die bei weiterem Verfolg seiner Versuche zur Zerlegbarkeit der alten Yttria hätten führen müssen. Nach Bahr und Bunsen (1866) sind auch die ersten Kristallisationen viel reicher an Erbinerde als die späteren. Allein es scheint, als ob durch fortgesetztes Umkristallisieren der zuerst ausgeschiedenen Anteile des Salzes eine vollständige Trennung nicht zu erreichen ist. Bald darauf arbeiteten Bahr und Bunsen ihre klassische Methode der Nitratabtreibung aus und gelangten hiermit zu dem erwünschten Ziele.

---

[1] Yttriumacetat kristallisiert leicht und regelmäßig aus einer neutralen Auflösung bei freiwilligem Verdunsten. Enthält die Lösung freie Essigsäure, so bildet sich über den angeschossenen Kristallen ein dicker Sirup — die Kristalle, sowohl rhombisch als auch glatte vierseitige Prismen mit dreiseitiger Zuspitzung, lösen sich in Alkohol, 9 Teilen kaltem, aber weniger warmem Wasser.

Die Acetate der Ytteriterden kristallisieren bei weitem besser als die Ceritacetate (vgl. Allgemeines Verhalten der seltenen Erden zu den Reagentien S. 39). Popp (1864) bezeichnet Yttriumacetat als das am leichtesten kristallisierbare Salz der Yttria. Das Acetat des Decipiums kristallisiert sehr leicht und scheint weniger löslich zu sein als das des Didyms, aber löslicher als das des Terbiums (Delafontaine 1878).

Gadoliniumacetat ist der entsprechenden Yttriumverbindung vollständig isomorph und kristallisiert in schwerlöslichen, wasserhellen, asymmetrischen Kristallen (Benedicks 1900).

Lanthanacetat kristallisiert aus sirupösen Lösungen in dünnen Prismen, die sich träge in Wasser lösen. Erwärmen fördert die Kristallbildung. Praseodymacetat scheint mit Lanthanacetat Mischkristalle zu bilden, jedenfalls wurden aus den gemischten Acetaten von Lanthan und Praseodym durch Umkristallisieren stets Mutterlaugen und Kristalle von gleicher Zusammensetzung gefunden. Beide sind mittels warmer verdünnter Essigsäure leicht in Lösung zu bringen; die Kristallbildung läßt lange auf sich warten und breitet sich dann schnell aus.

Didymacetat kristallisiert ungleich schwieriger, in undeutlichen Körnern, Ceriumacetat war nicht zur Kristallisation zu bringen. Konzentrierte Lösungen von Ceriumacetat werden schon durch gelindes Erwärmen getrübt, bei dem Erkalten klären sie sich wieder. Verdünnte Lösungen der Ceritacetate, die keine freie Säure enthalten, erleiden durch Kochen bleibende Zersetzung unter Bildung basischer Acetate (Behrens 1901).

Wenn man noch feuchtes Thorerdehydrat mit verdünnter Essigsäure übergießt, so löst es sich zu einer schleimigen, kleisterartigen trüben Masse auf, und wenn man kohlensaure Thorerde mit konzentrierter Essigsäure behandelt, so zerfällt sie unter Aufbrausen zu einem Pulver, das sich sehr wenig in der Säure löst. Verdampft man die eine oder die andere dieser Massen bei gelinder Wärme ganz oder nahe zur Trockne, so wird die essigsaure Thorerde unlöslich in Wasser, so daß man sie auf diese Weise von anderen Erden, die gemeinschaftlich mit einer sehr geringen Spur von Thorerde als essigsaure Salze gelöst werden, befreien kann. Durch Umkristallisieren des Acetats reine Thorerde zu erhalten, ist nicht zu erwarten (Delafontaine 1864).

Das essigsaure Salz ist nach Berzelius (1829) emailleweiß,

schwer und geht gerne milchig durchs Filter, wenn es nicht mit salmiakhaltigem Wasser gewaschen wird. Nach Chydenius (1861) scheidet sich aus der essigsauren Lösung des Thoriumhydrats das entsprechende Salz in feinen nadelförmigen Kristallgruppen ab. Aus Chlorthorium und Essigsäure erhält man dasselbe Salz, es ist unlöslich in Wasser und kaum löslich in verdünnter Essigsäure.

Zirkonacetat bildet eine gummiähnliche Masse (Weibull 1883).

Nach den beim Umkristallisieren eines Erbium-Yttrium-materials gesammelten Erfahrungen soll man nach Postius (1902) wie folgt verfahren:

Die in mäßig konzentrierter Essigsäure gelösten Oxyde (sollte ein kleiner Rückstand bleiben, so filtriert man davon ab), welche einen ziemlichen Säureüberschuß enthalten müssen (es würden sich sonst beim Konzentrieren basische Salze abscheiden, die keine Trennung aufweisen), werden auf freier Flamme oder Asbestplatte bis zur Bildung einer Kristallhaut eingedampft. Dann konzentriert man unter beständigem Rühren weiter, bis sich eine große Menge rosafarbenen Salzes abgeschieden hat. Jetzt kühlt man die Schale von außen mit Wasser; es findet weitere Salzabscheidung statt, so daß die Masse breiig wird.

Das Ganze bringt man nach völligem Erkalten auf die Nutsche; die durchgelaufene Mutterlauge enthält eine starke Anreicherung von Didym und außerdem so gut wie alles Eisen, das in dem Material vorhanden war und welches auf andere Weise nur schwer zu entfernen ist. Die Lauge stellt man beiseite und wiederholt mit den Kristallen das Verfahren; die gebildeten Laugen werden jedesmal entfernt — man richtet es dabei so ein, daß immer nur wenige Kubikcentimeter Flüssigkeit restieren. Nach etwa 15 Kristallisationen ist das Erbiummaterial vollkommen didymfrei. Eine konzentrierte Lösung zeigt bei 30 cm Schichtlänge keine Spur eines Didymspektrums mehr. In 14 Tagen konnte Postius auf diese Weise $^3/_4$ kg Erbiummaterial didymfrei machen; mit verdünntem Ammoniak würde man auch nach mehreren Wochen kaum zum Ziele kommen.

Die vereinigten Laugen von den Essigsäurefraktionen gaben verglüht ein bräunliches Oxyd, dessen Lösung neben wenig Erbium ein wohlausgebildetes Didymspektrum zeigte; daneben traten auch Samariumbanden im Blau auf, welche im Ausgangsmaterial unsichtbar waren. Demnach kann man auch die Acetate zur Trennung des Samariums von Erbium verwenden.

Die so gut wie möglich von der Mutterlauge befreiten Acetate gaben verglüht ein gelbes Oxyd, dessen Lösung im Spektralapparat nur die Erbiumlinien neben den von Cleve für Holmium und Thulium angegebenen Streifen zeigte.

Boudouard (1897) stellte sich Ceracetat durch Lösen von thorfreiem Cersulfat in Wasser und Umsetzen mit Bleiacetat dar. Nach dem Abfiltrieren des gebildeten Bleisulfats und Abdampfen zur Kristallisation wurde Ceracetat in Form eines weißen Niederschlages erhalten. Boudouard will hierdurch die Behauptungen Schützenbergers[1] stützen, daß im Cer noch ein unbekanntes Element enthalten ist. Die Atomgewichte der einzelnen Cerfraktionen variierten zwischen 135,1 und 140,7. Orloff (1903) will Cer ebenfalls als Acetat rein gewinnen.

Wyrouboff und Verneuil (1897) bemerken zu den Angaben Boudouards, daß die fraktionierte Fällung des Ceracetats irrtümlich ist.

Urbain (1900) stellte mit verschiedenen organischen Salzen, Acetaten, Chloracetaten, Butyraten usw., Trennungsversuche an, die viel Zeit beanspruchten, ohne jedoch großen Vorteil zu bieten. Hierauf kristallisierte er mit Erfolg die Acetylacetonate und Ätylsulfate.

Die Wirkungsweise der Alkaliacetate auf die seltenen Erden ist eine verschiedene.

Ammonacetat verhindert teilweise die Fällung der seltenen Erden mittels Ammoniak. Krüss (1891) versuchte, ob sich auf diese von Lecoq de Boisbaudran (1890) gemachte Beobachtung eine Trennungsmethode für Erbin, Holmin, Thulin und Ytterbin gründen ließe — die diesbezüglichen Resultate waren negativ. Delafontaine (1896) untersuchte das Verhalten des Yttriumacetats zu Ammoniak (s. S. 41).

So schwer Thoroxalat in Säuren löslich ist, so leicht löst es sich in einer freie Essigsäure enthaltenden Lösung von Ammonacetat. Die übrigen Erdoxalate sind in diesem Reagens unlöslich. Finkener, welcher sich auf Veranlassung Roses mit der Untersuchung des Samarskits beschäftigte, fand 1863 in diesem Material mit Hilfe dieser Reaktion die bisher darin noch nicht nachgewiesenen Erden Thorium und Zirkon. Die Sulfate wurden als Oxalate gefällt, oxalsaures und essigsaures Ammon nebst etwas freier Essig-

[1] Schützenberger, C. r. **120**, p. 962; C. C. 1895, **2**, S. 14.

säure hinzugefügt, erwärmt und filtriert. Bei Behandlung mit verdünnter Salzsäure blieb nur eine geringe Menge Thoriumoxalat ungelöst. Im Filtrat wurden Ytterit- und Ceriterden mit Ammoniak gefällt und nach bekannten Methoden getrennt. Das im Ammonacetat gelöste Thoriumoxalat wurde mit Salzsäure ausgefällt, wobei etwas Zirkonerde gelöst blieb — Rose 1863.

Nach Drossbach (1901) löst sich Thoroxalat in allen Alkaliacetaten.

Glaser (1897) verwendete für die quantitative Bestimmung des Thoriums ebenfalls die Löslichkeit seines Oxalats in Ammonacetat. Benz (1902) prüfte diese Methode und fand, daß dieselbe unter keinen Umständen ein zuverlässiges Resultat liefert. Die genaueren Angaben hierüber befinden sich bei der Ammonoxalatmethode.

Die schwerlöslichen Kaliumdoppelsulfate werden durch Ammonacetat gelöst, welche Eigenschaft Urbain, Dennis-Chamot und Stützel zur Überführung derselben in Hydroxyde benutzten, s. Alkalidoppelsulfatmethode.

Zirkon und Titan schied Bäckström (1890) bei der Analyse des Mosandrits und Johnstrupits durch Zusatz von Ammonacetat zur neutralisierten Lösung und Kochen ab, während Cleve (1890) Zirkon und Eisen bei der Analyse des Wöhlerits mittels Natriumacetat gemeinsam fällte. Zirkon wurde hierauf von den mitgefallenen Metallen durch Natriumthiosulfat getrennt (s. S. 253).

Natriumacetat fällt Cerisalze in neutraler Lösung (Popp s. S. 143), die Fällung ist quantitativ (Meyer und Koss 1902). Didym- und Lanthansalze werden durch Natriumacetat nicht gefällt; trotzdem läßt sich das Cer aus einem alle drei Erden enthaltenden Gemisch auf diese Weise nicht entfernen. Viel günstiger gestalten sich die Verhältnisse, wenn neben Cer nur Lanthan zugegen ist. Die quantitative Bestimmung des Cers mit Natriumacetat in einem synthetischen Gemische von Ceriammonnitrat und Lanthannitrat ergab; CeO_2: Ber. 25,54; gef. 26,10; 25,71; 25,91. Da aber die Trennung des Cers von Lanthan bei Abwesenheit von Didym praktisch bedeutungslos ist, weil die natürlichen Erdgemische stets auch Didym enthalten, so ist diese Methode von geringem Werte.

Um Oxydation und Fällung des Cers in einer Operation zu bewirken, kann man die neutrale Lösung der Nitrate in der

Siedehitze gleichzeitig mit Wasserstoffsuperoxyd und Natriumacetat behandeln. Diese Arbeitsweise führt jedoch aus zwei Gründen nicht zum Ziele. Der erhaltene Cerniederschlag ist nämlich derartig voluminös und schwer filtrierbar, daß er in größeren Mengen nicht bewältigt werden kann und sich während des Filtrierens und Auswaschens wieder auflöst, indem die Hydrolyse des Acetats beim Erkalten wieder zurückgeht. Außerdem gehen bei Gegenwart von Wasserstoffsuperoxyd sehr beträchtliche Mengen von Didym mit dem Cer zusammen in den Niederschlag. Dieser Umstand veranlaßte Meyer und Koss (1902), die gleichzeitige Einwirkung von Acetat und Wasserstoffsuperoxyd auf reine Didym- und Lanthansalze zu studieren.

Wie oben bemerkt, werden Lösungen von Didymsalzen durch Natriumacetat allein nicht gefällt. Dagegen scheidet sich bei gleichzeitiger Anwesenheit von viel Wasserstoffsuperoxyd in der Hitze ein voluminöser Niederschlag aus, der das Didym in der Form eines Superoxydes enthält[1], und zwar gelingt es bei Anwendung kleiner Mengen, das gesamte Didym auf einmal auszufällen; die Fällung löst sich aber in der Kälte und in Essigsäure noch viel leichter auf, als die des basischen Ceriacetats, so daß größere Mengen Didym nur unter zeitweiliger Neutralisation der Lösung fraktioniert abgeschieden werden können. Unter denselben Bedingungen werden Lanthansalze nicht gefällt[2], was den Gedanken nahe legte, die in diesem Verhalten wie auch sonst zutage tretende, verhältnismäßig große Basizitätsdifferenz zwischen Didym und Lanthan zu einer Trennung im großen zu benutzen. Wie Meyer und Koss durch zahlreiche Versuche mit 100—300 g eines cerfreien Didym- und Lanthangemisches festgestellt haben, läßt sich dieses Ziel allerdings insofern erreichen, als man auf die gekennzeichnete Weise verhältnismäßig schnell zu größeren Mengen lanthanfreien Didyms gelangen kann; doch sind die rein technischen Unbequemlichkeiten der Ausführung dieser Methode infolge des übermäßigen

---

[1] Der ausgewaschene Niederschlag macht aus angesäuerter Jodkalilösung viel Jod frei — vgl. Kapitel Superoxyde S. 161.

[2] Das technische Wasserstoffsuperoxyd ist hierzu nicht zu verwenden, weil es Phosphorsäure enthält, wodurch Phosphate der seltenen Erden ausfallen. Das 30%ige H_2O_2 von E. Merck, welches je nach Bedarf verdünnt werden kann, oder das 3%ige medizinische Präparat von Raspe, Weißensee bei Berlin, ist für diese Zwecke zu empfehlen.

Schäumens der Flüssigkeit, sowie der schlechten Filtrierbarkeit und leichten Auflösbarkeit der Niederschläge vorläufig noch so erheblich, daß sie für die Praxis nicht zu empfehlen ist.

Bei der fraktionierten Fällung einer Didymlösung mit Natriumacetat und Wasserstoffsuperoxyd wird eine auffallend schnelle Scheidung der Didymkomponenten erzielt. Nach einmaliger Zerlegung von 100 g Didymnitrat in fünf Fraktionen unterschieden sich die beiden Endfraktionen sowohl in der Färbung als nach dem spektralanalytischen Befunde sehr deutlich. Während die salpetersaure Lösung des aus Fraktion I dargestellten Oxydes eine schmutzig braunrote Farbe zeigte, was auf eine Anreicherung von Praseodym hindeutet, zeigte die gleichkonzentrierte Lösung aus Fraktion V die reine Rosafärbung der Neodymsalze. In Übereinstimmung hiermit konnte im Spektrum von 1 eine starke Intensitätsabnahme der Linien in Gelb und Grün konstatiert werden.

Da die fällende Wirkung der Alkaliacetate auf Salze von Metallen verschiedener Basizität, wie Cer und Didym, von der Konzentration der Hydroxylionen abhängt, die sich durch die Hydrolyse des Fällungsmittels ausbilden, so wird man bei Wahl von schwächeren Basen von vornherein einen besseren Erfolg erwarten dürfen. Diese Voraussetzung findet ihre Bestätigung im Magnesiumacetat, denn durch ein Gemisch von Magnesiumacetat und Wasserstoffsuperoxyd wird zwar das Cer vollständig gefällt, Didym und Lanthan hingegen nicht, selbst bei längerem Kochen nicht. Allerdings erhält man, wenn die von Meyer und Koss ausgearbeitete Methode, wie unter Wasserstoffsuperoxyd S. 156 beschrieben, durchgeführt wird, einen Cerniederschlag, der stets 3—4 % Didym enthält, so daß derselbe nach einem anderen bewährten Verfahren gereinigt werden muß.

Wenn man die Lösung von Cersalzen in der Siedehitze mit einer Lösung von Ammoniumpersulfat versetzt, so scheidet sich ein gelber Niederschlag von basischem Cerisulfat aus, der sich schnell absetzt und sich gut filtrieren und auswaschen läßt. Die Fällung des Cers ist jedoch unvollständig, weil bei der Oxydation freie Schwefelsäure gebildet wird. Bei Gegenwart von Didym und Lanthan ist der Niederschlag durch wenig Didym verunreinigt. Es lag nun nahe, die Bildung freier Schwefelsäure durch einen Zusatz von Natriumacetat zu verhindern und so eine event. quantitative Abscheidung des Cers zu erreichen. Witt und Theel (S. 170) haben mit dieser Methode schlechte Erfahrungen gesammelt, was sie dann veranlaßte, andere Neutralisationsmittel — Natrium- oder Calciumcarbonat — zu wählen.

Meyer und Koss (1902) haben in neuester Zeit gezeigt, daß man durch vorsichtigen Zusatz von Natriumacetat während der oxydierenden Fällung mit Persulfat das Cer fast vollständig abtrennen kann. Spuren davon scheinen aber stets im Filtrat zu bleiben. In dem Moment aber, in welchem die Abscheidung des Cers erfolgt ist, setzt eine immer stärker werdende Entwicklung von Kohlensäure ein, indem das überschüssige Persulfat auf die Essigsäure oxydierend einwirkt. Hierdurch wird aber zweifellos Didym als Hydroxyd gefällt werden. Da man nun weder den Zusatz von Persulfat, noch den von Natriumacetat mit Sicherheit so bemessen kann, daß eine für die Cerfällung gerade ausreichende Menge vorhanden ist, so läßt sich die Trennung auf dieser Grundlage nicht durchführen. Meyer und Koss (1902) befinden sich also mit diesen Erfahrungen in vollständiger Übereinstimmung mit O. N. Witt und W. Theel (vgl. 170). Trotzdem scheint man die Methode für analytische Zwecke mit Erfolg benutzen zu können; nach der Vorschrift von Wyrouboff und Verneuil (1898) für die quantitative Bestimmung des Cers bei Gegenwart von Didym und Lanthan soll man nämlich den Rest des Cers, der nach der Fällung mit Ammoniumsulfat noch im Filtrate bleibt, durch Zusatz von 0,05 g Ammoniumpersulfat und 1 ccm einer 50 %igen Natriumacetatlösung abscheiden. Vgl. auch das ausführliche Kapitel S. 39.

27. Trennung mittels partieller Löslichkeit der Oxalate in verdünnten Säuren.

Literatur.

1843. Mosander, Lond. Edinb. Dubl., Oct. 1843, p. 241; L. A. **48**, S. 222—223.

1845. L. Svanberg, Oefv. K. Vet. Fhd. 1845, Nr. 3, p. 37; Pg. A. 1845 (2) **65**, S. 317—319; L. A. 1845, **56**, S. 223—229; B. J. 1846 (25. Jahrg.), S. 149.

1849. C. Marignac, An. Chim. **27**, p. 209; J. pr. **48**, S. 420; L. A. 1849, **71**, S. 309.

1852. Sjögren, Pg. A. Ergänzungsband **3**, S. 469; J. pr. 1852, **55**, S. 298.

1853. N. J. Berlin, J. pr. 1853, **58**, S. 145—148; J. 1853, S. 350.

1853. C. Marignac, An. Chim. (3) **38**, p. 148; L. A. 1853, **88**, S. 232.

1862. Holzmann, Ztsch. Chem. u. Pharm. 1862, S. 668; J. 1862, **15**, S. 135—137; C. C. 1863, S. 206.
1862. H. Rose, Mb. B., Nov. 1862; J. pr. 1863, **88**, S. 205; Pg. A. 1863 (1) **118**, S. 503—504.
1863. Finkener, Pg. A. **118**, S. 503—504; Z. alyt. 1864, **3**, S. 369—370.
1864. Popp, L. A. **131**, S. 180.
1866. R. Hermann, J. pr. **97**, S. 321—337.
1869. Zschiesche, J. pr. **107**, S. 71; Z. alyt. **9**, S. 541.
1873. P. T. Cleve und O. M. Höglund, Bih. K. Vet. Hdl. 1873, **1**, 3, Nr. 8; Ber. 1873, **6**, S. 1468—1469.
1875. H. Bührig, J. pr. (2) **12**, S. 222.
1878. M. Delafontaine, An. Chim. (5) **14**, p. 238.
1878. C. Marignac, An. Chim. (5) **14**, p. 247.
1879. P. T. Cleve, C. r. **89**, p. 421; C. C. 1879, S. 637.
1879. Lecoq de Boisbaudran, C. r. **88**, p. 323; C. C. 1879, S. 258—259.
1882. B. Brauner, Mhft. Ch, **3**, S. 491 und 498.
1882. P. T. Cleve, C. r. **95**, p. 1225; C. C. 1883, **14** (3. Folge), S. 36; Z. alyt. 1883, **22**, S. 484; J. 1882, **35**, S. 15.
1883. I. — Oefv. K. Vet. Fhd.
1883. II. — Bull. chim. **39**, p. 290; Ber. 1883, **16**, 1, S. 1212—1213.
1886. W. Crookes, Ch. N. **54**, p. 41—43.
1886. Lecoq de Boisbaudran, C. r. **103**, p. 627; Ch. N. 1886, **54**, p. 225.
1891. B. Brauner, Ber. **24**, 1, S. 2329.
1893. Eug. Demarçay, C. r. **117**, p. 163; C. C. 1893, **2**, S. 355.
1893. Wolcott Gibbs, J. Am. Ch. Soc. **15**, p. 546; C. C. 1894, **1**, S. 180.
1893. Karl Hofmann und G. Krüss, Z. an. **4**, S. 27.
1893. Lecoq de Boisbaudran, C. r. **116**, p. 611; C. C. 1893, **6**, S. 771.
1895. B. Brauner, Ch. N. **71**, p. 283—285; C. C. 1895, **2**, S. 284.
1897. — D. R.-P. Nr. 97 689 v. 31. Juli 1897; Patentbl. **19**, S. 440; C. C. 1898, **2**, S. 653—654.
1898. — J. Ch. S. p. 951—983; C. C. 1899, **1**, S. 822—823; Rozpravy ceské acad. 1896, **5**, Cl. II, Nr. 34, p. 6.
1898. Job, C. r. **126**, p. 246; J. 1898, **1**, S. 539.
1898. Muthmann und Roelig, Ber. **31**, 2, S. 1722.
1898. H. Roelig, Dis., Universität München, S. 32.
1898. C. v. Scheele, Z. an. **17**, S. 318.
1898. G. Urbain, C. r. **127**, p. 107—108; C. C. 1898, **2**, S. 408.
1899. W. Crookes, Proc. Lond. **65**, p. 237; C. C. 1899, **3**, 2 (5. Folge), S. 748—749.
1899. P. Melikoff und L. Pissarjewsky, Z. an. **21**, S. 70—71.
1900. Benedicks, Z. an. **22**, S. 418—419.
1900. Richard J. Meyer und E. Marckwald, Ber. **33**, S. 3006.
1900. M. G. Urbain, An. Chim. **19**, p. 184.
1901. H. Behrens, Arch. Neer. (2) **6**, p. 73—74, 82—83, 88—89; C. C. 1902, **1**, S. 297.
1901. G. P. Drossbach, Z. agw., Heft 26, S. 657.
1901. Camille Matignon, C. r. **133**, p. 289.
1901. Henry Stevens, Z. an. **37**, S. 42.

1901. Rob. Marc, Dis., Universität München, S. 19—20, 23, 35—37; Ber. 35, S. 2382—2391; C. C. 1902, 2, S. 498.
1902. N. Muthmann, H. Hofer und L. Weiss, L. A. 320, S. 268.
1902. L. Weiss, Dis., Polytechnikum München, S. 46.
1903. W. Muthmann und L. Weiss, L. A. 331, S. 16.

Eine der ältesten Trennungsmethoden, welche von Mosander (1843) beschrieben wurde, gründet sich darauf, daß beim Fällen einer Lösung seltener Erden mit Oxalsäure zuerst die schwächsten Basen und zuletzt die stärksten gefällt werden. Da hierbei unlösliche Erdoxalate gebildet werden und zu gleicher Zeit die betreffende Mineralsäure in Freiheit gesetzt wird, so ist diese Methode mit der Löslichkeit der Erdoxalate in Mineralsäure eng verbunden.

Diese Methode der unvollständigen Oxalatfällung erfuhr durch ihren Entdecker eine Modifikation, indem das Oxalatgemisch in warmen Mineralsäuren gelöst und hierauf durch Abkühlung zur Kristallisation gebracht wurde.

Um die zahlenmäßigen Beziehungen kennen zu lernen, welche eine Trennung bei der Mosanderschen Methode bewirken, seien die Löslichkeitsverhältnisse der reinen Erdoxalate vorausgeschickt, die wir den Braunerschen (1898) ausführlichen Untersuchungen entnehmen.[1]

Gleichzeitig sei an dieser Stelle Gelegenheit genommen, die Art und Weise der Ausführung dieser Löslichkeitsbestimmungen wiederzugeben.

Die Oxalate wurden mit Normalschwefelsäure derart behandelt, daß soviel wie möglich hiervon in Lösung gingen, d. h. die Lösung gesättigt war.

Die Schwefelsäure wurde bei gewöhnlicher Temperatur (20°) wiederholt mit dem Oxalat geschüttelt und analysiert.

Der Zustand bei Beginn und Ende kann durch folgende Gleichungen ausgedrückt werden, worin R das dreiwertige Element von Nd, Pr, Ce, Y, La, darstellt,

$$R_2(C_2O_4)_3 + 3H_2SO_4 + aq \rightleftarrows R_2(SO_4)_3 + 3H_2C_2O_4 + aq$$

und beim vierwertigen Thorium

$$Th_2(C_2O_4)_4 + 4H_2SO_4 + aq \rightleftarrows Th_2(SO_4)_4 + 4H_2C_2O_4 + aq.$$

---

[1] Brauner, Contrib. to the Chem. of Thorium, Comparative Research on the Oscalates of the Rare Earth-Transactions of the Chem. Soc. 1898, p. 951.

Um die Resultate gleich zu machen, ist die Formel von Thoroxalat so geschrieben, als wenn dieselbe zwei Atome Thorium enthielt.

Die Reaktion des Gleichgewichtszustandes kann wie folgt ausgedrückt werden, wobei $x = 3$ oder 4 ist, $1 > n$ und R = Th, Nd, Pr, La, Ce und Y bedeutet:

$$R_2(C_2O_4)x + xH_2SO_4 + aq = 1 - n[R_2(C_2O_4)x] + nR_2(SO_4)x + 1 - n(xH_2SO_4) + n(xC_2H_2O_4) + aq.$$

Die Analyse wurde in der Weise ausgeführt, daß man die enthaltene Oxalsäure in der klaren Flüssigkeit eines gemessenen Volumens durch $^1/_{10}$ Normal-Permanganat (vgl. Trennung mittels Kaliumpermanganat) bestimmte und das Resultat erst dann als definitiv betrachtete, wenn keine weitere Änderung der Löslichkeit beobachtet wurde — was gewöhnlich nach 24 Stunden der Fall war.

Die erhaltenen Resultate sind in folgender Tabelle wiedergegeben.

Kol. I enthält die Formeln der benutzten Oxalate, als Anhydrid betrachtet; um vergleichbare Resultate zu erhalten, ist jedes Molekül so geschrieben, als wenn es dieselbe Menge von zwei Erdatomen enthält.

Kol. IIa enthält die Durchschnittswerte der Permanganatlösung und

Kol. IIb die relativen Zahlen, deren kleinste als Einheit benutzt wurde.

Kol. IIIa enthält die absoluten Mengen des wasserfreien Oxalates, welche durch 100 ccm Normal-Schwefelsäure zersetzt worden sind und

Kol. IIIb die relativen Zahlen, deren kleinste ebenfalls als Einheit angenommen wurde.

Kol. IVa enthält die Fraktionen der molekularen Mengen der Oxalate, welche durch drei oder vier Moleküle Schwefelsäure zersetzt worden sind. Das Mittel von n wird aus der letzten Gleichung ersehen.

Kol. IVb enthält die relativen Zahlen, wobei die molekulare Menge als Einheit angenommen wurde.

I. Oxalate	II. ccm von $^1/_{10}$N.$KMnO_4$ verbraucht für 100 ccm der Lösung		III. Gramm Oxalate, zersetzt durch 100 ccm der H_2SO_4-Lösung		IV. Bruchteil *n* des zersetzten Oxalatmoleküls	
	a	*b*	*a*	*b*	*a*	*b*
$Th_2(C_2O_4)_4$	1,644 =	1,0000	0,018102 =	1,0000	0,001644 =	1,0000
$Nd_2(C_2O_4)_3$ [1]	10,925 =	6,6464	0,10034 =	5,5434	0,010925 =	6,6464
$Gd_2(C_2O_4)_3$ [4]	—	—	—	—	—	—
$Pr_2(C_2O_4)_4$ [1]	13,552 =	8,2440	0,12327 =	6,8109	0,013552 =	8,2440
$Ce_2(C_2O_4)_3$ [2]	18,042 =	10,9460	0,16360 =	9,0378	0,018042 =	10,9760
$Y_2(C_2O_4)_3$ [3]	23,424 =	14,2500	0,17258 =	9,5340	0,023432 =	14,2500
$La_2(C_2O_4)_3$ [1]	28,426 =	17,5340	0,25606 =	14,1455	0,028426 =	17,5340

[1] v. Scheele (1899) hat die Löslichkeitsverhältnisse von Lanthan-, Neodym- und Praseodymoxalat in Salpetersäure bestimmt und ist hierbei ziemlich zu denselben Ergebnissen, was das Lanthan- und Praseodymoxalat anbetrifft, gelangt, wie Brauner bei seinen Schwefelsäurebestimmungen.

Nach v. Scheele lösen 100 Teile HNO_3 vom spez. Gew. 1,116 bei 15°

1. $Pr_2(C_2O_4)_3 = 1,165$; 2. $La_2(C_2O_4)_3 = 2,691$.

100 Teile HNO_3 vom spez. Gew. 1,063 bei 15°

1. $Pr_2(C_2O_4)_3 = 0,496$; 2. $La_2(C_2O_4)_3 = 0,799$.

Nach v. Scheele scheint Neodymoxalat in Säuren schwerer löslich zu sein, als die Oxalate von Lanthan und Praseodym. Zwischen dem Lanthan- und Neodymsalz soll der Unterschied so groß sein, daß es empfehlenswert erscheint, die letzte Reinigung des Neodyms von Lanthan durch Umkristallisieren der Oxalate zu bewirken.

[2] Ceroxalat ist auch nach Muthmann und Roelig (1898) viel schwerer in Salpetersäure löslich als Lanthanoxalat.

[3] 1 Teil Yttriumoxalat löst sich nach Cleve und Höglund (1873) in 494,6 Teilen verdünnter (?) Salzsäure, Erbiumoxalat in 327 Teilen Säure derselben Stärke.

[4] Nach Brauner soll Gadolinium hinsichtlich der Schwerlöslichkeit des Oxalats zwischen Neodym (0,10034) und Praseodym (0,12327) zu stehen kommen, welche Vermutung durch Benedicks (1900) bestätigt wurde, denn dieser Chemiker fand,

daß 100 g Normal-Schwefelsäure 0,1095 g Gadoliniumoxalat zersetzen. Nach Lecoq de Boisbaudran (1879) soll Gd vor Di mit Oxalsäure ausfallen. Nach Gibbs (1893) fallen beim fraktionierten Fällen mit Oxalsäure zuerst die Erden mit größtem Atomgewicht. Ytterbiumoxalat ist in Salpetersäure leichter löslich als Erbiumoxalat (Urbain 1900), Scandiumoxalat schwerer löslich als Ytterbiumoxalat (Cleve 1879).

Bei anderen Versuchsreihen wurden die im Überschuß verwendeten Erdoxalate in Normal-Schwefelsäure bei der Temperatur des Wasserbades gelöst und die Flüssigkeit nach dem Erkalten analysiert. Hierbei wurden jedoch sehr verschiedene Resultate erhalten, selbst mit ein und demselben Erdoxalat.

Bei den obigen Versuchen konnte Brauner die Bildung von Oxalosulfaten nicht beobachten, hingegen besitzt nach Matignon (1901) eine konzentrierte Neodymchloridlösung die Eigenschaft, allmählich Neodymoxalat und die unlöslichen Oxalate anderer seltener Erden zu lösen. Durch Abkühlen der heißen Lösung erhält man Oxalochloridkristalle, deren Existenz bereits Job (1898) zur Kenntnis gebracht hat.

Die nach dem Erkalten sich ausscheidenden Oxalate sollen je nach der verwendeten Säure — Salz- oder Salpetersäure enthalten und bei den Ceriderden aus monoklinen Stäbchen, Nadeln oder Sternchen von 80—150 mik bestehen. (Behrens 1901; Meyer und Marckwald 1900.)

Diese Verbindungen sind dem Calciumoxalochlorid[1]), dem Bleioxalonitrat[2]) und ähnlichen Doppelverbindungen vollkommen an die Seite zu stellen.

Die Beständigkeit dieser Oxalonitrate gegen die weitere Einwirkung der Salpetersäure ist bei Cer, Didym und Lanthan eine sehr verschiedene. Sie nimmt mit der Basizität der Erden zu, so daß das Lanthanoxalat durch konzentrierte Salpetersäure am schwersten zersetzt wird. Im Zusammenhang hiermit steht die verschiedene Löslichkeit der Erdoxalate in verdünnter Salpetersäure. (Meyer und Marckwald 1900.)

Bei Betrachtung der in obiger Tabelle erhaltenen Zahlen, muß vom praktischen Standpunkt aus bemerkt werden, daß sie nicht genau die relativen Verwandtschaften der Basen (seltenen

---

[1] Fritzsche, J. 1864, S. 372; Pg. A. **28**, S. 121; Rainey, J. 1865, S. 377.

[2] Pelouze, L. A. **42**, S. 206.

Erden) ausdrücken und daher für die quantitative Bestimmung ihrer relativen Affinitäten nicht angewendet werden dürfen, obgleich theoretisch dieses aus der Umkehrung der Ostwaldschen Methode hervorgehen könnte, nach welcher die Affinitäten der verschiedenen Säuren durch die Menge des durch sie zersetzten Calciumoxalates bestimmt werden, (vgl. die Basizitätsreihenfolge bei der Trennung mittels Ammoniak).

Ferner sei hervorgehoben, daß die Löslichkeit der seltenen Erdoxalate in wäßrigem Ammonoxalat, welche ebenfalls als eine Funktion der Basizität der Erden betrachtet werden könnte, eine andere Reihenfolge besitzt, als die Löslichkeit in wäßriger Schwefelsäure

$$(NH_4)_2C_2O_4 + aq = La, Pr, Nd, Ce, Y, Th$$
$$H_2SO_4 + aq = La, Y, Ce, Pr, Nd, Th.$$

Behrens (1901) kochte mit 20% Salzsäure ein Oxalatgemenge von Lanthan, Praseodym, Neodym und Samarium. Nach der Klärung wurde die heiße Lösung abgegossen. Der Rückstand war violett und enthielt noch viel Lanthan. Aus der Lösung setzte sich zuerst ein rötlicher, später ein bläulicher kristallinischer Niederschlag ab. Der erste enthielt (in abnehmender Menge): Nd, Sm, La, Pr; der zweite: La, Pr, Sm, Nd. Die Mutterlauge enthielt viel Lanthan, wenig Praseodym, Neodym und Samarium nur spurenweise.

Nachdem die Löslichkeitsverhältnisse einzelner Erdoxalate in verdünnten Säuren festgestellt worden waren, erkannte man leicht den Grund mehrerer differierender Atomgewichtsbestimmungen. So z. B. hatten einige Autoren das Atomgewicht für Lanthan, welche Erde sie mit Hilfe dieser Methode dargestellt hatten, = 133—135 (an Stelle von 138,2) bestimmt. Aus obiger Reihenfolge erklärt sich dieser Fehler durch die Gegenwart von Yttrium (Y = 89), welches beim fraktionierten Fällen mit Oxalsäure unzweifelhaft dem Lanthan folgt.

Werden die dreiwertigen seltenen Erden auf dem Wasserbade mit konzentrierter Salpetersäure genügend erwärmt, so wird die Oxalsäure oxydiert und es bildet sich das Nitrat, eine Methode, die jetzt vielfach bei der Darstellung seltener Erden Verwendung findet, um auf kurzem Wege die Oxalatfällungen in Nitrate überzuführen. Hierbei bilden sich zunächst, indem die Oxalate in Lösung gehen, Zwischenprodukte — Verbindungen von Oxalaten mit Nitraten —, welche sich bei nicht genügend lange fortgesetztem Erhitzen aus der erkalteten Lösung in Form von Blättchen abscheiden (Meyer und Marckwald 1900; vgl. Überführen der Oxalate in Hydrate, Nitrate, Sulfate usw. Bd. II).

Wenn man saures Thoriumoxalat mit konzentrierter Salpetersäure auf die gleiche Weise erhitzt, so wird die Oxalsäure, welche das Salz sauer macht (im Vergleich mit dem gewöhnlichen Thoriumoxalat) zuerst oxydiert, zugleich wird das gebildete normale Thoroxalat in ein schweres, kristallinisches, sandiges Präzipitat verwandelt, welches der Einwirkung der Salpetersäure bei 100° widersteht. Erst durch sehr langes Kochen wandelt sich das Salz in Nitrat um.

Aus diesen Tatsachen ergibt sich, daß man die partielle Löslichkeit der Oxalate in verdünnten Mineralsäuren vorteilhaft für eine Trennung der seltenen Erden verwenden kann, aber je nach dem vorhandenen Erdgemisch und Zweck der Fraktionierung ist diese Methode zu variieren.

Das unvollständige Fällen der Erdoxalate führt man in der Weise aus, daß man die stark sauren Erdlösungen durch wiederholten Zusatz von Oxalsäure fällt und hierzu vorteilhaft warme Lösungen wählt, damit die Ausscheidungen kristallinisch werden.

Während Marignac (1849) anfangs die gemischten Oxalate von Didym und Lanthan mit einer zu gleichen Teilen mit Wasser verdünnten Salzsäure bis zur vollständigen Lösung behandelte und beim Abdampfen der Flüssigkeit eine teilweise Ausscheidung bewirkte, erzielte er (1853) auch bei der oben genannten partiellen Fällung keine besseren Resultate, sondern immer nur Anreicherungen der einen oder anderen Erde.

Zschiesche (1869) führte diese Versuche weiter und konstatierte, daß eine Lösung von Lanthan und Didym, wenn sie so lange mit Oxalsäure versetzt wird, bis die überstehende Flüssigkeit keine Absorptionslinien zeigt, bei erneutem Zusatz von Oxalsäure doch noch immer eine Fällung gibt. Der letztere Niederschlag liefert aber nach dem Verglühen ein viel lanthanreicheres Produkt, was man übrigens an der Farbe derselben leicht erkennen kann. Bei der spektralanalytischen Prüfung erweist sich derselbe natürlich noch etwas didymhaltig, weshalb die Oxalatfällungen mit einem solchen Produkt wiederholt werden müssen. Zu bemerken ist, daß man die Oxalatlösungen nach dem Ausfällen nicht direkt spektroskopisch prüfen darf, sondern erst nach vorangegangener Filtration, da sonst die einzelnen Didymoxalatkriställchen, infolge ihrer Lichtdurchlässigkeit, Veranlassung zu Täuschungen geben können.

Mit großen Verdünnungen stark saurer Erdlösungen zu arbeiten ist nicht empfehlenswert, da die Mengen der gefällten Oxyde, selbst bei Anwendung von viel Oxalsäure, sehr klein sind, vorausgesetzt, daß es sich nicht um Thorium handelt.

Vorteilhaft verwendet man 10% stark sauere Lösungen der Nitrate und erhitzt dieselben zum Sieden in einem entsprechend großen Kolben; hierauf fügt man siedende konzentrierte Oxalsäure hinzu, bis eben ein bleibender Niederschlag oder Trübung sich zu bilden beginnt. Der Kolben wird unter heftigem Umschwenken schnell abgekühlt, wobei sich die Oxalate als äußerst feines Kristallpulver abscheiden. Das Filtrat von den Oxalaten engt man auf das ursprüngliche Volumen ein und behandelt es wiederum wie oben.

Auf diese Art konnte Marc (1902) aus einem 10%igen Erbinmaterial in ganz kurzer Zeit (nach ca. fünf Fällungen) ein 50%iges Oxyd gewinnen.

G. Urbain (1900) gibt zu einer Suspension der Oxalate in kochendem Wasser unter fortwährendem Umrühren langsam Salpetersäure hinzu, bis die Flüssigkeit vollständig klar ist. Indem man das Rühren fortsetzt und die Kristallisation stört, erhält man ebenfalls fein kristallinische Niederschläge. Auch dieses Verfahren führte schnell zum Ziele.

Zieht man in Betracht, daß die einzelnen Fraktionen nur wenige Minuten in Anspruch nehmen, daß die Oxalate leicht abgesaugt und verglüht werden können, und daß man so bei hinreichendem Material in einem Tage eine ganze Reihe solcher Fraktionen ausführen kann, so wird man leicht einsehen, daß diese Methode vielen anderen umständlichen Fraktionierungen, wie z. B. der Ammoniakfällung, bei der Darstellung des Erbins, vorzuziehen ist.

Crookes[1] bediente sich zur Abscheidung der Terbinerde eines sehr ähnlichen Verfahrens. Zu der stark saueren, kochend heißen Nitratlösung der Erden ließ er so lange Oxalsäure zutropfen, bis eine Trübung entstand, entfernte sodann die Trübung durch einen Zusatz kochender Salpetersäure und ließ langsam erkalten. Hierbei scheiden sich die Oxalate in großen Kristallen

---

[1] Crookes, Philos. Trans. **174**^{b}, p. 911.

aus, die häufig noch Mutterlauge einschließen, während die Kristalle, welche man nach der obigen Modifikation erhält, überaus fein sind. Marc erhielt mit der Crookeschen Methode weniger gute Resultate (beim Erbium).

Finkener (1863) beschäftigte sich auf Roses Veranlassung mit der Untersuchung des Samarskits und fand mit Hilfe der verschiedenen Löslichkeit der Erdoxalate in Mineralsäuren Thor- und Zirkonerde in diesem Mineral, welche Körper man bis dahin bei den Analysen übersehen hatte. Während Finkener die gemischten Oxalate mit einer 12%igen (wasserfreie Säure 12%) Salzsäure extrahierte, verbesserte H. Rose (1862 und 1863) diesen Analysengang. Die durch Schwefelammonium gefällten Metalle wurden in Salzsäure unter Zusatz von etwas Salpetersäure gelöst und aus der sehr stark salzsäurehaltigen Lösung die Thorerde durch Oxalsäure gefällt.

Die Cerit- und Ytteriterden blieben bis auf ganz geringe Mengen in Lösung und wurden hieraus, nach Entfernung der überschüssigen Säure, mit Ammonoxalat gefällt, während beim Digerieren der Oxalate bedeutende Mengen dieser Erden das ungelöste Thoriumoxalat verunreinigten.

Folglich bietet die außerordentlich geringe Löslichkeit des Thoriumoxalats in Mineralsäuren ein Mittel, um die Thorerde aus einem Gemisch der übrigen seltenen Erden durch eine einmalige Fällung in verhältnismäßig sehr reinem Zustande abzuscheiden.

Brauner (1897 und 1898) hat bekanntlich dieses Verfahren mit der Ammonoxalatmethode kombiniert und für die Reindarstellung der Thorerde genaue Angaben gemacht.

Zu einer mit Salpetersäure stark angesäuerten und bis zum Kochen erhitzten Erdlösung läßt man unter beständigem Rühren tropfenweise eine Lösung von Oxalsäure fließen. Wenn die Lösung sich geklärt und ein weiterer Zusatz von Oxalsäure keine Veränderung mehr hervorruft (durch größere Mengen Oxalsäure tritt abermals eine Fällung ein, hört man jedoch bei dem beschriebenen Augenblick mit dem Oxalsäurezusatz auf, so wird der Betrag der mitgefällten fremden Erden sehr gering), so gießt man die noch heiße Lösung auf einmal ab und wäscht den Niederschlag zuerst mit salpetersäurehaltigem heißen Wasser und zuletzt mit einer kalten, sehr verdünnten wäßrigen Lösung von Oxalsäure auf einer Nutsche aus. Auf diese Art wird alles Zirkonium und der größte Teil der dreiwertigen Erden entfernt.

Dieses verhältnismäßig sehr reine Thoroxalat wird hierauf mit Ammonoxalat behandelt, wie im Kapitel Ammondoppeloxalate beschrieben ist.

Die optisch farblosen Ytteritkomponenten haften dem Thorium hartnäckig an und begleiten dasselbe bei allen Reaktionen mehr oder minder leicht. Aus dem Oxalatgemenge lassen sich dieselben durch Auskochen mit Salzsäure nur schwierig entfernen (Drossbach 1901).

Yttererde erhält man in sehr angereichertem Zustande, wenn man ein Gemisch von Ytteritoxalaten mit sehr verdünnten Säuren behandelt; das Ungelöste enthält die Hauptmenge Terbin- und Erbinerde (Mosander 1843; Popp 1864; Muthmann und Weiss 1903).

Urbain fraktionierte die Yttererden des Monazits als Oxalate in Salpetersäure, wobei die ersten Fraktionen dunkelorange, die letzten schwach rosa gefärbte Oxyde lieferten. Die von einer Spur Erbinerde herrührende Rosafärbung konnte durch weitere Oxalatkristallisationen beseitigt werden, so daß die Mutterlauge der letzten Fraktion eine Yttererde vom Atomgewicht 89 lieferte. Ein anderes Mal (1900) konnte dieser Chemiker Yttria vom Atomgewicht 88,8 aus Monazit durch Kombination dieser Methode mit dem sog. Abtreiben der Nitrate und partiellen Ammoniakfällungen darstellen. Lecoq de Boisbaudran (1886) vermochte durch 32malige Ammoniak- und 26malige Oxalatfällung reine Yttria zu gewinnen. Cleve (1883) konnte geringe Mengen Terbinerde von Yttererde nur mit Hilfe der partiellen Oxalsäurefällung aus salpetersaurer Lösung trennen. Cer soll von Yttererde auf diese Weise sich wenig vorteilhaft entfernen lassen (Brauner 1898).

Erbinerde vermochte Marc (1902) aus einem ca. $10^0/_0$igen Erbingemische durch etwa fünf Fraktionen in $50^0/_0$iger Anreicherung zu gewinnen, ein weiteres Fraktionieren mußte wegen Mangels an Material unterlassen werden. Bei hinreichender Materialmenge wäre somit die beschriebene modifizierte Oxalatmethode für die Darstellung der Erbinerde nur zu empfehlen.

Urbain (1900) konnte ebenfalls aus einem Gemisch von Yttrium, Ytterbium und Erbium mit Hilfe dieser Methode Präparate darstellen, die einmal sehr erbiumreich, das andere Mal reich an (zu demselben Resultat gelangten Böhm, Muthmann und Weiss 1903)

Ytterbium waren, da Ytterbiumoxalat in Salpetersäure löslicher als Erbiumoxalat ist. Die ersten Fraktionen waren stark rosa gefärbt, während die letzten Mutterlaugen farblose Salze lieferten.

Terbium (Mosanders Erbium) wurde zuerst von Mosander (1843) mit Hilfe der Ammoniakfällung und partiellen Löslichkeit der Oxalate in verdünnter Salzsäure nur in angereichertem Zustand dargestellt. Delafontaine (1878) fraktionierte ein mit Kaliumsulfat hergestelltes terbiumreiches Material in stark salpetersaurer Lösung mit Oxalsäure und befreite es so von Yttria, deren Oxalat in Salpetersäure leicht löslich ist. Marignac (1878) verwendete hierzu die mittleren Fraktionen eines Ytteritgemisches, durch Abtreiben der Nitrate erhalten; zuletzt fraktionierte er die Formiate. Marc (1902) bediente sich der Kaliumsulfat-, Ammoniak- und Oxalatmethode, und zwar der letzteren, um Erbium von Terbium zu trennen (vgl. auch Hofmann und Krüss 1893).

Scandiumoxalat ist in konzentrierten Säuren löslich und seine Trennung aus einer sauren Lösung ist nicht vollständig. Obgleich das Oxalat löslicher zu sein scheint als die der übrigen Erden, so findet es sich doch in den ersten Fraktionen, wenn man ein Gemenge von Scandium- und Ytterbiumsalz partiell fällt (Cleve 1879).

Lanthan. Während Marignac (1849 und 1853) nur eine approximative Trennung von Lanthan und Didym mit Hilfe der Oxalatmethode erzielte, konnte Zschiesche (1869) durch weiteres Fällen der lanthanreichen Produkte mit Oxalsäure ein lachsfarbenes Lanthanoxyd darstellen. In neuerer Zeit benutzte Urbain (1900) die verschiedene Löslichkeit der Erdoxalate in Mineralsäuren, um aus einem praseodymhaltigen Lanthan die letztere Erde rein zu gewinnen. Nach Cleve eignet sich diese Methode für die Darstellung von Lanthan wenig (vgl. v. Scheele 1899). Behrens (1901) hält die Reindarstellung dieser Erde bei Anwendung der Oxalate für mühsam und zeitraubend, eine Anhäufung derselben auf diesem Wege gelingt jedenfalls in kurzer Zeit.

Didym konnte Marignac (1849 und 1853) durch Oxalatfraktionen nur im angereicherten Zustande erhalten. Ein rohes Didymoxalat kochte Brauner (1882 und 1891) mit verdünnter Schwefelsäure aus, bis die Lanthanlinien im Funkenspektrum vollständig verschwunden waren. Zur Entfernung der noch beigemengten anderen farblosen Erden wurde mit Ammoniak fraktioniert. Ebenso reinigte Cleve (1883 I und II) ein Didym durch

Fällen mit Ammoniak und Oxalsäure zur Atomgewichtsbestimmung. Forsling[1] hat diese Fraktionen Cleves spektroskopisch untersucht; vgl. auch v. Scheele 1898. Crookes (1886) empfiehlt zur Reinigung des Didyms diese Methode. Die unreineren Didymoxyde werden in Salpetersäure gelöst und hierauf mit Oxalsäure versetzt. Der zuerst auftretende Niederschlag löst sich beim Kochen wieder auf; beim Erkalten kristallisiert Didymoxalat aus, welches noch 5—6 mal in gleicher Weise behandelt wird. Lanthan soll auf diese Weise leicht vom Didym getrennt werden können. Melikoff und Pissarjewsky (1899) befreiten ein cerhaltiges Lanthan durch Oxalsäurefällung von Cer.

Brauner (1882) fraktionierte eine Didymsulfatlauge mit Oxalsäure partiell, um das vierte Element im Cerit nachzuweisen. Die zuerst niedergefallenen und demnach didymreichen Fraktionen wurden spektroskopisch untersucht.

Praseodym. Zum Zwecke der endgültigen Reinigung des Praseodyms von Lanthan hat sich v. Scheele (1898 und 1899) der verschiedenen Löslichkeit der Oxalate in Salpetersäure bedient, da weder die Auersche (Umkristallisieren der Ammon- und Natriumdoppelnitrate), noch die Braunersche (Extraktion der Oxyde mit Ammonnitrat; s. Oxydation auf trocknem Wege) Methode sich hierzu eignet. v. Scheele studierte zu diesem Zweck die Löslichkeitsverhältnisse an reinem Lanthan- und Praseodymoxalat in Salpetersäure von verschiedener Konzentration. Hiernach ist das Praseodymoxalat $Pr_2(C_2O_4)_3 + 10H_2O$ bedeutend schwerer löslich in verdünnter Salpetersäure als das Lanthanoxalat und kann daher von letzterem durch Umkristallisieren aus Salpetersäure befreit werden (vgl. S. 300 Löslichkeitsverhältnisse der Erdoxalate in Mineralsäuren). v. Scheele (1899) verfuhr hierbei wie folgt:

Die Nitratlösung von Praseodym wird mit Wasser verdünnt und mit Salpetersäure schwach angesäuert, dann auf dem Wasserbade erwärmt und mit einer warmen konzentrierten Oxalsäurelösung gefällt. Die kristallinisch ausgefallenen Oxalate setzen sich leicht zu Boden, und in der überstehenden farblosen Lösung befindet sich noch eine geringe Menge Oxyd. Man kann in dieser Weise das Praseodym bequem von Lanthan befreien, ohne das Material in Fraktionen zu zerlegen und wesentlich zu vermindern.

[1] Forsling, Über die Absorptionsspektra des Didyms und Samariums, Beilage zu den Verhandlungen d. kgl. Akad. d. Wiss. zu Stockholm, 18 [1. Abt.], Nr. 4.

Urbain (1900) konnte mit Hilfe dieser Methode aus einem sehr lanthanreichen Praseodymmaterial viel Lanthan extrahieren.

Neodym. Muthmann, Hofer und Weiss (1902) fällten ein Neodymmaterial — von den letzten Chromsäurefraktionen herrührend und daher lanthanfrei — aus stark salzsaurer Lösung mit Oxalsäure, wobei farblose Yttererden in Lösung gingen.

Samarium. Demarçay (1893) prüfte das Absorptionsspektrum von vier fraktionierten Oxalat-Fällungen des Samariums und fand außer geringen Beimengungen von Neodym und Erbinerden nicht den geringsten Unterschied im Spektrum der verschiedenen Fraktionen. Auch Lecoq de Boisbaudran (1893) zog es vor, ein Samariumpräparat Cleves auf seine Homogenität mittels Oxalsäure zu prüfen, nachdem die Ammoniakfällungen keine einwandsfreien Resultate geliefert hatten.

Cerium. Melikoff und Pissarjewsky (1899) reinigten ein cerhaltiges Lanthan durch zweimalige Fällung mit Oxalsäure von Cer. Aus der Löslichkeitstabelle (S. 300) kann man ersehen, daß es nicht praktisch ist, Yttererde von Cer mittels Oxalsäure zu trennen (Brauner 1898). Das von Bührig (1875) durch Umkristallisieren aus Salzsäure dargestellte Ceroxalat enthielt nach Brauner[1] etwas Oxalochlorid und demnach weniger Ce_2O_3, so daß das von Bührig gefundene Atomgewicht Ce = 141,5 zu hoch war.

Brauner (1895) will auch eine unbekannte Erde im Cer durch fraktionierte Oxalsäurefällung gewonnen haben.

Thorium. Das Studium der Eigenschaften des Thoriumoxalats, im Vergleich mit den Oxalaten der dreiwertigen Erden, hat es Brauner (1897 und 1898) ermöglicht, einen Arbeitsgang für die Darstellung reiner Thoriumsalze auszuarbeiten. Dieser besteht in einer Kombination der folgenden Reaktionen, welche vom quantitativen Standpunkte aus untersucht worden sind.

1. Thoriumoxalat ist bedeutend weniger in Säuren löslich, als die Oxalate der dreiwertigen Erden (vgl. S. 300).
2. Thoriumoxalat ist in Ammonoxalat bedeutend mehr löslich, als die Oxalate der dreiwertigen Erden. 1 Mol. des ersteren wird durch 3,59 Mol. Ammonoxalat, sogar bei beträchtlicher Verdünnung, unter Bildung eines Doppelsalzes — Thoriumammonoxalat — gelöst. Die Löslichkeit der dreiwertigen Erdoxalate ist viele hundert Male geringer.

[1] Brauner, Z. an. 1903, **34**, S. 107.

3. Eine Lösung von Thoriumammoniumoxalat in Ammonoxalat von Mineralsäuren zersetzt, bildet ein kolloidales Präzipitat, welches variable Mengen von normalem und saurem Thoriumoxalat enthält.
4. Wenn man das in 3. erhaltene Präzipitat bei 100° mit Salpetersäure erwärmt, so wird es schnell in kristallinisches Thoroxalat verwandelt, während die Oxalate der dreiwertigen Erden oxydiert werden und in Lösung gehen (vgl. S. 305).

Rose (1863) und Finkener (1864) bedienten sich der Widerstandsfähigkeit des Thoroxalats gegen Säuren, um diese Erde quantitativ im Samarskit zu bestimmen. Der Schwefelammoniumniederschlag wurde in Salzsäure unter Zusatz von etwas Salpetersäure gelöst und aus dieser sehr stark salzsauren Lösung die Thorerde mit Oxalsäure gefällt. Ytterit- und Ceriterden blieben hierbei in Lösung und wurden nach dem Verjagen der überschüssigen Säure durch Abdampfen mit Ammonoxalat gefällt.

Die optisch farblosen Ytteritkomponenten haften dem Thorium hartnäckig an und begleiten dasselbe bei allen Reaktionen mehr oder minder leicht. Aus dem Oxalatgemenge lassen sich dieselben nach Drossbach (1901) durch Auskochen mit Salpetersäure nur schwierig entfernen.

Wenn man daher die von Brauner (1897 und 1898) gegebene Vorschrift nicht befolgt, so werden gleich von vornherein die fremden Erden in nicht unbedeutender Menge mitgefällt. Daher dürfen die Analysenresultate von Finkener und Rose nach dem heutigen Standpunkte für Thorium zu hoch und für die übrigen Erden zu niedrig sein.

Stevens (1901) reinigte ein käufliches Thoriumnitrat nach den Angaben Brauners durch Lösen in heißer konzentrierter Salpetersäure und Fällen mit Oxalsäure.

Zirkonium. Bei der Untersuchung eines norwegischen Minerals des Katapleiits fand Sjögren (1852) als Hauptbestandteil eine Erde, die mit der Zirkonerde im allgemeinen übereinstimmte, aber in der Hinsicht von dieser abweichend war, daß dieselbe von Oxalsäure im Überschuß leicht gelöst wurde. Daß die Zirkonerde aus ihren Auflösungen durch Oxalsäure vollkommen ausgefällt wird und der dabei entstandene Niederschlag in überschüssiger Oxalsäure unlöslich ist, wird in allen älteren und einigen neuen Lehr- und Handbüchern irrtümlich angegeben (vgl. auch Vauquelin 1797, Geschichte S. 2). Auf die Unlöslichkeit der oxalsauren Zirkonerde gründet sich sogar eine Methode zur Reinigung dieser Erde (Dubois und Silveira) von Eisenoxyd durch Kochen des unreinen Hydrates mit Oxalsäure. N. J. Berlin (1853) hat jedoch die Erde aus dem Katapleiit mit den Zirkonerden aus Zirkonen von Fredrikswärn, Expailly, Ural und Ostindien, sowie aus ceylonischen Hyazinthen verglichen und dabei gefunden, daß sie sich alle gegen Oxalsäure ganz ähnlich verhalten und von einem Überschuß dieser Säure leicht aufgelöst werden.

Versetzt man eine Auflösung von kristallisiertem Chlorzirkon (Oxychlorid) tropfenweise mit einer Auflösung von Oxalsäure, so entsteht zuerst ein Niederschlag, der aber beim Umrühren bald verschwindet, weil er in überschüssigem Chlorzirkonium löslich ist. Wird dann mehr Oxalsäure zugesetzt, so wird der Niederschlag bald beständig und vermehrt sich bis eine gewisse Menge der Säure zugesetzt ist; doch kann auf diese Weise nicht die ganze Menge der Erde ausgefällt werden, denn Zirkonoxalat ist auch in freier Chlorwasserstoffsäure etwas löslich. Bei größerem Zusatz von Oxalsäure nimmt der Niederschlag allmählich ab und verschwindet bald vollkommen, so daß man eine ganz klare Auflösung erhält; durch Wärme wird dieser Prozeß beschleunigt. Aus dieser Auflösung wird die Zirkonerde durch Ammoniak als Hydrat vollständig niedergeschlagen.

Das feuchte Zirkonerdehydrat löst sich bei gewöhnlicher Temperatur nur langsam in einer Auflösung von Oxalsäure auf; in der Wärme geschieht dieses aber leicht und vollständig.

Durch fraktionierte Fällung einer Zirkonchloridlösung mit Oxalsäure hoffte Berlin (1853) zu ähnlichen Resultaten wie Svanberg (1845) zu gelangen und die Zirkonerde in die eigentliche Zirkonerde und Norerde zu zerlegen. Obgleich sich Berlin nicht direkt gegen die Existenz der Norerde aussprach, so geht aus seinen Untersuchungen doch hervor, daß diese Erden kein so abweichendes Atomgewicht besitzen, wie Svanberg annahm. Marignac (1865, s. Geschichte S. 33) und Hermann (1866) haben jedoch mit Sicherheit bewiesen, daß Svanbergs Norerde gar nicht existiert. Hermann wiederholte die partiellen Fällungen mit Ammonoxalat.

Victorium. Crookes' (1899) Victorium soll vor Yttrium und nach Terbium mit Oxalsäure gefällt werden. Crookes stellte sich mit Hilfe partieller Oxalatfällung, in Kombination mit Abtreibender Nitrate (s. S. 189), sein Victoriumpräparat her.

28. Die Sulfattrennungsmethode.

Literatur.

1801. Klaproth, An. Chim. **37**, p. 86; Cr. A. 1801, **1**, S. 307—308.
1801. Vauquelin, An. Chim. **36**, Nr. 107, p. 143—160; Cr. A. 1801, **1**, S. 227—242; vgl. auch 1805, An. Chim. **54**, p. 26.
1804. W. Hisinger und J. Berzelius, A. Gehl. 1804, S. 397—418.
1804. Klaproth, A. Gehl. **2**, S. 303—316.
1807. W. Hisinger und J. Berzelius, K. W. **1**, S. 574 u. ff.
1807. Klaproth, K. W. **1**, S. 572 u. ff.; Beitr. 1807, **4**, S. 140—152.
1809. — K. W. **4**, S. 721.
1810. — K. W. **5**, S. 690.
1816. Thomson, Thomsons Annal. of Philosophy Nr. 13, p. 356; K. W. Supbd. 1816, **1**, S. 455 u. ff.
1825. J. Berzelius, Pg. A. (2) **4**, S. 138—139.
1828. Marx, Schw. Jahrb. 1828, S. 481—482.
1829. I. J. Berzelius, Pg. A. (1) **15**, S. 633—634; B. J. 1831, 10. Jahrg., S. 98—99.
1829. II. — Pg. A. (2) **16**, S. 395—396.
1837. Otto, Pg. A. **40**, S. 404; B. J. 1839, 18. Jahrg., S. 186.
1838. Berlin, Pg. A. **43**, S. 109.
1839. Kersten, Pg. A. (2) **47**, S. 385—396.
1839. Fr. Wöhler, Pg. A. (3) **48**, S. 85; J. pr. 1839, **18**, S. 283.
1843. Hermann, J. pr. **30**, S. 187 und 198.
1843. Mosander, Lond. Edinb. Dubl., Oct. 1843, **28**, p. 241; L. A. 1843 **48**, S. 217; J. pr. 1843, **30**, S. 284—285; Pg. A. 1843, **60**, S. 307—308; B. J. 1844, 23. Jahrg. S. 146—147.
1844. Hermann, J. pr. **31**, S. 85.
1846. Fr. Wöhler, Pg. A. **67** (1), 427.
1849. C. Marignac, J. pr. **48**, S. 408—409; L. A. 1849, **71**, S. 306—310 und S. 314.
1858. Holzmann, J. pr **75**, S. 346—347.
1860. Czudnowicz, J. pr. **80**, S. 32.
1861. J. J. Chydenius, Kemisk undersökning af Thorjord och Thorsalter, Helsingfors; im Auszuge von Rammelsberg übers. Pg. A. 1863, (2) **119**, S. 50.
1861. Hermann, J. pr. **82**, S. 385—387.
1863. M. Delafontaine, Arch. sc. ph. et nat. **18**, p. 343, December 1863; L. A. 1864, **131**, S. 101—102; Z. alyt. 1864, **3**, S. 526; J. pr. 1865, **94**, S. 197.

1863. H. Rose, Pg. A. (1) **118**, S. 503.
1864. Hermann, J. pr. **93**, S. 113.
1864. O. Popp, L. A. **131**, S. 191.
1865. I. M. Delafontaine, L. A. **134**, S. 106.
1865. II. — Biblioth. Univers. et Revue Suisse, **22**, Jan. 1865; L. A. 1865, **135**, S. 191; J. pr. 1865, **94**, S. 298.
1865. Cl. Winkler, J. pr. **95**, S. 410.
1866. J. Bahr und R. Bunsen, L. A. **137**, S. 10.
1866. Hiortdahl, C. r. **61**, p. 175; L. A. 1866, **137**, S. 34.
1868. Ch. Wolf, Am. J. Sc. (2) **45**, p. 53; Zeitsch. Chem. (2) **4**, S. 671; Z. alyt. 1869, **8**, S. 525.
1869. Hermann, J. pr. **30**, S. 184.
1869. H. Zschiesche, J. pr. **107**, S. 70.
1873. P. T. Cleve und O. M. Höglund, Bih. K. Vet. Hdl. 1873, **1**, Nr. 8; Ber. 1873, **6**, S. 1468.
1874. — Bih. K. Vet. Hdl. **2**, Nr. 6. Stockholm 1874.
1874. Fr. Frerichs, Ber. 1874, **7**, S. 798—799; Z. alyt. **13**, S. 217.
1874. Jolin, Bull chim. (2), **20**, p. 539.
1874. Julius Thomsen, Ber. **7**, S. 31—33.
1875. H. Bührig, J. pr. (2) **12**, S. 222 und 240.
1875. R. Bunsen, Pg. A. **155**, S. 377—378.
1875. Endemann, J. pr. (2) **11**, S. 220.
1875. Hildebrand und Norton, Pg. A. **156**, S. 467.
1878. Fr. Frerichs und F. Smith, L. A. **191**, S. 338—339.
1879. P. V. Cleve, C. r. **89**, p. 419.
1879. L. F. Nilson, C. r. **91**, p. 118.
1882. I. B. Brauner, Mhft. Ch. **3**, S. 12—13 und 490.
1882. II. — Mhft. Ch. **3**, S. 28; Ber. 1882, **15**, 1, S. 115.
1882. III. — Mhft. Ch. **3**, S. 491 und 493.
1882. L. F. Nilson, Oefv. K. Vet. Fhd. 1882, Nr. 7; Ber. **15**, 2, S. 2519 u. ff.; C. r. **95**, p. 784; An. Chim. [5] **30**, p. 563; J. 1882, S. 1528; C. r. **95**, p. 729; J. 1882, S. 352.
1883. P. T. Cleve, Bull. chim. **39**, p. 151—155; Ber. **16**, 1, S. 776.
1883. Eug. Demarçay, C. r. **96**, p. 1859—1860; Ch. N. **48**, p. 49; Ber. 1883, **16**, S. 2282; J. 1883, S. 409.
1883. Lawrence Smith, Am. Chem. J. **5**, p. 73—80; Ber. 1883, **16**, S. 1885—1886; Ch. N. **48**, p. 29; J. 1883, S. 1562.
1886. B. Brauner, Sb. W. **92**, 2, S. 827.
1886. P. T. Cleve, Ch. N. **53**, p. 30—31.
1886. Henry Robinson, Ch. N. **54**, p. 229—231.
1887. G. Krüss und L. F. Nilson, Oefv. K. Vet. Fhd. 1887, Nr. 5; Ber. 1887, **20**, 1, S. 1665 u. ff.; J. 1887, S. 55; C. C. 1887, S. 977.
1888. B. Th. Brauner, J. Ch. S. **53**, p. 357—363; Ch. N. **57**, p. 90; C. C. 1888, S. 462; Z. **20**, 1, S. 180—181; C. C. 1888, S. 1166.
1889. G. H. Bailey, Ch. N. **60**, p. 6; C. C. 1889, **2**, S. 311—312; Z. alyt. 1890, **29**, S. 743.
1890. H. W. Bakhuis Roozeboom, Zeitsch. phys. Chem. **5**, S. 198—216; C. C. 1890, **1**, S. 990.

1891. **Bröckelmann**, Dis., Universität Erlangen.
1891. G. **Krüss**, L. A. **265**, S. 15—16.
1895. P. **Schützenberger**, C. r. **120**, p. 664 u. 962—963; C. C. 1895, **1**, S. 872; Z. alyt. 1896, **35**, S. 643—644.
1896. G. P. **Drossbach**, Ber. **29**, 3, S. 2454—2455; J. 1897, **1**, S. 1026.
1896. P. **Schützenberger** und O. **Boudouard**, C. r. **122**, p. 697—698; C. C. 1896, **1**, S. 1141.
1897. O. **Boudouard**, C. r. 1897, **125**, p. 774; C. C. 1898, **1**, S. 17.
1897. B. **Brauner**, Proc. Chem. 1897/1898, Nr. 191, p. 69—70; C. C. 1898, **1**, S. 919.
1897. **Kosmann**, Deutsche Patentschrift Nr. 90652; Patentbl. **18**, S. 117; C. C. 1897, **1**, S. 837.
1897. G. **Krüss**, aus dem Nachlaß herausgegeben von W. **Palmaer**, Z. an. **14**, S. 362; C. C. 1897, **2**, S. 252.
1897. P. **Schützenberger** und O. **Boudouard**, C. r. 1897, **124**, p. 482.
1897. O. N. **Witt**, Fünfte gutachtliche Äußerung — als Manuskript gedruckt —, April 1897.
1897. **Wyrouboff** und **Verneuil**, Bull. chim. **17**, p. 679—690.
1898. B. **Brauner**, J. Ch. S. **73**, S. 952.
1898. **Joseph Lesinsky**, Dis., Universität Bern, S. 7.
1898. W. **Muthmann**, Ber. **31**, Heft 12, S. 1832.
1898. I. W. **Muthmann** und H. **Roelig**, Ber. **31**, Heft 11, S. 1718 u. ff.
1898. II. — — Z. an. **16**, S. 450 u. ff.
1898. H. **Roelig**, Dis., Universität München, S. 7—8, 13, 24—25, 44—48.
1899. C. v. **Scheele**, Ber. **32**, 1, S. 417.
1899. L. **Stützel**, Dis., Universität München, S. 32.
1899. G. **Wyrouboff** und A. **Verneuil**, C. r. **128**, p. 1331—1334; C. C. 1899, **3**, 2 (5), p. 145.
1900. C. **Benedicks**, Z. an. **22**, S. 409.
1900. C. **Richard Böhm**, Die Zerlegbarkeit des Praseodyms und Darstellung seltener Erden mit Hilfe einer neuen Trennungsmethode, Verlag Starke, Halle a. S., S. 22—23.
1900. W. **Muthmann** und E. **Baur**, Ber. **33**, S. 1751.
1900. M. G. **Urbain**, An. Chim. **19**, p. 184.
1901. H. **Behrens**, Arch. Neer. S. II, **6**, p. 83; C. C. 1902, **1**, S. 297.
1901. G. **Wyrouboff**, Bull. chim. (3), **25**, p. 105—130.
1902. **Astrid Cleve**, Z. an. **32**, S. 142—143.
1902. W. **Muthmann**, H. **Hofer** und L. **Weiss**, L. A. **320**, S. 268.
1902. E. **Rutherford** und F. **Soddy**, Proc. Chem. **18**, p. 2—5; C. C. 1902, **1**, S. 512.
1902. L. **Weiss**, Dis., Polytechnikum München, S. 46.
1903. B. **Brauner** und A. **Batěk**, Z. an. **34**, S. 112.
1903. B. **Brauner**, Z. an. **34**, S. 207—237.
1904. J. **Koppel**, Z. an. **41**.

Die Sulfate der seltenen Erden besitzen eine höchst auffallende Eigenschaft, die wir andeutungsweise beim schwefelsauren Kalk oberhalb 40° und bei vielen fettsauren Kalksalzen finden. Sie sind nämlich in warmem Wasser weniger löslich als in kaltem und zeigen somit ein Verhalten, welches dem der allermeisten anderen Salze gerade entgegengesetzt ist.

Diese merkwürdige Eigenschaft findet sich am stärksten beim Thorsulfat, welches sich in Wasser von 0° ziemlich leicht löst, bei 6° (Witt) aber schon wieder beginnt, sich aus seiner Lösung auszuscheiden. Von den Ceriterden zeigt das Lanthansulfat die geringste Löslichkeit und scheidet sich daher auch — besonders bei niederer Temperatur — immer zuerst ab, und zwar bei hohem Gehalt in fast reinem Zustande. Didymsulfat fällt erst gegen 60°, Cersulfat bei noch höherer Temperatur aus, und die Sulfate der Ytteriterden sind in heißem Wasser weit weniger löslich als in kaltem. Die Erklärung dieses merkwürdigen Verhaltens liegt nach Witt (1897) daran, daß in der Kälte wasserfreie Salze in den Lösungen enthalten sind, welche beim Erwärmen in weniger lösliche kristallwasserhaltige Salze sich verwandeln, welche bei Einhaltung passender Konzentrationsverhältnisse nicht genug Wasser zur Lösung vorfinden und sich daher ausscheiden müssen.

Vom Standpunkt der modernen Gleichgewichtslehre haben jedoch die ausführlichen Untersuchungen Roozebooms (1890) hierin Klarheit geschafft, so daß auf dessen Ausführungen im folgenden Abschnitt „Die Löslichkeitsverhältnisse“ S. 325 hingewiesen wird.

Da dieser Vorgang bei verschiedenen Temperaturen sich abspielt, so lag es nahe, darauf eine Trennungsmethode der verschiedenen seltenen Erden zu gründen. Leider wird der Vorgang dadurch kompliziert, daß in gemischten Lösungen solcher schwefelsauren Salze die einzelnen Verbindungen sich nicht an diejenigen Temperaturen halten, welche für sie maßgebend sind, wenn sie in reinem Zustande vorliegen. Es reißt vielmehr ein durch Temperaturerhöhung sich ausscheidendes Salz auch andere mit sich nieder, und zwar um so mehr von ihnen, je mehr man sich der für diese Salze bestimmten Fällungstemperatur nähert. Es wäre eine ausführliche Untersuchung bei unterschiedener Temperatur der Löslichkeiten der gemischten Salze, eventuell unter Hinzufügung anderer Säuren, nötig, um die geeignetesten Bedingungen zur Trennung aufzufinden. Nicht unwahrscheinlich ist es, daß viele der verwandten Erden in ihren Salzen Mischkristalle bilden, wodurch die Trennung sehr erschwert wird (priv. Mitt. Roozeboom, 23. Juli 1904).

Da nun aber keines der schwerlöslichen kristallwasserhaltigen Salze absolut unlöslich in Wasser ist, so wird man, wenn man die bei 0° bereitete wäßrige Lösung eines solchen Sulfatgemisches auch nur einfach zum Sieden erhitzt, schon eine gewisse Reinigung in dem Sinne erzielen, daß in dem sich ausscheidenden Niederschlage dasjenige Sulfat[1] sich mehr und mehr anreichert, von welchem von vornherein am meisten vorhanden war. Dieses wird namentlich dann der Fall sein, wenn die Hauptmenge des Gemisches aus Thoriumsulfat oder Lanthansulfat besteht, welche ja in der Hitze am schwersten löslich sind.

Aus diesem Grunde haben sich alle älteren Forscher damit begnügt, die entwässerten rohen Erdsulfate in Eiswasser zu lösen und die Lösung zum Sieden zu erhitzen. Das ausgeschiedene Produkt wurde wieder entwässert, gelöst, die Lösung erhitzt und dieses Verfahren so oft wiederholt, bis man glaubte, ein reines Präparat z. B. von Thorium oder Lanthan in Händen zu haben.

Daß die Sulfate der seltenen Erden ausnahmslos gut kristallisieren, wurde schon frühzeitig erkannt. Gadolin, Ekeberg, Vauquelin (1801) und Klaproth (1801; 1804; 1807; 1809, S. 721; 1810, S. 690) beschrieben das kristallisierte Sulfat der alten Yttria — Ytteritgemisch — als kleine glänzende Körner, zu deren Lösung mehr als 50 Teile kalten Wassers erforderlich waren; Hisinger und Berzelius (1804 und 1807), Klaproth (1804 und 1807) und Thomsen (1816) beobachteten beim Kristallisieren einer Lösung des alten Cersulfats — Ceritgemisch — zwei Modifikationen, Oktaeder, welche schwerer, und Nadeln, die leichter in Wasser löslich waren; Berzelius (1825) beschrieb die Eigenschaften des Zirkonsulfats, welches besser aus saurer als aus neutraler Lösung kristallisiert und durch Alkohol als basisches Sulfat gefällt wird; daß Thoriumsulfat beim Kochen sich in eine dicke kristalline Masse umwandelt, die sich beim Erkalten wieder löst, betrachtete Ber-

[1] Watts (J. Am. Ch. Soc. (2) **131**) machte beim Lanthansulfat, welches bekanntlich in warmem Wasser bedeutend weniger löslich ist als Didymsulfat, die Beobachtung, daß bei einem Überschuß des letztgenannten Salzes in einer Lösung der gemischten Sulfate Lanthan zuletzt aus der Mutterlauge kristallisiert.

zelius (1829) als ein besonderes Charakteristikum dieser Erde (vgl. auch Wöhler 1839 und 1846; Chydenius 1861; Rose 1863; Hermann 1864).

Durch freiwilliges Verdunsten der Cersulfatlösung kristallisierte Marx (1828) die alte Cererde mehrmals um und befreite sie auf diese Weise von ihren Verunreinigungen — Eisen, Mangan Kalk usw. Otto (1837) bemerkte zum erstenmal, daß beim Erhitzen einer bei gewöhnlicher Temperatur gesättigten Lösung von Cerosulfat — Ceritsulfaten — in Wasser bis zum Sieden, sich kleine blaßrote Kristalle abschieden, die sich beim Erkalten wieder langsam lösten; der Wassergehalt dieser Kristalle wechselte. Durch schnelles Abgießen der siedend heißen Flüssigkeit von den Ausscheidungen, Lösen der letzteren in kaltem Wasser und Wiederholen dieser Operationen konnte die alte Cererde in sehr reinem Zustande erhalten werden. Während Otto hierbei nur eine Kristallform beobachtete, konnte Marx (1828) schwach rötliche Kristalle und weiße seidenglänzende Nadeln des alten Cersulfats beschreiben. Einige Jahre später gab Mosander dieser merkwürdigen Erscheinung die richtige Deutung. Nachdem er einmal die uneinheitliche Natur der alten Cererde erkannt und hieraus mittels Chlor (s. Chlormethode S. 131) die eigentliche Cererde isoliert hatte, gelang es ihm mittels der Sulfate aus dem übrigen Gemisch — dem alten Lanthan — zwei weitere Erden abzuscheiden: das heutige Lanthan und das bis 1885 als Element angesehene Didym. Beide Salze sind im entwässerten Zustand im Wasser von 5 oder 6^0 sehr leicht löslich und werden bei höheren Temperaturen größtenteils gefällt. Das schwefelsaure Lanthan schlägt sich aus einer konzentrierten Lösung schon unter 30^0 nieder, während das schwefelsaure Didym bei dieser Temperatur noch fast ganz gelöst bleibt und sich erst bei höherer Temperatur abscheidet. Diese Eigenschaft gestattet nach und nach vollkommen reines Lanthan zu gewinnen, vorausgesetzt, daß man eine hinreichende Menge von dem Salzgemisch besitzt, um die Operation sehr oft wiederholen zu können.

Man muß also, nachdem die Oxyde in schwefelsaure Salze verwandelt sind, dieselben bis zur Dunkelrotglut (ca. 500—600^0) erhitzen, um sie wasserfrei zu machen, pulverisieren und allmählich in ihr 5—6 faches Gewicht Wasser unter beständigem Umrühren und entsprechender äußerer Kühlung eintragen, damit jede beträchtliche Temperaturerhöhung, welche infolge der Hydratwasserbildung eintreten würde, vermieden wird.[1] Die Lösung wird hierauf filtriert und während einiger Stunden bei einer Temperatur von 30—35° erhalten. Das schwefelsaure Lanthan schlägt sich in Form kleiner farbloser Kristalle nieder, welche jedenfalls mit denjenigen identisch sind, die bereits 1828 von Marx beobachtet wurden, jedoch diesen Chemiker nicht auf die Zerlegbarkeit der alten Cererde führten. Die darüber stehende Lösung ist rosenrot gefärbt und enthält die Hauptmenge des Didyms. Hierauf gießt man die Flüssigkeit ab, wäscht die Kristalle mit wenig Wasser, entwässert dieselben und wiederholt die oben beschriebene Operation. Es ist ersichtlich, daß bei jeder Operation schwefelsaures Lanthan in der Lösung und dem Waschwasser zurückbleibt, so daß das Gewicht des Produktes sehr rasch in dem Maße abnimmt, als es sich der Reinheit nähert. Man kann wohl mit der nötigen Geduld und hinreichenden Menge Substanz reines Lanthan erhalten, jedoch reines Didym nicht (Marignac 1849).

Schwefelsaures Didym bildet lebhaft rosenrot gefärbte, große Kristalle, schwefelsaures Lanthan, dem Didym untermischt, verrät sich durch eine große Anzahl kleiner, mehr hellroter Kristalle, weshalb Marignac (1849) nach Form und Farbe die am best charakterisierten Kristalle von Didym sorgfältig aussuchte und hierauf die Trennung durch Kristallisation häufig wiederholte. Auch hierzu bedarf es viel Geduld und Material, jedoch darf man annehmen, durch jede Kristallisation ein reineres Produkt zu erhalten. Die Anreicherung des Lanthans bezw. Didyms kann man auch vorteilhaft in der Art vorhergehen lassen, indem man die Sulfate in einem ziemlich großen Überschuß von Salpetersäure löst und durch wiederholten Zusatz von Oxalsäure zu dieser Lösung fraktioniert fällt.[2]

Lange Zeit wurde die Mosandersche Methode zur Darstellung von Lanthan und Didym als die beste bezeichnet (Marignac 1849; Holzmann 1858; Czudnowicz 1860; Bunsen 1875) und auch Cerpräparate einer letzten Reinigung durch Umkristallisieren des Sulfats unterzogen (Marignac 1849; Wolf 1868;

[1] Thomson (1874) hat die Wärmeentwicklung von Cer, Lanthan, Didym-, Yttrium- und Erbiumsulfat gemessen.

[2] Marignac, L. A. 1853, **88**, S. 232; An. Chim. (3) **38**, p. 148; vgl. Trennung durch partielle Löslichkeit der Oxalate S. 307.

Robinson 1886; Schützenberger 1895; Boudouard 1897; Schützenberger und Boudouard 1897).

In neuester Zeit verwendeten Muthmann und Roelig (1898) die Löslichkeitsdifferenz von Praseodym- und Neodymsulfat zur Trennung dieser beiden Erden. Wenngleich Samariumsulfat schwerer löslich als Didymsulfat ist, so kann auf diese Löslichkeitsdifferenz dennoch keine Trennungsmethode gegründet werden, da beide Salze isomorph sind (Cleve 1886).

Die Ytteritsulfate fanden nur bei wenigen Forschern für eine Trennung Anwendung (Berlin 1838, Popp 1864, Bahr und Bunsen 1866, Delafontaine 1865, I und II, Cleve und Höglund 1873). Drossbach wollte 1896 aus einem Monazitmaterial eine Erde herausfraktioniert haben, deren Atomgewicht bei 100 liegen sollte.

Während alle älteren Erforscher des Thoriums, wie z. B. Berzelius 1829, Wöhler 1839 und 1846, Chydenius 1861, Rose 1863, Hermann 1864, Delafontaine 1864 und Cleve 1874, sich damit begnügten, das entwässerte rohe Thoriumsulfat in Eiswasser zu lösen, die Lösung zum Sieden zu erhitzen und diese Operation so oft zu wiederholen, bis sie glaubten, ein völlig reines Präparat in Händen zu haben — kehrte Nilson (1882) zu der älteren Methode zurück nud modifizierte sie aut Grund der inzwischen gewonnenen genaueren Kenntnis der Eigenart der schwefelsauren Salze der seltenen Erden.

Da nämlich das wasserfreie Thoriumsulfat, welches etwa 20 Teile Wasser von 0° zu seiner Lösung erfordert, schon bei 6° wieder beginnt, sich als kristallwasserhaltiges Salz auszuscheiden, von den Verunreinigungen der Thorsalze aber das am meisten zur Ausscheidung geneigte Lanthansulfat immerhin seine unterste Grenze bei ca. 30° hat, so ist es einleuchtend, daß eine mit Eiswasser bereitete Thorsulfatlösung durch bloßes Erwärmen auf Zimmertemperatur (20—25°) ein Salz ausscheiden wird, welches reiner sein muß, als das durch Aufkochen der Lösung erhaltene. Wiederholt man das Verfahren mehrere Male, so muß schließlich ein Punkt kommen, bei welchem sich reines, von jeder Verunreinigung freies Salz aus der auf 20° erwärmten Lösung ausscheidet. Da das ausgeschiedene Salz ein anderes ist, als das ursprünglich in Eiswasser gelöste, wie dieses auch bei den übrigen seltenen Erden der Fall ist, so ist es natürlich nun auch in Eiswasser unlöslich und muß erst wieder in das wasserfreie Salz übergeführt werden, ehe man es aufs neue lösen kann. Es geschieht dies durch ganz gelindes Glühen.

Diese Methode hat für fabrikationsmäßige Darstellung der Thorerde neben der Billigkeit noch den Vorteil, daß das abfallende unreine Thorsulfat unvermischt mit anderen Reagentien zurückgewonnen wird und daher als Rohsulfat einer erneuten Reinigung unterworfen werden kann. Man arbeitet also ohne Materialverlust und die Unkosten beschränken sich auf die sehr bescheidenen Auslagen für Heizung und Arbeitslöhne (Witt 1897).

Das Verfahren leidet aber an dem Übelstande, daß es nicht gelingt, das durch Glühen entwässerte Salz in größeren Mengen vollständig in Wasser zu lösen. Da sich nämlich das entwässerte Salz unter Wärmeentwicklung löst, so ist das Eintreten lokaler Wärme entwicklung bis auf 6° beim Eintragen des Salzes nicht zu vermeiden; durch dieselbe werden gewisse Anteile des eingetragenen Salzes mit Kristallwasser verbunden, noch ehe sie sich überhaupt gelöst haben. In ihrer im Jahre 1887 erschienenen Abhandlung haben Krüss und Nilson diese Erscheinung aufgeklärt und auch nachgewiesen, daß diese nur scheinbar ungelöst gebliebenen Anteile genau ebenso aufzufassen und zu behandeln sind, wie die sichtbar aus der Lösung abgeschiedenen.

Läßt man die erhaltene klare Sulfatlösung 24 Stunden stehen, so erwärmt sich dieselbe langsam auf die Zimmertemperatur und ein großer Teil ihres Salzgehaltes scheidet sich in Form von außerordentlich harten Krusten ab, welche gesammelt, mit reinem Wasser gewaschen, durch starkes Erhitzen entwässert und dann aufs neue dem gleichen Reinigungsverfahren unterworfen werden.

Liegt ein Rohthoriumsulfat vor, welches direkt aus Thorit gewonnen wird, so genügt nach Witt (1897) eine dreimalige Wiederholung der Kristallisation, um ein völlig reines Präparat zu erhalten.

In der buchstäblichen Nachahmung ist die ältere Nilsonsche Vorschrift etwas zeitraubend, wegen der vielen auszuführenden Trocknungen und Entwässerungen der ausgeschiedenen und ungelöst gebliebenen Anteile des Salzes. Die naheliegenden Vereinfachungen, welche so vollständig im Bereiche der „handwerksmäßigen Gepflogenheiten“ liegen, daß man wohl sagen kann, daß jeder Fabrikchemiker ohne weiteres sich ihrer bedienen wird, wenn ihm die Herstellung von Thorpräparaten nach Nilsons Verfahren als Aufgabe gestellt wird, hat Witt (1897) ebenfalls einer Prüfung unterzogen, ob durch eine solche bequemere Ausgestaltung des Verfahrens die Reinheit des nach demselben erhaltenen Produktes leidet.

Eine derartige Vereinfachung ist bereits von Krüss und Nilson in ihrer schon erwähnten, 1887 erschienenen Abhandlung veröffentlicht. Dies ist bei der von den genannten Forschern ausgeführten Untersuchung des Thorits von Brevig angewandt worden. Das gewonnene Rohsulfat von 1486 g wurde in 6 Liter Eiswasser in einer großen Porzellanschale allmählich eingetragen und durch lebhaftes Umrühren fortwährend in der stets auf 0° bleibenden Flüssigkeit gut aufgeschlämmt gehalten.

In ungefähr einer halben Stunde war fast alles Sulfat in Lösung gegangen, nur eine ziemlich unbedeutende Salzmenge, welche in hydratischen, schwerlöslichen Zustand übergegangen war, blieb ungelöst. Da eine Filtration größerer Quantitäten von Sulfatlösungen bei 0° sehr zeitraubend, umständlich (sehr oft wurden beim Filtrieren solcher Lösungen die Filterporen durch Auskristallisieren wasserhaltigen Sulfats verstopft, was Material- und Zeitverlust veranlaßt) und gar nicht nötig erschien, so vereinfachten Krüss und Nilson das früher angewandte Verfahren wesentlich dadurch, daß sie die Filtration der Lösung ganz umgingen. Der Inhalt der Schalen wurde einige Stunden sich selbst überlassen, damit derselbe die Zimmertemperatur allmählich annehmen konnte.

Ungefähr zwei Drittel des in Lösung befindlichen wasserfreien Sulfats schied sich hierbei hauptsächlich als $Th(SO_4)_2 + 8H_2O$ am Boden des Gefäßes ab, während der kleinere Teil des Thoriumsulfats, sowie fast die Gesamtmenge aller Sulfate der Cerit- und Ytteriterden in Lösung blieb. Letztere wurde abgegossen, der Niederschlag auf dem Konus bezw. Nutsche abgesaugt, mit viel Wasser gewaschen, die Filtrate mit der Mutterlauge vereinigt und in entsprechenden Schalen abgedampft. Das ausgefallene Thoriumsulfat wurde durch vorsichtiges Erhitzen entwässert und gab 1148 g wasserfreies Sulfat (in der ersten Mutterlauge blieben 56,3 g, in der zweiten nur 38,2 g per Liter gelöst), welche in gleicher Weise mit 6 Liter Eiswasser behandelt, 957 g wasserfreies Thorium ergaben. Eine viermalige Wiederholung der Operation genügte, um ein völlig reines Thorpräparat zu erhalten.

Cleve hat eine andere Änderung des Nilsonschen Verfahrens herangezogen, über welche Witt (1897) genauer berichtete. Cleve hat nämlich das Thorsulfat, welches er zu einer großen Untersuchung aus dem Jahre 1874[1] benötigte, in der Weise gereinigt, daß er nach dem Vorgang der älteren Chemiker die bei 0° bereitete Lösung des wasserfreien Sulfats zum Kochen erhitzte. Aus einer privaten Mitteilung Cleves an Witt geht hervor, daß er das jedesmalige Entwässern des Salzes vor dem Lösen ebenso wie Witt als Unbequemlichkeit empfunden und daher schon seit längerer Zeit dazu übergegangen ist, das zu reinigende Thorsulfat durch Kochen mit Ammoniak in Hydrat zu verwandeln, dieses in Salzsäure zu lösen und in der so erhaltenen Lösung selbst das Sulfat durch Zusatz von Schwefelsäure zurückzubilden. Cleve macht den Zusatz der Schwefelsäure bei Zimmertemperatur und erhält so eine schleimige Fällung des wasserhaltigen Sulfats, welche nach einigem Stehen von selbst kristallinisch und leicht filtrierbar wird. Auf diese Weise soll ein Thorsulfat erhalten werden, welches schon nach dreimaliger Wiederholung des Verfahrens nicht nur frei von jeder Spur von Cer, sondern auch von dem schwieriger zu entfernenden Praseodym ist.

Witt (1897) hat die Clevesche Vorschrift insofern etwas verändert, als er sie in einen engeren Zusammenhang mit der Nilsonschen brachte, indem er das Vermischen der salzsauren Lösung mit der nötigen Menge Schwefelsäure bei 0° ausführte. Unter diesen Umständen bleibt die Mischung ganz klar, bis sie die Temperatur von 6° angenommen hat. Nun beginnt wieder die Ausscheidung des wasserhaltigen Sulfats, genau wie bei dem Verfahren von Nilson. Eine dreimalige Fällung genügt, um aus dem Rohthorsulfat des Thorits ein Präparat zu gewinnen, welches Anspruch auf vollkommene Reinheit hat.

In der geschilderten Weise abgeändert, erweist sich das Nilsonsche Verfahren nicht nur als einfach, billig und zuverlässig, sondern auch als überaus handlich und expeditiv, so daß man mit seiner Hilfe imstande ist, mit einer nur unbedeutenden Apparatur große Mengen von rohem Thoriumsulfat in kürzester

[1] Cleve, Bidrag till Jordartmetallernas kemi af P. T. Cleve. I Torium. Bihang till K. Svenska Vet. Akad. Handlingar 2, Nr. 6. Stockholm 1874.

Zeit zu reinigen, und zwar so vollständig, wie es die chemische Industrie vielleicht selbst heute nicht tut.

Witt (1897) gibt daher dem Nilsonschen Reinigungsverfahren in seiner zuletzt beschriebenen Modifikation heute noch vor jedem anderen den Vorzug.

Das Fraktionieren des Thoriumsulfats führte nicht zu einer Substanz, welcher das radioaktive Strahlungsvermögen zugeschrieben werden könnte. (Rutherford und Soddy 1902.)

Die Idee, in der Nitratlösung der seltenen Erden selbst durch entsprechenden Schwefelsäurezusatz die Sulfate zu bilden, ist nicht neu, denn Frerichs beschrieb bereits 1874 die modifizierte Mosandersche Trennungsmethode zur Darstellung von Lanthan und Didym.

Das Gemenge von Lanthan- und Didymoxyd wird in Salpetersäure gelöst und der Lösung so viel einer titrierten Schwefelsäure hinzugefügt, daß nicht alles Lanthan in Sulfat übergeführt wird. Nach mehrtägigem Stehen hat sich dann alle Schwefelsäure mit dem positivsten der beiden Metalle, mit dem Lanthan verbunden. Durch Eindampfen und gelindes Glühen wird dann das salpetersaure Salz zersetzt und dadurch in Wasser unlöslich gemacht, während das schwefelsaure Salz mit Wasser extrahiert werden kann. Dieses Verfahren setzt natürlich voraus, daß man den Gehalt des Oxydgemisches an Lanthan annähernd kennt.

Dieselbe Methode, wenig abgeändert, führt zu entsprechend reinen Didympräparaten.

Setzt man nämlich zu der Nitratlösung des Erdgemisches so viel Schwefelsäure, daß alles vorhandene Lanthan und noch ein Teil des Didyms in Sulfat übergeführt wird, so erhält man nach dem Abdampfen und gelinden Glühen eine Masse, aus der durch Wasser alles Sulfat, also alles Lanthan und ein Teil des Didyms ausgezogen werden kann. Der Rückstand ist zum größten Teil Didym.

Frerichs und Smith (1878) änderten das Verfahren etwas ab, sie erhitzten das Gemenge von Nitrat und Sulfat nicht, sondern extrahierten dasselbe mit Alkohol, worin sich beide Nitrate von Lanthan und Didym lösen, hingegen Lanthansulfat unlöslich ist. Nach einmaligem Umkristallisieren aus Wasser war in der konzentrierten Lösung des Salzes spektroskopisch kein Didym nachweisbar.

Um aus dem alkoholischen Filtrat, welches vorwiegend Didym

enthält, noch Lanthan abzuscheiden, destilliert man den Alkohol ab und fügt nach dem Verdünnen der nicht überdestillierten wäßrigen Lösung so viel Schwefelsäure hinzu, daß alles Lanthan und noch ein Teil des Didyms in Sulfat übergeführt wird. Nach vier bis fünf tagelangem Stehen wird wiederum der größte Teil des Sulfats durch Alkohol ausgeschieden. Die zur Trockne eingedampfte Lösung enthält alles Didymnitrat neben wenig Didym- und Lanthansulfat, da die letzteren in verdünntem Alkohol etwas löslich sind. Sie werden geglüht, wodurch die Nitrate zersetzt, hingegen die Sulfate unverändert bleiben. Die feine gepulverte Masse wird nun mit Eiswasser extrahiert, bis Waschwasser und eine Probe des Rückstandes in Salpetersäure gelöst mit Baryumchlorid keine Schwefelsäurereaktion zeigen, was nach 6—8 Tagen erreicht werden soll. Das so erhaltene Didymoxyd wird in Sulfat übergeführt und in der siebenfachen Menge kalten Wassers gelöst; langsam bis 85° erwärmt, beginnt die Ausscheidung wohlausgebildeter rosenroter Kristalle. Die Abwesenheit des Lanthans wurde dadurch konstatiert, daß die zuerst ausgeschiedenen Kristalle und die darauf folgenden einer Äquivalentgewichtsbestimmung unterworfen wurden. Wenn mehrere Analysen übereinstimmende Resultate lieferten, nahm man an, ein lanthanfreies Präparat in Händen zu haben. Lanthansulfat scheidet sich bereits bei 30° aus, während das Präparat von Frerichs und Smith sich erst bei 85° auszuscheiden begann.

Stützel (1899) stellte einen Teil seiner Lanthanerde nach der Methode von Frerichs und Smith dar.

Als eine Umkehrung der Mosanderschen (1843) Methode zur Trennung der Ceriterden ist die Modifikation von Hermann (1861) zu bezeichnen. Die Sulfatlösung wurde bei Zimmertemperatur verdunstet und die erhaltenen Kristalle von Lanthan und Didym mit kaltem Wasser behandelt, wodurch sich vorzugsweise das schwefelsaure Didym lösen sollte, während schwefelsaures Lanthan, welches in kristallisiertem Zustand sehr schwer und langsam von einer konzentrierten Lösung des schwefelsauren Didyms gelöst wird, größtenteils ungelöst bleibt. Diese Lösung von Didymsulfat ließ man wieder zur Trockne verdunsten und wiederholte die Operation, bis man Lanthan oder Didym in verhältnismäßig reinem Zustand erhalten hatte. Die vollständige Reinigung führte Hermann hierauf auf basischem Wege aus. Behrens (1901) prüfte diese Methode und hält sie für event. Anreicherungen bequem und fördernd, für eine Reindarstellung jedoch unbrauchbar.

Das beim Extrahieren zurückbleibende Sulfatgemisch soll aus Lanthan, Praseodym und Samarium bestehen und nur wenig Neodym enthalten.

Wie wir bereits oben gesehen haben, fällt Alkohol die Sulfate der seltenen Erden aus ihren Auflösungen. Während das neutrale Zirkonsulfat besonders aus sauren Lösungen gut kristallisiert, wird es durch Alkoholzusatz als basisches Salz gefällt, welche Eigenschaft Berzelius (1825) für eine Reinigung dieser Erde verwendete. Hiortdahl (1866) und Bailey (1890) begnügten sich zu diesem Zweck mit dem einfachen Umkristallisieren des Zirkonsulfats, Endemann (1875) hingegen bediente sich wie Berzelius (1825) der Fällbarkeit dieser Erde mittels Alkohol.

Bei Abscheidung seines Decipiums verwendete Delafontaine (1878) die Alkoholfällung und Brauner (1897) will ein dem Cer anhaftendes, noch unbekanntes Element durch partielle Alkoholfällung konstatiert haben, da die Analysen der einzelnen Fraktionen zu Atomgewichten führten, die von 140,25 auf 130,70 sanken; der Unterschied des Prozentgehaltes an CeO_2 war in diesem Falle viel auffallender als beim Fällen der Sulfatlösung mit Ammoniak — Brauner 1886 — (s. Trennung mittels Ammoniak S. 236).

Schützenberger (1895) reinigte ebenfalls nach dieser Methode ein Cerpräparat.

1) Die Löslichkeitsverhältnisse der Erdsulfate.

Muthmann, Roelig (1898), Wyrouboff (1901) und Koppel (1904) haben in sehr verdienstvollen Arbeiten Löslichkeitsbestimmungen der Ceritsulfate ausgeführt und gelangten hierdurch zu Resultaten, welche besonderen Einblick in die komplizierten Verhältnisse der Mosandersche Methode gestatteten. Um jedoch diese Resultate auf Gemische zu übertragen, sind aus den auf S. 315 angeführten Gründen spezielle Versuche erforderlich, die noch ausstehen.

Die Bestimmungen von M. u. R. wurden folgendermaßen durchgeführt: In einem Thermostaten von 15 Liter Inhalt, in dem die Temperaturleicht stundenlang auf 1° konstant gehalten werden konnte, wurde ein Becherglas mit destilliertem Wasser eingesenkt und dann unter fortwährendem Rühren mit der bekannten Wittschen Vorrichtung das entsprechende Salz eingetragen. Löste sich nichts mehr auf, so ließ man absitzen, analysierte ca. 1 ccm der Flüssigkeit (Eindunsten und Entwässern im Schwefelbade bis zur Gewichtskonstanz), setzte das Rühren noch eine halbe Stunde fort und untersuchte eine zweite Probe. Regelmäßig gaben beide Proben fast genau dieselben Werte. Koppel bediente sich eines Ostwaldschen Thermostaten und untersuchte nach zwanzigstündigem Schütteln die Lösung.

Brauner (1888) hat die Dichten der Lösungen des wasserfreien und wasserhaltigen Cersulfats ($+ 5\,H_2O$ und $8\,H_2O$) untersucht und fand, daß die Werte für Lösungen gleicher Konzentration identisch sind.

2) **Die Hydrate des Cersulfats.**

Tetrahydrat (H_4) entsteht bei 65—70° und höher spontan aus H_9; seine Sabilität gegen H_8, H_9 und H_5 vgl. unten. Gegen H_8 bezw. H_9 ist das Tetrahydrat unter 40° bezw. 41° labil, oberhalb stabil, gegen H_5 dauernd stabil (Koppel 1904, s. auch Wyrouboff 1901).

Löslichkeit nach Koppel:

35°	40°	50°	57°	65°	70°	82°	100,5°
8,5	6,04	3,43	2,34	1,88	1,38	1,01	0,43.

Pentahydrat. (H_5) Die Löslichkeit nimmt mit abnehmender Temperatur stark zu; sie ist bei 40° zehnmal so groß als bei 100°.

t	Gewichtsteile $Ce_2(SO_4)_3$ auf 100 Teile H_2O			*t*	Gewichtsteile $Ce_2(SO_4)_3$ auf 100 Teile H_2O		
	Muthmann u. Roelig	Wyrouboff	Koppel		Muthmann u. Roelig	Wyrouboff	Koppel
100,5°	—	—	0,47	68°	—	1,82	—
100 °	0,775	—	—	60°	3,45	—	3,15
93 °	—	0,79	—	50°	5,56	—	—
90 °	—	—	0,84	49°	—	3,62	—
80 °	1,70	—	1,21	45°	—	--	8,83
78 °	—	1,64	—	40°	8,20	—	—
70 °	—	—	1,93				

Über 40° hinaus konnten keine Zahlen mehr erhalten werden; die Umwandlung in das Oktohydrat erfolgte nach ganz kurzem Stehen. Eine Bestimmung bei 30° auszuführen, war Muthmann und Roelig nicht möglich. Koppel (1904) erhielt das Pentahydrat bei 70—90°. Unter 55,5° bezw. 56° ist das Pentahydrat labil gegen H_8 bezw. H_9; oberhalb dieser Temperatur stabil gegen H_8 und H_9. In seinem ganzen Existenzgebiet (45—100°) labil gegen H_4 (Koppel 1904).

Oktohydrat. Auch hier findet starke Abnahme der Löslichkeit mit steigender Temperatur statt. Bei 80° tritt so schnell die Umwandlung in das Pentahydrat ein, daß Muthmann und Roelig die Bestimmungen nicht weiter fortsetzen konnten.

Stabilität gegen H_{12} und H_9 vgl. unten. H_8 wird gegen H_5 bei 55,5°, gegen H_4 bei 41° labil; unter diesen Temperaturen ist es stabil gegen diese Hydrate.

Hermann (1869) und Jolin (1874) vermuteten irrtümlich ein Hydrat mit $6H_2O$ (s. Wyrouboff 1901, S. 120).

t	Gewichtsteile $Ce_2(SO_4)_3$ auf 100 Teile H_2O			*t*	Gewichtsteile $Ce_2(SO_4)_3$ auf 100 Teile H_2O		
	Muthmann u. Roelig	Wyrouboff	Koppel		Muthmann u. Roelig	Wyrouboff	Koppel
0°	19,10	—	19,09	40°	—	—	5,95
15°	—	11,46	11,06	42°	—	5,36	—
18°	17,32	—	—	50°	12,48	—	4,78
20,5°	—	—	9,52	56°	—	3,99	—
24°	—	8,10	—	60°	9,40	—	4,06
25°	—	7,93	—	68°	—	2,77	—
28°	—	7,69	—	70°	4,24	—	—
30°	16,13	—	7,4				

Die Kristalle sind nach Brauner (1903, S. 214) nicht verwitternd und liefern beim Zerreiben sofort ein trockenes, grobes Pulver, welches man sofort für quantitative Zwecke verwenden kann. Wyrouboff und Verneuil (1897) mußten hingegen ihre Kristalle und selbst deren Pulver zwischen Fließpapier trocknen. Kölle (1898) beschreibt das Oktohydrat als leicht verwitternd.

Das Salz verliert die letzten Anteile seines Kristallwassers durch Trocknen nur sehr schwer. Die Temperatur, bei welcher das Sulfat sein Wasser vollständig verliert, liegt sehr nahe derjenigen, bei welcher sich das normale Sulfat unter Bildung des basischen Salzes zu zersetzen beginnt. Bei etwa 630° ± enthält das Salz noch etwa 0,01% Wasser und bei 650° ± beginnt schon die Zersetzung des Salzes (Brauner 1903, S. 233). Mithin ist die von Wyrouboff und Verneuil (1897) gefundene Zahl 250 viel zu niedrig, auch erklärt sich hieraus das von diesen Chemikern zu niedrig gefundene Atomgewicht des Cers.

Brauner (1888) gibt an, daß 100 Teile Wasser (wahrscheinlich von Zimmertemperatur) nur etwa 15 Teile dieses Salzes lösen. Beim Konzentrieren soll man eine Lösung erhalten, die 19—21 Teile wasserfreies Salz auf 100 Teile Wasser enthält.

Enneahydrat. (H_9) Nach Wyrouboff und Verneuil (1897) sollen aus Cersulfatlösungen manchmal, wenn die Temperatur 45° nicht übersteigt, neben Oktohydratkristallen sich auch solche des Enneahydrats zeigen — in nadelförmiger Gestalt. Brauner (1903, S. 218) konnte das Sulfat mit $9 H_2O$ niemals durch Verdampfen einer neutralen Cerisulfatlösung, besonders nicht bei 40—45°, erhalten.

Koppel (1904) ging von recht verdünnten Lösungen [unter 10% $Ce_2(SO_4)_3$] aus und impfte mit $La_2(SO_4)_3 . 9 H_2O$, erwärmt wurde auf 45° (Marignac). Aus konzentrierten Lösungen erhält man gewöhnlich neben H_9 auch H_8.

Die Löslichkeit beträgt nach Wyrouboff (1901) und Koppel (1904):

t	Gewichtsteile $Ce_2(SO_4)_3$ auf 100 Teile H_2O		*t*	Gewichtsteile $Ce_2(SO_4)_3$ auf 100 Teile H_2O	
	Wyrouboff	Koppel		Wyrouboff	Koppel
0°	—	20,98	45°	—	5,13
15°	—	11,87	46°	5,04	—
21°	—	9,72	50°	—	4,67
23°	7,39	—	53°	4,60	—
30°	—	7,35	60°	—	3,88
34°	5,70	—	65°	—	3,59
39°	5,29	—	68°	3,77	—

Die Stabilität gegen H_{12} vgl. unten. Von 0° bis ca. 30° gegen H_8 labil, oberhalb 30° stabil. H_9 ist das erste bekannte Hydrat, das bei höheren Temperaturen gegenüber einem wasserärmerem Hydrat H_8 stabil, bei niederen labil ist. H_9 wird gegen H_4 bei 41°, gegen H_5 bei 56° labil.

Dodekahydrat. (H_{12}) Muthmann und Roelig gingen aus von der bei 0° gesättigten Lösung, welche wie oben beschrieben erhalten worden war. Unter Schütteln wurde langsam die Temperatur erhöht und Proben der Flüssigkeit analysiert. Oberhalb 25° fand Umwandlung in das Oktohydrat statt.

Unterhalb 3° ist H_{12} gegen H_8, unterhalb 5° gegen H_9 stabil, oberhalb dieser Temperatur gegen beide labil und geht bei 20° schon ziemlich schnell in H_8 über (Koppel).

t	Gewichtsteile $Ce_2(SO_4)_3$ auf 100 Teile H_2O	
	Muthmann u. Roelig	Koppel
0°	21,40	16,56
18°	18,44	—
18,8°	—	17,52
19,2°	—	17,70
25°	16,22	—

Bei 74° ist nach M. u. R. die Löslichkeit für das Okto- und Pentahydrat dieselbe, die gesättigte Lösung enthält 2,4 Teile $Ce_2(SO_4)_3$ auf 100 Teile Wasser. Nur bei diesem Punkte können beide Hydrate in Berührung mit der Lösung nebeneinander existieren; erhöht man die Temperatur, so findet Umwandlung in das Pentahydrat unter gleichzeitiger Ausscheidung von Substanz statt; erniedrigt man sie, so entsteht das Oktohydrat unter Auflösung. Diese letztere Umwandlung muß nur bei Gegenwart der rhombischen Kristalle des Hydrats mit $8\,H_2O$ stattfinden. Bei 50° kann man zwei gesättigte Lösungen von total verschiedenem Gehalt erzielen; das Oktohydrat ist bei dieser Temperatur mehr als doppelt so „leicht löslich" als das Pentahydrat.

Die Umwandlung des Pentahydrats in das Oktohydrat und umgekehrt, welche bei 72° vor sich geht, erfolgt nur sehr träge. Muthmann und Roelig haben mehrfach versucht, diesen Punkt mit Hilfe des Dilatometers von van't Hoff festzustellen, jedoch ohne Erfolg. Die Verwandlung erfolgt so langsam, daß selbst bei äußerst vorsichtigem Anwärmen ein Ausschlag am Instrumente nicht zu beobachten ist.

Dagegen gelingt es, auf andere Weise diesen Punkt festzustellen; eine ca. 1%ige Lösung wurde in zwei Teile geteilt und der eine bei 71°, der andere bei 75° unter Rühren eingedampft. Im ersteren Falle erschienen Pyramiden des Salzes mit $8\,H_2O$, im letzteren die Prismen des Pentahydrats.

Das Existenzgebiet des Dodekahydrats ist bei weitem beschränkter, als das der beiden anderen; daher kommt es auch, daß es lange übersehen und erst vor wenigen Jahren von Jolin entdeckt wurde. Der Umwandlungspunkt ist hier bei 27,5 °; die Konzentration der Lösung 16,2 $Ce_2(SO_4)_3$ auf 100 Teile Wasser. Die Umwandlung in das Dodekahydrat erfolgt aber ganz außerordentlich langsam; Muthmann und Roelig haben Lösungen, welche das Salz mit 8 H_2O enthielten, mit dem Dodekahydrat versetzt und 14 Tage lang bei 10° stehen lassen, ohne daß völlige Umwandlung erfolgt wäre. Allerdings wächst in solchen Lösungen, und das ist wichtig, bei 10° nur das Dodekahydrat. Die Flüssigkeit erfüllt sich allmählich mit den weißen Kristallfäden, während die am Boden festsitzenden Pyramiden scheinbar weder wachsen, noch an Menge abnehmen. Die Ursache dieser Erscheinung liegt jedenfalls an der Oberflächenbeschaffenheit der Kristalle, die kompakten Pyramiden bieten der Flüssigkeit nur eine verhältnismäßig kleine Oberfläche dar.

Dagegen erfolgt die Umwandlung des Dodekahydrats ganz glatt und kann thermometrisch verfolgt werden. Es muß in diesem Falle Wärme gebunden werden, wie beim Schmelzen des Eises. Den Versuch führt man am bequemsten folgendermaßen aus:

Ein mit einem gewöhnlichen Normalthermometer versehener Beckmannscher Schmelzpunktapparat wird mit dem bei 0 ° erhaltenen Magma der Dodekahydratkristalle beschickt und in einen gleichfalls auf 0 ° gebrachten Thermostaten versenkt. Dann erhöht man die Temperatur ganz langsam und gleichmäßig, indem man sowohl die Flüssigkeit im Thermostaten, als auch die Substanz im Beckmannschen Apparat fortwährend umrührt. Das Thermometer stieg gleichmäßig bis 28,5 °, ging dann zurück auf 27,5 °, blieb eine Zeitlang bei dieser Temperatur stehen, um dann weiter in die Höhe zu gehen. Als die Temperatur auf 32° gestiegen war, wurde das Salz, das sich nunmehr leicht zu Boden setzte, mikroskopisch untersucht; die ganze Masse war in die rhombischen Pyramiden umgewandelt.

Der Umwandlungspunkt liegt also bei 27,5 °.

Nach einer Privatmitteilung von Bakhuis Roozeboom können jedoch die Resultate der Versuche von Muthmann und Roelig nicht als entscheidend betrachtet werden. Denn sowohl in den Beziehungen zwischen den Hydraten mit 12 und 8, als an denjenigen mit 8 und 5H_2O hat man die ganz unerklärliche Sache, daß die Löslichkeit des wasserreichsten Hydrats unterhalb seiner Umwandlungstemperatur in dem wasserärmeren größer sein sollte als die Löslichkeit des letzteren, der nichtsdestoweniger labil wäre. Dies ist eine Unmöglichkeit. Vielleicht ist die Sache dadurch zu erklären, daß wegen der Hartnäckigkeit der Verzögerungserscheinungen die vermeintlichen Umwandlungspunkte doch keine wahren Umwandlungstemperaturen wären, sondern nur Temperaturen, wobei die Geschwindigkeit der Umwandlung groß genug würde, daß dieselbe hervortritt. Es müßten dann aber in den Löslichkeitskurven die labilen und stabilen Teile teilweise umgewechselt werden. Wahrscheinlicher ist aber, daß Muthmanns Sulfat nicht rein gewesen ist, um so mehr, da Wyrouboff (1901) und vor kurzem Koppel (1904) nahezu übereinstimmende Werte bekommen haben, die stark von denjenigen Muthmanns abweichen. Speziell die Versuche Koppels erlauben eine Darstellung der Verhältnisse, welche gegen keine allgemeine Gesetze verstößt. Nur die Umwandlung von H_8 neben Lösung in H_9 bei 30^0 ist befremdend, es sei dann daß sich wirklich die Reaktion

$$H_8 + \text{Lösung } 7{,}30\,^0/_0 \longrightarrow H_9$$

unter Wärmeabsorbtion vollzieht (priv. Mitt. Roozeboom).

3) Das Verhalten des wasserfreien Cersulfats.

Das Anhydrid $Ce_2(SO_4)_3$ zeigt bei der Auflösung eine ganz auffallende Ähnlichkeit mit dem wasserfreien Thoriumsulfat, das von Bakhuis-Roozeboom eingehend erforscht worden ist. Schon oben, bei der Besprechung des Dodekahydrats, sind die Erscheinungen beschrieben worden; trägt man die Substanz in Eiswasser unter Schütteln ein, so scheint die Löslichkeit eine unbegrenzte zu sein (bei 0^0 lösen 100 Teile H_2O bis 60 Teile wasserfreies Cersulfat — Brauner 1888), bis plötzlich das Opalisieren sich zeigt und Dodekahydrat gebildet wird.

Cerosulfatanhydrid löst sich in kaltem Wasser viel reichlicher als selbst Magnesiumsulfat, ein von den Sulfaten der Metalle der Calciumgruppe sehr abweichendes Verhalten (Muthmann 1898, S. 1832).

Die Ursache dieser merkwürdigen und wichtigen Erscheinung ist jedenfalls dieselbe, die Bakhuis-Roozeboom für das $Th(SO_4)_2$ annimmt. Das System: gesättigte Lösung, Anhydrid, Dampf ist bei allen Temperaturen zwischen $0—100^0$ labil und zwar in bezug auf Hydrate, die in den angegebenen Grenzen erhalten werden; es ist ferner um so labiler, je höher die Temperatur ist, denn schon bei 20^0 gelingt es nicht mehr, von dem

Anhydrid überhaupt beträchtlichere Mengen aufzulösen, ohne daß rasche Hydratisierung eintritt. Jedenfalls wird auch hier irgendwo oberhalb 100° ein Punkt existieren, an dem sich das Pentahydrat oder ein anderes, noch unbekanntes mit weniger Wasser, in das Anhydrid verwandelt, und von diesem Punkte ab würde man dann stabile Systeme in Berührung mit dem Anhydrid erhalten. Doch sind der experimentellen Schwierigkeiten halber — man hätte natürlich unter hohem Drucke zu arbeiten — Versuche in dieser Richtung nicht gemacht worden (Muthmann und Roelig 1898, II, S. 460).

Die Überführung des orangeroten, in der Hitze braunroten Cerisulfats, wie man solches durch Behandeln des Cerdioxydes mit konzentrierter Schwefelsäure z. B. erhält, geschieht am besten durch Erhitzen auf 600°. Es bleibt rein weißes $Ce_2(SO_4)_3$ zurück, das beim Eintragen in Eiswasser unter Schütteln sich völlig klar auflöst (Muthmann und Roelig 1898, II, S. 452).[1]

Nach Bührig (1875) löst sich ein Teil des wasserfreien Cerosulfats

bei 20°	in 12,03	Teilen	Wasser
„ 45°	„ 12,37	„	„
„ 60°	„ 20,17	„	„
„ 100°	„ 198,41	„	„

Bei 0° lösen 100 Teile Wasser bis 60 Teile dieses Salzes (Brauner 1888).

4) Lanthansulfat.

Durch Digerieren des Lanthanoxydes mit konzentrierter Schwefelsäure, Abrauchen derselben und längeres Erhitzen auf ca. 500° erhält man ein schneeweißes, wasserfreies Sulfat, welches, wie das Cerosulfat, in hohem Grade die Eigenschaft besitzt, sich in Eiswasser zu lösen. Bei Weißglut geht es in ein unlösliches basisches Salz über (Mosander 1843).

Trägt man gepulvertes Lanthansulfat unter Rühren in kleinen Portionen in Wasser von 2—3° C ein und verhütet durch äußerliche Kühlung des Gefäßes, daß die Temperatur 13° übersteigt, so kann ein Teil des Salzes in weniger als 6 Teilen gelöst und die Lösung innerhalb der angegebenen Temperaturgrenzen in verschlossenen Gefäßen wochenlang unverändert aufbewahrt werden. Erhitzt man aber die Flüssigkeit allmählich, so daß sie 30° C er-

[1] Vgl. auch Meyer und Aufrecht, Ber. 1904, 37, Heft 1, S. 140—153.

reicht, so fängt sofort die Ausscheidung von nadelförmigen Kristallen an. Ist diese Kristallisation einmal eingetreten, so kann man dieselbe nicht verhindern, selbst nicht durch rasches Abkühlen. Hierdurch wird die ursprünglich klare Flüssigkeit in wenigen Minuten in einen dünnen Brei verwandelt. Ist durch unvorsichtiges — zu schnelles — Eintragen des Lanthansulfats die Temperatur der Flüssigkeit — infolge der Hydratationswärme — gestiegen, so beginnt sogleich ein Teil des Salzes auszukristallisieren und, wenn diese Erscheinung einmal begonnen hat, fährt sie selbst bei Temperaturen wie 13—14° C noch fort, bis die Lösung nur noch $^2/_{87}$ vom Gewicht des wasserfreien Salzes enthält. Muthmann und Roelig (1898, I, S. 1722—1723), die ebenso wie Mosander (1843) mit Lösungen operierten, welche 15—20% des wasserfreien Salzes enthielten, bemerken, daß man beim Stehenlassen einer solchen Lösung bei 0° bereits über kurz oder lang Ausscheidungen der nadelförmigen Kristalle erhält, und zwar sollen $^6/_7$ der Substanz sich abscheiden. Die Kristallbüschel bestehen aus Nadeln, welche an einem Punkte zusammengewachsen sind; das System ist das hexagonale, Kombination von Prisma und Pyramide.

Jene eigentümliche Lösung ist also übersättigt in bezug auf das Hydrat, ungesättigt in bezug auf das Anhydrid.

Die Abscheidung erfolgt um so schneller, je höher die Temperatur ist, und zwar entsteht bei allen Temperaturen nur das Enneahydrat (+ 9 H_2O). In Berührung mit wäßriger Lösung ist nur dieses beständig, und alle Versuche Muthmanns (1898, I), unter diesen Bedingungen ein anderes Hydrat zu erhalten, waren erfolglos. Allerdings existiert noch ein Hexahydrat, das man aus 50% freier Schwefelsäure enthaltenden Lösungen erhält; dieses Hydrat wandelt sich aber in Berührung mit der wäßrigen Lösung bei allen Temperaturen in das Enneahydrat um, so daß für die Sulfat-Trennungsmethode nur das letztere in Betracht kommt.

Die Löslichkeit des Enneahydrats verändert sich mit steigender Temperatur nur wenig; eine bei 0° gesättigte Lösung enthält 3%, eine bei 100° gesättigte 0,7% $La_2(SO_4)_3$. Die Substanz zeigt demnach abnehmende Löslichkeit mit steigender Temperatur, eine Eigenschaft, welche sie mit sämtlichen Sulfathydraten der Ceriterden gemein hat, gleichgültig, wieviel Kristallwasser dieselben enthalten.

Muthmann und Roelig (1898, I, S. 1723) geben folgende Löslichkeitsverhältnisse an:

t	Gewichtsteile $La_2(SO_4)_3$ auf 100 Teile Wasser
0°	3,01 — 3,02
14°	2,55 — 2,60 } 23° [1]
30°	1,88 — 1,90 }
50°	1,55 — 1,49
75°	0,99 — 0,94
100°	0,70 — 0,68 [1]

5) **Didymsulfat.**

Auch hier beobachtet man, wie beim Cer- und Lanthansulfat, die außerordentliche Löslichkeit des Anhydrids in Eiswasser. Durch längeres Schütteln erhält man eine Flüssigkeit, welche 37 % Salz enthält; ist diese Konzentration erreicht, so beginnen sich Kristalle des Oktohydrats auszuscheiden, welche nach Marignacs[2] Messungen merkwürdigerweise mit den Kristallen des Cerosulfatoktohydrats nicht isomorph sind. Eine solche Lösung kann man nicht als eine gesättigte bezeichnen. Der Lösungsprozeß des Sulfatanhydrids hört dann auf, wenn durch irgend einen Zufall die Bildung von Kristallen wasserhaltigen Salzes in der Flüssigkeit beginnt; von diesem Augenblicke ab nimmt sodann der Salzgehalt der Lösung wieder ab. Das System „Sulfatanhydrid + Lösung" ist labil in bezug auf das „Oktohydrat + Lösung", d. h. es findet Umwandlung des ersteren in das zweite statt, sobald ein Kristall des Oktohydrats sich bildet oder in die Flüssigkeit hineingeworfen wird. Deshalb bedeuten auch die Zahlen, welche Marignac[3] für die Löslichkeit des Anhydrids angibt, nur eine untere Grenze. Derselbe fand 43,1 Teile $Di_2(SO_4)_3$ auf 100 Teile Wasser bei 12°, Muthmann und Roelig (1898, I, S. 1724) nur 37 Teile bei 0°. Wieviel Salz man beim Schütteln des Anhydrids mit Eiswasser in Lösung bringt, ist nach den Erfahrungen der letzten beiden Autoren vom Zufall abhängig.

Muthmann und Roelig (1898, I) haben bei allen Temperaturen aus dem Gemisch von Neodym und Praseodym (ca. 30 % Pr und 70 % Nd) nur das Oktohydrat erhalten. Nach Cleve[4] entsteht

[1] Nach Mosander (1843) erfordert 1 Teil des wasserfreien Salzes. bei 23° C. 42,5 Teile Wasser zur Lösung, siedendes Wasser jedoch 115 Teile.

[2] Marignac, L. A. [3] 27, S. 227.

[3] Marignac, Bull. Chim. 43, p. 359.

[4] Cleve, L. A. 88, S. 232.

beim Eindampfen auf dem Wasserbade ein Pentahydrat, das sich beim Abkühlen sofort in das Oktohydrat umwandelt. Es ist leicht möglich, daß sich ein solches Pentahydrat bildet, wenn das Sulfatgemisch reicher an Praseodym ist, als dieses bei Muthmann und Roelig der Fall war, denn wie wir später sehen werden, existiert ein Pentahydrat des Praseodymsulfats, nicht aber ein solches vom Neodymsulfat.

Den Löslichkeitsbestimmungen von Muthmann und Roelig sind im folgenden diejenigen von Marignac gegenübergestellt.[1]

t	Gewichtsteile $(Nd, Pr)_2(SO_4)_3$ auf 100 Teile H_2O	
	Muthmann und Roelig [Nd : Pr = 7 : 3]	Marignac
0°	14,2 — 14,3	—
14°	12,52 — 12,63	—
19°	— —	11,7
32°	9,21 — 9,20	—
40°	— —	8,8
50°	— —	6,5
54°	6,35 — 6,10	—
70°	4,30 — 4,25	—
100°	2,30 — 2,20	1,6. Mosander[1] 1,9

Die Resultate werden weiter unten im Zusammenhang mit der Löslichkeit der Komponenten des Didyms diskutiert werden.

6) **Praseodymsulfat.**

Vom Praseodymsulfat erhielten Muthmann und Roelig (1898, I, S. 1726—1727) drei Hydrate, ein Dodeka-, Okto- und ein Pentahydrat, von denen indessen nur die beiden letzteren zu Löslichkeitsbestimmungen sich eignen. Das Dodekahydrat scheidet sich nur selten bei wenig über 0° liegenden Temperaturen ab und scheint nur innerhalb eines kleinen Temperaturintervalles beständig zu sein. Es bildet äußerst feine, haarartige Kristall-

[1] Nach Mosander (1843) erfordert 1 Teil wasserfreies Didymsulfat bei gewöhnlicher Temperatur 5 Teile Wasser zur Lösung; bei 53° C soll die Abscheidung des wasserhaltigen Salzes beginnen, so daß die siedende Lösung nur noch 1 Teil des wasserfreien Didymsulfats in 50,5 Teilen Wasser enthält.

büschel, welche genau wie die des Cerosulfatdodekahydrats aussehen; dieselben sind bei Zimmertemperatur so labil, daß sie sich schon beim Übertragen auf ein Objektglas in das Oktohydrat verwandeln. Letzteres bildet prächtige, sehr flächenreiche, monosymmetrische Kristalle, die dem Habitus nach isomorph mit denen des Didymgemisches sind. Sie bilden sich leicht aus Lösungen in dem Temperaturintervall von 0—80°.

Brauner[1] hat ebenfalls ein Oktohydrat beschrieben; auch bezüglich der Kristallform stimmen dessen Angaben mit den von Muthmann und Roelig (1898, I) überein. Derselbe fand Isomorphie mit Yttriumsulfat, also dieselbe Form, welche nach Marignac dem Didymsulfatoktohydrat zukommt.

Dagegen weicht Muthmanns Befund bezüglich des bei 90—100° entstehenden Hydrats von demjenigen Brauners (a. a. O.) ab. Derselbe beschreibt nämlich ein Salz mit $6 H_2O$, während Muthmann und Roelig (1898, I, S. 1726) nur fünf Moleküle Wasser fanden. Diese Chemiker stellten das letztere Salz dar, indem eine Lösung eingekocht wurde; es scheiden sich dann dicke Prismen ab, welche eine intensiv grüne Färbung zeigen. Unter dem Mikroskope wurde vielfach Zwillingsbildung beobachtet, und es gleichen überhaupt die Kristalle dem Habitus nach so außerordentlich dem Cerosulfatpentahydrat, daß Muthmann und Roelig beide für isomorph halten.

Die Umwandlungstemperatur des Oktohydrats in das Pentahydrat — also der Punkt, an dem die Löslichkeit beider die gleiche ist — dürfte nach dem Verlaufe der Löslichkeitskurven bei etwa 75° liegen. Bei 85° erfolgt die Umwandlung prompt und ist bequem zu beobachten; rührt man eine gesättigte Lösung des Oktohydrats in Berührung mit Bodenkörper bei dieser Temperatur heftig um, so trübt sie sich zunächst unter Ausscheidung von feinen Nadeln des Pentahydrats. Dieses ist also bei 85° weniger löslich, als das Oktohydrat. Allmählich verwandeln sich dann auch die am Boden liegenden Kristalle glatt in die charakteristischen Nadeln des Pentahydrats. Läßt man wieder abkühlen, so tritt Rückverwandlung ein, und schon nach einer Stunde ist alles wieder in die flächenreichen Kristalle des Oktohydrats übergegangen.

[1] Brauner, Ch. N., April 7, 1898, p. 161.

Die Löslichkeitsbestimmungen von Muthmann und Roelig (1898, I, S. 1727) ergaben Folgendes:

t	Gewichtsteile $Pr_2(SO_4)_3$ in 100 Teilen Wasser
I. $Pr_2(SO_4)_3 + 8\,H_2O$	
0°	19,80 — 19,79
18°	14,05 — 14,10
35°	10,40 — 10,31
55°	7,02 — 7,09
75°	4,20 — 4,13
II. $Pr_2(SO_4)_3 + 5\,H_2O$	
85°	1,60 — 1,50
90°	1,35 — 1,45
95°	1,00 — 1,02

7) **Neodymsulfat.**

Vom Neodymsulfat scheint nur ein Hydrat zu existieren, nämlich das Oktohydrat, welches mit dem entsprechenden Praseodymsalz isomorph ist.

Die Löslichkeitsverhältnisse dieses Salzes wurden ebenfalls von Muthmann und Roelig (1898, I, S. 1728) bestimmt.

t	Gewichtsteile $Nd_2(SO_4)_3$ auf 100 Teile Wasser
0°	9,41 — 9,50
16°	7,20 — 7,05
30°	5,07 — 5,04
50°	3,64 — 3,72
80°	2,68 — 2,70
100°	2,31 — 2,21

8) **Samariumsulfat.**

Das Sulfat von Samarium kristallisiert mit 8 Mol. Wasser und ist schwerer löslich als Didymsulfat; beide Salze sind isomorph, so daß auf diese Löslichkeitsdifferenz keine gute Trennungsmethode gegründet werden kann (Cleve 1886).

9) Scandiumsulfat

ist bei höheren Temperaturen ebenso unveränderlich wie die übrigen Sulfate der Ceriterden sowie der Gadoliniterden, es kristallisiert mit 6 Mol. H_2O (Nilson 1879).

Diskussion der Resultate, welche bei den Löslichkeitsbestimmungen der Ceritsulfate erhalten wurden.

Das Verhalten der untersuchten Salze in bezug auf Löslichkeit ist durchaus nicht so übereinstimmend, wie dieses von älteren Forschern wohl angenommen wurde. Nach älteren Berichten hätte man vermuten sollen, daß die Löslichkeitsdifferenzen nur ganz minimale sind, hingegen sind dieselben nach den ausführlichen Untersuchungen von Muthmann und Roelig viel größer als beispielsweise bei Nickel und Cobalt.

Gemeinsam ist zunächst allen Ceritsulfaten, eine sehr hohe Löslichkeit des Anhydrids bei niederer Temperatur zu zeigen, welche nicht bestimmbar ist. Der Grund für diese merkwürdige Eigenschaft, die auch das Thoriumsulfat zeigt, ist schon von Bakhuis-Roozeboom[1] klargelegt worden, dessen Ausführungen auch für die beschriebenen Ceritsulfate Gültigkeit haben.

Werden die wasserfreien Salze mit kaltem Wasser übergossen, so erhitzt sich das Ganze stark und die Salze bilden dann eine kristallinische Kruste, welche, selbst gepulvert, sich nur langsam löst. Aus diesem Grunde müssen die entwässerten Sulfate in kleinen Portionen unter beständigem Umrühren in das kalte Wasser eingetragen werden. Weiter sinkt in allen Fällen die Löslichkeit mit steigender Temperatur, so daß aus einer gesättigten Lösung beim Erwärmen Abscheidung von Substanz erfolgt, ganz gleichgültig, welches Metall und welches Hydrat vorliegt. Bei 100° nähern sich die Löslichkeiten in solchem Maße und werden so klein, daß eine Trennung durch Umkristallisieren bei dieser Temperatur nicht durchführbar wäre.

Das Cer zeigt beim Dodeka- und Oktohydrat nach M. u. R. eine auffallende Abweichung von den anderen Salzen: Die Löslichkeitskurve ist nach oben konvex, während diejenigen der übrigen nach

[1] Bakhuis-Roozeboom, Zeitsch. f. phys. Chem. 5, S. 198.

unten konvex sind. Nach Wyrouboff (1901) und Koppel (1901) sind dagegen die Löslichkeitskurven des Ennea, Okto- und Pentahydrats alle weit nach unten konvex. Die größte Ähnlichkeit in bezug auf Hydratbildung und Löslichkeit der Sulfate besteht sicher zwischen Cer und Praseodym, und man erwartete daher auch einen analogen Verlauf der Kurven für das Oktohydrat, was durch die Koppelsche Arbeit bestätigt wurde. Das differente Verhalten rührt sicherlich daher, daß die Kristallform beider Hydrate völlig verschieden ist. Zweifellos liegt hier ein Fall von Isomorphie vor, denn die rhombischen Kristalle des Cerosulfatoktohydrats vermögen Praseodymsalz sehr wohl in isomorpher Mischung aufzunehmen.

Auf die große Übereinstimmung der Kristallformen und Löslichkeitskurven der Pentahydrate von Cersulfat und Praseodymsulfat sei nur kurz hingewiesen.

Das Lanthansulfat zeigt in jeder Beziehung die größte Abweichung von den übrigen Salzen. Sein Oxyd ist das am meisten basische der seltenen Erden; das Sulfat, im Wassergehalt von Cer, Praseodym und Neodym abweichend, zeigt die geringste Löslichkeit und scheidet sich daher auch — besonders bei niederer Temperatur — immer zuerst ab, und zwar bei hohem Gehalt in fast reinem Zustande. In vielen Fällen empfiehlt sich daher das auf dieser Eigenschaft beruhende Trennungsverfahren von Mosander (1843).

Bei einem Vergleich von Praseodym- und Neodymsulfat fällt die außerordentlich große Differenz in der Löslichkeit, besonders bei niederen Temperaturen, sofort ins Auge. Die gefundenen Werte für das Praseodymsalz sind im Durchschnitt doppelt so groß als diejenigen für das Neodymsulfat, welches also schwieriger löslich ist.

Vergleicht man beispielsweise die Löslichkeit der Sulfate von Nickel und Cobalt[1] einerseits und Neodym und Praseodym andererseits, so ergibt sich in letzterem Falle eine viel größere Differenz, als in ersterem, wie aus folgender Zusammenstellung hervorgeht:

t	10°	30°	50°	70°
$NiSO_4 . 7 H_2O$	33	45	52	61,9
$CoSO_4 . 7 H_2O$	30,5	40	55,2	65,7
$Nd_2(SO_4)_3 . 8 H_2O$	8,0	5,0	3,5	2,8
$Pr(SO_4)_3 . 8 H_2O$	16,6	11,5	7,9	4,9

[1] s. Lecoq de Boisbaudran, An. Chim. 1869, (4) **1**, p. 246, ferner Bull. chim. 1901, (3) **25**, p. 115—116.

Bei einem Trennungsversuche durch Umkristallisieren der Sulfate wird man bei Neodym und Praseodym nach dieser Tabelle sicherlich viel eher zum Ziele gelangen, als im Falle von Cobalt und Nickel. Das Neodym wird, wenn bei Temperaturen unter 70° gearbeitet wird, bei der Fraktionierung in die Kristallisationen gehen, also bequemer in reinem Zustande zu erhalten sein als Praseodym; bei den Sulfaten beobachten wir also das Umgekehrte von dem, was bei den Ammoniumdoppelnitraten vorliegt; hier geht nämlich das Neodym in die Mutterlaugen.

10) **Die Sulfate der Ytteriterden.**

Terbinsulfat scheidet sich bei 100° mit 8 Mol. H_2O ab, es bildet rötliche Kristalle, die dem Yttrium- und Didymsulfat isomorph sind; die Ausscheidung deutlicher Kristalle soll bei 80° beginnen (Delafontaine 1865, I).

Gadoliniumsulfat besitzt bei 9—10° die größte Löslichkeit; bei 0° lösen 100 Teile H_2O 3,98 Teile $Gd_2(SO_4)_3$ (Benedicks 1900).

Yttriumsulfat verliert bei 100° Kristallwasser (Mosander 1843), vollständig bei 115° (Cleve 1873), durch starkes Glühen geht es in ein schwer lösliches basisches Salz über (Popp 1864, Delafontaine 1865, I). Das kristallisierte Salz ($+ 8 H_2O$) löst sich langsamer und weniger reichlich als das wasserfreie (Berlin 1838, Bahr und Bunsen 1866); 100 Teile Wasser von gewöhnlicher Temperatur lösen 15,2 Teile wasserfreies, aber nur 9,3 Teile kristallisiertes Salz; 100 Teile kochendes Wasser lösen 4,8 Teile kristallisiertes Sulfat (Cleve 1873). Schwefelsäurehaltiges Wasser löst weniger reichlich als reines (Berzelius); in kalt gesättigten Lösungen beginnen bei 50° Kristalle sich abzuscheiden.

Yttriumsulfat ist mit Cadmium- und Didymsulfat isomorph (Rammelsberg).

Ytterbiumsulfat besitzt in der Kälte eine recht erhebliche Löslichkeit, welche mit steigender Temperatur bis auf 70° schnell und dann wieder langsamer abnimmt. Das Salz ist beträchtlich löslicher als Yttrium- und Gadoliniumsulfat und wird in dieser Hinsicht unter seinen nächsten Verwandten höchstens vom Erbiumsulfat übertroffen.

Nach A. Cleve (1902) lösen 100 Teile Wasser:

bei	0°	44,2	Teile $Yb_2(SO_4)_3$
„	15,5°	34,6	„ „

bei 35°	19,1	Teile	$Yb_2(SO_4)_3$
„ 55°	11,5	„	„
„ 60°	10,4	„	„
„ 70°	7,22	„	„
„ 80°	6,93	„	„
„ 90°	5,83	„	„
„ 100°	4,67	„	„

Auch $Yb_2(SO_4)_3 + 8H_2O$ ist in der Kälte erheblich löslicher als bei höheren Temperaturen und wird deshalb beim Kochen kalter, konzentrierter Lösung ausgefällt (Nilson und A. Cleve).

Erbiumsulfat $8H_2O$ löst sich in Wasser bei gewöhnlicher Temperatur im Verhältnis 30 : 100 = 23 Teile wasserfreies Sulfat, ist also weit löslicher als Yttriumsulfat; bei 0° werden 43 Teile des wasserfreien Salzes gelöst (Cleve und Höglund 1873). Bei 80° soll die Ausscheidung deutlicher Kristalle beginnen (Delafontaine 1865, I). 100 Teile H_2O lösen bei 100° 10 Teile $Er_2(SO_4)_3 + 8H_2O$ (Cleve 1873). Diese Zahlen dürfen nicht als zuverlässig gelten, da die Bestimmungen mit ytterbinhaltigem Material ermittelt wurden (A. Cleve 1902). Durch starkes Glühen bildet sich ein basisches Salz (Bahr und Bunsen 1866).

11) Die Hydrate des Thoriumsulfats.

Nilson und Krüss (1882 und 1887) stellten sich reine Thorerde, wie wir oben gesehen haben, durch Auflösen von wasserfreiem Sulfat in Eiswasser und Erwärmung dieser Lösung auf 20° her, wobei sich reichliche Mengen des schwer löslichen Hydrats mit $9H_2O$ abschieden.

Fragt man aber nach der Erklärung dieser Erscheinung, so bietet diese Schwierigkeiten. Nach dem Anschein sollte man schließen, daß bei 0° das wasserfreie Salz eine stabile Lösung gegeben habe, welche bei etwa 20° die Umwandlungstemperatur für das Hydrat mit $9H_2O$ erreichte. Eine solche Auffassung wäre aber im Widerspruch mit der Regel, die bei allen gut untersuchten Beispielen zutrifft, daß bei Temperaturerhöhung wohl eine Umwandlungstemperatur in ein niederes, nie aber in ein höheres Hydrat erreicht wird.

Lange Zeit hindurch hat über die Beziehungen der einzelnen Hydrate zueinander und zum Anhydrid völlige Unklarheit geherrscht und erst durch die ausgezeichneten Untersuchungen Roozebooms (1890) vom Standpunkt der modernen Gleichgewichtslehre aus ist hierin Klarheit geschaffen worden.

Die andere Auffassung, daß bei 0—20° das Hydrat mit $9 H_2O$ im stabilen Gleichgewicht, das wasserfreie Salz dagegen nur im labilen Gleichgewicht mit der Lösung sein konnte, obgleich sie mit der viel größeren Löslichkeit des wasserfreien Salzes übereinstimmte, stieß auf eine andere Schwierigkeit. Nilson und Krüss beobachteten nämlich öfter, wie auch bei 0° bereits ein kleiner Teil des wasserfreien Sulfats sich hydratisierte und dadurch ungelöst blieb, ohne daß aber dieses Veranlassung zur Ausscheidung des Hydrats aus der ganzen Menge der Lösung gab, welche doch in bezug auf dieses Hydrat übersättigt sein sollte. Die genannten Autoren schrieben dieses einer Temperaturerhöhung zu. Nun hatte man in dergleichen Fällen bis jetzt ein plötzliches Auskristallisieren beim Einbringen des stabilen Hydrats beobachtet.

Wie wir unten sehen werden, erklären sich diese und andere Anomalien beim Thoriumsulfat ganz leicht durch die außerordentlich großen Verzögerungen, welche bei der Hydratisierung oder Dehydratisierung dieses Salzes auftreten können.

Um die Übersicht zu erleichtern, sei mit der Beschreibung des Verhaltens der am meisten bekannten Hydrate begonnen.

12) **Beziehungen zwischen den Hydraten mit $9 H_2O$ und mit $4 H_2O$.**

Als Nilson seine Beobachtungen zuerst (1882) beschrieb, war die Löslichkeit des Salzes mit $9 H_2O$ nur bei 0° bekannt. Nach einer Angabe von Cleve[1] löste sich ein Teil des Hydrats in etwa 88 Teilen Wasser. Demnach enthielt die Lösung 0,88 Teile $Th(SO_4)_2$ auf 100 Teile Wasser.

Nilson selbst schloß aus seiner Beobachtung der Abscheidung des Hydrats bei Erwärmung der Lösung, die mit wasserfreiem Salz bereitet war (auf 20°), daß die Löslichkeit des Hydrats mit steigender Temperatur abnahm.[2]

Im folgenden Jahr bewies aber Demarçay (1883) die Unrichtigkeit dieser Auffassung. Er betonte im allgemeinen, was damals eine große Neuigkeit war, daß jedem Hydrat eine bestimmte Löslichkeit zukommt, und daß man deshalb aus den Erscheinungen beim Lösen des wasserfreien Salzes auf die Löslichkeit des Hydrats keinen Schluß ziehen dürfe. Er zeigte, wie diese regelmäßig mit der Temperatur bis etwa 55° zunimmt.

[1] Cleve, Bull. chim. 1874, (2) **21**, p. 115.

[2] Nilson, Ber. 1882, S. 2523.

Bei höheren Temperaturen beginnt aber nach ihm eine Umwandlung des Hydrats mit $9H_2O$ in flockige Kristalle mit geringerer Löslichkeit. Bei 60° soll diese Umwandlung eine schnelle sein. Roozeboom stimmt diesen Resultaten fast gänzlich bei und auch bezüglich der Löslichkeitsbestimmungen finden wir gute Übereinstimmung.

In folgender Tabelle ist die Löslichkeit *s* in Teilen $Th(SO_4)_2$ auf 100 Teile Wasser ausgedrückt, wonach die Werte von Demarçay (1883) umgerechnet sind.

Löslichkeit von $Th(SO_4)_2 . 9H_2O$.

t	*s* Demarçay	*s* Roozeboom	*s* Wyrouboff	*t*	*s* Demarçay	*s* Roozeboom	*s* Wyrouboff
0°	0,88	0,74	—	32°	—	—	2,08
10°	1,02	0,98	—	40°	2,83	2,998	—
11°	—	—	0,95	44°	—	—	3,02
20°	1,25	1,38	—	50°	4,86	—	—
27°	—	—	1,67	51°	—	5,22	—
30°	1,85	1,995	—	55°	6,5	6,76	—

Bei 55° läßt die Löslichkeit sich noch ganz gut bestimmen. Bei 60° beginnt nach kurzer Zeit Ausscheidung flockiger Kristalle. Erhitzt man aber schnell, so kann die Ausscheidung wohl bis 70° ausbleiben. Wiewohl sie mit steigender Temperatur schneller verläuft, dauert ihre Vollziehung jedenfalls mehrere Stunden.

Demarçay schreibt den flockigen Kristallen die Zusammensetzung $Th(SO_4)_2 \cdot 4H_2O$ zu. Delafontaine[1] fand ziemlich konstant $4^1/_2 H_2O$. Ihrer Beschaffenheit wegen schließen sie sehr viel Lösung ein. Wenn man diese nicht oberhalb 45° entfernt, entsteht daraus bei niedriger Temperatur (wie wir sehen werden) wieder das Hydrat $9H_2O$, so daß es fast unmöglich ist, nicht etwas zu viel Wasser zu finden. Da Roozeboom nun in zwei Analysen der zwischen Tonplatten in einem Luftbade bei 50° getrockneten Kristalle 4,2 und 4,3 H_2O fand, ist wohl anzunehmen, daß $4H_2O$ die richtige Zusammensetzung ist.[2]

[1] Delafontaine, L. A. **131**, S. 100. Es ist nicht angegeben, wie die Kristalle von Mutterlauge befreit worden sind.

[2] Auch Chydenius (Pg. A. **119**, S. 50) erhielt einmal durch Austrocknen der Lösung ein Hydrat mit $4H_2O$. Die Methode verbürgt aber nicht die Einheitlichkeit. Ebenso ist nach Roozeboom wohl das Hydrat mit $3H_2O$, von Chydenius und Cleve gefunden, zu streichen, weil es mit heißem Wasser gewaschen und über H_2SO_4 getrocknet worden war.

Die Löslichkeitsbestimmungen dieses Hydrats wurden wieder von Demarçay und Roozeboom mit guter Übereinstimmung ausgeführt.

Löslichkeit von $Th(SO_4)_2 . 4H_2O$.

t	s Demarçay	s Roozeboom	t	s Demarçay	s Roozeboom
17°	9,41	—	55°	1,94	—
35°	4,50	—	60°	—	1,634
40°	—	4,04	70°	—	1,09
50°	—	2,54	75°	1,32	—
			95°	0,71	—

Die Kurven der beiden Hydrate schneiden sich bei 43°. Daraus würde folgen, daß nur bei dieser Temperatur (unter eignem Dampfdruck) die zwei Hydrate neben der Lösung bestehen können. Unterhalb 43° wäre also das Hydrat mit $4H_2O$ labil. Gleichwohl bleibt die Umwandlung dieses Hydrats mit einem Teile der Lösung zum Hydrate mit $9H_2O$ kürzere oder längere Zeit aus und vollendet sich sehr langsam. Je niedriger aber die Temperatur unterhalb 43° sinkt, desto schneller tritt die Umwandlung ein; daher ist es wohl ein glücklicher Zufall, wenn eine Bestimmung der Löslichkeit wie diejenige von Demarçay bei 17° gelingt, ohne daß bereits das Hydrat mit $9H_2O$ sich abzusetzen anfängt, wodurch die Bestimmung gestört wird.

Die Lösung hat bei 43° den Gehalt 3,35 und also die Zusammensetzung: $Th(SO_4)_2 \approx 700\,H_2O$.

Das Enneahydrat ist neben Lösung und Dampf stabil vom kryohydratischen Punkt (wenig unterhalb 0°) bis zu 43° — nach neueren Bestimmungen von Dawson und Williams[1] liegt die obere Stabilitätsgrenze bei 47°.

Für das Hydrat mit $4H_2O$ bildet 43 bezw. 47 die untere Grenze, und die obere Grenze ist unweit 100° gelegen, wo es in das Hydrat mit $2H_2O$ übergeht (Demarçay). Die genaue Bestimmung dieser Temperatur ist aber unmöglich, weil, wie auch Demarçay bereits beobachtet hat, zu gleicher Zeit die zersetzende

[1] Dawson und Williams, Proc. Chem. Soc. 15, p. 211, 1899; C. C. 1900, 1, S. 86.

Wirkung des Wassers sich kund gibt, so daß das sich ausscheidende neue Hydrat stets etwas basisch ist. —

Diese drei Hydrate können also in den angegebenen Temperaturintervallen stabile Systeme bilden; das Anhydrid dagegen, sowie das Okto- und das Hexahydrat können von ca. 0° bis 100° neben Lösung und Dampf keine stabilen Gleichgewichte geben, sondern befinden sich unter diesen Umständen stets in labilen Zuständen, und ebenso sind die Lösungen von Tetra- und Dihydrat unterhalb ihres unteren Umwandlungspunktes instabil. — Praktisch allerdings zeigen auch alle diese labilen Systeme wegen der sehr langsam verlaufenden Umwandlungserscheinungen eine relativ große Beständigkeit.

In neuester Zeit trat Wyrouboff (1901) dieser klaren Roozeboomschen Auffassung entgegen, indem er behauptet, daß die in Wirklichkeit vorliegenden Verhältnisse mit der Gibbsschen Phasenregel nicht im Einklang ständen.

Wyrouboff stützt seine Ansichten darauf, daß 1) zwei Hydrate sich bei einer ganzen Reihe von Temperaturen nebeneinander aus derselben Lösung abscheiden können, wie er speziell beim $Ce(SO_4)_3$ und beim $Th(SO_4)_2$ zeigte, und 2) daß bei dergleichen Salzen die Löslichkeit eines bestimmten Hydrats davon abhängig ist, ob man dasselbe mit Wasser oder mit einer Lösung zusammenbringt, die mit einem anderen Hydrat oder dem Salzanhydrid angefertigt wurde.

Demgegenüber bemerkt Roozeboom (priv. Mitt.), „daß er bei dem Okto- und Enneahydrat des Thorsulfats den ersten Satz nicht bestritten, sondern bestätigt, aber aus dem Umstand zu erklären gesucht habe, daß es auf die freiwillige Abscheidung der Hydrate aus einer (mit anhydrischem Salz bereiteten) konzentrierten Lösung ankomme. Der geringe Unterschied in der Löslichkeit beider Hydrate erklärt sowohl die Möglichkeit ihrer gleichzeitigen Abscheidung, als auch die Langsamkeit, womit das weniger stabile Hydrat sich in das stabilere umwandelt."

„Der zweite Befund von Wyrouboff wäre teilweise ganz ähnlich zu erklären. Auch bei anderen Salzen hat man beobachtet, daß es sehr lange dauern kann, bevor die Konzentration einer übersättigten Lösung durch Schütteln mit der festen Phase sich auf die richtige Konzentration erniedrigt hat. Angesichts der auch von Roozeboom beobachteten Langsamkeit der Gleichgewichtseinstellung beim $Th(SO_4)_2$ würde diese Erklärung zulässig scheinen. Wyrouboff betont jedoch, daß ein Unterschied in der Konzentration bestehen bleibt, wenn man das eine Mal aus übersättigter Lösung, das andere Mal mit Wasser und Hydrat die Sättigung zu erreichen sucht. Und scheinbar ganz unerklärlich wäre die von ihm gefundene Tatsache, daß das eine mit dem Oktohydrat des $Ce_2(SO_4)_3$ gesättigten Lösung durch Schütteln mit dem Enneahydrat seinen Gehalt vermehrt, wiewohl dieses letztere selbst mit Wasser eine viel geringere Konzentration erreicht, während danach die angereicherte Lösung wieder in Berührung mit dem Oktohydrat ungeändert bleibt.

Wyrouboff schließt, daß die Sättigungsgrenze nicht bedingt wird durch die Natur der festen Phase, sondern nur durch den Zustand des in Lösung sich befindenden Salzes. Er meint hierin ein wichtiges Beweismittel gegen die Phasenlehre gefunden zu haben.

Jedoch mit Unrecht. Erstens ist der erste Teil seines Satzes entschieden falsch, weil es so viele experimentelle Beispiele gibt, die das Gegenteil beweisen. Jedoch hat der zweite Teil seines Satzes eine gewisse Bedeutung, insofern jedes Hydrat eines Salzes, oder jede Form im Falle der Polymorphie nur dann bei bestimmter Temperatur eine bestimmte Löslichkeit besitzt, wenn die innere Zusammensetzung der Lösung vollkommen unzweideutig durch ihre Konzentration bedingt wird. Wyrouboff hat diese Bedingung übersehen; auch wird dieselbe nicht immer klar genug hervorgehoben, eben deswegen, weil in der großen Mehrheit der Beispiele darüber kein Zweifel besteht. In solchen Fällen ist die Sättigungskonzentration einer bestimmten festen Phase unabhängig von der Art und Weise wie die Lösung gemacht ist. So ist es auch bei den meisten Salzen. Wenn jedoch entweder der innere Gleichgewichtszustand in einer Lösung nur langsam erreicht wird oder definitiv verschieden bleibt, je nachdem man anhydrisches Salz oder verschiedene Hydrate in Lösung bringt, dann wird jede feste Phase nach einer ganzen Reihe Lösungen zeitweilig oder auch definitiv in Berührung stehen können, deren Konzentrationen abhängig sein werden von der inneren Zusammensetzung.

Dies wäre dann zu gleicher Zeit ein Beweis für die Existenz mehrerer Hydratationsstufen in der Lösung. Vielleicht liegt die Sache so bei dem Beispiele von Wyrouboff.

Aber wenn dem so ist, dann ist das wieder nicht streitig mit der Phasenlehre, ebensowenig, als wenn die Löslichkeit eines Salzes veränderlich ist mit dem Gehalt eines zweiten Salzes, den man seiner Lösung hinzufügt.

Wyrouboff hatte gemeint, die Anwesenheit mehrerer Hydrate nebeneinander durch Präzipitation der Lösungen mit Alkohol zu beweisen. Dieser Beweis trifft jedoch nicht zu, weil dabei das Lösungsmittel stark geändert wird. Bessere Entscheidung wird gebracht werden können, wenn es gelänge, einen Unterschied an physikalischen Eigenschaften der Lösungen gleicher Konzentration aufzuweisen, die aus anhydrischem Salz oder verschiedenen Hydraten angefertigt würden.

Solange dieser Beweis fehlt, bleibt es unentschieden, ob die beobachteten Erscheinungen durch die Nichtidentität der Lösungen erklärt werden müssen."

13) **Verhalten des wasserfreien Thoriumsulfats.**

Nachdem aus dem obigen das Verhalten der Hydrate mit 9 und $4 H_2O$ besser bekannt geworden ist, wird es nicht schwer sein, die Beziehungen des wasserfreien Salzes zu diesen beiden klar zu legen.

Die allererste Hauptfrage ist, was geschieht beim Eintragen des Sulfats in Wasser von 0°? Die Antwort darauf kann nach wiederholter Beobachtung folgende sein. Bringt man das Sulfat portionenweise in Wasser von 0°, von Eis umgeben, so daß die Temperatur nicht steigt, so gelingt es bisweilen (wenn die Wassermenge nicht weniger als das Zehnfache ist), alles Salz in Lösung zu bringen. Die dazu benötigte Zeit ist beträchtlich. Im ersten Augenblicke entsteht immer eine trübe Flüssigkeit.

Bisweilen gelingt es aber nicht, das Salz vollständig in Lösung zu bringen, sondern es setzt sich aus der Lösung ein Hydrat ab, und das noch ungelöste wasserfreie Salz setzt sich, allerdings sehr langsam, auch in ein solches um. Versucht man, eine gesättigte Lösung des wasserfreien Salzes zu bereiten, so tritt diese Ausscheidung des Hydrats aus der bereits erhaltenen Lösung, wie die Umwandlung des noch Ungelösten, fast innerhalb einer Stunde auf.

Die bei 0° entstandenen Kristalle erwiesen sich meistens als das Hydrat mit $9H_2O$ (einige Male wurde das Hydrat mit $8H_2O$ erhalten, Roozeboom), Erwärmung bis 20° ist also durchaus nicht nötig, um sie zum Vorschein zu bringen. Ihre Ausscheidung vollendet sich aber bei 0° äußerst langsam.

Bestimmt man den Gehalt der Lösung von Zeit zu Zeit, so beobachtet man einen zunehmenden Gehalt, solange das wasserfreie Sulfat in Lösung geht. Sobald das Hydrat erscheint, nimmt der Gehalt wieder ab. Die Zeit des Anfangs der Hydratisierung ist nicht genau festzustellen. Sobald aber die Löslichkeit abnimmt, ist dieser Prozeß unzweifelhaft eingetreten. Diese Zeit betrug im Durchschnitt ein bis zwei Stunden.

Die Ausscheidung des Hydrats dauert bei 0° mehrere Tage; der Gehalt der Lösung muß beim Gleichgewicht bis auf 0,74 sinken (oder, wenn das Salz mit $8H_2O$ auftritt, auf 1,00).

Bei höheren Temperaturen verhält sich das wasserfreie Sulfat im allgemeinen ganz wie bei 0°.

Die Zeit bis zum Anfange der Ausscheidung des Hydrats wurde mit erhöhter Temperatur stets kürzer. Bei 15° fing die Ausscheidung noch vor Verlauf einer halben Stunde an bei 25° bereits nach wenigen Minuten; bei 30° und höher fast sofort nach dem Eintragen des wasserfreien Sulfats.

Ebenso wurde zweitens die Zeit zur Vollziehung der Ausscheidung kürzer, je höher die Temperatur stieg.

Die genauere Betrachtung des Verhaltens des wasserfreien Sulfats zeigt also unzweideutig, daß dieses Salz neben Lösung in bezug auf das Hydrat mit $9H_2O$ bei allen Temperaturen labil ist, wobei dieses letztere stabil ist. Diese Tatsache, zusammen mit der Verzögerung der Hydratisierung, erklärt den Gebrauch des wasserfreien Salzes für eine Trennungsmethode.

Es darf aber nicht unterlassen werden, jetzt noch zu fragen, ob denn gar keine Temperatur besteht, wobei das wasserfreie Salz neben Lösung stabil sein kann?

Die Betrachtung der Roozeboomschen Löslichkeitskurven lehrt, daß dieses niemals der Fall ist. Den Gehalt der mit wasserfreiem Salz gesättigten Lösung bei verschiedenen Temperaturen kann man nicht genau bestimmen. Man kann nur sagen, daß der höchste gefundene Wert noch zu niedrig sein muß, und es wird nicht weit von der Wahrheit entfernt sein, wenn man für 0° einen Gehalt von ± 25 Salz auf 100 Wasser annimmt.[1] Diese Zahl muß notwendig mit wachsender Temperatur etwas abnehmen, da die Lösungswärme positiv ist. Die Lösung des wasserfreien Salzes ist oberhalb 43° übersättigt in bezug auf das Hydrat mit $4H_2O$, wie sie es war in bezug auf das Hydrat mit $9H_2O$ unterhalb 43°.

Die Systeme aus wasserfreiem Thoriumsulfat und wäßriger Lösung sind nur bei labilem Gleichgewichte möglich. Bei 0° ist die Hydratisierung wenigstens um 100° verzögert. Ein so vortreffliches Beispiel von Verzögerung ist bis jetzt nicht beobachtet worden.

Auch der Einfluß der Temperatur sowohl auf die Verzögerung der Hydratisierung, als auf die Geschwindigkeit der Ausscheidung des Hydrats verdient Beachtung.

Zur Zeit der Arbeit von Roozeboom hatte man in allen Beispielen, wobei ein Salz neben Lösung unterhalb seiner Umwandlungstemperatur in das nächst höhere Hydrat bestehen kann, beobachtet, daß die Verzögerung dieser Umsetzung desto kürzer währt, je tiefer man unter die Umwandlungstemperatur hinabgeht. Auch wenn das niedrige Hydrat nicht im festen Zustande im Überschuß anwesend, die Lösung aber doch übersättigt war in bezug auf das höhere Hydrat, war regelmäßig beobachtet worden, daß die Übersättigung desto kürzer anhält, je mehr man unter die Temperatur hinabsteigt, wobei die Lösung in bezug auf das auszuscheidende Hydrat gesättigt sein würde.

Das Thoriumsulfat bildete daher eine entschiedene Ausnahme von dieser Regel, da sowohl die Lösungen, die in bezug auf das Hydrat mit $9H_2O$ übersättigt sind, als das wasserfreie Salz neben solchen Lösungen, mit sinkender Temperatur an Beständigkeit zunehmen.

Roozeboom wies auf die Analogie hin, welche mit der Umwandlung des Schwefels bei niedrigen Temperaturen besteht. Die Umwandlung des monoklinen in den rhombischen Schwefel, welche unterhalb 96° möglich ist, nimmt bei Temperaturerniedri-

[1] Hermann (1864) gibt an, daß er sich eine Lösung von 1 T. Salz in 20 T. Wasser herstellte, und Cleve, daß sich 1 T. dieses Salzes in 20,6 T. Wasser von 0° löse; Nilson (Ber. **15**, S. 2524) löste in 10 T. Wasser. Da letzterer bemerkt, daß hierbei ein Teil des Hydrats nicht in Lösung gegangen war, können wir gleich schließen, daß seine Lösung gegenüber dem wasserfreien Salze noch ungesättigt gewesen ist.

gung zuerst zu, erreicht jedoch bei 40° ein Maximum und nimmt nachher wieder ab.[1]

Die Umwandlung des Thoriumsulfats wäre demnach mit dem zweiten Teil der Erscheinung analog, wenn die gewöhnliche Temperatur bereits unterhalb der Temperatur der Maximalgeschwindigkeit für die Hydratation des Thoriumsulfats gelegen wäre. Später haben die Untersuchungen von Tammann und seinen Schülern[2] gezeigt, daß sowohl für das Auftreten von Kristallen, als für die Erreichung des endgültigen Gleichgewichts derselben mit einer Lösung eine dergleichen Temperatur von Maximalgeschwindigkeit vielfach besteht.

Dadurch hat die Vermutung Roozebooms, daß für alle Umwandlungen in heterogenen Systemen der Fall des Schwefels als normaler Typus betrachtet werden soll, eine kräftige Stütze bekommen. Das Thoriumsulfat ist demnach nur ein sehr prägnantes und leicht realisierbares Beispiel der Verminderung der Umwandlungsgeschwindigkeit, wenn die Temperatur weit genug unterhalb einer Umwandlungstemperatur erniedrigt wird.

Wasserfreies Thoriumsulfat entsteht beim andauernden Erhitzen der Sulfathydrate auf ca. 300°—400°; aus dem geglühten Oxyd stellt man es zweckmäßig dar, indem man dieses mit Wasser durchfeuchtet, sodann mit konzentrierter Schwefelsäure übergießt und den Überschuß derselben vorsichtig abraucht. Wird das Durchfeuchten mit Wasser unterlassen, so bleibt ein Teil des Oxydes unverändert.

14) Verhalten des Thoriumsulfats mit $2H_2O$.

Dieses Salz soll sich nach Chydenius beim Erhitzen verdünnter Sulfatlösungen bilden. Wie bereits oben ausgeführt, sollte dieses Hydrat neben Lösung ungefähr erst bei 100° entstehen, doch wird es zu gleicher Zeit teilweise zersetzt. Rein erhielt es Roozeboom durch Trocknen der Hydrate mit 9 oder $4H_2O$ bei etwa 110°; es löst sich langsam aber vollständig in kaltem Wasser. Hierbei wiederholen sich die Erscheinungen, welche beim wasserfreien Sulfat beschrieben sind. Nach einiger

[1] Reicher, Rec. Trav. Chim. Pays-Bas 2, p. 251, 1883.

[2] Siehe eine Übersicht in Roozebooms Heterogene Gleichgewichte vom Standpunkte der Phasenlehre. 2. Heft, S. 168—170.

Zeit beginnt die Ausscheidung des Ennea- und Tetrahydrats (unter- oder oberhalb 43°). Diese Ausscheidungen nehmen auch hier viel Zeit in Anspruch, jedoch bleibt die Ausscheidung der Hydrate weniger lange aus, als beim Lösen des wasserfreien Salzes. Wegen des Eintritts der Hydratisierung ist eine genaue Löslichkeitsbestimmung unmöglich.

Könnte man eine gesättigte Lösung bereiten, so müßte ihr Gehalt mit steigender Temperatur abnehmen, weil die Lösungswärme positiv ist. Auch hierin stimmt das Hydrat mit $2H_2O$ mit dem wasserfreien Salze überein.

15) Verhalten des Thoriumsulfats mit $8H_2O$.

Sowohl Cleve (1874) als Nilson, Krüss und Roozeboom erhielten ein Sulfat mit $8H_2O$. Ersterer sagt nichts Weiteres darüber, als daß er es aus einer neutralen Lösung bei 20°—25° bekommen hat.[1] Nilson erhielt dieses Sulfat aus einer Portion des Thorits von Arendal[2], während er aus einer anderen Portion das Hydrat mit $9H_2O$ bekam. Aus dem Thorit von Brevig erhielten Nilson und Krüss[3] nur das Hydrat mit $8H_2O$, ohne daß sie ermitteln konnten, aus welchem Grunde dabei niemals das Hydrat mit $9H_2O$ auftrat. Die Temperatur schien dabei keinen Einfluß zu haben. Roozeboom wiederholte die Versuche mit dem Nilsonschen Präparat und erhielt ebenfalls das Hydrat mit $8H_2O$ durch Lösen in ± 15 Teile Wasser von 0° und Hinstellen der filtrierten Lösung bei gewöhnlicher Temperatur. Oberhalb 42° wird auch dieses Hydrat in die flockigen Kristalle des niedrigeren Hydrats mit $4H_2O$ um so schneller zersetzt, je höher die Temperatur ist; obwohl die totale Umwandlung, ebenso wie beim Hydrat mit $9H_2O$ immer sehr lange Zeit braucht.

Die Umwandlungstemperatur ist 42°, doch läßt sich das Hydrat mit $8H_2O$ sehr leicht bis auf 60° mit seiner Lösung erwärmen, bevor die Dehydratisierung anfängt.

Die Lösungen des Hydrats mit $8H_2O$ sind in bezug auf das Hydrat mit $9H_2O$ übersättigt, denn Roozeboom erhielt aus

[1] Cleve, Bull. chim. 1874 (2), **120**.

[2] Nilson, Ber. 1882, **25**, S. 2527.

[3] Nilson und Krüss, Ber. 1887, **20**, S. 1670.

einer bei 40° gesättigten Lösung des Hydrats mit $8H_2O$ durch Aussäen einiger Kristalle desjenigen mit $9H_2O$ eine Ausscheidung dieses letzteren.

Es besteht keine Temperatur, über welche hinaus das Salz mit $8H_2O$ stabil ist. Wegen des geringen Unterschiedes in der Löslichkeit der Salze mit $9H_2O$ und $8H_2O$ läßt sich erwarten, daß die relative Stabilität des Hydrats mit $8H_2O$ ziemlich groß sein wird.

Hiermit stimmt überein, daß bei den Löslichkeitsbestimmungen das Hydrat sich nicht veränderte, und daß es nicht möglich ist, anzugeben, warum das eine Mal das Salz mit $8H_2O$, das andere Mal mit $9H_2O$ aus der übersättigten Lösung kristallisiert. Daß die Temperatur wenig Einfluß hat, stimmt gut mit der fast parallelen Lage der beiden Löslichkeitskurven überein.

Nach Nilsons Ansicht schien die Herkunft des Salzes einigen Einfluß zu haben, insoweit das Salz aus Thorit von Brevig ihm nur das Hydrat mit $8H_2O$ lieferte, jedoch gelang es Roozeboom ein paarmal das Salz mit $9H_2O$ auch aus diesem Material zu erhalten. Es wäre ja auch sonst schwer zu deuten, worin dieser Einfluß bei einem Salz bestehen sollte, welches so sorgfältig gereinigt war.

Nach diesen Ausführungen ist man zu der Annahme berechtigt, die Entstehung des achten wie des neunten Hydrats zu erwarten, was nicht ausschließt, daß winzige und bis jetzt unbekannte Einflüsse vielleicht die Ausscheidung des einen oder anderen Hydrats begünstigen.

Nach Wyrouboff (1901) sind alle älteren Angaben unzutreffend. Das Oktohydrat soll sich vielmehr stets beim Verdunsten einer Sulfatlösung oberhalb 20° bilden. Bei Temperaturen von 20—30° ist dem Oktohydrat noch Enneahydrat beigemischt, zwischen 30 und 35° kristallisiert aber das Salz rein aus.

Man bedenke dabei, daß es sich hier nur um die spontane Kristallisation handelt; und es könnte vielleicht sein, daß eine höhere Temperatur die freiwillige Kristallisation des Oktohydrats begünstigt, obwohl dennoch das Enneahydrat die stabilere Form ist. (Priv. Mitt. Roozeboom.)

Für die Löslichkeit des Oktohydrates führt Wyrouboff (1901) die folgende Tabelle an, deren Bezeichnungsweise der obigen Tabelle analog ist.

t	*s* Wyrouboff	*s* Roozeboom
0°	—	1,00
12°	1,17	—
15°	—	1,38
25°	—	1,85
27°	1,86	—
44°	—	3,71
45°	3,59	—

Das Oktohydrat bildet unansehnliche, monokline warzenförmige Kristallaggregate, die nur optisch von den sehr ähnlichen Kristallen des Enneahydrats zu unterscheiden sind[2]; seine Löslichkeit fand Roozeboom zwischen 0° und 44° stets etwas größer als die des Enneahydrats; die Lösungen sind daher in dem untersuchten Intervall labil und übersättigt in bezug auf das letztere Salz.

16) **Thoriumsulfat mit $6H_2O$.**

Roozeboom erhielt zum ersten Male aus einem Nilsonschen Präparat mikroskopische Kristallnadeln des Hexahydrats, und zwar nach zweijährigem Stehen einer mit etwas Schwefelsäure angesäuerten Lösung in einem mit Löschpapier bedeckten Becherglase. Zuerst hatte die Lösung das Oktohydrat geliefert. Die Löslichkeit des Hexahydrats ist jedenfalls größer, als die des Ennea- oder Oktohydrats von 0—60°, was darauf schließen läßt, daß das Salz sich wenigstens in diesem Intervall durchaus in labilen Zuständen befindet. Deshalb verwandelt es sich auch bei niederen Temperaturen in das Hydrat mit $9H_2O$, oberhalb 45° in das Hydrat mit $4H_2O$. Infolgedessen konnte Roozeboom auch nur angenäherte Löslichkeitsbestimmungen von 0—60° mit diesem Hydrat ausführen.

Die Sulfatmethode wurde zur Darstellung folgender Erden verwendet:

Cererde. Marignac (1849) reinigte sein Cerpräparat endgültig durch fünfmaliges Umkristallisieren des wasserfreien Sulfats. Wolf (1868) fällte zuerst die Cererde als basisches Sulfat mehrere Male und kristallisierte hierauf öfter das Sulfat; die Mutterlaugen

[2] Wyrouboff, Bull. soc. franç. Minéral 1901, **24**, p. 105; C. C. 1901, 1, S. 1353.

wurden immer entfernt. Wolf will auf diese Weise schließlich reines Cersulfat erhalten haben, was Robinson (1886) bezweifelte, denn beim Kristallisieren eines Erdgemisches von Cer-, Lanthan- und Didymsulfat erhält man nicht Cersulfat, sondern Lanthansulfat oder Cer- und Lanthansulfat; das Didym wird zuerst entfernt, hierauf das Cer und zuletzt Lanthan. So erklärt Robinson, daß Wolf ein weißes Oxyd erhielt und ein Atomgewicht von 137 fand. Die Beobachtungen Watts[1] haben jedoch gezeigt, daß in dem sich ausscheidenden Niederschlage dasjenige Sulfat sich mehr und mehr anreichert, von welchem von vornherein am meisten vorhanden war (vgl. S. 315 u. Witt 1897). Dieser Umstand würde aber gegen die Zweifel Robinsons sprechen, denn Wolf hatte sich zuerst durch die basische Sulfatmethode schon ein verhältnismäßig reines Cerpräparat dargestellt. Nach Mosander (1843) löst sich Cerosulfat am schwersten von den drei Ceriterden, da jedoch nicht angegeben ist, welches Hydrat hierunter gemeint ist, so sind wohl nur die Bestimmungen von Muthmann und Roelig (s. S. 326) ausschlaggebend.

Ein didymfreies Cerpräparat reinigte Bührig (1875) zum Schluß ebenfalls durch Umkristallisieren des Sulfats; Zschiesche (1869) hatte zuvor sein Cer als basisches Nitrat gefällt.

Brauner (1886) kristallisierte einmal ein sehr cerreiches Material als Sulfat, indem er das entwässerte Salz in fünf Teilen Eiswasser löste und hierauf längere Zeit auf 60—70° erwärmte.[2] Hierbei schied sich das meiste Cersulfat ab, aber auch Thorium und Lanthan, wenn diese Erden zugegen waren. Wyrouboff und Verneuil (1899), die eine Cererde mit 1% Thorerde auf diese Weise reinigten, berichten, daß Thorerde hierbei in Lösung bleibt. Ein anderes Mal wurde die wäßrige Sulfatlösung eines Cers, welchem nur Spuren Didym anhafteten, zur weiteren Reinigung partiell mit Alkohol gefällt. Die Farbe der Oxyde der einzelnen Fraktionen war wesentlich verschieden. Der Unterschied des Prozentgehaltes an CeO_2 der einzelnen Fraktionen

[1] J. Am. Ch. Sc. 2, p. 131. Auch nach Wyrouboff und Verneuil (1899) kristallisiert aus einer Cerlösung, die 1% Thorerde enthält, Cersulfat zuerst aus und das sonst am schwersten lösliche Thoriumsulfat bleibt in Lösung.

[2] 1903 kristallisierte Brauner (Lit. 1902, S. 112 und 207) eine zuvor als basisches Sulfatnitrat abgeschiedene Cererde zum Schluß als Cerosulfat bei 40—50° fünfmal.

war in diesem Falle weit auffallender als beim Fällen der Sulfatlösung des Cers mit Ammoniak (s. S. 232). Auch Schützenberger (1895) bediente sich zur endgültigen Reinigung einer zuvor nach Debray dargestellten Cererde der partiellen Alkoholfällung wie auch des Kristallisierens des Sulfats; 5—6 maliges Kristallisieren genügte, um das Präparat zur Atomgewichtsbestimmung benutzen zu können. Boudouard (1898) prüfte die Angaben Schützenbergers (1895) und fraktionierte ein reines Cersulfat nach der Sulfatmethode. Die Atomgewichtsbestimmungen der einzelnen Fraktionen ergaben, daß die Vermutungen Schützenbergers betreffs einer unbekannten Erde im Cer richtig sind.

Bei den bekannten Schützenberger-Boudouardschen (1896) Untersuchungen der Erden des Monazitsandes wurde die Sulfatlösung auf dem Wasserbade eingeengt, wobei sich Kristallkrusten bildeten, welche außer den Sulfaten der Cergruppe mit denselben niedergerissene Yttererden enthielten. Durch Umkristallisieren der Sulfate konnten diese Chemiker (1897) ihre Cererde nicht thorfrei erhalten, weshalb Thorerde mittels Kupferoxyd entfernt wurde.

Auch Brauner (1898) will ein dem Cer anhaftendes unbekanntes Element angereichert haben, indem er die Hauptmenge des Cersulfats durch Alkohol ausfällte. Durch mehrfaches Fraktionieren erhielt Brauner Oxalate, deren Analysen zu Atomgewichten führten, die von 140,25 auf 130,70 sanken.

Hermann (1843) hat auf die Zersetzbarkeit des Cerosulfats bei zu starkem Erhitzen hingewiesen, wodurch sich beim Auflösen desselben ein weißes Pulver von basischem Cerosulfat abscheiden soll. Nach Brauner (1903, S. 232) besitzt das Oktohydrat die Grenze bei 630°.

Die Überführung des Cerdioxydes bezw. sehr cerreicher Produkte in Cerosulfat geschieht am besten durch Abrauchen mit konzentrierter Schwefelsäure und Erhitzen des orangeroten, in der Hitze braunroten Cerisulfats auf 600° (Muthmann und Roelig 1898, II, S. 452; s. auch Meyer und Aufrecht).[1]

Das so entwässerte Salz löst sich beim langsamen Eintragen in Eiswasser vollkommen klar.

Hat man das Hydrat durch Erwärmen der Lösung ausgeschieden und will das Entwässern umgehen, so suspendiert man

[1] Meyer und Aufrecht, Ber. 1904, **37**, Heft 1, S. 140—153.

dasselbe in Wasser und leitet schweflige Säure ein. Hinterbleibt ein kleiner Rückstand, so löst sich derselbe leicht in etwas kalter Salpetersäure (Urbain 1900). Cersulfat ($3\,H_2O$) ist mit dem entsprechenden Salz des Lanthans isomorph (Marignac 1849).

Nilson (1882, S. 2526) fand, daß das gelbe Gemisch von Thoriumsulfat und Cerisulfat nach Entfärben der wäßrigen Lösung durch schweflige Säure und Verjagen des Wassers sowie der überschüssigen Schwefelsäure wieder ein gelbes wasserfreies Sulfat lieferte, d. h. das dreiwertige Cer oxydierte sich, bei Gegenwart des vierwertigen Thoriums, ebenfalls auf die vierwertige Stufe. Wyrouboff und Verneuil[1] wollten auf Grund dieser Erscheinung Brauners[2] sorgfältig dargestelltes Cerpräparat, welches zu Atomgewichtsbestimmungen diente, für thoriumhaltig erklären. Die neuesten ausführlichen Untersuchungen Brauners (1903, S. 109, u. 234—235) haben aber bewiesen, daß diese Gelbfärbung nicht von der Gegenwart des Thoriums herrührt, sondern, daß reines Cerosulfat bei ca. 600° schon allein eine Gelbfärbung annimmt. Die Nilsonsche Reaktion tritt nur bei Gegenwart von freier Schwefelsäure ein; neutrales Cerosulfat wird bei Gegenwart von normalem Thoriumsulfat nicht zu Cerisulfat oxydiert. Mithin ist das Gelbwerden des Cerosulfats beim Erhitzen über 600° kein Beweis der Gegenwart des Thoriums. Die Gegenwart des Thoriums ist dabei ohne jeglichen Einfluß.

Lanthan. Bekanntlich hat Mosander (1843), der Entdecker des Lanthans, sein erstes Präparat mit Hilfe dieser, ebenfalls von ihm stammenden Methode dargestellt, und lange Zeit bediente man sich ausschließlich der Sulfate zur Darstellung der Lanthan- und Didymerde. Trotz der vielen Versuche von Hermann (1843 und 1861), Marignac (1849), Holzmann (1858), Czudnowicz (1860), Frerichs-Smith (1874 und 1878) und Bunsen (1875), Lanthan auf eine andere Art zu fraktionieren, griff man immer wieder zu der alten Mosanderschen Sulfatmethode, wenn es sich um reine Präparate handelte.

Hermann (1861) extrahierte die wasserhaltigen Sulfate mit kaltem Wasser, welches Verfahren nach Behrens (1901) für eine Reindarstellung ungeeignet, jedoch für Anreicherungen empfehlenswert sein soll, die Fällung mit Alkohol sei vorzuziehen. Frerichs

[1] Wyrouboff und Verneuil, 1897, Bull. Chim. (3) **17**, p. 679—690.
[2] Brauner, 1885, Mhft. Ch. **6**, S. 785—807.

(1874) wollte durch eine nur teilweise Umsetzung in Sulfat und Zersetzung der restierenden Nitrate durch Hitze (s. S. 323) eine Trennung erzielen, jedoch scheint dieses Verfahren, sowie dasjenige in Gemeinschaft mit Smith (1878) ausgearbeitete geringe Vorteile zu bieten, denn Stützel (1899) prüfte die Angaben von Frerichs und Smith (1878) und zog es vor, Lanthanerde mit Hilfe der Magnesiafällung darzustellen.

Brauner (1882, II) kristallisierte ein rohes Lanthansulfat sechsmal um und erschöpfte zuletzt das Oxyd sechsmal mit Ammonnitrat (s. S. 126), das so erhaltene Präparat wurde zur Atomgewichtsbestimmung benutzt. Brauner (1882, III, S. 493) hält pas durch wiederholtes Umkristallisieren erhaltene didymfreie Lanthansulfat für nicht homogen. Es läßt sich durch weiteres Kristallisieren in zwei Anteile trennen, von denen das unlösliche Sulfat in unbedeutend langen dünnen Nadeln, das lösliche aber in prachtvollen glasglänzenden Säulen kristallisiert, obwohl beide Arten von Kristallen $9H_2O$ enthalten. Dieses Sulfat wurde mit Ammonnitrat behandelt.

Cleve (1883) wiederholte die Braunerschen Versuche bezüglich der Frage, liegt zwischen Lanthan und Didym dem Atomgewicht nach ein neues Element? und kristallisierte ebenfalls das Lanthansulfat.

Krüss und Bröckelmann (1891), welche Chemiker Lanthanerde nach Mosanders Methode darstellten, zogen es vor, diese Erde durch partielle Ammoniakfällung zu gewinnen, wie dieses Cleve empfohlen.

Holzmann (1858) löste die entwässerten Sulfate bei 4^0 und fällte bei 35^0, Brauner (1882, II) wählte ebenfalls diese Temperatur, Mosander (1843) und Bunsen (1875) empfehlen 30^0, während Krüss und Bröckelmann (1891) bei 40^0 die Fällung ausführten. Ist das Lanthan fast rein, so muß man auf 1 Teil entwässerten Salzes 9—10 Teile Wasser von 4^0 rechnen. Die Fällung tritt dann auch im Verhältnis bei höherer Temperatur ein (vgl. die Löslichkeitsverhältnisse im vorigen Kapitel).

Eine Temperatur von ca. 500^0 genügt zum Entwässern des Lanthansulfats (Muthmann und Roelig 1898, I, S. 1722). Schwefelsaures Lanthan kristallisiert meistens in kleinen nadelförmigen, vollkommen farblosen Prismen ($3H_2O$), die mehr dünn und kurz sind; es ist nicht isomorph mit Didymsulfat, jedoch mit dem entsprechenden Salz des Cers (Marignac 1849).

Muthmann und Baur (1900) untersuchten ein nach Mosanders Methode dargestelltes Lanthan auf seine Lumineszenz, ebenso ein solches nach der Ammonnitratmethode dargestelltes. Während ersteres bei dem ersten Auffallen der Kathodenstrahlen in schön hellrotem Licht leuchtete, welches nach etwa 30 Sekunden verschwand und einer grünen Lumineszenz Platz machte, leuchtet letzteres dauernd lichtrotbraun.

Eine konzentrierte Nitratlösung zeigte in 30 cm langer Schicht noch ein schwaches Praseodymspektrum; es dürfte auch schwierig sein, ein Lanthan zu erhalten, welches diese Probe auf Reinheit besteht, während es bekanntlich leicht gelingt, ein ganz farblos erscheinendes Präparat, das im Reagensrohr keine Spur von Spektrum mehr zeigt, darzustellen.

Didym. Diejenigen Forscher, welche sich mit der Darstellung des Lanthans beschäftigten, haben meistens hiermit die Gewinnung der Didymerde verbunden, was ja auch so naheliegend ist, da beide Erden immer in Gemeinschaft vorkommen. Somit beziehen sich auch die Untersuchungen von Mosander (1843), Marignac (1849), Holzmann (1858), Czudnowicz (1860), Hermann (1861), Frerichs-Smith (1874 und 1878), Bunsen (1875) usw. ebenfalls auf die Darstellung der Didymerde, so daß hierauf nur verwiesen sei.

Um das unreine schwefelsaure Didym, welches bei der Gewinnung des Lanthansulfats zurückbleibt, vollständig zu reinigen, kann man die kalt bereitete Lösung des entwässerten schwefelsauren Salzes bei 100° der fraktionierten Kristallisation unterwerfen. Die ersten Kristallisationen enthalten noch erhebliche Mengen des in Prismen sich ausscheidenden Lanthansalzes beigemengt, die allmählich an Menge abnehmen, bis das monoklinometrische anschießende Didymsalz in großen harten glasglänzenden, nur noch wenig verunreinigten Kristallen sich absetzt, die zur völligen Reinigung noch einige Male derselben Operation unterworfen werden. Von einem großen Ausgangsmaterial (unreines schwefelsaures Didym) erhielten Hillebrand und Norton (1875) nur verhältnismäßig wenig gereinigtes Didymsalz.

Nach Marignac (1849) darf man nicht hoffen, durch Kristallisieren der Sulfate die letzten Spuren Lanthan von Didym zu entfernen. Lanthan- und Didymsulfat ($3H_2O$) sind nicht isomorph, hingegen die entsprechenden Salze von Cer und Lanthan (Marignac 1849).

Brauner (1882, I, S. 490) stellte mit Hilfe der Sulfatmethode ein Didym her, welches er mit Oxalsäure partiell fällte, um hierin das vierte Element im Cerit nachzuweisen. Brauner (1882, III, S. 491) prüfte auch die ersten, mittleren und letzten Kristallisationen auf die Existenz des fraglichen Elements und fand in allen dreien seine Annahme von der Existenz nur bestätigt. Nach Brauner (1882, I, S. 12—13) führt die Kristallisation schneller zum Ziele, wenn man dieselbe nach Mosanders ursprünglicher Vorschrift bei Gegenwart von Schwefelsäure ausführt, als wenn man nur mit neutralen Lösungen operiert. Das so dargestellte Didym ist aber bei weitem noch nicht rein.

Neodym. Bei einem Vergleich der Löslichkeitsdifferenzen von Praseodym- und Neodymsulfat fällt die außerordentlich große Differenz in der Löslichkeit, besonders bei niederen Temperaturen auf. Die Löslichkeit für das Praseodymsalz ist doppelt so groß als für Neodymsulfat. Das Neodym geht, wenn bei Temperaturen unter 70° gearbeitet wird, bei der Fraktionierung in die Kristallisationen, kann somit von Praseodym auf diese Weise getrennt werden. Man beobachtet also hier das Umgekehrte wie bei den Ammondoppelnitraten, bei welchen bekanntlich Neodym in die Mutterlaugen geht.

Muthmann und Roelig (1898, I) versuchten, ob auf Grund ihrer Löslichkeitsbestimmungen sich Neodym durch fraktioniertes Kristallisieren des Didymsulfats darstellen läßt und benutzten 300 g reines Didymsulfat als Ausgangsmaterial. Die wasserfreien Sulfate werden jedesmal in Eiswasser gelöst, bei 30° unter starkem Rühren das Oktohydrat gefällt, von der Mutterlauge durch Abgießen getrennt und aufs neue bei schwacher Rotglut entwässert. Bei einiger Übung kann man die Operation an einem Tage bequem 3—4 mal ausführen. Schon die 30. Fraktion zeigte eine ganz andere Färbung als das ursprüngliche Didymsulfat; die etwas schmutzig-violette Farbe geht allmählich in ein schönes intensives Himbeerrot über. Schließlich erhielt man nach einigen 60 Fraktionen 4 g eines Sulfats, dessen Lösung die Praseodymlinien noch als schwache Schatten zeigte; nach einer quantitativen spektralanalytischen Bestimmung erhielt dasselbe 0,3 Praseodym.

Böhm (1900) wiederholte diese Versuche und ging von ca. 1 kg Didymoxyd aus, löste das entwässerte Salz im Verhältnis 1 : 3 in Eiswasser und fällte bei ca. 20° C. Schon nach 15 maligem Umkristallisieren war die Menge der Kristalle derartig reduziert, daß ein Weiterfraktionieren unmöglich war. Offenbar war dieses eine Folge der verhältnismäßig niedrig gewählten Temperatur. Bei der Untersuchung der einzelnen Fraktionen stellte sich heraus, daß zwar im Anfange eine ziemlich schnelle Trennung vor sich gegangen war, wie dieses ja nicht anders nach der Löslichkeitskurve zu erwarten war, daß aber bei weiterem Fraktionieren die Trennung immer langsamer erfolgte, je mehr sich die Substanz an Neodym anreicherte. Zum Schluß wurde ein Präparat mit 96—97 % Neodym erhalten, bei welchem trotz wiederholten Kristallisierens von einer weiteren Trennung nichts mehr zu bemerken war.

Offenbar weicht bei diesem Punkte die Zusammensetzung der Lösung von derjenigen der Mischkristalle so wenig ab, daß ein weiteres Kristallisieren in bezug auf die Trennung resultatlos bleiben muß. Hieraus geht hervor, daß man bei einer Temperatur von 20° und einem Lösungsverhältnis von 1 : 3 das Reinigen des Neodyms nur bis zu einem gewissen Punkte bringen kann, ähnlich wie bei den Ammondoppelnitraten, obwohl hier der Grund ein ganz anderer ist.

Muthmann und Roelig haben bei einer Temperatur von 30°, wie wir oben gesehen, bessere Resultate erzielt.

Muthmann, Hofer und Weiss (1902) entfernten Lanthan von einem Neodympräparat, nachdem zuvor der größte Teil dieser Erde mit Hilfe der Ammondoppelnitrate abgeschieden war, durch Umkristallisieren der Sulfate.

Da die Neodymsalze im allgemeinen leichter löslich zu sein scheinen, als die entsprechenden Lanthan- und Praseodymverbindungen, so ist es mit großen Schwierigkeiten verknüpft, diese Erde rein darzustellen (vgl. auch v. Scheele 1899).

Samarium. Das Sulfat des Samariums ist schwerer löslich als dasjenige des Didyms. Da aber beide Salze isomorph sind, so kann man diese Löslichkeitsdifferenz für keine gute Trennung verwenden. — Cleve 1886.

Yttererden. Bereits Berlin (1838) bediente sich der Sulfate, um die Cerit- von den Ytteriterden zu trennen. In neuerer Zeit benutzten Schützenberger und Boudouart (1896) diese Methode bei ihren bekannten Untersuchungen der Yttererden der Monazitsande. Die Sulfatlösung wurde auf dem Wasserbade eingeengt, wobei sich Kristallkrusten bildeten, welche außer den Sulfaten der Cergruppe mit denselben niedergerissene Yttererden enthielten. Indem abwechselnd die Debraysche und Sulfatmethode angewendet wurde, gelangte man zu einer farblosen Erde vom Atomgewicht ca. 102; s. auch S. 183, Fußnote. Auch Drossbach, welcher Praktiker diese Versuche wiederholte, gelangte zu einer Erde aus den Monazitsanden, deren Atomgewicht nahe bei 100 lag. (Über diese vermutliche neue Erde vgl. S. 27.)

Läßt man eine mit Schwefelsäure angesäuerte Lösung von yttererdehaltigem schwefelsauren Terbin in gelinder Wärme sehr langsam verdunsten, so ergeben die nacheinander sich abscheidenden Kristalle ein mehr und mehr abnehmendes Atomgewicht, bis sie endlich aus fast reiner Yttererde bestehen. Von dieser Tatsache ausgehend hat Delafontaine (1865, II) als typische Terbinerde dasjenige betrachtet und beschrieben, dessen Sulfat bei einer zu drei Portionen fraktionierten Kristallisation Produkte von gleicher Zusammensetzung gab.

Bei einer Temperatur von 15,5° C erforderte 1 Teil des alten Yttriumsulfats (Ytteritgemisch) wenigstens 30 Teile Wasser (Klaproth 1809).

Daß die blaßrote Farbe der Ytteritsulfate Ekeberg einer geringen Beimischung von Manganoxyd zuschrieb was jedoch Klaproth (1810) als großen Irrtum nachwies, dürfte nur aus geschichtlichem Interesse Erwähnung finden.

Thorium. Thorerde wird beim Eindampfen mit Schwefelsäure unter Anschwellen gelöst (Chydenius 1861; Hermann 1864). Die wasserfreie schwefelsaure Thorerde löst sich leicht in kaltem Wasser. Wenn man 1 Teil dieses Salzes in 20 Teilen Wasser nach und nach bis zum Kochen erwärmt, so scheidet sich die wasserhaltige Verbindung in zarten wollähnlichen Fasern ab, die in kurzer Zeit die ganze Flüssigkeit erfüllen und derselben die Konsistenz eines dicken, grützeähnlichen Breies geben; die Abscheidung des Thoriumsulfats ist jedoch nicht vollständig, ebensowenig wie diejenige der übrigen Erden (Winkler 1865). Nach Hermann (1864) bleibt 1 Teil $Th(SO_4)_2$ in 40 Teilen H_2O gelöst. Dieses Verhalten der Thorerde wurde bereits von Berzelius (1829) für charakteristisch angesehen. Der ausgeschiedene Niederschlag löst sich beim Erkalten wieder auf, doch darf die Flüssigkeit weder zu konzentriert, noch zu verdünnt sein. Chydenius (1861) erhielt aus schwach sauren Auflösungen einen wollig-flockigen, aus neutralen schon bei 70—80° einen mehr pulverigen Niderschlag.

Das Hydrat bezw. die mit Schwefelsäure aufgeschlossenen Mineralien entwässert man bei 400—500° (Delafontaine 1863). Nicht wie Chydenius (1861) angibt, oberhalb des Schmelzpunktes von Zinn (227—228°) läßt sich das Wasser entfernen, sondern beträchtlich oberhalb.

Wenn man die schwefelsaure Thorerde mit einer sehr kleinen, zu ihrer vollständigen Auflösung unzureichenden Menge Wasser in einer Schale stehen läßt, so wandelt sie sich innerhalb eines oder zweier Tage zu klaren farblosen Kristallen um, welche bis zu 3 mm lang werden und die Form abgeplatteter sechs- oder achtflächiger, an den Enden zugespitzter Prismen besitzen. Auf den Isomorphismus von Thorium- und Uransulfaten machten Hillebrand und Mellville (1892) aufmerksam.

Ausführliche Angaben über die einzelnen Modifikationen dieser Methode bei der Darstellung von Thorerde befinden sich S. 319 beschrieben, so daß hierauf wie auf die Löslichkeitsverhältnisse der einzelnen Hydrate S. 325 nur hingewiesen sei.

Berzelius (1829), Kersten (1839), Wöhler (1839), Chydenius (1861), Hermann (1864), Delafontaine (1864), Cleve (1874), Nilson (1882), Smith (1883), Krüss (1887), Urbain (1900) u. a. m. bedienten sich bei der Gewinnung reiner Thorpräparate dieser Methode, und Kossmann (1887) ließ sich sogar eine Kombination des Verfahrens patentieren.

Cleve (1874) empfahl für die Reinigung der Thorerde die Kombination der Sulfat- und Natriumdoppelsulfatmethode, was Brauner (1898) prüfte und nicht zu derselben Ansicht führte.

Thoriumsulfat kann man durch Kochen mit Ammoniak leicht in ein gut auszuwaschendes pulverförmiges Hydrat umwandeln (Cleve 1874; Krüss 1897; Witt 1897). Nilson (1882) fällte Thoriumsulfat mit Kalihydrat und kochte, wusch das Hydrat und fällte abermals nach dem Lösen desselben in Salzsäure, um die letzten Spuren von Schwefelsäure sicher zu entfernen. Durch zweimaliges erneutes Fällen einer solchen Lösung mit überschüssigem Ammoniak in der Hitze gelingt dieses nicht.

Zirkon. Das neutrale Zirkonsulfat kristallisiert besonders aus Lösungen, die freie Schwefelsäure enthalten. Da es hierin schwerer löslich ist, als in reinem Wasser, so scheidet es sich in dem Maße aus, als der Säuregehalt wächst. Mit Alkohol fällt ein basisches Salz aus (Berzelius 1825).

Zirkonsulfat ist unter 400° beständig. Da die zu dessen Bildung zugesetzte überschüssige Schwefelsäure vollständig erst bei einer Temperatur von 350° entweicht, so muß bei Darstellung des Salzes genau eine Temperatur zwischen 350—400° innegehalten werden (Bailey 1889). Nach Berzelius (1825) verträgt Zirkonsulfat anfangende Glühhitze, ohne hierbei Zersetzung zu erleiden. Das Salz ist langsam in kaltem, aber leicht und schnell in kochendem Wasser löslich, macht also eine Ausnahme der seltenen Erden. Durch Umkristallisieren des Zirkonsulfats, besonders aus sauren Lösungen, erhielt man das Salz sehr rein, namentlich frei von Eisen — in der Mutterlauge verbleibt alles Eisen und etwas Zirkon, welches man durch Eindampfen zum größten Teil zurückgewinnen kann (Hiortdahl 1866). Bailey sowie Hiortdahl reinigten auf diese Weise ihr zur Atomgewichtsbestimmung benötigtes Zirkonpräparat, Endemann (1875) hingegen benutzte hierzu die Fällbarkeit des Zirkonsulfats mittels Alkohol, vgl. auch S. 84.

29. Trennung mittels fraktionierter Kristallisation der Nitrate.

Literatur.

1896. Eug. Demarçay, C. r. **122**, p. 728—729.
1900. — C. r. **130**, p. 1020—1021; C. C. 1900, **1**, S. 1011—1012.
1900. C. Benedicks, Z. an. **22**, S. 396—398.
1902. R. Marc, Dis., Universität München, S. 6, 16—17.
1902. E. Baur und R. Marc, Ber. **34**, S. 12.

Eine neue Fraktionierungsmethode wurde 1896 von Demarçay angegeben, die im Umkristallisieren der einfachen Nitrate in konzentrierter Salpetersäure besteht. Dieser Chemiker kristallisierte eine Mischung von Gadolinium- und Samariumnitrat in konzentrierter Salpetersäure und glaubt in den Fraktionen zwischen Gadolinium, welches zuerst kristallisiert, und Samarium, das sich in den Mutterlaugen anreichert, ein neues Element, Europium Σ, gefunden zu haben.

Benedicks (1900) hält diese Methode sehr geeignet, um Gadolinium abzuscheiden, wenn eine Mischung dieser Erde mit Samarium vorliegt. Während Demarçay (1896) rauchende

Salpetersäure vom spez. Gewicht 1,54 empfiehlt, scheint nach den späteren Untersuchungen dieses Chemikers (1900) und Benedicks' gewöhnliche konzentrierte Salpetersäure bezw. solche vom spez. Gewicht 1,3 dieselbe Wirkung zu leisten.

1900 verwendete nämlich Demarçay eine Salpetersäure vom spez. Gewicht 1,3 und fand, daß die Kristallisation in Salpetersäure große Vorteile bietet, wenn es sich darum handelt, seltene Erden zu trennen, welche kein Element mit niedrigem Atomgewicht als das des Gadoliniums enthalten. Die Löslichkeit der Nitrate in Salpetersäure wird bei wachsendem Atomgewicht, ausgehend vom Lanthannitrat, rasch kleiner, erreicht für Gadoliniumnitrat ein Minimum, wird dann langsam größer und erreicht beim Ytterbium wieder ihren Höhepunkt. Demarçay kristallisierte auch die Magnesiumdoppelnitrate in Salpetersäure und erzielte mit dieser Methode gute Resultate (vgl. Trennung mittels fraktionierter Kristallisation der Magnesiumdoppelnitrate).

Die Salpetersäurekristallisation ist auch ein besonders wirksames Mittel, Gadolinium von Yttrium zu trennen.

Die Nitrate vom dreiatomigen Cer, Praseodym, Neodym und Lanthan kristallisieren in reinem Zustand nicht oder nur mit Schwierigkeit in konzentrierter Salpetersäure. Das Gadoliniumnitrat (die Nitrate kristallisieren hierbei als $R(NO_3)_3 + 5H_2O$) ist in konzentrierter Salpetersäure schwerer löslich als die Nitrate der übrigen Erden. Wie sich die schwächeren Basen der Yttriumgruppe hierbei verhalten, ist noch nicht bekannt. Holmiumnitrat scheint ebenso wie Gadoliniumnitrat schwer löslich zu sein.

Durch dieses Verfahren gelingt es aber nicht, Gadolinium von Terbium zu trennen.

Die einfachen Chloride geben weniger befriedigende Resultate.

Die konzentrierte Salpetersäure bildet ziemlich leicht übersättigte Nitratlösungen, weshalb es vorteilhaft ist, der Lösung einige Kristalle zuzusetzen.

Marc und Baur (1902) fraktionierten mit Hilfe dieser Methode ein Gemisch von Gadolinium und Yttrium (Atomgewicht = 90,1), wobei sich Gadolinium in den Kristallen, Yttrium in den Laugen anreichert. Nach 20 Kristallisationen hatten die Endglieder der Reihe die Atomgewichte 88,65 und 96,4.

Diese Chemiker kristallisierten aber nur aus schwach sauer gehaltenen Nitratlösungen und dampften dieselben so lange in einer Schale ein, bis sich eine leichte Kristallhaut an der Oberfläche zu bilden begann. Man löste dieselbe mit ein paar Tropfen Wasser wieder auf und ließ erkalten. Die Kristalle bildeten sich nur äußerst langsam, oft erst nach 8—10 Stunden, so daß es ratsam ist, durch Eintragen kleiner Kriställchen die Kristallisation zu beschleunigen. Die Fraktionen müssen stets etwas sauer gehalten werden, weil sich sonst leicht beim Konzentrieren der Lösung basisches Nitrat abscheidet. Es ist deshalb vorteilhaft, die Fraktionen, welche Kristalle enthalten, nicht mit Wasser, sondern mit stark verdünnter Salpetersäure in Lösung zu bringen.

---

30. Trennung durch partielle Löslichkeit der Nitrate in Alkohol.

Literatur.

1891. Bröckelmann, L. A. **265**, S. 24—26; Dis., Universität München.

Ein Didym, welches weder durch fraktioniertes Kristallisieren, noch Abtreiben der Nitrate dem Spektrum nach in verschiedene Anteile nicht mehr zerlegt werden konnte, wurde aus einer vollständig neutralen wäßrigen Nitratlösung durch absoluten Alkohol nach dreimaligem Fraktionieren in zwei Erden, bezw. Erdgemische getrennt. Und zwar befand sich in den Alkoholfällungen ein Gemisch von Absorptionsspektra erzeugender und farbloser Erden. Es wurde also durch Behandeln des Didymnitrats mit Alkohol vor allem noch eine farblose Erde erhalten. Eine Atomgewichtsbestimmung ergab Zahlen, die beträchtlich niedriger (111,6) als das mittlere Atomgewicht des Didyms 144—145 waren. Nachdem auch die spektralanalytische Untersuchung auf ein Gemisch von Didym mit farbloser Erde hinwies, war somit durch Behandlung des gewöhnlichen Didymnitrats mit Alkohol, Yttrium und vielleicht auch Scandium aus dem Didym entfernt worden.

---

31. Trennung mittels der Acetylacetonate.

Literatur.

1896. M. G. Urbain, Bull. chim. (3) **15**, p. 347; C. C. 1896, **1**, S. 887.
1897. Urbain und Budischowsky, C. r. **124**, p. 618.
1900. M. G. Urbain, An. Chim. (7) **19**, p. 184; C. C. 1900, **1**, S. 516.
1902. Hantzsch und Desch, L. A. **323**, S. 26.
1904. Wilhelm Biltz, L. A. **331**, Heft 3, S. 334—358.

M. G. Urbain (1896) hatte eine Anzahl organischer Verbindungen auf ihre Brauchbarkeit für eine Trennung seltener Erden geprüft und in erster Reihe für die Darstellung reiner Thorerde die Acetylacetonate geeignet gefunden.

Der Hydratniederschlag, der durch Fällung mit Ammoniak aus der Lösung des Rohthoroxalats in Ammonoxalat herrührte, wurde mit Alkohol entwässert. Die alkoholische Suspension des Hydroxydes behandelte man mit Acetylaceton, dampfte die Lösung auf dem Wasserbade fast bis zur Trockne ein, nahm den Rückstand mit Chloroform auf und brachte die filtrierte Chloroformlösung zur Kristallisation. Die erhaltenen Kristalle von Thoriumacetylacetonat wandelte man mit Salpetersäure in Nitrate um und erhielt durch Verglühen desselben reines Thoroxyd.

Einige Jahre später vereinfachte Urbain (1900) dieses Verfahren, indem er den Hydratniederschlag in Salpetersäure auflöste, die Nitrate zur Trockne dampfte, um die überschüssige Säure zu entfernen, die Nitrate in Wasser löste und zu der Flüssigkeit eine frisch bereitete Lösung von Natriumacetylacetonat hinzufügte.

Nach Biltz (1904) ist es indessen wesentlich einfacher und sichert nahezu quantitative Ausbeute, eine wäßrige Lösung der Erdsalze mit einer schwach ammoniakalischen Lösung von Acetylaceton in Wasser zu mischen und das Acetylacetonat durch Ammoniakzusatz auszufällen.

Löst man 20 g Thoriumnitrat in 150 g H_2O und fügt 20 g frisch destilliertes, in möglichst wenig Ammoniak und H_2O gelöstes Acetylaceton hinzu und fällt mit möglichst wenig Ammoniak, so erhält man eine Fällung von Thoriumacetylacetonat, welches im Wasser wenig löslich ist.

$$Th\begin{array}{l} / CH(COCH_3)_2 \\ \angle CH(COCH_3)_2 \\ - CH(COCH_3)_2 \\ \backslash CH(COCH_3)_2 \end{array}$$

Dieser Niederschlag wird über Schwefelsäure getrocknet und mit Chloroform behandelt, welches alles Thoriumacetylacetonat löst. Durch Übersättigen der Chloroformlösung erhält man große Kristalle — schiefe Prismen — die durch Umkristallisieren gereinigt werden (Biltz).

Der Schmelzpunkt der Verbindung liegt bei 171°; indessen kommt es hierbei, da die Zersetzung der Verbindung schon unterhalb der Schmelztemperatur beginnt, sehr wesentlich auf die Geschwindigkeit des Erhitzens an.

Von Interesse ist die Fähigkeit des Thoriumacetylacetons und anderer Acetylacetonate, Ammoniak oder substituiertes Ammoniak anzulagern.[1] Da das Thoriumacetylacetonammoniak eine geringere Löslichkeit in Alkohol als der Ausgangskörper besitzt, kann man sich dieses Verhaltens zur Reinigung des Thoriumacetylacetons bedienen.

Leitet man in eine alkoholische Lösung von Thoriumacetylaceton trocknes Ammoniak, so fällt die Additionsverbindung in Gestalt feiner weißer Prismen aus, die zum deutlichen Unterschied gegen das Ausgangsmaterial eine rechtwinklige Begrenzung zeigen. Die Ausbeute ist nahezu quantitativ.

Man könnte erwarten, daß bei der Bereitung des Thoriumacetylacetons durch Fällen mit Ammoniak ebenfalls ein Additionsprodukt resultiert. Indessen hat Biltz immer die reinen Salze erhalten.

Clinch (s. Biltz) stellte ein entsprechendes Anilinadditionsprodukt dar, indem er Thoriumacetylaceton aus möglichst wenig Anilin auskristallisieren ließ. Die Kristalle können unzersetzt aus Äther umkristallisiert werden, schmelzen bei 115° und haben die Zusammensetzung

$$[ThR_4]_2C_6H_5NH_2.$$

Während man das Acetonat aus Chloroform, Schwefelkohlenstoff und Benzol gut kristallisieren kann, kann Alkohol hierzu nicht verwendet werden, da sich ein Halbalkoholat bildet (Biltz). In Äthylenbromid wird es teilweise polymerisiert.

Unter den von Urbain angeführten Bedingungen sollen die anderen seltenen Erden kein normales Acetylacetonat geben, sondern Natriumdoppelsalze, die in allen Lösungsmitteln unlös-

[1] Über ähnliche Ammoniakadditionsprodukte von Metallverbindungen der β-Ketonsäureester, vgl. Hantzsch und Dollfus, Ber. 1902, **35**, S. 247.

lich sind. Außerdem sollen die Acetylacetonverbindungen der anderen Erden nicht isomorph mit dem Thoriumacetylacetonat sein.

Das Thoriumacetylacetonat destilliert im Vakuum, obgleich es sich darin teilweise zersetzt; die Natriumdoppelsalze der anderen Erden sind beständig und zersetzen sich erst, wenn man sie erhitzt. Biltz vermochte die entsprechenden Acetylacetonate von Didym, Neodym, Praseodym, Lanthan und Cer nach seiner Methode darzustellen.

Didymacetylaceton. Durch Schütteln von 3 g frisch gefällten Didymhydroxyds mit Alkohol und 6 g Acetylaceton entsteht eine fast völlig klare Lösung, aus welcher sich nach dem Einengen schwach rötliche, höchst feinfaserige Kristalle ausscheiden, die aus Alkohol umkristallisiert, bei 151—152° schmelzen. Bei nochmaligem Umkristallisieren steigt der Schmelzpunkt; auch macht es bisweilen Schwierigkeiten, die Substanz zum Zwecke der Reinigung völlig in Alkohol zu lösen; ein Verhalten, welches auf fortschreitende Alkoholyse deutet. Aus wäßriger Lösung (Chlorid), wie beim Thorium beschrieben, wurde das Acetylaceton ebenfalls erhalten. Der Schmelzpunkt dieses Körpers wechselte aber aus den oben angeführten Gründen auch bei noch so vorsichtigem Umkristallisiren, frisch ausgefällt bei 146—147°, aus Tetrachlorkohlenstoff bei 142—144°. Er löst sich langsam, aber nicht unbeträchtlich, in Schwefelkohlenstoff, mit Ammoniak und Pyridin gibt der Körper Additionsprodukte.

Praseodymacetylaceton. 3,5 g Praseodymammoniumnitrat wurden in 20 ccm H_2O gelöst und mit 3 g ammoniakalischem Acetylaceton gefällt. Der frisch gefällte, trockene, kristallinische Niederschlag schmilzt bei 146°. Der Körper ist in Schwefelkohlenstoff, Äther, Chloroform, Benzol und Alkohol löslich. Zum Umkristallisieren kann man recht gut Tetrachlorkohlenstoff benutzen, ohne eine Zersetzung befürchten zu müssen. Es macht sich hierbei ein Verhalten geltend, welches für diesen und die weiter zu besprechenden Körper sehr charakteristisch ist. Obwohl die Aufnahmefähigkeit des Lösungsmittels für den gelösten Stoff recht beträchtlich ist, so geht doch der Lösungsprozeß selbst mit ungewöhnlicher Langsamkeit vor sich. Dieser Umstand dürfte mit der polymeren Molekularbeschaffenheit dieser Körper zusammenhängen. Die Farbe der Praseodymlösung ist gelb bis gelblichgrün, die Farbe des Präparates selbst schwach grünlich.

Neodymacetylaceton bildet sich in genau derselben Weise

wie das Praseodymsalz und stellt eine violette, feinkristallinische Masse vom Schmelzpunkt 144—146° dar. Die Löslichkeitsverhältnisse entsprechen ebenfalls dem vorher beschriebenen Körper.

Samariumacetylaceton. 3,5 g Samariumnitrat wurden in 20 g H_2O gelöst und mit 4,5 Acetylaceton und Ammoniak gefällt. Der hellgelbe Niederschlag wurde über H_2SO_4 getrocknet. Der Körper scheint zum Unterschiede von den Acetylacetonaten der übrigen Erden etwas mehr in H_2O löslich zu sein, als diese. Der Schmelzpunkt liegt bei 146—147°. Der Körper ist leicht löslich in Alkohol, löslich in Tetrachlorkohlenstoff, langsam, aber reichlich löslich in Schwefelkohlenstoff; aus Alkohol kristallisiert er in büschelförmigen Nädelchen. Das Ammoniakadditionsprodukt unterscheidet sich in keiner Weise von den übrigen.

Ceroacetylaceton. Bereits Urbain (1896) hat versucht, nach seiner Methode durch Digerieren von Cerhydroxyd mit Acetylaceton ein solches Salz darzustellen, ohne zu einem gut charakterisierten Produkte zu kommen. In der Tat zeigt das Ceroacetylaceton außerordentlich große Neigung, einerseits basisch zu werden, andererseits Wasser zu addieren. Durch Fällen von Ceroammonnitrat mit Acetylaceton und Ammoniak in wäßriger Lösung erhielt Biltz einen hellgelben, schön kristallisierten Niederschlag. Beim Auswaschen reagierte das Waschwasser auch nach völliger Entfernung des Ammoniaks stets alkalisch, welches Verhalten darauf schließen läßt, daß durch Hydrolyse, zu welcher das Salz stark zu neigen scheint, Cerohydroxyd gebildet wird, welches im Waschwasser pseudogelöst vorliegt und sich aus diesem nach einigem Stehen flockig abscheidet. Daß Pseudolösungen auf Lackmuspapier reagieren, hat nichts auffällig Neues: Graham hat das gleiche bereits an Pseudolösungen von Aluminiumhydroxyd beobachtet. Das Salz verliert beim Liegen an der Luft Kristallwasser und besitzt einen Schmelzpunkt von 145°. Bewahrt man den Körper im Exsikkator auf, so geht die gelbe Farbe langsam in eine rehbraune über; der Schmelzpunkt sinkt dabei bis 131—132°. Dieser rehbraune Körper ist wasserfreies Ceroacetylaceton, welches sich leicht in Alkohol mit braunroter Farbe löst, schwieriger in Äther; unzersetzt läßt es sich nicht umkristallisieren. Befeuchtet man das braune Ceroacetylaceton mit Wasser, so wird die helle Gelbfärbung des ursprünglichen Präparates wieder hergestellt, doch nicht, ohne daß gleichzeitig Hydrolyse eintritt. Ein hexagonal kristallisierendes Ammoniakadditionsprodukt von der Formel $(CeR_3)_2NH_3$ wird erhalten, wenn man das bei 131—132° schmelzende Präparat mit alkoholischem Ammoniak schüttelt; es tritt hierbei sofort Gelbfärbung ein.

Ein sehr charakteristisches Verhalten zeigt das Ceroacetylaceton in alkoholischer Lösung gegen Goldchlorid. Fügt man zu einer derartigen Lösung einen Tropfen Goldchlorid und erwärmt schwach, so tritt sofort eine prachtvolle Dunkelrotfärbung ein. Am besten gelingt die Reaktion, wenn das Ceroacetylaceton durch längeres Liegen an der Luft teilweise zersetzt ist. Es liegt ein vollständiges Analogon zu der Bildung des Cassiusschen Purpurs vor. Wie bei jener das Goldchlorid durch Zinnchlorür reduziert wird und das in colloidaler Form ausgeschiedene Gold durch die Anwesenheit des Stannihydroxyds eine stabile Form gewinnt, so wird bei dieser Reaktion das gleiche durch die entsprechenden organischen Cerverbindungen bewirkt. Man kann nach dieser Methode bequem colloidales Gold in alkoholischer Lösung gewinnen.[1]

Ceriacetylaceton konnte nicht dargestellt werden; bei Versuchen, diesen Körper zu gewinnen, trat stets Reduktion ein.

Lanthanacetylaceton stellten Hantzsch und Desch (1902) nach der Urbainschen Methode dar; Biltz gewann es aus wäßriger Lösung wie die übrigen Verbindungen. Das frisch gefällte Präparat ist ebenso, wie das Cersalz, zunächst wasserhaltig; es entspricht der Formel $LaR_3\,2H_2O$. Der Schmelzpunkt des wasserfreien Lanthanacetylacetons liegt nach dem Umkristallisieren aus Alkohol bei 185°. Im übrigen verhält sich das Lanthanacetylaceton auch in bezug auf die Fähigkeit der Ammoniakaddition wie die übrigen Verbindungen.

Die mit Hilfe der Acetylacetonate dargestellten Urbainschen Thorpräparate hatten denselben Reinheitsgrad wie diejenigen, welche nach dem Sulfatverfahren (vgl. Trennung mittels der schwefelsauren Salze) erhalten waren.

Da die Sulfate durchaus zuverlässige Resultate liefern, wenn die Verhältnisse richtig eingehalten werden, dürfte die Kostspieligkeit und Umständlichkeit des Acetylacetonverfahrens nur für wissen-

[1] Über die analoge Bildung colloidalen Goldes und colloidaler Cerverbindungen in wäßriger Lösung, vgl. Schottländer, Verh. deutsch. Naturf. und Ärzte, Nürnberg 1893; Ber. 1894, 27, S. 499, Ref.

schaftliche Zwecke in Frage kommen. Biltz benutzte diese Verbindungen zu Atomgewichtsbestimmungen.

Die aus den Monazitsanden stammenden Ytteritoxyde unterwarf Urbain (1900) der fraktionierten Kristallisation der Acetylacetonate.

Die sehr verdünnten Nitratlösungen (5 : 1000) wurden mit Ammoniak gefällt. Zu dem durch Dekantieren gut ausgewachsenen Niederschlag fügte man die berechnete Menge Acetylaceton, wodurch die gallertartigen Hydrate sich in die Acetylacetonverbindungen folgender Zusammensetzung verwandelten

$$Y[CH(COCH_3)_2]_3.$$

Die Kristalle wurden abfiltriert, an der Luft getrocknet und in geeigneten Lösungsmitteln fraktioniert; zuerst in Alkohol, dann in Benzin. Man wechselte absichtlich das Lösungsmittel, in der Hoffnung, die Grenzen der Trennung erweitern zu können.

Diese beiden Reagentien lösen die Acetylacetonverbindungen der Yttererden in der Wärme reichlich auf und scheiden sie beim Erkalten in Nädelchen wieder aus.

In Alkohol konzentrieren sich die Körper von niedrigem Atomgewicht in den ersten Kristallen. Nachdem man diese sechsmal umkristallisiert hatte, besaßen Mutterlaugen und Kristalle ungefähr dasselbe Atomgewicht = 95. Die dazwischen liegenden Glieder hatten Werte zwischen 98 und 102.

Diese Resultate beweisen, daß die Fraktionierung der Acetylacetonverbindungen der Yttererden durch Kristallisieren aus Alkohol ihre Grenze bei 95,5 hat; gleichzeitig finden hierdurch Schützenberger und Boudouards Untersuchungen betreffs einer Erde vom Atomgewicht 97 eine Bestätigung.[1]

Die Fraktionierung mit Benzin lieferte die gleichen Resultate.

---

[1] Schützenberger und Boudouard, C. r. 1897, **22**, 3. p. 697 bis 699. — Vgl. Lit. 1897 und das Kapitel „Trennung mittels fraktionierter Kristallisation der äthylschwefelsauren Erden".

32. Trennung mittels fraktionierter Kristallisation der Äthylsulfate.

Literatur.

1898. I. G. Urbain, C. r. **126**, p. 835; C. C. 1898, 1, S. 875; Chem. Ztg. 1898, S. 271.
1898. II. — Bull. chim. (3) **19**, p. 381—382; C. C. 1898, 1, S. 1265.
1898. III. — C. r. **127**, p. 107—108; C. C. 1898, 2, S. 408.
1899. C. v. Scheele, Ber. **32**, S. 412.
1900. W. Muthmann und E. Baur, Ber. **33**, 2 S. 1754.
1901. M. G. Urbain, An. Chim. **19**, p. 184; C. r. **132**, p. 136—138; C. C. 1901, 1, S. 437.

G. Urbain (1898, I) beschreibt eine Methode zum Fraktionieren seltener Erden, die im fraktionierten Umkristallisieren der äthylschwefelsauren Salze besteht. Derartige Salze wurden zuerst von Alén im Cleveschen Laboratorium durch doppelte Umsetzung von schwefelsauren Erden mit Baryumäthylsulfat dargestellt und von Topsoe kristallographisch bestimmt; sie bestehen meistens aus wohlausgebildeten hexagonalen Prismen.

Bei der Darstellung dieser Salze ist es wichtig, daß die Sulfate ganz frei von Säure sind, denn die Äthylsulfate werden in saurer Lösung teilweise verseift, besonders wenn man sie erhitzt.

Die Anwendung der Äthylsulfate auf die Ytteritelemente.

Die Ätylsulfate verhalten sich beim Fraktionieren der Yttererden folgendermaßen:

Die Kristalle, welche sich zuerst absetzen, haben eine unbestimmte Farbe, die in rosa-orange übergeht. Das Absorptionsspektrum ihrer Lösung ist schwach. Wenn die Substanz Didym enthält, reichert sich dasselbe in diesen Fraktionen dermaßen an, daß man es in den anderen Teilen der Fraktionierung nicht mehr wahrnehmen kann, obgleich das von Yttererden befreite Didymäthylsulfat sehr löslich ist.

Von den Erden der Erbingruppe erscheint das Element *X* von Soret in den ersten Kristallisationen mit einem viel intensiveren Spektrum, als das des neuen Erbins.

G. Urbain (1901) hat sowohl die Yttererden des Äschynits als auch der Monazitsande fraktioniert.

Nach zwei Kristallisationen in Wasser wurden die ersten Kristalle, die ein ziemlich intensives Didymspektrum zeigten, in Alkohol gelöst.

Die ersten Kristalle, die sich ausschieden und reich an Didym waren, wurden in Nitrate verwandelt und mit Kaliumsulfat behandelt. Die alkoholische Lösung zeigte noch sehr schwach das Didymspektrum.

Aus Parallelversuchen geht hervor, daß die Fraktionierung der Ytteritäthylsulfate der Monazitsande sich ebenso verhält wie die des Äschynits, außerdem, daß für das Didym die Fraktionierung in Alkohol dieselben Resultate wie die in Wasser ergibt. Einige Atomgewichtsbestimmungen sollen die Wirksamkeit dieser Methode beleuchten.

Nachdem der größte Teil des Didyms und der Terbinerden durch Kaliumsulfat eliminiert war, wurden erhalten:

I. Yttria des Äschynits.

1.	Atomgewicht	97,7
2.	„	118,2
3.	„	126,7
4.	„	141,1
5.	„	151,3

II. Yttria der Monazitsande.

Die ersten in Alkohol fraktionierten Kristallisationen ergaben folgende Resultate:

1.	Atomgewicht	98,7
2.	„	107,8 (wenig didymhaltig)
3.	„	98,9
4.	„	99,9

Diese Resultate zeigen, daß, wenn man vom Didym und den teilweise durch Kaliumsulfat eliminierten Erden der Terbingruppe absieht, die Kristalle ein geringeres Atomgewicht als die Mutterlaugen besitzen und die niedrigste Grenze der Fraktionierung bei 99 liegt. So kam Urbain zu Resultaten, die mit denjenigen übereinstimmten, welche er seinerzeit mit den Acetylacetonverbindungen erhalten hatte. Gleichzeitig wurden hierdurch Schützenberger und Boudouards Untersuchungen[1] bestätigt, welche Chemiker eine Erde mit dem Atomgewicht 97 gefunden haben wollten. Viele Beobachtungen ließen aber Urbain vermuten, daß diese Substanz zusammengesetzter Natur ist. Die gelbe Farbe ihres Oxydes berechtigte zur Annahme, daß Terbium anwesend ist.

Wenn man sie bei entsprechender Dicke spektroskopisch untersuchte, bemerkte man, wenn auch nur sehr schwach, die Banden des Holmiums, Dysprosiums, Erbiums und selbst des Didyms. Ihr relativ geringes Atomgewicht zeigte, daß sie be-

[1] Schützenberger und Boudouard, C. r. 1896—1897, **22**, 3, p. 697 bis 699.

sonders Yttrium enthalten mußte. Aus welchem Grunde aber war diese Grenze derjenigen gleich, die Urbain die Acetylacetonverbindungen und Schützenberger und Boudouard die Sulfate und Nitrate geliefert hatten?

Man erhält durch ganz verschiedene Methoden eine Fraktionierungsgrenze, die so häufig bei der Darstellung seltener Erden wahrgenommen wird.

Wenn man zugibt, daß diese Substanz einheitlich ist, so würde man leicht in denselben Irrtum wie Delafontaine verfallen, als er die Entdeckung des Philippiums ankündigte.

Die relative Beständigkeit des Atomgewichts dieser Substanz ist kein genügendes Kennzeichen für ihre Identifizierung. Eine noch so wirksam erscheinende Trennungsmethode erlaubt im allgemeinen nicht, aus einer beinahe reinen Substanz die letzten Spuren von Unreinheiten zu entfernen, und es genügt, einen Blick auf die Literatur der seltenen Erden zu werfen, um sich von der außerordentlichen Schwierigkeit zu überzeugen, welche z. B. die Reindarstellung des Yttriums darbietet.

Es ist wichtig, jedesmal die Tatsache hervorzuheben, daß die Anwendung einer einzigen Methode es noch nie erlaubt hat, aus diesem sehr komplizierten Gemisch einen dieser Körper im Zustande der Reinheit zu gewinnen, aber diese Stoffe in Gruppen einzuteilen, auf welche die anderen angegebenen Methoden leichter anwendbar sind.

Außerdem lassen sich die Bestandteile der Yttererden nicht auf dieselbe Art und Weise voneinander trennen. Wenn es auch verhältnismäßig leicht ist, Lösungen zu erhalten, die erbiumreich und frei von Holmium sind, so ist es doch außerordentlich schwierig, das Erbium vollständig aus Holmiumpräparaten zu entfernen.

Ebenso kann man, wenn sich die Terbinerden in den ersten Kristallisationen angereichert haben, Yttrium in fast allen Fraktionen wiederfinden. Aus den Teilen mit niedrigem Atomgewicht erhält man sehr schnell Fraktionen vom Atomgewicht 97, deren weitere Zerlegung recht schwierig erfolgt.

Urbain (1901) gelang es aber, diese von Schützenberger und Boudouard für einheitlich angesehene Erde in Yttrium vom Atomgewicht 89 und in ein Erdgemisch aus der Terbingruppe vom Atomgewicht 152 zu zerlegen, nachdem er von neuem diese Produkte in Äthylsulfate umgewandelt hatte.

Aus den letzten Fraktionen der Äthylsulfate der Yttererden, die nicht mehr Erden der Terbin- und Holmiumgruppe enthielten, sondern nur Ytterbium, Erbium und Yttrium, konnte Urbain (1901) mit Hilfe verschiedener Methoden Yttrium vom Atomgewicht 88,8 darstellen.

Bei diesen Fraktionierungen begegnete Urbain keinen Mittelgliedern, die sich in ein Glied mit hohem und ein Glied mit niedrigem Atomgewicht teilen ließen. Diese günstigen Resultate waren nur der Abwesenheit der Terbinerden zu verdanken. Durch vielfältige Kristallisationen der ersten Äthylsulfatkristallisationen vom Anfangsatomgewicht 97 aber reicherten sich die Terbinerden in den ersten Kristallen an, wie es das Didym in den vorhergehenden Fraktionierungen getan hatte.

Nach ungefähr 60 Kristallisationen wechselte die Farbe der verschiedenen Oxyde vom Dunkelorange bis zum leichten Rosaweiß, und die Zwischenglieder hatten die Cremefarbe der Oxyde der ursprünglichen Substanz. Aus den letzten Anteilen, welche noch etwas erbiumhaltig waren, wurde durch wenige Kristallisationen Yttrium vom Atomgewicht 89 erhalten (G. Urbain 1898, II; 1901).

Muthmann und Baur (1900) prüften die Urbainsche durch Umkristallisieren der Äthylsulfate und nachheriges Fraktionieren mit Ammoniak erhaltene Yttria auf ihre Lumineszenz und fanden darin noch ganz geringe Mengen Erbinerde.

Hierdurch dürfte auch gleichzeitig genügend bewiesen sein, daß die Yttererden des Monazits kein Element, wenigstens nicht in berechenbarer Menge, enthält, dessen Atomgewicht bei 100 (Drossbach, vgl. Trennung mittels Ätznatron und Geschichte der Entdeckung der seltenen Erden) oder 97 liegt (Schützenberger und Boudouard a. a. O.).

Die Kristalle, die sich bei der Fraktionierung der Äthylsulfate absetzen, nehmen immer mehr eine Rosafarbe an. Das Spektrum des Erbiums wird intensiver und das des Elementes *X* von Soret nach und nach schwächer.

Man erhält dann Lösungen, die kein Holmiumspektrum mehr zeigen, sondern zwei sehr schwache Banden des Thuliums.

Endlich schwächt sich das Erbiumspektrum ab, die sich ausscheidenden Kristalle werden immer weniger rosafarben, und schließlich erhält man Mutterlaugen, in welchen sich alle Unreinheiten anreichern, die wohl von der unvollkommenen früheren Behandlung und besonders den Reagentien herrühren. Nachdem die Lösung, welche keine Absorptionsbanden zeigte, von Alkalien, Eisen, Aluminium, Mangan usw. befreit war, erhielt man hieraus ein rein weißes Oxyd vom Atomgewicht 151,5.

Das Spektrum der letzten Kristalle aus einem Äschynitmaterial war:

Thulium λ 684 schwach, λ 459—465 schwach;

Erbium λ 654 schwach, λ 540 sehr schwach, λ 523 stark, λ 486 stark, λ 451 schwach.

Spektrum der Zwischenfraktionen:

	I	II	III	IV
Thulium				
λ 684	schwach	—	—	—
λ 463	zweifelhaft	—	—	—
Holmium				
λ 640	schwach	schwach	ziemlich stark	ziemlich stark
λ 536	ziemlich schwach	ziemlich stark	ziemlich stark	stark
Er—Ho λ 486	stark	stark verwischt	sehr stark	stark verwischt
Erbium				
λ 667	schwach	sehr schwach	ganz schwach	—
λ 654	stark	stark	ziemlich stark	ziemlich stark
λ 540	ziemlich stark	ziemlich stark	schwach	ziemlich schwach
λ 523	sehr stark verwischt	sehr stark verwischt	sehr stark	stark
Di—Er λ 451	stark	sehr stark	sehr stark	ganz stark
Didym				
λ 474	ganz schwach	ganz schwach	ganz schwach	ganz schwach
λ 544	sehr schwach	ganz schwach	zweifelhaft	—
λ 489	schwach	schwach	sehr schwach	ganz schwach

Hieraus dürfte zur Genüge hervorgehen, in welchem Sinne sich die Trennung bei dieser Methode vollzieht.

Terbium—Yttrium—Holmium—Dysprosium—Erbium —Ytterbium (G. Urbain 1898, I; 1901).

Als Urbain (1901) die schwach basischen Oxyde nach dieser Methode fraktionierte, bemerkte er, daß die ersten Fraktionen, die durch Kaliumsulfat vom größten Teil der Terbinerden getrennt wurden, ein geringeres Atomgewicht als die Mutterlaugen hatten.

Im Gange der Untersuchung stellte sich heraus, daß, wenn die Menge der Terbinerden ein wenig bedeutend, die Menge der

Ytterbin- und Erbinerde gering ist, man das Gegenteil beobachtet, und daß endlich in gewissen Fällen die anfangs wachsenden Atomgewichte nach und nach niedriger werden und ein Minimum erreichen, welches sehr nahe bei dem Atomgewicht des Yttriums liegt.

Die Anwendung der Äthylsulfate auf die Ceriterden.

Nachdem die Yttererden sich so gut durch Kristallisieren der Äthylsulfate trennen ließen, war es interessant, zu untersuchen, ob ein Didymgemenge sich gleich gut beim Fraktionieren verhalten würde. G. Urbain (1901) benutzte zu diesem Zweck ein Praseodymmaterial, welches aus Ammonnitratfraktionen stammte und viel Lanthan enthielt; es zeigte außer dem sehr intensiven Praseodymspektrum drei Banden des Neodyms: λ 581—578 ziemlich stark, λ 522 schwach und λ 512 sehr schwach.

Von Anbeginn der Fraktionierungen bemerkte Urbain, daß sich Neodym in den ersten, Lanthan in den letzten Kristallen anreichert. Nach ungefähr 20 Kristallisationen konnte so eine große Menge Lanthan eliminiert werden, Praseodym befand sich in den Mittelfraktionen. Demnach fraktioniert diese Methode die Erden Lanthan, Praseodym und Neodym in der umgekehrten Reihenfolge, als das Auersche Ammoniumdoppelnitratverfahren. Sie könnte also mit dieser event. kombiniert werden und so schneller gute Resultate liefern.

Die Äthylsulfate dieser Erden kristallisieren ausgezeichnet, sie sind weniger löslich und leichter kristallisierbar als die Ammondoppelnitrate, welche um so schwieriger kristallisieren, je mehr sich die Menge des Lanthans verringert.

v. Scheele (1899) fraktionierte ein etwas lanthanhaltiges Praseodymmaterial in alkoholischen Lösungen, da das Lanthan- und namentlich das Praseodymsalz sich in wäßrigen Lösungen beim Erhitzen sehr leicht zersetzen sollen. Dieser Chemiker will in beiden Fällen negative Resultate erhalten haben, denn bei beginnendem Erhitzen kristallisierte schon das Sulfat aus.

Beim Fraktionieren eines Neodymmaterials, welches nur die schärfsten Praseodymbanden zeigte, erhielt Urbain (1901) ebenfalls negative Resultate wie v. Scheele, die jedoch genügend interessant erscheinen, um an dieser Stelle Erwähnung zu finden.

Es ist beim Fraktionieren isomorpher Salze eine bekannte Beobachtung, daß das sog. Mitreißen hierbei eine große Rolle spielt. v. Scheele hatte bereits bei der Darstellung des Praseodyms Cererde zu den Ammondoppelnitratlaugen hinzugegeben, um die Zugabe dieser leicht zu entfernenden Erde auf ein große Menge der Substanz einwirken zu lassen.

Aus diesem Grunde gab auch Urbain zu seinem Neodym eine reichliche Menge Cer. Nach zwanzig Kristallisationen hatte sich der größte Teil des Cers in den Mutterlaugen mit den Yttererden angereichert. Eigentümlicherweise hatte sich aber das Praseodym in den ersten Kristallisationen angereichert, im Gegensatz zu dem, was bei den Praseodymkristallisationen beobachtet wurde.

Dieses Resultat zeigt deutlich, daß der Gang der Fraktionierungen des Didymäthylsulfats wesentlich von der Zusammensetzung des Gemisches abhängig ist.

Das Didym aus dem Monazit, welches sich mit den ersten Fraktionen bei dem Kristallisieren der Äthylsulfate der Yttererden ausscheidet, zeigt alle Charakteristika des Neodyms, wie bereits Boudouard angibt, ist aber noch stark mit anderen seltenen Erden vermischt (G. Urbain 1898, I). Jedenfalls spielt hierbei die große Verwandtschaft des Neodyms zu den Yttererden wie beim Fraktionieren der Kaliumdoppelsulfate eine große Rolle, denn man erhält bekanntlich sehr praseodymarme Neodympräparate, allerdings mit Yttererden stark verunreinigt, und zwar in derselben Weise wie bei der Chromatmethode (Böhm).

Urbain (1900) empfiehlt diese Methode an Stelle der Kaliumdoppelsulfate, da dieselbe die Erden in drei Hauptgruppen — Cerit-, Terbin- und Ytteriterden teilt.

---

33. Trennung mittels fraktionierter Kristallisation sulfanilsaurer Salze.

Literatur.

1899. Ludwig Stützel, Dis., Universität München, S. 33—35.
1902. K. Postius, Dis., Polytechnikum München, S. 11.

Zur Trennung von Neodym und Praseodym benutzten Stützel 1899) und Böhm die sulfanilsauren Salze.

Die reine Sulfanilsäure wurde durch mehrmaliges Umkristallisieren von technischer Sulfanilsäure hergestellt. Die schwach geglühten Didymoxalate erhitzte man unter stetem Rühren mit

Wasser zum Kochen und fügte hierauf in kleinen Portionen Sulfanilsäure hinzu, bis vollkommene Neutralisation eingetreten war. Wenn die Lösung nicht rein rot war, so kochte man dieselbe zuvor mit Tierkohle. Beim Erkalten der filtrierten und konzentrierten Lösung schieden sich die sulfanilsauren Erden in feinen, schwach rötlich gefärbten Nadeln aus, welche zum Weiterfraktionieren benutzt wurden, indem man immer die entsprechenden Kristalle und Mutterlaugen vereinigte.

500 g carbonathaltiger Oxyde (Didym, welches etwas Lanthan und Yttererden enthielt) behandelte man mit 10 Liter Wasser und 1250 g Sulfanilsäure.

Die farblosen Erden reicherten sich hierbei hauptsächlich in den Endfraktionen an, während ein nennenswerter Unterschied zwischen Neodym und Praseodym selbst in der 14. Fraktion kaum zu bemerken war.

Bei einem sehr reinen Didymoxyd fielen die Versuche günstiger aus. Schon in der siebenten Fraktion zeigte sich eine deutliche Änderung der relativen Helligkeit der Absorptionsstreifen: die Lösungen reicherten sich an Neodym an und zeigte Lösung VII die Neodymstreifen sehr stark, während die Praseodymbanden im Blau fast verschwanden und nur die Bande im Violett deutlich hervortrat. Dagegen zeigten Kristalle *X* Neodym fast in gleicher Stärke mit Praseodym. Wegen der geringen Materialmenge mußte das Fraktionieren unterbrochen werden. Die Untersuchung hatte ergeben, daß es möglich ist, auf diesem Wege eine Trennung von Neodym und Praseodym zu erreichen, doch hat diese Methode keine nennenswerten Vorteile vor dem Auerschen Ammondoppelnitratverfahren.

Postius (1902) kristallisierte die sulfanilsauren Salze eines Erbiummaterials zur Entfernung der letzten Didymspuren. Die Resultate waren nicht befriedigend.

---

34. Die Alkalidoppelsulfate.

Literatur.

1804. W. Hisinger und J. Berzelius, A. Gehl. **2**, S. 407—408.
1804. Klaproth, A. Gehl. **2**, S. 312.
1818. J. J. Berzelius, Gilb. An. **59**, S. 248.
1821. — Gmelins Handbuch **1**, S. 467.
1825. I. — Pg. A. (1) **3**, S. 209.

1825. II. — Pg. A. (2) **4**, S. 135, 136, 137; B. J. 1826 (5. Jahrg.), S. 110—111.
1826. F. Wöhler, Pg. A. (2) **7**, S. 426.
1828. V. Hartwall, K. Vet. Ak. Hdl. p. 167; Pg. A. 1829 (2) **16**, S. 481.
1829. I. J. J. Berzelius, Pg. A. (1) **15**, S. 634.
1829. II. — K. Vet. Ak. Hdl. p. 1 und 18; Pg. A. (2) **16**, S. 385, 390—391, 392, 402—403, 410; B. J. 1831 (10. Jahrg.), S. 98 und 100, 143—144; Berz. Lehrbuch d. Chemie **2**.
1835. N. J. Berlin, K. Vet. Ak. Hdl. p. 209, 212; B. J. 1837 (16. Jahrg.), S. 101, 136, 137; Pg. A. 1838, **43**, S. 106, 109.
1839. C. Kersten, Pg. A. (2) **47**, S. 392.
1839. Mosander, Pg. A. (1) **46**, S. 649; J. pr. 1839, **16**, S. 514; C. r. 1839, **8**, S. 356.
1839. — Pg. A. (2), **47**, S. 209.
1839. F. Wöhler, J. pr. **18**. S. 282—283; Pg. A. 1839 (3) **48**, S. 85.
1840. Th. Scheerer, Pg. A. **51**, S. 467—468, 473; J. pr. **22**, S. 463.
1842. A. Beringer, L. A. **42**, S. 135—136, 142; B. J. 1844 (23. Jahrg.), S. 187.
1842. Connell, Edinburgh New philosoph. Journ. **20**, p. 300; Pg. A. 1842, **56**, S. 502 (aus Scheerer).
1842. Th. Scheerer, Pg. A. **56**, S. 497—498; J. pr. 1842, **27**, S. 78.
1843. Hermann, J. pr. **30**, S. 188.
1843. Mosander, The Lond. Edinb. and Dubl. phil. Mag. Oct. p. 241; J. pr. 1843, **30**, S. 276, 283, 290—291; Pg. A. 1843 (3), **60**, S. 298, 305—306; L. A. 1843, **48**, S. 211, 212, 216, 223.
1843. H. Rose, Pg. A. (2) **59**, S. 101.
1844. Hermann, J. pr. **33**, S. 88, 90—91.
1844. C. Kersten, Pg. A. (3) **63**, S. 139.
1845. L. Svanberg, Oefv. K. Vet. Fhd. Nr. 3, p. 37; Pg. A. 1845, (3) **66**, S. 311—312; B. J. 1846 (25. Jahrg.), S. 149.
1846. F. Wöhler, Pg. A. (1) **67**, S. 425, 426, 427.
1848. Kerndt, J. pr. **43**, S. 221.
1850. Credener, Pg. A. (1) **70**, S. 151—152.
1852. Bergemann, Pg. A. **85**, S. 558; L. A. **84**, S. 239; B. J. 1852, S. 367 und 363.
1852. Schmidt, L. A. **83**, S. 329.
1853. N. J. Berlin, Pg. A. (1) **88**, S. 157—158.
1853. Marignac, An. Chim. (3) **38**, S. 171, 173, 174; L. A. **88**, S. 243—244.
1857. C. M. Warren, Pg. A. (3) **102**, S. 449—451.
1858. Holzmann, J. pr. **75**, S. 346.
1860. Czudnowicz, J. pr. **80**, S. 23.
1860. A. E. Nordenskiöld und J. J. Chydenius, Oefv. K. Vet. Fhd. Nr. 3; J. pr. 1860, **81**, S. 207; Pg. A. 1860, (2) **110**, S. 642.
1860. Stapff, J. pr. **79**, S. 257.
1861. J. J. Chydenius, Kemisk undersökning af Thorjord och Thorsalter. Helsingfors. Im Auszuge: Pg. A. 1863, (2) **119**, S. 43, 45, 46, 47, 53; J. pr. **89**, S. 464; J. 1863, S. 194.
1862. Th. Korovaeff, J. pr. **85**, S. 443. (Im Auszuge aus dem Bull. St. Petb.)
1863. D. M. Balch, J. pr. **88**, S. 191; aus Am. J. Sc. (2) 1857, **23**, Nr. 99, p. 348.

1863. M. Delafontaine, Arch. sc. ph. et nat. **18**, p. 343; L. A. 1864, **131**, S. 100 u. 102; J. pr. 1865, **94**, S. 198; J. 1863, S. 197.
1863. H. Rose, Pg. A. (1) **118**, S. 508—509.
1864. M. Delafontaine, Arch. sc. ph. et nat. **21**, Oct.; L. A. 1865, **134**, S. 104, 110, 111.
1864. W. Gibbs, Am. J. Sc. (2), **37**, 352; Z. alyt. **3**, S. 398.
1864. Hermann, J. pr. **93**, S. 107.
1864. F. Pisani, C. r. **59**, p. 301; J. pr. **97**, S. 118; Z. alyt. 1865, **4**, S. 417; J. 1864, S. 705.
1864. O. Popp, L. A. **131**, S. 182.
1865. M. Delafontaine, Bibliothèque Universelle et Revue Suisse **22**; J. pr. **94**, S. 298, 300, 301, 302; L. A. 1865, **135**, S. 188, 189, 193.
1865. Cl. Winkler, Z. alyt. **4**, S. 418; J. pr. 1865, **95**, S. 412.
1866. Bahr und Bunsen, L. A. **137**, p. 1—2, 13—22; J. pr. 1866, **99**, S. 274, 278.
1869. Gustav Streit und Benno Franz, J. pr. **108**, S. 75; J. 1869, S. 915.
1870. C. H. Wing, Ber. **3**, S. 309; Am. J. Sc. (2) **49**, S. 358.
1871. C. Erk, Zeitsch. Chem. (N. F.) **7**, S. 109; Z. alyt. 1871, **10**, S. 477.
1871. Knop, L. A. **159**, S. 55—56.
1875. H. Bührig, J. pr. (2) **12**, S. 235, 236.
1876. Rich. Hornberger, L. A. **181**, S. 233.
1877. Nils Engström, Undersökning af nogra mineral, som minehalla sallsynta jordarter. Inaug.-Dis., Upsala 1877; Z. K. 1879, **3**, p. 192, 193.
1878. M. Delafontaine, C. r. **87**, p. 633; C. C. 1878, S. 801; Ber. 1879, **12**, 1, S. 364.
1878. F. Frerichs und F. Smith, L. A. **191**, S. 337—338.
1878. C. Marignac, An. Chim. (5) **14**, p. 247—248, 251, 253; C. r. **87**, p. 580; C. C. 1878, S. 770.
1878. L. Smith, C. r. **87**, p. 145—146, 148 und 831.
1879. I. Lecoq de Boisbaudran, C. r. **88**, p. 323; C. C. 1879, S. 258 bis 259.
1879. II. — C. r. **89**, p. 517; C. C. 1879, S. 675.
1879. L. Smith, C. r. **89**, S. 480—481; C. C. 1879, S. 628.
1879. Soret, C. r. **88**, p. 422, 424; C. C. 1879, S. 308; Ber. 1879, **12**, 1, S. 1019.
1880. P. T. Cleve, C. r. **91**, p. 382; C. C. 1880, **11**, S. 662.
1880. C. Marignac, Arch. sc. ph. et nat. (3), **3**, p. 113; An. Chim. [5] **20**, p. 535; C. r. 1880, **90**, p. 900, 901—902; C. C. 1880, **11**, S. 355; Ber. 1880, **13**, 1, S. 1134—1135.
1880. L. F. Nilson, Ber. **13**, 2, S. 1440, 1441.
1881. M. Delafontaine, C. r. **93**, p. 63; Ber. **14**, 2, S. 2228.
1881. Lorenzen, Mend. Gron. **2**, p. 75.
1882. I. B. Brauner, C. r. **94**, p. 1718; Ber. 1882, **15**, 2, S. 2231.
1882. II. — Mhft. Ch. **3**, p 487, 496, 498—499, 501; Ch. N. **47**, p. 175; C. C. 1883 (3. Folge) **14**, S. 291.
1882. I. P. T. Cleve, C. r. **94**, p. 1529; C. C. 1882, **13**, S. 451.

1882. IIa. — C. r. **95**, p. 33; C. C. 1882, **13**, S. 616.
1882. IIb. — C. r. **95**, p. 1225; C. C. 1883, **14** (3. Folge), S. 36.
1882. L. F. Nilson, Ber. **15**, 2, S. 2525.
1882. H. E. Roscoe, Ch. N. **45**, p. 184; Ber. **15**, **1**, S. 1275; J. Ch. S. **41**, p. 277; C. C. 1882 **13** (3. Folge), S. 341; Monit. scientif. [2] **13**, p. 246.
1883. B. Brauner, J. Ch. S. p. 281; Ber. 1883, **16**, 2, S. 1860—1861.
1883. P. T. Cleve, C. r. **97**, p. 94; C. C. 1883, **14**, S. 585.
1883. J. L. Smith, Ch. N. **48**, p. 29—30.
1883. Auer v. Welsbach, Mhft. Ch. **4**, S. 631.
1885. Ed. Linnemann, Mhft. Ch. **6**, S. 335; Ber. 1885, **18**, S. 460 (Ref.).
1886. P. T. Cleve, Ch. N. **53**, p. 31.
1886. W. Crookes, Ch. N. **54**, p. 42.
1886. I. Lecoq de Boisbaudran, C. r. **102**, p. 153, 395, 483, 899.
1886. II. — C. r. **102**, p. 395, 398—399, 1004, 1005.
1886. A. E. Nordenskiöld, C. r. (4) **103**, S. 797.
1887. C. W. Blomstrand, G. F. F. **9**, p. 160; Z. K. 1889, **15**, p. 99.
1887. G. Krüss und L. F. Nilson, K. Vet. Ak. Hdl. Nr. 5; Ber. 1887, **20**, 1, S. 1677—1679; Ber. **20**, 2, S. 2139—2140.
1889. Boudouard, Bull. chim. (3) **19**, p. 10—13; C. C. 1889, **1**, S. 435.
1890. H. Bäckström, bei Brögger, Z. K. **16**, p. 85.
1890. A. Bettendorff, L. A. **256**, S. 160.
1891. — L. A. **263**, S. 165—166.
1891. K. Bröckelmann, Dis., München. Zur Kenntnis der Elemente der Yttrium- und Cergruppe.
1891. G. Krüss, L. A. **265**, S. 7, 8, 14, 15, 16.
1892. A. Bettendorff, L. A. **270**, S. 378, 379—381.
1892. A. Loose, Dis., München, S. 12.
1892. P. Schottländer, Ber. **25**, 1, S. 393, 569—599.
1893. W. Gibbs, Am. Chem. J. **15**, p. 546; C. C. 1894, **1**, S. 180.
1893. I. K. Hofmann und G. Krüss, Z. an. **3**, S. 413.
1893. II. — — Z. an. **4**, S. 34.
1893. K. Hofmann, Dis., München, S. 31, 35, 43.
1893. G. Krüss, Z. an. **3**, S. 366 Anmerk. 1.
1893. G. Krüss uud A. Loose, Z. an. **3**, S. 93.
1894. Böttinger, Z. an. **6**, S. 1.
1895. Boudouard, C. r. **121**, S. 274.
1895. G. P. Drossbach, J. G. W. **38**, S. 582.
1895. J. W. Ling, Chem. Ztg. **19**, 2, S. 1468—1469; J. G. W. 1895, **38**, S. 635.
1895. P. Schützenberger, C. r. **120**, p. 962; C. C. **95**, 2, S. 14.
1895. Thesen, Chem. Ztg., S. 2254.
1896. P. Barrière, Ch. N. **74**, p. 159; C. C. 1896, **2**, S. 886.
1896. G. P. Drossbach, Ber. **29**, 3, S. 2452; J. 1897, **1**, S. 1026.
1896. R. Fresenius und E. Hintze, Z. alyt. **35**, S. 532—533, 536 bis 537, 540.
1896. Glaser, Chem. Ztg. S. 612.
1896. P. Schützenberger und O. Boudouard, C. r. **122**, p. 697; C. C. 1896, **1**, S. 1141—1142.

1896. G. Urbain, Bull. chim. **15**, p. 349.
1897. O. Boudouard, C. r. **125**, p. 774; C. C. 1898, **1**, S. 17.
1897. L. M. Dennis und E. M. Chamot, J. Am. Ch. Soc. **19**, p. 799; C. C. 1897, **2**, S. 1133.
1897. P. Schützenberger und O. Boudouard, C. r. **124**, p. 482; Ch. N. 1897, **75**. S. 167.
1897. W. Shapleigh, Ch. N. **76**, p. 41; Z. an. 1898, **18**, S. 217.
1898. I. O. Boudouard, C. r. **126**, p. 900, 901; C. C. 1898, **1**, S. 983; C. r. **126**, p. 1648—1649.
1898. II. — Bull. chim. (3), **19**, p. 11—12; C. C. 1898, **1**, S. 435.
1898. Bohuslaw Brauner, J. Ch. S. **73**, p. 952.
1898. J. Lesinsky, Dis., Bern, S. 9—10.
1898. W. Muthmann und H. Roelig, Ber. **31**, S. 1721.
1898. H. Roelig, Dis., München, S. 29—30.
1899. v. Scheele, Ber. **32**, 1, S. 412.
1899. L. Stützel, Dis., München, S. 31, 32, 33.
1900. Benedicks, Z. an. **22**, S. 394, 396, 408.
1900. C. Richard Böhm, Die Zerlegbarkeit des Praseodyms und Darstellung seltener Erden mit Hilfe einer neuen Trennungsmethode 1900, Verlag Fr. Starke, Halle a. S., S. 66—68.
1900. R. J. Meyer und E. Marckwald, Ber. **33**, 3, S. 3009—3010.
1900. L. Pissarjewsky, Z. an. **25**, S. 388.
1900. G. Urbain, An. chim. **19**, p. 184.
1901. H. Behrens, Arch. Neer. (2) **6**, p. 68, 71; C. C. 1902, **1**, S. 296.
1901. Bodmann, Z. an. **27**, S. 254.
1901. I. G. P. Drossbach, Z. an. (Heft 26), S. 656, 658.
1901. II. — Ber. **34**, S. 3508.
1901. Jean Sterba, C. r. **133**, p. 221—223.
1902. Astrid Cleve, Z. an. **32**, S. 131.
1902. L. M. Dennis und B. Dales, J. Am. Ch. Soc. **24**, p. 400; C. C. 1902, **1**, p. 1395.
1902. G. P. Drossbach, Ber. **35**, S. 2827, 2829.
1902. K. A. Hofmann und F. Zerban, Ber. **35**, 1, S. 531; C. C. 1902, **1**, S. 624.
1902. Rob. Marc, Dis., München, S. 23—25, 26—27, 35, 44; Ber. **35**, S. 2387—2388; C. C. 1902, **2**, S. 498.
1902. W. Muthmann, H. Hofer und L. Weiss, L. A. **320**, S. 268.
1902. L. Weiss, Dis., Polytechnikum München, S. 46.
1904. Charles Baskerville und Hazel Holland, J. Am. Ch. Soc. **26**, p. 71—74; C. C. 1904, **1**, S. 712.
1904. Charles Baskerville und Eugene G. Moss, J. Am. Ch. Soc. **26**, p. 67—71; C. C. 1904, **1**, S. 712.
1904. Rob. Marc, Z. an. **38**, S. 121—131; C. C. 1904, **1**, S. 498.

Einen wesentlichen Unterschied in der Löslichkeit der Doppelsulfate der Ytter- und Cererde erkannte man bald nach der Entdeckung der sog. Ochroiterde. Im Gegensatz zur Yttererde bildete nämlich die Cererde in Form ihres Sulfats eine Doppelverbindung mit schwefelsaurem Kali und Natrium, die in Wasser und besonders in einer gesättigten Lösung der letzteren schwer löslich war.

Berzelius, welcher in Gemeinschaft mit Hisinger (1804) diese Beobachtung unabhängig von Klaproth (1804) gemacht hatte, konstatierte bezw. der Kaliumverbindung die gleiche Eigenschaft, etwa zwanzig Jahre später (1825, II) am Zirkonium und 1829 (S. 634 u. 410) an dem neu entdeckten Thorium.

Für die damalige Zeit bot diese Reaktion ein bequemes Hilfsmittel zur Abscheidung und Trennung der Erden von anderen Metallen. Nachdem man sich bis dahin des bernsteinsauren Ammons bedient hatte, um eisenfreie Präparate zu erhalten, verwendete man hierzu fortan die Schwerlöslichkeit der Doppelsulfate, und besonders nach Kenntnis der genaueren Bedingungen, welche von Scheerer (1840 und 1842) für ein Gelingen der Trennung gegeben wurden. Später schied Hermann (1864) die Erden des Monazits mit K_2SO_4 ab, um sie nach dem Lösen mit Thiosulfat zu fällen, Winkler (1865) verwendete die Doppelsulfate zur Trennung der Ceriterden von Mangan und Pisani (1865) zur Trennung der Zirkonerde von Titan usw. usw.

Ebenso wußte man die Löslichkeit der Natriumverbindungen des Thorium- und Zirkonsulfats als Trennungsmittel frühzeitig verwertbar zu machen und erkannte in den gelben Cerverbindungen eine höhere Oxydationsstufe. Auch wurden von Hermann (1843) bereits drei Cersalze beschrieben, die bei der Behandlung einer Cersulfatlösung mit einer gesättigten Lösung von schwefelsaurem Kali entstehen sollten. Die leicht löslichen Ammondoppelsalze kamen für eine Trennung nicht in Betracht.

Trotzdem Marx 1829 auf die Löslichkeit des Cersulfats aufmerksam gemacht hatte, welche mit steigender Temperatur abnahm und bei der Temperatur des Siedens sehr gering war, blieb diese Eigenschaft lange unberücksichtigt. Erst Mosander erblickte hierin ein Trennungsmittel, welches ihn zur Spaltung des alten Lanthans in das eigentliche Lanthan und Didym, sowie zu einer relativen Gliederung der seltenen Erden in Metalle der Cerit- und Ytteritgruppe führte.

Während wir bis dahin die Kaliumdoppelsulfate nur als Abscheidungsmittel für die rohen Erden verwendet finden, wie z. B. von Berzelius 1821, 1825 (I), 1829 (II, S. 390—391) bei der

Analyse des Thorits, von Wöhler 1826 bei derjenigen des Pyrochlors und von Hartwall 1828 bei der Fergusonitanalyse, so erblicken wir von jetzt ab in dieser Methode ein allgemeines und brauchbares Hilfsmittel für die Darstellung seltener Erden sowie für die Analyse solche Erden enthaltender Mineralien. Da fast jeder Forscher dieses Gebietes sich der Kaliumdoppelsulfatmethode bediente, ist auch die Geschichte der seltenen Erden eng mit derselben verbunden.

Zur Trennung der Cerit- von der Ytteritgruppe benutzten diese Methode: Berzelius 1818, 1821, 1825; Berlin (1835, S. 209, 101, 106) befreite ein Yttriummaterial von Ceriterden und bestimmte 1853 mit ihrer Hilfe die Erden des Mosandrits; Connell 1842; Kersten (1839) bediente sich der Methode bei der Analyse des Monazits und 1844 zum qualitativen Nachweis dieser Erden in einem Feldspat; Hermann nahm in demselben Jahre keine Notiz von Scheerers Untersuchungen bezüglich des Eisengehalts der Doppelsulfate und bestimmte daher den Gehalt der Erden im Yttrotantalit und Monazit zu hoch; Svanberg 1845 — Eudialyth; Wöhler 1846 (S 426) — Kryptolith; Kerndt 1848; Credener 1850; Balch 1857 (vgl. 1863); Nordenskiöld und Chydenius 1860 — Orangit; H. Rose 1863 — Analyse des Fergusonits; Delafontaine 1864 (S. 111) trennte Cer von einem Terbiummaterial; Bahr und Bunsen 1866 (S. 1—2, 13—22, 274); Engström 1877 — Analyse des Orthits; Marignac 1878; Frerichs 1878; Smith 1878 und 1883 — Analyse des Samarskits — verwendete jedoch später zur Trennung beider Gruppen ausschließlich die Natriumdoppelsulfate; Nordenskiöld schied 1886 aus den Erden des Gadolinits die Ceriterden ab und nannte das in Lösung bleibende Erdgemisch Gadoliniumoxyd; Krüss und Nilson (1887) bestimmten qualitativ im Thorit die Cerit- und Ytteriterden; Bäckström verwendete 1890 die verschiedene Löslichkeit der Doppelsulfate bei der Analyse des Mosandrits und Johnstrupits; Schützenberger und Boudouard 1895, 1896, 1897 und 1898 (S. 1648—1649) bedienten sich der K_2SO_4 Doppelsalze bei den bekannten Untersuchungen des Monazits. M. G. Urbain (1900) behandelte große Mengen roher Monaziterden mit Kaliumsulfat, ebenso Erden des Äschynits, Cerits und Thorits. A. Cleve (1902) benutzte als Ausgangsmaterial für Ytterbiumpräparate Erdgemische, die zuvor von P. T. Cleve u. a. zur Entfernung der Ceriterden mit Kaliumsulfat behandelt worden waren; ebenso war das Ausgangsmaterial von v. Scheele 1899 durch P. T. Cleve vorher von Yttererden mit Hilfe dieser Methode befreit worden.

Lanthan und Didym trennten von Yttererden: Holzmann 1858; Bettendorff 1890; Fresenius und Hintz 1896 bei den gerichtlichen Analysen käuflicher Thoriumpräparate; Dennis und Chamot 1897; Rölig, Muthmann 1898 und Stützel 1899.

Didym bezw. die Komponenten desselben und Samarium trennten von Yttererden: Soret untersuchte 1879 die von Marignac aus den Laugen der Nitratabtreibungen durch zwölfmalige Kaliumsulfatfällung hergestellten Produkte (vgl. auch Marignac 1880); Krüss (1891, S. 16) reinigte Didym von Yttrium und Terbium; Schottländer (1892) reicherte die Yttererden in den Mutterlaugen der Ammondoppelnitrate an und untersuchte sie eingehend spektroskopisch nach der Abscheidung mit Kaliumsulfat; Loose (1892) trennte Di und La, Boudouard[1] Nd, ebenso Muthmann, Hofer und Weiss (1902) Nd von Yttererden, Cleve Samarium (1886), Marc (1902) Nd und Sa von Yttererden (S. 23—24), von einem Gadoliniummaterial (S. 26—27) und Terbiummaterial (S. 35).

Crookes 1886, Meyer, Marckwald 1900 und Drossbach 1901 (S. 658) arbeiteten ebenfalls nach dieser Methode und empfehlen dieselbe zur Trennung der beiden Erdgruppen.

Zur Abscheidung der Thorerde benutzten die Kaliumdoppelsulfate: Bergemann (1852), Chydenius (1861) und Delafontaine (1863); letzterer fällte aus den Sulfatmutterlaugen des Thorits und Orangits den Rest des Thoriums mit Kaliumsulfat, in derselben Weise, wie dieses bereits 1829 (II) Berzelius getan hatte. Der Gehalt des Monazitsandes an Thorerde soll nach Ling (1895) leicht (?) durch Gewinnung des Thoriumkaliumsulfats zu bestimmen sein. Glaser (1896) bediente sich auch des K_2SO_4 bei der Bestimmung der Thorerde im Monazitsande. Boudouard (1898, II) befreite die Thorerde von Yttererden ebenfalls auf diese Weise.[2]

Nach G. Urbain (1900) ist es ratsamer, die Erden nicht durch Kaliumsulfat in einen unlöslichen und löslichen Teil zu trennen, sondern durch Kristallisieren der Äthylsulfate in drei Hauptgruppen — Cerit-, Terbin- und Ytteriterden — einzuteilen.

[1] Boudouard, C. C. 1898, S. 900.
[2] S. auch Drossbach, J. G. W. 1895, 38, S. 482.

(Vgl. Trennung mittels fraktionierter Kristallisation der äthylschwefelsauren Erden, S. 378.)

Während man früher die wichtige Gruppe der Terbinerden vernachlässigte, haben die ausführlichen Untersuchungen Marignacs dargetan, daß die Vertreter dieser Gruppe immer mehr oder weniger die Niederschläge der Doppelsulfate begleiten und die seltenen Erden vorteilhaft auf Grund ihres Verhaltens zu Kaliumsulfat in die folgenden drei Gruppen eingeteilt werden:

I. Gruppe der Ceritmetalle,
II. Gruppe der Terbinmetalle,
III. Gruppe Ytteritmetalle.

Im Gegensatz zu den übrigen Erden treten die Elemente der ersten Gruppe in Form ihrer Kalium- und Natriumdoppelsulfate stets in gut ausgebildeten Kriställchen auf, deren Form für alle Ceritmetalle die gleiche ist (Behrens 1901, S. 68).

Beim Fraktionieren erreicht man für gewöhnlich Grenzen, und in der Deutung der erhaltenen Produkte beruht die ganze Schwierigkeit des trügerischen Problems, das schon so häufig den Scharfsinn der Chemiker getäuscht hat. Es darf uns daher nicht wundern, wenn das eigentümliche Verhalten des Zirkonkaliumsulfats Svanberg (vgl. auch Knop 1871) Veranlassung zur Entdeckung der vermeintlichen Norerde gab. Auch Berzelius (1825, II) erhielt dieserhalb Resultate, die mit Chevreuls[1] Angaben über die Eigenschaften des Zirkons nicht übereinstimmten. Smith (1878, 1879 und 1883) wollte ebenfalls mit Hilfe der Doppelsulfatmethode (Na_2SO_4) ein neues Element, Mosandrium, entdeckt haben, welches sich aber bald als Terbin[2], bezw. als ein Gemisch von Terbin mit Gd, Sm und Di[3] erwies.

Die am meisten der Hitze widerstehenden Nitrate, welche reich an Yttrium und Didym sind, hatte Marignac einer zwölfmaligen Fällung mit Kaliumsulfat unterworfen und hierbei Produkte erhalten, deren Äquivalentgewichte auf eine vom Didym verschiedene Erde schließen ließen, welcher Ansicht auch Soret (1879), nach ausführlicher spektroskopischer Prüfung, und ebenso Lecoq de Boisbaudran (1879, I) hinneigten. Bald darauf führten Marignacs (1880) Untersuchungen über die Erden des Samarskits, einem Mineral, welches zwei Jahre vorher in größeren

[1] Chevreul, An. Chim. **13**, p 245; Schw. J. **29**, S. 144.
[2] Marignac, C. r. **87**, p. 281; Delafontaine, C. r. **87**, p. 600.
[3] Lecoq de Boisbaudran, C. r. **102**, p. 647; C. C. 1886, **17**, S. 341.

Mengen in Nord-Carolina gefunden war, mit Hilfe partieller Kaliumsulfatfällungen zur Entdeckung des zweiten Repräsentanten der Terbinerde, des Gadoliniums oder der Erde *Yα*, wie sie Marignac anfangs nannte.

Nach Brauner (1882, II, S. 501) sollte das vierte Ceritelement Di *β* in den nach Ausfällung des Didyms (Atomgew. 145,4) erhaltenen und wiederholt mit Kaliumsulfat behandelten lanthan- und yttriumfreien Mutterlaugen wieder erscheinen. Auch Cleve (1882, I) wurde durch die verschiedenen Atomgewichtswerte, welche er auf die gleiche Art wie Brauner, jedoch unabhängig von letzterem, erhielt, anfangs in seiner Vermutung über Di *β* bestärkt. Es zeigten jedoch Cleve und Thalén (1882, II b), daß die helle Linie 4333,5, welche als charakteristisch für Di *β* angesehen wurde, dem Lanthan angehört.

Da dem Braunerschen Di *β* ebenfalls die fragliche Linie eigen sein sollte (1882, I), so darf wohl vermutet werden, daß Cleves Erkenntnis beide Fragen zugleich beantwortet.

Während Delafontaine (1881) mit Hilfe der Natriumdoppelsulfate aus dem alten Decipium Samarerde und das eigentliche Decipium isolierte, hat Lecoq de Boisbaudran (1886, S. 1004) durch mehrere hundertmalige Fällungen eines Holmiummaterials mittels Ammoniak und Kaliumsulfat das Holmium oder Sorets Element *X* in zwei Elemente zerlegt, in Holmium und Dysprosium.

Boudouard (1897) prüfte Schützenbergers Angaben (1895) und fraktionierte ein reines Cersulfat mit Kaliumsulfat. Da die Atomgewichte der Fällungen zwischen 137,15 und 137,6, diejenigen der nicht ausgefällten Anteile zwischen 137,80 und 139,9 variierten, schließt Boudouard ebenfalls auf die Gegenwart einer noch unbekannten Erde mit kleinerem Atomgewicht.

Nach Schützenberger und Boudouard (1897) besteht auch die als Cer beschriebene Erde aus drei Elementen, von denen nur das eine mit dem Atomgewicht 148 ein schwerlösliches Natriumdoppelsulfat bilden soll.

Barrières Lucium (1896) wurde von Shapleigh (1897) als ein mit Kaliumsulfat gefälltes Yttriummaterial bezeichnet, da auch Yttererden unter Umständen die für dieses Element charakteristischen Eigenschaften zeigen, nämlich einen Niederschlag geben, wenn die konzentrierte Lösung von schwefelsauren Doppelsalzen erhitzt wird.

Zur Beurteilung einer Trennungsmethode ist ein eingehendes Studium und möglichst vollkommene Kenntnis der Löslichkeitserscheinungen bei den betreffenden Salzen unbedingtes Erfordernis. Marignacs Atomgewichtsbestimmungen zahlreicher Elemente gehören wohl zu den wichtigsten Arbeiten dieses Forschers. Aber auch auf dem Gebiete der seltenen Erden dürfte sein Name unsterblich sein. Jeder Chemiker, der sich mit dieser Materie beschäftigt, weiß, wie fördernd z. B. seine Löslichkeitsbestimmungen der verschiedenen Salze auf die weitere Entwicklung dieses noch jetzt teilweise verschleierten Gebietes gewirkt haben.

Schon Berlin hatte 1835 Angaben über die Löslichkeit der Kaliumverbindung der damaligen Yttria gemacht, die aber nach Erkenntnis der zusammengesetzten Natur dieser Erde an Wert verloren. Nachdem von Marignac 1853 für die Alkalidoppelsulfate des Didyms die Löslichkeitsverhältnisse bestimmt worden waren, vergingen doch fast 30 Jahre, bis dieser geübte Beobachter auf Grund der verschiedenen Löslichkeit der seltenen Erden in einer gesättigten Kaliumsulfatlösung zu der Entdeckung des Gadoliniums gelangte.

Kersten (1839) wollte die Vollständigkeit der Fällung mit einer gesättigten Kaliumsulfatlösung für Thorium und die Ceriterden bewiesen haben, und Berzelius (1825) für die Zirkonerde. Jedoch machte Popp 1864 darauf aufmerksam, daß die Trennung der Ceriterden von Ytteriterden mit schwefelsaurem Kali nur unvollkommen ist. Die Unlöslichkeit der Ceritdoppelsulfate ist keineswegs eine absolute, sondern von Temperaturverhältnissen, Konzentration und Neutralitätsverhältnissen abhängig, weshalb bei Nichteinhaltung der nötigen Kautelen bemerkbare Mengen in Lösung gehen können. Da die Yttererden immer in dem Niederschlag der Ceritdoppelsulfate sich befinden, wurde Popp zu der irrtümlichen Ansicht geführt, daß Erbium mit Didym identisch ist. Tatsächlich wird durch die Behandlung mit Kaliumsulfat fast alles Erbium mit in den Niederschlag gebracht, um bei der weiteren üblichen Behandlung als „Didymkomponente" zu erscheinen. Ein gleiches Schicksal erfahren Scandium, Terbium, Samarium, Decipium, Holmium und Thulium. Kein Wunder, daß Krüss in dem rohen Didym einige Dutzend Elemente vermutete (Drossbach 1895). Daß der Konzentrationsgrad die wesentlichste Rolle hierbei spielt, war bereits von Berzelius (1829, II, S. 392) erkannt worden, als er bei der Analyse des Thorits noch Thorerde im Filtrat fand. Diese Erscheinung trat stets auf, sobald er mit ungesättigten Lösungen von Kaliumsulfat arbeitete.

Auch N. J. Berlin (1853) konnte dieses bei der Analyse des Mosandrits bestätigen.

Bahr und Bunsen (1866, S. 1—2 und S. 274) fanden eine Wiederholung der Fällung notwendig, um Yttererden didymfrei zu erhalten. Auch nach dem Urteil Marignacs (1880) kommt man trotz der sehr verschiedenen Löslichkeit der Salze der Cerit- und Ytteritgruppe doch nur dann zu einer annähernden Trennung, wenn man diese Arbeit oft wiederholt.

Ceriterden frei von Yttererden zu machen, gelingt nur mit ceriterdereichen Produkten (Drossbach 1901, II) und ebenso kann man Yttererden nur dann gänzlich von Ceriterden mit Hilfe der Alkalidoppelsulfate befreien, wenn erstere vorherrschen.

Die Umständlichkeit des Verfahrens ist also darin gelegen, daß die Ceriterden sich in dem Yttrium als Hauptbestandteil enthaltenden Mutterlaugen immer wieder finden und so eine öftere Wiederholung des Fällungsprozesses auch hier nötig machen, ebenso wie bei den Ceriterden, die nach dem Umwandeln der Doppelsulfate in Nitrate mehrmals mit Kaliumsulfat gefällt werden müssen.

Nach Krüss (1891, S. 7—8) enthalten die Yttererden immer noch Spuren Didym. Selbst wenn man die gesättigte Lösung drei Tage stehen läßt, lassen sich im Spektrum der Fällungen noch Erbin- und Holmiumlinien beobachten. Zu demselben Resultat gelangten Nilson (1882; 1887), Auer v. Welsbach (1883), Krüss (1887, S. 2140), Boudouard (1895) u. a.

Ebenso sollen bei der Behandlung mit Kaliumsulfat viel Terbinerden bei den Ceriterden bleiben. G Urbain (1900) mußte siebenmal ein Neodympräparat mit Kaliumsulfat behandeln, um die Terbinerden zu entfernen — Spuren der letzteren Erden waren dennoch zugegen.

Nicht allein zur Trennung beider Erdgruppen benutzte man diese Methode, sondern auch zur Isolierung einzelner Elemente, wenngleich dieselbe zur Trennung von nahe verwandten Erden nach Roscoe (1882) nicht gut verwendbar ist. Beim Fraktionieren eines Erbiummaterials gibt Lecoq de Boisbaudran (1879, II) dieser Fraktionierung sogar den Vorzug vor der Ammoniakfällung. Nach Cleve (1882, II b) sollen kleine Mengen Terbinerde von Yttererde hierdurch nicht zu entfernen sein; Marignac, Schützenberger, Boudouard und Urbain (1900) sind der Meinung, daß es große Schwierigkeiten bietet, die Terbinerden von der Yttria mit Hilfe der Kaliumdoppelsulfate abzuscheiden. Delafontaine (1865, S. 188—189) wies ebenfalls darauf hin, daß die Kaliumdoppelsulfatmethode für die Trennung der Terbinerde von Yttrium und Erbium keine ganz strenge ist, weil das schwefelsaure Terbinkalium (Delafontaines Erbium) in einer Kaliumsulfatlösung doch etwas löslich ist, indessen soll man den in dem Gemisch bleibenden Terbingehalt auf diese Weise auf einen sehr geringen Prozentsatz herabsetzen können. Nach Benedicks (1900, S. 396) ist diese Methode mit partieller Ammoniakfällung zu kombinieren, wenn es sich darum handelt, Terbin von Gadolinium zu scheiden. Lecoq de Boisbaudran (1886, S. 395) und Marc (1902, S. 35) konnten sich ebenfalls durch partielles Fällen mit schwefelsaurem Kali und Ammoniak Terbinerde darstellen und nach Hofmann und Krüss (1893, II; Hofmann 1893, S. 31) ist auch die Kaliumsulfatmethode hierzu aussichtsvoller als alle anderen.

Marignac (1880) benutzte bekanntlich zur Isolierung des Gadoliniums von beigemengten Erdarten gleichfalls die verschiedene Löslichkeit der Erden in einer Kaliumsulfatlösung, wodurch sich Gadolinium vom leichter löslichen Yttrium und Terbium und weniger löslichen Samarium (Di usw.) unterscheidet. Die konzentrierte Lösung der Nitrate der Terbin- und Gadolinerde gibt, mit gesättigter Kaliumsulfatlösung versetzt, selbst nach vielen Tagen, wenn man sie ruhig stehen läßt, keine Niederschläge der Doppelsalze. Schüttelt man sie heftig und anhaltend, so tritt Fällung ein, die nach längerer Zeit beendet ist; allein die in Lösung gebliebene Erde, sowie die als Doppelsalz gefällte zeigen nur geringe Unterschiede des Äquivalentgewichtes, so daß an eine Trennung der beiden Erden in dieser Weise nicht zu denken ist. Die Fraktionierung mit Ammoniak leistet auch hier gute Dienste, denn Bettendorff (1892, S. 378—381), Benedicks (1900) und Marc (1902, S. 23—25) bedienten sich dieser Kombination mit Vorteil bei der Darstellung des Gadoliniums. Geringe Mengen Neodym und Samarium lassen sich schon durch einmalige Fällung entfernen.

Ein von Demarçay stammendes Erbin, sowie ein von Smith herrührendes Yttriumpräparat reinigte Lecoq de Boisbaudran (1879, II) durch partielle Fällung mit schwefelsaurem Kali, hingegen konnten Hofmann und Krüss (1893, I) ein Holmiummaterial mit $\ddot{R}$. 161,5 hierdurch nicht weiter zerlegen.

Da Ytterbium unter den bekannten Umständen leicht löslich ist, Scandium als Ceritelement sich ganz unlöslich erweist, geschieht die Trennung dieser beiden Erden nach Nilson (1880) mit Hilfe der Kaliumdoppelsulfate leicht; die letzten Spuren Ytterbium entfernte Nilson durch Abtreiben der Nitrate.

Das Doppelsalz von Neodym ist in einer gesättigten Kaliumsulfatlösung wie alle Ceritelemente unlöslich, hingegen in reinem Wasser leichter löslich als das entsprechende Praseodymsalz. Boudouard (1898, S. 901) will hierdurch eine Trennung beider Didymkomponenten erzielen. Durch fraktioniertes Fällen einer Erdsulfatlösung mit einer Lösung von Kaliumnitrat stellte Schottländer (1892) sein Neodympräparat dar und nicht, wie dieses aus Schottländers Arbeit hervorgeht, mit Hilfe der Ammondoppelnitrate. Böhm (1900) konnte diesen Irrtum an den Originalpräparaten, die nach dem Tode Schottländers in den Besitz des chemischen Laboratoriums der Universität Berlin übergegangen waren, aufklären. Gleichzeitig wiederholte Böhm (1900) die Schottländersche Trennungsmethode und erhielt die gleichen Resultate wie dieser Forscher. Lanthan geht hierbei in die ersten Fraktionen und die Spaltung des Didyms verläuft sehr langsam; Neodym mit λ 469,0 und λ 475,0 reichert sich in den vorletzten Laugen an, während die Yttererden bis zum Schluß gelöst bleiben. Die Didymsulfatlösung war 2,5 % und diejenige von Kaliumnitrat 1 %.

Die Trennung beruht darauf, daß Neodymkaliumsulfat bei Gegenwart von Yttrium bezw. Ytteriterden in einer gesättigten Kaliumsulfatlösung nicht ganz unlöslich ist. Aus diesem Grunde kann man mit Kaliumsulfat nicht vollständig neodymfreie Yttria darstellen (Brauner 1898). Auch nach Urbain (1900) reichert sich das Neodym, welches den Yttererden verwandter ist als das Praseodym, in den Mutterlaugen an. Hierin verhält sich Kaliumsulfat wie die Formiate und Chromate.

Bei Anwendung der Natriumdoppelsulfate konnte Drossbach (1902), trotz Ausführung der Versuche im größten Maßstabe (2 cbm Roherden), keine Spaltung des Didyms wahrnehmen.

Aus einer Neodym-Natriumsulfatlösung scheidet sich dieses Doppelsalz erst nach vielen Tagen, ja Wochen vollständig aus (Brauners private Mitteilung). Spuren Cer, welche einem Neodympräparat anhafteten, konnte Boudouard mit Natriumsulfat entfernen (1898, S. 900). Delafontaine (1881) benutzte ebenfalls die

Natriumdoppelsulfate, um Samarerde aus dem alten Decipium abzuscheiden, während Cleve (1883) eine terbin- und gadoliniumhaltige Samarerde bis zur Homogenität mit Kaliumsulfat fraktionierte. Auch um Didym gänzlich von Samarium zu entfernen, bedarf es neben der Ammoniakfällung noch der Fraktionierung mit Kaliumsulfat (Cleve, 1886). Bettendorff (1891) konnte sich auf diese Weise nur eine rohe Samarerde darstellen, die zur weiteren Reinigung mit Ammoniak fraktioniert werden mußte (vgl. auch 1892, S. 379).

Die Trennung der Holiumerde von der Erbinerde geht nach den Versuchen Bettendorffs entschieden rascher und vollständiger in übersättigter Na_2SO_4-Lösung vor sich, als durch partielle Fällung mit verdünntem NH_3.

Natriumsulfat fällt weder Zirkonerde noch Thorerde, welche Eigenschaft Cleve[1] und Lorenzen (1881) zur Trennung des Thoriums von den Ceriterden verwendeten, wobei gewisse Konzentrationen eingehalten werden müssen. Blomstrand (1887) wies jedoch auf die Unvollständigkeit derselben hin, so daß nur selten die Natriumdoppelsulfate zu diesem Zweck Verwendung fanden. Brauner (priv. Mit.) fand diese Trennung ebenfalls unvollständig. Natriumsulfat gab mit cerhaltiger Thorerde keinen Cerniederschlag.[2] Auch Drossbach (priv. Mit. vom 8. Dezember 1902) hat Beweise erbracht, daß mit Rücksicht auf die neueren Hilfsmittel die K_2SO_4- und Na_2SO_4-Methode bei Gegenwart von viel Ceritoxyden vollständig versagt. Die Trennung des Thoriums von Zirkon — von dem Element also, mit dem es die größte Analogie aufweist — kann nach Berzelius (1829, II, S. 1, 385 und 98) in der Weise erfolgen, daß man die beiden Erden in ihre in gesättigter Kaliumsulfatlösung unlöslichen Doppelsulfate überführt und diese mit Säuren behandelt, in denen das Zirkonsalz zum größten Teil unlöslich ist. Auch zur Trennung des Thoriums von Titan empfiehlt Berzelius diese Methode. Auf diese Weise läßt sich aber Zirkonerde nicht völlig von Verunreinigungen trennen (Linnemann 1885).

Thorpräparate besitzen nach den Versuchen von G. C. Schmidt[3] die Eigenschaft der Radioaktivität, und nach Hofmann und

[1] Cleve, K. Vet. Ak. Hdl. **2**, Nr. 6, p. 181.

[2] Brauner, Contributions to the chemistry of Thorium, Lit. 1898, p. 952.

[3] G. C. Schmidt, L. A. (N. F.) 65, S. 141 f.; Pg. A. 1898, **65**, S. 141; vgl. auch Dorn, Abh. d. Naturforsch. Gesellschaft zu Halle 1900.

Zerban (1902) wird die Wirksamkeit an unsichtbarer Strahlung durch fraktionierte Fällung mit konzentrierter Kaliumsulfatlösung gesteigert; die Aktivität soll sich hierbei in denjenigen Teilen anhäufen, die am leichtesten ausfallen.[1]

Auch als Maßstab für die Reinheit der Erden kann die Kaliumdoppelsulfatmethode benutzt werden. So z. B. fällte Brauner (1882, II, S. 499) eine sehr verdünnte Sulfatlösung eines Didyms mit Kaliumsulfat und schloß aus den übereinstimmenden Äquivalentgewichtsbestimmungen der einzelnen Fraktionen auf dessen Reinheit (vgl. auch 1883). Bettendorff (1892, S. 380) erkannte aus den annähernd übereinstimmenden Löslichkeitsverhältnissen dreier Kaliumsulfatfraktionen den Reinheitsgrad seines Gadoliniums.

Die Löslichkeitsverhältnisse der Alkalidoppelsulfate.

Bei der Trennung der seltenen Erden spielt bekanntlich die Löslichkeit gewisser Salze eine große Rolle. So z. B. trennte bereits Mosander Lanthan von den anderen Ceritelementen auf Grund der verschiedenen Löslichkeit der wasserhaltigen, als wasserfreie Salze in Lösung gebrachten Sulfate, besonders bei höherer Temperatur, Auer v. Welsbach diese Erden durch Umkristallisieren der Ammondoppelnitrate, und andere Chemiker benutzten zur Trennung der seltenen Erden die Kristallisierbarkeit der Magnesiumdoppelnitrate, Oxalate, Acetate, Formiate, Acetylacetonate usw. Auch die Kaliumdoppelsulfatmethode beruht auf der verschiedenen Löslichkeit der Erden und es scheint, daß die Methode des Umkristallisierens bei seltenen Erden im allgemeinen am schnellsten zu einer Trennung führt. Zur Beurteilung einer solchen Methode ist jedoch eine möglichst vollkommene Kenntnis der Löslichkeitserscheinungen bei den in Frage kommenden Salzen unbedingtes Erfordernis. Unsere Kenntnisse sind in dieser Beziehung besonders in den beiden letzten Dezennien durch die Arbeiten von Marignac, Brauner, P. T. Cleve, Muthmann und anderen sehr bereichert worden, aber immerhin noch lückenhaft.

Man sollte daher vor Anwendung einer Kristallisationsmethode zunächst die Löslichkeit des Salzgemisches und, wenn irgend mög-

[1] Vgl. auch R. B. Owens, Phil. Mag. **48**, p. 360 u. f.; J. G. W. 1899, **42**, p. 835; Rutherford und Macdonald, Phil. Mag. 1900, **49**, p. 1—14; Rutherford, das. p. 161—192.

lich, auch diejenige der Einzelsalze kennen; je größer die Löslichkeitsdifferenzen sind, um so schneller wird man zum Ziele gelangen.

Wie bereits erwähnt, waren es die Untersuchungen Marignacs, die zu einer relativen Einteilung der seltenen Erden auf Grund der Löslichkeit der Kaliumdoppelsulfate führten.

Hiernach hat man zu unterscheiden (vgl. auch Urbain, 1900):

Gruppe I. Erden, deren Kaliumdoppelsulfate in einer gesättigten Kaliumsulfatlösung löslich sind — Yttrium, Ytterbium, Erbium, Thulium Holmium, Dysprosium.

Gruppe II. Erden, deren Kaliumdoppelsulfate etwas löslich sind — Gadolinium, Terbium und Europium Σ.

Gruppe III. Erden, deren Kaliumdoppelsulfate fast unlöslich sind — Zirkon, Thorium, Cerium, Lanthan, Neodym, Praseodym, Samarium, Scandium.

Yttriumkaliumsulfat. Für das Kaliumdoppelsulfat der alten Yttria (Ytteritgemisch) gab Berlin (1835; 1838, S. 109; 1839, S. 136—137) an, daß es sich in 16 Teilen kalten Wassers und in 10 Teilen einer gesättigten Kaliumsulfatlösung löse; bei einem Gehalt von Ammonsalzen oder freier Säure sollte es sich in noch geringerer Menge lösen. Das Doppelsalz der heutigen Yttria soll sich nach Krüss (1891, S. 15 Fußnote 1) in 7—8 Teilen einer schwach sauren Lösung von Kaliumsulfat lösen (vgl. auch Delafontaine 1865, S. 300, 302, 110 und 193; Marignac, 1880). Nach Cleve (s. Gmelin-Kraut, Artikel „Yttrium") lösen 100 ccm kalt gesättigte Kaliumsulfatlösung 4,685 g Y_2O_3 entsprechende Menge Doppelsalz.

Ytterbiumkaliumsulfat löst sich leicht und ohne Rückstand in einer gesättigten Lösung von Kaliumsulfat (Marignac 1878).

Erbiumkaliumsulfat ist in kaltem Wasser leicht löslich, das entsprechende Ammonsalz ebenfalls (Cleve 1880).

Terbiumkaliumsulfat (Delafontaines Erbium) ist in einer Lösung von schwefelsaurem Kali etwas löslich (Delafontaine, 1865, S. 188—189).[1] Die Bildung des Terbiumnatriumsulfats geht nur bei etwa 40° C. vor sich.[2]

Gadoliniumkaliumsulfat. Nach Marignac (1880) soll sich 1 g Oxyd als Kaliumdoppelsulfat in 100—150 ccm Kaliumsulfat-

[1] Marignac, Oeuvres complètes **2**, p. 698.

[2] Aus Bettendorffs unveröffentlichtem Nachlaß (Manuskript S. 20), der sich im Besitze des Herrn Prof. Rimbach, Bonn, befindet.

lösung lösen, eine später von Bettendorff (1892, S. 380—381 und Benedicks (1900, S. 394 u. 408) bestätigte Angabe.

100 ccm gesättigter Kaliumsulfatlösung enthalten

nach Bettendorff im Mittel	0,77	Gd_2O_3.
„ Benedicks „ „	0,77—0,87	„

Marc[1] fand eine bedeutend geringere Löslichkeit. Dieselbe betrug im Mittel auf 500 ccm einer gesättigten Kaliumsulfatlösung 0,46 g, was also eine Löslichkeit von weniger als 1 : 1000 bedeutet. Marc machte seine Bestimmung nicht nach Vorschrift der anderen Autoren, sondern hielt die Lösung durch eine Schüttelmaschine drei Tage lang unausgesetzt in Bewegung. Es ist daher anzunehmen, daß sich bei ruhigem Stehen stark übersättigte Lösungen bilden.

Decipiumkaliumsulfat ist leicht löslich in Wasser, schwer löslich in einer gesättigten Kaliumsulfatlösung (Delafontaine 1878).

Didymkaliumsulfat löst sich nach Marignac (1853, S. 174, 243—244) in etwa dem 63fachen Gewicht Wasser.

Didymnatriumsulfat braucht etwa das 200fache seines Gewichts Wasser, jedoch mehr bei Gegenwart von Natriumsulfat, zur Lösung (Marignac 1853, S. 173, 243).

Didymammoniumsulfat löst sich hingegen bereits in der 18fachen Menge Wasser, aber einer größeren Menge Ammonsulfatlösung (Marignac 1853, S. 171, 243).

Neodymkaliumsulfat ist in einer gesättigten Kaliumsulfatlösung unlöslich, in Wasser jedoch leichter löslich als das entsprechende Praseodymsalz, (Boudouard[2]) s. Praseodymkaliumsulfat. Neodymkaliumsulfat ist aber bei Gegenwart von Yttrium in einer Kaliumsulfatlösung nicht ganz unlöslich, so daß man auf diesem Wege Yttriumsalze von Neodym nicht befreien kann (Brauner 1898, M. G. Urbain 1900).

Neodymnatriumsulfat scheidet sich aus seinen Auflösungen (in gesättigter Na_2SO_4) erst nach vielen Tagen, ja Wochen vollständig ab (Brauner priv. Mit.).

Praseodymkaliumsulfat ist in Wasser etwas schwerer löslich als das entsprechende Neodymsalz, wodurch Boudouard[2] eine Trennung der Didymkomponenten erreichen will. In einer gesättigten K_2SO_4-Lösung ist Praseodymkaliumsulfat unlöslich (Boudouard).

[1] Marc, Ber. 1902, 35, 2, S. 2382.
[2] Boudouard, C. C. 1898, S. 901.

Samariumkaliumsulfat braucht nach Marignac (1880) mehr als 2000 Vol. einer gesättigten Kaliumsulfatlösung zur Lösung. 100 Teile der gesättigten Kaliumsulfatlösung enthalten ungefähr 0,05 Teile Sm_2O_3. Die Löslichkeit wird stark beeinflußt durch die Gegenwart anderer Erden. Die Löslichkeit wird erhöht durch Vorhandensein von Yttererden (Cleve 1886).

Scandiumkaliumsulfat ist in einer K_2SO_4-Lösung unlöslich und kennzeichnet sich hierdurch als Ceritelement (Nilson 1880). Da Krüss und Nilson (1887, S. 1679) bei Behandlung der am schwächsten basischen Fraktionen mit Kaliumsulfat keine Fällung erhielten, schlossen sie auf die Abwesenheit des Scandiums im Fergusonit.

Thoriumkaliumsulfat ist in einer gesättigten Kaliumsulfatlösung ganz unlöslich; in kaltem Wasser löst es sich träge, in warmem Wasser dagegen ganz leicht und reichlich. Ist es durch Schmelzen mit Kaliumbisulfat entstanden, so löst es sich nicht beim Schmelzen in einem Überschuß von Bisulfat auf, wie es bei der Zirkonerde der Fall ist (Berzelius 1829, II).

Zirkoniumkaliumsulfat ist in einer gesättigten Lösung von schwefelsaurem Kali unlöslich. In einer warmen sauren Flüssigkeit ist es löslicher als in einer kalten; erstere scheidet daher beim Erkalten etwas Doppelsalz ab. Zirkonkaliumsulfat ist in reinem Wasser nicht gänzlich unslöslich (Linnemann 1885). Kohlensaures Ammon löst Zirkoniumkaliumsulfat auf, aus welcher Lösung das Doppelsalz mit unveränderten Eigenschaften beim Kochen wieder ausfällt. Beim Schmelzen der Zirkonerde mit Kaliumbisulfat entsteht dieselbe Verbindung, die beim Auslaugen der Schmelze zurückbleibt und weder von kaustischen Alkalien noch von Ammoniak zersetzt wird.

Schwefelsaures Natrium fällt die Salze der Zirkonerde weder in der Kälte noch in der Wärme; Ammonsulfat kann unter gewissen Bedingungen auch einen Niederschlag erzeugen, der aber in Wasser und Säuren so löslich ist, daß man ihn oft nicht erhält (Berzelius 1825, II).

Die Löslichkeitsbestimmungen führt man am besten immer unter den gleichen Bedingungen aus, da im anderen Falle ziemlich ungleiche Resultate erhalten werden. Marignac arbeitete stets mit gutem Erfolg nach folgender Vorschrift, jedoch dürften die Modifikationen von Berzelius und Bettendorff bei gleichmäßiger Anwendung hierzu ebensogut geeignet sein (vgl. Urbain 1900).

Marignac (1880) verwendete die neutralen Sulfate, deren geringe Löslichkeit zu einigen Schwierigkeiten führt. Am besten ist es, die zuvor getrockneten und gepulverten Sulfate im Mörser mit einer Mischung von gleichen Teilen Wasser und gesättigter Kaliumsulfatlösung zu verreiben. Diese Mischung löst die Salze viel besser als Wasser allein. Man fügt nun nötigenfalls zu der so hergestellten Lösung eine neue Menge von Kaliumsulfatlösung hinzu, um das Löslichkeitsvolumen zu haben, welches man für das Hervorbringen eines teilweisen Niederschlages am vorteilhaftesten hält. Hierauf fügt man fein gepulvertes Kaliumsulfat hinzu, und zwar etwas mehr, als genügen würde, um die Flüssigkeit vollkommen zu sättigen (ca. 12—15 % des angewandten Wassers und 100 % des angewandten Sulfats). Die Lösung läßt sich leichter herstellen, wenn man die Flüssigkeit auf ca. 30—35° erwärmt, aber es ist ratsam, diese Temperatur nicht zu überschreiten. Tritt der Niederschlag erst nach einiger Zeit ein, so kann man sich leicht davon überzeugen, daß etwas Kaliumsulfat ungelöst bleibt, welches nicht mehr durch fortdauerndes Umrühren verschwindet. Meistens ist nach einigen Stunden die Fällung beendet und die Flüssigkeit geklärt. Ist der Niederschlag gering, so hat er sich langsam gebildet und haftet den Gefäßwänden an, so daß man die ganze Flüssigkeit abgießen kann. Ist er reichlicher, so hat er sich schneller gebildet und ist nicht zusammenhängend. Man filtriert die Lösung vom abgeschiedenen Doppelsalz sowie dem überschüssigen Kaliumsulfat ab, mißt das Volumen des Filtrats, fällt hieraus mit Ammoniak die Erden (vgl. Lösen und Umwandeln der Doppelsulfate in alkalifreie Oxyde) und bestimmt aus dem Verhältnis der erhaltenen Oxydmenge die Löslichkeit (vgl. auch Bettendorff 1892, S. 380).

Aus der Geschwindigkeit, mit welcher die Doppelsalze aus gesättigter Kaliumsulfatlösung ausfallen, kann man deutlich die Reihenfolge ersehen. Sofort fallen die Ceritelemente Lanthan, Praseodym, Neodym, nach 10—24 Stunden Samarium und erst nach mehrtägigem Schütteln Gadolinium (Böhm 1900, Marc 1902). Nach Brauners privater Mitteilung scheidet sich Neodym-Natriumsulfat aus einer gesättigten Na_2SO_4-Lösung erst nach vielen Tagen, ja Wochen vollständig aus.

Für die Aufeinanderfolge der löslichen Doppelsalze Ytterbium, Erbium, Holmium, Terbium soll das Verhalten dieser Erden zu Ammoniak, also ihre Basizität charakteristisch sein (Marc

1902, S. 2388); vgl. Trennung mittels Ammoniak. Lecoq de Boisbaudran (1886, II, p. 1005), der die Doppelsulfatlösungen mit Alkohol fraktionierte, gibt an, daß zuerst Terbium, hierauf Dysprosium, Holmium und zuletzt Erbium ausfallen. Nach Crookes[1] wird $Z\alpha$ (und das wahrscheinlich damit identische $Z\gamma$ 1886, I) nach $Z\beta$ bezw. Terbium gefällt, also umgekehrt als mit Ammoniak (vgl. Ammoniaktrennungsmethode).

Das Fraktionieren mit Kaliumsulfat.

Die Ausführung dieser Methode geschieht entweder mittels kristallisierten oder pulverförmigen Kaliumsulfats, oder auch in Form einer heiß gesättigten Lösung dieses Salzes.

Da Berzelius 1821 erkannt hatte, daß die Vollständigkeit der Fällung vom Konzentrationsgrad der Kaliumsulfatlösung abhängig ist, versetzte er die Erdlösung mit einer reichlichen Menge kristallisierten Kaliumsulfats, welches über die Flüssigkeit hinausragte. Nach 24 Stunden wurde der gebildete Niederschlag abfiltriert und mit gesättigter Kaliumsulfatlösung so lange ausgewaschen, bis die Waschflüssigkeit mit Ammoniak keine Fällung gab.

Ebenso behandelte Beringer (1842, S. 135) die saure Sulfatlösung des Ceritaufschlusses, während Scheerer (1842) noch in demselben Jahre das Mitfallen des Eisens als eine Abhängigkeit der Konzentration der Erdlösung erklärte, nachdem er 1840 (S. 473 und 1841) auf das Mitfallen von Yttererden aufmerksam gemacht hatte, falls die Erdlösung zu konzentriert und die Menge der Yttererden im Verhältnis zu den Ceriterden zu groß ist, wie z. B. beim Gadolinit. H. Rose (1863) beobachtete bei der Analyse des Fergusonits ebenfalls die Fällbarkeit der Yttererden, als er das Filtrat von den Ceritdoppelsalzen mit Kristallen von Kaliumsulfat erhitzte, wodurch sich abermals ein Niederschlag bildete, der als Yttererden identifiziert werden konnte, s. S. 401.

Chydenius (1861, 1863, S. 53) fällte eine Thoriumsulfatlösung zur weiteren Reinigung bei 60—70° mit kristallisiertem Kaliumsulfat und Winkler (1865) trennte auf diese Weise Mangan von den Ceriterden.

Engström (1877) verwendete bei der Analyse des Orthits eine neutralisierte sehr verdünnte Sulfatlösung (1 g Oxyd auf

---

[1] S. auch Crookes, Ch. N. **54**, p. 13.

500 ccm), in welche ein Körbchen von Platindrahtnetz so weit eingesenkt wurde, bis dessen Boden ungefähr 2 mm in der Flüssigkeit niedertauchte. Das Körbchen war mit kristallisiertem Kaliumsulfat, welches nach und nach ersetzt wurde, gefüllt. Es bildete sich langsam eine gesättigte Lösung von schwefelsaurem Kali, welche die Ceritoxyde samt der Thorerde als Doppelsulfate ausfällte. Nilson (1882) benutzte dieselbe Anordnung bei der Abscheidung der Erden des Arendalthorits und konnte nach Verlauf einiger Tage in der klaren und kaum gefärbten Flüssigkeit kein Didym spektroskopisch nachweisen.

Brauner (1882, S. 496) behandelte die intermediären Sulfatkristallisationen, die sich zwischen Lanthan und Didym befinden, bei Gegenwart einer größeren Menge Wasser mit einer Kaliumsulfatlösung, wobei ein bedeutender Teil der Erden in Lösung blieb, der erst durch vollständige Sättigung mit kristallisiertem Kaliumsulfat gefällt wurde; eine Beobachtung, die bereits von Berzelius (1829) gemacht wurde. Zur Entfernung derjenigen Erden, welche lösliche Doppelsulfate bilden, fällte Brauner (1882, S. 498—499) z. B. ein Didymnitrat, welches in viel Wasser gelöst war, durch Einhängen von Krusten schwefelsauren Kalis. Nach dem Auflösen des Didymniederschlages mußte die Fällung dreimal wiederholt werden.

Da manche Erden nur sehr langsam und durch starkes Schütteln aus einer gesättigten Lösung von Kaliumsulfat gefällt werden (Terbin und Gadolinium z. B.), nimmt man nach Bettendorff (1890) unter Umständen die Trennung besser in mit Korken verschließbaren Flaschen vor. Diese werden mit einer heißgesättigten Kaliumsulfatlösung gefüllt und erkalten gelassen, wobei sich der Boden mit einer fest anhaftenden Salzkruste bedeckt. Soll die Trennung ohne Schütteln erfolgen, so wird die Flasche nach dem Zugeben des Chlorids oder Nitrats der Erden vollständig mit gesättigter Kaliumsulfatlösung gefüllt, verkorkt und umgestülpt; man hat so die von Berzelius vorgeschriebenen Bedingungen. Im anderen Falle werden die Flaschen nur zum Teil gefüllt.

Hofmann (1893 S. 35) benutzte zur Entfernung derjenigen Erden, welche schwerlösliche Doppelsulfate bilden, mit gutem Erfolg eine ähnliche Vorschrift. Die eingedampfte Chloridlösung wurde mit Wasser aufgenommen, etwas verdünnte Schwefelsäure zugesetzt, um zu verhindern, daß aus dem durch Eindampfen möglicherweise entstandenen basischen Chlorid durch Einwirkung von Kaliumsulfat sich basisches Sulfat bilde. Hierauf wurde eine heiß gesättigte Kaliumsulfatlösung zugefügt, welche etwa das zwanzigfache Gewicht K_2SO_4 enthielt, als die zu fällende Erdchloridlösung. Die anfangs klare Mischung trübte sich beim Konzentrieren und schied schließlich auch in der Hitze kristallinische Krusten von schwefelsaurem Kali ab. Man ließ erkalten und filtrierte nach etwa 24 Stunden. — Auch zum Entfernen der Ytter- und Erbinerden von Terbium konnte diese Methode mit Vorteil Anwendung finden.

Während die meisten Forscher, wie z. B. Mosander (1843), Bahr und Bunsen (1866), Smith (1883), Krüss (1891, S. 14), Nilson (1887, Ber. 20, 2), Loose (1892) u. a. nach dem alten Verfahren von Berzelius arbeiteten, modifizierte Marignac (1880) dasselbe etwas, verwendete fein gepulvertes Kaliumsulfat und hielt gewisse Temperaturen (35°) ein (vgl. Löslichkeitsverhältnisse). Auch Schottländer (1892, S. 393) und Urbain (1900) bedienten sich des pulverförmigen schwefelsauren Kalis und ließen das Gemisch bei Zimmertemperatur stehen. Muthmann und Roelig (1898) sowie Stützel (1899) kochten sogar die neutralen Nitratlösungen so lange mit feingepulvertem Kaliumsulfat, bis eine Probe der Lösung nach dem Erkalten und Filtrieren kein Didymspektrum mehr zeigte. Eine zweimalige Wiederholung genügte zur Entfernung der Yttererden von einem Lanthan-Didymgemisch.

Meyer und Marckwald (1900) bringen die Erdlösungen (cerfreie Ceriterden) in einer großen Schale zum Sieden und leiten dann, nachdem die Flamme entfernt worden ist, einen starken Wasserdampfstrom ein, während feingepulvertes Kaliumsulfat in kleinen Portionen eingetragen wird, bis eine Probe des Filtrats bei der spektroskopischen Prüfung in 10 ccm dicker Schicht die Didymlinien (spez. λ 575—580) nur noch ganz schattenhaft erkennen läßt. Die Verfasser nehmen an, daß wenn sie die Fraktionierung nicht bis zum völligen Verschwinden der Absorptionslinien fortsetzen, sie ein Mitfallen von Yttererden vermeiden. Hierbei ist in Erinnerung zu bringen, daß nach Rose (1863) Drossbach und W. Shapleigh (1897) auch Yttererden in Form ihrer Doppelsulfate beim Erhitzen meistens ausfallen (s. S. 388 und 399).

Wie wir gesehen haben, arbeitet man im allgemeinen mit mehr oder weniger verdünnten Erdlösungen, ganz nach der Erde, welche man trennen will, und sättigt dieselben mit Kaliumsulfat.

Es entstehen hierbei leicht übersättigte Lösungen der Erddoppelsulfate, aus denen sich dieselben nur langsam ausscheiden, selbst wenn man die Lösung durch ein Rührwerk usw. in Bewegung hält. Z. B. scheidet sich aus einer Neodym-Natriumsulfatlösung das Neodymnatriumsulfat erst nach vielen Tagen, ja Wochen vollständig aus.

Versucht man hingegen ein festes, Ceriterden und Ytteriterden enthaltendes Doppelsalz durch K_2SO_4 oder Na_2SO_4-Lösung aufzulösen, so findet man, daß die Lösung erst nach längerer Zeit den normalen Sättigungsgrad erreicht.

Im allgemeinen sind stabile Zustände zwischen Lösung und Bodenkörper schwer und erst nach längerer Zeit zu erreichen.

Hat man ein Gemisch einer Ceriterde mit einer Ytteriterde und fällt seine Lösung mit K_2SO_4, so wird mit dem unlöslichen Ceritdoppelsulfat etwas Ytteritdoppelsulfat mitgefällt, während mit dem löslichen Ytteritdoppelsulfat etwas Ceritdoppelsalz in Lösung geht.

So ist z. B. Neodymkaliumsulfat in Kaliumsulfatlösung unlöslich, aber bei Gegenwart von Yttrium findet man stets etwas Neodym in der Kaliumsulfatlösung.

Quantitative Analysen, bei welchen die beiden Erdgruppen durch einmalige Behandlung mit Kaliumsulfat getrennt wurden, sind daher nur approximativ richtig und von geringem Wert. Besser ist es, nach Abscheidung des Cers, das Erdgemisch mittels K_2SO_4 oder Na_2SO_4 oder beider (oder mit Na_2SO_4 kalt) in verschiedene Gruppen zu trennen und von den erhaltenen Erdgemischen die Molekulargewichte R_2O_3 zu bestimmen (Brauners private Mitteilung).

Da es hierbei sehr schwer ist, die in Kaliumsulfat löslichen Erdgruppen zu fraktionieren, befolgte Lecoq de Boisbaudran mit gutem Resultat bei seinen vielen Arbeiten folgenden Modus:

Zur genügend verdünnten Lösung, welche die Erden enthält, setzt man eine gewisse Menge von Kaliumsulfatlösung, gesättigt oder nicht, hinzu. Wenn sich ein Niederschlag von Doppelsalz bildet, so wird er gesammelt. Hierauf gibt man nach und nach in kleinen Portionen verdünnten Alkohol hinzu, welcher jedesmal einen neuen Niederschlag von Doppelsalz erzeugt. Man erreicht hierdurch, daß die Fraktionierung der in wäßriger Kaliumsulfatlösung am leichtesten löslichen Erden zu Ende geführt werden kann.

Durch fraktioniertes Kristallisieren der Doppelsulfate erreichte Bröckelmann (1891) ähnliche Resultate wie auf dem von Berzelius empfohlenen Wege. Heiße konzentrierte saure Kaliumsulfatlösung wurde zu der schwach sauren Nitratlösung der seltenen Erden gesetzt, bis ein kristallinischer Niederschlag entstand. Der Niederschlag wurde noch heiß filtriert und gut mit einer gesättigten Kaliumsulfatlösung ausgewaschen. Waschwässer und Filtrate wurden vereinigt und die Behandlung mit Kaliumbisulfat so lange fortgesetzt, bis $KHSO_4$ keine Fällung mehr erzeugte.

Mit einer Natriumbisulfatlösung fällte Drossbach (1902) aus den Mutterlaugen der Magnesiumdoppelnitrate und Urbain (1900) aus denjenigen der Ammondoppelnitratfraktionen nur ca. die Hälfte der gelösten Erden durch Hinzufügen der berechneten Menge Kaliumsulfat. Hierdurch konnte Urbain die Terbin- und Yttererden der Hauptsache nach entfernen. Ebenso benutzt dieser Chemiker wie Bröckelmann das Kaliumsulfat in Form heiß gesättigter Lösungen, die er den Erdlösungen zusetzte und hierauf das Ganze stark konzentrierte, während Drossbach in der Kälte arbeitete. Eine Reihe von Fraktionen wurde so ausgeführt, um die Terbinerden des Äschynits abzuscheiden.

Eine aus der Verarbeitung der Monazitsande stammende Yttria enthielt eine große Menge Didym. Um dieses zu entfernen, wurde die konzentrierte Nitratlösung mit einer heiß gesättigten Lösung von Kaliumsulfat behandelt. Das Gesamtvolumen der Flüssigkeit war gering im Vergleich zu der Erdmenge, welche sie enthielt, so daß, wenn man zur Lösung einen Überschuß von fein pulverisiertem Kaliumsulfat hinzufügte, der größte Teil der Erden als Doppelsulfat ausfiel. Selbstverständlich mußte hierbei ein großer Teil der Yttererden in den Niederschlag gehen, was auch Urbain fand.

Bei Gegenwart von Ceriterden, denen die Terbinerden sehr nahe kommen, lassen sich die letzteren von den Yttererden leichter trennen. Das Fraktionieren der Äthylsulfate und Formiate soll zu diesem Zweck geeigneter sein (vgl. Trennung mittels fraktionierter Kristallisation der äthylschwefelsauren und ameisensauren Erden).

Korovaeff (1862) laugte den mit Kaliumbisulfat aufgeschlossenen Parisit mit einer gesättigten Kaliumsulfatlösung aus und schied so direkt die Erden dieses Minerals in zwei Gruppen

H. Rose (1843) schied auf diese Art Ce, La und Di aus den Ytterer den ab.

Kersten (1839) und Chydenius (1861, S. 45) benutzten bei ihren Arbeiten ebenfalls Lösungen von Kaliumsulfat und nicht das Salz in fester Form.

Böhm fällte auf diese Weise die Mutterlaugen der Ammon- und Magnesiumdoppelnitrate direkt aus.

Schottländer fällte die Erdsulfatlösungen mit einer Lösung von Kaliumnitrat und gewann so sein Neodympräparat (vgl. S. 392 und Trennung mittels der Ammondoppelnitrate S. 429). Böhm (1900) hat diese Methode wiederholt und hierbei Schottländers Resultate bestätigt gefunden.

Wenn es sich darum handelt, eine Anfangsreihe von mehr oder weniger löslichen Produkten zu erhalten, kann man die Erden ohne Nachteil in Salzsäure oder Salpetersäure lösen und der konzentrierten Lösung diejenige von Kaliumsulfat hinzufügen.

Während die Löslichkeitsunterschiede zwischen den Cerit- und Ytteriterden außerordentlich groß sind, ist die Trennung der Yttriumelemente von den Ceritelementen mit Hilfe der Alkalidoppelsulfate nur dann mit Vorteil durchzuführen, wenn die Ceritoxyde nicht zu sehr vorherrschen, also bei Materialien, wie solche bei der Verarbeitung von Gadolinit, Euxenit und ähnlichen yttriumreichen Mineralien erhalten werden. In diesem Falle empfiehlt es sich, nach der Vorschrift Bettendorffs die Flaschen bis zur Hälfte mit Kaliumsulfatlösung zu füllen und, wenn man die geringe Ausbeute nicht beachtet, sie mit möglichst wenig Unterbrechung auf einer Schüttelmaschine einige Tage lang zu schütteln (Marc 1902). Dennis und Chamot (1897), sowie Dales (1902) hielten es ebenfalls für vorteilhaft, die Lösungen längere Zeit in Bewegung zu halten. Etwa 12 g Oxyde wurden in Salpetersäure gelöst und auf dem Wasserbade bis zur Sirupkonsistenz eingedampft. Die von überschüssiger Säure befreite Salzmasse wurde in wenig Wasser gelöst und in eine Flasche von 1 Liter Inhalt gegeben, worin sich 600 ccm einer gesättigten Kaliumsulfatlösung und eine beträchtliche Menge desselben Salzes in feingepulvertem Zustand befand (Bettendorff 1892, S. 379).

Anders liegen die Verhältnisse beim Monazitsand, bezw. den bei der Thoriumfabrikation auftretenden Abfallprodukten, da die Yttererden in diesem Mineral stets in verhältnismäßig sehr geringen Mengen, ca. 4 %, auftreten. Will man hieraus Yttererden frei von Ceriterden abscheiden, so kommt diese Methode nach Drossbachs (1901, II) Ansicht nicht in Betracht. Zur Abscheidung der Ceriterden soll man sich der Carbonatmethode (S. 263) bedienen und aus den nun angereicherten Yttererden wie oben beschrieben mittels der Kalium-, bezw. Natriumdoppelsulfate die letzten Verunreinigungen entfernen. Nimmt man nur den kleinen Nachteil in Kauf, daß gewisse Mengen Didym und Lanthan mit den Yttererden gelöst bleiben, so kann zum Befreien der Ceriterden von Ytteriterden wohl jede der angeführten Methoden Anwendung finden, wenn man die Erdlösung nicht zu konzentriert wählt und für völlige Sättigung mit Kaliumsulfat sorgt. Meyer und Marckwald (1900) empfehlen für diesen Zweck die Fällung mit pulverförmigem Kaliumsulfat nach Muthmann und Roelig, während Marc auch in diesem Fall nach Bettendorff arbeitete und die Flaschen bis obenhin mit Kaliumsulfatlösung füllte. Da die Erden des Cerits und Monazits nur sehr wenig Yttererden im Verhältnis zu Cer, Lanthan, Neodym und Praseodym enthalten, so ist es wohl vorteilhaft, zuvor die betreffende Ceriterde, welche man darstellen will, von den anderen Ceritelementen zn trennen, ehe man zur Abscheidung der Yttererden schreitet.

Für eine lange Reihe von Operationen, bei welchen man beständig von neuem die Zwischenprodukte zu behandeln hat, muß man das Fraktionieren so einteilen können, daß diejenigen Fällungen vereinigt werden, welche fast die gleiche Zusammensetzung zeigen.

Marignac (vgl. Urbain 1900) empfielt zu diesem Zweck, die zuvor getrockneten und gepulverten Sulfate in einem Mörser mit einer Mischung von gleichen Teilen Wasser und gesättigter Kaliumsulfatlösung zu verreiben, wie dieses bereits im Abschnitt „Löslichkeitsverhältnisse“ angegeben wurde. Das modifizierte Verfahren mit Alkohol von Lecoq de Boisbaudran, welches den gleichen Zweck verfolgt, dürfte hierfür ebenfalls geeignet sein.

Wenn man die K_2SO_4-Trennungsmethode auf ein Gemisch von Erden anwendet, deren Nitrate am meisten der Zersetzung durch Hitze widerstehen, also die letzten Laugen der Nitratabtreibungen, so bemerkt man, von den löslichen zu den weniger löslichen Erden schreitend, folgende Verschiedenheiten der einzelnen Fraktionen.

Ihr Äquivalent, zuerst nahe bei dem des Yttriums, vergrößert sich erst allmählich, um ein Maximum von ca. 120 (Atomgewicht 156) zu erreichen. Zu gleicher Zeit wird die Färbung der Erden, die anfänglich blaßgelb ist, mehr und mehr orange und dunkel. Jedesmal entspricht das Intensitätsmaximum der Farbe denjenigen Produkten, deren Äquivalente zwischen 113 (Atomgewicht 145,1) und 118 (Atomgewicht 152) liegen. Entfernt man sich diesem Maximum, so verringert sich das Äquivalent langsam aber regelmäßig zur gleichen Zeit wie die Färbung bis 116 oder 115 (Atomgewicht 150). Treibt man das Fraktionieren so weit, bis die Kaliumsulfatlösung nicht mehr als $^1/_{40\,000}$ der Erde enthält, so nehmen die letzten gelösten Teile wieder eine unbestimmte und dunklere Farbe an. Zugleich zeigt ihre Lösung eine rosenrote Färbung, die die Gegenwart einer bemerkenswerten Didymmenge anzeigt.

Kaliumsulfat fällt Lösungen der Zirkonsalze, sobald die Flüssigkeit sich mit schwefelsaurem Kali gesättigt hat, vollständig. War die Salzlösung der Erde sauer, so bleibt eine dem Überschuß der Säure entsprechende Menge Zirkonerde gelöst. Beim Auswaschen des Niederschlages, der aus einem Doppelsalz besteht, löst sich ein Teil desselben auf, während sich das Filtrat trübt, sobald es sich mit der sauren Flüssigkeit mischt. Nach unvollständigem Auswaschen ist der Niederschlag in Säuren löslich und erfordert hierzu viel konzentrierte Säuren. Dasselbe Salz bildet sich auch beim Aufschließen der Erde mit Kaliumbisulfat und bleibt beim Auslaugen mit Wasser zurück, es wird weder von kaustischen Alkalien noch von Ammoniak zersetzt, jedoch von kohlensaurem Ammon gelöst; aus dieser Lösung fällt beim Kochen Zirkonkaliumsulfat mit unveränderten Eigenschaften wieder aus. Das Doppelsalz bildet sich bei allen Gelegenheiten, wo man zu einer kochenden Auflösung von Zirkonerde, welche Schwefelsäure enthält, ein Kalisalz, oder umgekehrt, zu kalihaltigen Lösungen Schwefelsäure oder ein schwefelsaures Salz hinzusetzt. Es ist löslicher in einer warmen sauren Flüssigkeit, als in einer kalten; erstere scheidet daher beim Erkalten einen Teil des Salzes aus.

Während Berzelius ein Doppelsalz mit sehr wenig Kali erhielt, konnte Warren (1857) diese Verbindung mit verschiedenem Kaligehalt darstellen Wurde die Zirkonerde in der Wärme mit Kaliumsulfat gefällt, so ist der Niederschlag in Wasser und Säuren größtenteils unlöslich (Berzelius 1829, II).

Wenn man zu einer Auflösung von Thorerde schwefelsaures Kali in fester Form hinzusetzt, wie dieses bei der Trennung der seltenen Erden öfter geschieht, so wird anfangs nichts gefällt, aber allmählich fängt die Flüssigkeit an trübe zu werden, und in dem Verhältnis, in welchem sich das Salz löst, setzt sich an der Innenseite des Glases ein schneeweißes Kristallmehl ab, das aus dem Kaliumdoppelsalz besteht. Bei Anwendung einer neutralen und konzentrierten Thorerdelösung erhält man auf diese Weise nicht den ganzen Gehalt an Thorerde gefällt, weil sich das Salz bald mit einer dünnen Rinde von Doppelsalz überzieht, welche man zwar durch Umschütteln davon absondern kann, ohne indes jemals das Salz vollständig ausgefällt zu finden. Wenn man dagegen eine heiß gesättigte Kaliumsulfatlösung anwendet und diese hinzusetzt, solange sich noch eine Trübung zeigt, so hat man nach dem Erkalten sämtliche Thorerde als Doppelsalz ausgefällt (Berzelius, Chydenius 1861). Dieses Salz ist in einer gesättigten kalten Lösung von schwefelsaurem Kali unlöslich. Es löst sich träge in kaltem Wasser, aber ganz leicht und reichlich in warmem Wasser. Schmilzt man Thorerde mit Kaliumbisulfat zusammen, so erhält man dieselbe Doppelverbindung, allein sie löst sich beim Schmelzen nicht in einem Überschuß von zugesetztem sauren Salz auf, wie es mit der Zirkonerde der Fall ist (Berzelius 1829, II).

Die wäßrige Lösung des Doppelsalzes gekocht wird sauer und scheidet ein basisches Sulfat ab.

Natrium- und andere Doppelsulfate.

Setzte Klaproth (1804, S. 312) eine gesättigte Natriumsulfatlösung zu einer konzentrierten neutralen Nitrat- oder Chloridlösung der sog. Ochroiterde (aus Cerit dargestellt), so bildete sich ein in Wasser schwer löslicher Niederschlag, den dieser Forscher anfangs für ein basisches Sulfat hielt. Zirkonerde wurde unter diesen Bedingungen ebensowenig wie Thorium weder in der Kälte noch in der Hitze gefällt, hingegen erzeugte Ammonsulfat zuweilen etwas Ähnliches wie das Kalisalz, welches Doppelsalz aber in Säuren und Wasser so leicht löslich war, daß es oft nicht gelang, dasselbe zu erhalten (Berzelius 1825, II, S. 137).

Cerosulfat gibt mit Ammonsulfat ein weniger leicht lösliches Doppelsalz (Beringer 1842, S. 142, 187), Didymsulfat je nach der Konzentration der Flüssigkeit, nach kürzerer oder längerer Zeit einen blaßroten kristallinischen Niederschlag, der etwa die 18fache Menge Wasser, aber eine größere Menge Ammonsulfat zur Auflösung braucht. Natriumsulfat hingegen erzeugt fast sogleich einen rosafarbigen, pulverigen Niederschlag, welcher etwa das 200fache Gewicht Wasser und noch mehr bei Gegenwart von Na_2SO_4 erfordert (Marignac 1853).

Erk (1871) benutzte zur Trennung der Ceriterden von den Ytteriterden das von Berzelius[1] empfohlene Verfahren, nach welchem die in Salpetersäure gelösten Oxyde mit einer nicht zu konzentrierten Lösung von schwefelsaurem Natrium gekocht werden. Sowohl die in Lösung gebliebenen Ytteroxyde, als auch die als schwer lösliche Doppelsalze ausgeschiedenen Ceritoxyde wurden wiederholt mit Natriumsulfat behandelt. Gibbs (1864) und Bührig (1875) bedienten sich ebenfalls dieser Methode, Lecoq de Boisbaudran kam mit ihr beim Fraktionieren eines Yttrium- und Erbiummaterials schneller zum Ziel als mit Ammoniakfällungen, und Delafontaine (1881) konnte Samarerde als Natriumdoppelsulfat aus seinem alten Decipium abscheiden. Gibbs (1864) fand, daß die Verbindungen des schwefelsauren Natriums mit den Sulfaten des Berylliums, Aluminiums und Yttriums, sowie mit schwefelsaurem Eisenoxydul und schwefelsaurem Uranoxyd leicht löslich in schwefelsaurem Natrium sind und somit durch Auswaschen der kristallinischen unlöslichen Doppelsulfate der Ceriterden von letzteren ohne Schwierigkeit getrennt werden.

Bei Analysen von Mineralien, in denen das Cer zusammen mit einem oder mehreren der anderen Oxyde vorkommt, kann man daher die folgende Methode mit Vorteil anwenden. Die Oxyde werden in schwefelsaure Salze verwandelt, in der geringsten Menge Wasser gelöst und eine gesättigte Lösung von schwefelsaurem Natron zusammen mit so viel pulverförmigem schwefelsauren Natron zugefügt, als zur Sättigung des erst angewandten Wassers hinreicht. Zweckmäßig verwendet man heiße Lösungen. Die unlöslichen Doppelsulfate des Natrons mit den Metallen der Cergruppe scheiden sich sofort als weißes, ganz kristallinisches Pulver ab. Man filtriert und wäscht den Niederschlag vollständig

[1] Berzelius, Lehrbuch d. Chemie, 5. Aufl., 2, S. 173.

mit einer heiß gesättigten Lösung von schwefelsaurem Natron aus. Nach dem Auswaschen der Doppelsulfate werden diese auf dem Filter in verdünnter heißer Salzsäure gelöst, die Lösung stark verdünnt und die Metalle der Cergruppe wie auf S. 415 angegeben mit Ammoniak gefällt. Gibbs verwendete hierzu oxalsaures Ammon, was jedoch nicht zu empfehlen ist, da sich hierbei Doppeloxalate bilden. Das Filtrat, welches die Yttererden usw. enthält, behandelt man ebenfalls mit Ammoniak (nach Gibbs mit oxalsaurem Ammon).

Die einzige Vorsicht, die man bei diesem Verfahren zu beobachten hat, ist die, für vollständige Reduktion des Eisens zu Oxydul zu sorgen, ehe man das Cer mit schwefelsaurem Natron ausfällt. Diesen Zweck erreicht man am besten, wenn man einen Strom von Schwefelwasserstoff durch die heiße Lösung leitet. Versäumt man diese Vorsicht, so enthalten die gefällten Sulfate stets Eisen. Dieses Eisen findet man leicht in der von den Oxalaten abfiltrierten Flüssigkeit, aus der man es mit Ammon fällt und mit dem aus der Hauptlösung erhaltenen vereinigt.

Bei der Analyse grönländischer Mineralien bediente sich Lorenzen (1881) ebenfalls der Natriumverbindungen, um Thorium darin quantitativ zu bestimmen, welche Anwendung nach Blomstrand (1887) und Brauner (priv. Mit.) falsche Resultate liefert, da die Trennung des Thoriums von den Ceritelementen mit Natriumsulfat kaum approximativ durchführbar ist. Trotz dieser Erfahrungen bestimmte Boudouard (1898, II) die ThO_2 im Monazit mittels Na_2SO_4.

Krüss und Nilson[1], sowie Pissarjewsky (1900) befreiten auf diese Weise Thorpräparate von Cer, Boudouard (1898, I, (S. 900) ein Neodympräparat von Spuren Thorium und Brauner 1898) reinigte ein käufliches Thoriumpräparat. Das in Sulfat umgewandelte Thorium wurde mit einer gesättigten Lösung von Natriumsulfat so behandelt, daß 4 Teile des Doppelsulfats von Thorium und Natrium sich in 100 Teilen der Lösung befanden. Diese Methode in Kombination mit dem Umkristallisieren des Sulfats aus heißer Lösung wurde einige Jahre vorher von Cleve[2] zur Reinigung des Thoriums empfohlen, doch fand Brauner, daß solchen gereinigten Präparaten noch unzweifelhaft

[1] Krüss und Nilson, 1887, Kgl. Sv. Vet. und Ber. **20**, S. 1.
[2] Cleve, K. Vet. Ak. Hdl. **2**, Nr. 6, p. 187; s. Brauner 1898.

Spuren Ceriterden anhaften. 225,84 betrug das Atomgewicht eines solchen Präparates, während Krüss und Nilson hierfür 232,45 fanden.

Um die verunreinigenden fremden Erden vom Thorium zu entfernen, benutzte auch Thesen (1895) die fraktionierte Kristallisation der Natriumdoppelsulfate.

Smith (1883) verwendete zur Trennung beider Erdgruppen anfangs die Kaliumdoppelsulfate, später bediente er sich aber ausschließlich der Natriumdoppelsulfate, welche besonders für das Arbeiten im großen Maßstabe von Wichtigkeit sind, da es hierdurch gelingt, auf billigem Wege die Erden des Monazits in zwei Gruppen zu teilen. Drossbach (1896) verfährt hierbei wie folgt: Die auf gewöhnliche Weise erhaltene Sulfatlauge des Monazitaufschlusses wird nach dem Ausfraktionieren des schwach basischen Thoriums sofort mit einem großen Überschuß konzentrierter Schwefelsäure versetzt. Unter Erwärmung scheiden sich die in verdünnter Schwefelsäure sehr schwer löslichen Sulfate des Cers, Lanthans und Didyms aus, während die Sulfate der Yttererden in Lösung bleiben. Durch teilweises Neutralisieren mit Soda bildet sich eine gesättigte Lösung von Glaubersalz, aus welcher sich die Doppelsulfate der Ceritelemente abscheiden. Beim Ausfällen der Mutterlaugen der Magnesiumdoppelnitrate versetzte Drossbach (1902) dieselben ohne weiteres mit einer Natriumbisulfatlösung.

Boudouard[1] fällte mit Natriumsulfat die Ceriterden des Monazits und hierauf aus der Lauge die in Lösung gebliebenen Erden (Thorium und Yttererden) mit Ammoniak. Sterba (1901) entfernte einen Teil des Thoriums aus einem Cerpräparat ebenfalls mit Natriumsulfat.

Eine Spaltung der Didymkomponenten mit Hilfe der Natriumdoppelsulfate, konnte Drossbach (1902) trotz Anwendung relativ großer Mengen Ausgangsmaterial nicht konstatieren.

Es ist nicht einzusehen, warum bisher das achtmal teurere Kaliumsulfat an Stelle von Natriumsulfat Verwendung fand (Drossbach 1901, II).

Böttinger (1894) glühte Thoriumoxalat mit Magnesiumsulfat und rauchte den Rückstand mit H_2SO_4 ab; beim Behandeln der

---

[1] Boudouard, 1898, Bull. p. 11.

Sulfate mit H_2O sollen die Verunreinigungen in Lösung gegangen sein (Cer), während die zurückbleibende Thorerde sich als völlig rein erwiesen haben soll, denn sie bestand die sog. Glühstrumpfprobe.

Die Einwirkung von Sulfaten der Alkaloide auf die Sulfate der seltenen Erden ergab keine Vorteile, dagegen könnte es nützlich sein, anstatt Alkalisulfate die Sulfate von Roseo- und Luteokobaltaminen auf die Sulfate der Erde einwirken zu lassen. Im allgemeinen sind die Ergebnisse denen ähnlich, die bei der Einwirkung von Alkalisulfaten gewonnen werden. Gibbs (1893) erblickt nur einen Vorteil darin, daß die Doppelsulfate von Kobaltaminen und Erden weniger löslich sind und besser kristallisieren, als die Doppelsulfate mit Alkalimetallen. Entscheidende Resultate erhielt Gibbs nicht.

Wing (1870) versuchte eine Lösung von Ceroxydul mit PbO_2 und H_2SO_4 zu oxydieren und dann mit schwefelsaurem Luteokobalt zu versetzen. Das schöne Doppelsalz enthielt jedoch immer Didym.

Das Lösen und Überführen der Doppelsulfate in alkalifreie Oxyde.

Zum Entfernen anhaftender Laugen von den ausgeschiedenen Doppelsulfaten benutzten alle Forscher, welche sich dieser Methode bedienten, die Vorschrift, die Berzelius gegeben hat, und die darin besteht, daß so lange mit einer gesättigten Kaliumsulfatlösung ausgewaschen wird, bis Ammoniak im Filtrat keine Fällung hervorruft.

Die Doppelsulfate in Oxyde umzuwandeln, versuchte man auf verschiedene Art zu erreichen, so z. B. durch Lösen in konzentrierten und verdünnten Säuren und durch Schmelzen oder Kochen mit Ätzalkalien, Alkalicarbonaten usw.

Die Ceritdoppelsulfate lösen sich zwar beim Erwärmen in einer größeren Menge Wasser (Hartwall 1828, Winkler 1865), jedoch wird das Lösen durch einen kleinen Zusatz von Säuren beschleunigt (Scheerer 1840, S. 467; Stapff 1860; Czudnowicz 1860). Durch Erhitzen kann man die Kaliumdoppelsulfate leicht wasserfrei erhalten; trägt man sie dann in kleinen Portionen in Eiswasser unter stetem heftigem Rühren ein, so findet Lösung statt, wofern man die Vorsichtsmaßregel befolgt, ganz langsam einzutragen und nicht eher eine neue Portion hinzuzufügen, bis sich die vorhergehende vollkommen klar gelöst hat; beobachtet man letzteres nicht, so findet Ausscheidung statt (Stützel 1899, S. 32—33).

Das gelbe Ceridoppelsalz, welches in einer gesättigten Kaliumsulfatlösung ebenso unlöslich ist wie das Cerosalz, kann in Wasser nicht ohne Zersetzung gelöst werden (Mosander 1843, S. 241, 305—306, 283.)

Thoriumkaliumsulfat löst sich nach Berzelius (1829, I; II, S. 410, 100, 390—391) im Gegensatz zur Zirkonverbindung leicht in warmem Wasser, was Chydenius (1861, S. 45) bei seinen Untersuchungen über Thorium nicht bestätigt fand und einen Zusatz von Säuren machen mußte (vgl. auch Wöhler 1839, und Nordenskiöld und Chydenius 1860).

Zirkoniumkaliumsulfat ist nach unvollständigem Auswaschen in Säuren löslich, jedoch, wenn man es völlig ausgewaschen oder gekocht hat, fast unlöslich. Durch Schmelzen mit einem großen Überschuß Kaliumbisulfat sowie durch größere Mengen konzentrierter Säuren kann es wieder gelöst werden. Nach dem Glühen ist es sogar unlöslich in kochender Schwefelsäure (Berzelius 1825, II, S. 135).

Das Lösen in verdünnten Säuren.

Scheerer (1840, S. 467; 1842) löste die Ceritdoppelsulfate bei Anwendung von Wärme in einer größeren Menge Wasser, welches mit Salzsäure versetzt war, ebenso konnte Wöhler (1846, S. 425) hierdurch bei der Analyse des Kryptoliths und Hermann (1864) bei derjenigen des Monazits die schwer löslichen Doppelsulfate vollständig in Lösung bringen. Engström (1877), sowie Nilson (1882) erwärmten ebenfalls ihre Gemische, hingegen Schmidt (1852), Rose (1863), Gibbs (1864), Bührig (1875, S. 236), Smith (1883), Loose (1892), Fresenius und Hintz erreichten den Zweck schon ohne Wärmezuführung.

Kersten (1839) löste die Doppelsulfate des Monazits in heißem Wasser, welchem einige Tropfen Schwefelsäure zugesetzt waren, und Stapff (1860) ein von Mosander hergestelltes Ceroxydulkaliumsulfat, da reines Wasser dieses Salz selbst beim Erwärmen nur träge löst. Hisinger und Berzelius (1804) bemerken, daß ein großer Teil des in Lösung gegangenen Salzes sich in der Ruhe wieder abscheidet.

Das Lösen in konzentrierter Salpetersäure.

Hisinger und Berzelius (1804) hatten gefunden, daß sich die Kaliumdoppelsulfate in Salpetersäure lösen, welches Verhalten Meyer und Marckwald (1900, S. 3010) für die Verarbeitung größerer Mengen empfehlen und folgende Verhältnisse als günstig bezeichnen:

Man kocht zuerst kurze Zeit mit der fünffachen Gewichtsmenge konzentrierter Salpetersäure und trägt dann Gelöstes und Ungelöstes schnell in siedendes Wasser ein (auf 100 g Doppelsulfat 1500 g Wasser). Hierbei löst sich alles klar auf. Aus der Lösung werden die Erden mit Ammonoxalat (auf 100 g Doppelsulfat ca. 75 g) und hierauf folgender Übersättigung mit konzentriertem Ammoniak gefällt. Die ausgeschiedenen Oxalate nutscht man ab und führt sie mit Salpetersäue in Nitrate über, s. Bd. II, S. 59, Überführen der Oxalate in Nitrate.

Lösen in Ammonacetat.

Urbain (1896) empfiehlt zum Lösen der Doppelsulfate eine kalt gesättigte Lösung von Ammonacetat, welche mit dem doppelten Volumen Wasser versetzt wird. Nach Zusatz von Salzsäure, wodurch Ammonacetat zersetzt wird, fällt man die Erden mit Ammoniak. Dennis und Chamot (1897) benutzten dieses Lösungsmittel für die Doppelsulfate von Didym und Lanthan; Muthmann, Roelig (1898) und Stützel (1899, S. 32—33) bedienten sich ebenfalls desselben und sind der Ansicht, daß die Lösung nur äußerst langsam und unvollständig erfolgt. Bei Verarbeitung größerer Mengen ist diese Methode nicht sehr empfehlenswert.

Direktes Überführen der Doppelsulfate in Hydroxyde.

Bührig (1875, S. 236) digerierte Cernatriumsulfat auf dem Wasserbade mit Ammoniak und löste das gebildete Hydroxyd nach dem Verdünnen mit Wasser durch einen Salzsäurezusatz.

Hisinger (1804), Berzelius (1804 und 1825), Wöhler (1826; 1846, S. 427), Credener (1850), Marignac (1880), Brauner (1882, S. 498), Schützenberger (1897), Boudouard (1897 und 1898, I; 1898, II, S. 900), v. Scheele (1899) und M. G. Urbain (1900) verwendeten hierzu mit Vorteil Kalium- oder Natriumhydrat, und zwar gibt v. Scheele folgende Vorschrift:

Die Natrium- und Kaliumdoppelsulfate der Ceriterden werden in eine warme konzentrierte Lösung von Natriumhydrat eingetragen, wobei sie sich augenblicklich zersetzen und ein schweres kompaktes Hydrat hinterlassen, welches durch Dekantieren leicht ausgewaschen werden kann. Das Auswaschen wird so lange fortgesetzt, bis die überstehende Flüssigkeit nur eine schwache Schwefelsäurereaktion zeigt. Nachdem der größte Teil des Hydrats in eine neutrale Nitratlösung umgewandelt ist, setzt man den Rest desselben unter fleißigem Umrühren hinzu, wodurch die noch unausgewaschene Schwefelsäure als basisches Sulfat entfernt wird.

Für größere Erdmengen ist das Überführen der Doppelsulfate in Hydrate mittels Ätznatrium jedenfalls sehr zu empfehlen, da die Reaktion schnell und vollständig von statten geht (Böhm).

Direktes Überführen der Doppelsulfate in Carbonate.

Das Doppelsulfat in Carbonat verwandelten Hisinger und Berzelius (1804) durch Schmelzen mit Pottasche, Beringer (1842, S. 135) und Hermann (1844, S. 91) durch die doppelte Menge Soda. Klaproth (1804, S. 312), Mosander (1843, S. 241, 276, 298, 211), Holzmann (1858), Frerichs und Smith (1878) erreichten diesen Zweck schon durch einfaches Digerieren mit der doppelten Menge Soda.

Direktes Überführen der Doppelsulfate in Sulfide.

Stützel (1899, S. 32—33) benutzte die leichte Zersetzung der Sulfate durch Schwefelwasserstoff, um eine quantitative Umsetzung der ersteren in eine lösliche Form zu erreichen. Zu diesem Zweck wurden die entwässerten Doppelsulfate einem Strom trockenen Schwefelwasserstoffs im Verbrennungsrohr bei beginnender Rotglut ausgesetzt. Die Masse färbte sich sehr bald dunkel und konnte durch Kochen mit Salzsäure leicht gelöst werden.

Hisinger und Berzelius (1804) sowie Beringer (1842, S. 135—136) setzten ein Gemisch von Doppelsulfaten und Kohle einer heftigen Weißglut aus und lösten nach der Extraktion des Schwefelkaliums mit Wasser den Rest des Reduktionsproduktes in verdünnter Salpetersäure. Schmidt (1852) bediente sich der gleichen Methode und löste den Rückstand in Salzsäure.

Direktes Überführen der Doppelsulfate in Oxalate.

Auer v. Welsbach (1883) versetzte die Doppelsulfate in fein verteilter Form mit einem geringen Überschuß Oxalsäure und kochte anhaltend mit Wasser, wodurch sie leicht in Oxalate übergeführt werden sollen. Stützel (1899, S. 32—33) änderte diese Methode dahin ab, daß die fein geriebenen Doppelsulfate mit Oxalsäurepulver vermischt, das Ganze in konzentrierter Oxalsäurelösung suspendiert und hierauf 4—6 Stunden überhitzter Wasserdampf eingeleitet wurde. Etwa 15% der Doppelsulfate sollen hierbei unzersetzt zurückgeblieben sein. Muthmann und Roelig (1898) digerierten die Doppelsulfate von Didym und Lanthan mit heißer konzentrierter Oxalsäurelösung mehrere Stunden lang ebenfalls unter Einleiten von überhitztem Wasserdampf, bemerken jedoch nichts von der unvollständigen Umsetzung.

Das Abscheiden der Erden aus den Lösungen der Doppelsulfate.

Als Scheerer (1840) aus einem Erdgemisch die Ceriterden mittels Kaliumsulfat abgeschieden hatte, fällte er aus den Laugen die Yttererden mit oxalsaurem Ammon. Nach dem Verglühen der Oxalate wurden die Oxyde in Salzsäure gelöst und abermals mit Ammoniak gefällt. Hierbei konnte Scheerer einen bedeutenden Gewichtsverlust konstatieren, der sich durch die Gegenwart von Chlorkalium im Filtrat erklärte. Mithin war das Mitfallen von Kalisalzen beim Fällen der Kaliumsulfatlösungen erwiesen. Aus dem Doppelsalz der Yttererden und Kaliumoxalat, welches beim Fällen mit Oxalsäure bezw. oxalsaurem Ammon entsteht, kann man nach dem Verglühen der Oxalate kohlensaures Kali mit Wasser extrahieren, was Scheerer sowie Bahr, Bunsen (1866, S. 1—2, 274), Krüss und Nilson (1887, S. 1677) auch berücksichtigten, jedoch viele andere unberücksichtigt ließen.

Am vorteilhaftesten ist es jedoch, die auf die eine oder andere Art hergestellte Lösung der Doppelsulfate sowie die Laugen, welche die leichter löslichen Erden enthalten, mit Ammoniak zu fällen und den gut ausgewaschenen Niederschlag nach dem Lösen in Salz- oder Salpetersäure abermals mit diesem Fällungsmittel zu behandeln. Auf diese Weise erhält man vollständig alkalifreie Oxyde, die nicht weiter mit Wasser behandelt werden brauchen. Kersten (1839, S. 391), Nordenskiöld und Chydenius (1860), Chydenius (1861, S. 45), Rose (1863), Hornberger (1876), Engström (1877), Krüss und Nilson (1887, S. 1679), Krüss (1891, S. 15), Fresenius und Hintz (1896), Dennis und Chamot (1897), Boudouard (1898, II).

Hartwall (1828) und Delafontaine (1865) bedienten sich bei der Bestimmung der schwefelsauren Kalidoppelsalze des Ätzkalis, wie solches in Roses Lehrbuch der analytischen Chemie empfohlen wird. Bei Ammondoppelsalzen kann man auch mit Ammonoxalat fällen.

Trennung der seltenen Erden von anderen Metallen mittels Kaliumsulfat.

Hisinger und Berzelius (1804) benutzten die Eigenschaft der alten Cererde, in Form ihres Kaliumdoppelsulfats in Wasser schwer löslich zu sein, zur Trennung dieser Erde von Eisen. Falls die Lösung neutral war, fiel etwas Eisen mit und färbte den Niederschlag gelb; bei einem kleinen Überschuß von Schwefelsäure blieb aber alles Eisen gelöst.

Scheerer (1840, 1842) hatte zu jener Zeit, als man kein besseres Mittel zur Abscheidung eisenfreier Präparate kannte, die Bedingungen näher untersucht, unter welchen die Trennung eine möglichst vollkommene ist, denn auch Mosander (1843, S. 212) schrieb es nur den ungünstigen Verhältnissen zu, daß sein altes Lanthan nach dem Fällen mit Kaliumsulfat noch durch Eisen, Nickel, Kalk usw. verunreinigt war.

Winkler (1865) trennte auf diese Weise die Ceriterden von Mangan, während Chydenius (1861, 1863, S. 47) Thorium von Niobsäure, die nur teilweise von Kaliumsulfat gefällt werden soll.

Titansäure und Zirkonerde werden durch überschüssiges schwefelsaures Kalium in gleicher Art gefällt (Hermann 1844, S. 90); reduziert man aber die Titansäure durch Zink, bevor man das schwefelsaure Kalium zusetzt, so wird nur die Zirkonerde abgeschieden. Man muß dafür Sorge tragen, daß die Flüssigkeit genügend konzentriert, nicht zu sauer ist und die Einwirkung des Zinks noch langsam fortdauert, wenn das schwefelsaure Kalium zugesetzt wird. Man filtriert schnell und wäscht den Niederschlag mit einer konzentrierten Lösung von Kaliumsulfat aus. Nachdem man die gefällte Zirkonerde in eine Chloridlösung umgewandelt hat, soll man durch Reduktion mit Zink nur noch Spuren von Titansäure in der Zirkonerde nachweisen können. Es gelang jedoch Pisani (1865), der diese Bedingungen näher studierte, nicht, diese Methode für quantitative Zwecke verwendbar zu machen.

Nach Streit und Franz (1869) kann für diesen Zweck die Bestimmung mit Kaliumpermanganat gewählt werden (s. Trennung der seltenen Erden von anderen Metallen, Bd. II, S. 37).

Bereits Berzelius (1829, II, S. 1, S. 385, S. 98) trennte Thorium von Titan mit K_2SO_4, auch Boudouard (1899) bediente sich zu gleichem Zwecke dieser Methode.

Nach Treadwell[1] bildet K_2SO_4 mit Beryllsulfat ein schön kristallisiertes Doppelsalz — $Be(KSO_4)_2 + 2H_2O$ —, das in einer konzentrierten Lösung von K_2SO_4 löslich ist, so daß man in manchen Fällen hierauf Rücksicht zu nehmen hat.

Baskerville und Holland (1904) stellten die Caesiumdoppelsulfate von Neodym und Praseodym dar, die ersteren sind lavendelblau, die letzteren charakteristisch grün gefärbt. $Pr_2(SO_4)_3 . Cs_2SO_4 . 2H_2O$, $Pr_2(SO_4)_3 . Cs_2SO_4 . 4H_2O$ und $Nd_2(SO_4)_3 . Cs_2SO_4 . 3H_2O$.

In Gemeinschaft mit Moss (1903) hat Baskerville auch die entsprechenden Lanthandoppelsulfate untersucht: $La_2(SO_4)_3 . Rb_2SO_4 . 2H_2O$, $La_2(SO_4)_3 . CsSO_4 . 2H_2O$; $3La_2(SO_4)_3 . 2Rb_2SO_4$, $3La_2(SO_4)_3 . 2Cs_2SO_4$.

Da wir in der Oxalsäure ein so vorzügliches Fällungsmittel für die seltenen Erden besitzen, werden die Doppelsulfate wohl kaum zu den oben genannten Zwecken, für welche Frerichs und Smith (1878) sie empfehlen, Verwendung finden.

35. Trennung mittels fraktionierter Kristallisation der Ammondoppelnitrate.

Literatur.

1873. Mendelejeff, L. A. **168**, S. 45.
1884. Carl Auer v. Welsbach, Mhft. Ch. **4**, S. 630; das. **5**, S. 508.
1885. — Sb. W. Juni-Heft **92**, II. Abt., S. 318—331; Mhft. Ch. **6**, S. 477 bis 491; J. 1885, S. 478; Engl. Pat. 1886, 29. Juli, Nr. 9806; Americ. Pat. 1888, 7. Febr., Nr. 377, 701.

[1] Treadwell, Analyt. Chem. 1902, **1**, S. 382.

1888. Paul Kiesewetter und G. Krüss, Ber. **21**, 2, S. 2311.
1890. A. Bettendorff, L. A. **256**, S. 163–170.
1892. P. Schottländer, Ber. **25**, 1, S. 379—382.
1895. B. Brauner, Ch. N. **71**, p. 283–285; C. C. 1895, **2** (7), S. 284.
1895. G. P. Drossbach, J. G. W. **38**, S. 582.
1896. Otto, N. Witt, Chem. Ind. 1896, S. 11.
1896. G. P. Drossbach, Ber. **29**, 3, S. 2452; J. 1897, **1**, S. 1027.
1897. L. M. Dennis und E. M. Chamot, J. Am. Ch. Soc. **19**, p. 799—809; C. C. 1897, **2**, S. 1133–1134.
1898. B. Brauner, Proc. Chem. 1897/1898, Nr. 191, p. 70—72; C. C. 1898, **1**, S. 919.
1898. E. Demarçay, C. r. **126**, p. 1040.
1898. G. P. Drossbach, J. G. W. **41**, S. 352.
1898. Harry, C. Jones, Am. Chem. J. **20**, p. 348—354; C. C. 1898, **2**, S. 172.
1898. G. Kölle, Dis., Universität Zürich, 1898, S. 1—50.
1898. W. Muthmann und H. Roelig, Z. an. **16**, S. 451; Ber. 1898, **31**, S. 1719, 1725, 1727.
1898. H. Roelig, Dis., Universität München, S. 11—12 u. 26.
1898. C. v. Scheele, Z. an. **17**, S. 316; das. **18**, S. 356.
1899. H. Du Bois und Otto Liebknecht, Ber. **32**, 3, S. 3345.
1899. F. Melikoff und L. Pissarjewsky, Z. an. **21**, S. 70.
1899. P. Mengel, Z. an. **19**, S. 70.
1899. W. Muthmann und L. Stützel, Ber. **32**, S. 2657.
1899. C. v. Scheele, Ber. **32**, 1, S. 410–411.
1899. L. Stützel, Dis., Universität München, S. 32.
1900. C. Benedicks, Z. an. **22**, p. 407—408.
1900. C. Richard Böhm, . . . Darstellung seltener Erden mit Hilfe einer neuen Trennungsmethode, Verlag Fr. Starke, Halle a. S., S. 27—28.
1900. G. P. Drossbach, Ber. 1900, **33**, 3, S. 3506—3508.
1900. Richard Jos. Meyer und E. Marckwald, Ber. **33**, S. 3006—3008.
1900. W. Muthmann und E. Baur, Ber. **33**, S. 1751.
1900. L. Pissarjewsky, Z. an. **25**, S. 382; C. C. 1901, S. 86.
1900. Carl v. Scheele, Broschüre: Om Praseodym och några af dess Föveningar, Upsala 1900.
1900. M. G. Urbain, An. Chim. **19**, p. 184.
1900. Otto N. Witt und Walter Theel, Ber. 1900, **33**, 1, S. 1315.
1901. H. Behrens, Arch. Neer. (2) **6**, p. 81—82; C. C. 1902, **1**, S. 297.
1901. R. Jacoby, Dis., Universität Berlin, S. 23.
1901. Richard Jos. Meyer und R. Jacoby, Z. an. **27**, S 361.
1902. C. R. Böhm, Pharm. Ztg. **47**, S. 297—298; C. C. 1902, **1**, S. 1152; Z. agw. Heft 16, S. 372—380; das. Heft 50, S. 1282—1299.
1902. B. Brauner und František Pavlíček, Transact. of the Chem. Soc. 1902, **81**, p. 1246.
1902. Richard Jos. Meyer, Z. an. **33**, S. 31, 113—116.
1902. Richard Jos. Meyer und M. Koss, Ber. **35**, Heft 3, S. 672.
1902. W. Muthmann, H. Hofer und L. Weiss, L. A. **320**, S. 268.
1902. L. Weiss, Dis., Polytechnikum München, S. 45.
1903. B. Brauner und Alexander Batěk, Z. an. **34**, S. 120.

1903. Richard Jos. Meyer, Z. an. **37**, Heft 3., S. 380.
1903. Auer v. Welsbach, Sb. W. d. mathem.-naturw. Kl., **112**, Abt. IIa, Juli 1903.
1903. W. Muthmann und L. Weiss, L. A. **331**, S. 3.
1904. Charles Baskerville und Hazel Holland, J. Am. Ch. Soc. **26**, p. 71—74; C. C. 1904, **1**, S. 712.
1904. Charles Baskerville und Eugene G. Moss, J. Am. Ch. Soc. **26**, p. 67—71; C. C. 1904, 1, S. 712.
1904. Wilhelm Hiller, Dis. Universität Berlin, 1904.
1904. Morduch Koss, Dis. Universität Berlin, 1904.
1904. G. Urbain und H. Lacombe, C. r. **138**, p. 84; Ch. N. **89**, 29. Jan., p. 52.

Die Auersche (1884) Methode zur Gewinnung von reinen Cerpräparaten beruht auf der leichten Kristallisierbarkeit des Ceriammonnitrats und der Unfähigkeit der übrigen seltenen Erden (mit Ausnahme des Thoriums), Salze der dem Cerdioxyd entsprechenden Oxydationsstufe zu bilden. Es ist also dahin zu streben, auf möglichst einfache Weise eine Lösung der Erden in Salpetersäure herzustellen, welche alles vorhandene Cer oder möglichst viel desselben als Dioxydsalz enthält. Die Oxalate lösen sich zwar auch in Salpetersäure (vgl. Überführen der Oxalate in Nitrate usw.), jedoch enthält dann eine solche Lösung alles Cer in der dreiwertigen Form. Wie in dem Kapitel „Oxydation auf trocknem Wege“ S. 121 beschrieben, müssen zum Zwecke der Oxydation die Carbonate, Oxalate oder Nitrate zuvor stark geglüht werden. Enthielt aber die Lösung, aus welcher die Oxalate gefällt wurden, neben Cer noch Lanthan und Didym, so erweist sich das daraus dargestellte Oxyd um so löslicher in Salpetersäure, je größer der Gehalt an letzteren Metallen ist, und zwar findet man in der Lösung neben Cerdioxydsalz stets eine beträchtliche Menge Ceroxydulsalz. Außerdem ist die Löslichkeit des Oxyds in Salpetersäure in hohem Grade von seiner mechanischen Beschaffenheit und event. Verunreinigungen wie Kieselsäure usw. abhängig.

Die Bedingungen, unter welchen man in jedem Falle eine Lösung der Oxyde erzielt, befinden sich S. 121 beschrieben.

Zu der Auflösung der Oxyde bezw. Hydroxyde in Salpetersäure setzt man nicht sogleich die entsprechende Menge Ammonnitrat ($^3/_4$ des Gewichtes) hinzu, sondern läßt die Lösung zwölf Stunden in der Kälte stehen, um Blei, Kupfer usw., die meistens aus den Reagentien stammen, abzuscheiden. Zu der klar abgegossenen Flüssigkeit fügt man $^3/_4$ des Gewichtes der Oxyde

Ammonnitrat hinzu und verdampft bei Gegenwart von Kieselsäure zur Trockne. Die abgeschiedene Kieselsäure kann dann nach dem Lösen des Salzrückstandes in verdünnter Salpetersäure abfiltriert werden. Schottländer (1892) empfiehlt hierzu Asbest, da Filtrierpapier eine teilweise Reduktion bewirken soll. G. v. Knorre hat aber bei seinen quantitativen Bestimmungen des Cers bewiesen, daß Filtrierpapier hierauf keinen Einfluß hat[1] (vgl. Trennung mittels Wasserstoffsuperoxyd S. 158).

Bei Verarbeitung des Cerniederschlages, welchen man z. B. bei Anwendung des Debrayschen Verfahrens erhält, löst man 100 Teile des bei 100° getrockneten Produktes vorteilhaft in 265 Teilen Salpetersäure vom spez. Gewicht 1,4, läßt etwa vorhandenes Bleinitrat absetzen, fügt 113 Teile Wasser und 39 Teile Ammonnitrat als nahezu kochend gesättigte Lösung hinzu und verdampft auf dem Wasserbade, bis sich auf der Oberfläche der fast schwarzen Flüssigkeit Kristalle zu bilden beginnen.[2] Dann läßt man langsam erkalten. Der größte Teil des in Lösung befindlichen vierwertigen Cers ist hierauf in kleinen glänzenden Kristallen von der Farbe des Kaliumdichromats und der Zusammensetzung $Ce(NO_3)_4 . 2NH_4NO_3$ angeschossen. Nach weiterem Eindampfen der rotgelben Mutterlauge erhält man zuerst noch einige Kristalle des Salzes, dann aber kristallisieren in isomorpher Mischung die Ammondoppelnitrate von Ceroxydul, Lanthan und Didym in großen, meist zu einer kompakten Druse vereinigten und von eingeschlossener Mutterlauge hellgelb gefärbten Kristallen aus, welche die Zusammensetzung $R(NO_3)_3 . 2NH_4NO_3 + 4H_2O$ besitzen (Schottländer 1892).

Diese können leicht von den Kristallen des Cerdioxydsalzes gesondert und nebst der Mutterlauge durch Fällung mit Oxalsäure, Überführung in Oxyd usw. von neuem dem Trennungsverfahren unterworfen werden.

---

[1] Die in der Salpetersäure gelösten Stickstoffoxyde sollen auf die Cerisalze reduzierend einwirken, weshalb Meyer und Marckwald (1900) die zu verwendende Salpetersäure zuvor auskochen.

[2] Den nach der Methode Witt-Theel (vgl. Trennung mittels Ammoniumsupersulfat) erhaltenen Niederschlag — aus basischem Cerisulfat und Calciumsulfat sowie geringen Mengen Didym- und Lanthansalz bestehend — trocknet man bei 120° und löst denselben nach dem Pulvern in der zehnfachen Gewichtsmenge ausgekochter konzentrierter Salpetersäure (spez. Gew. 1,4). Zu der durch Erwärmen entstandenen dunkelroten Lösung bringt man die $1^1/_2$fache Menge Ammoniumnitrat, in wenig Wasser gelöst. Bei

Das gewonnene Ceriammonnitrat[1] wird auf einem Trichter mit Konus aus Platindrahtnetz oder einer Nutsche abgesaugt und über Ätzkalk bezw. Schwefelsäure und Ätznatron getrocknet. Zum Umkristallisieren des Salzes bedient man sich am besten einer chlorfreien Salpetersäure von 40% an HNO_3; man löst 100 Teile trockner Kristalle in einem Kolben auf dem Wasserbade in möglichst wenig, etwa 165 Teilen dieser Säure (99 Teile Salpetersäure vom spez. Gewicht 1,4 und 66 Teile Wasser), gießt die Lösung in eine tiefe Schale und verdampft bis zum Erscheinen kleiner Kristalle (Schottländer 1892).

Nach den Erfahrungen von Meyer und Marckwald (1900) sind zum Lösen des Doppelsalzes über die Hälfte mehr Salpetersäure der von Schottländer angegebenen Konzentration erforderlich. Am besten kristallisiert man nach diesen Chemikern aus konzentrierter Salpetersäure (spez. Gew. 1,4) um und dampft auf dem Wasserbade ein, bis die Kristallisation in der Hitze schon ziemlich weit vorgeschritten ist.

Muthmann und Roelig (1898) saugten das ausgeschiedene Ceriammonnitrat mit einem Pukalschen Tonfilter trocken und lösten es hierauf in wenig heißem Wasser; durch Hinzufügen von konzentrierter Salpetersäure wurde es wieder ausgefällt. Nach diesen Chemikern darf man nicht zu weit eindampfen, weil sich in einem solchen Falle in die roten Kristalle des Ceriammonnitrats eingestreut farblose Kristalle bilden, die wesentlich aus Lanthandoppelsalz bestehen. Kölle (1898) fertigte sich zuerst

---

Einhaltung dieser Verhältnisse beginnt die Kristallisation des Doppelsalzes sofort und ist bald beendet (Meyer und Marckwald 1900).

Trotz des großen Überschusses von Salpetersäure wird häufig hierbei nicht alles Sulfat in Nitrat übergeführt, so daß nach dem Zusatz von Ammonnitrat neben dem gewünschten Doppelsalz oft unverändertes Cerisulfat und Calciumsulfat sich ausscheiden. Wollte man diese Komplikation unter allen Umständen umgehen, so müßte man den Cerniederschlag durch Kochen mit Alkali in Hydroxyd überführen, ehe man ihn in Salpetersäure löst (Meyer und Koss 1902 und 1904).

[1] In Wasser löst sich das Salz mit größter Leichtigkeit mit gelber, in Alkohol mit dunkelroter Farbe; in Salpetersäure ist es bedeutend schwerer mit dunkelroter, in der Hitze fast schwarzroter Farbe zu lösen.

Beim Reduzieren der Cerisalzlösung durch Kochen mit Alkohol wird die Lösung vorübergehend purpurrot und es resultiert eine farblose Flüssigkeit, falls das Cersalz frei von Didym ist. Will man die einzelnen Fraktionen auf ihren Reinheitsgrad prüfen, so hat man zuvor dieselben mit Alkohol oder Wasserstoffsuperoxyd zu reduzieren.

durch Hydrolyse des Cerinitrats (s. S. 216) ein verhältnismäßig reines Präparat an, welches er nach den Angaben von Muthmann und Roelig weiter reinigte. Auch Mengel (1899) dampfte die Lösung so weit ein, daß die anfangs dunkelrote Lösung hellgelb wurde, währenddessen sich das gewünschte rote Salz in reichlicher Menge abschied. Die meisten Forscher dampften jedoch die Cerilösung bis zum Erscheinen von kleinen Kristallen auf der Oberfläche der Lösung ein. Das zuerst abgeschiedene Ceriammonnitrat ist noch nicht absolut rein, wie die schwach rötliche Färbung des beim Glühen zurückbleibenden Cerdioxydes und die spektralanalytische Prüfung in entsprechend dicker Schicht zeigt. Die Verunreinigung ist jedoch nur noch eine geringe und kann durch mehrfaches Wiederholen der Kristallisation bis auf Spuren beseitigt werden.[1]

Schottländer (1892) hielt 3—4 maliges Umkristallisieren meistens für genügend, jedoch haben Du Bois und Liebknecht (1899) die Schottländerschen Cerpräparate für etwas lanthanhaltig bezeichnet. Auch in neuester Zeit war Behrens (1901) bei der Prüfung verschiedener Trennungsmethoden der Ceriterden zu dem Resultat gekommen, daß sich Ceriammonnitrat durch Umkristallisieren aus Salpetersäure zwar leicht von Didym, aber nur sehr schwer von Lanthan befreien läßt. Er stützte seine Behauptung auf die Beobachtung, daß mehrfach umkristallisiertes Ceriammonnitrat nach der Überführung in Succinat unter dem Mikroskop neben der für das Cersuccinat charakteristischen Strahlen- und Büschelform stets die dem Lanthansuccinat angehörenden Rhomboide erkennen ließ. Diese Beobachtung konnte Meyer (1902) bestätigen und gleichzeitig beweisen, daß Cer- und Lanthansuccinat isodimorph sind. Wenngleich es hiernach zweifelhaft erscheinen muß, ob der mikroskopischen Prüfung der seltenen Erden mittels der Succinate ein erheblicher Wert beigemessen werden darf, so ist es nach den neuesten Untersuchungen Meyers (1903) jedenfalls als bewiesen zu erachten, daß die letzten Spuren Praseodym und Lanthan sich durch die Ammondoppelnitrate nicht beseitigen lassen. Die Kaliumpermanganatmethode scheint vorläufig das einzige Auskunftsmittel hierfür zu sein (S. 143).

Man verwendet vorteilhaft cerreiche Produkte, z. B. solche

[1] Dasselbe Resultat erhält man, wenn man statt des Ceriammonnitrats das bedeutend schwerer lösliche Cerirubidiumnitrat (Z. an. 1901, **27**, S. 371) aus verdünnter Salpetersäure umkristallisiert (Meyer 1903).

der Chlormethode (Witt 1896) oder der Magnesiumacet-Wasserstoffsuperoxydmethode (Meyer und Koss 1902 und 1903) zum Kristallisieren des Ammondoppelnitrats.

Auer v. Welsbach (1884), Muthmann (1898), Roelig (1898), Mengel (1899), Stützel (1899), Böhm (1900 und 1902), Meyer (1900, 1901 und 1902), Marckwald (1900), Drossbach (1896 und 1901), Pissarjewsky (1901), Jacoby (1901), Koss (1902 und 1904), Brauner und Batěk (1903), sowie Hiller (1904), bedienten sich dieser Methode bei der Cerdarstellung, und Brauner (1895) will eine unbekannte Erde durch fraktioniertes Kristallisieren des Cero- und Ceriammonnitrats gewonnen haben.

Da die beiden Ceroammonnitrate mindestens ebenso leicht kristallisieren, durch zufällige Verunreinigungen nicht dissoziieren und die Reinheit leichter kontrolliert werden kann, verwendete Drossbach (1898 und 1901) zur Darstellung des Cers das Cerosalz.

Die Nitratlösung, mit Ammonnitrat versetzt und eingedampft, liefert je nach der angewandten Menge Ammonnitrat entweder das in bis 20 cm langen, seidenglänzenden Nadeln kristallisierende Salz $Ce_2(NO_3)_6$, $x\,NH_4NO_3$ + aq [1] oder das in großen (anscheinend rhombischen) Tafeln kristallisierende $Ce(NO_3)_6$, $3\,NH_4NO_3$, 10 aq.

Beide Salze sind wenig hygroskopisch und kristallisieren sehr leicht unter Zurücklassung des Didyms in der Mutterlauge. Hartnäckiger haften dem Salze die Ytteriterden und das Lanthan an, eine Erscheinung, die Drossbach auch beim Umkristallisieren des Cerisalzes beobachtet haben will. Da ein sehr cerreiches Produkt (ca. 95 %) als Ausgangsmaterial Verwendung fand, konnten die Verunreinigungen von Lanthan und Ytteriterden bereits durch dreimaliges Umkristallisieren beseitigt werden. Die Kristallisationen wurden im großen Maßstabe ausgeführt, um die Frage der Zerlegbarkeit des Cers, wie solche in letzter Zeit von vielen behauptet wurde, zu entscheiden. Im Laufe von sieben Monaten wurden mehr als 200 Kristallisationen ausgeführt und weit voneinander abliegende Fraktionen nach dem Auerschen basischen Verfahren geprüft, zum Teil in das Cerisalz übergeführt und dieses durch heißes Wasser zersetzt. Aber alle so erhaltenen Fraktionen unterschieden sich nicht im geringsten von Cer-

[1] Es sind dieses keineswegs Salze von konstanter Zusammensetzung; dieselben gehen beim Umkristallisieren allmählich in das zweite Salz über. Ein Salz mit 6 Mol. Ammonnitrat wurde wiederholt erhalten. Nur das Salz mit 3 Mol. Ammonnitrat diente dem fraktionierten Kristallisieren.

präparaten, die bei genügender Sorgfalt nach den älteren Methoden erhalten werden konnten — das Oxyd besaß stets einen blaßgelben Schein. Brauner (1895) und Böhm bedienten sich zum Zweck der Cerreinigung ebenfalls des Cerodoppelsalzes.

Zweckmäßig vereinigt man die Gewinnung reinen Cersalzes mit derjenigen von Lanthan- und Didym- bezw. Praseodym- und Neodymsalz.

1873 beschrieb Mendelejeff eine neue bequeme Tennungsmethode für Lanthan und Didym, die im Umkristallisieren der Ammondoppelnitrate in wäßriger Lösung bestand.

Auer v. Welsbach modifizierte 1885 diese Methode, indem er die Doppelnitrate bei Gegenwart von Salpetersäure kristallisierte; in seiner bekannten Abhandlung über die Zerlegbarkeit des Didyms zitierte dieser Chemiker nicht die Arbeit Mendelejeffs und wird daher mit Unrecht als der Autor dieser Trennungsmethode angesehen.

Das fraktionierte Kristallisieren der Ammondoppelnitrate in stark salpetersaurer Lösung soll daher im nachstehenden mit Methode „Mendelejeff-Auer" bezeichnet werden (vgl. auch Brauner 1902).

Bei dieser Methode verhalten sich die Doppelsalze des Lanthans und Didyms sehr verschieden, so daß es Auer v. Welsbach möglich war, nicht nur das Lanthan dem Didym nach wenigen Operationen vollständig zu entziehen und ersteres zum größten Teil rein darzustellen, wobei jede beliebige Menge mit fast gleichbleibender Mühewaltung verarbeitet werden konnte, sondern auch das Didym selbst in seine spezifischen Bestandteile zu zerlegen.

Während das Lanthansalz in Salpetersäure fast unlöslich und luftbeständig ist, ist das davon differenteste Didymsalz, wenn es schon durch Eindampfen bis zur Sirupkonsistenz zum Erstarren gebracht worden ist, außerordentlich reichlich löslich und namentlich bei Gegenwart von ein wenig Salpetersäure überaus hygroskopisch.

Das Ammonium kann in diesen Verbindungen durch Na, K, Li und Mg. ersetzt werden.

Die Natriumverbindung eignet sich zur letzten Reinigung der gewonnenen leicht löslichen, als Ammondoppelsalze nur mehr schwer kristallisierbaren Produkte. Die Verbindungen der anderen Elemente eignen sich nach der Ansicht Auers zur Trennung der Didymelemente nicht, jedoch haben neuere Arbeiten, z. B. diejenigen von Drossbach, die Brauchbarkeit der Magnesiumdoppelnitrate für genannte Zwecke bewiesen (vgl. Trennung mittels der Magnesiumdoppelnitrate S. 436).

Als Rohmaterial verwendet man ein Gemenge von Didym- und Lanthannitrat, wie es durch Verarbeitung von Thoriumrückständen aus Monazit (z. B. Cerium oxalicum medicinale — Böhm 1902) leicht erhalten werden kann, keinesfalls das nach allen bisherigen Verfahren mehr oder weniger mühsam herzustellende reine Didymsalz; die Gegenwart des Lanthans erleichtert die Trennung um vieles. Man muß mit sehr reichem Material beginnen — Auer verfügte über $2^1/_2$ kg.

Eine vorhandene kleine Menge von Ceronitrat schadet hierbei nicht, im Gegenteil haben die späteren Arbeiten von v. Scheele und Witt bewiesen, daß die Zugabe von Cerosalz eine größere Ausbeute an Praseodym und eine schnellere Trennung der Didymkomponenten bewirkt.

Die Lösung des Nitratgemenges wird mit der entsprechenden Quantität Ammoniumnitrat versetzt, mit Salpetersäure (ungefähr ein Zehntel konzentrierter Salpetersäure) angesäuert und in einer geräumigen Porzellanschale auf einem Drahtnetz bis zum Auftreten kleiner Kristalle auf der Oberfläche eingedampft; nach dem Entfernen der Flamme und Umrühren dürfen dieselben nicht wieder verschwinden. Diese Kriställchen sind nicht die des darzustellenden, in schönen, derben monosymmetrischen Tafeln und Prismen kristallisierenden Doppelsalzes $R(NO_3)_3 . 2NH_4NO_3 + 4H_2O$, sondern wahrscheinlich eine wasserärmere Verbindung. In 6 bis 12 Stunden müssen die Kristallisationen beendet sein. Eine längere Kristallisation bis 24 Stunden ist nur im Anfange erforderlich, wo man es mit größeren Salzmengen zu tun hat. Im Laufe der Arbeit geschieht es oft, daß sich in einzelnen Fraktionen die vorhandenen Verunreinigungen von Calcium-, Eisennitrat usw. und überschüssiges Ammonnitrat in solcher Menge anhäufen, daß die Lösung nicht mehr kristallisiert. Dann muß die betreffende Fraktion mit Oxalsäure ausgefällt und wieder auf die Doppelsalze verarbeitet werden.

Weitere allgemeine Direktiven sind für alle Prozesse nicht zu geben, da sich die Löslichkeitsverhältnisse auch bei fast unveränderter Farbe der Lösung oder der Kristalle im Verlaufe der ganzen Untersuchungsreihe ändern.

Nach dem Abgießen der Mutterlauge bringt man die Kristalle

auf einen großen Trichter bezw. Nutsche und wäscht mit ein wenig konzentrierter Salpetersäure nach; man gibt die Waschflüssigkeit der Mutterlauge zu und diese wird neuerdings eingedampft. Es ist zweckmäßig, die Kristallisation durch kleine Kriställchen, die man hineinwirft, einzuleiten, um der namentlich bei an didymreichen Fraktionen möglichen starken Übersättigung vorzubeugen. Man wiederholt das Eindampfen der jeweilig restierenden Mutterlauge etwa 6—8 mal, wodurch 6—8 Fraktionen erhalten werden, welche die erste Reihe bilden. Die ersten enthalten fast alles Lanthan, die letzten fast alles Didym; die erste Fraktion ist blaß rosafarben, die späteren sind sukzessive intensiver gefärbt.

Die Absorptionsspektren zeigen noch keine nennenswerte Veränderung. Man kristallisiert nun aus der Mitte aus, gibt die erste Fraktion zur ersten der früheren Reihe und fährt so fort, Produkte gleichen Gehaltes vereinigend. So entwickelt sich eine Zwischenreihe. Beginnt dann mit dem Umkristallisieren der vereinigten Fraktionen, und zwar kristallisiert man aus der Mutterlauge der ersten die zweite und so fort.

Die ersten Anteile werden nach wenigen Reihen wasserhell: Lanthan. Die letzten Fraktionen der Reihen enthalten neben den das Didym begleitenden, sehr interessanten Elementen der Yttergruppe nur sehr wenig Lanthan. Schon während der nächsten Reihen beginnen sich die ersten Anteile der Lanthanfraktion gelblichgrün zu färben. Die Didymfraktionen werden etwas blässer. Man vereinigt diese letzten Anteile immer wieder und wieder, bis zuletzt eine kleine Menge erhalten wird, die das Kristallisationsvermögen verloren hat.

Betrachtet man die nach wenigen systematisch ausgeführten Kristallisationsreihen erhaltenen farblosen durchsichtigen Lanthan-Ammonnitratkristalle selbst oder ihre Lösung in Wasser bei Tageslicht, so sind sie vollkommen farblos, bei Gas- oder Petroleumlicht zeigen beide auffallenderweise eine ziemlich starke rosa Färbung. Die Lösung gibt denn auch in der Tat noch ein starkes Absorptionsspektrum des Didyms.

Nach wiederholtem Kristallisieren der Lanthanreihen erhält man das reine Lanthan-Ammonnitrat in großen Kristallen, die sowohl für Tages- wie für Lampenlicht farblos erscheinen und deren konzentrierte Lösung in 10 cm dicker Schicht keine Spur von Absorptionslinien mehr zeigt (Drossbach 1895, Bettendorff 1899, Melikoff und Pissarjewsky 1899, Urbain 1900,

Böhm 1900 und 1902 und Muthmann stellten sich nach dieser Methode Lanthanerde dar). Das Kristallisieren der Ammondoppelnitrate liefert ausgezeichnete Resultate, es ist jedoch schwer, die letzten Spuren von Praseodym ganz zu entfernen. Das noch nachträglich mit Ammoniak gereinigte Muthmannsche Lanthanpräparat enthielt nach Marc[1] noch $^1/_{10}$ % Praseodym.

Die vergleichende spektroskopische Prüfung der verschiedenen Mutterlaugen zeigt, daß bei der obigen Behandlungsweise eine Trennung des Neodyms von Praseodym erfolgt ist. Das Ammondoppelsalz des letzteren ist offenbar schwerer löslich und haftet dem entsprechenden Lanthansalze fester an. Interessant ist es, daß die in gewissen Verhältnissen gemischten Salze Kristalle und Lösungen geben, die bei Tageslicht vollkommen farblos erscheinen, in denen aber bei Beleuchtung mit Gasglühlicht das Neodym sofort erkennbar wird. Die Erklärung dieser Erscheinung, sowie der Tatsache, daß alle Didymsalze und ihre Lösungen bei Gaslicht intensiver rosa erscheinen als bei Tageslicht, ist zu finden in der Wirkung komplementärer Farben aufeinander und in dem Mangel des Gaslichtes an denjenigen Lichtstrahlen, die vom Praseodym reflektiert werden (Bettendorff 1890).

Die Absorptionsspektren der äußersten Glieder der fünften Reihe sind bereits auffallend verschieden geworden.

Die am Anfange stehende Fraktion zeigt die Absorptionsbänder im Blau λ 444, λ 469 und λ 481,2 außerordentlich verstärkt.

Die Absorptionsstreifen im Gelb und Grün sind viel schwächer geworden und stehen an Intensität den eben angeführten weit nach. Die am Ende der Reihe stehende Fraktion zeigt alle jene Bänder sehr schwach, welche die erst besprochene charakterisierten, jene, welche dort erblassen, treten hier als mächtige Streifen auf.

Die Salze der ersteren sind schmutzig gelbgrün, jene der letzteren schön rosafarben.

Das Absorptionsspektrum der Nitrate ist identisch mit jenem der Doppelnitrate. Die Gegenwart von Cernitrat äußert in keiner Weise Einfluß auf das spektroskopische Bild.

Salpetersäure aber verändert die Spektren in nachhaltiger Weise. Die Influenz dieses Agens ist so groß, daß in den zuletzt erhaltenen Mutterlaugen die oben hervorgehobenen nur mehr schwach auftretenden Streifen im Blau ganz ausgelöscht werden

[1] Marc, Dis., Universität München, S. 30.

können. In jener Lösung, in welcher diese Bänder überaus intensiv sind, bekommen sie bei Zusatz von konzentrierter Salpetersäure ein verschwommenes, undeutliches Gepräge.

Die zu diesen im Gegensatz stehenden Streifen werden nur wenig verändert.

Stark verdünnte Salpetersäure ist ohne störenden Einfluß auf das Spektrum. Es ist deshalb geboten, bei Untersuchung dieser Spektren die überschüssige Salpetersäure zu entfernen, oder mit Wasser zu verdünnen; man macht gewöhnlich letzteres, da die Lösungen in einer Konzentration vorliegen, die selbst bei ganz kleiner Schicht jede Feinheit in Lage und Art der Absorptionsbänder verlöschen würde (vgl. Kapitel „Spektralanalyse").

Schon nach diesen Ergebnissen konnte Auer v. Welsbach (1885) über die Möglichkeit der Zerlegung des Didyms in seine Elemente kaum mehr in Zweifel sein.

Aber von da an führte ein unendlicher, mühseliger Weg zum Ziele. Über die Fortsetzung des Trennungsverfahrens bis zur 15. Reihe, einschließlich der zahlreichen Zwischenreihen, resumiert dieser Forscher folgendes:

Die Quantität der reinen Lanthanfraktionen wird immer geringer; es ist fast die Gesamtmenge des im Rohmaterial enthalten gewesenen Lanthans gewonnen.

Die Grünfärbung der ersten auf die Lanthanfraktionen folgenden Fraktionen dieser Reihen wird immer intensiver und reiner; es fällt trotz zahlreicher Operationen immer schwerer, daraus farblose Produkte zu gewinnen.

Der eine Teil der Absorptionsstreifen in den ersten Fraktionen der letzten Reihen des Didyms ist fast verschwunden. Die mittelstehenden Fraktionen sind mischfarbig; die Lösungen zeigen einen Stich ins Rötlichgelbe, das Absorptionsspektrum zeigt im Blau und Violett bei zentimeterlanger Schicht zollbreite Absorptionsbänder; die Streifen im Grün treten immer mehr und mehr zurück.

Die Kristallisationen dieser Reihe werden wie früher mit konzentrierter Salpetersäure ein wenig gewaschen.

Das Fraktionieren am anderen Ende dieser Reihen hat den Zweck, die nicht mehr deutlich kristallisierenden Anteile anzureichern.

Die fast sirupdicke Mutterlauge wird mit der Pumpe von dem Kristallaggregat abgesaugt. Es läßt sich in dieser Weise nach vielen Reihen eine nicht unbeträchtliche Menge gewinnen.

Die letzten kristallinen Ausscheidungen können mit Salpetersäure nicht mehr gewaschen werden, da sie darin sehr reichlich löslich sind, auch ist diesen Fraktionen eine sehr große Hygroskopizität eigen.

Die Absorptionsstreifen, welche die Fraktionen am Anfange der Reihen charakterisieren, sind fast verschwunden. Eine Reihe anderer im Didym nicht existierender Bänder tritt hier auf; jene des Samariums, des Soretschen Elementes *X* usw. sind deutlich erkennbar (auch λ 460 findet man hier angereichert — vgl. Chromatmethode S. 280). In diesen Fraktionen ist auch die Gesamtmenge der übrigen Yttererden Terbium[1] und Gadolinium[2] enthalten, so daß dieses Verhalten einen weiteren großen Vorteil der Mendelejeff-Auerschen Methode bedingt.

Nach der 15. Reihe wurden die in der Mitte stehenden Fraktionen dieser Reihen zurückgestellt und spätere Fraktionen ähnlicher Zusammensetzung mit diesen vereinigt.

Diese Produkte sind überaus löslich in verdünnter Salpetersäure und kristallisieren in schönen, wohlausgebildeten Kristallen; sie sind prachtvoll rosenrot gefärbt und wurden vor der Auerschen Entdeckung als reines Didymsalz angesehen.

Die weiteren Trennungen der Anfangsglieder der Reihen, die fast farblosen Produkte, wurden immer zurückgestellt.

Die ersten Fraktionen waren rein lauchgrün; obwohl noch lanthanhaltig, war deren Absorptionsspektrum in centimeterdicker Schicht außerordentlich intensiv.

In dieser wie in den folgenden Fraktionen ließ sich bereits neben dem Funkenspektrum des Lanthans ein anderes glänzendes Spektrum erkennen.

Eine später folgende Fraktion war gelbgrün; sie zeigte einen sehr schwachen Absorptionsstreifen im Grün, die übrigen Streifen waren bei gleichem Prozentgehalt der Lösung an Salz und gleich

[1] M. G. Urbain (1900) gewann aus den fast unkristallisierbaren Mutterlaugen mit Hilfe der Formiate die Terbinerden. (Zu dieser Gruppe rechnet man: Terbium, Gadolinium und das neu entdeckte Europium.) Aus den Laugen wurden die Erden mit Ätznatron ausgefällt.

[2] Gadoliniumammoniumnitrat kristallisiert nur aus beinahe erstarrten Lösungen über Schwefelsäure als lange, haarfeine, äußerst deliquiszente Nadeln. Dieses steht damit in völligem Einklange, daß Gadolinium mit den Yttriummetallen bei den Ammondoppelnitratkristallisationen in den ersten Mutterlaugen verbleibt, während Lanthan, Cer, Praseodym auskristallisieren (Benedicks 1900).

dicker Absorptionsschicht noch intensiver wie bei den eben besprochenen Fraktionen.

Eine Fraktion, die nach diesen folgte, war blaßrosa und zeigte intensiver die Streifen im Gelb und Grün neben den Absorptionsstreifen der früheren Glieder. Die Gesamtmenge entsprach etwa dem zwanzigsten Teil der in Arbeit genommenen Erden.

Die nachfolgenden Zwischenreihen hatten den Zweck, das ganze vorhandene Material in diese drei Hauptfraktionen zu vereinigen und die kleine Menge Cer, die sich hier anhäufte und aus einer früheren Verarbeitung stammte, zu entfernen. Das Cer wurde auf basischem Wege (s. Oxydverfahren S. 189) beseitigt.

Interessant ist auch die Färbung anderer Verbindungen, die diese Fraktionen liefern.

Die Oxalate des ersten Teiles waren grün, des zweiten gleichfalls, aber etwas später, die des letzten Teiles unrein weiß mit einem Stich ins Gelbgrüne. Die Farbe der in geringer Menge vorhandenen rosafarbenen Oxalate eines Teiles der Didymkomponenten — Neodym — ist der Grünfärbung des Praseodyms komplementär.

Die Erden der grüngefärbten Anteile waren braunkohlenschwarz. Nach der bisher gegebenen Darstellung des Trennungsprozesses ist es unnötig, der zahlreichen Operationen, welche von da an bis zur völligen Reindarstellung des Praseodyms führten, zu gedenken.

Um das zweite Element des Didyms — Neodym — in annähernd reinem Zustande darzustellen, wurden die letzten kristallinischen Ausscheidungen, nach der 15. Reihe etwa, systematisch fraktioniert, wodurch die Menge jener schon oben besprochenen, am Ende der Reihen stehenden Körper vermehrt wurde.

Nachdem die erhaltene Quantität etwa den zwanzigsten Teil der angewandten Erden betrug, wurden diesem Produkte vorerst die Yttererden entzogen.

Die hieraus erhaltene Erde ist mäßig geglüht schmutziggelb und wird heftig geglüht grauweiß, ohne später diese Farbe weiter zu verändern. Die salpetersaure Lösung derselben ist rein rosafarben.

Die Ytteriterden werden nach dem Oxydverfahren oder mittels Kaliumsulfat abgeschieden.

Die Fortsetzung des Trennungsverfahrens in der bisherigen Weise ist nicht mehr möglich, da auch der ytteritfreie Körper nicht recht kristallisierbar ist. Man bedient sich nun der Natrium- oder Natriumammoniumdoppelsalze. Dieselben werden leicht und schön, aber meist klein kristallisiert erhalten und lassen sich wiederum mit etwas Salpetersäure waschen; sie sind prachtvoll amethystrot gefärbt.

Man bildet aus den Fraktionen in gleicher Weise eine Reihe wie früher und erhält nach sehr zahlreichen Operationen ein verhältnismäßig sehr praseodymarmes, aber samariumhaltiges Neodym. Die Natriumdoppelnitrate[1] eignen sich nach v. Scheele (1898) nicht zum Fraktionieren. Aus den Mutterlaugen kristallisiert bei lanthanhaltigem Praseodymmaterial ein Salz in winzigen feinen Nadeln, die nur mit Schwierigkeit von der Mutterlauge befreit werden können. Nach v. Scheele sind die entsprechenden Salze von Neodym und Praseodym hinsichtlich der Kristallform gleich und besitzen auch wahrscheinlich dieselbe Formel

$$Pr(NO_3)_3 + 2NaNO_3 + H_2O.$$

Eine andere Modifikation kristallisiert gut in großen Kristallen, die, dem Aussehen nach, dem des entsprechenden Ammoniumsalzes völlig gleich sind. Diese Methode kann wohl dazu verwendet werden, den größten Teil des Lanthans und Praseodyms vom Neodym zu entfernen, nicht aber zur Reindarstellung dieser Erde. Hierzu bedarf es der Kombination mit anderen Methoden (vgl. Chromatmethode). — Demarçay 1898; v. Scheele 1898 und 1899; Böhm 1900 und 1902; M. G. Urbain 1900; Behrens 1901; Muthmann, Hofer und Weiss 1902 und 1903.

Nachdem aus den Rückständen durch vielfaches Wiederholen der bekannten Operationen neuerdings eine nicht unbeträchtliche Menge ziemlich reinen Materials abgeschieden worden war, wurden die letzten in Lösung befindlichen Anteile, die noch deutlich die Absorptionsstreifen des Praseodyms zeigten, mit etwa ein Drittel reinen Lanthansalzes versetzt, um denselben das gute Kristallisationsvermögen zurückzugeben. Es gelang so durch Wiederaufnahme des Kristallisationsverfahrens nach mehreren Reihen gleichfalls in nicht unbeträchtlicher Menge ein fast reines Präparat zu gewinnen und dem praseodymhaltigen Neodym abermals Praseodym zu entziehen. In neuester Zeit (1903) entfernte Auer die schwer kristallisierenden Mutterlaugen und fraktionierte mittlere Glieder auf Neodym. Auf diese Weise soll man das Neodym rein erhalten.

[1] Das Ceronatriumnitrat soll sehr gut kristallisieren und für viele technische Zwecke geeignet sein (Witt, Chem. Ind. 1896, S. 157).

Die Löslichkeit der Ammondoppelsalze ist für die verschiedenen Erden die folgende:

1. Lanthan, am schwersten löslich,
2. Cer in der dreiwertigen Form,
3. Praseodym,
4. Neodym,
5. Samarium, Sorets *X*, Erde mit λ 460 und Yttererden am leichtsten löslich.

Die Mendelejeff-Auersche Methode eignet sich sehr gut zur Darstellung von reinem Lanthan sowie von neodymfreiem Praseodym. Durch vielmalige Kristallisationen kann man in den Mittelfraktionen bedeutende Mengen von neodymfreiem Praseodym anhäufen und letzteres noch ziemlich frei von Lanthan erhalten. Durch diese Methode aber völlig lanthanfreies Praseodym zu gewinnen, ist beinahe unmöglich oder erfordert wenigstens eine ungeheure Arbeit.

Zum Zwecke der endgültigen Reinigung des Praseodyms hat sich v. Scheele (1898 und 1899) der verschiedenen Löslichkeit der Oxalate in Salpetersäure bedient (vgl. Trennung mittels partieller Löslichkeit der Oxalate in Säuren, S. 300). Brauner (1898) hatte Praseodym ebenfalls nach dieser Methode dargestellt und den Rest des Lanthans durch Erschöpfen mit Ammonnitrat entfernt (vgl. S. 126).

Es kann als erwiesen angenommen werden, daß Auer v. Welsbach, der Entdecker des Praseodyms und Neodyms, weder das erstere frei von Lanthan, noch das letztere frei von Praseodym erhalten hat[1], obgleich es ihm möglich war, sein schönes Fraktionierverfahren in der amerikanischen Glühlichtsalz-Fabrik zu Gloucester City durch Waldron Shapleigh im großartigsten Maßstabe durchführen zu lassen. Vom Neodym darf man wohl behaupten, daß es bis vor kurzem[2] noch nicht in

[1] Dieses Shapleighsche Praseodym hat zu wissenschaftlichen Arbeiten von Brauner, Jones (1898), Muthmann und Stützel (1899), sowie Roelig (1898) gedient und enthielt nach diesen Autoren nicht unbedeutende Mengen Lanthan (ca. 20%), aber kein Neodym und Samarium.

[2] Muthmann und Roelig (1898) verfügten über ein Shapleighsches Neodympräparat, welches durch Umkristallisieren der Ammondoppelnitrate gewonnen war. Das Absorptionsspektrum desselben wies eine außerordentlich große Anzahl von Linien auf. Neben den sehr intensiven Neodymlinien, welche von Auer v. Welsbach angegeben wurden, waren

reinem Zustande hergestellt worden war. Dagegen ist das Praseodym durch C. v. Scheele (1898 und 1899) mit Hilfe einer sinnreichen Modifikation der Ammondoppelnitratmethode vollkommen rein dargestellt und in seinen verschiedenen Salzen genau untersucht worden.

Diese Modifikation bestand darin, daß v. Scheele nicht, wie alle Experimentatoren vor ihm, zunächst eine sorgfältige Scheidung des Cers von dem Gemische des Lanthans mit den Didymmetallen durchführte und alsdann die weitere Zerlegung des cerfreien Gemisches erstrebte. Er ließ vielmehr absichtlich das Cer in dem Gemisch der Ammondoppelnitrate verbleiben, nachdem er erkannt hatte, daß das Ceroammonnitrat (welches wie die meisten Ceroverbindungen mit dem entsprechenden Lanthanderivat die größte Ähnlichkeit zeigt), geradeso wie das Lanthanammonnitrat die Eigentümlichkeit hat, bei einer Kristallisation das Praseodym mit sich niederzureißen.[1] Da aber das Lanthandoppelsalz etwas schwerer löslich ist als das entsprechende Cersalz, so sammelt es sich in den ersten, vom Praseodym noch freien Kri-

auch noch schwach die Praseodymlinien zu sehen und in ganz konzentrierten Lösungen verschwommene Bänder im Rot und Violett, welche wahrscheinlich von einer Erbinerde herrührten. Brauner (Ch. N. April 7, 1898, p. 161), der offenbar dasselbe Präparat besaß, kam zu ähnlichem Resultate und schätzt den Praseodymgehalt auf 2,9%. Stützel (1899) verwendete das Roeligsche Präparat für seine quantitativen Versuche und bestimmte dessen Praseodymgehalt auf 3,17%. Ein Schottländersches Neodympräparat kam bei der Bestimmung der Suszeptibilität von Dubois und Liebknecht (1899) zur Anwendung und enthielt nach diesen Autoren 2% Praseodym. Schottländer (1892) hat nun dieses Präparat jedenfalls gar nicht nach der Ammondoppelnitratmethode dargestellt, wie Böhm (1900) an der Hand der Schottländerschen Originalpräparate nachweisen konnte. Hiernach hat Schottländer sein Neodym durch fraktioniertes Fällen der Alkalidoppelsulfate, und zwar durch Hinzufügen von Kaliumnitratlösungen zu den Sulfatlösungen der seltenen Erden, dargestellt. Es ist eigentümlich, daß der inzwischen leider verstorbene Forscher sein eigentliches Fraktionierverfahren in der angeführten Arbeit vollkommen verschwiegen hat.

Erst in neuester Zeit ist es Muthmann und Weiss (1902) durch Kombination der Chromtamethode mit anderen Methoden gelungen, ein Neodym darzustellen, welches vollständig frei vonPraseodym, Samarium und Erbium ist. Marc (1902) prüfte dieses Präparat auf seine Kathodolumineszenz.

Im Cleveschen Laboratorium ist es nach einer Mitteilung Scheeles vor kurzem ebenfalls gelungen, allerdings mit Hilfe einer organischen Verbindung, diese Erde rein darzustellen, s. Nitrobenzolsulfonsäure S. 68.

[1] Urbain und Lacombe (1904) verwenden in neuester Zeit zu gleichem Zweck Wismutnitrat, s. Wismutdoppelnitrate S. 441.

stallisationen an, und wenn endlich von Neodym freies Praseodym sich zu zeigen beginnt, so ist es nicht mehr mit Lanthan vergesellschaftet, wie bei dem Trennungsverfahren von Mendelejeff-Auer, sondern mit nahezu reinem Cersalz. Dieses Zwischenschieben des Cers zwischen das Lanthan und Praseodym hat den unschätzbaren Vorteil, daß das letztere im Gemisch mit einem Körper erhalten wird, welcher, wie das Cer, sich verhältnismäßig leicht durch Überführen in seine höhere Oxydationsstufe vom Praseodym trennen läßt, während für die Trennung von Lanthan und Praseodym wieder nur der Weg der fraktionierten Kristallisation offen steht, welcher wie v. Scheele (1898 und 1899) mit aller Sicherheit gezeigt hat, niemals vollständig zum Ziele führt.

Witt und Theel (1900) haben sich überzeugt, daß das Verfahren von v. Scheele sehr gut zum Ziele führt und ihm der Vorzug vor allen anderen gebührt, weil es in einer und derselben Operationsfolge nicht nur das Lanthan im Zustande der Reinheit abscheidet, sondern auch mit einer größeren Ausbeute das Didym in seine Komponenten zerlegt. Beim Durchführen des Scheeleschen Verfahrens kam Witt und Theel (1900) eine Trennungsmethode sehr gut zu statten. Es ist dieses ein Verfahren mittels Ammoniumpersulfat zur bequemen Abscheidung des Cers aus seinen Gemischen mit den anderen Ceriterden, wie es notwendig ist, um die einzelnen, bei der Ausführung der Scheeleschen Trennungsmethode gewonnenen Fraktionen aufzuarbeiten. Nur, wenn man über ein solches Verfahren der Cerabscheidung verfügt, wird die Durchführung des Prozesses bequem und einfach (vgl. Trennung mittels Ammoniumpersulfat S. 173).

Melikoff und Pissarjewsky (1899) kristallisierten ein Gemisch von Cer, Lanthan und Didym zuerst zweimal nach Mendelejeff-Auer, hierauf nach der Scheeleschen Modifikation in neutraler Lösung. Zehnmaliges Umkristallisieren (Ausgangsmaterial war ein käufliches Lanthanoxyd) genügte, um das Lanthan didymfrei zu erhalten.

Bei den Trennungsversuchen von Dennis und Chamot (1897) soll die Methode Mendelejeff-Auer ebenso befriedigende Resultate geliefert haben wie die Mendelejeffsche Modifikation aus neutralen Salzlösungen. Die freiwillige langsame Verdunstung der Lösungen soll einen einfachen Weg bieten. Zu der mäßig konzentrierten Lösung der cerfreien, lanthanreichen Erden wurde Ammonnitrat im Verhältnis von vier Molekülen auf ein Molekül

R_2O_3 gefügt, wobei für R ein mittleres Atomgewicht von 142 angenommen wurde. Alsdann wurde so viel Salpetersäure (spez. Gewicht 1,4) zugegeben, daß auf ein Volumen Säure vier Volumen Wasser kamen, und die Lösung so weit eingedampft, daß fast alle Salze innerhalb 24—36 Stunden auskristallisierten. Die Mutterlauge wurde dann beiseite gestellt, bis sie reichliche Kristalle ausschied, und die Mutterlauge von dieser Fraktion freiwillig verdunsten gelassen. Darauf wurde die Hauptkristallisation der ursprünglichen Lösung bei gelinder Wärme mit so viel 1:4 verdünnter Salpetersäure gelöst, daß sich Kristalle in 5—10 Stunden auszuscheiden begannen, während die Mutterlauge der freiwilligen Verdunstung überlassen wurde. Die Kristalle wurden wie zuvor in der 1:4 verdünnten Salpetersäure gelöst und in dieser Weise alle Kristallabscheidungen und Mutterlaugen verarbeitet. Im allgemeinen fraktioniert man wie sonst weiter und fügt zu dem Neodymende Lanthanammonnitrat hinzu, falls die Mutterlaugen nicht mehr kristallisieren.

Auer v. Welsbach, Schottländer und v. Scheele (1898, 1899, 1900) haben beim Umkristallisieren der Ammondoppelnitrate keine Variation in der relativen Intensität der Praseodymbanden wahrnehmen können. Bettendorff (1890) wollte λ 591,7 hierbei fortfraktioniert haben, während Dennis und Chamot (1897) die dicke Bande im Gelb nicht, wie Auer beschrieb, in ihre Komponenten aufgelöst fanden. Diese Beobachtungen würden mit den Crookeschen Angaben übereinstimmen, daß sich Didym wahrscheinlich je nach der angewandten Methode nach mehr als einer Richtung spaltet.

Die Mendelejeff-Auersche Methode ist nach Kiesewetter und Krüss (1888) nicht imstande, das Didym im Sinne der Krüssschen Theorie zu zerlegen — bekanntlich sind nach Krüss und Nilson Praseodym und Neodym noch zusammengesetzte Körper.

---

36. Trennung mittels fraktionierter Kristallisation der Magnesiumdoppelnitrate.

Literatur.

1858. R. Bunsen, Vogler und Jegel, L. A. **105**, S. 42—43; J. pr. 1858, **73**, S. 200—201.

1900. I. Eug. Demarçay, C. r. **130**, p. 1020—1021; C. C. 1900, **1**, S. 1011—1012.

1900. II. Eug. Demarçay, C. r. **130**, p. 1185 u. 1187; C. C. 1900, **1**, S. 1199—2000.
1900. III. — C. r. **130**, p. 1469; C. C. 1900, **2**, S. 19—20.
1901. Eug. Demarçay, C. r. **132**, p, 1484—1485; C. C. 1901, **2**, S. 265.
1902. G. P. Drossbach, Ber. **35**, Heft 15, S. 2827—2830.
1903. W. Muthmann und L. Weiss, L. A. **331**, S. 4 u. f.
1904. Wilhelm Hiller, Dis. Universität Berlin, 1904.

Die Spaltung des Didyms wollte bislang durch die sog. basischen Verfahren (vgl. Trennung mittels der Oxychloride S. 204) nicht befriedigend gelingen, und seit Auer v. Welsbach (1885) verwendet man zu diesem Zwecke das fraktionierte Kristallisieren der Ammoniumdoppelnitrate. Mehrere tausend Fraktionen sind erforderlich, um aus einer ungewöhnlich großen Menge Ausgangsmaterial winzige Mengen der halbwegs reinen Komponenten zu erhalten. Die Fraktionierung der Magnesiumdoppelnitrate scheint viel schneller zum Ziele zu führen. Jedenfalls sind auch hier viele hunderte Fraktionen erforderlich, um greifbare Mengen der halbwegs reinen Komponenten zu erhalten, wenn man schematisch arbeitet.

Mit Hilfe der Oxychloride (s. S. 204) gelingt es, neben der Hauptmenge des vorhandenen Lanthans sukzessive praseodymreiche Fraktionen in reichlicher Menge zu erhalten, die ein sehr bequemes Ausgangsmaterial für die Gewinnung dieser Komponente bilden. Sofern es sich um die Gewinnung eines neodymreichen Ausgangsmaterials handelt, kommt diese Methode nicht in Frage, da die Carbonatmethode weit rascher zum Ziele führt (vgl. S. 260).

Behufs weiterer Trennung der so erhaltenen Ausgangsmaterialien wendete Drossbach (1902) das Umkristallisieren der Magnesiumdoppelnitrate an. Durch Berücksichtigung der Löslichkeitsverhältnisse bei verschiedenen Temperaturen gelangte dieser große Praktiker schon nach sieben Fraktionen zu einem ganz praseodymfreien Materiale. Das Verfahren gestattet es auch, ohne Übung fünfzig und mehr Kristallisationen an einem Tage vorzunehmen, so daß man auch bei Anwendung von nichtangereichertem Didymmateriale in wenigen Tagen ein nur sehr wenig Praseodym haltendes Neodym, sowie ein wenig Neodym, aber viel Lanthan haltendes Praseodymmaterial erhalten kann. Das Verfahren gestaltet sich wie folgt:

Da das herzustellende Doppelsalz die Formel

$$2\dddot{M}(NO_3)_3 . 3\,Mg(NO_3)_2 . 24\,H_2O$$

besitzt, so trifft man das richtige Verhältnis am bequemsten, wenn man zur Lösung des Erdmaterials und der Magnesia gleiche Mengen Salpetersäure verwendet; man hat dann auf einen Kohlensäuregehalt der Oxyde keine Rücksicht zu nehmen. Am Schlusse setzt man die Magnesia in kleinen Portionen so lange zu, bis die Flüssigkeit gegen Kongopapier deutlich alkalisch reagiert; die konzentrierte Salzlösung hat die Eigenschaft, in der Kälte kleine Mengen von Magnesia aufzulösen, die dann der Flüssigkeit alkalische Reaktion erteilt. Beim Verdünnen fällt die überschüssige Magnesia etwaige Verunreinigungen von Eisen, Mangan, Aluminium, Kieselsäure, Phosphorsäure usw. in Form eines gelatinösen Niederschlages aus, der meistens dunkelbraun gefärbt ist und verhältnismäßig nur kleine Mengen der Erdhydroxyde bezw. Phosphate enthält (Muthmann-Weiss 1903; Hiller 1904).

Nach dem Abfiltrieren dampft man zur Kristallisation ein, sammelt die Kristalle und löst das Doppelsalz auf dem lebhaft siedenden Wasserbade in Wasser derart, daß eine kleine Menge ungelöst bleibt. Nun setzt man die Schale in ein Gefäß mit warmem (30—40°) Wasser, spritzt auf die Oberfläche etwas reines Wasser, so daß sich hier keine Kristalle abscheiden können. Auf dem gekühlten Boden der Schale scheiden sich nun rasch sehr große Kristalle aus, von denen man die Mutterlauge abgießt, sobald ungefähr ein Zehntel der Gesamtmenge auskristallisiert ist. Die Lauge wird nun ebenso durch Wasser von 10—15° gekühlt. In wenigen Minuten haben sich auch hier große Tafeln am Boden ausgeschieden. Man versäume nie, ganz wenig Wasser auf die Oberfläche der Lösung zu spritzen. Die so gewonnene Mutterlauge wird recht schnell von den fest am Boden sitzenden Kristallen abgegossen. Da die Lauge auch jetzt noch sehr warm ist, so genügt auch für die nächsten Kristallisationen kaltes Wasser zur Kühlung, doch kann man durch Eiswasser schließlich das Verfahren abkürzen. In kaum einer Stunde hat man so sechs Kristallanschüsse und eine Mutterlauge, die löslichsten Bestandteile enthaltend, erhalten. Die Kristalle in den sechs Schalen werden in der ausreichenden Menge siedenden Wassers gelöst, sofort gekühlt und ein zurückgehaltenes Kriställchen der nächst schwerer löslichen Fraktion eingeimpft. Inzwischen dampft man die letzte Lauge ganz wenig ein und kühlt ebenfalls.

Man gießt nun die Lauge der Endfraktion ab, auf diese die Lauge der nächsten Fraktion und so fort. In jeder Schale befindet sich nun (den am schwersten löslichen Kristallanschuß und die letzte Mutterlauge natürlich ausgenommen) die Kristallfraktion und gesättigte Lauge. Man hat nur durch Erwärmen zu lösen, um durch Kühlen auf einmal sechs neue Fraktionen zu erhalten. Die stets ausscheidenden Endfraktionen werden vereinigt. In ganz kurzer Zeit sind die Mittelfraktionen auf ein Minimum zusammengeschrumpft, denn wenige Kubikzentimeter geben noch gute Kristallisationen, sie werden fortgegossen. Das gesamte Material ist auf diese Weise aufgearbeitet. Es ist zu bemerken, daß die leichtestlösliche Fraktion stets wandern muß, denn es ist keine Kristallausscheidung vorhanden, mit der man dieselbe vereinigen könnte. Um nun die Zahl der Reihen nicht zu vermehren, setzt man mit dem Eindampfen der Lauge nach jeder zweiten Fraktion aus, bis die Mittelfraktionen neues Material geliefert haben. Dieser Vorgang ergibt sich übrigens beim Fraktionieren von selbst.

Hat man das wie oben angedeutete neodymreiche Ausgangsmaterial verwendet, so reichern sich Neodym, Samarium, Erbium und die Hauptmenge farbloser Erden in den Mutterlaugen an. Diese letzteren geben beim Kristallisieren keine einheitlichen Kristallanschüsse mehr. Es ist vorteilhaft, nunmehr die Elemente der engeren Cergruppe von Erbium und seinen Begleitern zu trennen. Die Laugen werden ohne weiteres mit Natriumbisulfatlösung in der Kälte gefällt und der rasch absitzende Niederschlag mit Natriumsulfatlösung ausgewaschen (vgl. Trennung mittels der Alkalidoppelsulfate S. 403). In Lösung ist Erbium, Yttrium usw., Neodym, Samarium und Gadolinium im Niederschlag. Dieser, in Hydrat umgewandelt (vgl. S. 415), wird nach dem Oxychloridverfahren (S. 204) behandelt, wodurch Samarium und Neodym wenigstens teilweise getrennt werden. Reicht das Material aus, so empfiehlt Drossbach, wieder zum Umkristallisieren zurückzugreifen, denn nach Entfernung der Elemente der Yttergruppe und des Magnesiumüberschusses kristallisieren die Magnesiumdoppelsalze wieder leicht.

Bei der auf diese Weise bewirkten Trennung von Neodym, Samarium und Gadolinium hat Drossbach Fraktionen erhalten, in denen das Neodym die beiden Banden $\lambda = 472$ und λ 479 nicht mehr zeigte. Man könnte daraus auf eine Spaltung des Neodyms schließen. Doch hat Drossbach ein solches scheinbares Verschwinden von Bandengruppen, durch sekundäre Erscheinungen verursacht, oft beobachtet, wenn auch nicht in so auffallender Weise. Ein Beweis für die erfolgreiche Spaltung wäre nur durch Isolierung des obige Banden verursachenden Körpers erbracht. Drossbach wollte bei weiterem Durchführen der Versuche gleichzeitig die von Crookes und Krüss ausgesprochene Hypothese auf den Grad ihrer Wahrscheinlichkeit prüfen. Leider hat der Tod der erfolgreichen Arbeit dieses bebannten Praktikers ein zu frühes Ende gesetzt, so daß es empfehlenswert ist, die Drossbachschen Versuche von neuem aufzunehmen.

Die Magnesiumdoppelnitrate existieren für alle seltenen Erden mit Ausnahme des Yttriums. Diese Salze haben nach Demarçay (1900, I) die allgemeine Formel $\overset{III}{M}_2(NO_3)_6 . 3\,Mg(NO_3)_2 . 24\,H_2O$.

Das in großen Rhomboedern kristallisierende hellgelbe Samariummagnesiumnitrat besitzt die Formel $Sm(NO_3)_3 . 5\,Mg . (NO_3)_2 . 24\,H_2O$ (Demarçay 1900, II).

Die Reihenfolge, in welcher die Erden nach ihrer Löslichkeit beim Kristallisieren der Magnesiumdoppelnitrate aus wäßrigen Lösungen aufeinander folgen, ist:

Lanthan — Praseodym — Neodym — überschüssiges Magnesiumnitrat — Samarium — Erbium — Gadolinium — Yttrium und sonstige Yttererden (Muthmann und Weiss 1903).

Das am wenigsten lösliche Salz ist das des Lanthans. Die Löslichkeit und Unbeständigkeit der Salze wächst mit der Erhöhung des Molekulargewichts der seltenen Erden. So z. B. lösen bei 16° 100 ccm Salpetersäure (spez. Gew. 1,3) etwas weniger als 2 g Neodym-, ca. 3 g Samariumsalz und ca. 5 g Gadoliniumsalz.

Wenn Neodym und Samarium vorliegen, so kann man mittels HNO_3 in wenigen Tagen bei nur 4 Fraktionen fast reines Neodym und neodymfreies Samarium erhalten. Die Trennung des Samariums von Europium dauert länger; es sind 8—10 Fraktionen bei günstigen Bedingungen erforderlich. Die Abscheidung des Samariums von Gadolinium ist leichter, so daß Samarium in größeren Mengen dargestellt werden kann. Zur Abscheidung des Europiums sind wenigstens 12 Fraktionen erforderlich. Yttrium wird mit den am leichtesten löslichen Anteilen (Ytterbium, Thulium, Erbium) gewonnen. Die Gegenwart einer größeren Menge Yttrium wirkt störend.

Das Verfahren der Kristallisation in Salpetersäure bietet

große Vorteile, wenn es sich darum handelt, seltene Erden zu trennen, welche kein Element mit niedrigerem Atomgewicht als das des Gadoliniums enthalten. Die Löslichkeit der Nitrate in Salpetersäure wird bei wachsendem Atomgewicht, ausgehend vom Lanthannitrat, rasch kleiner, erreicht für Gadoliniumnitrat ein Minimum, wird dann langsam größer und erreicht beim Ytterbium wieder ihren Höhepunkt (vgl. Trennung mittels fraktionierter Kristallisation der Nitrate S. 364).

Bei der Gewinnung des Samariums wurden die zwischen Neodym und dem Samarium liegenden Fraktionen auf einige 20 g reduziert, während die abgetrennten Fraktionen mehrere Kilogramm betrugen.

Während Demarçay früher die einheitliche Natur des Samariums bezweifelte, tritt er nach den Untersuchungen der Magnesiumdoppelnitrate wieder für die Einheitlichkeit dieser Erde ein (Demarçay 1900, II). Der ständige Begleiter des Samariums, das von Demarçay entdeckte Europium kann mit Hilfe dieser Methode leicht in Form von Anreicherungen gewonnen (Demarçay 1900, III) und durch vielfaches Umkristallisieren isoliert werden (Demarçay 1901).

Bunsen (1858) war bekanntlich der Meinung, daß beim Glühen der Ceritoxyde mit Magnesia (vgl. S. 122) das Cer vollständiger oxydiert wird. Jegel modifizierte diese Methode, indem er die Erden mit Bittersalz und kohlensaurem Natron fällte. Die geglühten Erden wurden in konzentrierter Salpetersäure gelöst und aus der Lösung erhielt man große Rhomboeder eines roten Doppelsalzes von Magnesiumnitrat mit den Ceritnitraten. Wenn nichts mehr kristallisierte, so fiel beim Kochen der verdünnten Mutterlauge ein reines basisches Cerisalz aus (vgl. S. 215). Auf Zusatz einer Lösung der roten rhomboedrischen Kristalle löste sich wieder der Niederschlag. Die von dem Cerniederschlag getrennte Lösung enthielt noch erhebliche Mengen von Cer, die durch abermaliges Kochen und darauf folgendes Verdünnen mit viel Wasser noch gewonnen werden konnte. Dampfte man die jetzt der Hauptmasse nach nur noch Lanthan, Didym und Magnesia enthaltende salpetersaure Lösung ab, so erhielt man ein sehr schönes Doppelsalz dieser Basen, das in zollgroßen Kristallen ausschoß und den Ausgangspunkt weiterer Untersuchung bilden sollte.

Ob diese Versuche weiter fortgeführt wurden, konnte aus der Literatur nicht festgestellt werden.

37. Trennung mittels fraktionierter Kristallisation der Wismutdoppelnitrate.

Literatur.

1903. G. Urbain und Lacombe, C. r. **137**, p. 792—794; C. C. 1904, **1**, S. 53.
1904. — C. r. **138**, p. 84—85; C. C. 1904, **1**, S. 541—542; Ch. N. 1904, **89**, p. 52.
1904. — C. r. **138**, p. 627—629; C. C. 1904, **1**, S. 1106.

Bei der Trennung der seltenen Erden durch fraktioniertes Kristallisieren entstehen Mittelfraktionen, welche die Menge des Materials sehr reduzieren. Dieser Materialverlust soll nach Urbain und Lacombe (1903) vermieden werden, wenn ein gewöhnliches Element, das von den seltenen Erden leicht getrennt werden kann, in Form eines mit diesen isomorphen Salzes zugegen ist, und wenn ferner dieses Salz in bezug auf Löslichkeit sich zwischen die beiden zu trennenden seltenen Erden einreiht. Für diesen Zweck hat sich der Isomorphismus des Magnesiumwismutnitrats[1] mit den Doppelnitraten des Magnesiums und der seltenen Erden als sehr wertvoll erwiesen. So gelang es nach Zusatz einer gewissen Menge von Magnesiumwismutnitrat zu den Magnesiumdoppelnitraten der Samarium-Gadoliniumgruppe die seltenen Erden durch fraktionierte Kristallisation rasch und vollständig zu trennen, wobei sich das Wismut genau zwischen das Gadolinium und Europium schiebt. Das Europium soll demnach als das erste Glied der Ytteriterden zu betrachten sein.

Eine neue Art der Trennung, die ebenfalls durch den Isomorphismus der Wismutmagnesiumdoppelnitrate und der Doppelnitrate des Magnesiums und der seltenen Erden ermöglicht wird, beruht auf folgendem Prinzip. Wenn eine Reihe von isomorphen Salzen nicht kristallisierbare Mutterlaugen liefert, so wird die Menge der von dieser Mutterlauge zurückgehaltenen, kristallisationsfähigen Salze von der Menge der dieselben begleitenden nicht kristallisierbaren Salze abhängen. Umgekehrt, wenn eine große Menge in Gegenwart geringer Mengen in reinem Zustande

[1] Urbain und Lacombe, C. r. **137**, p. 568; C. C. 1903, **2**, S. 1108; vgl. auch Bodmann, Z. an. 1901, **27**, p. 259.

nicht kristallisierender Salze kristallisiert, wird eine beträchtliche Menge der letzteren, und zwar der am leichtesten löslichen, mitkristallisieren. So enthalten z. B. die nicht kristallisierbaren Mutterlaugen der Magnesiumdoppelnitrate stets eine gewisse Menge Gadolinium. Setzt man nun dieser Mutterlauge eine dem Magnesiumnitrat gleiche Menge Wismut zu, so kristallisiert das Gadolinium mit letzterem aus. Auf diese Weise läßt sich das Gadolinium auch von den rohen Yttererden trennen. Die spätere methodische Fraktionierung der gadoliniumhaltigen Wismutnitrate in der Reihenfolge, wie sie erhalten werden, ermöglicht die Trennung der Ceriterden von den Ytteriterden. Ferner gestattet die Unlöslichkeit der Magnesiumdoppelnitrate der dem Samarium vorangehenden seltenen Erden in der Lösung des Wismutdoppelnitrats die Trennung dieser Erden von der ziemlich löslichen Samarerde (Urbain und Lacombe 1904, 1). Besonders zur Reindarstellung des Europiums (1904, 2) wurde diese Methode benutzt und leistete bei der Trennung des Samariums nnd Gadoliniums von Europium gute Dienste.

---

38. Trennung mittels Kaliumoxalat und Kaliumbioxalat.

Literatur.

1842. Th. Scheerer, J. pr. **27**, S. 76—77.

1843. Mosander, Lond. Edinb. Dubl. **23**, p. 241; J. pr. 1843, **30**, S. 290; L. A. 1843, **48**, S. 222—223; B. J. 1844 (23. Jahrg.), S. 251; B. J. 1845 (24. Jahrg.), S. 106.

1845. S. Svanberg, Oefv. K. Vet. Fhd. 1845, Nr. 3, p. 37; Pg. A. (3) **66**, S. 311; B. J. 1846 (25. Jahrg.), S. 149.

1864. M. Delafontaine, Arch. sc. ph. et nat. **21**, Octbr.; J. pr. 1865, **94**, S. 297—301; L. A. 1865, **134**, S. 103—104.

1864. O. Popp, L. A. **131**, S. 180.

1865. M. Delafontaine, Biblioth. Univers. et Revue Suisse [Jan. 1865] **22**; L. A. 1865, **135**, S. 189; Zeitsch. Chem. 1866, (2) **2**, S. 230.

1879. P. T. Cleve, C. r. **89**, p. 421; C. C. 1879, S. 627.

1891. K. Bröckelmann und G. Krüss, L. A. **265**, S. 21—22.

1897. F. P. Venable und Charles Baskerville, Am. J. Sc. (4) **3**, p. 466—471; C. C. 1897, **1**, S. 905.

1903. B. Brauner und A. Batěk, Z. an. **34**, S. 112.

Mosander (1843) empfiehlt in seiner klassischen Arbeit über die Entdeckung der Cerit- und Ytteritelemente zur Trennung der letzteren die Fällung mit saurem oxalsaurem Kali.

In die saure Auflösung der Yttererden wurde eine solche von saurem oxalsaurem Kali tropfenweise unter beständigem Umrühren gegossen, bis sich der Niederschlag nicht wieder auflöste. Der nach einigen Stunden gebildete Niederschlag wurde von der überstehenden Flüssigkeit getrennt und letztere so lange mit saurem oxalsaurem Kali fraktioniert, bis sich noch ein Niederschlag bildete. Neutralisierte man die zurückbleibende Lösung mit einem Alkali, so erhielt man eine geringe Menge fast reiner (?) oxalsaurer Yttererde. Die ersten Niederschläge waren kristallinisch und fielen schnell aus, während die letzte amorphe Ausscheidung sich nur langsam absetzte.

Delafontaine (1864 und 1865) benutzte diese Methode für die Zerlegung eines cerfreien Gadolinitmaterials und setzte tropfenweise eine kalt gesättigte Lösung von saurem oxalsaurem Kali der mit etwas Schwefelsäure angesäuerten Erdnitratlösung zu (bis zur Bildung eines bleibenden Niederschlages). Nach einigen Tagen hatte sich am Boden und den vom Glasstab berührten Teilen der Wandungen der Gefäße ein kristallinischer, aus oxalsauren Kali-Yttererden bestehender Niederschlag abgesetzt.

Fünfzehnmal wurde das Verfahren wiederholt; erst die sich hierauf bildenden, weniger kristallinischen Niederschläge von kaum rötlicher Farbe ergaben nach dem Glühen eine fast farblose Erde, aus welcher Wasser kohlensaures Kali extrahierte.

Nach Vereinigung der weniger gefärbten Fraktionen wurde durch wiederholte Fällungen der größte Teil Erbin (Delafontaines Erbin ist bekanntlich Terbin) abgeschieden. Die vereinigten erbinreichen (= terbinreichen) Fraktionen wurden hierauf mit Kaliumsulfat weiter getrennt, wobei sich ein Doppelsalz von Erbium (= Terbium) abschied, welches zwar in reinem kochenden Wasser löslich, jedoch im Überschuß von Kaliumsulfat unlöslich war (vgl. Trennung mittels Kaliumsulfat). Aus dieser Charakteristik geht deutlich hervor, daß es sich um die Terbinerde handelt, welche bekanntlich in K_2SO_4 etwas, Erbinerde dagegen leicht löslich ist.

Die letzten Fällungen verarbeitete Delafontaine auf Yttria, jedoch konnte er mit Hilfe dieser Methode dieselbe nicht ganz erbiumfrei erhalten.

Aus diesem Grunde kombinierte dieser Chemiker das von

Deville und Damour (s. Abtreiben der Nitrate) zu jener Zeit für die relative Bestimmung des im Parisit enthaltenen Lanthans und Didyms vorgeschlagene Verfahren mit dieser Methode.

Nach dem Auswaschen des basischen (erbinreich) Salzes, welches nach Deville und Damour erhalten war, wurde dasselbe verglüht und in das Kaliumdoppeloxalat umgewandelt. Das letztere behandelte man mit einer sehr verdünnten Schwefelsäure (1 : 50), wobei Erbin- und Yttererde (Delafontaines Terbinerde) gelöst wurden und das heutige Terbin (Delafontaines Erbin) ungelöst zurückblieb.

Mineralsäuren lösen also die gemischten oxalsauren Doppelsalze in umgekehrter Reihenfolge (vgl. auch Mosander 1843).

Die auf die eine oder andere Art gereinigte Yttererde gab, wenn in einer Säure gelöst und mit saurem oxalsaurem Kali fraktioniert gefällt, Niederschläge, welche in verdünnter Schwefelsäure ungleich löslich waren; die am leichtesten sich lösenden enthielten die Yttererde, und die anderen die heutigen Erbinerden. Werden diese beiden Erden mit saurem oxalsaurem Kali zuerst approximativ getrennt, hierauf jede für sich abermals der fraktionierten Fällung unterworfen, so lassen sich Yttrium und Erbium in stark angereichertem Zustand darstellen (vgl. auch Popp 1864).

Nach Höglund verhält sich oxalsaure Erbinerde gegen oxalsaures Kali wie das entsprechende Yttererdesalz, das sich nach Cleve in einer warmen konzentrierten Kaliumoxalatlösung unter Bildung eines löslichen Kaliumdoppelsalzes auflöst. Scandiumsalzlösungen geben nach Cleve (1879) mit saurem oxalsaurem Kali ein kristallinisches Doppelsalz; Didym ist nach Bröckelmann und Krüss (1891) nicht imstande, ein leicht lösliches Kaliumdoppeloxalat zu bilden.

Kocht man didymhaltige Yttererden als Oxalate nicht stundenlang mit Kaliumoxalat, sondern digeriert nur bei Zimmertemperatur, so geht ein Erbium in Lösung, dessen Spektrum keine Spur der Didymlinien aufweist. Beim Digerieren gehen neben Erbium und Yttrium auch andere farblose Erden, Scandium usw. in Lösung. Durch einmalige Operation kann man dem Didym viel farblose Yttererden und Erbium entziehen und bei genauer Beobachtung des Verfahrens schnell zu einem Scandiummaterial gelangen (Bröckelmann und Krüss 1891). Brauner und Batěk (1903) kochten Ceritoxalate längere Zeit mit einer großen Menge einer konzentrierten neutralen Kaliumoxalatlösung, um die weniger basischen Erden der Yttergruppe, sowie event. vorhandenes Thorium zu entfernen.

Thorium liefert unter den gleichen Bedingungen ebenfalls ein Doppelsalz, welches ebenso wie sein Oxalat in freien Säuren unlöslich ist.[1] Nach dem Vergühen und Behandeln mit Wasser entsteht eine weiße milchige Masse.

Durch Fällen einer schwach sauren Zirkonchloridlösung mit Natrium- oder Kaliumoxalat entsteht zuerst ein gelatinöser Niederschlag von $Zr(OH)_4$, dann folgt ein Niederschlag des Doppelsalzes: $Zr(C_2O_4)_2 . 3 Na_2C_2O_4 . C_2H_2O_4 . 5 H_2O$ bezw. $Zr(C_2O_4)_2 2 K_2C_2O_4 . C_2H_2O_4 . 8 H_2O$ (Venable und Baskerville 1897).

Svanberg (1845) wollte durch Digerieren der Oxalate des Eudialyts mit Kaliumbioxalat einen unbekannten Körper extrahieren, den er jedoch nicht identifizieren konnte.

Scheerer (1842) benutzte oxalsaures Kali zur Trennung des Eisens von Yttererden, zu welchem Zweck nicht viel freie Säure zugegen sein darf, da dieselbe das Oxalat der Yttererden auflöst. Uran soll man auf diese Weise von den Yttererden ebenfalls trennen können.

(Zur Vollständigkeit vgl. das Kapitel: Trennung mittels partieller Löslichkeit der Oxalate in verdünnten Säuren, S. 296.)

---

39. Trennung mittels Ammonoxalat.

Literatur.

1864. Bahr, L. A. **132**, S. 231.
1875. Bunsen, Pg. A. **155**, S. 366, 375, 380.
1881. Alexander Classen, Ber. **14**, 2, S. 2771 und 2783.
1882. L. F. Nilson, Oefv. K. Vet. Fhd. Nr. 7; Ber. **15**, 2, S. 2537.
1893. Jannasch, Locke und Lesinsky, Z. an. **5**, S. 283; C. C. 1894, **1**, S. 13.
1895. J. W. Ling, Chem. Ztg. S. 1468—1469; J. G. W. 1895, **38**, S. 635.
1896. Fresenius und Hintz, Z. alyt. **35**, S. 525.
1896. Glaser, Chem. Ztg. **20**, S. 612; J. Am. Ch. Soc. 1896, **18**, S. 9.
1896. Moissan und Etard, C. r. **122**, p. 573; C. C. 1896, **1**, S. 834.
1896. Urbain, Bull. chim. (3) **15**, S. 347; C. C. 1896, **1**, S. 887.
1897. B. Brauner, D. R. P. v. 31. Juli 1897, Nr. 97 689; Patentbl. **19**, S. 440; C. C. 1898, **2**, S. 653.

---

[1] Berzelius 1829, P. A. (2) **16**, S. 412.

1897. I. Glaser, Z. alyt. **36**, S. 213—219.
1897. II. — Z. alyt. **37**, S. 25—28; C. C. 1898, **1**, S. 770.
1897. I. Hintz und Weber, Z. alyt. **36**, S. 27—31.
1897. II. — — Z. alyt. **36**, S. 676, 682.
1897. N. O. Witt, Über den Cergehalt der Thorsalze — als Manuskript gedruckt. — Fünfte gutachtliche Äußerung, S. 18—19.
1898. B. Brauner, J. Ch. S. **73**, p. 951—985; C. C. 1899, **1**, S. 822—823.
1898. Joseph Lesinsky, Dis., Universität Bern, S. 10.
1900. Benedicks, Z. an. **22**, S. 418.
1900. Urbain, An. Chim. (7) **19**, p. 184; C. C. 1900, **1**, S. 516.
1901. G. P. Drossbach, Z. agw. Heft 26, S. 655—656; C. C. 1901, **2**, S. 264.
1902. E. Benz, Z. agw. Heft 13, S. 298—302; C. C. 1902, S. 132.
1902. Astrid Cleve, Z. an. **32**, S. 157.

Bahr gab 1864 als charakteristische Reaktion des vermeintlichen Wasiums (welches er selbst später als identisch mit Thorium fand) die Löslichkeit seines Oxalats in Ammonoxalat an, welche Eigenschaft Bunsen (1875) für die Darstellung von Thorerde verwendete. Dieser Chemiker bemerkte, daß die Oxalate des Cers und Didyms bei der Behandlung mit einer wäßrigen Lösung von oxalsaurem Ammon ungelöst bleiben, Lanthanoxalat aber beim Erkalten wieder ausfällt, während die Lösungen von Thoroxalat in Ammonoxalat durch Zugabe von Wasser nicht gefällt werden.

Nachdem nun Bunsen dieses eigentümliche Verhalten des Thoroxalats gegenüber Ammonoxalat erkannt und kurz zuvor die Reaktion mit Natriumthiosulfat studiert hatte, schlug er vor, solche Thorsalze in der Weise zu reinigen, daß man sie mehrmals als Thiosulfat (vgl. Trennung mittels Natriumthiosulfat S. 252) fällt und dann außerdem noch mehrmals in Form des Oxalats in oxalsaurem Ammon löst, die Lösung stark verdünnt und von den dabei ausgeschiedenen Verunreinigungen trennt. Auf diese Weise würde, bemerkt Bunsen, ein vollkommen reines Präparat erhalten werden.

Da Bunsen nicht angibt, was er unter „mehrmals" versteht, nahm Witt (1897) bei der Prüfung dieser Methode die kleinste bestimmte Zahl, nämlich zweimal an. Witt fällte daher rohes Thoriumsulfat (aus Thorit) abwechselnd mit Thiosulfat und Oxalsäure und konnte sich bei der zweiten Oxalatlösung davon überzeugen, daß dieselbe eigentlich überflüssig war, denn hierbei löste sich das Thorsalz vollkommen klar und die stark verdünnte Lösung ließ auch bei längerem Stehen nichts fallen. Die aus diesem Präparat hergestellten Glühstrümpfe zeigten dieselben Erscheinungen wie solche, die aus reinem Thoroxyd (cerfreien) hergestellt waren. Nach Witt ist diese in ihrer einfachsten Form von Bunsen (1875) beschriebene Methode geeignet, reine Thorpräparate im heutigen Sinne des Wortes darzustellen.

Nach Witt sollen durch die Bunsensche Methode auch die geringen Mengen der Yttererden vollständig beseitigt werden, was Drossbach (1901) bestreitet, denn nach Angaben dieses großen Praktikers haften die optisch farblosen Yttererden hartnäckig dem Thorium an und begleiten dasselbe mehr oder weniger leicht bei allen Reaktionen. Bei Gegenwart großer Mengen Thorium sind nämlich die Oxalate dieser Erden nicht unlöslich, nur schwierig kann man sie aus dem Oxalatgemenge durch Auskochen mit Salzsäure entfernen (vgl. Trennung mittels partieller Löslichkeit der Oxalate S. 296). Ling (1895) nimmt an, daß die Technik in der ersten Zeit ihre Thorpräparate auf diese Weise dargestellt hat, jedoch dürfte bald das wohlfeilere Ammoncarbonat an die Stelle des teuren Ammonoxalats getreten sein (Böhm). Aus der Thoroxalatlösung kann man die Thorerde entweder durch Zusatz von überschüssiger Salz- oder Salpetersäure in Form von Oxalat quantitativ (nach dem Erkalten) fällen (Glaser 1897, I), oder auch mit Ammoniak als Hydrat abscheiden (Urbain 1900).

Das in der Wärme mit einer Säure abgeschiedene Thoroxalat ist meistens so fein verteilt, daß es beim Filtrieren leicht durchs Filter läuft. Am besten fällt man die kochende Thoriumoxalatlösung ebenfalls mit kochender konzentrierter Salz- oder Salpetersäure und erwärmt noch schließlich zwei Stunden auf dem Wasserbade. Brauner, Jannasch 1893, Lesinsky 1898, Moissan und Etard 1896 stellten sich nach dieser modifizierten Bunsenschen Methode ihre Thorpräparate her.

Brauner untersuchte die Reaktion von Bahr und Bunsen näher und ließ sich folgendes modifiziertes Verfahren patentamtlich schützen (1897):

Verfahren zur Trennung der Thorerde von den übrigen seltenen Erden.

Die bei ca. 400° C entwässerten rohen Erdsulfate löst man in Eiswasser und säuert die verdünnte Lösung stark mit Salpetersäure an. Durch tropfenweißen Zusatz von Oxalsäure zur siedenden Lösung fällt man rohes Thoriumoxalat[1] aus, welches im lufttrockenen Zustande etwa 50—51 % ThO_2 enthält und folgende Formel besitzt: $Th(C_2O_4) + 6H_2O$.

Die heiße Lösung gießt man auf einmal ab und wäscht den Niederschlag auf einer Nutsche zuerst mit heißem Wasser, welches etwas Salpetersäure enthält, und endlich mit einer kalten, sehr verdünnten wäßrigen Lösung von Oxalsäure aus. Auf diese Weise wird alles Zirkon und der größte Teil der dreiwertigen Erden entfernt, so daß dieses bereits ein Thoriumpräparat von verhältnismäßig großer Reinheit darstellt.

Ein Teil des so erhaltenen lufttrockenen Oxalats (1 Mol.) wird bei 100° mit 2 Teilen Wasser und 96 Teilen Ammonoxalat (3 ½ Mol. — nach der Patentschrift genau 4 Mol.) behandelt.[2] Wenn das Thoriumoxalat bei einer höheren Temperatur getrocknet worden ist, müssen für jeden Teil ThO_2 (durch Verglühen bestimmt) 1,88 Teile Ammonoxalat mit 4—5 Teilen Wasser angewendet werden. Nachdem man längere Zeit auf 100° C erwärmt hat, wird eine beträchtliche Menge Wasser hinzugefügt (ungefähr 40 mal so viel, wie zum Ammonoxalat gegeben wurde) und die Mischung längere Zeit in ein entsprechendes Gefäß zum Absetzen und Klären gegeben. Die klare Flüssigkeit hebert man ab, da

[1] Man unterbricht den Oxalsäurezusatz, sobald einige Tropfen keine Fällung erzeugen. Ein weiterer Zusatz würde die übrigen Erden in größerer Menge mitfällen, vgl. S. 296.

[2] Die von Glaser (1896) gemachte Angabe, daß aus der Lösung des Thoroxalats in Ammonoxalat beim Erkalten wieder Thorerde ausfällt, ist falsch (Hintz u. Weber 1897, I). Bald darauf wiederholte Glaser (1897, I) seine Versuche und fand, daß heiße Thorerdelösungen durch Ammonoxalat überhaupt nicht gefällt werden, sondern daß Fällung erst beim Abkühlen eintritt. Ein Überschuß des Fällungsmittels ist in der Hitze nicht erforderlich, um Fällung zu verhindern. Wenn hingegen eine heiße Thorerdelösung mit einem großen Überschuß von Ammonoxalatlösung versetzt wird, so tritt weder in der Hitze noch in der Kälte Fällung ein. Diese Beobachtung steht im Widerspruch zu den 1896 gegebenen Angaben, die bereits von Hintz und Weber (1897, I) berichtigt wurden.

sie durch Filtrieren schlecht vom Niederschlag zu trennen ist; derselbe kann vorteilhaft mit weniger reinen Präparaten aufgearbeitet werden.

Nachdem die Lösung des Thordoppelsalzes bedeutend eingedampft worden ist, wird sie auf dem Wasserbade erhitzt und allmählich mit Salpetersäure versetzt. Zuerst bildet sich ein kolloidaler Niederschlag, der teilweise oxydiert und gelöst wird, welche Reaktion vom Entwickeln nitroser Gase und Kohlensäure begleitet ist. Der Prozeß ist beendet, wenn das Ausstoßen der Gasblasen aufgehört hat und das Thoroxalat sich als schweres, kristallinisches und körniges Pulver abgesetzt hat.

Das so dargestellte Thoroxalat ist sehr rein und besitzt nach Brauner (1898) ein Atomgewicht von 232,43 (O = 16), welche Zahl mit derjenigen von Krüss und Nilson[1] (nach dem Sulfatverfahren erhalten) identisch ist.

Diese Methode erklärt sich aus folgenden Einzelheiten, welche ebenfalls von Brauner (1898) festgestellt wurden:

1. Die Löslichkeit der Oxalate der Cerit- und Ytteriterden in Ammonoxalat ist im Vergleich zum Thoriumoxalat und Zirkonoxalat sehr gering.

Folgende Tabelle enthält die Erdmengen in Gramm ausgedrückt, welche den verschiedenen durch 1 g Ammonoxalat gelösten Oxalaten entsprechen. Die geringste Menge des Oxalats, und zwar von Lanthan, welches sich löste, ist hierbei als Einheit benutzt.

1 g Ammonoxalat, in 38 Teilen Wasser gelöst, löste:

Erde	Gramm	Relative Werte
La_2O_3	0,000 233	= 1
Pr_2O_3	0,000 263	= 1,13
Nd_2O_3	0,000 335	= 1,44
Ce_2O_3	0,000 417	= 1,80
Y_2O_3	0,002 562	= 10,99
Yb_2O_3	0,024 37	= 104,59[2]
ThO_2	0,620 000	= 2663,00

Nach Benz (1902) lösten sich die Oxalate von 0,0443 g ThO_2 in 3 ccm siedender Ammonoxalatlösung. Von 0,2086 CeO_2 beim

[1] Krüss und Nilson, Ber. 1887, 20, 1675.
[2] Nach A. Cleve 1902, s. auch S. 307.

Behandeln mit 20 ccm gesättigter Ammonoxalatlösung (längere Zeit auf dem Wasserbade), und nachherigem Verdünnen mit Wasser auf 100 ccm = 0,0016 g CeO_2.

Bei der gleichen Behandlung eines Gemisches von

0,2086 g CeO_2 und 0,0443 g ThO_2

wurden gelöst bei einmaligem Digerieren = 0,0275 g, bei zweimaligem = 0,0369, bei dreimaligem = 0,0409.

Es gingen somit in Lösung:

bei	1 mal.	Digerieren	0,0275 g ThO_2
„	2	„	0,0089 g ThO_2
„	3	„	0,0042 g ThO_2

Trotz dreimaligen Digerierens waren 0,0443 — 0,0409 = 0,0034 g ThO_2 nicht in Lösung gegangen.

Beim Digerieren der Oxalate von 0,1099 g CeO_2 und 0,0546 g ThO_2 mit 50 ccm Ammonoxalatlösung:

1 mal. Digerieren	= 0,1376	Rückstand;	in Lösung = 0,0274	(mit 0,0008 CeO_2)
2 „ „	= 0,1125	„ ;	„ „ = 0,0519	(„ 0,0015 CeO_2)
3 „ „	= 0,1088	„ ;	„ „ = 0,0562	(„ 0,0036 CeO_2)

Es waren somit in Lösung gegangen:

bei	1	Digerieren	0,0274 g ThO_2	(mit 0,8 mg CeO_2)
„	2	„	0,0251 g ThO_2	(„ 0,7 mg CeO_2)
„	3	„	0,0037 g ThO_2	(„ 1,1 mg CeO_2)

Durch einmaliges Digerieren der Oxalate von 0,1099 g CeO_2 und 0,0546 g ThO_2 mit 100 ccm;

In Lösung: 0,0271 g ThO_2 (mit 1 mg CeO_2).
Rückstand: 0,1367.

Mit 100 ccm Ammonoxalatlösung war somit keine größere Menge Thoroxalat in Lösung gegangen, als beim einmaligen Digerieren mit 50 ccm.

Lanthanoxalat, als das positivste und am meisten basische Element aller bekannten seltenen Erden wird am wenigsten, Thoroxalat[1], als negativstes, am meisten gelöst.

Der weniger basische Charakter der Ytteriterden wird im Vergleich zu den mehr basischen Ceriterden durch folgenden Versuch noch mehr gestützt. Ein Oxalatgemisch eines Yttrium-Gadoliniummaterials ergab die Zahl 0,00180 g = 7,8 (nach Bene-

[1] Zirkonoxalat löst sich vollständig in Ammonoxalat, bereits in der Kälte, und dürfte infolge seines negativen Charakters noch löslicher als Thoroxalat sein.

dicks [1900] = 0,00083 für reines Gadoliniumoxalat), während ein Erbium-Holmiumoxalatgemisch 0,00207 = 8,9.

Diese Verhältniszahlen rangieren unmittelbar zwischen denen, welche von Yttrium- und Ceroxalat erhalten waren.

Das Bestreben, Doppeloxalate zu bilden, nimmt mit steigender Basizität ab; Thoriumoxalat vermag also recht leicht diese Salze zu bilden, und zwar existiert das komplexe Salz $Th(C_2O_4 . NH_4)_4 + 7 H_2O$ auch mit $4 H_2O$ und wasserfrei.

Durch Wasser wird Thoriumammoniumoxalat hydrolytisch zersetzt, wobei als erstes Zersetzungsprodukt ein Oxalat von Thorium und Ammonium, $Th_2(C_2O_4)_5(NH_4)_2 + 7 H_2O$ gebildet wird; dasselbe ist entweder amorph-kolloidal, oder es bildet kleine Kristalle. In Gegenwart von überschüssigem Ammonoxalat ist dagegen dieser Körper beständig.

Bei der hydrolytischen Spaltung sind folgende Reaktionsstufen anzunehmen:

a) $2 Th(C_2O_4 . NH_4)_4 . 7 H_2O + aq \rightleftarrows$

b) $Th_2(C_2O_4)_6(NH_4)_4 . x H_2O + 2 (NH_4)_2C_2O_4 + (14 - x) H_2O + aq \rightleftarrows$

c) $Th_2(C_2O_4)_5(NH_4)_2 . 7 H_2O + 3 (NH_4)_2C_2O_4 + 7 H_2O + aq \rightleftarrows$

d) $2 Th(C_2O_4)_2 . 6 H_2O + 4 (NH_4)_2C_2O_4 + 2 H_2O + aq.$

Die sämtlichen Reaktionen, von denen b) allerdings noch nicht ganz sichergestellt ist, sind also — wie durch die Pfeile angedeutet wird — umkehrbar; es stellt sich demgemäß in einem System von Thoriumoxalat, Ammonoxalat und Wasser stets ein von der Konzentration und den relativen Massen der reagierenden Körper, sowie von Druck und Temperatur abhängiger Gleichgewichtszustand her, in dem wahrscheinlich die sämtlichen in den Gleichungen vorkommenden Molekelgattungen vorhanden sind. Aus diesem Umstande will Koppel[1] die vielfach einander widersprechenden Angaben über die Löslichkeit von Thoriumoxalat in Ammonoxalatlösungen erklären.

Nach Benedicks liegt der Grund hierfür nicht in einer nachträglichen hydrolytischen Spaltung des komplexen Thoriumammoniumoxalates, sondern in der durch das Cer stark verminderten Löslichkeit des Thoroxalates in Ammonoxalat (s. unten),

[1] Koppel, Die Chemie des Thoriums, Sammlung chemischer und chemisch-technischer Vorträge, 1901, S. 358; Sonderaberuck im Verlag von Enke, S. 56.

zumal meistens ein Überschuß des letztern in Anwendung kommt. 0,14 bis 1,59 Mol. Ammonoxalat sind erforderlich, um bei Gegenwart von 19 bis 1028 Mol. Wasser 1 Mol. Thoroxalat ohne sichtbare Zersetzung in Lösung zu halten (Brauner 1898).

Das normale Ammoniumthoriumoxalat — erhalten durch Lösen von Thoroxalat im Überschuß von Ammonoxalat — bildet sehr leicht übersättigte Lösungen, aus denen es mit 7 Mol. Wasser kristallisiert. An der Luft verliert dieses Heptahydrat leicht 3 Mol. Wasser und geht in das Tetrahydrat über, welches sein gesamtes Wasser über Phosphorpentoxyd verliert. Bei 127° wird das wasserfreie Salz noch nicht zersetzt, dagegen bei 150° unter Cyanentwicklung.[1]

2. Beim Vermischen der konzentrierten wäßrigen Thoroxalatlösung[2] mit konzentrierter Salpetersäure entsteht ein schleimiger, unfiltrierbarer Niederschlag, der beim Erwärmen nach einiger Zeit dichter wird und sich filtrieren läßt; seine Zusammensetzung ist:

$$2(ThO_2.2C_2O_3) + H_2C_2O_4 + 9H_2O.$$

Digeriert man demnach die Lösung samt Niederschlag mit konzentrierter Salpetersäure (von 60—65%) bei 100°, so klärt sich die trübe Flüssigkeit nach und nach. Zunächst wird die anwesende freie Oxalsäure oxydiert, dann die an das normale Thoriumoxalat gebundene, wobei normales Thoriumoxalat entsteht, und hierauf die noch in geringer Menge anwesenden Oxalate aller übrigen stärker basischen seltenen Erden, deren Nitrate nun in den Mutterlaugen verbleiben. Das unterdessen kristallinisch gewordene Thoriumoxalat selbst wird bei dieser Operation nur wenig angegriffen, geht aber in einen grobkristallinischen Niederschlag über, der selbst für das bloße Auge sichtbar, aus rhombischen, nahezu quadratischen Tafeln besteht.

Bei der Einwirkung von Oxalsäure[3] auf eine Lösung von Ammoniumthoroxalat wird ein halbsaures Salz $Th_2H_2(C_2O_4)_5 + 9H_2O$ als kristallinischer Niederschlag erhalten.

---

[1] Brauner, Proc. Chem. 1897/1898 Nr. 191, p. 67; C. C. 1898, 1, S. 918; J. Ch. S. **73**, S. 951; C. C. 1899, **1**, S. 822.

[2] Die Lösung von Zirkonoxalat in Ammonoxalat wird durch Säuren nicht gefällt, welches Verhalten für eine Trennung dieser beiden Erden Verwendung findet (s. S. 72, 488 und Bd. II, S. 135).

[3] Zirkonoxalat ist im Überschuß von Oxalsäure etwas löslich, nach Berlin leicht löslich (s. S. 72).

Mineralsäuren fällen im Gegensatz zu den Glaserschen (1897, I und II) Angaben entweder das neutrale Oxalat oder ein Gemisch desselben mit dem halbsauren Salz.

Die Bunsensche Methode wurde allein oder in Kombination mit anderen (nach Witt führt zweimalige Fällung mit Thiosulfat und einmalige Extraktion mit Ammonoxalat zum Ziele) von vielen Forschern, so z. B. von Nilson (1882), Jannasch, Locke und Lesinsky (1893 und 1898), Moissan, Etard (1896) und Urbain (1900) zur Darstellung von Thorerde benutzt, und es lag nahe, dieselbe auch für quantitative Zwecke nutzbar zu machen. Meistens geschah dieses in der Weise, daß man die frisch gefällten und abfiltrierten Oxalate der genannten Erden mit Ammonoxalatlösung behandelte; nur Glaser (1896) ging von der Lösung der Erden aus und fällte diese mit überschüssigem Ammonoxalat.

Glaser gibt für sein Verfahren folgende Vorschrift: „Man löst die Oxyde der Erden in Schwefelsäure, stumpft den größten Teil der freien Säure durch Ammoniak ab und setzt zu der siedend heißen Lösung eine ebensolche Lösung von oxalsaurem Ammonium im Überschuß und nach ganz kurzer Zeit, ehe Abkühlung eintritt, einige Kubikzentimeter einer Lösung von essigsaurem Ammonium hinzu.

Beim Abkühlen fallen sämtliche Cermetalle als Oxalate nieder, während Thorerde in Lösung bleibt. Nach längerem Stehen (am besten über Nacht) wird filtriert, im Filtrat die Thorerde durch überschüssiges Ammoniak abgeschieden und zur Wägung gebracht."

Da das durch Ammonoxalat in Lösung gebrachte Thoroxalat durch Mineralsäuren wieder gefällt wird, so ist es a priori durchaus nicht gleichgültig, bis zu welchem Grade die Lösung neutralisiert wird.

Bei Abwesenheit anderer Erden genügen 10 ccm einer kalt gesättigten Ammonoxalatlösung, um ca. 0,1 g ThO_2 als komplexes Thoriumsalz in Lösung zu halten. Bei Anwesenheit von Cer ist aber diese Ammonoxalatmenge ganz unzureichend. Bei einem Mengenverhältnis ($0{,}0546\,ThO_2 + 0{,}2198\,CeO_2$) von Thorium und Cer, welches ungefähr demjenigen im Monazitsande entspricht, blieben trotz einem Zusatz von 50 ccm obiger Ammonoxalatlösung nur ca. 0,04 g ThO_2 gelöst. Cer erschwert somit die Bildung des komplexen Thoriumammoniumoxalates ganz bedeutend und macht einen so großen Überschuß von Ammonoxalat notwendig, daß dadurch wägbare Mengen Cer mit in das Filtrat gelangen. Ein Zusatz von Ammonacetat vermag zwar die ungünstige Wirkung des Cers teilweise aufzuheben, hat aber den Nachteil zur Folge, daß eine etwas größere Menge Cer in die Thorerdefällung gelangt. Benz (1902) beweist ferner, daß infolge der Wirkung des Cers auf die Löslichkeit des Thoroxalats in Ammonoxalat die Fällung mit Ammonoxalat je nach den Mengenverhältnissen von Thor und Cer ganz verschiedene Resultate liefert.

Eine quantitative Trennung der Thorerde von Cer, bezw. den anderen Erden erreicht man durch eine einmalige Fällung mit Ammonoxalat, auch bei Zusatz von Ammonacetat[1], unter keinen Umständen. Für eine Wiederholung der Fällung ergeben sich aber aus der Beständigkeit der Oxalate gegen Säuren und dem schlechten Filtrieren so viele Schwierigkeiten, daß daran nicht gedacht werden kann.

Die quantitative Bestimmung der Thorerde durch Digerieren der Oxalate mit Ammonoxalat hätte der Glaserschen Methode gegenüber den Vorteil, daß man die Oxalate, als welche die seltenen Erden zunächst immer abgeschieden werden, nicht erst wieder zu lösen brauchte. Hintz und Weber (1897, II) bemerken, daß das Digerieren der Oxalate deshalb nicht angehe, weil man immer ein trübes Filtrat erhalte, verwenden aber dieses Verfahren, ebenso wie Fresenius (1896), dennoch zur Thoriumbestimmung im Thorit (Hintz und Weber 1897, I). Um sämtliches Thoroxalat in Lösung zu bringen, muß nach diesen Autoren das Digerieren drei- bis viermal wiederholt werden, wobei nach jeder Operation die Flüssigkeit verdünnt und zwei Tage stehen gelassen wird. Schließlich hat man das so erhaltene Thoroxyd nochmals mit Schwefelsäure in Lösung zu bringen und durch Fällung mit Natriumthiosulfat zu reinigen.

Aus dieser Arbeitsweise zu schließen, konnte das in Frage stehende Verfahren für eine rasche und doch zuverlässige Bestimmung von Thorium kaum mehr in Betracht kommen. Dennoch verfolgte Benz (1902) dieselbe an Hand von Mischungen bekannten Gehalts und gelangte zu folgendem Urteil:

Die eigentümliche Wirkung des Cers auf die Löslichkeit des

[1] Ceriumoxalat ist in Ammonacetat etwas löslich (Glaser 1897).

Thoroxalats in Ammonoxalat tritt beim Digerieren noch viel auffallender hervor, als bei der Fällung mit Ammonoxalat. Dieselbe Menge Thoroxalat (entsprechend 0,0546 g ThO_2), die sich in 3 – 4 ccm Ammonoxalatlösung mit Leichtigkeit auflöste, wurde bei Anwesenheit von Cer (0,1099 g CeO_2 + 0,0546 g ThO_2) von 100 ccm kochender Ammonoxalatlösung nur zur Hälfte gelöst.

Aus einem Gemisch der Oxalate von Cer und Thorium (erhalten durch Fällen einer Lösung dieser Erden) läßt sich somit das Thoroxalat nur durch wiederholtes Digerieren mit einem ziemlich großen Überschuß von Ammonoxalat in Lösung bringen, wobei dann aber erhebliche Mengen von Ceroxalat mitgelöst werden.

Diese Tatsachen dürften jedenfalls die vielfachen Widersprüche in den Angaben über die Thoriumbestimmung mittels Ammonoxalat genügend erklären, wofür Koppel die bereits erwähnte hydrolytische Spaltung des komplexen Thoriumdoppeloxalats annimmt. Der Grund hierfür und für die Unbrauchbarkeit der beiden Ammonoxalatmethoden (durch Fällen und Digerieren) liegt demnach nicht in einer nachträglichen hydrolytischen Spaltung des komplexen Thoriumammoniumoxalats in Ammonoxalat, sondern in der durch das Cer stark verminderten Löslichkeit des Thoroxalats in Ammonoxalat. Diese Wirkung des Cers beruht nach Benz (a. a. O.) sehr wahrscheinlich darauf, daß aus einer Lösung von Cer- und Thorerde das Thorium durch Oxalsäure in Form eines gegenüber Ammonoxalat sehr beständigen Doppelsalzes (Cer-Thoriumoxalat) gefällt wird. Durch Hinzufügen von Ceroxalat zu reinem Thoroxalat wird, wie zahlreiche Versuche gezeigt haben, die Löslichkeit des letzteren in Ammonoxalat in keiner Weise beeinträchtigt.

Drossbach[1] löste zur Abscheidung der Ytteriterden des Monazits die frisch gefällten Oxalate in starker Pottaschelösung (vgl. S. 263).

Über die Trennung mittels der Löslichkeit des Thoriumoxalats in Ammoncarbonat und Ammonacetat vergleiche „Trennung mittels der Carbonate und Acetate“.

[1] Drossbach, Ber. 1901, S. 3508.

40. Trennung mittels der Doppelfluoride.

Literatur.

1860. Marignac, An. Chim. (3) **60**, p. 257; L. A. **116**, S. 360.
1861. J. J. Chydenius, Kemisk undersökning af Thorjord och Thorsalter, Helsingfors, im Auszuge von Rammelsberg übers. 1863, Pg. A. (2) **119**, S. 49.
1861. Marignac, J. pr. **83**, S. 201.
1870. Benno Franz, Ber. **3**, S. 59.
1876. Richard Hornberger, L. A. **181**, S. 332—341.
1897. M. Delafontaine, Ch. N. **75**, S. 229; J. **1897**, **1**, S. 1039.
1900. L. Pissarjewsky, Z. an. **25**, S. 379.

Das Kaliumzirkonfluorid löst sich in heißem Wasser leicht und scheidet sich beim Erkalten fast vollständig wieder aus in Form von Kristallen, so daß in der Mutterlauge nur noch ein kleiner Teil gelöst bleibt.

Marignac (1860) benutzte diese Verbindung für die Gewinnung der Zirkonerde und verband hiermit eine bequeme Aufschlußmethode des Zirkonminerals.

Zirkon wird glühend in Wasser abgelöscht, gröblich gepulvert, mit 3—4 Teilen Kaliumbifluorid vermischt und in einem geräumigen Platintiegel schwach erhitzt, bis alle Feuchtigkeit vertrieben ist und das Schäumen aufhört. Hierauf wird der Platintiegel in einen passenden hessischen Tiegel gebracht und beide bedeckt auf dem Gebläse zwei Stunden lang heftig geglüht. Der Aufschluß gelingt vollständig. Die porzellanartige Masse wird gepulvert, mit flußsäurehaltigem Wasser ausgekocht und von dem unlöslichen Kaliumsiliciumfluorid abfiltriert. Beim Erkalten kristallisiert aus dem Filtrat das Kaliumzirkoniumfluorid in schönen farblosen rhombischen Kristallen aus. Durch Umkristallisieren und Auswaschen mit kaltem Wasser, worin das Doppelsalz schwer löslich ist, kann es rein erhalten werden. Das Kaliumzirkonfluorid dampft man mit Schwefelsäure ab, löst es in viel Wasser und fällt das Hydrat mit Ammoniak. Hierbei ist zu beachten, daß, wenn noch reichlich freie Säure vorhanden ist, mithin die Lösung auf Ammoniakzusatz sich merklich erwärmt, das Hinzufügen von Ammoniak nicht sofort bis zum Ausscheiden des Hydrats fortgesetzt werden darf, sondern nur bis zur annähernden Neutralisation, da das in der Wärme gefällte Zirkonerdehydrat schwer in Säuren löslich ist. Man läßt nun die Lösung vollständig erkalten und fällt hierauf mit Ammoniak. Wegen seiner gallertartigen Beschaffenheit läßt sich das Hydrat schlecht auswaschen, weshalb man es in verdünnter Schwefelsäure löst und abermals mit Ammoniak fällt. Am besten fällt man die stark verdünnte Zirkonlösung mit verdünntem Ammoniak und wäscht das Hydrat durch Dekantieren mit kaltem Wasser.

Diese Behandlung des Kaliumzirkoniumfluorids weicht etwas von der Marignacschen ab, nach welcher das Salz durch Zersetzen mit Schwefelsäure und nachheriges Glühen in Zirkonoxyd und schwefelsaures Kalium verwandelt und das letztere durch Auslaugen mit heißem Wasser entfernt wird, so daß Zirkonoxyd zurückbleibt.

Hierbei fand jedoch Hornberger (1876) den Nachteil, daß wenigstens beim Arbeiten mit größeren Mengen die Überführung des Sulfats in Oxyd schwer vollständig gelingt, ferner, daß letzteres nicht leicht frei von Kalium zu erhalten ist und endlich die Zirkonerde, wenn man dieselbe verarbeiten will, erst durch langes Schmelzen mit Kaliumbisulfat löslich gemacht werden muß; durch Abrauchen mit H_2SO_4 kann dieses leicht geschehen (Hermann). Diese Übelstände sind in dem oben beschriebenen Verfahren vermieden und man erhält das Material in einer Form, in der es sich nach Belieben verarbeiten läßt. Durch Glühen läßt sich daraus leicht auch das Oxyd, wenn solches erforderlich ist, herstellen.

Beim Darstellen des Doppelfluorids (Lösen des Hydrats in Flußsäure zuvor) ist es ein Unterschied, ob man die Zirkonfluoridlösung in eine konzentrierte Lösung von neutralem Fluorkalium tröpfelt, oder umgekehrt verfährt. Im ersten Falle bildet sich nach Franz (1870) das Doppelsalz $3\,KFl + ZrFl_4$, welches schon von Marignac beschrieben wurde; im zweiten Falle $2\,KFl + ZrFl_4$.

Beide Doppelverbindungen sind schwer löslich und können nur aus viel heißem Wasser kristallisiert erhalten werden; die erstere in mikroskopischen wasserfreien Kristallen, die letztere in schönen Nadeln, die oft, ähnlich dem borsauren Kalke, raupenförmig gruppiert sind.

Da diese Methode von vornherein die Benutzung von Glasgefäßen ausschließt, so wird die Verarbeitung größerer Zirkonmaterialien durch die bedingte Anwendung von Platingefäßen erschwert.

Außer Franz und Hornberger reinigte Pissarjewsky (1900) sein Zirkonpräparat nach dieser Methode.

Böhm arbeitete ebenfalls nach dieser Methode, entfernte aber die letzten Verunreinigungen (spez. Eisen) mittels Wasserstoffsuperoxyd, welches Verfahren sehr zu empfehlen ist (vgl. Trennung mittels Wasserstoffsuperoxyd S. 147).

Die Kristalle vom Zirkonkaliumfluorid sind bald nadelförmig, bald kurze Prismen des rhombischen Systems mit Kombinationen horizontaler Prismen und einem Oktaeder (ähnlich wie beim Salpeter).

Ammonzirkonfluorid ist mit dem Kalisalz isomorph und entsteht auf analoge Art. Ammonium- und Kaliumdoppelfluoride des Zirkons mit 3 Atomen Alkalifluorid haben dieselbe Zusammensetzung wie die entsprechenden Fluortitanverbindungen, sind aber nicht denselben isomorph, denn die letzteren gehören dem quadratischen System an.

Natriumzirkonfluorid ist schwer im Wasser löslich und erfordert 258 Teile Wasser von 18° und 60 Teile siedenden Wassers. In einer Lösung von Kaliumzirkonfluorid bringt Chlornatrium eine Umsetzung zu dem Natriumdoppelsalz hervor, Chlorbaryum erzeugt einen Niederschlag.

Kristallinisch und etwas mehr löslich als das Baryumsalz erscheint das Bleizirkonfluorid, aber es zersetzt sich mit Wasser sogleich (wichtig beim Arbeiten mit Bleigefäßen).

Magnesiumzirkonfluorid ist nur wenig in Wasser löslich (Marignac 1861).

Wenn man zu einer etwas sauren Thoriumchloridlösung saures Fluorkalium setzt, so entsteht sogleich ein flockiger, bald pulverig werdender Niederschlag, der bei 150° nichts an Gewicht verliert. Einen ganz ähnlichen Niederschlag erhält man bei Anwendung von neutralem Fluorkalium.

Hinsichtlich seiner Fluorverbindungen hat nach Chydenius (1861) Thorium keine Ähnlichkeit mit dem Zirkon, Silicium, Titan und Zinn.

Flußsäure erzeugt in Thoriumlösungen einen gelatinösen Niederschlag, der sich aber bald in ein schweres weißes Pulver verwandelt; die Fällung ist quantitativ, denn Fluorthorium ist unlöslich in Wasser und Flußsäure (vgl. auch: Allgemeines Verhalten der seltenen Erden zu den Reagentien S. 63).

Daher kann man auf diese Art Zirkon und Titan von Thorium und den anderen seltenen Erden trennen. Das Gemenge wird mit saurem Kaliumfluorid geschmolzen und die Schmelze mit heißem H_2O, welches etwas Flußsäure enthält, ausgelaugt. Die Lösung enthält Titan und Zirkon und wird mit H_2O_2 von Titan befreit. Die unlöslichen Fluoride werden in Sulfate verwandelt und diese mit überschüssigem Ammonoxalat behandelt, wodurch ThO_2 in Lösung geht usw. (Delafontaine 1897).

41. Trennung der seltenen Erden auf physikalischem Wege.

Literatur.

1893. K. Hofmann und G. Krüss, Z. an. **3**, S. 89—91.
1893. K. Hofmann, Dis., Universität München, S. 46—47.
1893. O. Pettersson, Z. an. **4**, S. 1—9.
1902. Muthman, Hofer und Weiss, L. A. **320**, S. 231—269; C. C. 1902, **1**, p. 703—704.

Bekanntlich besitzt die poröse Kohle, wie vornehmlich die Knochenkohle, die Fähigkeit, gewisse Stoffe zu absorbieren, sei es aus der Luft, sei es aus einer Lösung, in welche man sie einträgt. In den meisten Fällen beruht dieses darauf, daß durch die ungeheure Oberflächenausdehnung das Spiel der Flächenanziehung zu wahrnehmbarer Stärke seiner Wirkung gelangt, ohne daß dabei irgend ein chemischer Vorgang stattfindet. In anderen Fällen jedoch sind chemische Reaktionen nachzuweisen. So scheidet z. B. die poröse Kohle aus den Salzlösungen schwächer basischer Metalle, wie Eisen und Aluminium, die Hydroxyde der letzteren teilweise an ihrer Oberfläche ab, während freie Säure abgespalten wird.

Hofmann und Krüss untersuchten nun, ob sich die seltenen Erden den Oxyden der oben genannten Metalle ähnlich verhalten und ob nicht vielleicht die schwächer basischen Erden in höherem Grade einer solchen Einwirkung der Kohle unterliegen.

Da die Knochenkohle phosphorsauren Kalk in großer Menge enthält, dieser aber störend einwirken mußte, so wurde versucht, denselben durch verdünnte Salzsäure zu entziehen, was nie vollständig gelang. Stets blieb beim Verglühen der Kohle ein erheblicher feuerfester Rückstand. Mit einer solchen ungenügend gereinigten Kohle wurde dennoch ein Versuch gemacht. Durch Eindampfen der Lösung des verwendeten Erdchlorids wurde dieses von freier Salzsäure möglichst befreit, die klare Lösung mit Ammoniak versetzt, bis beim Erwärmen ein bleibender Niederschlag entstand, und dieser abfiltriert. In das klare Filtrat, welches in 200 ccm 3 g Erde enthielt, wurde die vorher ausgeglühte Tierkohle eingetragen und zwar 10 g Kohle auf 1 g Erde. Nach zweistündigem Erwärmen auf dem Wasserbade und darauffolgendem Erkaltenlassen wurde filtriert und die Kohle so lange mit destilliertem Wasser gewaschen, bis das Filtrat mit Ammoniak keinen Niederschlag gab. Dann wurde die Kohle verglüht und aus dem Rückstand die Erde durch Erwärmen mit Salzsäure gelöst, die Lösung durch Oxalsäure gefällt und das Oxalat verglüht. Von der noch besonders gereinigten Erde wurde eine Atomgewichtsbestimmung gemacht. Die durch die Kohle abgeschiedene Erde enthielt ein R^{III} 155,94, der nicht gefällte Teil ergab 138,7.

Zur Erlangung einwandsfreier Resultate war es indessen notwendig, eine Kohle zu verwenden, die keine Phosphorsäure enthielt, da die Gegenwart der letzteren obige Differenz der Atomgewichte bewirkt haben konnte, um so mehr, als die vollständige Entfernung der Phosphorsäure schwer zu erreichen ist. Eine solche Kohle wurde dadurch erhalten, daß 150 g Rohrzucker mit 75 g Kaliumcarbonat in Wasser gelöst, eingedampft und bei ungefähr 600° unter Luftabschluß während acht Stunden erhitzt wurden. Die erhaltene Masse wurde gepulvert mit Wasser ausgelaugt, auf ein Filter gebracht und mit verdünnter Salzsäure schließlich von jeder Spur kohlensauren Alkalis befreit. Diese Kohle in der oben geschilderten Weise verwendet, schied aus einem Material mit R^{III} 116,8 sofort einen Anteil mit dem Atomgewichte 134,4 ab.

Es steht somit fest, daß durch poröse Kohle eine teilweise Trennung der seltenen Erden bewirkt werden kann, indem aus der Lösung eines Erdgemisches die Erden mit höherem R^{III} gefällt werden. Da nun aber die letzteren bei den obigen Versuchen gleichzeitig die schwächer basischen Oxyde darstellten, so dürfte die Reihe der Fällbarkeit der Erden durch Kohle mit der Basizitätsreihe übereinstimmen (vgl. Ammoniakmethode).

Es muß aber darauf hingewiesen werden, daß die von der Kohle niedergeschagenen Mengen ziemlich gering sind, beispielsweise 0,05 g von 2 g Erde bei Anwendung von 8 g Kohle.

Somit wird nach diesem Verfahren schwerlich ein Erdmaterial mit Vorteil von Anfang an sich aufarbeiten lassen.

Sehr zweckmäßig scheint aber die poröse Kohle bei der Reinigung der Yttererde von den schwächer basischen Oxyden, welche sie leicht gefärbt erscheinen lassen, verwendbar zu sein. Beispielsweise wurde aus einem Yttriummaterial mit R^{III} 93,03 eine Erde abgeschieden, welche für R^{III} die Zahl 96 ergab, ein Erfolg, wie er durch Fällen mit Anilin bei diesem Material mit einer Operation nicht zu erzielen gewesen wäre.

Es scheint demnach auch geboten, das Verhalten einer Erdchloridlösung gegen poröse Kohle in vorbeschriebener Weise zu prüfen, wenn man sich von der Einheitlichkeit einer anscheinend homogenen seltenen Erde überzeugen will.

Da die allgemeine Erfahrung gelehrt hat, daß man durch rein chemische Reaktionen nur mit unendlicher Mühe und großem Materialaufwand einige der seltenen Erden darstellen kann, versuchte Pettersson (1893) physikalische Methoden, um schneller zum Ziele zu gelangen. Nach Ansicht dieses Chemikers hat man auf diesem Gebiete bisher zu wenig die Tragweite von rein physikalischen Methoden und Operationen, wie z. B. Destillation und Elektrolyse geprüft, welche mit wasserfreiem Material, wenn möglich mit den Elementen selbst, ausgeführt werden können.

Pettersson vermutet, daß von der großen Anzahl der verschiedenen Metalle, welche in diesen Erden vorhanden sind, gewisse Elemente ein größeres Atomvolum, mehr ausgeprägte positive Natur, leichtere Schmelzbarkeit und größere Flüchtigkeit besitzen, werden als die übrigen, und es ist daher wahrscheinlich, daß, wenn einmal größere Mengen dieser Metalle dargestellt werden können, wofür die Arbeiten von Muthmann, Hofer und Weiss (1902) den Weg vorgezeichnet haben, die Trennung dieses Kollektivelementes ganz andere Aussichten haben wird als jetzt.

Destillationsversuche mit den wasserfreien Chloriden hatten negative Resultate ergeben.

Unter der Gruppe der Gadolinitmetalle scheint Yttrium,

unter den Ceritmetallen das Didym (oder vielleicht Neodym) das leichtflüchtigste Chlorid zu bilden. Diese scheinen im allgemeinen schwerflüchtiger als jene zu sein; alle sind erst bei Glühhitze flüchtig und bilden dadurch einen Gegensatz zu den Chloriden von Aluminium und den Elementen der unpaaren Reihe der III. Gruppe.

In einzelnen Materialien zeigte sich Lithiumchlorid und ebenso Kaliumchlorid.

Fünfter Abschnitt.

Zusammenstellung der Trennungsmethoden,

die für die Darstellung der einzelnen Erden in Betracht kommen.

Bei einer Durchsicht der außerordentlich umfangreichen Literatur über seltene Erden gelangt man zu dem wenig befriedigenden Resultat, daß bisher die allerwenigsten Erden rein dargestellt worden sind und die elementare Natur vieler von ihnen in Zweifel gezogen werden muß.

Dieses erklärt sich aus der Art der Abscheidung, denn jede Trennungsmethode muß schließlich nach dem Gesetz der Massenwirkung aufhören zu fraktionieren. Die zur Isolierung der überaus ähnlichen Erden ausgearbeiteten Verfahren beruhen sämtlich auf der nur sehr wenig verschiedenen Basizität der einzelnen Erden und den geringen Löslichkeitsdifferenzen, die einige ihrer Salze und noch mehr ihre Doppelsalze zeigen. Die Trennung durch Kristallisation ist jedoch wieder durch den vollständigen Isomorphismus der Verbindungen und die besonders starke Neigung derselben zur Bildung isomorpher Gemische sehr erschwert, wodurch häufig selbst bedeutende Unterschiede in der Löslichkeit der einzelnen Salze völlig verwischt erscheinen; immerhin kann durch Einhaltung der günstigsten Temperaturen der Erfolg der fraktionierten Kristallisationen wesentlich gefördert werden. Der Vorteil eines Kristallisationsverfahrens ist insofern einleuchtend, weil hierbei eine größere Anzahl von Operationen in derselben Zeit ausgeführt werden kann, wie z. B. eine einzige zeitraubende Kaliumsulfatfällung mit nachfolgendem Zersetzen und Auswaschen.

Die Metalle der Cerit- und Ytteritgruppe verhalten sich ähnlich wie die fetten Körper oder die Alkohole der fetten Reihe;

in reinem Zustande sind sie genau zu charakterisieren, aber es ist beinahe unmöglich, sie vollständig voneinander zu trennen, und die Schwierigkeit wird um so größer, wenn ihre Zahl auf fünf oder sechs steigt.[1] Es ist eine alte Erfahrung auf dem Gebiete der seltenen Erden, daß man mit einer Trennungsmethode nur eine Zeitlang arbeiten kann und zu einer zweiten und dritten greifen muß, um eventuell dann wieder die erste Methode mit Erfolg anwenden zu können.

Die Wahl der Trennungsmethoden und die Art ihrer Kombination richtet sich ganz nach dem Reinheitsgrad der Produkte, so daß man von vornherein in den seltensten Fällen ein Fraktionierschema für die Darstellung einer Erde geben kann.

Aus diesem Grunde kann die nachfolgende Zusammenstellung keinen Anspruch auf absolute Sicherheit erheben, beim Nacharbeiten der angeführten Methoden zum Ziele zu gelangen, sondern sie bezweckt nur, dem Arbeitenden Hinweise zu geben, die bisher Forscher dieses Gebietes bei der Darstellung der seltenen Erden als empfehlenswert erachtet haben.

Bei einiger Kenntnis der seltenen Erden wird man daher selbst das Brauchbare eruieren müssen und findet hierzu alle erforderlichen Angaben in den Beschreibungen der Methoden.

Das Hauptmittel, durch welches der Chemiker den Erfolg seiner Arbeit kontrolliert, ist die Bestimmung des Äquivalent- oder Atomgewichtes. Aber dieses Kennzeichen ist äußerst trügerisch, denn konstantes Atomgewicht ist noch lange kein Beweis für die Isolierung eines Elementes, ebensowenig wie die Ab- oder Zunahme desselben bei der Fraktionierung immer bestätigt, daß die Methode in der gewünschten Weise wirkt (vgl. S. 374).

Daher hat man sich schon frühzeitig nach anderen Hilfsmitteln umgesehen und vor allen Dingen die Spektralanalyse zur Hilfe genommen. Vorzugsweise bediente man sich der Absorptionsspektra, die ja für eine ganze Anzahl der seltenen Erden besonders charakteristisch sind.

(Über Atomgewichtsbestimmungsmethoden und Spektralanalyse sind die betreffenden Kapitel im zweiten Bande zu vergleichen.)

Aber man muß sagen, daß auch dieses Hilfsmittel versagt, denn hiervon legt die Geschichte des Didyms ein beredtes Zeugnis ab.

---

[1] Delafontaine, C. r. 87, p. 559; C. C. 1878, 9, S. 738—739.

Bis zum Jahre 1885 wurde das Didym für einen einheitlichen Körper gehalten. Forscher wie Marignac, Cleve, Bunsen und Nilson haben seine Salze studiert, sein Atomgewicht und seine Valenz bestimmt, sowie sein Spektrum beobachtet, ohne die zusammengesetzte Natur dieses Körpers zu vermuten. Das Didym, eine ganz bestimmte Substanz, hatte also charakteristische Eigenschaften eines Elementes! Das Didym bildet somit ein vortreffliches Beispiel für den Wirkungsgrad unserer Trennungs- und Prüfungsmethoden. Erst bei Anwendung eines neuen Trennungsverfahrens gewann man die Überzeugung, daß Didym eine Fraktionierungsgrenze vorstellt und nannte seine Komponenten Neodym und Praseodym.

I. Trennung der Ceriterden von Ytteriterden und Thorerde.

Für die Trennung der Ceriterden von Ytteriterden benutzte man seit der Entdeckung dieser Erden die verschiedene Löslichkeit derselben in einer gesättigten Kalium- oder Natriumsulfatlösung, so daß diese Methode gleichzeitig die älteste aller Trennungsmethoden ist. Jeder Forscher bediente sich der Doppelsulfate und auch bis zum heutigen Tage sind sie fast das einzige Auskunftsmittel, wenn es sich darum handelt, die beiden Erdgruppen voneinander zu trennen (S. 383).

Da die Natriumdoppelsulfate der Thorerde und Zirkonerde ebenso löslich wie die entsprechenden Verbindungen der Ytteriterden sind, hingegen die Ceriterden auch hier eine Ausnahme machen, benutzte man dieses Verhalten für eine Trennung der Ceriterden von jenen Erden (S. 384).

Chavastelon bediente sich zur Trennung der Ceriterden von Thorerde der Löslichkeit der letzteren in einer Lösung von Natriumsulfit (S. 249).

Die ameisensauren Salze sollen ebenso wie die Alkalidoppelsulfate die beiden Erdgruppen trennen, jedoch dürften dieselben besonders für die Gewinnung der Terbinerden (Terbium und Gadolinium) in Betracht kommen (S. 285).

Auch die milchsauren (S. 66), weinsauren (S. 87), kohlensauren (S. 263) Salze, sowie die Chromate (S. 265) und Äthylsulfate (S. 378) wurden für den gleichen Zweck empfohlen.

Auf basischem Wege kann man mit dem Oxydverfahren (S. 194) oder mit gebrannter Magnesia (S. 201) die Ceriterden von den Ytteriterden trennen. Beim Umkristallisieren der Ammonium- (S. 419) oder Magnesiumdoppelnitrate der Ceriterden (S. 436) reichern sich die Ytteriterden in den Mutterlaugen an und können so von den leicht kristallisierenden Erden — Cer, Lanthan, Praseodym — getrennt werden.

II. Darstellung der Ceriterden.

Da die älteren Trennungsmethoden der Ceriterden meist sehr umständlich sind, und die von Auer v. Welsbach ausgearbeitete Methode der Ammondoppelnitrate jenen in vieler Beziehung bei weitem überlegen ist, so sei auf dieses Verfahren ebenso wie auf dasjenige der Magnesiumdoppelnitrate besonders hingewiesen.

1. Cererde.

Mit wenigen Ausnahmen beruhen alle bisherigen Methoden der Abscheidung des Cers von den übrigen Erden auf der leichten Überführung desselben in die vierwertige Oxydationsstufe und darauf folgenden Abscheidung als schwer lösliches basisches Salz oder Doppelsalz.

Gewöhnlich gelangt man nach starkem Glühen der Ausgangsoxalate zu den sogenannten Rohoxyden, die nach Ansicht älterer Chemiker das Cer als Sesquioxyd und Dioxyd, in Wahrheit aber nur als das letztere enthalten (S. 118).

Durch Digerieren der stark geglühten Ceritoxyde mit sehr verdünnten Mineralsäuren kann man schnell Anreicherungen von Cer (Rückstand) und den übrigen Erden (Lösung) erhalten (S. 123). Ebenfalls durch Oxydation auf trockenem Wege gelingt die Abscheidung des Cers, wenn man die Nitrate längere Zeit in geschmolzenem Zustande erhält, ein Verfahren, das unter der Bezeichnung „Nitratabtreibung" (S. 188) sehr bekannt ist und in der Debrayschen Methode (S. 127) eine Modifikation erfahren hat. An Stelle der Nitrate verwendeten Pattinson und Clark (S. 281) die Chromate, jedoch wurde dieser Methode wie vielen anderen in der Praxis keine Beachtung geschenkt.

Von den Trennungsverfahren, bei denen die Oxydation bezw. die Cerabscheidung auf nassem Wege erfolgt, ist zunächst die Chlormethode (S. 132) zu nennen, zumal sie lange Zeit als die beste galt, ferner die Oxydation durch Bleisuperoxyd (S. 144), übermangansaures Kali (S. 136), Wasserstoffsuperoxyd (S. 147),

Natriumsuperoxyd (S. 166), Kaliumpersulfat (S. 166) und Elektrolyse (S. 176).

Beim starken Verdünnen und Erhitzen der oxydierten Lösungen tritt besonders bei den Nitraten und Sulfaten infolge der leichten Hydrolisierung der Cerisalze Abscheidung basischer Salze ein (Basische Nitrat- und Sulfatmethode, S. 211). Auer v. Welsbach erreicht denselben Zweck durch sein Oxydverfahren (S. 196), während Ammoniak (S. 236) sich hierzu weniger eignet und für die Darstellung der Cererde nur selten Verwendung fand.

Ebensowenig wird man sich des o-Toluidins (S. 69) und des Pyridin- oder Chinolinchlorhydrats (S. 70) bedienen.

Daß die Baldriansäure (S. 46), Carbide (S. 50), Chromate (S. 272), Acetate (S. 292), Sulfate (S. 353), Kaliumdoppelsulfate (S. 388) und die partielle Löslichkeit der Oxalate (S. 309) hie und da zur Abscheidung der Cererde herangezogen wurden, bedarf auch nur der Erwähnung.

Wie die zahlreichen, zur Reindarstellung des Cers in Vorschlag gebrachten Methoden zur Genüge beweisen, ist die Trennung des Cers von den übrigen seltenen Erden vielfach Gegenstand der Unteruchung gewesen. Jeder ältere Autor bezeichnet die von ihm verwendete Methode als eine zum Ziele führende, ohne jedoch näher anzugeben, wie er auf die Abwesenheit des Didyms und der übrigen Erden geprüft hat. Erst Gibbs (S. 144) führt ausdrücklich an, daß er sein Cerpräparat vor dem Spektralapparat geprüft und in sehr dicker Schicht eine kaum sichtbare Spur von Didym gefunden hat.

Bührig unterzog daher die hauptsächlichsten Trennungsmethoden des Cers einer genauen Prüfung und fand, daß man nach den bis 1875 veröffentlichten Methoden nicht absolut reines Cer darstellen kann.

Als eine sehr bequeme und expeditive Methode zur Darstellung der Cererde gilt das Umkristallisieren der Ammondoppelnitrate, denn es gelingt mit ihrer Hilfe, auf einfache Weise die Hauptmenge des Cers abzuscheiden und durch wenige Kristallisationen weiter zu reinigen (S. 419). Nach neueren Untersuchungen soll es jedoch nicht möglich sein, hiermit die letzten Verunreinigungen des Lanthans zu entfernen (S. 422). Zu diesem Zweck soll man zum Schluß mit Kaliumpermanganat (S. 143) fraktionieren.

Handelt es sich um das Cerfreimachen eines Erdgemisches, so kann man die Ammondoppelnitrate nicht verwenden. Man erreicht diesen Zweck mit fast jeder älteren Methode, aber als besonders hierfür geeignet sind die Verfahren mit Chlor, Wasserstoffsuperoxyd, Persulfat, Kaliumpermanganat, sowie das sogenannte Oxydverfahren. In neuester Zeit scheint man sich mehr für die Anwendung des Kaliumpermanganats zu entscheiden, und in der Tat sind die Vorteile, welche diese Methode bietet, recht große.

2. Lanthan.

Schwieriger als die Abscheidung des Cers gestaltet sich die Trennung des Lanthans. Aus der großen Zahl der basischen Methoden ist zunächst die fraktionierte Fällung mit Ammoniak (S. 236) zu nennen, an dessen Stelle später Magnesiumoxyd (S. 200), Ätznatron (S. 238) und aromatische Basen (S. 69) traten; ferner das Digerieren der gemischten Oxyde mit unzureichenden Mengen Mineralsäuren (S. 123), wobei in gleicher Weise wie bei dem Oxydverfahren (S. 198) das die größte Basizität besitzende Lanthan in Lösung geht. Hierher gehören weiter die partiellen Fällungen der Erden als Oxalate (S. 307 und S. 444) und Chromate (S. 265), sowie die fraktionierte Zersetzung der Nitrate (S. 187; Debray S. 131) und Chloride (S. 206) in der Hitze. Auf das Verhalten des Lanthans gegenüber Natriumacetat und Wasserstoffsuperoxyd (S. 294) sei nur hingewiesen.

Gegenüber den genannten basischen Methoden sind die auf den verschiedenen Löslichkeitsverhältnissen der Salze beruhenden Trennungsverfahren einer allgemeineren Anwendung fähig, da bei sämtlichen Erden der Cergruppe deutlich stufenweise Unterschiede hierin bestehen.

Das älteste Verfahren dieser Art ist die Mosandersche Sulfatmethode (S. 356), die bis zum Bekanntwerden der fraktionierten Kristallisation der Ammon- (S. 419) und Magnesiumdoppelnitrate (S. 436) bei der Darstellung der Lanthanerde sehr bevorzugt wurde. Auch das Kristallisieren der Äthylsulfate (S. 377) und Kaliumdoppelcarbonate (S. 261) soll vorteilhaft für diese Zwecke Verwendung finden. Jedenfalls gelingt es leicht mit Hilfe der Doppelcarbonate, partiellen Löslichkeit der Oxalate (S. 307 und S. 444), mit Ammoniak, Magnesia, Ätznatron oder einem beliebigen basischen Verfahren Anreicherungen von Lanthan zu erhalten. Ein solches Ausgangsmaterial kann man vorteilhaft als Ammon- oder Magnesiumdoppelnitrate fraktioniert kristallisieren und erhält leicht eine Lanthanerde, die nur geringe Mengen Praseodym enthält, sofern Cer vorher entfernt worden war. Die Ytteriterden und alle übrigen Erden befinden sich in den Mutterlaugen. Cererde läßt sich leicht nach einem der umstehend beschriebenen Verfahren gänzlich entfernen, die letzten Spuren Praseodym haften jedoch dem Lanthan hartnäckig an und können nur durch eine große Anzahl von Kristallisationen beseitigt werden, falls man nicht eine basische Methode (z. B. NH_3) vorzieht.

Bei der Schwierigkeit der Darstellung der Lanthanerde nach den älteren Verfahren und bei dem bis zu Anfang der siebziger Jahre des vorigen Jahrhunderts herrschenden Mangel charakteristischer Reaktionen dürfte sicher die Annahme gerechtfertigt erscheinen, daß kaum vor der Zeit, in welcher die sog. Gladstonschen Linien entdeckt wurden, ein reines Lanthansalz zur Analyse vorlag.

3. Didym (Neodym und Praseodym).

Wenngleich Didym heute aus der Reihe der Elemente gestrichen ist, so bedingen rein praktische Gründe eine Besprechung seiner Darstellung, da man bei der Herstellung seiner Komponenten oft von didymreichen Präparaten ausgeht.

Die in Betracht kommenden Methoden sind fast dieselben, die zur Darstellung des Lanthans dienen: Fällen mit Ammoniak (S. 236), Magnesiumoxyd (S. 200), Ätznatron (S. 200), Digerieren der Oxyde mit verdünnten Säuren (S. 124) und Ammonnitrat (S. 126), Oxydverfahren (S. 198), Fällen der Oxalate (S. 307 und S. 444), fraktionierte Zersetzung der Nitrate (S. 188) und Chloride (S. 205) in der Hitze, Kristallisieren der Sulfate (S. 358), Formiate (S. 286), Nitrate (S. 365), Ammon- (S. 419) und Magnesiumdoppelnitrate (S. 436), sowie Kaliumdoppelsulfate (S. 388 und S. 392).

Das Verhalten des Didyms gegenüber Natriumacetat und Wasserstoffsuperoxyd (S. 294) und bei der Elektrolyse (S. 176) nur erwähnungsweise.

Anreicherungen von Didym erhält man leicht als Nebenprodukte, wenn man nach irgend einer Methode Lanthanerde herstellt. Nimmt man z. B. das Ausfällen der Ceriterden mit Oxalsäure in stark sauren Lösungen vor, so erreicht man von vornherein eine approximative Trennung, da Lanthanoxalat bedeutend leichter in Säuren löslich ist als Didymoxalat. Die Mutterlaugen der

Ammon- und Magnesiumdoppelnitrate enthalten die Hauptmenge des Didyms und bilden ein vorzügliches Ausgangsmaterial für die Darstellung des Neodyms und Samariums. Ebenso enthalten die ersten Ammoniak- oder NaOH-Fällungen die Hauptmenge Didym, falls das Ausgangsmaterial fast ausschließlich Ceriterden enthielt und genügend vom Fällungsmittel zugesetzt war.

Da die älteren Forscher das Funken- oder Bogenspektrum wenig oder garnicht studiert hatten und somit kein Erkennungszeichen für die Abwesenheit des Lanthans besaßen, betrachteten sie als reines Didymoxyd dasjenige Produkt, das als Oxalat aus einer stark sauren cerfreien, Didym und Lanthan enthaltenden Lösung zuerst ausfiel. Dieser Niederschlag wurde geglüht, in Salpetersäure gelöst, wieder partiell gefällt und diese Operation ca. 20 Mal wiederholt.

4. Neodym.

Die Darstellung des Neodyms gelingt ungleich schwieriger als diejenige des Lanthans und der zweiten Komponente des Didyms.

Es ist als erwiesen zu erachten, daß der Entdecker des Neodyms und Praseodyms, weder das erstere frei von Praseodym, noch das letztere frei von Lanthan erhalten hat, obgleich es ihm möglich war, große Ausgangsmaterialmengen der fraktionierten Kristallisation der Ammondoppelnitrate zu unterwerfen. Man darf behaupten, daß Neodym bis vor kurzem (s. S. 432) noch nicht in reinem Zustande erhalten worden war.

Beim Umkristallisieren der Ammondoppelnitrate erhält man im günstigsten Falle in den Mutterlaugen ein Neodym, dem ca. 2—3 % Praseodym anhaften, daneben aber fast die ganze Menge des im Ausgangsmaterial vorhanden gewesenen Samariums und Ytteriterden.

In neuester Zeit will Auer v. Welsbach durch Entfernen der Mutterlaugen und bei ausschließlicher Benutzung der Mittelfraktionen zum weiteren Kristallisieren reinere, bezw. reine Präparate erhalten haben (S. 431).[1] An Stelle der Ammondoppelnitrate kann man auch die Magnesiumdoppelnitrate verwenden.

Um Neodym frei von Lanthan und Samarium zu machen, dürfte die Ammoniak- (S. 234) oder Oxalatmethode (S. 308) am

[1] Eberhard hat das Auersche Präparat spektroskopisch (Bogenspektrum) geprüft und als sehr rein befunden, es enthielt nur Spuren Pr (priv. Mitt.).

schnellsten zum Ziele führen, die letzten Reste des Praseodyms lassen sich mit Hilfe der Chromatmethode (S. 265) entfernen.

Für die Beseitigung der Ytteriterden, denen das Neodym bei allen Fraktionierverfahren folgt, kommt in erster Reihe die Kaliumdoppelsulfatmethode in Betracht, die aber nach einer privaten Mitteilung Drossbachs sehr mit Vorsicht in diesem Falle zu gebrauchen und mit der Carbonatmethode zu kombinieren ist. Mit letzterer Methode gelingt es leicht, neodymreiche Ausgangsmaterialien zu erhalten (S. 260). Geringe Mengen Ytter-erden entfernt man durch die partielle Löslichkeit der Oxalate in verdünnten Mineralsäuren (S. 309).

Neodym von Samarium kann man mit Hilfe der Magnesiumdoppelnitrate (S. 439) bis auf geringe Mengen trennen und teilweise auch durch die Oxychloridmethode (S. 206).

Von Lanthan kann man auch Neodym durch fraktionierte Fällung der Chloridlösung mittels HCl-Gas entfernen (S. 209).

Während bei den Ammonium- und Magnesiumdoppelnitraten sich das Neodym in den Mutterlaugen anreichert, beobachtet man bei der Sulfat- (S. 359) und Äthylsulfatmethode (S. 377) das Umgekehrte. Wenngleich die Trennung des Neodyms von Praseodym bei den Sulfaten noch am weitesten zu gehen scheint, so erhielt man bisher nur Präparate, die noch ca. 0,3 % Praseodym zeigten (S. 359). Eine derartige Trennung ist aber mit den Äthylsulfaten (S. 377) und erst recht nicht mit den sulfanilsauren Salzen (S. 379) zu erreichen.

Die Trennung des Neodyms von Praseodym durch Kaliumsulfat (S. 392) dürfte jedem, dem die außergewöhnliche Schwierigkeit der Didymspaltung aus eigener Erfahrung bekannt ist, befremdend und zweifelhaft erscheinen.

Über die in neuester Zeit für die Darstellung des Neodyms in Vorschlag gebrachte Methode mittels Nitrobenzolsulfonsäure (S. 68) müssen die noch ausstehenden näheren Angaben abgewartet werden.

Für die Entfernung der Thorerde und Zirkonerde von Neodym wurde Chinolin (S. 69) empfohlen, welchen Zweck man durch jede andere Methode erreicht, die bei den entsprechenden Erden angeführt ist.

5. Praseodym.

Für die Darstellung des Praseodyms kommt ausschließlich die Ammondoppelnitrat- (S. 419) und Magnesiumdoppelnitratmethode (S. 435) in Betracht, man wird sogar der ersteren den Vorzug geben, da die sonst (Nd und Sm) vorzügliche Resultate liefernden Magnesiumdoppelsalze in diesem Falle nicht so schnell zum Ziele führen.

Praseodymreiche Materialien erhält man leicht mit Hilfe der Oxychloride (S. 205); die ersten Chromatfraktionen, wenn man solche als Nebenprodukt erhält, eignen sich auch gut als Ausgangsmaterial. Das Kristallisieren der äthylschwefelsauren (S. 377) und sulfanilsauren Salze (S. 379) wurde mit negativem Erfolge ausgeführt, im ersteren Falle bei der Entfernung des Lanthans von Praseodym, für welchen Zweck sich sehr gut die partielle Löslichkeit der Oxalate in verdünnten Säuren (S. 308) eignet. Wenngleich im umgekehrten Falle, d. h. beim Entfernen der letzten Praseodymreste von Lanthan, Magnesiumoxyd (S. 201) sehr gute Dienste leistet, kann man die Lanthanreste von Praseodym auf diese Art nicht beseitigen.

Um Cer von Praseodym abzuscheiden, dürfte man sich schwerlich des o-Toluidins (S. 69) bedienen, da man viele erprobte Methoden für diesen Zweck besitzt (s. unter Cer S. 466).

Über die von Baskerville in neuester Zeit empfohlene Citratmethode (S. 61) müssen weitere Angaben abgewartet werden, ehe man sich über dieselbe ein Urteil erlauben kann.

Vorläufig muß die Mitteilung, daß man nach dieser Methode in wenigen Stunden reine Praseodymverbindungen herstellen kann, mit Vorsicht aufgenommen werden.

6. Samarium.

Die Schwierigkeiten der Darstellung des Samariums sind genügend bekannt, deshalb haben bisher nur wenige Forscher sich mit dieser Aufgabe beschäftigt.

Ein sehr gutes Ausgangsmaterial bilden die Mutterlaugen der Cerit-Ammondoppelnitrate, und zwar diejenigen Anteile, die nur schwierig oder gar nicht zur Kristallisation zu bringen sind (S. 419).

Um diesen Laugen die Fähigkeit zu kristallisieren wiederzugeben, verwandelt man sie in die Magnesiumdoppelnitrate und kristallisiert so lange, bis gelb gefärbte Lösungen entstehen (S. 436). Die größte Mühe macht das Entfernen der letzten Didym- bezw. Neodymreste. Teilweise gelingt dieses mit Hilfe der Oxychloride (S. 206), besser und vollständig, jedoch langwierig mit Ammoniak (S. 232), am vorteilhaftesten mittels der Magnesiumdoppelnitrate. Trotz der Löslichkeitsdifferenz des Didym- und Samariumsulfats gelingt die Trennung nicht, da beide Salze isomorph sind (S. 360). Das dem Samarium meistens anhaftende Gadolinium beseitigt man durch Kristallisieren der Wismutdoppelnitrate (S. 441) oder der einfachen Nitrate aus Salpetersäure (S. 363).

Decipium und Samarium vermochte Delafontaine mittels der Natriumdoppelsulfate zu trennen (S. 388). Yttererden von Samarium soll man durch Kristallisieren der Acetate trennen (S. 289), und Anreicherungen von Samarium erhält man als Nebenprodukt in Gemeinschaft mit Yttererden beim Fraktionieren der Ceritchromate in den Laugen.

7. Scandium.

Die bisher nur von Nilson in äußerst geringer Menge dargestellte Scandinerde wurde durch das sogenannte Abtreiben der Nitrate (S. 187) gewonnen. Das von Auer v. Welsbach ausgearbeitete Oxydverfahren (S. 195) sollte das lästige Zersetzen der Nitrate in der Hitze ersetzen und ist somit auch für die Gewinnung des Scandiums geeignet. Obgleich das Scandiumoxalat in verdünnten Säuren löslicher zu sein scheint, als alle übrigen Erdoxalate, kann man dasselbe auf diese Weise doch nur unvollständig trennen (S. 307). Das meistens zum Schluß des Fraktionierens mit dem Scandium gemeinsam auftretende Ytterbium soll man nach Nilson verhältnismäßig leicht mit Hilfe der Kaliumdoppelsulfate abscheiden, da Scandium als Ceriterde ein schwer lösliches Doppelsulfat bildet (S. 392).

8. Decipium.[1]

Die von Delafontaine 1878 im Samarskit von Nord-Carolina entdeckte Decipinerde soll zwischen den Cerit- und Ytteriterden stehen. Das Kaliumdoppelsulfat ist in einer gesättigten K_2SO_4-Lösung unlöslich und kann von den Terbinerden durch wiederholte K_2SO_4-Fällung annähernd getrennt werden (S. 388). Von Didym wird es durch fraktionierte Fällung des Sulfates mit Alkohol geschieden, wobei Decipiumsulfat zuerst ausfällt, oder

[1] Arch. sc. ph. et nat. [3] **3**, p. 250; J. 1880, S. 298.

auch durch freiwillige Verdunstung der Sulfatlösung (S. 312). Die letzte Reinigung erfolgt durch partielle Ammoniakfällung (S. 232) oder partielle Zersetzung der Nitrate (S. 187). Unter Umständen können die Acetate für eine Trennung des Decipiums von Didym herangezogen werden (S. 290).

III. Darstellung der Terbinerden.

1. Terbium.

Die Bildung gelb gefärbter Erden, welche als Mittelprodukte zwischen Erbin- bezw. Holminerde und der Yttererde bei Verarbeitung gemischter Yttererden stets erhalten werden, ist eine eigentümliche Erscheinung; sie führte stets wieder zu der Annahme einer Terbinerde, auch wenn die Existenz derselben zeitweilig verneint wurde.

Will man Terbium aus dem Erdgemisch des Samarskits gewinnen, so soll man zuvor die Ceriterden mit Kaliumsulfat (S. 387) entfernen, hierauf mit Natriumsulfat fällen und mittels partieller Löslichkeit der Oxalate in verdünnten Mineralsäuren (S. 307 und S. 443) und Kristallisieren der Formiate (S. 285) fraktionieren.[1] Bettendorff[2] fand, daß beim Fraktionieren der Formiate in den ersten Fällungen sich mit der Terbinerde zugleich Gadolinerde anreichert. Verwendet man als Ausgangsmaterial ein Erdgemisch des Gadolinits, so fällt man sofort partiell mit Oxalsäure (S. 307), wobei schließlich sehr stark rotbraun gefärbte Oxyde in den Niederschlag gehen, die anfangs durch ziemliche Mengen von Erbium verunreinigt sind. Durch andauerndes Fraktionieren kann man jedoch mittels derselben Methode auch den größten Teil des Erbiums von dem braunen Oxyde abscheiden, wobei sich letzteres als schwerer löslich erweist. Hierauf kann man das dunkle Oxyd durch K_2SO_4 (S. 387) und schließlich durch partielle Zersetzung der Nitrate fraktionieren.[3] Marignac[4] beginnt mit der Nitratzersetzung (S. 187), wobei bis zum Dickwerden der Schmelze erhitzt wird, und verwendet die mittleren, aber schon

---

[1] Delafontaine, An. Chim. [5] 14, p. 238.

[2] Aus dem unveröffentlichten Manuskripte, daß sich im Besitze des Herrn Prof. Rimbach, Bonn, befindet

[3] Delafontaine, L. A. 134, S. 99; das. 135, S. 189.

[4] Marignac, An. Chim. [5] 14, p. 247.

erbiumfreieren Fraktionen, nachdem durch K_2SO_4 Didym abgeschieden ist, zu weiterer systematischer Trennung mit Oxalsäure (S. 307) und Ameisensäure (S. 285). Anreicherungen von Terbium kann man leicht erhalten, indem man den rohen K_2SO_4-Niederschlag mit einer Kaliumsulfatlösung extrahiert.

Marc[1] verwendete als Ausgangsmaterial die Monazitendfraktionen der Chromsäuremethode (S. 265). Nach Drossbachs Angaben soll nämlich der Monazitsand viel Terbinerde enthalten. Dieses Material wurde einer Reihe von Kaliumsulfat- (S. 400) und Ammoniakfraktionen (S. 232) unterworfen, wobei sich die Farbe in den schwächer basischen Fraktionen verstärkte. Dieselbe war in denjenigen Teilen, die in Kaliumsulfat leicht löslich waren, reichlicher vorhanden. Nach der ersten Spaltung mit Kaliumsulfat und darauf folgenden 35 Ammoniakfraktionen hatte das Oxyd bereits einen deutlichen Stich ins Rotbraune. Die Summe der so gefärbten Oxyde betrug 20 g. Diese wurden mit Oxalsäure, nach der S. 304 beschriebenen Methode behandelt, wobei schließlich sehr stark rotbraune Oxyde in den Niederschlag gingen, die anfangs durch ziemliche Erbiummengen verunreinigt waren. Nach zwanzigmal wiederholtem Ausfällen und Vereinigen der untereinander korrespondierenden Fraktionen wurden zwei Teile erhalten, von denen derjenige mit dem leichter löslichen Oxalat (8 g) gelb gefärbt war und stark die Absorptionslinien des Erbiums und Holmiums zeigte, der mit dem schwer löslichen Oxalat (12 g) ockerbraun war und von sämtlichen Erbiumlinien nur diejenigen des Holmiums und auch hiervon nur die Bande λ 454—449 in einigermaßen beachtenswerter Stärke aufwies.

Die Oxalate der so erhaltenen braunen Erde hatten bereits eine deutlich bemerkbare Farbe, namentlich in feuchtem Zustande, die man vielleicht mit fleischfarben bezeichnen darf (es war annähernd die Farbe von Aprikoseneis) und die von derjenigen der Erbiumsalze durchaus verschieden war.

Die so erhaltene Erde wurde nun nochmals durch eine lange Reihe von Ammoniakfraktionen zerlegt, und diejenigen Teile, die noch das vollständige Holmiumspektrum besaßen, wurden von denen, die nur noch λ 454—449 zeigten, getrennt. Nach 30 Fraktionen bestand die Summe der ersteren aus 2 g einer gelben Erde, die der letzteren aus 10 g. Dieses Oxyd war noch etwas

[1] Marc, Dis., Universität München 1902, S. 35.

dunkler gefärbt als das Ausgangsmaterial, doch war der Farbenunterschied nicht bedeutend.

Hierauf wurde das dunkle Oxyd nochmals mit Oxalsäure fraktioniert. In der vierten Fraktion waren die Banden λ 640 und 536 so gut wie vollständig verschwunden, während sie in der ersten deutlich zu sehen waren. In der Intensität der violetten Bande λ 454—449 war ein Unterschied zwischen den vier Fraktionen nicht zu bemerken.

Nach den eingehenden Untersuchungen Marcs war der farbengebende Körper (Terbium) nur von geringem Einfluß auf das Atomgewicht, sein Gehalt betrug etwa $1^1/_2\,^0/_0$. Dieses scheint in der Analyse des Superoxydes seine Bestätigung zu finden.

Das zuletzt erhaltene dunkle Oxyd mit dem Atomgewicht 158 hatte nach vier Oxalatfraktionen Oxyde mit dem Atomgewicht 161 einerseits und 152 andererseits geliefert. Diese Zerlegung entspricht derjenigen, die Krüss und Hofmann[1] mit ihrem Terbium erzielen konnten.

Wenn man nun in Betracht zieht, daß die Erden sowohl von Lecoq de Boisbaudran und Marignac, als auch diejenigen von Krüss und Hofmann gelb, die Marcschen dagegen rotbraun waren, daß trotzdem die Atomgewichte beinahe in allen Fällen gleich waren und umgekehrt, daß bei so verschiedenen Atomgewichten wie 161 und 152 die Farbe unverändert blieb, so muß man die Marcsche Ansicht teilen und annehmen, daß der farbengebende Körper, also das Terbium, nur in geringen Mengen zugegen war.

Das Terbium kommt wohl in sämtlichen Mineralien der seltenen Erden vor, jedoch in so geringen Mengen, daß eine jahrelange Arbeit nötig war, um aus vielen Kilogramm Monazit schließlich 10 g Erde zu erhalten, worin es bis auf $1^1/_2\,^0/_0$ angereichert war. Auf seine Abscheidung und Untersuchung wird man wohl daher bei dem jetzigen Stande unserer Kenntnisse verzichten müssen. Man vgl. auch S. 265, 361 und 461.

Zur Beurteilung der Terbiumfraktionen und für weitere Untersuchungen dürfte eine private Mitteilung Drossbachs von Wichtigkeit sein, wonach der bekannte Praktiker im Marcschen Präparat mit Hilfe der Spektralanalyse nicht die Spur Terbinerde, hingegen viel Europium nachweisen konnte.

---

[1] Krüss und Hofmann, Z. an. **4**, S. 27.

2. Gadolinium.

Marignac[1] erhielt sein *Yα*, das bekanntlich später Gadolinium genannt wurde, aus den im Vergleich mit Terbium und Ytterbium in der Hitze widerstandsfähigeren Nitratfraktionen (S. 187) durch eine lange, sorgfältige Fraktionierung mit Kaliumsulfat (S. 391); es befand sich unter jenen Doppelsulfatfraktionen, die in 100—150 Vol. Kaliumsulfatlösung löslich waren. Lecoq de Boisbaudran[2], der dieses Präparat spektroskopisch prüfte und 90% Gd_2O_3 darin fand, reinigte es[3] durch Fraktionieren mit Ammoniak (S. 233) in essigsaurer Lösung, wobei auf die langsame Abscheidung der Erden bei Gegenwart von Ammonacetat Rücksicht genommen wurde. Als basische Gemengteile konnten Didym und als weniger basische *Zβ* und Samarium abgeschieden werden.

Bettendorff stellte durch Anwendung der von ihm modifizierten Kaliumsulfatmethode (S. 404) reines Gadolinium dar und bewies die Einheitlichkeit und Reinheit durch die Konstanz der Atomgewichte und die unveränderte Löslichkeit der einzelnen Fraktionen in gesättigter Kaliumsulfatlösung. Vor einigen Jahren erhielt Benedicks reines Gadoliniumoxyd durch Kristallisieren der Nitrate (S. 363) und stellte eine große Reihe von Salzen dar.

In neuester Zeit gewann Marc aus den letzten Chromsäurefraktionen mit Hilfe der Ammoniak-, Oxalsäure- und Kaliumsulfatmethode $^1/_2$ g Gadoliniumoxyd.

Das Ausgangsmaterial (87 g Oxyd) hatte eine stark gelbe Farbe und zeigte im Absorptionsspektrum die Banden der Erbiumkomponenten, des Samariums und des Neodyms, dagegen auch in stärkster Schicht keine Linien des Praseodyms (S. 280).

Die Kaliumsulfatmethode (S. 404) diente hauptsächlich zur Abscheidung des Didyms (bezw. Neodyms) und Samariums von den übrigen Erden (Yttrium, Erbium, Terbium, Gadolinium). Hierzu bedurfte es im ganzen vier Fraktionen. Die vier Lösungen bildeten zusammen die zweite Gruppe und betrugen 45 g Oxyde; der ungelöste Rest bildete die erste Gruppe und betrug 42 g.

---

[1] Marignac, C. r. **90**, p. 899; An. Chim. [5] **20**, p. 535.
[2] Lecoq de Boisbaudran, C. r. **108**, p. 165.
[3] Lecoq de Boisbaudran, C. r. **111**, p. 393.

Die Oxyde der Gruppe 2 zeigten nur noch ganz schwach die Banden des Neodyms und Samariums. Sie wurden durch eine Reihe von Ammoniakfraktionen in zwei Teile zerlegt, von denen der eine im Spektralapparat nicht die geringsten Spuren von Erbium, der andere keine Spur von Neodym und Samarium mehr zeigte. Um Materialverluste zu vermeiden wurden entsprechende Fraktionen vereinigt, wodurch man nach 36 Fraktionen das Material in zwei gänzlich verschiedene Hälften ohne den geringsten Verlust geteilt erhielt.

Da Gadolinium stärker basisch als Erbium ist, so reicherte es sich in den Lösungen an, weshalb letztere durch Ammoniak in drei Portionen gespalten wurden. In der ersten Gruppe kamen die Oxyde mit dem Atomgewicht 125—139. Diese waren zu stark mit Yttria verunreinigt, um eine Verarbeitung auf Gadolinium lohnend zu machen; es waren im ganzen 10 g gelb gefärbter Oxyde, die fast frei von Absorptionsbanden waren. In die mittelste Gruppe kamen die Oxyde mit dem Atomgewicht 140—147, zusammen 10 g. Diese Oxyde waren schwächer gelb gefärbt und wiesen die Samariumlinien deutlich, die Neodymlinien undeutlich auf. Die dritte Portion zeigte die Neodymbanden sehr stark und daneben schwach die Samariumbanden. Es waren im ganzen 5 g Oxyde mit der graublauen Färbung, die dem Neodymoxyd eigentümlich ist.

Das hohe Atomgewicht der zweiten Gruppe ließ auf einen hohen Gehalt an Gadolinium schließen; das Gadolinium war einerseits durch Yttria, andererseits durch Samarium und Neodym in geringen Mengen verunreinigt.

Die wesentliche Verschiedenheit in der Löslichkeit der entsprechenden Kaliumdoppelsulfate war für die letzte Reinigung maßgebend (S. 394).

Die konzentrierte neutrale Lösung der Nitrate wurde jedesmal mit 500 ccm konzentrierter Kaliumsulfatlösung drei Tage lang heftig geschüttelt, wobei der Reihe nach in Lösung gingen:

I	0,46	g	Oxyd	—	Atomgewicht	für	R_2O_3	117,8	frei	von	Nd	und Sm
II	0,474	„	„	—	„	„	„	121,15	„	„	„	„ „
III	0,624	„	„	—	„	„	„	142,7	„	„	„	„ „
IV	0,472	„	„	—	„	„	„	150,8	„	„	„	„ „
V	0,45	„	„	—	„	„	„	153,7	„	„	„	„ „
VI	0,44	„	„	—	„	„	„	154,78	„	„	„	„ „

Die ersten Glieder waren stark gelb gefärbt, die letzten nur noch sehr schwach. Das letzte Glied mit dem Atomgewicht 154,78 kam dem Gadolinium am nächsten, für welches die Angaben der verschiedenen Autoren folgende sind: Marignac 156,75, Lecoq de Boisbaudran 155,9, Cleve 155, Bettendorff 156,33, Benedicks 156,38. Unzweifelhaft war das Präparat von Marc noch durch geringe Mengen Yttria verunreinigt.

Aus dem Rest, der mit Kaliumsulfatlösung nicht in Lösung gegangen war (7 g), konnte Marc durch eine einmalige Behandlung mit Kaliumsulfat die geringen Mengen Neodym vollständig und den größten Teil des Samariums entfernen. Aus dem so dargestellten, schwach samariumhaltigen Material (3 g) konnte durch eine lange Reihe äußerst sorgfältig ausgeführter Ammoniaktrennungen schließlich $^1/_2$ g samariumfreies Oxyd vom Atomgewicht 156,33 und 156,38 erhalten werden.

Um aus einem Gemenge von Gadolinium und Samarium das letztere zu entfernen, kann man sich mit großem Vorteil der fraktionierten Kristallisation der einfachen Nitrate aus starker Salpetersäure bedienen (S. 363). Auch dann, wenn ein Gemisch von Gadolinium und Yttrium vorliegt, kann man die einfachen Nitrate verwenden (S. 364).

In neuester Zeit werden für die Trennung des Samariums von Gadolinium die Wismutdoppelnitrate empfohlen (S. 441).

Starke Anreicherungen von Gadolinium enthalten die Mutterlaugen der Ammon- (S. 429) und Magnesiumdoppelnitrate (S. 439) und können hierfür als sehr geeignetes Ausgangsmaterial empfohlen werden.

IV. Darstellung der Ytteriterden.

1. Yttrium.

Die Darstellung der Yttererde gestaltet sich im Verhältnis zu den übrigen Ytteriterden und Terbinerden sehr leicht.

Anreicherungen des Yttriums erhält man ohne viel Mühe durch folgende Methoden: Abtreiben der Nitrate (S. 185), Oxydverfahren (S. 194 und S. 196), Magnesiafällung (S. 200), Ammoniakfällung (S. 232), partielle Löslichkeit der Oxalate in verdünnten Mineralsäuren (S. 306 und S. 443), Oxychlorid- (S. 204) und Chromatmethode (S. 265).

Hat man sich nach der einen oder anderen Methode ein

Ausgangsmaterial hergestellt, so wird man dasselbe durch eine Ammoniakfällung in zwei Portionen teilen (vorausgesetzt, daß zuvor die Hauptmenge der Ceriterden, etwa durch K_2SO_4, oder das Oxydverfahren entfernt wurde) und erhält als Niederschlag ein erbiumreiches, als Lauge ein yttriumreiches Erdgemisch. Letzteres verarbeitet man auf Yttria. Die nach dem Abfiltrieren des rosafarbenen Niederschlages erhaltene Flüssigkeit enthält auch die Hauptmenge des im Ausgangsmaterial vorhandenen Didyms neben Spuren von Erbium. Mit Oxalsäure gefällt und verglüht wird man bei Anwendung von Gadolinit- oder Xenotimerden in den meisten Fällen ein lockeres Pulver von schwach hellgelber Farbe erhalten, dessen Atomgewicht etwas über 100 (105—110) sein dürfte. Obwohl es sich in einem solchen Falle schon um verhältnismäßig geringe Mengen von Verunreinigungen handelt, ist der Weg bis zur reinen Yttria doch recht mühsam und langwierig.

Als geeignetste Methode für die weitere Behandlung hat sich das Fraktionieren der Chromate (S. 265) erwiesen. In kurzer Zeit wird so alles Didym entfernt und das gewonnene Oxyd ist von weißer Farbe. Nach den Erfahrungen von Postius lassen sich aber die letzten Spuren von Erbium hiermit nicht entfernen, jedoch sehr vorteilhaft durch Fällen der sehr verdünnten Erdlösungen mit ebenso verdünntem Ammoniak (S. 227).

Auf die geschilderte Weise erhält man eine sehr gute Ausbeute reiner Yttria. Das Postiussche Präparat enthielt noch $^1/_{1000}$ Erbium.

Ferrocyankalium wurde von einigen Forschern (S. 63) ebenfalls für die Darstellung der Yttererde empfohlen. Bettendorff[1] setzte zu 700 g einer Nitratlösung (65 g Oxyde aus yttriumreichen Gadolinitmutterlaugen mit Hilfe des Oxydverfahrens gewonnen) 30 ccm konzentrierte Salpetersäure und 50 ccm einer bei Zimmertemperatur gesättigten Ferrocyankaliumlösung, rührte um und überließ das Ganze zwölf Stunden der Ruhe; sehr bald trat Trübung ein, die allmählich stärker wurde. Der Niederschlag lief durchs dichteste Filter und mußte dekantiert werden. Die Fällung wurde durch Kochen mit Ammoniak in Hydroxyd übergeführt, nach dem Waschen, Filtrieren und Glühen in Salzsäure gelöst und mit Oxalsäure gefällt. Nach dem Ver-

[1] Aus dessen unveröffentlichtem Manuskript, das sich im Besitze des Herrn Prof. Rimbach, Bonn, befindet.

glühen der Oxalate extrahierte man das Alkali mit Wasser. Nach der ersten Fällung war RO 81,4 auf 87 gestiegen und Spuren Erbin, die das Ausgangsmaterial zeigte, hatten sich in der Fällung angereichert.

Die zweite Fällung mit 10 ccm Ferrocyankalium lieferte eine Erde mit RO = 84,7. In Lösung blieb eine Erde, die nicht gefällt werden konnte, keine Spur Erbium, jedoch Didym enthielt und RO = 76 besaß. Aus diesen Bettendorffschen Beobachtungen zu schließen, gelingt die Entfernung der letzten Erbinreste ebenfalls mit Ferrocyankalium wie mit Ammoniak, so daß man die Chromatmethode eventuell mit der Rowlandschen Ferrocyankaliummethode kombinieren kann.

In den Mutterlaugen der Ammondoppelnitrate (S. 433) und Magnesiumdoppelnitrate (S. 438) reichert sich Yttrium an, so daß man dieselben unter Umständen als Ausgangsmaterialien verwenden kann, sobald man die Ceriterden mit Kalium- bezw. Natriumsulfat abgeschieden hat.

Man vgl. auch S. 131, 289, 371, 372, 388, 391, 443, 461.

2. Erbium.

Erbinerde dürfte bis heute Cleve allein in fast reinem Zustande dargestellt haben, denn nach Angabe dieses Forschers enthielt sein Präparat noch Andeutungen der anderen Erbinerden. Die von Mosander, Delafontaine, Bahr, Bunsen, Marignac u. a. m. beschriebenen Erbinpräparate stellten mehr oder weniger starke Anreicherungen dieser Erde dar. Nur für diesen Zweck sind daher die angeführten Methoden geeignet und nicht für eine Reindarstellung. Unsere heutigen Kenntnisse sind also nicht ausreichend, um Erbinerde, oder geschweige eine der Komponenten des alten Erbiums — Holmium und Thulium darzustellen.

Die meisten Forscher bedienten sich hierzu des sogenannten Abtreibeverfahrens (S. 185), auch die partielle Ammoniakfällung (S. 231) in Verbindung mit der partiellen Löslichkeit der Oxalate in verdünnten Mineralsäuren (S. 306 und S. 444) fand Verwendung. Von neueren Methoden ist die Fällung mit Magnesia (S. 200), Ätznatron (S. 238), Anilin (S. 241) und das Oxydverfahren zu nennen. Besonders Ytterbium und Scandium soll man mit der letztgenannten Methode von Erbium gut trennen können, während für die engeren Erbinerden Anilinfällung geeigneter sein soll. Yttrium von Erbium kann man mit Hilfe der Oxychloride (S. 204), Didym und Samarium von Erbium durch Kristallisieren der Acetate (S. 289) trennen; auch die Chromat- (S. 270) und Kaliumsulfatmethode (S. 391) können unter Umständen gute Dienste leisten.

Zur Trennung des Erbiums von Holmium und Thulium benutzte P. T. Cleve[1] mehrhundertfache Reihen von Nitratzersetzungen (S. 185), wobei Erbium in die mittleren Fraktionen eingeht.

Handelt es sich z. B. um ein Ausgangsmaterial, das nur geringe Mengen Ceriterden enthält, so wird man vorteilhaft zuerst die Methode der partiellen Oxalatfällung (S. 306) wählen, denn es gelingt nach wenigen Fraktionen eine Anreicherung von ca. 50 % Erbinerde zu gewinnen. Hierauf fraktioniert man mit sehr verdünntem Ammoniak, kristallisiert zur Entfernung der letzten Didymreste die Acetate (S. 289), kombiniert mit der Chromatmethode und zum Schluß mit dem sogenannten Abtreiben der Nitrate.

Dennis und Dales[2] lösen die Ytterithydroxyde in einer konzentrierten Ammonkarbonatlösung und fügen langsam verdünnte Essigsäure hinzu, bis keine Fällung mehr entsteht. Nach dem Abfiltrieren des Niederschlages wird derselbe in Salzsäure gelöst und hierauf die Hydroxyde mit Ammoniak gefällt. Durch Lösen der Hydroxyde in Ammonkarbonat und Fällen mit Essigsäure wiederholt man das Fraktionieren.

Terbium und Yttrium reichern sich auf der einen Seite, Erbium und Ytterbium auf der anderen an, Holmium, Thulium und Dysprosium befinden sich in den Mittelfraktionen angereichert.

Wie bereits öfter erwähnt, kann man von vornherein kein Fraktionierschema angeben, daher muß die Wahl der Reihenfolge der in Betracht kommenden Methoden und die Dauer des Fraktionierens dem Arbeitenden selbst überlassen werden.

Es muß hier noch ergänzend zum geschichtlichen Teil bemerkt werden, daß nach einem Prioritätsbrief im Anzeiger der Königl. Akademie der Wissenchaften zu Wien (Anfang 1903) es Auer v. Welsbach gelungen ist, das bisher schon öfter angezweifelte Erbium zu zerlegen. Über die angewandte Fraktionierungsart ist bisher nichts bekannt und sind weitere Mitteilungen noch zu erwarten.

---

[1] P. T. Cleve, C. r. **89**, p. 478.

[2] Dennis und Dales, J. Am Ch. Soc. 1902, **24**, p. 401.

3. Holmium.

Holminerde ist bis jetzt nur in angereichertem Zustande mit Hilfe partieller Zersetzung der Nitrate oder Ammoniakfällung dargestellt worden. Krüss hoffte mit Anilinfällungen (S. 241) weiter zu kommen und nach Bettendorff[1] soll die Trennung der Holminerde von der eigentlichen Erbinerde entschieden rascher und vollständiger in übersättigter Natriumsulfatlösung vor sich gehen, als durch partielle Fällung mit verdünntem Ammoniak. Bettendorff vermutet, daß die Holminsalze gelbe Lösungen geben (vgl. auch S. 364 und S. 375).

Lecoq de Boisbaudran[2] hat durch zahllose Fraktionierungen mit Ammoniak Holmium und Dysprosium geschieden. Fraktioniert man mit Kaliumsulfat, so scheidet sich Dysprosium vor Holmium und dieses vor Erbium aus.[3] Soret[4] fand die Erbinerde des Samarskits etwas reicher an Holmium als die des Gadolinits, s. auch Erbium.

4. Thulium.

Ebenso wie die Holminerde ist Thulium nur aus seinem spektroskopischen Verhalten bekannt und bisher nur in angereichertem Zustande, besonders von Cleve durch Abtreiben der Nitrate (S. 186) erhalten worden. In neuester Zeit wurde hierfür das Kristallisieren der Äthylsulfate (S. 375) empfohlen, s. auch Erbium.

5. Dysprosium.

Lecoq de Boisbaudran schied mit Hilfe partieller Ammoniakfällung aus dem Cleveschen Holmium Dysprosium ab.[3] Kaliumsulfat fällt Dysprosium vor Holmium.[4] Die Einheitlichkeit des Dysprosiums scheint bis heute noch nicht anerkannt zu sein (s. S. 26), s. auch Erbium.

6. Ytterbium.

Für die Darstellung der Ytterbinerde kommt in erster Reihe das Abtreiben der Nitrate (S. 186) in Betracht, denn alle älteren Forscher bedienten sich dieser bewährten Methode. In neuerer

[1] Aus dessen unveröffentlichten Manuskript, das sich im Besitze des Herrn Prof. Rimbach, Bonn, befindet.
[2] Lecoq de Boisbaudran, C. r. **102**, p. 902, 1003.
[3] Lecoq de Boisbaudran, C. r. **102**, p. 1005.
[4] Soret, C. r. **89**, p. 54.

Zeit wurde auch für diesen Zweck das Oxydverfahren (S. 195), Fällung mit Magnesia (S. 200) und Ammoniak (S. 231), sowie die Chromatmethode und partielle Löslichkeit der Oxalate in verdünnten Mineralsäuren empfohlen. Ytterbium von Scandium kann man mit Hilfe der Kaliumdoppelsulfate (S. 392) trennen.

A. Cleve[1] verwendete in neuester Zeit ein Ytterbiummaterial, das aus vielen Mineralien stammte und Ytterbinerde in angereichertem Zustande enthielt. Sämtliche Ceritoxyde waren vorher durch Behandeln mit Kaliumsulfat (S. 392) entfernt, und die Herstellung von reinem Ytterbin zerfiel nun in zwei Abschnitte.

Zuerst wurde die Hauptmenge von Ytterbium nach der wohlbewährten Methode Marignacs (S. 186) abgeschieden. Schon Nilson fand, daß diese im vorliegenden Falle derjenigen von Bunsen vorzuziehen ist. Es gelingt verhältnismäßig recht schnell, rohes Ytterbin aus dem übrigen Gemenge zu extrahieren, wenn man die Erhitzung der Nitrate bei ziemlich leichtflüssiger Konsistenz abbricht, solange noch Yttrium und Holmium in erheblicher Menge vorhanden sind, aber die Erhitzung immer weiter treibt in demselben Maße, wie das Ytterbium sich anreichert.

In der Regel wurde jede größere Fraktion zwei aufeinanderfolgenden partiellen Zersetzungen unterworfen und diejenigen Portionen vereinigt, die bei der spektroskopischen Prüfung genügende Übereinstimmung zeigten.

In anderen Fällen, namentlich für die Trennung von Erbium und Holmium, ist zwar die Methode der partiellen Nitratzersetzung eine mühsame und langwierige, sie leistet aber gute Dienste, wenn es gilt Ytterbium von größeren Mengen von Yttrium, Holmium und Erbium in der eben genannten Reihenfolge abzuscheiden. Das geschmolzene Nitrat zeigte jedoch noch lange, nachdem die von Erbium hervorgerufenen starken Absorptionsbänder im grünen Teil verschwunden waren, einen von Thulium herrührenden gelben Farbenton. Es blieb nun die zeitraubende Arbeit übrig, jene erbinfreie Ytterbinerde völlig zu reinigen; denn erst durch lange wiederholtes Fraktionieren konnte die Hauptmenge des Ytterbiums ohne allzu großen Verlust an Material von Thulium befreit werden. Auch Nilson erwähnt die Schwierigkeit, alles Thulium zu entfernen.

[1] A. Cleve, Z. an 1902, **32**, S. 131.

A. Cleve erhielt auf diese Weise 150 g einer Erde, deren konzentrierte Lösungen farblos waren. Scandium konnte noch zugegen sein, weshalb die erwähnte Quantität in neue Fraktionen zerlegt wurde, von denen Atomgewichtsbestimmungen ausgeführt wurden. Es erwies sich aber, daß Scandium nicht in merkbaren Mengen vorhanden, weshalb zur Entfernung der durch die Platingefäße usw. hineingelangten Verunreinigungen geschritten wurde. Die letzten Spuren fremder Erden wurden durch einige Nitratabtreibungen beseitigt.

Das so gereinigte Ytterbium zeigte ein Atomgewicht 173,11 Nilsons Präparat besaß nach Umrechnung (173,01) das Atomgewicht 173,16.

7. Europium.

Diese Erde soll man besonders durch fraktioniertes Kristallisieren der Wismutdoppelnitrate (S. 442) darstellen können. Auch mit Hilfe der Magnesiumdoppelnitrate soll man den ständigen Begleiter des Samariums, das Europium, leicht in Form von Anreicherungen erhalten (S. 440) und durch vielfaches Umkristallisieren isolieren können. Baur und Marc (s. S. 24) vertreten die Ansicht, daß Europium ein Erdgemisch vorstellt. Demgegenüber muß ergänzend bemerkt werden, daß wir im Europium nach einer privaten Mitteilung Drossbachs und Eberhards auf Grund seines spektroskopischen Verhaltens ganz bestimmt ein neues Element vor uns haben, s. auch S. 476.

8. Victorium.

Crookes, der Entdecker des Victoriums, stellte sich dasselbe mit Hilfe der partiellen Löslichkeit der Oxalate in verdünnten Mineralsäuren und durch partielle Zersetzung der Nitrate in der Hitze dar (S. 185), vgl. S. 24.

V. Darstellung der Thorerde.

Seit der Entwicklung eines neuen chemischen Industriezweiges, der sich mit der Herstellung von Thoriumsalzen beschäftigt, hat man sich bemüht, die älteren Trennungsmethoden für diese Erde zu verbessern. Das heutige Rohmaterial der Thorindustrie ist der Monazit, dessen Gehalt an Ceriterden das

Vielfache seines Thorgehaltes bildet; das Rohmaterial der Thorgewinnung bei Beginn der Thorindustrie war Thorit, der neben 50 und mehr Prozenten Thorerde höchstens 2—3 % andere Erden als Verunreinigung enthält. Auf den ersten Blick muß es selbstverständlich erscheinen, daß es viel leichter ist, eine geringe Verunreinigung aus einer großen Menge einer Substanz abzuscheiden, als dieselbe Substanz in reinem Zustande aus einer überwältigenden Menge derselben Verunreinigung zu extrahieren. Es muß somit leichter sein, reine Thorsalze aus Thorit herzustellen, als aus Monazit. Weshalb trotzdem die Industrie gezwungen gewesen ist, zur Verwendung des Monazits als Rohmaterial überzugehen, ist im zweiten Bande S. 82 dargelegt.

Die Technik wird gerechterweise verlangen, daß eine Reinigungsmethode für ihre Zwecke nur dann Berücksichtigung finden kann, wenn sie einfach genug ist, um nicht bloß der Wissenschaft zu dienen, welcher keine Arbeit zu groß erscheint, sondern auch in der Industrie anwendbar zu sein, die keinen größeren Aufwand an Zutaten und Arbeitslöhnen gestattet, als dem Marktpreis des Produktes entspricht. Thorpräparate haben erst in den neunziger Jahren des vorigen Jahrhunderts einen Marktpreis gehabt, als eine starke Nachfrage nach ihnen bestand, sie wurden zum Preise von mehreren tausend Mark pro Kilo gehandelt, ein Preis, der eine umständliche Darstellungs- und Reinigungsmethode zuläßt. Man braucht indessen keineswegs derartige Verhältnisse herbeizuziehen, sondern kann hier zugleich erklären, daß die Reinigungsmethoden, die allgemein bekannt sind, einfach und billig genug sind, um selbst bei den heutigen stark gesunkenen Preisen (43—52 Mk. pro Kilo) der Thorpräparate immer noch anwendbar zu sein, wie Witt[1] denn auch der Überzeugung ist, daß die heute in der Industrie benutzten und natürlich geheim gehaltenen Reinigungsmethoden in der Tat nur unwesentliche Modifikationen der unten näher angeführten klassischen Verfahren sind.

Unter den nicht allzu zahlreichen Publikationen, die bis zum Jahre (1886) der Erfindung des Gasglühlichtes über Thorium und seine Verbindungen erschienen sind, gibt es nur zwei, deren Verfasser Wert darauf gelegt haben, zu betonen, daß ihr Präparat rein und von fremden Beimengungen frei gewesen sei. Es

[1] Witt, Fünfte gutachtliche Äußerung, als Manuskript gedruckt, 1897.

sind dieses die Arbeiten von Bunsen (Thiosulfatmethode S. 251 und Ammondoppeloxalate S. 446) Cleve und Nilson (Sulfatmethode S. 361). Zwar haben natürlich auch die früheren Bearbeiter des Thoriums sich alle Mühe gegeben und des Glaubens gelebt, reine Präparate in Händen gehabt zu haben, aber sie machen teilweise nur unvollkommene Angaben über die von ihnen eingeschlagene Reinigungsmethode; teilweise ergibt sich aus der Tatsache, daß die von diesen älteren Forschern unternommenen Atomgewichtsbestimmungsmethoden zu unrichtigen Zahlen geführt haben und somit ihre Präparate nur eine unvollkommene Reinheit besaßen. Es gilt dieses von den älteren Arbeiten von Berzelius, Chydenius und Delafontaine. Die Reinigungsmethoden dieser älteren Forscher beruhten im wesentlichen auf demselben Prinzip, das später von Nilson in vollkommenerer Weise auch benutzt worden ist (Sulfatmethode S. 319). Bunsen, der im Jahre 1875 zum Zwecke spektralanalytischer Untersuchungen reiner Thorsalze benötigte, hat die Methoden seiner Vorgänger nachgeprüft und als ungenügend befunden.

Er sagt darüber:

„Die Reinheit der nach den bisher vorgeschlagenen Methoden dargestellten Thorerde läßt noch erhebliche Zweifel zu. Es war daher auch hier eine eingehendere Untersuchung nötig, um das Verhalten des völlig reinen Chlorthoriums im Funkenstrom feststellen zu können.“

Nachdem er alsdann seine Reinigungsmethode (S. 446) beschrieben hat, erklärt er die so gewonnene Thorerde für rein. Daß auch Nilson (S. 321) beanspruchen darf, das nach seinem Verfahren gereinigte Präparat, mit welchem die heute noch gültigen Atomgewichtsbestimmungen ausgeführt sind, als rein betrachtet zu sehen, hat Witt öfter in seinen gutachtlichen Äußerungen (a. a. O.) bei den seinerzeitigen Streitigkeiten über das Gasglühlicht entwickelt.

Hiernach ist nicht nur das modifizierte Nilsonsche Verfahren (S. 320) einfach, billig und zuverlässig, sondern auch mit Hilfe der schon seit 1875 bekannten Reinigungsmethode von Bunsen in ihrer einfachsten Form kann man mit einer nur unbedeutenden Apparatur große Mengen von rohem Thoriumsulfat in kürzester Zeit reinigen, und zwar so vollständig, wie es die chemische Industrie selbst heute nicht tut.

Derartiges Rohthoriumsulfat erhält man direkt aus thorreichen Mineralien, wie z. B. Thorit. In der Technik kommt jedoch nur der Monazitsand in Frage, und dieses Mineral enthält, wie wir oben gesehen haben, sehr geringe Mengen Thorerde, etwa 5—6 %. Aus diesem Grunde ist die Technik gezwungen, den Aufschluß des Materials und die sich daran anschließenden Operationen so zu gestalten, daß das resultierende Produkt bereits erheblich an Thorerde angereichert ist, wenn man mit der Abscheidung der Cerit- und Ytteriterden von Thorerde beginnt.

Die Technik erreicht diesen Zweck entweder auf basischem Wege mittels Ammoniak (S. 237), indem der vierte oder sechste Teil der Gesamterden hiermit ausgefällt wird, oder durch Natriumthiosulfat (S. 251). Das gesamte Thorium befindet sich dann in der ersten Fällung. Der Extraktion mit Sodalösung (S. 263) soll sich die Technik ebenfalls bedienen. Von den patentamtlich geschützten Verfahren mittels der Oxychloride (S. 206) und Sulfite (S. 247) wird jedenfalls die Technik ebensowenig Gebrauch machen, wie von anderen viel empfohlenen Methoden, die nur wissenschaftliches Interesse beanspruchen dürfen, oder für kleine Laboratoriumsarbeiten bestimmt sind. Hierzu gehören: Fällung mit Baryumsuperoxyd (S. 47 und S. 165), Phosphorsäure (S. 83), Chinolin und Anilin S. 69—70), Kupferoxyd (S. 202), Natrium- und Kaliumazid (S. 243), Alkalimetavanadinat (S. 86), Fumarsäure (S. 64), Natriumformiat (S. 288) und Wasserstoffsuperoxyd.

Von größter Wichtigkeit ist aber für diese Zwecke das Verhalten der Oxalate gegenüber verdünnten Mineralsäuren, Ammon carbonat, Alkalicarbonaten und Ammonaxalat.

Die Löslichkeit des Thoroxalats in Ammonoxalat benutzte bereits Bunsen für seine klassische Methode (S. 446), die Technik jedoch bedient sich fast ausschließlich des wohlfeileren Ammoncarbonats (S. 263) und erreicht hiermit ihren Zweck. Aus den Rohcarbonaten der Ceriterden einiger Fabriken geht hervor, daß die Extraktion der Rohoxalate auch mit Natriumcarbonat vorgenommen wird. Daß die Technik auch von der Löslichkeit des Thoroxalats in Ammonacetat (S. 292) Gebrauch macht, ist um so weniger anzunehmen, da der Preis des letzteren wesentlich höher als derjenige des Ammoncarbonats ist und die Ausbeute sic nicht besser gestaltet. Wenngleich das von Brauner (S. 309 ausgearbeitete Verfahren mittels partieller Löslichkeit der Oxalate in Mineralsäuren verhältnismäßig sehr reine Thorpräparate durch eine Operation liefert, machen die chemischen Fabriken dennoch nur insofern hiervon Gebrauch, daß sie die Fällung der Oxalate in stark sauren Lösungen vornehmen, aber nicht in konzentrierten Säuren. Hierdurch wird eine erhebliche Anreicherung von Thorerde erzielt, die für die darauf folgende Extraktion mit Ammoncarbonat vollständig genügt, während nach dem von Brauner patentierten Verfahren Thorpräparate erhalten werden, die nur noch sehr geringe Verunreinigungen enthalten.

Ebenfalls ein patentiertes Verfahren beruht auf der Schwerlöslichkeit des Thoriumchromats (S. 265) und soll nur eine endgültige Reinigung bezwecken. Daß die Acetylacetonate (S. 366) und Natriumdoppelsulfate für die Reindarstellung bezw. Bestimmung der Thorerde empfohlen wurden, bedarf nur der Erwähnung, ebenso, daß Baskerville bei der Fällung der Thorerde mittels schwefliger Säure (S. 246) und Citronensäure (S. 61—62) ein neues Element vermutete.

Beim Zersetzen der Nitrate in der Hitze (S. 131 und S. 188) scheidet sich die Thorerde zuerst ab und zwar in Gemeinschaft mit Cer. Bei allen Reaktionen, welche bei der Trennung der Ceriterden in Frage kommen, bleibt die Thorerde vollständig oder zum Teil bei dem Cer. Dieses zeigt sich bei allen basischen Methoden, z. B. bei der basischen Nitrat- und Sulfatmethode.[1] Auch beim Behandeln der Hydroxyde mit Chlor (S. 134) geht Thorerde mit Cererde gemeinsam in den Niederschlag, jedoch ist diese Methode nicht zu empfehlen, da man mit Ammoniak denselben Zweck erreicht und das lästige Arbeiten mit Chlor vermeidet; vgl. auch das von Kosmann patentierte Verfahren Bd. II, S. 99.

Thorerde von Zirkonerde trennt man, wenn die Fällung der Oxalate aus stark saurer Lösung vorgenommen wird[2], wobei Zirkonerde in Lösung geht (S. 72). Bei der Fällung der Thorammonoxalatlösung durch Säuren tritt ebenfalls eine Trennung ein, indem Zirkonoxalat in Lösung bleibt (s. S. 72, 452 und Bd. II, S. 135). Unter Umständen kann die Löslichkeit der Zirkonerde in Flußsäure (S. 136) Hilfe leisten.

---

[1] C. r. 1886, **126**, p. 340—342; s. auch S. 211.

[2] s. Glaser, Z. alyt. 1897, **36**, S. 213; Chem. Ztg. 1896, S. 612.

VI. Darstellung der Zirkonerde.

Zirkonerde wird gewöhnlich aus dem wohlfeilen Mineral Zirkon dargestellt, in welchem diese Erde an Kieselsäure gebunden ist und nur sehr geringe Mengen anderer Erden als Verunreinigung enthält. Die größte Schwierigkeit bei der Darstellung der Zirkonerde bietet die Entfernung des Eisens. Im zweiten Bande (S. 13) befindet sich für diesen Zweck eine ganze Reihe von Methoden aufgeführt. Am zweckmäßigsten für die Gewinnung größerer Mengen Zirkonerde ist die Thiosulfatmethode (S. 253). Wenn der Preis weniger in Frage kommt, leistet die Wasserstoffsuperoxydmethode sehr gute Dienste; an Stelle von H_2O_2 wurde auch Natriumsuperoxyd empfohlen (S. 165). Wenn das Operieren mit Flußsäure beim Verarbeiten größerer Mengen nicht lästig wäre und nicht große Platingefäße erfordern würde, könnte man auch von den Doppelfluoriden (S. 456) Gebrauch machen. Weniger empfehlenswert erscheint das Kristallisieren des Oxychlorids (S. 207), oder Sulfats (S. 362). Hingegen ist das basische Sulfat (S. 213) für die Darstellung kleinerer Quantitäten eines sehr reinen Zirkonpräparates sehr zu empfehlen. Als schwach basische Erde befindet sich die Zirkonerde bei allen basischen Methoden in der ersten Fällung, wie z. B. beim Abtreiben der Nitrate (S. 189). Das Verhalten der Zirkonerde gegenüber Oxalsäure (S. 72, 310, 452 und Bd. II, S. 135) ist bei ihrer Gewinnung von Wichtigkeit, weniger wichtig sind die Fällungen mit Chinolin, Anilin, Xylidin (S. 69—70) und Ammoniumsulfit (S. 246.)

Berichtigungen.

Seite 5, Zeile 21 v. u. statt: Endialyt lies **Eudialyt.**
„ 8, „ 23 „ „ „ : Uneinheitlichkeit lies Einheitlichkeit.
„ 18, „ 14 „ „ „ : fruktionieren lies **fraktionieren.**
„ 24, „ 20 „ „ „ : farblose lies schwach gefärbte.
„ 32, „ 18 „ „ ergänzend: Anhaltspunkte für die Zerlegbarkeit des Lanthans erhielten noch Schützenberger, Boudouard (1896), Exner und Haschek (1899).
„ 43, „ 26 „ „ statt: Acetylsulfate lies Äthylsulfate.
„ 61, „ 6 „ „ ergänzend: R. J. Meyer (Z. an. 1904, **41**, S. 122) wiederholte die Versuche mit Citronensäure und fand die Angaben Baskervilles zu ungenau, um danach arbeiten zu können.
„ 69, „ 21 „ „ statt: Cersalzen lies Cerosalzen.
„ 85, „ 16 „ „ „ : 1813 lies 1843.
„ 89, „ 2 „ „ „ : Verpflüchtigung lies Verflüchtigung.
„ 110, „ 6 „ „ „ : erkennen zu erkennen lies zu erkennen.
„ 115, „ 3 „ o. ergänzend: Bogenspektrum.
„ 141, „ 7 „ u. statt: übergießt lies überzieht.
„ 158, „ 5 „ „ „ : Cerammonnitrat lies Ceriammonnitrat.
„ 161, „ 7 „ „ „ : Mangan lies Magnesium.
„ 187, „ 20 „ „ ergänzend: Scandium wurde auch von Cleve dargestellt.
„ 256, „ 8 „ „ ergänzend: R. J. Meyer (Z. an. 1904, **41**, S. 97—125). Die Reindarstellung der Ceriterden mit Hilfe der Alkalidoppelcarbonate — im wesentlichen ein Auszug aus der Hillerschen Dissertation, die eingehend im Kapitel „Trennung mittels der Carbonate“ berücksichtigt wurde.
„ 301, „ 16 „ „ statt: Ceriderden lies Ceriterden.
„ 331, „ 21 „ „ „ : Wärmeabsorbtion lies Wärmeabsorption.
„ 360, „ 5 „ „ „ : Boudouart lies Boudouard.
„ 396, „ 16 „ o. ergänzend: Cero- und Lanthansalze bilden je nach dem Mischungsverhältnis mit Alkalisulfaten Doppelsalze verschiedener Zusammensetzung: $3K_2SO_4$, $Ce(SO_4)_3$; $3\,K_2SO_4$, $Ce_2(SO_4)_3 + 2\,H_2O$ (Czudnowicz, Hermann). $La_2(SO_4)_3$,

$3 K_2SO_4$; $La_2(SO_4)_3$, $4 K_2SO_4$ (Cleve). Cerikaliumsalfat $2 K_2SO_4$, $Ce(SO_4)_2 + 2 H_2O$ wird durch Wasser in ein basisches Salz verwandelt. Alle Doppelsalze sind in gesättigter Kalinmsulfatlösung unlöslich.

Seite 461, Zeile 2 v. u. ergänzend: Auch nach W. Nernst und E. H Riesenfeld (Ber. 1903, **36**, 2, S. 2092—2093) sind Destillationen mit den Chloriden von Y, Er, Yb für eine Trennung aussichtslos.

„ 473, „ 21 „ „ ergänzend: Scandium wurde auch von Cleve dargestellt.

„ 475, „ 3 u. 13 v. u.
„ 476, „ 7 v. o. } statt: λ 454—449 lies λ 464—461. In der Marcschen Dissertation findet sich angegeben die Holmiumbande λ 451—449, während in den Ber. die richtige Bande λ 464 bis 461 (Marc, priv. Mitt.).

FSC
www.fsc.org
MIX
Papier | Fördert gute Waldnutzung
FSC® C083411

Kolibri 360 GmbH
Ferdinand-Jühlke-Straße 7
99095 Erfurt, Deutschland
produktsicherheit@kolibri360.de